U0151189

扫描二维码
可获得中文在线资源

计算机科学丛书

原书第7版

本科教学版

数据库系统概念

[美] 亚伯拉罕·西尔伯沙茨（Abraham Silberschatz） 亨利·F. 科思（Henry F. Korth）
耶鲁大学 理海大学 著

[印] S. 苏达尔尚（S. Sudarshan）
印度理工学院孟买校区

杨冬青 李红燕 张金波 等译
北京大学

Database System Concepts
Seventh Edition

机械工业出版社
China Machine Press

图书在版编目（CIP）数据

数据库系统概念：原书第 7 版：本科教学版 /（美）亚伯拉罕·西尔伯沙茨（Abraham Silberschatz），（美）亨利·F. 科思（Henry F. Korth），（印）S. 苏达尔尚（S. Sudarshan）著；杨冬青等译 . -- 北京：机械工业出版社，2021.10（2024.7 重印）
（计算机科学丛书）
书名原文：Database System Concepts, Seventh Edition
ISBN 978-7-111-69222-5

I. ①数… II. ①亚… ②亨… ③S… ④杨… III. ①数据库系统 – 高等学校 – 教材
IV. ①TP311.13

中国版本图书馆 CIP 数据核字（2021）第 198883 号

《数据库系统概念》是数据库系统方面的经典教材之一，本书基于该书第 7 版进行改编，保留其中的基本内容，压缩或删除了一些高级内容，使其体系更符合国内本科数据库课程教学要求。本书第 1 章概述数据库系统，第一部分（包括第 2～6 章）讲述关系语言的基本概念，第二部分（包括第 7～9 章）介绍数据库设计与应用程序开发技术，第三部分（包括第 10～14 章）介绍数据库管理系统实现的核心技术，第四部分（包括第 15～17 章）介绍大数据分析、区块链数据库、高级应用开发等高级话题。

本书既可作为高等院校计算机及相关专业本科生的数据库课程教材，也可供数据库领域的技术人员参考。

出版发行：机械工业出版社（北京市西城区百万庄大街 22 号　邮政编码：100037）

责任编辑：姚 蕾		责任校对：殷 虹	
印　　刷：北京建宏印刷有限公司		版　　次：2024 年 7 月第 1 版第 6 次印刷	
开　　本：185mm×260mm　1/16		印　　张：31.25	
书　　号：ISBN 978-7-111-69222-5		定　　价：89.00 元	

客服电话：（010）88361066　68326294

版权所有·侵权必究
封底无防伪标均为盗版

改编者序
Database System Concepts, Seventh Edition

数据库系统是对数据进行存储、管理、处理和维护的软件系统，是现代计算环境中的一个核心成分。随着计算机硬件、软件、网络技术的飞速发展和计算机系统在各行各业的广泛应用，数据库技术的发展尤其迅速且引人注目。有关数据库系统的理论和技术是计算机科学技术教育中必不可少的部分。《数据库系统概念》是一本经典的、备受赞扬的数据库系统教科书，其内容由浅入深，既包含了数据库系统的基本概念，又反映了数据库技术新进展。本书被国际上许多著名大学采用，并多次再版。

我们先后将《数据库系统概念》的第 3 版、第 4 版、第 5 版、第 6 版和第 7 版译成中文，由机械工业出版社分别于 2000 年、2003 年、2006 年、2012 年和 2021 年出版发行。国内许多大学采用《数据库系统概念》作为本科生和研究生数据库课程的教材或主要教学参考书，收到了良好的效果。

我们分别基于《数据库系统概念》第 5 版和第 6 版进行了改编，保留其中的基本内容，压缩或删除了一些高级内容，形成了相应版本的本科教学版，目的是使它们更适合本科生的数据库课程使用。这些本科教学版由机械工业出版社分别于 2008 年和 2012 年出版发行，被国内许多高校采用作为本科生数据库课程的教材或主要教学参考书。

现在我们又基于《数据库系统概念》第 7 版进行了本科教学版的改编工作，希望它能够成为一本效果更好、更实用的本科生数据库课程的教材。

本书的前 9 章是最基本的内容，讲述数据库系统的基本概念，包括对数据库系统的性质和目标的综述，对关系数据模型和关系语言的介绍，对数据库设计过程、关系数据库理论以及数据库应用程序开发（包括 Web 服务和应用程序安全性问题等）的详细讨论。第 10 至 14 章介绍了数据库管理系统实现的核心技术，包括数据存储管理、索引、查询处理与优化、事务管理、并发控制与恢复。第 15 至 17 章是高级话题，介绍了大数据分析、区块链数据库以及与高级应用开发相关的性能调整、性能基准程序、标准化等内容。

本书可作为大学本科生数据库概论课程的教材或主要参考资料，教师可以选择重点讲授前 14 章，并介绍第 15 至 17 章中的部分内容。

限于改编者水平，疏漏和错误在所难免，欢迎批评指正。

改编者
2021 年于北京大学

译者简介

Database System Concepts, Seventh Edition

杨冬青

北京大学信息科学技术学院计算机科学技术系教授，博士生导师。1969 年毕业于北京大学数学力学系数学专业，自 1978 年开始在北京大学计算机科学技术系任教，一直从事数据库与信息系统方面的教学、科研和系统开发工作。历年来讲授多门本科生和研究生课程，培养了百余名博士和硕士研究生。曾任北京大学信息科学技术学院计算机系系主任、网络与信息系统研究所副所长、数据库与信息系统研究室主任。现为中国计算机学会数据库专委会资深委员，曾任中国计算机学会普及工作委员会副主任。研究工作主要涉及数据库系统实现技术、Web 环境下的信息集成与共享、数据仓库和数据挖掘等，多年来承担并完成 973、863、国家科技攻关、国家自然科学基金等多个国家重点科研项目，曾获国家科技进步二等奖、三等奖和多项省部级奖励，在国内外杂志及会议上发表论文百余篇，出版著译作十余部。

李红燕

1999 年毕业于西北工业大学计算机科学与工程系计算机应用专业，获工学博士学位，现任北京大学信息科学技术学院教授，博士生导师，中国计算机学会数据库专委会委员、中国通信学会云计算与 SaaS 专委会委员、人民网人工智能研究院专家委员会首批特聘专家。多年来承担并完成多项国家自然科学基金课题以及航空、航天、医疗、移动通信等重要应用领域的研究项目，在国内外学术期刊及会议上发表论文百余篇，出版学术专著、教材、译著各一部。目前主要研究方向为数据库系统与智能信息系统、数据仓库与数据挖掘、复杂系统状态感知、大数据管理与知识发现等。

数据库管理已经从一种专门的计算机应用发展为几乎所有企业中的一个核心成分，因此，有关数据库系统的知识已成为计算机科学教育中必不可少的部分。

本书改编自《数据库系统概念》第 7 版，适合作为本科生三年级或四年级数据库入门课程的教科书。在本书中，讲述数据库管理的基本概念，包括数据库设计、数据库语言、数据库系统实现等多个方面。除了这些作为入门课程的基本内容外，本书还包括了可作为课程补充材料或作为高级课程介绍性材料的高级内容。

我们仅要求读者熟悉基本的数据结构、计算机组成和一种高级程序设计语言，例如 Java、C、C++ 或 Python。概念都以直观的方式加以描述，其中的许多概念基于我们大学运行的例子加以阐释。本书中包括重要的理论结果，但省略了形式化证明，取而代之的是用图表和例子来说明为什么结论是正确的。对于形式化描述和研究结果的证明，读者可以参见参考文献中列出的研究论文和高级教材。

本书中包括的基本概念和算法通常基于当今商用或试验性的数据库系统中采用的概念和算法。我们的目标是在通用环境下描述这些概念和算法，没有与某个特定的数据库系统绑定。

在这个《数据库系统概念》第 7 版的改编版本中，我们保留了原书的基本内容，压缩或删除了一些高级内容，目的是使得本改编版本更适合本科生的数据库入门课程使用。下面我们简单描述本书的内容。

本书的组织

除第 1 章外，本书组织成四个部分：

- **引言**（第 1 章）。第 1 章对数据库系统的性质和目标进行一般性综述。我们解释了数据库系统的概念是如何发展的，各数据库系统的共同特性是什么，数据库系统能为用户做什么，以及数据库系统如何与操作系统交互。我们还引入了一个数据库应用的例子：一个包括多个系、教师、学生和课程的大学。这个应用作为贯穿全书的运行实例。这一章本质上是激励性、历史性和解释性的。
- **第一部分：关系语言**（第 2~6 章）。第 2 章介绍数据的关系模型，包括关系数据库的结构、数据库模式、码、模式图、关系查询语言、关系运算等基本概念。第 3~5 章主要介绍最具影响力的面向用户的关系语言：SQL。第 6 章介绍形式化关系查询语言，包括关系代数、元组关系演算、域关系演算和关系查询语言的表达能力。

  对于一个设计完成的模式，这部分描述了查询、修改、插入和删除等数据操作。虽然这里详细讲述了数据定义的语法，但关于模式设计的问题将推迟到第二部分讲述。
- **第二部分：数据库设计与应用程序开发**（第 7~9 章）。第 7 章概要介绍数据库设计过程并详细描述实体 – 联系数据模型。实体 – 联系模型为数据库设计问题以及在数据模型的约束下捕获现实应用的语义时所遇到的问题提供了一个高层视图。UML 类图表示也在这一章中讲述。第 8 章介绍关系数据库设计。这一章讲述了函数依赖和

VI

规范化的理论，重点强调了提出各种范式的动机，以及它们的直观含义。这一章以关系设计的概览开始，依赖于对函数依赖的逻辑蕴涵的直观理解。这使得规范化的概念可以在全面讨论函数依赖理论之前先做介绍，而函数依赖理论将在本章稍后部分讨论。授课教师可以只选用这些直观描述的内容，而不会丢失连贯性。不过，完整地讲授这一章将有利于学生对规范化概念形成较好的理解，从而引导他们去学习函数依赖理论中一些较艰深的概念。这一章的最后一节讲述时态数据建模。

第 9 章讨论用于构建交互式的基于 Web 的数据库应用和移动数据库应用的工具与技术。这一章对服务器端和客户端都进行了详细介绍，所包括的主题有：Java 服务器端程序（servlet）、JSP、Django、Java 描述语言（JavaScript）和 Web 服务。同时，还对以下主题进行了讨论：应用体系结构、对象 – 关系映射系统（包括 Hibernate 和 Django）、性能（包括使用 memcached 和 Redis 的缓存）和确保 Web 应用安全的独特挑战。

- **第三部分：数据管理实现技术**（第 10~14 章）。第 10 章首先介绍存储设备以及这些设备的特性如何影响数据库的物理组织和性能，然后讨论数据存储结构，包括文件组织、数据字典存储和数据库缓冲区管理。第 11 章讲解数据库系统使用的几种类型的索引。第 12 章描述如何处理查询，给出用于实现单独操作的算法，并描述查询优化过程。第 13 章着重介绍事务处理系统的基本概念，包括事务的原子性、一致性、隔离性和持久性，还概述了用于保证这些特性的方法，包括基于日志的恢复和使用锁的并发控制、基于时间戳的技术以及快照隔离。第 14 章首先重点讲述并发控制，并介绍几种保证可串行化的技术，包括封锁、时间戳和有效性检查技术，还讨论了多版本并发控制技术，接下来讨论在系统崩溃和存储器故障的情况下保证事务正确执行的主要技术，包括日志、检查点和数据库转储。

- **第四部分：高级话题**（第 15~17 章）。第 15 章首先概述大规模数据分析应用，重点讲述与传统的数据库应用相比，这些应用如何对数据管理提出不寻常的要求，然后讨论了这些要求是如何得到满足的，接下来介绍半结构化数据，最后介绍数据仓库和数据挖掘的概念与主要方法。第 16 章从数据库的角度审视区块链技术，描述了区块链数据结构，以及使用加密散列函数和公钥加密来保证匿名性、无可辩驳性、防篡改性等区块链性质。第 17 章扩展了第 9 章所涵盖的内容，讨论性能调整、基准测试，以及从遗产系统中移植、标准化和分布式目录系统。

我们保持第 6 版的做法，将习题划分成两部分：实践习题和习题。实践习题的解答可从《数据库系统概念》第 7 版的配套网站（www.db-book.com）上得到[⊖]。我们鼓励学生独立解决实践习题，然后用网站上的解答来检查自己的答案。习题的解答只有授课教师能得到。

授课教师注意事项

本书包括基本内容和高级内容，在一个学期内也许不能讲授所有这些内容。

本书的前 14 章是最基本的内容，对于入门性课程来说，教师可以选择重点讲授前 14 章，并介绍第 15 至 17 章中的部分内容。

⊖ 注意本书是改编版，需要根据相应主题从全版资料中筛选。——编辑注

亚伯拉罕·西尔伯沙茨（Abraham Silberschatz）

于纽约州立大学石溪分校获得博士学位，现为耶鲁大学计算机科学系 Sidney J. Weinberg 教授。在 2003 年加入耶鲁大学之前，他是贝尔实验室信息科学研究中心的副主任。他曾担任得克萨斯大学奥斯汀分校的教授，一直在该校任教至 1993 年。他是 ACM 会士、IEEE 会士以及康涅狄格科学与工程学会的成员。他获得了 2002 年 IEEE Taylor L. Booth 教育奖、1998 年 ACM Karl V. Karlstrom 杰出教育家奖以及 1997 年 ACM SIGMOD 贡献奖，并于 1998 年、1999 年和 2004 年三次被授予贝尔实验室总裁奖。他在许多期刊、会议、研讨会上发表论文。他获得 48 项专利和 24 项授权。他还是教科书《操作系统概念》的作者。

亨利·F. 科思（Henry F. Korth）

于普林斯顿大学获得博士学位，现为理海大学计算机科学与工程系教授和计算机科学与商业项目联合主任。在加入理海大学之前，他是贝尔实验室的数据库原理研究中心主任、松下科技副总裁、得克萨斯大学奥斯汀分校副教授以及 IBM 研究中心的研究人员。他是 ACM 会士和 IEEE 会士、VLDB 会议 10 年贡献奖的获得者。他发表的众多研究成果涉及数据库系统的方方面面，包括并行和分布式系统中的事务管理、实时系统、查询处理以及现代计算体系结构对这些领域的影响。最近，他的研究致力于解决区块链在企业数据库中的应用问题。

S. 苏达尔尚（S. Sudarshan）

于威斯康星大学获得博士学位，现为印度理工学院孟买校区 Subrao M. Nilekani 讲席教授。他于 1992 年在威斯康星大学获得博士学位，在加入印度理工学院孟买校区之前，他是贝尔实验室的技术人员。他是 ACM 会士。他的研究跨越了数据库系统的多个领域，其重点是查询处理和查询优化。他在 2002 年发表的关于数据库中关键字检索的论文获得了 2012 年 IEEE ICDE 最具影响力论文奖，并且他在主存数据库方面的工作于 1999 年获得了贝尔实验室总裁奖。他目前的研究领域包括 SQL 查询的测试和分级、通过重写命令式代码来优化数据库应用程序，以及并行数据库的查询优化，他发表了 100 余篇论文并获得 15 项专利。

目 录

Database System Concepts, Seventh Edition

改编者序
译者简介
前言
作者简介

第1章　引言 ·········· 1
1.1　数据库系统应用 ·········· 1
1.2　数据库系统的目标 ·········· 3
1.3　数据视图 ·········· 6
　1.3.1　数据模型 ·········· 6
　1.3.2　关系数据模型 ·········· 6
　1.3.3　数据抽象 ·········· 7
　1.3.4　实例和模式 ·········· 8
1.4　数据库语言 ·········· 9
　1.4.1　数据定义语言 ·········· 9
　1.4.2　SQL 数据定义语言 ·········· 10
　1.4.3　数据操纵语言 ·········· 10
　1.4.4　SQL 数据操纵语言 ·········· 11
　1.4.5　从应用程序访问数据库 ·········· 11
1.5　数据库设计 ·········· 12
1.6　数据库引擎 ·········· 12
　1.6.1　存储管理器 ·········· 13
　1.6.2　查询处理器 ·········· 14
　1.6.3　事务管理 ·········· 14
1.7　数据库和应用体系结构 ·········· 15
1.8　数据库用户和管理员 ·········· 16
　1.8.1　数据库用户和用户界面 ·········· 16
　1.8.2　数据库管理员 ·········· 17
1.9　数据库系统的历史 ·········· 17
1.10　总结 ·········· 20
术语回顾 ·········· 21
实践习题 ·········· 22
习题 ·········· 22
工具 ·········· 22

延伸阅读 ·········· 23
参考文献 ·········· 23

第一部分　关系语言

第2章　关系模型介绍 ·········· 26
2.1　关系数据库的结构 ·········· 26
2.2　数据库模式 ·········· 28
2.3　码 ·········· 29
2.4　模式图 ·········· 32
2.5　关系查询语言 ·········· 32
2.6　总结 ·········· 33
术语回顾 ·········· 33
实践习题 ·········· 34
习题 ·········· 34
延伸阅读 ·········· 35
参考文献 ·········· 35

第3章　SQL 介绍 ·········· 36
3.1　SQL 查询语言概览 ·········· 36
3.2　SQL 数据定义 ·········· 37
　3.2.1　基本类型 ·········· 37
　3.2.2　基本模式定义 ·········· 38
3.3　SQL 查询的基本结构 ·········· 40
　3.3.1　单关系查询 ·········· 40
　3.3.2　多关系查询 ·········· 42
3.4　附加的基本运算 ·········· 46
　3.4.1　更名运算 ·········· 46
　3.4.2　字符串运算 ·········· 47
　3.4.3　select 子句中的属性说明 ·········· 48
　3.4.4　排列元组的显示次序 ·········· 48
　3.4.5　where 子句谓词 ·········· 49
3.5　集合运算 ·········· 49
　3.5.1　并运算 ·········· 50

3.5.2 交运算 ·················51

3.5.3 差运算 ·················51

3.6 空值 ·······················52

3.7 聚集函数 ·················53

3.7.1 基本聚集 ·············53

3.7.2 分组聚集 ·············54

3.7.3 having 子句 ···········56

3.7.4 对空值和布尔值的聚集 ···57

3.8 嵌套子查询 ···············58

3.8.1 集合成员资格 ·········58

3.8.2 集合比较 ·············59

3.8.3 空关系测试 ···········60

3.8.4 重复元组存在性测试 ···61

3.8.5 from 子句中的子查询 ···62

3.8.6 with 子句 ············63

3.8.7 标量子查询 ···········64

3.8.8 不带 from 子句的标量 ···64

3.9 数据库的修改 ·············65

3.9.1 删除 ·················66

3.9.2 插入 ·················67

3.9.3 更新 ·················68

3.10 总结 ·····················69

术语回顾 ·······················70

实践习题 ·······················70

习题 ···························72

工具 ···························74

延伸阅读 ·······················75

参考文献 ·······················75

第 4 章 中级 SQL ···············76

4.1 连接表达式 ···············76

4.1.1 自然连接 ·············76

4.1.2 连接条件 ·············79

4.1.3 外连接 ···············80

4.1.4 连接类型和条件 ·······83

4.2 视图 ·····················83

4.2.1 视图定义 ·············84

4.2.2 在 SQL 查询中使用视图 ···85

4.2.3 物化视图 ·············86

4.2.4 视图更新 ·············86

4.3 事务 ·····················88

4.4 完整性约束 ···············89

4.4.1 单个关系上的约束 ·····90

4.4.2 非空约束 ·············90

4.4.3 唯一性约束 ···········91

4.4.4 check 子句 ···········91

4.4.5 引用完整性 ···········91

4.4.6 给约束赋名 ···········93

4.4.7 事务中对完整性约束的违反 ···94

4.4.8 复杂 check 条件与断言 ···94

4.5 SQL 的数据类型与模式 ···96

4.5.1 SQL 中的日期和时间类型 ···96

4.5.2 类型转换和格式化函数 ···96

4.5.3 缺省值 ···············97

4.5.4 大对象类型 ···········98

4.5.5 用户自定义类型 ·······99

4.5.6 生成唯一码值 ········101

4.5.7 create table 的扩展 ···102

4.5.8 模式、目录与环境 ···102

4.6 SQL 中的索引定义 ·······103

4.7 授权 ····················104

4.7.1 权限的授予与收回 ···105

4.7.2 角色 ················106

4.7.3 视图的授权 ··········107

4.7.4 模式的授权 ··········108

4.7.5 权限的转移 ··········108

4.7.6 权限的收回 ··········109

4.7.7 行级授权 ············110

4.8 总结 ····················110

术语回顾 ······················111

实践习题 ······················112

习题 ··························113

延伸阅读 ······················114

参考文献 ······················114

第 5 章 高级 SQL ·············116

5.1 使用程序设计语言访问 SQL ···116

5.1.1 JDBC ···············117

5.1.2 从 Python 访问数据库 ···123

5.1.3 ODBC ···············123

5.1.4　嵌入式 SQL ……125
5.2　函数和过程 ……127
　　5.2.1　声明及调用 SQL 函数和过程…127
　　5.2.2　用于过程和函数的语言结构……128
　　5.2.3　外部语言例程 ……131
5.3　触发器 ……132
　　5.3.1　对触发器的需求 ……132
　　5.3.2　SQL 中的触发器 ……132
　　5.3.3　何时不用触发器 ……135
5.4　递归查询 ……137
　　5.4.1　使用迭代的传递闭包 ……137
　　5.4.2　SQL 中的递归 ……139
5.5　高级聚集特性 ……140
　　5.5.1　排名 ……141
　　5.5.2　分窗 ……144
　　5.5.3　旋转 ……145
　　5.5.4　上卷和立方体 ……146
5.6　总结 ……149
术语回顾 ……149
实践习题 ……149
习题 ……151
工具 ……153
延伸阅读 ……153

第6章　形式化关系查询语言 ……154
6.1　关系代数 ……154
　　6.1.1　选择运算 ……154
　　6.1.2　投影运算 ……155
　　6.1.3　关系运算的复合 ……155
　　6.1.4　笛卡儿积运算 ……156
　　6.1.5　连接运算 ……157
　　6.1.6　集合运算 ……158
　　6.1.7　赋值运算 ……159
　　6.1.8　更名运算 ……160
　　6.1.9　等价查询 ……161
6.2　元组关系演算 ……161
　　6.2.1　查询示例 ……161
　　6.2.2　形式化定义 ……164
　　6.2.3　表达式的安全性 ……164
6.3　域关系演算 ……165

6.3.1　形式化定义 ……165
6.3.2　查询示例 ……165
6.3.3　表达式的安全性 ……166
6.4　纯关系查询语言的表达能力 ……167
6.5　总结 ……168
术语回顾 ……168
实践习题 ……168
习题 ……170
延伸阅读 ……171
参考文献 ……171

第二部分　数据库设计与应用程序开发

第7章　使用 E-R 模型的数据库设计 ……174
7.1　设计过程概览 ……174
　　7.1.1　设计阶段 ……174
　　7.1.2　设计选择 ……175
7.2　实体-联系模型 ……176
　　7.2.1　实体集 ……176
　　7.2.2　联系集 ……177
7.3　复杂属性 ……179
7.4　映射基数 ……181
7.5　主码 ……184
　　7.5.1　实体集 ……184
　　7.5.2　联系集 ……185
　　7.5.3　弱实体集 ……186
7.6　从实体集中删除冗余属性 ……187
7.7　将 E-R 图转换为关系模式 ……190
　　7.7.1　强实体集的表示 ……190
　　7.7.2　具有复杂属性的强实体集的
　　　　　　表示 ……190
　　7.7.3　弱实体集的表示 ……192
　　7.7.4　联系集的表示 ……192
　　7.7.5　模式的冗余 ……193
　　7.7.6　模式的合并 ……194
7.8　扩展的 E-R 特性 ……194
　　7.8.1　特化 ……195
　　7.8.2　概化 ……196
　　7.8.3　属性继承 ……196
　　7.8.4　特化上的约束 ……197

7.8.5 聚集 ································ 197
7.8.6 转换为关系模式 ············ 198
7.9 实体 – 联系设计问题 ··············· 200
7.9.1 E-R 图中的常见错误 ········ 200
7.9.2 使用实体集还是属性 ········ 201
7.9.3 使用实体集还是联系集 ····· 202
7.9.4 二元还是 n 元联系集 ······· 203
7.10 数据建模的可选表示法 ··········· 204
7.10.1 可选的 E-R 表示法 ········ 205
7.10.2 统一建模语言 ············· 206
7.11 数据库设计的其他方面 ··········· 208
7.11.1 功能要求 ·················· 208
7.11.2 数据流、工作流 ··········· 208
7.11.3 模式演化 ·················· 208
7.12 总结 ···························· 209
术语回顾 ······························ 210
实践习题 ······························ 210
习题 ································· 212
工具 ································· 213
延伸阅读 ······························ 214
参考文献 ······························ 214

第 8 章 关系数据库设计 ··············· 215
8.1 好的关系设计的特点 ··············· 215
8.1.1 分解 ······················· 216
8.1.2 无损分解 ··················· 217
8.1.3 规范化理论 ················· 218
8.2 使用函数依赖进行分解 ············· 218
8.2.1 符号惯例 ··················· 219
8.2.2 码和函数依赖 ··············· 219
8.2.3 无损分解和函数依赖 ········· 221
8.3 范式 ···························· 222
8.3.1 Boyce-Codd 范式 ············ 222
8.3.2 第三范式 ··················· 224
8.3.3 BCNF 和 3NF 的比较 ········ 225
8.3.4 更高级的范式 ··············· 226
8.4 函数依赖理论 ···················· 226
8.4.1 函数依赖集的闭包 ··········· 226
8.4.2 属性集的闭包 ··············· 228
8.4.3 正则覆盖 ··················· 229

8.4.4 保持依赖 ··················· 232
8.5 使用函数依赖的分解算法 ··········· 233
8.5.1 BCNF 分解 ················· 233
8.5.2 3NF 分解 ··················· 235
8.5.3 3NF 算法的正确性 ·········· 236
8.6 使用多值依赖的分解 ··············· 237
8.6.1 多值依赖 ··················· 237
8.6.2 第四范式 ··················· 239
8.6.3 4NF 分解 ··················· 239
8.7 更多的范式 ······················ 240
8.8 原子域和第一范式 ················· 241
8.9 数据库设计过程 ··················· 242
8.9.1 E-R 模型和规范化 ·········· 242
8.9.2 属性和联系的命名 ··········· 243
8.9.3 为了性能去规范化 ··········· 244
8.9.4 其他设计问题 ··············· 244
8.10 时态数据建模 ··················· 245
8.11 总结 ··························· 247
术语回顾 ······························ 248
实践习题 ······························ 249
习题 ································· 251
延伸阅读 ······························ 253
参考文献 ······························ 254

第 9 章 应用程序开发 ················· 255
9.1 应用程序和用户界面 ··············· 255
9.2 Web 基础 ························· 256
9.2.1 统一资源定位符 ············· 256
9.2.2 超文本标记语言 ············· 257
9.2.3 Web 服务器和会话 ·········· 259
9.3 servlet ··························· 261
9.3.1 servlet 示例 ················ 261
9.3.2 servlet 会话 ················ 263
9.3.3 servlet 的生命周期 ·········· 264
9.3.4 应用服务器 ················· 264
9.4 可选择的服务器端框架 ············· 264
9.4.1 服务器端脚本 ··············· 264
9.4.2 Web 应用框架 ·············· 266
9.4.3 Django 框架 ················ 267
9.5 客户端代码和 Web 服务 ··········· 268

9.5.1　JavaScript ·············268
9.5.2　Web 服务 ·············272
9.5.3　断连操作 ·············272
9.5.4　移动应用平台 ·········273
9.6　应用程序体系结构 ·············274
9.6.1　业务逻辑层 ···········275
9.6.2　数据访问层和对象 - 关系
映射 ···············275
9.7　应用程序性能 ···············278
9.7.1　通过高速缓存减少开销 ···279
9.7.2　并行处理 ·············280
9.8　应用程序安全性 ·············280
9.8.1　SQL 注入 ·············280
9.8.2　跨站点脚本和请求伪造 ···281
9.8.3　密码泄露 ·············282
9.8.4　应用级认证 ···········283
9.8.5　应用级授权 ···········284
9.8.6　审计追踪 ·············286
9.8.7　隐私 ···············286
9.9　加密及其应用 ···············287
9.9.1　加密技术 ·············287
9.9.2　数据库中的加密支持 ·····289
9.9.3　加密和认证 ···········290
9.10　总结 ···················291
术语回顾 ·····················292
实践习题 ·····················293
习题 ·······················293
项目建议 ·····················294
工具 ·······················296
延伸阅读 ·····················297
参考文献 ·····················297

第三部分　数据管理实现技术

第 10 章　存储管理 ·············300
10.1　物理存储介质概述 ···········300
10.2　存储器接口 ···············302
10.3　磁盘 ···················303
10.3.1　磁盘的物理特性 ·······303
10.3.2　磁盘的性能度量 ·······305

10.4　闪存 ···················306
10.5　文件组织 ···············308
10.5.1　定长记录 ···········308
10.5.2　变长记录 ···········310
10.5.3　大对象存储 ·········312
10.6　文件中记录的组织 ···········312
10.6.1　堆文件组织 ·········313
10.6.2　顺序文件组织 ·······314
10.6.3　多表聚簇文件组织 ·····315
10.6.4　划分 ·············317
10.7　数据字典存储 ·············317
10.8　数据库缓冲区 ·············319
10.8.1　缓冲区管理器 ·······319
10.8.2　缓冲区替换策略 ·······321
10.8.3　写操作的重排序与恢复 ···323
10.9　总结 ···················324
术语回顾 ·····················324
实践习题 ·····················325
习题 ·······················326
延伸阅读 ·····················327
参考文献 ·····················327

第 11 章　索引 ···············328
11.1　基本概念 ···············328
11.2　顺序索引 ···············329
11.2.1　稠密索引和稀疏索引 ···329
11.2.2　多级索引 ···········332
11.2.3　索引更新 ···········333
11.2.4　辅助索引 ···········334
11.2.5　多码索引 ···········335
11.3　B^+ 树索引文件 ···········335
11.3.1　B^+ 树的结构 ·······336
11.3.2　B^+ 树的查询 ·······338
11.3.3　B^+ 树的更新 ·······341
11.3.4　B^+ 树更新的复杂度 ··346
11.3.5　非唯一性搜索码 ·······347
11.4　散列索引 ···············348
11.5　多码访问 ···············350
11.5.1　使用多个单码索引 ·····350
11.5.2　多码索引 ···········350

11.5.3 覆盖索引 ·········· 351
11.6 索引的创建 ·········· 351
11.7 位图索引 ·········· 353
11.8 总结 ·········· 354
术语回顾 ·········· 355
实践习题 ·········· 355
习题 ·········· 356
延伸阅读 ·········· 357
参考文献 ·········· 357

第 12 章 查询处理和查询优化 ·········· 358

12.1 概述 ·········· 358
12.2 查询代价的度量 ·········· 360
12.3 关系代数运算的执行 ·········· 362
12.3.1 选择运算 ·········· 362
12.3.2 排序 ·········· 366
12.3.3 连接运算 ·········· 368
12.3.4 其他运算 ·········· 378
12.4 表达式执行 ·········· 381
12.4.1 物化 ·········· 381
12.4.2 流水线 ·········· 382
12.5 查询优化 ·········· 384
12.5.1 概述 ·········· 384
12.5.2 关系表达式的转换 ·········· 386
12.5.3 表达式结果的统计信息估计 ·········· 393
12.5.4 执行计划的选择 ·········· 400
12.6 总结 ·········· 408
术语回顾 ·········· 410
实践习题 ·········· 411
习题 ·········· 414
延伸阅读 ·········· 415
参考文献 ·········· 415

第 13 章 事务管理 ·········· 416

13.1 事务的概念 ·········· 416
13.2 一个简单的事务模型 ·········· 417
13.3 存储器结构 ·········· 419
13.4 事务的原子性和持久性 ·········· 420
13.5 事务的隔离性 ·········· 421
13.6 可串行化 ·········· 425

13.7 事务的隔离性和原子性 ·········· 428
13.7.1 可恢复调度 ·········· 428
13.7.2 无级联调度 ·········· 428
13.8 事务的隔离性级别 ·········· 429
13.9 隔离性级别的实现 ·········· 431
13.9.1 锁 ·········· 431
13.9.2 时间戳 ·········· 432
13.9.3 多版本和快照隔离 ·········· 432
13.10 事务的 SQL 语句表示 ·········· 433
13.11 总结 ·········· 434
术语回顾 ·········· 435
实践习题 ·········· 436
习题 ·········· 436
延伸阅读 ·········· 437
参考文献 ·········· 437

第 14 章 并发控制与恢复 ·········· 438

14.1 基于锁的协议 ·········· 438
14.1.1 锁 ·········· 438
14.1.2 锁的授予 ·········· 441
14.1.3 两阶段封锁协议 ·········· 441
14.1.4 封锁的实现 ·········· 443
14.1.5 基于图的协议 ·········· 444
14.2 死锁处理 ·········· 446
14.2.1 死锁预防 ·········· 446
14.2.2 死锁检测与恢复 ·········· 447
14.3 多粒度 ·········· 449
14.4 插入操作、删除操作与谓词读 ·········· 451
14.4.1 删除 ·········· 451
14.4.2 插入 ·········· 452
14.4.3 谓词读和幻象现象 ·········· 452
14.5 基于时间戳的协议 ·········· 454
14.5.1 时间戳 ·········· 454
14.5.2 时间戳排序协议 ·········· 455
14.5.3 Thomas 写规则 ·········· 456
14.6 基于有效性检查的协议 ·········· 458
14.7 多版本机制 ·········· 459
14.7.1 多版本时间戳排序 ·········· 460
14.7.2 多版本两阶段封锁 ·········· 461
14.8 故障分类 ·········· 462

14.9 存储器 ……………………………… 463
　　14.9.1 稳定存储器的实现 ………… 463
　　14.9.2 数据访问 …………………… 464
14.10 恢复与原子性 …………………… 465
　　14.10.1 日志记录 …………………… 466
　　14.10.2 数据库修改 ………………… 467
　　14.10.3 并发控制与恢复 …………… 467
　　14.10.4 事务提交 …………………… 468
　　14.10.5 使用日志来重做和撤销事务 … 468
　　14.10.6 检查点 ……………………… 471
14.11 恢复算法 ………………………… 472
　　14.11.1 事务回滚 …………………… 472
　　14.11.2 系统崩溃后的恢复 ………… 472
　　14.11.3 提交处理的优化 …………… 474
14.12 缓冲区管理 ……………………… 474
　　14.12.1 日志记录缓冲 ……………… 474
　　14.12.2 数据库缓冲 ………………… 475

14.12.3 操作系统在缓冲区管理中的
　　　　　作用 ……………………… 476
　　14.12.4 模糊检查点 ………………… 477
14.13 总结 ……………………………… 477
术语回顾 ………………………………… 480
实践习题 ………………………………… 481
习题 ……………………………………… 483
延伸阅读 ………………………………… 484
参考文献 ………………………………… 484

第四部分　高级话题⊖

第 15 章　大数据分析

第 16 章　区块链数据库

第 17 章　高级应用开发

附录 A　详细的大学模式

⊖　第四部分和附录 A 为中文在线章节，请扫描本书前面衬纸上的二维码，在获取正版书官方授权后进行阅读。——编辑注

引　言

数据库管理系统（DataBase-Management System，DBMS）由一个互相关联的数据的集合和一组用以访问这些数据的程序组成。这个数据集合通常称作**数据库**（database），其中包含了关于某个企业的信息。DBMS 的主要目标是要提供一种可以方便、高效地存取数据库信息的途径。

设计数据库系统的目的是管理大量信息。对数据的管理既涉及信息存储结构的定义，又涉及信息操作机制的提供。此外，数据库系统还必须提供所存储信息的安全性保证，即使在系统崩溃或有人企图越权访问时也应保障信息的安全性。如果数据将被多用户共享，那么系统还必须设法避免可能产生的异常结果。

在大多数组织中信息是非常重要的，因而计算机科学家开发了大量的用于有效管理数据的概念和技术。这些概念和技术正是本书所关注的。在这一章里，我们将简要介绍数据库系统的基本原理。

1.1　数据库系统应用

最早的数据库系统出现在 20 世纪 60 年代，以响应商业数据计算机化管理的需求。与当今的数据库应用相比，这些早期应用相对简单。当今的应用系统包括非常复杂的全球化企业。

新的和老的所有数据库应用都共享重要的公共元素。应用系统最主要的方面不是执行某些运算的程序，而是数据自身。当今某些最重要的公司之所以重要并不是因为它们的物理资产，而是由于它们所拥有的信息。想象某个银行没有了关于账户和客户的数据，或者某个社交网站丢失了用户之间的联系信息。在这样的情况下，这些公司的价值几乎会全部丧失。

数据库系统用于管理如下的数据集合：

- 具有很高价值的数据集合；
- 相对庞大的数据集合；
- 常常同时被多个用户和应用系统访问的数据集合。

最早期的数据库应用系统只拥有简单的、精确格式化的、结构化的数据。当今的数据库应用系统可能包括具有复杂联系和更加易变的结构的数据。作为具有结构化数据的应用系统的一个示例，我们考虑大学里关于课程、学生和课程注册的记录。大学保存关于每门课程的相同类型的信息：课程标识、课程名、系、课程号等。还类似地保存每名学生的信息：学生标识、姓名、地址、电话等。课程注册是课程标识和学生标识的配对的集合。这类信息具有标准的、重复的结构，是 20 世纪 60 年代具有代表性的数据库应用类型。这种简单的大学数据库应用与社交网站截然不同。社交网站的用户上传关于他们自己的各种类型的信息，从姓名或出生日期这样的简单项到包含文本、图像、视频和到其他用户的链接的复杂信息。在这些数据中只有有限数量的公共结构。然而，这两种类型的应用共享数据库的基本特性。

当今的数据库系统充分利用数据结构中的公共特征以获取高效性，同时也允许弱结构化的数据和格式非常易变的数据。其结果是，数据库系统是一个大型的复杂的软件系统，它的任务是管理大型的复杂的数据集合。

对复杂性进行管理很具挑战性，这种挑战不仅存在于数据管理中，也存在于任何领域中。对复杂性进行管理的关键是抽象这个概念。抽象使得人们可以使用复杂的设备或系统，而不必了解该设备或系统是如何构造的。例如，一个人只要知道如何操作汽车的控制器，就可以驾驶汽车。但司机不必了解发动机是如何制造和如何运转的。司机只需要抽象地知道发动机是干什么的。类似地，对于大型的复杂的数据集合，数据库系统提供信息的一个简单抽象的视图，于是用户和应用程序员不必了解数据的存储和组织方式的底层细节。通过提供高层的抽象，数据库系统使得一个企业可以把各种类型的数据组合到企业运行所需的统一的信息仓储中。

以下是一些代表性的应用。

- **企业信息**
  - **销售**：用于存储客户、产品和购买信息。
  - **会计**：用于存储付款、收据、账户余额、资产和其他会计信息。
  - **人力资源**：用于存储雇员、工资、所得税和津贴的信息，以及产生工资单。
- **生产制造**：用于管理供应链，跟踪工厂中产品的生产情况、仓库和商店中产品的详细清单以及产品的订单。
- **银行和金融**
  - **银行业**：用于存储客户信息、账户、贷款以及银行的交易记录。
  - **信用卡交易**：用于记录信用卡消费的情况和产生每月清单。
  - **金融业**：用于存储股票、债券等金融票据的持有、出售和买入的信息；也可用于存储实时的市场数据，以便客户能够进行在线交易，公司能够进行自动交易。
- **大学**：用于存储学生信息、课程注册和成绩。（此外，还存储通常的单位信息，例如人力资源和会计信息等。）
- **航空业**：用于存储订票和航班的信息。航空业是最先以地理上分布的方式使用数据库的行业之一。
- **电信业**：用于存储通话、短信、数据使用等记录，产生每月账单，维护预付电话卡的余额和存储通信网络的信息。
- **基于 Web 的服务**
  - **社交媒体**：用于保存用户记录、用户之间的关联（诸如朋友 / 关注信息）、用户发的帖子、关于帖子的评级 / 喜欢信息等。
  - **在线零售**：用于存储零售商的销售和订单数据，也对用户的产品审视、搜索条件等进行跟踪，目的是找出最合适的商品推荐给用户。
  - **在线广告宣传**：用于保存点击的历史记录，以推出有针对性的广告、产品建议、新闻报道等。人们每次做网络搜索、在线采购或访问社交网站时都访问这样的数据库。
- **文档数据库**：用于维护新的文章、专利证书、发表的研究论文等的集合。
- **导航系统**：用于维护感兴趣的各个地方的地址，以及公路系统、铁路系统、公交系统的精确路线等。

正如以上所列举的，数据库不仅成为每一个企业不可缺少的组成部分，而且也是个人日常活动的很大的组成部分。

随着时间的推移，人们与数据库交互的方式也在发生着变化。早期的数据库是作为办公室后台系统来维护的，用户通过打印的报告和作为输入的纸质表格来与它进行交互。随着数据库系统变得更加复杂，我们开发出了更好的语言供程序员来与数据进行交互，并且开发出了使得企业中的最终用户可以对数据进行查询和更新的用户界面。

随着对程序员与数据库交互的接口的改进，以及计算机硬件性能的提升（尽管硬件价格在下降），出现了更复杂的应用系统，这些应用系统使得数据库中的数据能够更直接地与用户相关联，不仅与企业内部的最终用户而且与普通的公众相关联。以往，银行客户在做每一笔交易时都必须与出纳员打交道，而现在自动柜员机（ATM）可以与客户直接交互。当前，几乎每一个企业都使用 Web 应用系统或远程应用系统，使得它的客户可以直接与企业数据库交互，于是也就和企业自身进行了交互。

用户（或客户）可以专注于产品或服务，而不必了解使得这样的交互成为可能的大型数据库的细节。例如，当你阅读一个社交媒体的帖子，或访问一个网上书店并且浏览书籍或收藏音乐时，实际上你正在访问存储在某个数据库中的数据。当你在线地输入订单时，你的订单实际上存到了某个数据库中。当你访问一个银行网站并且检索你的银行存款余额和交易信息时，这些信息是从银行的数据库系统中检索出来的。当你访问一个网站时，网站可能会将有关你的信息从某个数据库中检索出来，以选择应该向你推送什么广告。几乎每一个与智能手机的交互都会导致某种数据库访问。此外，关于你的 Web 访问的数据可能存放在一个数据库中。

因此，尽管用户界面隐藏了访问数据库的细节，并且大多数人甚至没有意识到他们正在跟数据库打交道，但实际上对数据库的访问构成了几乎每个人当今日常生活中的一个基本部分。

概括地说，有两种使用数据库的方式。

- 第一种方式是支持**联机事务处理**（online transaction processing），即大量的用户使用数据库，每个用户检索相对少量的数据，进行小的更新。这是数据库应用系统的绝大多数用户（诸如我们前面列举过的那些用户）的主要使用方式。
- 第二种方式是支持**数据分析**（data analytics），即审阅数据，给出结论，并推导出规则或决策程序，以用于驱动业务决策。

例如，银行需要决定是否贷款给一个申请者，在线广告商需要决定将哪一条广告显示给一个特定的用户。这些任务分两步处理。首先，数据分析技术尝试从数据中自动地发现规则和模式并创建预测模型（predictive model）。这些模型以个体的属性（"特征"）作为输入，以诸如归还贷款或点击广告的可能性作为输出，然后使用这些预测模型来做出业务决策。

再看另一个示例，生产商和零售商需要对生产什么产品或订购多大数量的物品做出决策；这些决策明显地是由对过去数据做分析和对未来趋势做预测的技术来驱动的。错误的决策将导致昂贵的代价，因此组织机构愿意投入大量的金钱来收集或购买所需的数据，并构建可使用这些数据来做出准确预测的系统。

数据挖掘（data mining）领域将人工智能研究者和统计分析员所创造的知识发现技术与使之能被用于超大规模数据库的高效的实现技术结合起来。

1.2　数据库系统的目标

要理解数据库系统的目标，让我们考虑大学组织中的一个部分。在这个部分中，保存了关于所有教师、学生、系和开设课程的信息，以及一些其他数据。在计算机中保存这些信息的一种方法是将它们存放在操作系统文件中。为了使用户可以操作这些信息，系统中有对文件进行操作的若干应用程序，包括：

- 增加新的学生、教师和课程。
- 为课程注册学生，并产生班级花名册。
- 为学生填写成绩，计算绩点（GPA），产生成绩单。

这些应用程序是由系统程序员根据大学的需求编写的。

随着需求的增长，新的应用程序被加入系统中。例如，某大学决定创建一个新的专业。那么，这个大学就要建立一个新的系并创建新的永久性文件（或在现有文件中添加信息）来记录关于这个系中所有的教师、这个专业的所有学生、开设的课程、学位条件等信息。进而就有可能需要编写新的应用程序来处理这个新专业的特殊规则。也可能会需要编写新的应用程序来处理大学中的新规则。因此，随着时间的推移，越来越多的文件和应用程序就会加入系统中。

这类典型的**文件处理系统**（file-processing system）是传统的操作系统所支持的。系统将永久记录存储在多个不同的文件中，需要有不同的应用程序来将记录从有关文件中取出或加入适当的文件中。

在文件处理系统中存储组织机构的信息的主要弊端包括以下方面。

- **数据的冗余和不一致性**（data redundancy and inconsistency）。由于文件和程序是在很长的一段时间内由不同的程序员创建的，不同文件可能有不同的结构，不同程序可能采用不同的程序设计语言编写。此外，相同的信息可能在几个地方（文件）重复存储。例如，如果某学生有两个专业（例如音乐和数学），该学生的地址和电话号码就可能既出现在包含音乐系学生记录的文件中，又出现在包含数学系学生记录的文件中。这种冗余除了导致存储和访问开销增大，还可能导致**数据不一致性**（data inconsistency），即同一数据的不同副本不一致。例如，学生地址的更改可能在音乐系记录中得到了反映而在系统的其他地方却没有。

- **数据访问困难**（difficulty in accessing data）。假设大学的某个办事人员需要找出居住在某个特定邮政编码区域内的所有学生的姓名。于是他要求数据处理部门生成这样的一个列表。由于原始系统的设计者并未预料到会有这样的需求，因此没有现成的应用程序去满足这个需求。然而，系统中有一个产生所有学生列表的应用程序。这时该办事人员有两种选择：一种是取得所有学生的列表并从中手工抽取所需信息，另一种是要求某个程序员编写所需的应用程序。这两种方案显然都不太令人满意。假设编写了这样的程序，几天以后这个办事人员可能又需要将该列表减少到只列出至少选修了 60 学时的那些学生。可以预见，产生这样一个列表的程序又不存在，这个职员就再次面临前面那两种都不尽人意的选择。

  这里的关键点是，传统的文件处理环境不支持以一种方便而高效的方式去获取所需数据。需要开发通用的、反应更加敏捷的数据检索系统。

- **数据孤立**（data isolation）。由于数据分散在不同文件中，这些文件又可能具有不同的格式，因此编写新的应用程序来检索适当数据是很困难的。

- **完整性问题**（integrity problem）。数据库中所存储数据的值必须满足某些特定类型的**一致性约束**（consistency constraint）。假设大学为每个系维护一个账户，并且记录各个账户的余额。我们还假设大学要求每个系的账户余额永远不能低于零。开发人员通过在不同的应用程序中加入适当的代码来强制系统中的这些约束。然而，当新的约束加入时，通过修改程序来体现这些新的约束是很困难的。尤其是当约束涉及不同文件中的多个数据项时，问题就变得更加复杂了。

- **原子性问题**（atomicity problem）。如同任何别的设备一样，计算机系统也会发生故障。一旦故障发生，数据就应被恢复到故障发生以前的一致的状态，对很多应用来说，这样的保证是至关重要的。考虑一个银行系统，它有一个把账户 A 的 500 美元转入账户 B 的程序。假设在程序的执行过程中发生了系统故障，很可能账户 A 的余额中减去了 500 美元，但还没有存入账户 B 的余额中，这就造成了数据库状态的不一致。显然，为了保证数据库的一致性，这里的借和贷两个操作必须是要么都发生，要么都不发生。也就是说，转账这个操作必须是原子的——它要么全部发生要么根本不发生。在传统的文件处理系统中，保持原子性是很难做到的。

- **并发访问异常**（concurrent-access anomaly）。为了提高系统的总体性能以及加快响应速度，许多系统允许多个用户同时更新数据。实际上，如今最大的互联网零售商每天就可能有来自购买者对其数据的数百万次访问。在这样的环境中，并发的更新操作可能相互影响，有可能导致数据的不一致。设账户 A 的余额是 10 000 美元，假设两个银行职员几乎同时从账户中取款（例如分别取出 500 美元和 100 美元），这样的并发执行就可能使账户处于一种错误的（或不一致的）状态。假设每个取款操作对应执行的程序是读取旧的账户余额，在其上减去取款的金额，然后将结果写回。如果两次取款的程序并发执行，可能它们读到的余额都是 10 000 美元，并将分别写回 9500 美元和 9900 美元。账户 A 的余额中到底剩下 9500 美元还是 9900 美元视哪个程序最后写回结果而定，而实际上正确的值应该是 9400 美元。为了消除这种情况发生的可能性，系统必须进行某种形式的监管。但是，由于数据可能被多个不同的应用程序访问，这些程序相互间事先又没有协调，这种监管就很难提供。

  作为另一个示例，假设为确保注册一门课程的学生人数不超过上限，注册程序维护一个注册了某门课程的学生计数。当一名学生注册时，该程序读入这门课程的当前计数值，如果核实该计数还没有达到上限，就给计数值加 1，并将计数存回数据库。假设两名学生同时注册，而此时的计数值是 39。尽管两名学生都成功地注册了这门课程，计数值应该是 41，但两个程序的执行可能都读到值 39，然后都写回值 40，导致不正确地只增加了 1 个注册人数。此外，假设该课程注册人数的上限是 40；在上面的示例中，两名学生都成功注册，就导致违反了 40 名学生为注册上限的规定。

- **安全性问题**（security problem）。并非数据库系统的每一个用户都可以访问所有数据。例如在大学中，工资管理人员只需要看到数据库中关于财务信息的那个部分。他们不需要对关于学术记录的信息进行访问。但是，由于应用程序总是即席地加入文件处理系统中，这样的安全性约束难以实现。

以上问题以及一些其他问题促使了 20 世纪 60 年代和 70 年代数据库系统的初始发展和基于文件的应用向基于数据库的应用的变迁。

接下来，我们将看一看数据库系统用以解决上述在文件处理系统中存在的问题的概念和算法。在本书的大部分篇幅中，我们在讨论典型的数据处理应用时总以大学作为实例。

1.3　数据视图

数据库系统是一些互相关联的数据以及一组使得用户可以访问和修改这些数据的程序的集合。数据库系统的一个主要目的是给用户提供数据的抽象视图，也就是说，系统隐藏关于数据存储和维护的某些细节。

1.3.1　数据模型

数据库结构的基础是**数据模型**（data model）：一个描述数据、数据联系、数据语义以及一致性约束的概念工具的集合。

在本书中我们将介绍若干种不同的数据模型。数据模型可被划分为四类。

- **关系模型**（relational model）。关系模型用表的集合来表示数据和数据间的联系。每个表有多个列，每列有唯一的列名。表也称作**关系**。关系模型是基于记录的模型的一种。基于记录的模型的名称的由来是数据库是由若干种固定格式的记录构成的。每个表包含某种特定类型的记录。每个记录类型定义了固定数目的字段或属性。表的列对应于记录类型的属性。关系数据模型是使用最广泛的数据模型，当今大量的数据库系统都基于这种关系模型。第2章和第8章将详细介绍关系模型。
- **实体－联系模型**（entity-relationship model）。实体－联系（E-R）数据模型使用称作实体的基本对象的集合，以及这些对象间的联系。实体是现实世界中可区别于其他对象的一件"事情"或一个"物体"。实体－联系模型被广泛用于数据库设计。第6章将详细探讨该模型。
- **半结构化数据模型**（semi-structured data model）。半结构化数据模型允许在其数据定义中某些相同类型的数据项含有不同的属性集。这和前面讲到的数据模型形成了对比：在那些数据模型中特定类型的每一个数据项都必须有相同的属性集。JSON和可扩展标记语言（eXtensible Markup Language，XML）被广泛地用来表示半结构化数据。半结构化数据模型将在第15章中详述。
- **基于对象的数据模型**（object-based data model）。面向对象的程序设计（特别是Java、C++或C#）已经成为占主导地位的软件开发方法。这在最初的时候导致了一个独特的面向对象数据模型的发展，但是现在对象的概念已经被很好地整合到关系数据库中。已经有了把对象存放到关系表中的规范。过程可以被存放在数据库系统中，并由数据库系统来执行它们。这可以看成对关系模型进行扩展，增加了封装、方法和对象标识等概念。

本书的大量篇幅集中在关系模型，因为它是大多数数据库应用系统的基础。

1.3.2　关系数据模型

在关系模型中，数据以表的形式表示。每个表有多个列，每个列有唯一的名字。表的每一行表示一条信息。图1-1给出了一个关系数据库示例，它包括两个表：一个表展示了大学教师的详细信息，另一个表展示了大学里各个系的详细信息。

第一个表是 *instructor* 表，表示例如有一个 *ID* 为22222的名叫Einstein的教师是物理系的成员，他的年薪是95 000美元。第二个表是 *department* 表，表示例如生物系坐落在Watson大楼，它的经费预算为90 000美元。当然，现实世界的大学会有更多的系和教师。在本书中我们用小型的表来描述概念。相同模式的更大型的示例可以在线获得。

ID	name	dept_name	salary
22222	Einstein	Physics	95000
12121	Wu	Finance	90000
32343	El Said	History	60000
45565	Katz	Comp. Sci.	75000
98345	Kim	Elec. Eng.	80000
76766	Crick	Biology	72000
10101	Srinivasan	Comp. Sci.	65000
58583	Califieri	History	62000
83821	Brandt	Comp. Sci.	92000
15151	Mozart	Music	40000
33456	Gold	Physics	87000
76543	Singh	Finance	80000

dept_name	building	budget
Comp. Sci.	Taylor	100000
Biology	Watson	90000
Elec. Eng.	Taylor	85000
Music	Packard	80000
Finance	Painter	120000
History	Painter	50000
Physics	Watson	70000

a) *instructor*表   b) *department*表

图 1-1 一个关系数据库示例

1.3.3 数据抽象

一个可用的系统必须能高效地检索数据。这种对高效性的需求促使数据库系统开发人员在数据库中使用复杂的数据结构来表示数据。由于许多数据库系统用户并未受过计算机专业训练，系统开发人员通过如下几个层次的**数据抽象**（data abstraction）来对用户屏蔽复杂性，以简化用户与系统的交互。

- **物理层**（physical level）。最低层次的抽象，描述数据实际上是怎样存储的。物理层详细描述复杂的底层数据结构。
- **逻辑层**（logical level）。比物理层层次稍高的抽象，描述数据库中存储什么数据以及这些数据间存在什么联系。这样逻辑层就通过少量相对简单的结构描述了整个数据库。虽然逻辑层的简单结构的实现可能涉及复杂的物理层结构，但逻辑层的用户不必意识到这样的复杂性。这称作**物理数据独立性**（physical data independence）。数据库管理员使用抽象的逻辑层，他必须确定数据库中应该保存哪些信息。
- **视图层**（view level）。最高层次的抽象，它只描述整个数据库的某个部分。尽管在逻辑层使用了相对简单的结构，但由于一个大型数据库中所存信息的多样性，仍存在一定程度的复杂性。数据库系统的很多用户并不需要所有的这些信息，而只需要访问数据库的一部分。视图层抽象的存在正是为了使这些用户与系统的交互更简单。系统可以为同一数据库提供多个视图。

这三层抽象的相互关系如图 1-2 所示。

诸如关系模型这样的数据模型的一个重要特性是，它们不仅向数据库用户甚至向数据库应用开发人员隐蔽了底层实现细节。数据库系统使得应用开发人员能够使用数据模型的抽象来存储和检索数据，并且将抽象操作转换为在底层实现上的操作。

通过与程序设计语言中数据类型的概念进行类比，我们可以弄清各层抽象间的区别。许多高级程序设计语言支持结构化类型的概念。我们可以抽象地描述一个记录类型如下⊖：

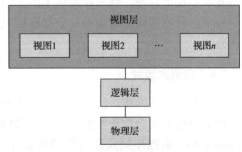

图 1-2 数据抽象的三个层次

⊖ 实际的类型说明依赖于所使用的语言。C 和 C++ 使用 **struct** 说明。Java 没有这样的说明，而可以定义一个简单的类来起到同样的作用。

```
type instructor = record
    ID : char (5);
    name : char (20);
    dept_name : char (20);
    salary : numeric (8,2);
end;
```

以上代码定义了一个具有四个字段的新的记录类型 *instructor*。每个字段有一个名字和与之相关联的类型。例如，char(20) 说明有一个包含 20 个字符的字符串，而 numeric(8,2) 说明有一个包含 8 个数位的数字，其中 2 个数位在小数点右边。对一个大学来说，可能包括几个这样的记录类型：

- *department*，包含字段 *dept_name*、*building* 和 *budget*。
- *course*，包含字段 *course_id*、*title*、*dept_name* 和 *credits*。
- *student*，包含字段 *ID*、*name*、*dept_name* 和 *tot_cred*。

在物理层，一个 *instructor*、*department* 或 *student* 记录可能被描述为包含连续的字节的块。编译器对程序设计人员屏蔽了这一层的细节。与此类似，数据库系统对数据库程序设计人员屏蔽了许多最底层的存储细节。而数据库管理员可能了解数据物理组织的某些细节。例如，有许多种将表存储到文件中的可能的方法。一种方法是，将表存储为文件中的一系列记录，用一个特殊的字符（例如逗号）来区分开记录中不同的属性，用另一个特殊的字符（例如换行符）来区分开不同的记录。如果所有的属性都是固定长度的，那么可以另外存储属性的长度，而文件中的区分符就可以不用了。可变长度属性可以用先存储长度、后面紧跟数据的办法来解决。数据库使用一种称作索引的数据结构来支持对记录的高效检索；这些也是物理层的构成成分。

在逻辑层，每个这样的记录通过类型定义进行描述，正如前面的代码段所示。在逻辑层上同时还要定义这些记录类型之间的相互关系；这样的相互关系的一个示例是，*instructor* 记录的 *dept_name* 值必须出现在 *department* 表中。程序设计人员正是在这个抽象层次上使用某种程序设计语言进行工作。与此类似，数据库管理员通常也是在这个抽象层次上工作。

最后，在视图层，计算机用户看见的是对其屏蔽了数据类型细节的一组应用程序。在视图层上定义了数据库的多个视图，数据库用户看到的是某些或所有视图。除了屏蔽数据库的逻辑层细节以外，视图还提供了防止用户访问数据库的某些部分的安全性机制。例如，大学注册办公室的职员只能看见数据库中关于学生的那部分信息，而不能访问涉及教师工资的信息。

1.3.4　实例和模式

随着时间的推移，信息会被插入或删除，数据库也就发生了改变。特定时刻存储在数据库中的信息的集合称作数据库的一个**实例**（instance）。而数据库的总体设计称作数据库**模式**（schema）。数据库模式和实例的概念可以通过与用程序设计语言编写的程序进行类比来理解。数据库模式对应于程序中的变量声明（以及与之关联的类型的定义）。每个变量在特定的时刻会有特定的值，程序中变量在某一时刻的值对应于数据库模式的一个实例。

按不同的抽象层次划分，数据库系统有几种模式。**物理模式**（physical schema）在物理层描述数据库的设计，而**逻辑模式**（logical schema）则在逻辑层描述数据库的设计。数据库在视图层也可以有几种模式，有时称为**子模式**（subschema），它描述了数据库的不同视图。

在这些模式中，因为程序员使用逻辑模式来构造数据库应用程序，从其对应用程序的影响来看，逻辑模式是目前最重要的一种模式。物理模式隐藏在逻辑模式之下，并且通常可以在应用程序丝毫不受影响的情况下被轻易地更改。应用程序如果不依赖于物理模式，即使物理模式改变了它们也无须重写，它们就被称为具有物理数据独立性。

我们还注意到，有可能建立起有问题的模式，诸如包含不必要的冗余信息等。例如，假设我们将系的财务预算作为教师的一个属性来存储。于是，每当一个系（例如物理系）的财务预算值发生改变，该变化必须被反映到与该系相关联的所有教师的记录中。在第 7 章中，我们将研究如何区分好的模式设计和不好的模式设计。

传统上，逻辑模式即使有改变，也并不频繁。然而，许多较新的数据库应用需要更复杂的逻辑模式，例如，在单个关系中不同的记录可能具有不同的属性。

1.4　数据库语言

数据库系统提供**数据定义语言**（Data-Definition Language，DDL）来定义数据库模式，并提供**数据操纵语言**（Data-Manipulation Language，DML）来表达数据库的查询和更新。而实际上，数据定义和数据操纵语言并不是两种互相分离的语言，相反地，它们仅仅是构成了单一的数据库语言（例如 SQL 语言）的不同部分。几乎所有的关系数据库系统都使用 SQL 语言，我们将在第 3～5 章详细介绍 SQL 语言。

1.4.1　数据定义语言

数据库模式是通过一系列定义来说明的，这些定义由一种称作**数据定义语言**的特定语言来表达。DDL 也可用于定义数据的其他特征。

通过一系列特定的 DDL 语句来说明数据库系统所采用的存储结构和访问方式，这种特定的 DDL 称作**数据存储和定义**（data storage and definition）语言。这些语句定义了数据库模式的实现细节，而这些细节对用户来说通常是不可见的。

存储在数据库中的数据值必须满足某些一致性约束。例如，假设大学要求一个系的账户余额必须不能为负值。DDL 语言提供了指明这样的约束的工具。每当数据库被更新时，数据库系统都会检查这些约束。通常，约束可以是关于数据库的任意谓词。然而，如果要测试任意谓词，可能代价比较高。因此，数据库系统仅实现可以以最小代价测试的完整性约束。

- **域约束**（domain constraint）。每个属性都必须对应于一个所有可能的取值构成的域（例如，整数型、字符型、日期 / 时间型）。声明一个属性属于某个具体的域就相当于约束它可以取的值。域约束是完整性约束的最基本形式。每当有新数据项插入数据库中，系统就能方便地进行域约束检测。
- **引用完整性**（referential integrity）。常常有这样的情况，我们希望能确保一个关系中给定属性集上的取值也在另一关系的某一属性集的取值中出现（引用完整性）。例如，每门课程所列出的系必须是大学中实际存在的系。更准确地说，一个 *course* 记录中的 *dept_name* 值必须出现在 *department* 关系中的某个记录的 *dept_name* 属性中。数据库的修改有可能会导致引用完整性的破坏。当引用完整性约束被违反时，通常的处理是拒绝执行导致完整性被破坏的操作。

- **授权**（authorization）。我们也许想对用户加以区别，对于不同的用户在数据库中的不同数据值上允许不同的访问类型。这些区别以**授权**来表达，最常见的是：**读权限**（read authorization），允许读取数据，但不能修改数据；**插入权限**（insert authorization），允许插入新数据，但不允许修改已有数据；**更新权限**（update authorization），允许修改，但不能删除数据；**删除权限**（delete authorization），允许删除数据。我们可以赋予用户所有或者部分这些权限，也可以不赋予用户任何这些权限。

正如任何其他程序设计语言一样，对 DDL 语句的处理会产生一些输出。DDL 的输出放在**数据字典**（data dictionary）中，数据字典包含**元数据**（metadata），元数据是关于数据的数据。可以把数据字典看作一种特殊的表，这种表只能由数据库系统本身（不是常规的用户）来访问和修改。在读取和修改实际的数据前，数据库系统先要参考数据字典。

1.4.2 SQL 数据定义语言

SQL 提供了丰富的 DDL 语言，通过它，我们可以定义具有数据类型和完整性约束的表。例如，以下的 SQL DDL 语句定义了 *department* 表：

$$
\begin{aligned}
&\textbf{create table } department \\
&(dept\_name \qquad\quad \textbf{char } (20), \\
&\ building \qquad\qquad \textbf{char } (15), \\
&\ budget \qquad\qquad\quad \textbf{numeric } (12,2));
\end{aligned}
$$

上面的 DDL 语句执行的结果就是创建了 *department* 表，该表有 3 个列：*dept_name*、*building* 和 *budget*，每个列有一个与之相关联的数据类型。在第 3 章中我们将更详细地讨论数据类型。

SQL DDL 还支持若干种类型的完整性约束。例如，你可以指明 *dept_name* 属性是主码（primary key），以确保没有两个系会有相同的系名。另一个示例是，你可以指明在任何 *instructor* 记录中出现的 *dept_name* 属性值也必须在 *department* 表的某个记录中出现。我们将在第 3~4 章中讨论 SQL 对完整性约束和授权的支持。

1.4.3 数据操纵语言

数据操纵语言是这样一种语言，它使得用户可以访问或操纵那些按照某种适当的数据模型组织起来的数据。有以下访问类型：

- 对存储在数据库中的信息进行检索；
- 向数据库中插入新的信息；
- 从数据库中删除信息；
- 修改数据库中存储的信息。

基本上有两种类型的数据操纵语言：

- **过程化的 DML**（procedural DML）要求用户指定需要什么数据以及如何获得这些数据。
- **声明式的 DML**（declarative DML）（也称为**非过程化的 DML**）只要求用户指定需要什么数据，而不必指明如何获得这些数据。

声明式的 DML 通常比过程化的 DML 易学易用。但是，由于用户不必指明如何获得数据，因此数据库系统必须找出一种访问数据的高效途径。

查询（query）是要求对信息进行检索的语句。DML 中涉及信息检索的部分称作**查询语**

言（query language）。实践中常把查询语言和数据操纵语言作为同义词使用，尽管从技术上来说这并不正确。

目前已有多个在使用的商业性的或者实验性的数据库查询语言。我们在第 3～5 章中将学习最广泛使用的查询语言 SQL。

我们在 1.3 节中讨论的抽象层次不仅可以用于定义或构造数据，而且还可以用于操纵数据。在物理层，我们必须定义可高效访问数据的算法；在更高的抽象层，我们则强调易用性，目标是使人们能够更有效地和系统交互。数据库系统的查询处理器部件（我们将在第 12 章学习）将 DML 的查询语句翻译成数据库系统物理层的动作序列。

1.4.4 SQL 数据操纵语言

SQL 查询语言是非过程化的。一个查询以几个表作为输入（也可能只有一个表），总是仅返回一个表。下面是一个 SQL 查询的示例，它找出历史系的所有教师的名字：

> **select** *instructor.name*
> **from** *instructor*
> **where** *instructor.dept_name* = 'History';

这个查询指定了要从 *instructor* 表中取回 *dept_name* 为 History 的那些行，并且这些行的 *name* 属性要显示出来。本查询的执行结果是一个表，它包含单个列 *name*，有若干行，每一行都是 *dept_name* 为 History 的一个教师的名字。如果这个查询运行在图 1-1 的表上，那么结果将包括两行，一行的名字是 El Said，另一行的名字是 Califieri。

查询可以涉及不止一个表的信息。例如，下面的查询将找出与经费预算超过 95 000 美元的系相关联的所有教师的 ID 和系名。

> **select** *instructor.ID, department.dept_name*
> **from** *instructor, department*
> **where** *instructor.dept_name= department.dept_name* **and**
>   *department.budget* > 95000;

如果上述查询运行在图 1-1 的表上，那么系统将会发现，有两个系的经费预算超过 95 000 美元——计算机科学系和金融系；这些系里有 5 位教师。于是，结果将由一个表组成，这个表有两列（*ID*，*dept_name*）和五行（12121, Finance）、（45565, Computer Science）、（10101, Computer Science）、（83821, Computer Science）、（76543, Finance）。

1.4.5 从应用程序访问数据库

像 SQL 这样的非过程化查询语言不像一个普适的图灵机那么强大：有一些计算可以用通用的程序设计语言来表达，但无法用 SQL 来表达。SQL 也不支持诸如从用户那儿输入、输出到显示器或在网络上通信这样的动作。这样的计算和动作必须用一种宿主（host）语言来写，比如 C/C++、Java 或 Python，在其中使用嵌入式的 SQL 查询来访问数据库中的数据。**应用程序**（application program）就是用来以这种方式与数据库进行交互的程序。在大学系统的示例中，就是那些使学生能够注册课程、产生课程花名册、计算学生的 GPA、产生工资支票以及完成其他任务的程序。

为了访问数据库，需要将 DML 语句从宿主发送到执行这些语句的数据库。最通用的办法是使用应用程序接口（过程集合），它可以用来将 DML 和 DDL 的语句发送给数据库，再取回结果。开放数据库连接（ODBC）标准定义用于 C 语言和其他几种语言的应用程序接口。Java 数据库连接（JDBC）标准为 Java 语言提供了相应的接口。

1.5　数据库设计

数据库系统被设计用来管理大量的信息。这些大量的信息并不是孤立存在的，而是企业运行的一部分，企业的最终产品可以是从数据库中得到的信息，或者是某种设备或服务，数据库只是对它们起到支持的作用。

数据库设计的主要内容是数据库模式的设计。而设计一个满足被建模的企业的需求的完整的数据库应用环境，还要考虑更多的问题。这里我们着重讨论数据库查询的编写和数据库模式的设计，在后面第 9 章中将讨论应用设计。

高层的数据模型为数据库设计者提供了一个概念框架，来说明数据库用户的数据需求，以及将怎样构造数据库结构以满足这些需求。因此，数据库设计的初始阶段是全面刻画预期的数据库用户的数据需求。为了完成这个任务，数据库设计者必须和领域专家、数据库用户广泛地交流。这个阶段的成果是用户需求说明书文档。

下一步，设计者选择一个数据模型，并运用该选定的数据模型的概念，将那些需求转换成一个数据库的概念模式。在这个**概念设计**（conceptual-design）阶段开发出来的模式提供了企业的详细综述。设计者再复审这个模式，确保满足所有的数据需求并且需求之间没有冲突。在检查过程中设计者还可以去掉一些冗余的特性。这一阶段的重点是描述数据以及它们之间的联系，而不是指定物理的存储细节。

从关系模型的角度来看，概念设计阶段涉及决定数据库中应该包括哪些属性，以及如何组织这些属性到各个表中。前者基本上是业务上的决策，在本书中我们不进一步讨论。而后者主要是计算机科学的问题。解决这个问题的方法主要有两种：一种是使用实体－联系模型（见第 7 章），另一种是采用一套算法（统称为**规范化**（normalization），它将所有属性集作为输入，生成一组关系表（见第 8 章））。

一个开发完全的概念模式还将指出企业的功能需求。在**功能需求说明**（specification of functional requirement）中，用户描述将在数据之上执行的各种操作（或事务）。操作的示例包括修改或更新数据、查找和取回特定的数据、删除数据等。在概念设计的这个阶段，设计者可以对模式进行复审，确保它满足功能需求。

现在，将抽象数据模型转换到数据库实现的过程进入最后两个设计阶段。在**逻辑设计阶段**（logical-design phrase），设计人员将高层的概念模式映射到要使用的实现数据库系统的数据模型上。然后设计人员将得到的特定于系统的数据库模式用到后续的**物理设计阶段**（physical-design phrase）中，在这个阶段中说明数据库的物理特性，这些特性包括文件组织的形式以及内部的存储结构。

1.6　数据库引擎

数据库系统被划分为多个模块，每个模块完成整个系统的一个功能。数据库系统的功能部件大致可分为存储管理器、**查询处理器**（query processor）部件和事务管理部件。

存储管理器很重要，因为数据库常常需要大量存储空间。企业数据库的大小通常达到数百个 gigabyte（千兆字节），甚至达到 terabyte（万亿字节）。一个 gigabyte 大约为 10 亿字节，或 1000 个（更准确地说，1024 个）megabyte（兆字节），而一个 terabyte 大约为 1 万亿字节，或

100万个 megabyte（更准确地说，1024 个 gigabyte）。最大的企业的数据库规模达到数个 petabyte
（千万亿字节）（一个 petabyte 是 1024 个 terabyte）。由于计算机主存不可能存储这么多信息，又
由于当发生系统崩溃时主存的内容会丢失，因此信息被存储在磁盘中。需要时可以在主存和
磁盘间移动数据。由于相对于中央处理器的速度来说数据出入磁盘的速度很慢，因此数据库
系统对数据的组织必须满足使磁盘和主存之间数据的移动需求最小化。现在固态硬盘（SSD）
被越来越多地应用到数据库存储中。SSD 比传统的磁盘速度快得多，但价格也更加昂贵。

查询处理器也很重要，因为它帮助数据库系统简化和促进了对数据的访问。查询处理器
使得数据库用户能够获得很高的性能，同时可以在视图的层次上工作，不必承受了解系统实
现的物理层次细节的负担。数据库系统的任务是，将在逻辑层上用非过程化语言编写的更新
和查询转变成物理层的高效操作序列。

事务管理器同样很重要，因为它使得应用开发人员能够把一系列数据库存取操作当作一
个单元来看待，这些存取操作要么全做，要么全都不做。这使得应用开发人员可以在一个更
高的抽象层次上思考有关应用的问题，而不需要去考虑管理数据的并发存取和系统故障所造
成的影响等底层细节。

传统上数据库引擎是集中式的计算机系统，而当今的并发处理是高效管理海量数据的关
键所在。现代的数据库引擎非常注重并发数据存储和并发查询处理。

1.6.1 存储管理器

存储管理器（storage manager）是数据库系统中负责在数据库中存储的低层数据与应用
程序以及向系统提交的查询之间提供接口的部件。存储管理器负责与文件管理器进行交互。
原始数据通过操作系统提供的文件系统存储在磁盘上。存储管理器将各种 DML 语句翻译为
底层文件系统命令。因此，存储管理器负责数据库中数据的存储、检索和更新。

存储管理器部件包括：

- **权限及完整性管理器**（authorization and integrity manager），它检测是否满足完整性
  约束，并检查试图访问数据的用户的权限。
- **事务管理器**（transaction manager），它保证即使系统发生了故障，数据库也保持在一
  致的（正确的）状态，并保证并发事务的执行不发生冲突。
- **文件管理器**（file manager），它管理磁盘存储空间的分配，管理用于表示磁盘上所存
  储信息的数据结构。
- **缓冲区管理器**（buffer manager），它负责将数据从磁盘上取到内存中，并决定哪些数
  据应被缓冲存储在内存中。缓冲区管理器是数据库系统的一个关键部分，因为它使
  数据库可以处理比内存大得多的数据。

作为系统物理实现的一部分，存储管理器实现了以下几种数据结构：

- **数据文件**（data file），它存储数据库自身。
- **数据字典**（data dictionary），它存储关于数据库结构的元数据，特别是数据库模式。
- **索引**（index），它提供对数据项的快速访问。和本书中的索引一样，数据库索引提供
  了指向包含特定值的数据项的指针。例如，我们可以运用索引找到具有特定的 *ID* 的
  instructor 记录，或具有特定的 *name* 的所有 *instructor* 记录。

我们将在第 10 章中讨论存储介质、文件结构和缓冲区管理，在第 11 章中讨论高效访问
数据的方法。

1.6.2　查询处理器

查询处理器组件包括：

- **DDL 解释器**（DDL interpreter），它解释 DDL 语句并将这些定义记录在数据字典中。
- **DML 编译器**（DML compiler），它将查询语言中的 DML 语句翻译为包括一系列查询执行引擎能理解的低级指令的执行方案。

　　一个查询通常可被翻译成给出相同结果的多个候选执行计划中的任何一个。DML 编译器还进行**查询优化**（query optimization），就是从几个候选执行计划中选出代价最小的那个执行计划。

- **查询执行引擎**（query evaluation engine），它执行由 DML 编译器产生的低级指令。

第 12 章将介绍查询执行，并讨论查询优化器从可能的执行策略中进行挑选的方法。

1.6.3　事务管理

通常，对数据库的几个操作合起来形成一个逻辑单元。如 1.2 节所示的示例是一个资金转账操作，其中账户 A 进行取出操作，而账户 B 进行存入操作。显然，必须保证这两个操作要么都发生要么都不发生。也就是说，资金转账必须全部完成或根本不发生。这种要么都发生要么都不发生的要求称作**原子性**。除此以外，资金转账的执行还必须保持数据库的一致性。也就是说，A 和 B 的余额之和应该是保持不变的。这种正确性要求称作**一致性**。最后，当资金转账成功结束后，即使发生系统故障，账户 A 和账户 B 的余额也应该保持转账成功结束后的新值。这种保持的要求称作**持久性**。

事务（transaction）是数据库应用中完成单一逻辑功能的操作集合。每一个事务是一个既具原子性又具一致性的单元。因此，我们要求事务不违反任何的数据库一致性约束，也就是说，如果事务启动时数据库是一致的，那么当这个事务成功结束时数据库也应该是一致的。然而，在事务执行过程中，有可能需要允许暂时的不一致，因为无论是 A 取出的操作在前还是 B 存入的操作在前，这两个操作都必然有一个先后次序。这种暂时的不一致虽然是必需的，但在故障发生时，很可能导致问题的产生。

适当地定义各个事务，使之能保持数据库的一致性，这是程序员的职责。例如，资金从账户 A 转到账户 B 这个事务有可能被定义为由两个单独的程序组成：一个对账户 A 执行取出操作，另一个对账户 B 执行存入操作。这两个程序的依次执行可以保持一致性。但是，这两个程序自身都不是把数据库从一个一致的状态转入一个新的一致的状态，因此它们都不是事务。

原子性和持久性的保证是数据库系统自身的职责，确切地说，是**恢复管理器**（recovery manager）的职责。在没有故障发生的情况下，所有事务均成功完成，这时要保证原子性很容易。但是，由于各种各样的故障，事务并不总能成功执行完毕。为了保证原子性，失败的事务必须对数据库状态不产生任何影响。因此，数据库必须被恢复到该失败事务开始执行以前的状态。在这种情况下数据库系统必须进行**故障恢复**（failure recovery），即它必须检测系统故障并将数据库恢复到故障发生以前的状态。

最后，当几个事务并发地对数据库进行更新时，即使每个单独的事务都是正确的，数据的一致性也可能被破坏。**并发控制管理器**（concurrency-control manager）控制并发事务间的相互影响，保证数据库的一致性。**事务管理器**（transaction manager）包括并发控制管理器和恢复管理器。

　　事务处理的基本概念将在第 13 章介绍，并发事务的管理和故障恢复将在第 14 章讨论。

　　事务的概念已经被广泛应用在数据库系统和应用系统当中。虽然最初是在金融应用中使用事务，现在事务的概念已经被使用在电信业的实时应用中，以及长时间活动（诸如产品设计或行政业务工作流）的管理中。

1.7　数据库和应用体系结构

　　现在我们可以给出数据库系统各个部分以及它们之间联系的图。图 1-3 展示了一个运行在集中式服务器上的数据库系统的体系结构。这个图概述了不同类型的用户如何与数据库打交道，以及数据库引擎中的各个部分如何互相关联。

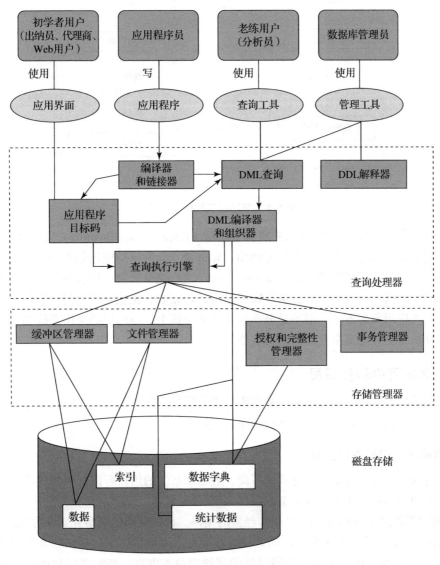

图 1-3　系统体系结构

图 1-3 所示的集中式体系结构可以应用在共享内存的服务器体系结构中，该结构有多个

CPU 进行并行处理，但是所有的 CPU 都访问一个公共的共享内存。为扩展到更大的数据规模和更高的处理速度，研究人员设计了运行在包括多台机器的集群上的**并行数据库**（parallel database）。更进一步地，**分布式数据库**（distributed database）允许跨地域地对多台分离的机器进行数据存储和查询处理。

现在我们考虑使用数据库作为其后端的应用系统的体系结构。数据库应用系统通常可分为两个或三个部分，如图 1-4 所示。较早一代的数据库应用系统采用**两层体系结构**（two-tier architecture），其中应用程序驻留在客户机上，通过查询语言语句来调用服务器上的数据库系统功能。

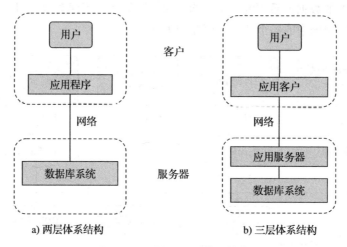

图 1-4　两层和三层体系结构

而当今的数据库应用系统采用**三层体系结构**（three-tier architecture），客户机仅作为一个前端，它并不包含任何直接的数据库调用；Web 浏览器和移动应用是当今最普遍使用的应用客户端。前端与**应用服务器**（application server）进行通信。而应用服务器与数据库系统进行通信以访问数据。应用程序的**业务逻辑**（business logic），也就是说在何种条件下做出何种反应，被嵌入应用服务器中，而不是分布在多个客户机上。与两层的应用系统相比，三层结构的应用提供了更好的安全性和更高的性能。

1.8　数据库用户和管理员

数据库系统的一个主要目标是从数据库中检索信息和往数据库中存储新信息。与数据库打交道的人员可被分为数据库用户和数据库管理员。

1.8.1　数据库用户和用户界面

根据所期望的与系统交互的方式的不同，数据库系统的用户可以分为四种不同类型。系统为不同类型的用户设计了不同类型的用户界面。

- **初学者用户**（naïve user）是缺少经验的用户，他们使用已经事先定义好的用户界面，诸如 Web 或移动应用程序，同系统进行交互。为初学者用户提供的典型的用户界面是表格界面，用户可以往表格适当的字段中填入内容。初学者用户还可以简单地阅读由数据库产生的报表。

　　例如，假设有一名学生，他在课程注册的过程中想使用 Web 界面来注册一门课程。这样的用户连接到运行在 Web 服务器上的一个 Web 应用程序。应用程序首先验证该用户的身份，然后允许他去访问一个表格，他可以在表格中填入想填的信息。表格信息被送回给服务器上的 Web 应用程序，然后应用程序确定该课程是否还有空的名额（通过从数据库中检索信息），如果有，就把这名学生的信息添加到数据库中的该课程花名册中。

- **应用程序员**（application programmer）是编写应用程序的计算机专业人员。有很多工具可以供应用程序员选择来开发用户界面。
- **老练用户**（sophisticated user）不通过编写程序来同系统交互，而是用数据库查询语言或数据分析软件这样的工具来表达他们的要求。分析员通过提交查询来研究数据库中的数据，所以属于这一类用户。

1.8.2　数据库管理员

使用 DBMS 的一个主要原因是可以对数据和访问这些数据的程序进行集中控制。对系统进行集中控制的人称作**数据库管理员**（DataBase Administrator，DBA）。DBA 的作用包括以下方面。

- **模式定义**（schema definition）。DBA 通过执行用 DDL 编写的一系列数据定义语句来创建最初的数据库模式。
- **存储结构及存取方法定义**（storage structure and access-method definition）。DBA 可以具体说明与数据物理组织及索引创建相关的一些参数。
- **模式及物理组织的修改**（schema and physical-organization modification）。由 DBA 对模式和物理组织进行修改，以反映机构的需求变化，或为提高性能选择不同的物理组织。
- **数据访问授权**（granting of authorization for data access）。通过授予不同类型的权限，数据库管理员可以规定不同的用户各自可以访问的数据库的部分。授权信息保存在一个特殊的系统结构中，一旦系统中有访问数据的要求，数据库系统就去查阅这些信息。
- **日常维护**（routine maintenance）。数据库管理员的日常维护活动有：
  - 周期性地备份数据库到远程服务器上，以防止像洪水之类的灾难发生时数据丢失。
  - 确保在正常运转时有足够的空余磁盘空间，并且在需要时升级磁盘空间。
  - 监视数据库上运行的作业，并确保数据库的性能不因一些用户提交了时间花费较多的任务而降低。

1.9　数据库系统的历史

从商业计算机的出现开始，信息处理就一直推动着计算机的发展。事实上，数据处理任务的自动化早于计算机的出现。早在 20 世纪初人们就用赫尔曼·霍勒瑞斯（Herman Hollerith）发明的穿孔卡片来记录美国的人口普查数据，并且用机械系统来处理这些卡片和列表显示结果。穿孔卡片后来被广泛用作将数据输入计算机的一种手段。

数据存储和处理技术发展的年表如下。

- **20 世纪 50 年代和 60 年代初**：磁带被开发用于数据存储。诸如工资单这样的数据处理已经自动化了，数据存储在磁带上。数据处理包括从一个或多个磁带上读取数据，和将数据写到新的磁带上。数据也可以由一叠穿孔卡片输入，并输出到打印机上。例如，工资增长的处理是通过将增长表示到穿孔卡片上，在读入一叠穿孔卡片时同步地读入保存主要工资细节的磁带。记录必须有相同的排列顺序。工资的增加额将被加入从主磁带读出的工资中，并被写到新的磁带上，新磁带将成为新的主磁带。

磁带（和卡片组）都只能顺序读取，数据规模可以比内存大得多，因此，数据处理程序被迫以一种特定的顺序来对数据进行处理，读取和合并来自磁带和卡片组的数据。

- **20 世纪 60 年代末和 70 年代初**：20 世纪 60 年代末硬盘的广泛使用极大地改变了数据处理的情况，因为硬盘允许直接对数据进行访问。数据在磁盘上的位置是无关紧要的，因为磁盘上的任何位置都可在几十毫秒内访问到。数据由此摆脱了顺序访问的限制。随着磁盘的出现，网状和层次数据模型被开发出来，它们可以将表和树这样的数据结构保存在磁盘上。程序员可以构建和操作这些数据结构。

  Edgar Codd 在 1970 年撰写的一篇具有里程碑意义的论文定义了关系模型和在关系模型中查询数据的非过程化方法，由此关系型数据库诞生了。关系模型的简单性和能够对程序员屏蔽所有实现细节的能力具有真正的诱惑力。随后，Codd 因其所做的工作获得了声望很高的 ACM 图灵奖。

- **20 世纪 70 年代末和 80 年代**：尽管关系模型在学术上很受重视，但是最初并没有实际的应用，这是因为它被认为性能不好；关系型数据库在性能上还不能和当时已有的网状和层次数据库相提并论。这种情况直到 System R 的出现才得以改变，这是 IBM 研究院的一个突破性项目，它开发了能构造高效的关系型数据库系统的技术。完全可用的 System R 原型导致了 IBM 的第一个关系型数据库产品 SQL/DS 的诞生。与此同时，加州大学伯克利分校开发了 Ingres 系统。它后来发展成具有相同名字的商品化关系数据库系统。也在这同一时期，Oracle 的第一个版本被发布了。最初的商品化关系型数据库系统，诸如 IBM DB2、Oracle、Ingres 和 DEC Rdb，在推动高效处理声明性查询的技术上起到了主要的作用。

  到了 20 世纪 80 年代初期，关系型数据库在性能上甚至已经可以与网状和层次型数据库竞争了。关系型数据库是如此简单易用，以至于最后它完全取代了网状和层次数据库。使用那些老式模型的程序员不得不处理许多底层的实现细节，并且必须将他们要做的查询任务编码成过程化的形式。最重要的是，他们在设计应用程序时还要时时考虑效率问题，而这需要付出很大的努力。与此相反，在关系型数据库中，几乎所有这些底层任务都由数据库系统自动完成，使得程序员可以只考虑逻辑层的工作。自从在 20 世纪 80 年代取得了统治地位以来，关系模型在数据模型中一直独占鳌头。

  在 20 世纪 80 年代人们还对并行和分布式数据库进行了很多研究，同样在面向对象数据库方面也有初步的工作。

- **20 世纪 90 年代**：SQL 语言主要是为决策支持应用而设计的，这类应用是查询密集的；而在 20 世纪 80 年代数据库的支柱是事务处理应用，它们是更新密集的。

  在 20 世纪 90 年代初，决策支持和查询再度成为数据库的一个主要应用领域。分析大量数据的工具有了更广泛的应用。在这个时期许多数据库厂商推出了并行数据库产品。数据库厂商还开始在他们的数据库中加入对象－关系的支持。

20 世纪 90 年代最重大的事件就是互联网的爆炸式发展。数据库比以前有了更加广泛的应用。现在数据库系统必须支持很高的事务处理速度，而且还要有很高的可靠性和 24×7 的可用性（一天 24 小时、一周 7 天都可用，也就是没有进行维护的停机时间）。数据库系统还必须支持对数据的 Web 接口。

- **21 世纪第一个十年**：在这个时期，存储在数据库系统中的数据的类型迅速演化发展。半结构化数据的重要性日益增加。XML 发展成为数据交换的标准。紧随其后的是，一个更加小巧的，适用于存储来自 JavaScript 或其他程序设计语言的对象的数据交换格式 JSON 变得日益重要起来。随着主流的商品化数据库系统中增加了对 XML 和 JSON 格式的支持，这样的数据越来越多地存储在关系数据库系统中。空间数据（即包含地理信息的数据）在导航系统和高级的应用系统中被广泛使用。数据库系统也增加了对这样的数据的支持。

  开源数据库系统尤其是 PostgreSQL 和 MySQL 的使用不断增长。"Auto-admin"特性被添加到数据库系统中，使其能自动重新配置，以适应不断变化的工作负载。这有助于在数据库的管理中减少人们的工作量。

  社交网络平台快速发展，产生了对关于人们与他们所上传的数据之间的关联的数据进行管理的需求，这不适合使用表格化的行和列的格式。从而导致了图形数据库的发展。

  在 21 世纪第一个十年的后几年中，企业中数据分析和**数据挖掘**（data mining）的应用非常普遍。特别为这个市场服务的数据库系统被开发出来。这些系统的物理数据组织适合于分析处理，例如"列存储"，它将表按列进行存储，而不是像主流商品化数据库系统那样传统的面向行的存储。

  海量的数据以及大多数用于分析的数据都是文本或半结构化数据这样一个事实，导致了像 map-reduce 这样的程序设计架构的发展，有利于应用程序员在数据分析中对并行的使用。最终，对这些特性的支持已经嵌入了传统的数据库系统中。即使到了 21 世纪头十年的后期，数据库研究界里仍然在争论到底是单个的数据库系统既做传统的事务处理应用服务又做新的数据分析应用服务好，还是继续用分开的系统做这些事情好。

  各式各样的新的数据密集型应用以及对快速开发的需求，特别是新兴的公司的需求，导致了"NoSQL"系统的诞生，它提供轻量级形式的数据管理。"NoSQL"这个名字源于这些系统缺乏对几乎无所不在的数据库查询语言 SQL 的支持，虽然这个名字现在常常被看成意为"不仅仅是 SQL"（"not only SQL"）。基于关系模型的高级查询语言的缺失给了程序员在新的数据类型上工作的更大的灵活性。缺乏传统的数据库系统对严格的数据一致性的支持为在应用系统中使用分布式数据提供了更大的灵活性。NoSQL 的"最终一致性"（"eventual consistency"）模型允许数据的分布拷贝可以是不一致的，只要它们在没有更进一步的更新时能最终汇集起来。

- **21 世纪第二个十年**：NoSQL 系统的局限性，诸如缺乏对一致性的支持、缺乏对声明式查询的支持等，被发现对于许多应用（例如社交网络）来说是可以接受的，而作为回报的是提供了可伸缩性和可用性等好处。然而，到了 21 世纪第二个十年初期，已经可以明显地看出这些局限性使得程序员和数据库管理员的工作更加复杂。其结果是，这些系统逐渐演化为提供特性以支持一致性的更加严格的概念，同时继续支持高可伸缩性和可用性。而且，这些系统越来越多地支持更高级别的抽象，以避免需要程序员去重新实现在传统的数据库系统中已经成为标准的那些特性。

各个企业正在越来越多地外包它们的数据的存储和管理。企业可以不在自己内部维护数据系统和拥有专业人员，而是把数据存储在"云"服务中，"云"服务将各种各样的客户的数据保存在多个广泛分布的服务器群组中。数据通过基于 Web 的服务传送给用户。其他一些企业不仅外包它们数据的存储，而且外包整个应用。在这种称作"软件作为服务"的情况下，供应商不仅为企业存储数据，而且为企业运行（和维护）应用软件。这些趋势导致大大地节省了费用，但是也产生了新的问题，不仅涉及安全性遭到破坏的责任问题，还涉及数据的所有权问题，特别是在政府要求对数据进行访问的情况下。

数据和数据分析对日常生活的巨大影响使得数据管理成为新闻的一个常见方面。在个人的隐私权和社会的知情权之间存在一个尚未解决的权衡问题。不同的国家政府部门都适当地发布了关于隐私的规章制度。经常见报的安全性遭到破坏的案例让公众认识到网络安全性面临的挑战和数据存储存在的风险。

1.10 总结

- 数据库管理系统（DBMS）由相互关联的数据集合以及一组用于访问这些数据的程序组成。数据描述某特定的企业。
- DBMS 的主要目标是为人们提供方便、高效的环境来检索和存储数据。
- 如今数据库系统无所不在，大多数人每天许多次直接或间接地与数据库系统打交道。
- 数据库系统设计用来存储大量的信息。数据的管理既包括信息存储结构的定义，也包括信息处理机制的提供。另外数据库系统还必须提供所存储信息的安全性，以处理系统崩溃或者非授权访问企图。如果数据在多个用户之间共享，系统必须避免可能的异常结果。
- 数据库系统的一个主要目的是为用户提供数据的抽象视图，也就是说，系统隐藏数据存储和维护的细节。
- 数据库结构的基础是数据模型：用于描述数据、数据之间的联系、数据语义和数据约束的概念工具的集合。
- 关系数据模型是最广泛使用的将数据存储到数据库中的模型。其他的数据模型有面向对象模型、对象 - 关系模型和半结构化数据模型。
- 数据操纵语言（DML）是使得用户可以访问和操纵数据的语言。当今广泛使用的是非过程化的 DML，它只需要用户指明需要什么数据，而不需指明如何获得这些数据。
- 数据定义语言（DDL）是说明数据库模式和数据的其他特性的语言。
- 数据库设计主要包括数据库模式的设计。实体 - 联系（E-R）数据模型是广泛用于数据库设计的数据模型，它提供了一种方便的图形化的方式来观察数据、联系和约束。
- 数据库系统由几个子系统构成：
  - 存储管理器子系统在数据库中存储的底层数据与应用程序和向系统提交的查询之间提供接口。
  - 查询处理器子系统编译和执行 DDL 和 DML 语句。

○ 事务管理负责保证即使有故障发生，数据库也要处于一致的（正确的）状态。事务管理器还保证并发事务的执行互不冲突。

- 数据库系统的体系结构受支持其运行的计算机系统的影响很大。数据库系统可以是集中式的，或并行地运行在多台机器上的。分布式数据库跨越多个地理上互相分离的计算机。
- 典型地，数据库应用可被分为运行在客户机上的前端部分和运行在后端的部分。在两层的体系结构中，前端直接和后端运行的数据库进行通信。在三层结构中，后端又被分为应用服务器和数据库服务器。
- 有四种不同类型的数据库用户，按用户期望与数据库进行交互的不同方式来区分他们。为不同类型的用户设计了不同的用户界面。
- 数据分析技术试图自动地从数据中发现规则和模式。数据挖掘领域将人工智能和统计分析研究人员所创造的知识发现技术与使得知识发现技术能够在极大的数据库上高效实现的技术结合起来。

术语回顾

- 数据库管理系统（DBMS）
- 数据库系统应用
- 联机事务处理
- 数据分析
- 文件处理系统
- 数据不一致性
- 一致性约束
- 数据抽象
  ○ 物理层
  ○ 逻辑层
  ○ 视图层
- 实例
- 模式
  ○ 物理模式
  ○ 逻辑模式
  ○ 子模式
- 物理数据独立性
- 数据模型
  ○ 实体－联系模型
  ○ 关系数据模型
  ○ 半结构化数据模型
  ○ 基于对象的数据模型
- 数据库语言
  ○ 数据定义语言
  ○ 数据操纵语言
    □ 过程化 DML
    □ 声明式 DML
    □ 非过程化 DML

  ○ 查询语言
- 数据定义语言
  ○ 域约束
  ○ 引用完整性
  ○ 授权
    □ 读权限
    □ 插入权限
    □ 更新权限
    □ 删除权限
- 元数据
- 应用程序
- 数据库设计
  ○ 概念设计
  ○ 规范化
  ○ 功能需求说明
  ○ 物理设计阶段
- 数据库引擎
  ○ 存储管理器
    □ 权限及完整性管理器
    □ 事务管理器
    □ 文件管理器
    □ 缓冲区管理器
    □ 数据文件
    □ 数据字典
    □ 索引
  ○ 查询处理器
    □ DDL 解释器
    □ DML 编译器

- □ 查询优化
- □ 查询执行引擎
- ○ 事务
  - □ 原子性
  - □ 一致性
  - □ 持久性
  - □ 恢复管理器
  - □ 故障恢复
  - □ 并发控制管理器
- 数据库体系结构
  - ○ 集中式的
  - ○ 并行的
  - ○ 分布式的
- 数据库应用体系结构
  - ○ 两层的
  - ○ 三层的
  - ○ 应用服务器
- 数据库管理员（DBA）

实践习题

1.1 这一章讲述了数据库系统的几个主要的优点。它有哪两个不足之处？

1.2 列出 Java 或 C++ 之类的语言中的类型说明系统与数据库系统中使用的数据定义语言的五个不同之处。

1.3 列出为一个企业建立数据库的六个主要步骤。

1.4 假设你想要建立一个类似于 YouTube 的视频站点。考虑 1.2 节中列出的将数据保存在文件系统中的各个缺点，讨论每一个缺点与存储实际的视频数据和关于视频的元数据（诸如标题、上传它的用户、标签、观看它的用户）之间的关联。

1.5 在 Web 查找中使用的关键字查询与数据库查询很不一样。请列出这两者之间在查询表达方式和查询结果方面的主要差异。

习题

1.6 列出四个你使用过的、很可能使用了数据库来存储持久数据的应用。

1.7 列出文件处理系统和 DBMS 的四个主要区别。

1.8 解释物理数据独立性的概念，以及它在数据库系统中的重要性。

1.9 列出数据库管理系统的五个职责。对于每个职责，说明当它不能被履行时会产生什么样的问题。

1.10 请给出至少两种理由说明为什么数据库系统使用诸如 SQL 这样的声明式查询语言来支持数据操作，而不是只提供 C 或者 C++ 的函数库来执行数据操作。

1.11 假设两名学生试图注册同一门课程，而该课程仅余一个开放名额。数据库系统的什么部件会防止将这最后一个名额同时分配给这两名学生？

1.12 解释两层和三层体系结构之间的区别。对 Web 应用来说哪一种更合适？为什么？

1.13 列出 21 世纪头十年开发的、帮助数据库系统管理数据分析负载的两个特性。

1.14 解释为什么 NoSQL 系统在 21 世纪头十年出现，并将它们的特性与传统的数据库系统做简单对比。

1.15 描述可能被用于存储一个社会网络系统（例如 Facebook）中的信息的至少三个表。

工具

现在已有大量的商业数据库系统投入使用，主要的有：IBM DB2（www.ibm.com/software/data/db2）、Oracle（www.oracle.com）、Microsoft SQL Server（www.microsoft.com/sql）、IBM Informix（www.ibm.com/software/data/informix）、SAP Adaptive Server Enterprise（以前叫 Sybase）（www.sap.com/products/sybase-ase.html）和 SAP HANA（www.sap.com/products/hana.html）。其中一些系统对个人或者非商业使用或开发是免费的，但是对实际的部署是不免费的。

也有不少免费/公开的数据库系统，被广泛使用的有 MySQL（www.mysql.com）、PostgreSQL（www.postgresql.org）和嵌入式数据库 SQLite（www.sqlite.org）。

在本书的主页 db-book.com 上可以获得更完整的厂商网址的链接和其他信息。

延伸阅读

[Codd(1970)] 是具有里程碑意义的论文，它引入了关系模型。除本书外，关于数据库系统的教科书还有 [O'Neil and O'Neil (2000)]、[Ramakrishnan and Gehrke (2002)]、[Date (2003)]、[Kifer et al. (2005)]、[Garcia-Molina et al.(2008)] 和 [Elmasri and Navathe (2016)]。

[Abadi et al.(2016)] 给出了关于数据库管理已有成果和未来研究挑战的综述。ACM 数据管理兴趣组的主页（www.acm.org/sigmod）提供了关于数据库研究的大量信息。数据库厂商的网址（参看上面的工具部分）提供了它们各自产品的细节。

参考文献

[Abadi et al. (2016)]　D. Abadi, R. Agrawal, A. Ailamaki, M. Balazinska, P. A. Bernstein, M. J. Carey, S. Chaudhuri, J. Dean, A. Doan, M. J. Franklin, J. Gehrke, L. M. Haas, A. Y. Halevy, J. M. Hellerstein, Y. E. Ioannidis, H. Jagadish, D. Kossmann, S. Madden, S. Mehrotra, T. Milo, J. F. Naughton, R. Ramakrishnan, V. Markl, C. Olston, B. C. Ooi, C. RÂ´e, D. Suciu, M. Stonebraker, T. Walter, and J. Widom, "The Beckman Report on Database Research", *Communications of the ACM*, Volume 59, Number 2 (2016), pages 92-99.

[Codd (1970)]　E. F. Codd, "A Relational Model for Large Shared Data Banks", *Communications of the ACM*, Volume 13, Number 6 (1970), pages 377-387.

[Date (2003)]　C. J. Date, *An Introduction to Database Systems*, 8th edition, Addison Wesley (2003).

[Elmasri and Navathe (2016)]　R. Elmasri and S. B. Navathe, *Fundamentals of Database Systems*, 7th edition, Addison Wesley (2016).

[Garcia-Molina et al. (2008)]　H. Garcia-Molina, J. D. Ullman, and J. D. Widom, *Database Systems: The Complete Book*, 2nd edition, Prentice Hall (2008).

[Kifer et al. (2005)]　M. Kifer, A. Bernstein, and P. Lewis, *Database Systems: An Application Oriented Approach, Complete Version*, 2nd edition, Addison Wesley (2005).

[O'Neil and O'Neil (2000)]　P. O'Neil and E. O'Neil, *Database: Principles, Programming, Performance*, 2nd edition, Morgan Kaufmann (2000).

[Ramakrishnan and Gehrke (2002)]　R. Ramakrishnan and J. Gehrke, *Database Management Systems*, 3rd edition, McGraw Hill (2002).

关系语言

数据模型是用于描述数据、数据联系、数据语义以及一致性约束的概念工具的集合。关系模型利用表的集合来表示数据和数据之间的联系。其概念上的简洁性使得它被广泛采用，当今绝大多数的数据库产品都是基于关系模型的。关系模型在逻辑层和视图层描述数据，并对数据存储的底层细节进行了抽象化。

为了让用户可以使用来自关系数据库的数据，我们必须解决用户如何指定用于检索和更新数据的请求的问题。为此已经开发了几种查询语言，在本部分中将予以介绍。

第2章介绍关系数据库底层的基本概念。

第3章是对SQL查询语言的概述，包括SQL数据定义、SQL查询的基本结构、集合运算、聚集函数、嵌套子查询和数据库的修改。

第4章进一步讲述SQL的细节，包括连接表达式、视图、事务、通过数据库施加的完整性约束，以及用来控制用户可以执行哪些访问和更新操作的授权机制。

第5章讲述与SQL相关的高级主题，包括使用程序设计语言访问SQL、函数、过程、触发器、递归查询和高级聚集特性。

第6章介绍形式化关系查询语言，包括关系代数、元组关系演算、域关系演算、关系查询语言的表达能力。

第 2 章

Database System Concepts, Seventh Edition

关系模型介绍

关系模型仍然是用于商用数据处理应用的主要数据模型。它之所以占据主要位置，是因为与诸如网络模型或层次模型那样的早期数据模型相比，关系模型以其简易性简化了程序员的工作。它在半个多世纪以来，通过融合各种新的特点和功能，保持了这一地位。在这些新纳入的特性与功能中包括诸如复杂数据类型与存储过程那样的对象－关系特性、对 XML 数据的支持以及支持半结构化数据的各种工具。尽管出现了新的数据存储方法，包括为大规模数据挖掘而设计的现代列存储方式，但关系模型与任何特定的底层数据结构之间的独立性使得它能够沿用至今。

在本章中，我们首先学习关系模型的基本原理。关系数据库具有坚实的理论基础。在第 7～8 章中，我们将学习数据库理论中有助于关系数据库模式设计的部分，而在第 12 章中，我们将讨论用于高效处理查询的理论部分。在第 6 章中，我们将学习在本章的基本介绍之上的形式化关系语言部分。

2.1 关系数据库的结构

关系数据库由**表**（table）的集合构成，每张表被赋予一个唯一的名称。例如，请考虑图 2-1 中的 *instructor* 表，它存储了有关教师的信息。该表有四个列标题：*ID*、*name*、*dept_name* 和 *salary*。该表中的每一行记录了一位教师的相关信息，包括该教师的 *ID*、*name*、*dept_name* 以及 *salary*。类似地，图 2-2 中的 *course* 表存放了关于课程的信息，包括每门课程的 *course_id*、*title*、*dept_name* 和 *credits*。请注意，每位教师通过 *ID* 列的取值进行标识，而每门课程则通过 *course_id* 列的取值来标识。

ID	name	dept_name	salary
10101	Srinivasan	Comp. Sci.	65000
12121	Wu	Finance	90000
15151	Mozart	Music	40000
22222	Einstein	Physics	95000
32343	El Said	History	60000
33456	Gold	Physics	87000
45565	Katz	Comp. Sci.	75000
58583	Califieri	History	62000
76543	Singh	Finance	80000
76766	Crick	Biology	72000
83821	Brandt	Comp. Sci.	92000
98345	Kim	Elec. Eng.	80000

图 2-1 *instructor* 关系

course_id	title	dept_name	credits
BIO-101	Intro. to Biology	Biology	4
BIO-301	Genetics	Biology	4
BIO-399	Computational Biology	Biology	3
CS-101	Intro. to Computer Science	Comp. Sci.	4
CS-190	Game Design	Comp. Sci.	4
CS-315	Robotics	Comp. Sci.	3
CS-319	Image Processing	Comp. Sci.	3
CS-347	Database System Concepts	Comp. Sci.	3
EE-181	Intro. to Digital Systems	Elec. Eng.	3
FIN-201	Investment Banking	Finance	3
HIS-351	World History	History	3
MU-199	Music Video Production	Music	3
PHY-101	Physical Principles	Physics	4

图 2-2 *course* 关系

图 2-3 展示了第三张表 *prereq*，它存储了每门课程的先修课程。该表具有 *course_id* 和 *prereq_id* 两列。每一行由一个课程标识对组成：第二门课程是第一门课程的先修课程。

由此，*prereq* 表中的一行表示两门课程在这种意义上是相关的：一门课程是另一门课程
的先修课程。作为另一个示例，当我们考虑 *instructor* 表的时候，表中
的一行可被认为代表从一个特定的 *ID* 到相应的 *name*、*dept_name* 和
salary 值之间的联系。

course_id	prereq_id
BIO-301	BIO-101
BIO-399	BIO-101
CS-190	CS-101
CS-315	CS-101
CS-319	CS-101
CS-347	CS-101
EE-181	PHY-101

一般说来，表中的一行代表了一组值之间的某种联系。由于一张表
就是这种联系的一个集合，从而表这个概念和数学上的关系概念之间有
着密切的关联，这也正是关系数据模型名称的由来。在数学术语中，元
组只是一组值的序列（或列表）。*n* 个值之间的一种联系在数学上用这
些值的一个 *n* 元组来表示。*n* 元组就是具有 *n* 个值的元组，它对应于表

图 2-3　*prereq* 关系

中的一行。

由此，在关系模型中，术语**关系**（relation）被用来指代表，而术语**元组**（tuple）被用来
指代行。类似地，术语**属性**（attribute）指代的是表中的列。

考察图 2-1，我们可以看出 *instructor* 关系有四个属性：*ID*、*name*、*dept_name* 和 *salary*。

我们用**关系实例**（relation instance）这个术语来指代一个关系的特定实例，也就是说
关系实例包含一组特定的行。图 2-1 中所示的 *instructor* 的实例有 12 个元组，对应于 12 位
教师。

在本章中，我们将使用多个不同的关系来说明作为关系数据模型基础的各种概念。这些
关系代表一所大学的一部分。为了简化表示，我们省略了一个真实的大学数据库应该包含的
很多数据。在第 7～8 章里我们将非常详细地讨论关系结构适宜性的准则。

由于关系是元组的集合（set），所以元组在关系中
出现的顺序是无关紧要的。因此，无论关系中的元组是
像图 2-1 中那样按排序次序列出，还是像图 2-4 中那样
无序列出，都没有关系；这两张图中的关系是一样的，
因为它们都包括相同的元组集合。为便于说明，我们通
常按关系的第一个属性的次序来显示关系。

对于关系的每个属性都存在一个允许取值的集
合，称为该属性的**域**（domain）。那么，*instructor* 关系
的 *salary* 属性的域就是所有可能的工资值的集合，而
name 属性的域就是所有可能的教师姓名的集合。

我们要求对所有关系 *r* 而言，*r* 的所有属性的域都

ID	name	dept_name	salary
22222	Einstein	Physics	95000
12121	Wu	Finance	90000
32343	El Said	History	60000
45565	Katz	Comp. Sci.	75000
98345	Kim	Elec. Eng.	80000
76766	Crick	Biology	72000
10101	Srinivasan	Comp. Sci.	65000
58583	Califieri	History	62000
83821	Brandt	Comp. Sci.	92000
15151	Mozart	Music	40000
33456	Gold	Physics	87000
76543	Singh	Finance	80000

图 2-4　*instructor* 关系的无序显示

是原子的。如果一个域中的元素被认为是不可再分的单元，则该域就是**原子的**（atomic）。例
如，假设 *instructor* 表上有一个 *phone_number* 属性，它可以存放教师的一组电话号码。那
么 *phone_number* 的域就不是原子的，因为其中的一个元素是电话号码的一个集合，并且它
是有子成分的，即集合中的单个电话号码。

重点不在于域本身是什么，而在于我们怎样在数据库中使用域中的元素。现在假设
phone_number 属性存放单个电话号码。即便如此，如果我们把电话号码的属性值拆分成国
家编号、地区编号以及本地号码，那么我们还是把它作为非原子值来对待。如果我们把每个电
话号码视作单个不可再分的单元，那么 *phone_number* 属性才具有原子域。

空值（null value）是一个特殊的值，它表示值未知或并不存在。例如，假设跟前面一样
我们在 *instructor* 关系中包含 *phone_number* 属性。有可能某位教师根本没有电话号码，或

者电话号码没有列出。因此我们就只能使用空值来表示该值未知或并不存在。以后会看到，空值在我们访问和更新数据库的时候会带来很多困难，因此应尽量避免使用空值。我们先假设不存在空值，然后在 3.6 节中将描述空值对不同运算的影响。

正如我们将看到的，相对严格的关系结构在数据的存储和处理方面产生了几个重要的实际优势。这种严格的结构适用于定义明确且相对静态的应用，但不太适用于不但数据本身而且这些数据的类型和结构都随时间变化的应用。结构化数据的效率高，但在某些场景下预先定义的结构比较受限，现代企业需要在这二者之间找到一种良好的平衡。

2.2 数据库模式

当我们谈论数据库时，必须在**数据库模式**（database schema）和**数据库实例**（database instance）之间进行区分，前者是数据库的逻辑设计，后者是在给定时刻数据库中数据的一个快照。

关系的概念对应于程序设计语言中变量的概念，而**关系模式**（relation schema）的概念对应于程序设计语言中类型定义的概念。

一般说来，一个关系模式由一个属性列表及各属性所对应的域组成。等到在第 3 章中讨论 SQL 语言时，我们再去关注每个属性的域的精确定义。

关系实例的概念对应于程序设计语言中变量的值的概念。一个给定变量的值可能随时间发生变化；类似地，随着关系被更新，关系实例的内容也随时间发生了变化。相反，关系的模式是不常变化的。

尽管知道关系模式和关系实例之间的区别非常重要，我们却常常使用同一个名称，比如 *instructor* 既指代模式也指代实例。在需要的时候，我们会显式地指明是模式或是实例。例如" *instructor* 模式"或" *instructor* 关系的一个实例"。然而，在模式或实例的含义很清楚的情况下，我们就简单地使用关系的名称。

请考虑图 2-5 中的 *department* 关系，该关系的模式是：

department (*dept_name*, *building*, *budget*)

请注意 *dept_name* 属性既出现在 *instructor* 模式中又出现在 *department* 模式中。这样的重复并不是一种巧合。实际上，在关系模式中使用公共属性正是将不同关系的元组联系起来的一种方式。例如，假设我们希望找出在 Watson 教学楼工作的所有教师的相关信息。我们首先在 *department* 关系中找出位于 Watson 教学楼的所有系的 *dept_name*。接着，对于每一个这样的系，我们在 *instructor* 关系中找出与对应的 *dept_name* 相关联的教师信息。

dept_name	building	budget
Biology	Watson	90000
Comp. Sci.	Taylor	100000
Elec. Eng.	Taylor	85000
Finance	Painter	120000
History	Painter	50000
Music	Packard	80000
Physics	Watson	70000

图 2-5 *department* 关系

大学里的每门课程可能要讲授多次，可以在不同学期授课，甚至可以在一个学期内多次授课。我们需要一个关系来描述每次授课或每个课程段的情况。该关系的模式为：

section (*course_id*, *sec_id*, *semester*, *year*, *building*, *room_number*, *time_slot_id*)

图 2-6 给出了 *section* 关系的一个实例样本。

我们需要一个关系来描述教师和他们所讲授的课程段之间的联系。描述此联系的关系模式是：

teaches (*ID*, *course_id*, *sec_id*, *semester*, *year*)

course_id	sec_id	semester	year	building	room_number	time_slot_id
BIO-101	1	Summer	2017	Painter	514	B
BIO-301	1	Summer	2018	Painter	514	A
CS-101	1	Fall	2017	Packard	101	H
CS-101	1	Spring	2018	Packard	101	F
CS-190	1	Spring	2017	Taylor	3128	E
CS-190	2	Spring	2017	Taylor	3128	A
CS-315	1	Spring	2018	Watson	120	D
CS-319	1	Spring	2018	Watson	100	B
CS-319	2	Spring	2018	Taylor	3128	C
CS-347	1	Fall	2017	Taylor	3128	A
EE-181	1	Spring	2017	Taylor	3128	C
FIN-201	1	Spring	2018	Packard	101	B
HIS-351	1	Spring	2018	Painter	514	C
MU-199	1	Spring	2018	Packard	101	D
PHY-101	1	Fall	2017	Watson	100	A

图 2-6 *section* 关系

图 2-7 给出了 *teaches* 关系的一个实例样本。

ID	course_id	sec_id	semester	year
10101	CS-101	1	Fall	2017
10101	CS-315	1	Spring	2018
10101	CS-347	1	Fall	2017
12121	FIN-201	1	Spring	2018
15151	MU-199	1	Spring	2018
22222	PHY-101	1	Fall	2017
32343	HIS-351	1	Spring	2018
45565	CS-101	1	Spring	2018
45565	CS-319	1	Spring	2018
76766	BIO-101	1	Summer	2017
76766	BIO-301	1	Summer	2018
83821	CS-190	1	Spring	2017
83821	CS-190	2	Spring	2017
83821	CS-319	2	Spring	2018
98345	EE-181	1	Spring	2017

图 2-7 *teaches* 关系

正如你可以想见的，在一个真正的大学数据库中还维护了更多的关系。除了我们已经列出的这些关系：*instructor*、*department*、*course*、*section*、*prereq* 和 *teaches*，在本书中我们还要使用下列关系。

- *student* (*ID, name, dept_name, tot_cred*)

- *advisor* (*s_id, i_id*)

- *takes* (*ID, course_id, sec_id, semester, year, grade*)

- *classroom* (*building, room_number, capacity*)

- *time_slot* (*time_slot_id, day, start_time, end_time*)

2.3 码

我们必须有一种方式来区分一个给定关系中的不同元组。这种区分是用它们的属性来表示的。也就是说，一个元组的所有属性值必须能够唯一标识元组。换句话说，一个关系中不可以有两个元组在所有属性上取值完全相同[⊖]。

超码（superkey）是一个或多个属性的集合，将这些属性组合在一起可以允许我们在一个关系中唯一地标识出一个元组。例如，*instructor* 关系的 *ID* 属性足以将一个教师元组从另一个区分开来。因此，*ID* 是一个超码。而 *instructor* 的 *name* 属性却不是一个超码，因为几位教师可能重名。

形式化地，令 R 表示关系 r 模式中的属性集合。如果我们说 R 的一个子集 K 是 r 的一个超码，那么在我们考虑关系 r 的实例时，就限制了其中没有两个可区分元组会在 K 的所有属性上取值完全相等。也就是说，如果 t_1 和 t_2 在 r 中且 $t_1 \neq t_2$，则 $t_1.K \neq t_2.K$。

超码中可能包含无关紧要的属性。例如，*ID* 和 *name* 的组合是 *instructor* 关系的一个超码。如果 K 是一个超码，那么 K 的任意超集也是超码。我们通常只对这样的超码感兴趣：它们的任意真子集都不是超码。这样的最小超码称为**候选码**（candidate key）。

几个不同的属性集都可以作为候选码的情况是存在的。假设 *name* 和 *dept_name* 的组合足以区分 *instructor* 关系的各个成员，那么 {*ID*} 和 {*name, dept_name*} 都是候选码。虽然 *ID* 和 *name* 属性一起能区分 *instructor* 元组，但它们的组合 {*ID, name*} 并不能构成候选码，因为单独的 *ID* 属性已经就是候选码了。

我们将用**主码**（primary key）这个术语来代表被数据库设计者选中来作为在一个关系中区分不同元组的主要方式的候选码。码（不论是主码、候选码或超码）是整个关系的一种性质，而不是单个元组的性质。关系中的任意两个不同的元组都不允许同时在码属性上具有相同的值。码的指定代表了被建模的企业在现实世界中的约束。因此，主码也被称作**主码约束**（primary key constraint）。

习惯上，将一个关系模式的主码属性列于其他属性之前。例如，*department* 的 *dept_name* 属性被列在最前面，因为它是主码。主码属性还要加下划线。

请考虑 *classroom* 关系：

classroom (*building*, *room_number*, *capacity*)

在这里，主码由两个属性组成：*building* 和 *room_number*，二者都加了下划线以表示它们是主码的一部分。尽管这两个属性能共同唯一地标识出一间教室，但任何单个属性本身都无法标识出一间教室。请再考虑 *time_slot* 关系：

time_slot (*time_slot_id*, *day*, *start_time*, *end_time*)

每个时段有一个相关联的 *time_slot_id*。*time_slot* 关系提供了有关一个特定的 *time_slot_id* 对应于一周中的哪些天以及哪些时间的信息。例如，'A'这个 *time_slot_id* 可能对应于周一、周三、周五的上午 8:00 到上午 8:50。一个时间片可以包括同一天内不同时间的多个时段，因此 *time_slot_id* 和 *day* 一起无法唯一地标识出元组。因此，*time_slot* 关系的主码由 *time_slot_id*、*day* 和 *start_time* 属性组成，因为这三个属性一起唯一地标识了一门课程的一个时间片。

主码必须慎重选择。正如我们所注意到的那样，人名显然是不足以作主码的，因为可能存在多人重名的情况。在美国，人的社会保障号属性可以作为候选码。由于非美国居民通常

⊖ 商用数据库系统放松了关系是集合这样的要求，而允许存在重复的元组。这将在第 3 章中进一步讨论。

没有社会保障号，所以跨国企业必须产生它们自己的唯一标识。一种可替代方案是使用另一些属性的唯一性组合作为码。

主码应该选择那些其值从不变化或极少变化的属性。例如，一个人的地址就不应该作为主码的一部分，因为它可能会变化。而社会保障号却可以保证决不变化。企业产生的唯一标识通常不会改变，除非两家企业合并了，在这种情况下两家企业可能会发布相同的标识，因此需要重新分配标识以确保它们的唯一性。

图 2-8 展示了我们在大学模式的示例中所使用的完整关系的集合，其中主码属性用下划线标识。

```
classroom(building, room_number, capacity)
department(dept_name, building, budget)
course(course_id, title, dept_name, credits)
instructor(ID, name, dept_name, salary)
section(course_id, sec_id, semester, year, building, room_number, time_slot_id)
teaches(ID, course_id, sec_id, semester, year)
student(ID, name, dept_name, tot_cred)
takes(ID, course_id, sec_id, semester, year, grade)
advisor(s_ID, i_ID)
time_slot(time_slot_id, day, start_time, end_time)
prereq(course_id, prereq_id)
```

图 2-8 大学数据库的模式

接下来，我们考察关系内容上的另一种类型的约束，称为外码约束。请考虑 *instructor* 关系的 *dept_name* 属性。对于 *instructor* 中的一个元组来说，如果它的 *dept_name* 的取值并不对应于 *department* 关系中的一个系，那么这是没有意义的。因此，在任何数据库实例中，给定来自 *instructor* 关系的任意元组，比如 t_a，那么在 *department* 关系中必须存在某个元组 t_b，使得 t_a 的 *dept_name* 属性的取值与 t_b 的主码 *dept_name* 的取值相同。

从 r_1 关系的 A 属性（集）到 r_2 关系的主码 B 的**外码约束**（foreign-key constraint）表明：在任何数据库实例中，r_1 中每个元组对 A 的取值也必须是 r_2 中某个元组对 B 的取值。A 属性集被称为从 r_1 引用 r_2 的**外码**（foreign key）。r_1 关系也被称为此外码约束的**引用关系**（referencing relation），且 r_2 被称为**被引用关系**（referenced relation）。

例如，*instructor* 中的 *dept_name* 属性就是从 *instructor* 引用 *department* 的外码；请注意 *dept_name* 是 *department* 的主码。类似地，*section* 关系的 *building* 和 *room_number* 属性共同构成了引用 *classroom* 关系的外码。

请注意在外码约束中，被引用属性（集）必须是被引用关系的主码。更泛化的情况是引用完整性约束，它放松了被引用属性构成被引用关系主码的要求。

作为一个示例，请考虑 *section* 关系的 *time_slot_id* 属性中的值。我们要求这些值必须存在于 *time_slot* 关系的 *time_slot_id* 属性中。这样的要求就是引用完整性约束的一个示例。通常，**引用完整性约束**（referential integrity constraint）要求引用关系中的任意元组在指定属性上出现的取值也必然出现在被引用关系中至少一个元组的指定属性上。

请注意，尽管 *time_slot_id* 是 *time_slot* 关系的主码的一部分，但它并不构成 *time_slot* 的主码，因此我们无法使用外码约束来强制实施上述约束。事实上，外码约束是引用完整性约束的一种特例，其中被引用的属性构成被引用关系的主码。当今的数据库系统通常支持外码约束，但它们并不支持被引用属性并不是主码的引用完整性约束。

2.4 模式图

一个带有主码和外码约束的数据库模式可以用**模式图**（schema diagram）来表示。图 2-9 展示了用于大学组织机构的模式图。每个关系显示为一个框，关系名用灰色显示在顶部，并且在框内列出了各属性。

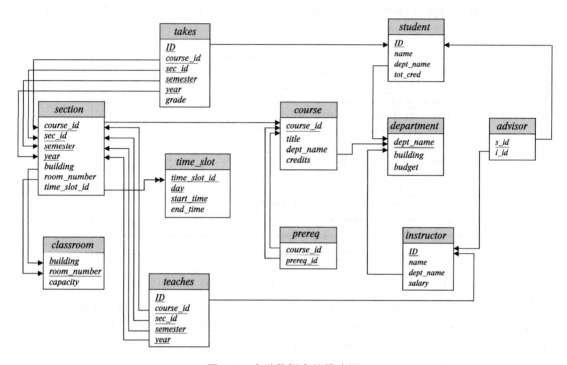

图 2-9 大学数据库的模式图

主码属性用下划线标注。外码约束用从引用关系的外码属性指向被引用关系的主码属性的箭头来表示。我们使用双头箭头而不是单头箭头来表示不是外码约束的引用完整性约束。在图 2-9 中，从 *section* 关系的 *time_slot_id* 指向 *time_slot* 关系的 *time_slot_id* 的、带有双头箭头的线表示从 *section.time_slot_id* 到 *time_slot.time_slot_id* 的引用完整性约束。

很多数据库系统提供具有图形化用户界面的设计工具来创建模式图[⊖]。我们将在第 7 章中详细讨论一种不同的、被称作实体－联系图的图形化模式表示形式；尽管这两种表示形式看起来有些相似，但却有很大区别，并且不应该相互混淆。

2.5 关系查询语言

查询语言（query language）是用户用来从数据库中请求获取信息的语言。这类语言通常比标准的程序设计语言的层次更高。查询语言可以分为命令式的、函数式的以及声明式的。在**命令式查询语言**（imperative query language）中，用户指导系统在数据库上执行特定的运算序列以计算出所需的结果；这类语言通常有一个状态变量的概念，状态变量在计算的过程

⊖ 由我们引入的这种用双头箭头符号来代表引用完整性约束的表示法尚未据我们所知的任何工具所支持；但主码与外码的表示法已被广泛应用。

中被更新。

在**函数式查询语言**（functional query language）中，计算被表示为对函数的求值，这些函数可以在数据库中的数据上运行或在其他函数给出的结果上运行；函数没有附带作用，并且它们并不更新程序的状态[⊖]。在**声明式查询语言**（declarative query language）中，用户只需描述所需信息，而不用给出获取该信息的具体步骤序列或函数调用，所需的信息通常使用某种形式的数学逻辑来描述。找出获得所需信息的方式是数据库系统的工作。

有许多"纯"查询语言。

- 关系代数（relational algebra）是一种函数式查询语言，我们将在 6.1 节中介绍[⊜]。关系代数构成了 SQL 查询语言的理论基础。
- 元组关系演算和域关系演算是声明式的，我们将在第 6 章中介绍。

这些查询语言是简洁且形式化的，缺少商用语言的"语法修饰"，但它们说明了从数据库中提取数据的基础技术。

实践中使用的查询语言（例如 SQL 查询语言）同时包含命令式、函数式与声明式方法的元素。我们从第 3~5 章将学习使用非常广泛的查询语言 SQL。

2.6 总结

- 关系数据模型建立在表的集合的基础上。数据库系统的用户可以对这些表进行查询，可以插入新元组、删除元组以及更新（修改）元组。有几种语言用于表达这些操作。
- 关系的模式是指关系的逻辑设计，而关系的实例是指关系在特定时刻的内容。数据库的模式和数据库的实例的定义是类似的。关系的模式包括它的属性，并且还可能包括属性类型和关系上的约束，比如主码和外码约束。
- 关系的超码是一个或多个属性的集合，这些属性上的取值保证可以唯一标识出关系中的元组。候选码是最小的超码，也就是说，它是构成超码的一个属性集，但这个属性集的任意子集都不是超码。关系的一个候选码被选作它的主码。
- 从关系 r_1 的属性（集）A 到关系 r_2 的主码 B 的外码约束表示：r_1 中每个元组在 A 上的取值也必须是 r_2 中某个元组在 B 上的取值。关系 r_1 称为引用关系，并且 r_2 称为被引用关系。
- 模式图是数据库模式的图形化表示，它显示了数据库中的关系、关系的属性以及主码和外码。
- 关系查询语言定义了一组运算，这些运算可作用在表上，并输出表作为其结果。这些运算可以组合成表达式以表达所需的查询。

术语回顾

- 表
- 关系
- 元组

- 属性
- 关系实例
- 域

⊖ 在本书之前的版本中使用过程化语言（procedural language）这个术语来指代基于过程调用的语言，函数式语言也被包括在其内；然而该术语也被广泛用来指代命令式语言。为了避免混淆，我们不再使用该术语。

⊜ 与现代的函数语言不同，关系代数只支持少量的预定义函数，这些函数在关系上定义了一种代数。

- 原子域
- 空值
- 数据库模式
- 数据库实例
- 关系模式
- 码
  - 超码
  - 候选码
  - 主码
  - 主码约束
- 外码约束
  - 引用关系
  - 被引用关系
- 引用完整性约束
- 模式图
- 查询语言类型
  - 命令式
  - 函数式
  - 声明式

实践习题

2.1 请考虑图 2-10 的职员数据库。这些关系上适当的主码是什么？

> *employee* (*person_name, street, city*)
> *works* (*person_name, company_name, salary*)
> *company* (*company_name, city*)

图 2-10 职员数据库

2.2 请考虑从 *instructor* 的 *dept_name* 属性到 *department* 关系的外码约束。请给出对这些关系的插入和删除示例，使得它们破坏该外码约束。

2.3 请考虑 *time_slot* 关系。假设一个特定的时间片可以在一周之内出现不止一次，请解释为什么 *day* 和 *start_time* 是该关系主码的一部分，而 *end_time* 却不是。

2.4 在图 2-1 所示的 *instructor* 实例中，没有两位教师同名。我们是否可以据此断定 *name* 可以用来作为 *instructor* 的超码（或主码）？

习题

2.5 请解释术语关系和关系模式之间在意义上的区别。

2.6 请考虑图 2-9 中模式图所示的 *advisor* 关系，*advisor* 的主码是 *s_id*。假设一名学生可以有不止一位指导教师。那么，*s_id* 还是 *advisor* 关系的主码吗？如果不是，那么 *advisor* 的主码应该是什么呢？

2.7 请考虑图 2-11 的银行数据库。假设支行名称和客户姓名能够唯一标识出支行和客户，但是贷款和账户可以与多位客户相关联。

a. 适当的主码是什么？

b. 请给出你选择的主码，并确定适当的外码。

> *branch*(*branch_name, branch_city, assets*)
> *customer* (*ID, customer_name, customer_street, customer_city*)
> *loan* (*loan_number, branch_name, amount*)
> *borrower* (*ID, loan_number*)
> *account* (*account_number, branch_name, balance*)
> *depositor* (*ID, account_number*)

图 2-11 银行数据库

2.8 请为图 2-11 的银行数据库构建模式图。

2.9 请列出要在数据库中引入空值的两种原因。

2.10 请讨论命令式、函数式与声明式语言的相对优点。

延伸阅读

IBM San Jose 研究实验室的 E. F. Codd 于 20 世纪 60 年代末提出了关系模型（[Codd (1970)]）。在那篇论文中，Codd 还引入了关系代数的原始定义。这项工作使 Codd 在 1981 年获得了享有盛誉的 ACM 图灵奖（[Codd (1982)]）。

在 E. F. Codd 引入关系模型之后，人们围绕关系模型展开了广泛的理论研究，其中涉及模式设计和各种关系语言的表达能力。有几本经典的教材介绍了关系数据库理论，包括 [Maier (1983)]（可免费在线获取）和 [Abiteboul et al. (1995)]。

受 Codd 的最初论文的启发，在 20 世纪 70 年代的中期到后期产生了几个研究项目，它们的目标是构建实际的关系数据库系统，其中包括 IBM San Jose 研究实验室的 System R、加州大学 Berkeley 分校的 Ingres 以及 IBM T. J. Watson 研究实验中心的 Query-by-Example。Oracle 数据库也是同期进入商业开发的。

许多关系数据库产品现在可以从市场上购得。其中包括 IBM 的 DB2 和 Informix、Oracle、Microsoft 的 SQL Server、Sybase 以及来自 SAP 的 HANA。流行的开源关系数据库系统包括 MySQL 和 PostgreSQL。Hive 和 Spark 是广泛使用的、支持跨大量计算机并行执行查询的系统。

参考文献

[Abiteboul et al. (1995)]   S. Abiteboul, R. Hull, and V. Vianu, *Foundations of Databases*, Addison Wesley (1995).

[Codd (1970)]   E. F. Codd, "A Relational Model for Large Shared Data Banks", *Communications of the ACM*, Volume 13, Number 6 (1970), pages 377–387.

[Codd (1982)]   E. F. Codd, "The 1981 ACM Turing Award Lecture: Relational Database: A Practical Foundation for Productivity", *Communications of the ACM*, Volume 25, Number 2 (1982), pages 109–117.

[Maier (1983)]   D. Maier, *The Theory of Relational Databases*, Computer Science Press (1983).

SQL 介绍

在本章以及第 4～5 章，我们学习使用最为广泛的数据库查询语言：SQL。

尽管我们说 SQL 语言是一种"查询语言"，但是除了查询数据库，它还具有很多别的功能。它可以定义数据结构、修改数据库中的数据以及定义安全性约束。

我们的目的并不是提供一个完整的 SQL 用户手册，而是介绍 SQL 的基本结构和概念。SQL 的各种实现可能在细节上有所不同，或者可能只支持整个语言的一个子集。

强烈建议你在实际数据库上尝试使用我们在此描述的 SQL 查询。有关可以使用哪些数据库系统以及如何创建模式、填充示例数据和执行查询的提示，请参阅本章末尾的工具部分。

3.1 SQL 查询语言概览

SQL 最早的版本是由 IBM 开发的，它最初被叫作 Sequel，在 20 世纪 70 年代早期作为 System R 项目的一部分。Sequel 语言从那时起一直发展至今，其名称已变为 SQL(Structured Query Language，结构化查询语言)。现在有许多产品支持 SQL 语言。SQL 已经明显确立了自己作为标准的关系数据库语言的地位。

1986 年，美国国家标准化组织（American National Standards Institute，ANSI）和国际标准化组织（International Organization for Standardization，ISO）发布了一个 SQL 标准：SQL-86。1989 年 ANSI 发布了一个 SQL 的扩充标准：SQL-89。该标准的下一个版本是 SQL-92 标准，接下来是 SQL:1999、SQL:2003、SQL:2006、SQL:2008、SQL:2011，最近的版本是 SQL:2016。

SQL 语言有几个部分：

- **数据定义语言**（Data-Definition Language，DDL）。SQL DDL 提供定义关系模式、删除关系以及修改关系模式的命令。
- **数据操纵语言**（Data-Manipulation Language，DML）。SQL DML 提供从数据库中查询信息以及在数据库中插入元组、删除元组、修改元组的能力。
- **完整性**（integrity）。SQL DDL 包括定义完整性约束的命令，保存在数据库中的数据必须满足所定义的完整性约束。破坏完整性约束的更新是不允许的。
- **视图定义**（view definition）。SQL DDL 包括定义视图的命令。
- **事务控制**（transaction control）。SQL 包括定义事务的开始点和结束点的命令。
- **嵌入式 SQL**（embedded SQL）和**动态 SQL**（dynamic SQL）。嵌入式和动态 SQL 定义 SQL 语句如何嵌入诸如 C、C++ 和 Java 这样的通用编程语言中。
- **授权**（authorization）。SQL DDL 包括定义对关系和视图的访问权限的命令。

在本章中，我们给出对 SQL 的基本 DML 和 DDL 特性的概述。在此描述的特征自 SQL-92 以来就一直是 SQL 标准的部分。

在第 4 章中，我们将提供对 SQL 查询语言更详细的介绍，包括各种连接表达式、视图、事务、完整性约束、类型系统以及授权。

在第 5 章中，我们将介绍 SQL 语言更高级的特性，包括允许从编程语言中访问 SQL 的机制、SQL 函数和过程、触发器、递归查询、高级聚集特性以及为数据分析设计的一些特性。

尽管大多数 SQL 实现支持我们在此描述的标准特性，但不同实现之间还是存在差异。大多数实现还支持一些非标准的特性，但不支持一些更高级、更新的特性。万一你发现这里描述的某些语言特性在你使用的数据库系统中不起作用，请参考你的数据库系统用户手册，看看它究竟支持哪些特性。

3.2 SQL 数据定义

数据库中的关系集合是用数据定义语言（DDL）定义的。SQL DDL 不仅能够定义关系的集合，还能够定义有关每个关系的信息，包括：

- 每个关系的模式。
- 每个属性的取值类型。
- 完整性约束。
- 为每个关系维护的索引集合。
- 每个关系的安全性和权限信息。
- 每个关系在磁盘上的物理存储结构。

我们在此只讨论基本模式定义和基本类型，而把对 SQL DLL 其他特性的讨论延后到第 4 章和第 5 章进行。

3.2.1 基本类型

SQL 标准支持多种固有类型。

- **char**(n)：具有用户指定长度 n 的固定长度的字符串。也可以使用全称形式 **character**。
- **varchar**(n)：具有用户指定的最大长度 n 的可变长度的字符串。等价的全称形式是 **character varying**。
- **int**：整数（依赖于机器的整数的有限子集），等价的全称形式是 **integer**。
- **smallint**：小整数（依赖于机器的整数类型的子集）。
- **numeric**(p, d)：具有用户指定精度的定点数。这个数有 p 位数字（加上一个符号位），并且小数点右边有 p 位中的 d 位数字。那么，对于这种类型的字段，**numeric**(3,1) 可以精确储存 44.5，但不能精确存储 444.5 或 0.32。
- **real，double precision**：浮点数与双精度浮点数，精度依赖于机器。
- **float**(n)：精度至少为 n 位数字的浮点数。

更多类型将在 4.5 节中介绍。

每种类型都可能包含一个被称作**空**（null）值的特殊值。空值表示一个缺失的值，该值可能存在但并不为人所知，或者可能根本不存在。我们马上将看到，在特定情况下，可能希望禁止加入空值。

char 数据类型存放固定长度的字符串。例如，属性 A 的类型是 **char**(10)。如果我们为此属性存入字符串 "Avi"，那么该字符串后会追加 7 个空格来使其达到 10 个字符的长度。但如果属性 B 的类型是 **varchar**(10)，并且我们在属性 B 中存入 "Avi"，则不会追加空格。当比较两个 **char** 类型的值时，如果它们的长度不同，在比较之前会自动在短值后面附加额外的空格以使它们的长度一致。

当比较一个 **char** 类型和一个 **varchar** 类型的时候，也许读者期望在比较之前会给 **varchar** 类型加上额外的空格以使长度一致，然而，这种情况可能发生也可能不发生，具体取决于数据库系统。其结果是，即便上述属性 A 和 B 中存放的是相同的值"Avi"，$A=B$ 的比较也可能返回假。我们建议你始终使用 **varchar** 类型而不是 **char** 类型来避免这样的问题。

SQL 还提供 **nvarchar** 类型来存放使用 Unicode 表示的多语言数据。然而，很多数据库甚至允许在 **varchar** 类型中存放 Unicode（采用 UTF-8 表示形式）。

3.2.2 基本模式定义

我们通过使用 **create table** 命令来定义 SQL 关系。下面的命令在数据库中创建了一个 *department* 关系：

$$
\begin{array}{ll}
\textbf{create table } department \\
\quad (dept\_name & \textbf{varchar } (20), \\
\quad building & \textbf{varchar } (15), \\
\quad budget & \textbf{numeric } (12,2), \\
\quad \textbf{primary key } (dept\_name));
\end{array}
$$

上面创建的关系具有三个属性，*dept_name* 是最大长度为 20 的字符串，*building* 是最大长度为 15 的字符串，还有 *budget* 是一个共 12 位的数字，其中小数点后有 2 位。**create table** 命令还指明了 *dept_name* 属性是 *department* 关系的主码。

crcate table 命令的通用形式是：

$$
\begin{array}{ll}
\textbf{create table } r \\
\quad (A_1 & D_1, \\
\quad A_2 & D_2, \\
\quad \cdots, \\
\quad A_n & D_n, \\
\quad <完整性约束_1>, \\
\quad \cdots, \\
\quad <完整性约束_k>);
\end{array}
$$

其中 r 是关系名，每个 A_i 是关系 r 的模式中的一个属性名，D_i 是属性 A_i 的域；也就是说，D_i 指定了属性 A_i 的类型以及可选的约束，用于限制所允许的 A_i 取值的集合。

create table 语句最后出现了分号，本章后面的其他 SQL 语句的末尾也是如此，在很多 SQL 实现中，分号是可选的。

SQL 支持许多不同的完整性约束。在本小节我们只讨论其中少数几种。

- **primary key** $(A_{j1}, A_{j2}, \cdots, A_{jm})$：**主码**声明表示属性 $A_{j1}, A_{j2}, \cdots, A_{jm}$ 构成关系的主码。主码属性必须是非空且唯一的；也就是说，没有元组会在主码属性上取空值，并且关系中也没有两个元组会在所有主码属性上取值都相同。虽然主码声明是可选的，但为每个关系指定一个主码通常不失为一个好主意。

- **foreign key** $(A_{k1}, A_{k2}, \cdots, A_{kn})$**references** s：**外码**声明表示关系中任意元组在属性 $(A_{k1}, A_{k2}, \cdots, A_{kn})$ 上的取值必须对应于关系 s 中某元组在主码属性上的取值。

  图 3-1 给出了我们在书中使用的大学数据库的部分 SQL DDL 定义。*course* 表的定义中有一个声明"**foreign key**(*dept_name*) **references** *department*"。此外码声明表示对于每个课程元组来说，该元组中指定的系名必须存在于 *department* 关系的主码

属性（*dept_name*）中。如果没有这个约束，就可能有某门课程指定了一个不存在的系名。图 3-1 还展示了表 *section*、*instructor* 和 *teaches* 上的外码约束。包括 MySQL 在内的一些数据库系统需要使用另一种语法"**foreign key** (*dept_name*) **references** *department*(*dept_name*)"，其中显式列出了被引用表中的被引用属性。

- **not null**：一个属性上的**非空**约束表明在该属性上不允许存在空值；换句话说，此约束把空值排除在该属性域之外。例如在图 3-1 中，*instructor* 关系的 *name* 属性上的**非空**约束保证了教师的姓名不会为空。

有关外码约束以及 **create table** 命令可能包含的其他完整性约束的更多细节，将在后面 4.4 节中介绍。

```
create table department
    (dept_name      varchar (20),
     building       varchar (15),
     budget         numeric (12,2),
     primary key (dept_name));

create table course
    (course_id      varchar (7),
     title          varchar (50),
     dept_name      varchar (20),
     credits        numeric (2,0),
     primary key (course_id),
     foreign key (dept_name) references department);

create table instructor
    (ID             varchar (5),
     name           varchar (20) not null,
     dept_name      varchar (20),
     salary         numeric (8,2),
     primary key (ID),
     foreign key (dept_name) references department);

create table section
    (course_id      varchar (8),
     sec_id         varchar (8),
     semester       varchar (6),
     year           numeric (4,0),
     building       varchar (15),
     room_number    varchar (7),
     time_slot_id   varchar (4),
     primary key (course_id, sec_id, semester, year),
     foreign key (course_id) references course);

create table teaches
    (ID             varchar (5),
     course_id      varchar (8),
     sec_id         varchar (8),
     semester       varchar (6),
     year           numeric (4,0),
     primary key (ID, course_id, sec_id, semester, year),
     foreign key (course_id, sec_id, semester, year) references section,
     foreign key (ID) references instructor);
```

图 3-1 大学数据库的部分 SQL 数据定义

SQL 禁止破坏完整性约束的任何数据库更新。例如，如果关系中一个新插入或修改的元组在任意一个主码属性上有空值，或者元组在主码属性上的取值与关系中的另一个元组相同，那么 SQL 将标记一个错误并阻止更新。类似地，如果插入的 *course* 元组在 *dept_name* 上的取值没有出现在 *department* 关系中，就会破坏 *course* 上的外码约束，SQL 会阻止这种插入的发生。

一个新创建的关系最初是空的。向关系中插入元组、更新元组以及删除元组是通过数据操纵语句 **insert**、**update** 和 **delete** 来完成的，这些语句将在 3.9 节中介绍。

如果要从 SQL 数据库中去掉一个关系，我们使用 **drop table** 命令。**drop table** 命令从数据库中删除关于被去掉关系的所有信息。命令

$$\text{drop table } r;$$

是比

$$\text{delete from } r;$$

更强的语句。后者保留关系 *r*，但删除 *r* 中的所有元组。前者不仅删除 *r* 中的所有元组，还删除 *r* 的模式。一旦 *r* 被去掉，除非用 **create table** 命令重新创建 *r*，否则没有元组可以插入 *r* 中。

我们使用 **alter table** 命令为已有关系增加属性。关系中的所有元组在新属性上的取值将被赋为 *null*。**alter table** 命令的格式为：

$$\text{alter table } r \text{ add } A\ D;$$

其中 *r* 是现有关系的名称，*A* 是待添加属性的名称，*D* 是待添加属性的类型。我们可以通过命令

$$\text{alter table } r \text{ drop } A;$$

从关系中去掉属性。其中 *r* 是现有关系的名称，*A* 是关系的一个属性的名称。很多数据库系统并不支持去掉属性，尽管它们允许去掉整张表。

3.3 SQL 查询的基本结构

SQL 查询的基本结构由三个子句构成：**select**、**from** 和 **where**。查询以在 **from** 子句中列出的关系作为其输入，在这些关系上进行 **where** 和 **select** 子句中指定的运算，然后产生一个关系作为结果。我们通过示例来介绍 SQL 的语法，并在后面描述 SQL 查询的通用结构。

3.3.1 单关系查询

让我们考虑使用大学数据库示例的一个简单查询："找出所有教师的姓名。"教师的姓名可以在 *instructor* 关系中找到，因此我们把该关系放到 **from** 子句中。教师的姓名出现在 *name* 属性中，因此我们把它放到 **select** 子句中。

$$\text{select } name$$
$$\text{from } instructor;$$

其结果是由属性名为 *name* 的单个属性构成的关系。如果 *instructor* 关系如图 2-1 所示，那么上述查询的结果关系如图 3-2 所示。

现在考虑另一个查询："找出所有教师所在的系名。"此查询可写为：

$$\text{select } dept\_name$$
$$\text{from } instructor;$$

因为一个系可以有不止一位教师，所以在 *instructor* 关系中，一个系的名称可能不止一次出现。上述查询的结果是一个包含系名的关系，如图 3-3 所示。

name
Srinivasan
Wu
Mozart
Einstein
El Said
Gold
Katz
Califieri
Singh
Crick
Brandt
Kim

dept_name
Comp. Sci.
Finance
Music
Physics
History
Physics
Comp. Sci.
History
Finance
Biology
Comp. Sci.
Elec. Eng.

图 3-2 "**select** *name* **from** *instructor*"的结果　　图 3-3 "**select** *dept_name* **from** *instructor*"的结果

在关系模型的形式化数学定义中，关系是一个集合。因此，重复的元组不会出现在关系中。在实践中，去除重复是相当费时的。所以，SQL 允许在数据库关系以及 SQL 表达式的结果中出现重复[⊖]。因此，对于 *instructor* 关系中出现的每个元组，上述 SQL 查询都会为其列出一次系名。

在某些情况下如果想强行去除重复，可以在 **select** 后插入关键字 **distinct**。如果我们想去除重复，可将上述查询改写为：

select distinct *dept_name*
from *instructor*;

在上述查询的结果中，每个系名最多只出现一次。

SQL 允许我们使用关键字 **all** 来显式指明不去除重复：

select all *dept_name*
from *instructor*;

既然保留重复元组是缺省选项，在示例中我们将不再使用 **all**。为了保证在示例查询的结果中去除重复元组，我们将在所有必要的地方使用 **distinct**。

select 子句还可带含有 +、−、*、/ 运算符的算术表达式，运算对象可以是常数或元组的属性。例如，查询：

select *ID*, *name*, *dept_name*, *salary* * 1.1
from *instructor*;

返回一个与 *instructor* 关系一样的关系，只是 *salary* 属性的值是原来的 1.1 倍。如果我们给每位教师增长 10% 的工资，结果将如此所示。注意，这并不导致 *instructor* 关系发生任何改变。

SQL 还提供了特殊数据类型，如各种形式的日期（date）类型，并允许一些作用于这些类型上的算术函数。我们将在 4.5.1 节中进一步讨论这个问题。

where 子句允许我们只选出那些在 **from** 子句的结果关系中满足特定谓词的元组。考虑如下查询："找出 Computer Science 系中工资超过 70 000 美元的所有教师的姓名。"该查询可以用 SQL 写为：

⊖ 模式中包含主码声明的任何数据库关系都不能包含重复元组，因为它们会违反主码约束。

```
select name
from instructor
where dept_name = 'Comp. Sci.' and salary > 70000;
```

如果 instructor 关系如图 2-1 所示，那么上述查询的结果关系如图 3-4 所示。

name
Katz
Brandt

图 3-4 "找出 Computer Science 系中工资超过 70 000 美元的所有教师的姓名"的结果

SQL 允许在 **where** 子句中使用逻辑连词 **and**、**or** 和 **not**。逻辑连词的运算对象可以是包含比较运算符 <、<=、>、>=、= 和 <> 的表达式。SQL 允许我们使用比较运算符来比较字符串、算术表达式以及特殊类型，比如日期类型。

在本章的后面我们将学习 where 子句谓词的其他特性。

3.3.2 多关系查询

到此为止我们的查询示例都是基于单个关系的。通常查询需要从多个关系中获取信息。我们现在来学习如何编写这样的查询。

作为一个示例，假设我们想回答这样的查询："找出所有教师的姓名，以及他们所在系的名称和系所在建筑的名称。"

考察 instructor 关系的模式，我们发现可以从 dept_name 属性得到系名，但是系所在建筑的名称是在 department 关系的 building 属性中给出的。为了回答上述查询，instructor 关系中的每个元组必须与 department 关系中的元组匹配，使得 department 元组在 dept_name 上的取值相配于 instructor 元组在 dept_name 上的取值。

为了在 SQL 中回答上述查询，我们把需要访问的关系都列在 **from** 子句中，并在 **where** 子句中指定匹配条件。上述查询可用 SQL 写为：

```
select name, instructor.dept_name, building
from instructor, department
where instructor.dept_name= department.dept_name;
```

如果 instructor 和 department 关系分别如图 2-1 和图 2-5 所示，那么此查询的结果关系如图 3-5 所示。

注意，dept_name 属性既出现在 instructor 关系中，也出现在 department 关系中，用关系名作为前缀（在 instructor.dept_name 和 department.dept_name 中）来注明我们所指的是哪个属性。而 name 和 building 属性只出现在其中一个关系中，因而不需要将关系名作为前缀。

这种命名惯例需要出现在 **from** 子句中的关系具有不同的名称。在某些情况下此要求会引发问题，比如当需要组合来自同一个关系的两个不同元组的信息的时候。在 3.4.1 节，我们将看到如何使用更名运算来避免这样的问题。

name	dept_name	building
Srinivasan	Comp. Sci.	Taylor
Wu	Finance	Painter
Mozart	Music	Packard
Einstein	Physics	Watson
El Said	History	Painter
Gold	Physics	Watson
Katz	Comp. Sci.	Taylor
Califieri	History	Painter
Singh	Finance	Painter
Crick	Biology	Watson
Brandt	Comp. Sci.	Taylor
Kim	Elec. Eng.	Taylor

图 3-5 "找出所有教师的姓名，以及他们所在系的名称和系所在建筑的名称"的结果

现在我们考虑涉及多个关系的 SQL 查询的通用形式。正如我们在前面已经看到的,一个 SQL 查询可以包括三种类型的子句:**select** 子句、**from** 子句和 **where** 子句。每种子句的作用如下:

- **select** 子句用于列出查询结果中所需要的属性。
- **from** 子句是在查询求值中需要访问的关系列表。
- **where** 子句是作用在 **from** 子句中的关系的属性上的谓词。

一个典型的 SQL 查询具有如下形式:

$$\textbf{select } A_1, A_2, \dots, A_n$$
$$\textbf{from } r_1, r_2, \dots, r_m$$
$$\textbf{where } P;$$

每个 A_i 代表一个属性,每个 r_i 代表一个关系。P 是一个谓词。如果省略 **where** 子句,则谓词 P 为真。

尽管各子句必须以 **select**、**from**、**where** 的次序写出,但理解查询所代表的运算的最容易的方式是以运算的顺序来考察各子句:首先是 **from**,然后是 **where**,最后是 **select**⊖。

通过 **from** 子句定义了一个在该子句中所列出关系上的笛卡儿积。它可以用关系代数来形式化地定义,但也可以理解为一个迭代过程,此过程可为 **from** 子句的结果关系产生元组。

> **for each** 元组 t_1 **in** 关系 r_1
>   **for each** 元组 t_2 **in** 关系 r_2
>   …
>   **for each** 元组 t_m **in** 关系 r_m
>   把 $t_1, t_2, \cdots, t_m$ 连接成单个元组 t
>   把 t 加入结果关系中

此结果关系具有来自 **from** 子句中所有关系的所有属性。由于在关系 r_i 和 r_j 中可能出现相同的属性名,正如我们此前所看到的,因此在属性名前面加上该属性所来自的那个关系的名称作为前缀。

例如,*instructor* 关系和 *teaches* 关系的笛卡儿积的关系模式为:

> (*instructor.ID, instructor.name, instructor.dept_name, instructor.salary,*
> *teaches.ID, teaches.course_id, teaches.sec_id, teaches.semester, teaches.year*)

有了这个模式,我们可以区分出 *instructor.ID* 和 *teaches.ID*。对于那些只出现在单个模式中的属性,我们通常去掉关系名前缀。这种简化并不会造成任何混淆。这样我们可以把关系模式写为:

> (*instructor.ID, name, dept_name, salary, teaches.ID, course_id, sec_id, semester, year*)

为了说明这一点,考察图 2-1 中的 *instructor* 关系和图 2-7 中的 *teaches* 关系。它们的笛卡儿积如图 3-6 所示,图中只包括了构成笛卡儿积结果的一部分元组。

通过笛卡儿积把来自 *instructor* 和 *teaches* 中相互没有关联的元组组合在一起。*instructor* 中的每个元组和 *teaches* 中的所有元组都要进行组合,即使是那些代表不同教师的元组。其结果可能是一个非常庞大的关系,创建这样的笛卡儿积通常是没有意义的。

⊖ 在实践中,SQL 也许会将表达式转换成能够更高效执行的等价形式。我们将把效率问题推迟到第 15～16 章中探讨。

instructor.ID	name	dept_name	salary	teaches.ID	course_id	sec_id	semester	year
10101	Srinivasan	Comp. Sci.	65000	10101	CS-101	1	Fall	2017
10101	Srinivasan	Comp. Sci.	65000	10101	CS-315	1	Spring	2018
10101	Srinivasan	Comp. Sci.	65000	10101	CS-347	1	Fall	2017
10101	Srinivasan	Comp. Sci.	65000	12121	FIN-201	1	Spring	2018
10101	Srinivasan	Comp. Sci.	65000	15151	MU-199	1	Spring	2018
10101	Srinivasan	Comp. Sci.	65000	22222	PHY-101	1	Fall	2017
...	...	...	...	...	...	...	...	...
...	...	...	...	...	...	...	...	...
12121	Wu	Finance	90000	10101	CS-101	1	Fall	2017
12121	Wu	Finance	90000	10101	CS-315	1	Spring	2018
12121	Wu	Finance	90000	10101	CS-347	1	Fall	2017
12121	Wu	Finance	90000	12121	FIN-201	1	Spring	2018
12121	Wu	Finance	90000	15151	MU-199	1	Spring	2018
12121	Wu	Finance	90000	22222	PHY-101	1	Fall	2017
...	...	...	...	...	...	...	...	...
15151	Mozart	Music	40000	10101	CS-101	1	Fall	2017
15151	Mozart	Music	40000	10101	CS-315	1	Spring	2018
15151	Mozart	Music	40000	10101	CS-347	1	Fall	2017
15151	Mozart	Music	40000	12121	FIN-201	1	Spring	2018
15151	Mozart	Music	40000	15151	MU-199	1	Spring	2018
15151	Mozart	Music	40000	22222	PHY-101	1	Fall	2017
...	...	...	...	...	...	...	...	...
22222	Einstein	Physics	95000	10101	CS-101	1	Fall	2017
22222	Einstein	Physics	95000	10101	CS-315	1	Spring	2018
22222	Einstein	Physics	95000	10101	CS-347	1	Fall	2017
22222	Einstein	Physics	95000	12121	FIN-201	1	Spring	2018
22222	Einstein	Physics	95000	15151	MU-199	1	Spring	2018
22222	Einstein	Physics	95000	22222	PHY-101	1	Fall	2017
...	...	...	...	...	...	...	...	...
...	...	...	...	...	...	...	...	...

图 3-6　*instructor* 关系和 *teaches* 关系的笛卡儿积

取而代之的是在 **where** 子句中使用谓词来限制笛卡儿积所创建的组合，只留下那些对所需答案有意义的组合。我们希望有个涉及 *instructor* 和 *teaches* 的查询，使得 *instructor* 中的特定元组 t 只与 *teaches* 中那些与 t 表示同一位教师的元组进行组合。也就是说，我们希望 *teaches* 中的元组只和与其具有相同 *ID* 值的 *instructor* 元组进行匹配。下面的 SQL 查询确保满足这个条件，并从这些匹配元组中输出教师姓名和课程标识。

name	course_id
Srinivasan	CS-101
Srinivasan	CS-315
Srinivasan	CS-347
Wu	FIN-201
Mozart	MU-199
Einstein	PHY-101
El Said	HIS-351
Katz	CS-101
Katz	CS-319
Crick	BIO-101
Crick	BIO-301
Brandt	CS-190
Brandt	CS-190
Brandt	CS-319
Kim	EE-181

select *name, course_id*
from *instructor, teaches*
where *instructor.ID= teaches.ID*;

注意，上述查询只输出讲授了课程的教师，不会输出那些没有讲授任何课程的教师。如果我们希望输出那些元组，可以使用一种被称作外连接（outer join）的运算，外连接将在 4.1.3 节中讲述。

如果 *instructor* 关系如图 2-1 所示，并且 *teaches* 关系如图 2-7 所示，那么前述查询的结果关系如图 3-7 所示。注意，教师 Gold、Califieri 和 Singh 没有讲授

图 3-7　"对于大学中所有讲授课程的教师，找出他们的姓名以及他们所讲授的所有课程的课程 ID"的结果

任何课程，不会出现在图 3-7 的结果中。

如果只希望找出 Computer Science 系的教师姓名和课程标识，我们可以给 **where** 子句增加额外的谓词，如下所示：

select *name, course_id*
from *instructor, teaches*
where *instructor.ID= teaches.ID* **and** *instructor.dept_name* = 'Comp. Sci.';

注意，既然 *dept_name* 属性只出现在 *instructor* 关系中，我们在上述查询中就可以只使用 *dept_name* 来替代 *instructor.dept_name*。

通常说来，一个 SQL 查询的含义可以理解如下：

1. 为 **from** 子句中列出的关系产生笛卡儿积。

2. 在步骤 1 的结果上应用 **where** 子句中指定的谓词。

3. 对于步骤 2 的结果中的每个元组，输出 **select** 子句中指定的属性（或表达式的结果）。

上述步骤的顺序有助于理解一个 SQL 查询的结果应该是什么样的，而不是这个结果是怎样被执行的。在 SQL 的实际实现中不会执行这种形式的查询，它会通过（尽可能）只产生满足 **where** 子句谓词的笛卡儿积元素来进行优化执行。我们将在第 12 章中学习这类实现技术。

当编写查询时，需要小心设置合适的 **where** 子句条件。如果在前述 SQL 查询中省略 **where** 子句条件，它就会输出笛卡儿积，那将是一个相当大的关系。对于图 2-1 中的 *instructor* 关系示例和图 2-7 中的 *teaches* 关系示例，它们的笛卡儿积具有 12×13=156 个元组，元组数量过多，我们无法在书中全部展示！更糟的是，假设我们有比图中所示关系更现实的教师数量，比如 200 位教师，假使每位教师讲授 3 门课程，那么我们在 *teaches* 关系中就有 600 个元组，这样上述迭代过程就会在结果中产生 200×600=120 000 个元组。

注释 3-1　SQL 与多重集关系代数——第一部分

关系代数运算与 SQL 运算之间有着密切的联系。一个关键的区别是，不同于关系代数，SQL 允许重复。SQL 标准定义了在查询的输出中每个元组有多少份拷贝，这继而取决于在输入的关系中出现了多少份元组拷贝。

为了建模 SQL 的这种行为，定义了一种称为**多重集关系代数**（multiset relational algebra）的关系代数版本来处理多重集合——可能包含重复项的集合。多重集关系代数的基本运算定义如下：

1. 如果 r_1 中的元组 t_1 有 c_1 份拷贝，且 t_1 满足选择条件 σ_θ，则在 $\sigma_\theta(r_1)$ 中有 c_1 份 t_1 的拷贝。

2. 对于 r_1 中元组 t_1 的每份拷贝，在 $\Pi_A(r_1)$ 中都有一份元组 $\Pi_A(t_1)$ 的拷贝，其中 $\Pi_A(t_1)$ 表示单个元组 t_1 的投影。

3. 如果 r_1 中的元组 t_1 有 c_1 份拷贝，且 r_2 中的元组 t_2 有 c_2 份拷贝，则 $r_1 \times r_2$ 中就有元组 $t_1.t_2$ 的 $c_1 * c_2$ 份拷贝。

例如，假设模式为 (A, B) 的关系 r_1 与模式为 (C) 的关系 r_2 是如下的多重集合：$r_1=\{(1,a), (2,a)\}$、$r_2=\{(2), (3), (3)\}$。那么 $\Pi_B(r_1)$ 即为 $\{(a), (a)\}$，而 $\Pi_B(r_1) \times r_2$ 为：
$$\{(a,2), (a,2), (a,3), (a,3), (a,3), (a,3)\}$$

现在考虑如下形式的基本 SQL 查询:

$$\textbf{select } A_1, A_2, \dots, A_n$$
$$\textbf{from } r_1, r_2, \dots, r_m$$
$$\textbf{where } P$$

每个 A_i 代表一个属性,且每个 r_i 代表一个关系。P 是谓词。如果省略 **where** 子句,则谓词 P 为**真**。查询等价于多重集关系代数表达式:

$$\Pi_{A_1, A_2, \dots, A_n}(\sigma_P(r_1 \times r_2 \times \cdots \times r_m))$$

关系代数的**选择**运算对应于 SQL 的 **where** 子句,而不是 SQL 的 **select** 子句;这种含义上的差异是一件遗憾的历史事实。我们将在注释 3-2 中讨论更复杂的 SQL 查询表示。

SQL 查询的关系代数表示有助于形式化定义 SQL 程序的含义。此外,数据库系统通常将 SQL 查询转换为基于关系代数的底层表示,并使用这种表示来执行查询优化和查询评估。

3.4 附加的基本运算

SQL 中还支持几种附加的基本运算。

3.4.1 更名运算

重新考察我们此前使用过的查询:

$$\textbf{select } name, course\_id$$
$$\textbf{from } instructor, teaches$$
$$\textbf{where } instructor.ID = teaches.ID;$$

此查询的结果是一个具有下列属性的关系:

$$name, course\_id$$

结果中的属性名来自 **from** 子句中的关系的属性名。

但我们不能始终用这种方式来派生名称,其原因有几点:首先,**from** 子句中的两个关系可能具有同名属性,在这种情况下,结果中就会出现重复的属性名;其次,如果我们在 **select** 子句中使用算术表达式,那么结果属性就没有名称;再次,尽管如上例所示,属性名可以由基关系导出,但我们也许想要改变结果中的属性名。因此,SQL 提供了一种重命名结果关系中的属性的方式。它使用如下形式的 **as** 子句:

old-name **as** *new-name*

as 子句既可出现在 **select** 子句中,也可出现在 **from** 子句中$^\ominus$。

例如,如果我们想用 *instructor_name* 这个名称来代替属性名 *name*,我们可以重写上述查询如下:

$\ominus$ SQL 的早期版本不包括关键字 **as**。其结果是在一些 SQL 实现中,特别是在 Oracle 中,不允许在 **from** 子句中出现关键字 **as**。在 Oracle 的 **from** 子句中,"*old-name* **as** *new-name*" 被写作 "*old-name new-name*"。在 **select** 子句中允许使用关键字 **as** 来重命名属性,但它是可选项,在 Oracle 中可以省略。

$$\textbf{select } name \textbf{ as } instructor\_name, course\_id$$
$$\textbf{from } instructor, teaches$$
$$\textbf{where } instructor.ID = teaches.ID;$$

as 子句在重命名关系时特别有用。重命名关系的一个原因是把一个长的关系名替换成短的，这样在查询中的其他地方使用起来就更为方便。为了说明这一点，我们重写查询"对于大学中所有讲授课程的教师，找出他们的姓名以及他们所讲授的所有课程的课程 ID"：

$$\textbf{select } T.name, S.course\_id$$
$$\textbf{from } instructor \textbf{ as } T, teaches \textbf{ as } S$$
$$\textbf{where } T.ID = S.ID;$$

重命名关系的另一个原因是为了适用于需要比较同一个关系中的元组的情况。为此我们需要把一个关系跟它自身进行笛卡儿积运算，如果不重命名，就不可能把一个元组与其他元组区分开来。假设我们希望写出查询："找出满足下面条件的所有教师的姓名，他们的工资至少比 Biology 系某一位教师的工资要高。"我们可以写出这样的 SQL 表达式：

$$\textbf{select distinct } T.name$$
$$\textbf{from } instructor \textbf{ as } T, instructor \textbf{ as } S$$
$$\textbf{where } T.salary > S.salary \textbf{ and } S.dept\_name = \text{'Biology'};$$

注意，不能使用 *instructor.salary* 这样的写法，因为这样并不清楚到底希望引用哪一个 *instructor*。

在上述查询中，*T* 和 *S* 可以被认为是 *instructor* 关系的两份拷贝，但更准确地说，它们被声明为 *instructor* 关系的别名，也就是另外的名称。像 *T* 和 *S* 那样被用来重命名关系的标识在 SQL 标准中被称作**相关名称**（correlation name），但通常也被称作**表别名**（table alias），或**相关变量**（correlation variable），或**元组变量**（tuple variable）。

注意，用文字表达上述查询更好的方式是："找出满足下面条件的所有教师的姓名，他们比 Biology 系教师的最低工资要高。"早先的表述更符合我们所写的 SQL，但后面的表述更直观，事实上它可以直接用 SQL 来表达，正如我们将在 3.8.2 节中看到的那样。

3.4.2 字符串运算

SQL 使用一对单引号来标示字符串，例如 'Computer'。如果单引号是字符串的组成部分，那就用两个单引号字符来表示，如字符串"It's right"可表示为 'It' 's right'。

在 SQL 标准中，字符串上的相等运算是大小写敏感的，所以表达式 "'comp. sci.' = 'Comp. Sci.'"的结果是假。然而一些数据库系统，如 MySQL 和 SQL Server，在匹配字符串时并不区分大小写，所以在这些数据库中 "'comp. sci.' = 'Comp. Sci.'"的结果可能是真。然而，这种缺省方式是可以在数据库级或特定属性级修改的。

SQL 还允许在字符串上作用多种函数，例如连接字符串（使用"‖"）、提取子串、计算字符串长度、大小写转换（用 **upper**(*s*) 函数将字符串 *s* 转换为大写，或用 **lower**(*s*) 函数将字符串 *s* 转换为小写）、去掉字符串后面的空格（使用 **trim**(*s*)）等。不同数据库系统所提供的字符串函数集是不同的。请参阅你的数据库系统手册来获得它所支持的实际字符串函数的详细信息。

在字符串上可以使用 **like** 运算符来实现模式匹配。我们使用两个特殊的字符来描述模式。

- 百分号（%）：% 字符匹配任意子串。
- 下划线（_）：_ 字符匹配任意一个字符。

模式是大小写敏感的[⊖]，也就是说，大写字符与小写字符不匹配，反之亦然。为了说明模式匹配，我们考虑下列示例：

- 'Intro%' 匹配以"Intro"打头的任意字符串。
- '%Comp%' 匹配包含"Comp"子串的任意字符串，例如 'Intro. to Computer Science' 和 'Computational Biology'.
- '_ _ _' 匹配只含三个字符的任意字符串。
- '_ _ _%' 匹配至少含有三个字符的任意字符串。

SQL 通过使用比较运算符 **like** 来表达模式。考虑查询"找出所在建筑名称中包含子串 'Watson' 的所有系名"。该查询可以写成：

> select *dept_name*
> from *department*
> where *building* like '%Watson%';

为使模式能够包含特殊的模式字符（即 % 和 _），SQL 允许定义转义字符。转义字符直接用在特殊的模式字符的前面，表示该特殊的模式字符被当成普通字符。我们在 **like** 比较运算中使用 **escape** 关键字来定义转义字符。为说明这一用法，考虑以下模式，其中使用反斜线（\）作为转义字符：

- like 'ab\%cd%' escape '\' 匹配以"ab%cd"开头的所有字符串。
- like 'ab\\cd%' escape '\' 匹配以"ab\cd"开头的所有字符串。

SQL 允许我们通过使用 **not like** 比较运算符来搜索不匹配项。一些实现还提供 **like** 运算的变种，它不区分大小写。

一些 SQL 实现，特别是 PostgreSQL，提供了 **similar to** 运算，它具备比 **like** 运算更强大的模式匹配能力，其模式定义语法类似于 UNIX 中使用的正则表达式。

3.4.3　select 子句中的属性说明

星号"*"可以用在 **select** 子句中表示"所有的属性"。因而，在如下查询的 **select** 子句中使用 instructor.*

> select *instructor*.*
> from *instructor, teaches*
> where *instructor.ID= teaches.ID*;

来表示 *instructor* 的所有属性都被选中。形如 **select *** 的 **select** 子句表示 **from** 子句的结果关系的所有属性都被选中。

3.4.4　排列元组的显示次序

SQL 为用户提供了对关系中元组显示次序的一些控制。**order by** 子句的可以让查询结果中的元组按排列顺序显示。为了按字母顺序列出物理系的所有教师，我们可写为：

> select *name*
> from *instructor*
> where *dept_name* = 'Physics'
> order by *name*;

⊖　例外情况是在 MySQL 中，或在 PostgreSQL 中使用 **ilike** 运算符时，此时模式是大小写不敏感的。

在缺省情况下，**order by** 子句按升序列出显示项。要说明排序顺序，我们可以用 **desc** 表示降序，或用 **asc** 表示升序。此外，排序可在多个属性上进行。假设我们希望按 *salary* 的降序列出整个 *instructor* 关系，如果有几位教师的工资相同，就将他们按姓名升序排列。我们用 SQL 将该查询表示如下：

```
select *
from instructor
order by salary desc, name asc;
```

3.4.5 where 子句谓词

为了简化 **where** 子句，SQL 提供 **between** 比较运算符来说明一个值小于或等于某个值，同时大于或等于另一个值。如果我们想找出工资值在 90 000 美元和 100 000 美元之间的教师的姓名，可以使用 **between** 比较运算符来写出下面的查询：

```
select name
from instructor
where salary between 90000 and 100000;
```

它可以取代：

```
select name
from instructor
where salary <= 100000 and salary >= 90000;
```

类似地，我们还可以使用 **not between** 比较运算符。

SQL 允许我们用符号 $(v_1, v_2, \cdots, v_n)$ 来表示一个包含值 $v_1, v_2, \cdots, v_n$ 的 n 维元组；该符号被称为行构造器（row constructor）。在元组上可以运用比较运算符，并按字典顺序进行比较运算。例如，当 $a_1 <= b_1$ 且 $a_2 <= b_2$ 时，$(a_1, a_2) <= (b_1, b_2)$ 为真。类似地，当两个元组在所有属性上相等时，它们是相等的。这样，SQL 查询

```
select name, course_id
from instructor, teaches
where instructor.ID= teaches.ID and dept_name = 'Biology';
```

可被重写为如下形式[○]：

```
select name, course_id
from instructor, teaches
where (instructor.ID, dept_name) = (teaches.ID, 'Biology');
```

3.5 集合运算

SQL 作用在关系上的 **union**、**intersect** 和 **except** 运算对应于数学集合论中的 ∪、∩ 和 − 运算。我们现在来构造涉及两个集合上的 **union**、**intersect** 和 **except** 运算的查询。

- 在 2017 年秋季学期开设的所有课程的集合：

```
select course_id
from section
where semester = 'Fall' and year= 2017;
```

○ 尽管这是 SQL-92 标准的一部分，但某些 SQL 实现（尤其是 Oracle）还不支持这种语法。

- 在 2018 年春季学期开设的所有课程的集合：

    select *course_id*
    from *section*
    where *semester* = 'Spring' **and** *year*= 2018;

在我们后面的讨论中，将用 c_1 和 c_2 分别指代作为以上查询结果的两个关系，并在图 3-8 和图 3-9 中给出这些查询运行在如图 2-6 所示的 *section* 关系上的结果。注意 c_2 包含两个对应于 *course_id* 为 CS-319 的元组，因为该课程有两个课程段在 2018 年春季开课。

course_id
CS-101
CS-315
CS-319
CS-319
FIN-201
HIS-351
MU-199

course_id
CS-101
CS-347
PHY-101

图 3-8 $c1$ 关系，列出 2017 年秋季开设的课程   图 3-9 $c2$ 关系，列出 2018 年春季开设的课程

3.5.1　并运算

为了找出 2017 年秋季开课，或 2018 年春季开课，或两个学期都开课的所有课程的集合，我们写出如下查询语句。注意，下面每条 **select-from-where** 语句上使用的括号是可省略的，但加上括号易于阅读。一些数据库不允许使用括号，在那样的情况下可以去掉括号。

    (**select** *course_id*
     from *section*
     where *semester* = 'Fall' **and** *year*= 2017)
    union
    (**select** *course_id*
     from *section*
     where *semester* = 'Spring' **and** *year*= 2018);

与 **select** 子句不同，**union** 运算自动去除重复。这样，使用如图 2-6 所示的 *section* 关系，其中 CS-319 在 2018 年春季开设两个课程段，CS-101 在 2017 年秋季和 2018 年春季学期各开设一个课程段，CS-101 和 CS-319 在结果中都只出现一次，如图 3-10 所示。

如果我们想保留所有重复项，就必须用 **union all** 代替 **union**：

    (**select** *course_id*
     from *section*
     where *semester* = 'Fall' **and** *year*= 2017)
    union all
    (**select** *course_id*
     from *section*
     where *semester* = 'Spring' **and** *year*= 2018);

结果中的重复元组数等于在 $c1$ 和 $c2$ 中都出现的重复元组数量的总和。因此在上述查询中，CS-319 和 CS-101 都将被列出两次。作为一个更深入的示例，如果存在这样一种情况：ECE-101 在 2017 年秋季学期开设 4 个课程段，并且在 2018

course_id
CS-101
CS-315
CS-319
CS-347
FIN-201
HIS-351
MU-199
PHY-101

图 3-10 $c1$ union $c2$ 的结果关系

年春季学期开设 2 个课程段，那么在结果中将有 6 个 ECE-101 元组。

3.5.2　交运算

为了找出在 2017 年秋季和 2018 年春季都开课的所有课程的集合，我们可写出：

> (**select** *course_id*
> **from** *section*
> **where** *semester* = 'Fall' **and** *year*= 2017)
> **intersect**
> (**select** *course_id*
> **from** *section*
> **where** *semester* = 'Spring' **and** *year*= 2018);

结果关系如图 3-11 所示，它只包括一个 CS-101 元组。
intersect 运算自动去除重复⊖。例如，如果存在这样的情况，
ECE-101 在 2017 年秋季学期开设 4 个课程段，并且在 2018
年春季学期开设 2 个课程段，那么在结果中只有 1 个 ECE-101 元组。

图 3-11　*c*1 intersect *c*2 的结果关系

如果我们想保留所有重复项，就必须用 **intersect all** 代替 **intersect**：

> (**select** *course_id*
> **from** *section*
> **where** *semester* = 'Fall' **and** *year*= 2017)
> **intersect all**
> (**select** *course_id*
> **from** *section*
> **where** *semester* = 'Spring' **and** *year*= 2018);

结果中出现的重复元组数等于在 *c*1 和 *c*2 中都出现的重复元组数里较小的那个。例如，如果
ECE-101 在 2017 年秋季学期开设 4 个课程段，并且在 2018 年春季学期开设 2 个课程段，那
么在结果中将有 2 个 ECE-101 元组。

3.5.3　差运算

为了找出在 2017 年秋季学期开课但不在 2018 年春季学期开课的所有课程，我们可写出：

> (**select** *course_id*
> **from** *section*
> **where** *semester* = 'Fall' **and** *year*= 2017)
> **except**
> (**select** *course_id*
> **from** *section*
> **where** *semester* = 'Spring' **and** *year*= 2018);

该查询结果如图 3-12 所示。注意，这正好是图 3-8 中的 *c*1 关系减去不出现的 CS-101 元组。
except 运算⊖从其第一个输入中输出不出现在第二个输入中的所有元组，即执行集差操作。
此运算在执行集差操作之前自动去除输入中的重复项。例如，如果 ECE-101 在 2017 年秋季

⊖ MySQL 未实现 intersect 运算。一种应变方案是使用将在 3.8.1 节中讨论的子查询。
⊖ 某些 SQL 实现（特别是 Oracle）使用关键字 minus 代替 except，而 Oracle 12c 使用关键字 multiset except
　代替 except all。MySQL 根本未实现此运算。一种应变方案是使用将在 3.8.1 节中讨论的子查询。

学期开设 4 个课程段，并且在 2018 年春季学期开设 2 个课程段，那么在 **except** 运算的结果中将没有 ECE-101 的任何拷贝。

course_id
CS-347
PHY-101

图 3-12 *c*1 except *c*2 的结果关系

如果我们想保留重复项，就必须用 **except all** 代替 **except**：

> (**select** *course_id*
> **from** *section*
> **where** *semester* = 'Fall' **and** *year*= 2017)
> **except all**
> (**select** *course_id*
> **from** *section*
> **where** *semester* = 'Spring' **and** *year*= 2018);

结果中的重复元组数等于在 *c*1 中出现的重复元组数减去在 *c*2 中出现的重复元组数（前提是此差为正）。因此，如果 ECE-101 在 2017 年秋季学期开设 4 个课程段，并且在 2018 年春季学期开设 2 个课程段，那么在结果中有 2 个 ECE-101 元组。然而，如果 ECE-101 在 2017 年秋季学期开设 2 个或更少的课程段，并且在 2018 年春季学期开设 2 个课程段，那么在结果中将没有 ECE-101 元组。

3.6 空值

空值（null value）给包括算术运算、比较运算和集合运算在内的关系运算带来了特殊的问题。

如果算术表达式的任一输入值为空，则该算术表达式（涉及诸如 +、-、* 或 /）结果为空。例如，如果查询中有一个表达式是 *r.A* + 5，并且对于某个特定的元组，*r.A* 为空，那么对此元组来说，该表达式的结果也为空。

涉及空值的比较运算问题更多。例如，考虑比较运算 "1 < null"。因为我们不知道空值代表的是什么，所以说上述比较为真可能是错误的。但是说上述比较为假也可能是错误的，如果我们认为比较为假，那么 "**not** (1 < null)" 就应该为真，但这是没有意义的。因而 SQL 将涉及空值的任何比较运算的结果视为 **unknown**（既不是谓词 **is null**，也不是 **is not null**，我们将在本节的后面介绍这两个谓词）。这创建了除 *true* 和 *false* 之外的第三种逻辑值。

由于 **where** 子句中的谓词可以对比较结果使用诸如 **and**、**or** 和 **not** 的布尔运算，因此这些布尔运算的定义也被扩展为可以处理 **unknown** 值。

- **and**：*true* **and** *unknown* 的结果是 *unknown*，*false* **and** *unknown* 的结果是 *false*，而 *unknown* **and** *unknown* 的结果是 *unknown*。
- **or**：*true* **or** *unknown* 的结果是 *true*，*false* **or** *unknown* 的结果是 *unknown*，而 *unknown* **or** *unknown* 的结果是 *unknown*。
- **not**：**not** *unknown* 的结果是 *unknown*。

可以验证，如果 *r.A* 为空，那么 "1 < *r.A*" 和 "**not** (1 < *r.A*)" 的结果都是 unknown。

如果 **where** 子句谓词对一个元组计算出 **false** 或 **unknown**，那么该元组不能被加入结果中。

SQL 在谓词中使用特殊的关键字 **null** 来测试空值。因此，为找出 instructor 关系中 salary 为空值的所有教师，我们可以写出：

> **select** name
> **from** instructor
> **where** salary **is null**;

如果谓词 **is not null** 所作用的值非空，那么谓词为真。

SQL 允许我们通过使用 **is unknown** 和 **is not unknown** 子句⊖来测试一个比较运算的结果是否为 unknown，而不是 true 或 false。例如：

> **select** name
> **from** instructor
> **where** salary > 10000 **is unknown**;

当一个查询使用 **select distinct** 子句时，重复元组必须被去除。为了达到这个目的，当比较两个元组对应的属性值时，如果这两个值都非空并且相等，或者都为空，那么它们被认为是相同的。所以，诸如 {('A',null),('A',null)} 这样的元组的两份拷贝被认为是相同的，即使它们在某些属性上存在空值。使用 **distinct** 子句时仅保留这样的相同元组的一份拷贝。注意，上述对待空值的方式与谓词中对待空值的方式是不同的，在谓词中" null = null"会返回 unknown，而不是 true。

如果元组在所有属性上取值相等，那么它们就被当作相同的元组，即使某些值为空。这种方式还被用于集合的并、交和差运算。

3.7 聚集函数

聚集函数（aggregate function）是以值集（集合或多重集合）为输入并返回单个值的函数。SQL 提供了五个标准的固有聚集函数⊜。

- 平均值：avg。
- 最小值：min。
- 最大值：max。
- 总和：sum。
- 计数：count。

sum 和 **avg** 的输入必须是数字集，但其他运算符可以作用在非数字数据类型的集合上，比如字符串。

3.7.1 基本聚集

考虑查询："找出 Computer Science 系教师的平均工资。"我们将该查询写为如下形式：

> **select avg** (salary)
> **from** instructor
> **where** dept_name = 'Comp. Sci.';

该查询的结果是一个具有单属性的关系，其中只包含一个元组，这个元组的数值对应于

⊖ 一些数据库不支持 is unknown 和 is not unknown 的结构。

⊜ SQL 的大部分实现都提供了多种额外的聚集函数。

Computer Science 系教师的平均工资。数据库系统可以给由聚集产生的结果关系的属性取一个由表达式文本构成的不方便的名称，但我们可以用 **as** 子句给属性取个有意义的名称，如下所示：

$$\begin{aligned}&\textbf{select avg}\ (\textit{salary})\ \textbf{as}\ \textit{avg\_salary}\\&\textbf{from}\ \textit{instructor}\\&\textbf{where}\ \textit{dept\_name} = \text{'Comp. Sci.'};\end{aligned}$$

在图 2-1 的 *instructor* 关系中，Computer Science 系的工资值是 75 000 美元、65 000 美元和 92 000 美元。平均工资是 232 000/3=77 333.33 美元。

在计算平均值时保留重复项是很重要的。假设 Computer Science 系增加了第四位教师，其工资正好是 75 000 美元。如果去除重复，我们会得到错误的答案（232 000/4=58 000 美元），而正确的答案是 76 750 美元。

有时在计算聚集函数前必须先去重。如果确实想去除重复项，可在聚集表达式中使用关键字 **distinct**。比如这样一个查询示例："找出在 2018 年春季学期授课的教师总数。"在该例中，不论一位教师讲授了几个课程段，他都只应被计算一次。所需信息包含在 *teaches* 关系中，我们将此查询写为如下形式：

$$\begin{aligned}&\textbf{select count}\ (\textbf{distinct}\ \textit{ID})\\&\textbf{from}\ \textit{teaches}\\&\textbf{where}\ \textit{semester} = \text{'Spring'}\ \textbf{and}\ \textit{year} = 2018;\end{aligned}$$

由于在 *ID* 前面有关键字 **distinct**，所以即使某位教师教了不止一门课程，在结果中他也仅被计数一次。

我们经常使用聚集函数 **count** 来计算一个关系中元组的数量。在 SQL 中该函数的写法是 **count(*)**。因此，要找出 course 关系中的元组数，可写成：

$$\begin{aligned}&\textbf{select count}\ (*)\\&\textbf{from}\ \textit{course};\end{aligned}$$

SQL 不允许在用 **count(*)** 时使用 **distinct**。在用 **max** 和 **min** 时使用 **distinct** 是合法的，尽管结果并无差别。我们可以使用关键字 **all** 替代 **distinct** 来表明要保留重复项，但既然 **all** 是缺省的，就没必要这么做了。

3.7.2   分组聚集

有时候我们不仅希望将聚集函数作用在单个元组集上，而且希望将其作用在一组元组集上；在 SQL 中可使用 **group by** 子句实现这个愿望。**group by** 子句中给出的一个或多个属性是用来构造分组的。在**分组**（group by）子句中的所有属性上取值相同的元组将被分在一个组内。

考虑一个查询示例："找出每个系的平均工资。"该查询可写为如下形式：

$$\begin{aligned}&\textbf{select}\ \textit{dept\_name},\ \textbf{avg}\ (\textit{salary})\ \textbf{as}\ \textit{avg\_salary}\\&\textbf{from}\ \textit{instructor}\\&\textbf{group by}\ \textit{dept\_name};\end{aligned}$$

图 3-13 显示了 *instructor* 关系中的元组按照 *dept_name* 属性进行分组的情况，分组是计算查询结果的第一步。在每个分组上都要进行指定的聚集计算，查询结果如图 3-14 所示。

ID	name	dept_name	salary
76766	Crick	Biology	72000
45565	Katz	Comp. Sci.	75000
10101	Srinivasan	Comp. Sci.	65000
83821	Brandt	Comp. Sci.	92000
98345	Kim	Elec. Eng.	80000
12121	Wu	Finance	90000
76543	Singh	Finance	80000
32343	El Said	History	60000
58583	Califieri	History	62000
15151	Mozart	Music	40000
33456	Gold	Physics	87000
22222	Einstein	Physics	95000

dept_name	avg_salary
Biology	72000
Comp. Sci.	77333
Elec. Eng.	80000
Finance	85000
History	61000
Music	40000
Physics	91000

图 3-13 *instructor* 关系的元组按照　　图 3-14 查询 "找出每个系的平
dept_name 属性分组　　　　　　　　　均工资" 的结果关系

另外，考虑查询 "找出所有教师的平均工资"。我们把此查询写为如下形式：

$$\textbf{select avg } (salary)$$
$$\textbf{from } instructor;$$

在这种情况下省略了 **group by** 子句，因此整个关系被当作一个分组。

作为在元组分组上进行聚集操作的另一个示例，考虑查询："找出每个系在 2018 年春季学期授课的教师人数。"有关每位教师在每个学期讲授每个课程段的信息在 *teaches* 关系中。但是，这些信息需要与来自 *instructor* 关系的信息进行连接，才能得到每位教师所在的系名。因此，我们把此查询写为如下形式：

```
select dept_name, count (distinct instructor.ID) as instr_count
from instructor, teaches
where instructor.ID= teaches.ID and
        semester = 'Spring' and year = 2018
group by dept_name;
```

其结果如图 3-15 所示。

当 SQL 查询使用分组时，一个很重要的事情是确保出现在 **select** 语句中但没有被聚集的属性只能是出现在 **group by** 子句中的那些属性。换句话说，任何没有出现在 **group by** 子句中的属性如果出现在 **select** 子句中，它只能作为聚集函数的参数，否则这样的查询就是错误的。例如，下述查询是错误的，因为 ID 没有出现在 **group by** 子句中，但它出现在了 **select** 子句中，而且没有被聚集：

dept_name	instr_count
Comp. Sci.	3
Finance	1
History	1
Music	1

图 3-15 查询 "找出每个系在 2018 年春季学期授课的教师人数" 的结果关系

```
/* 错误查询 */
select dept_name, ID, avg (salary)
from instructor
group by dept_name;
```

在上述查询中，一个特定分组（通过 *dept_name* 定义）中的每位教师都可以有一个不同的 *ID*，既然每个分组只输出一个元组，那就无法确定选哪个 *ID* 值作为唯一输出。其结果是，SQL 不允许这样的情况出现。

上述查询还展示了在 SQL 中用 "/* */" 包含文本的方式来编写注释，同样的注释也可

以写为 "-- 错误查询"。

3.7.3 having 子句

有时候，对分组限定条件比对元组限定条件更有用。例如，我们也许只对教师平均工资超过 42 000 美元的那些系感兴趣。该条件并不针对单个元组，而是针对 **group by** 子句构成的每个分组。为表达这样的查询，我们使用 SQL 的 **having** 子句。SQL 在形成分组后才应用 **having** 子句中的谓词，因此在 **having** 子句中可以使用聚集函数。我们用 SQL 表达该查询如下：

> **select** *dept_name*, **avg** (*salary*) **as** *avg_salary*
> **from** *instructor*
> **group by** *dept_name*
> **having avg** (*salary*) > 42000;

其结果如图 3-16 所示。

dept_name	avg_salary
Physics	91000
Elec. Eng.	80000
Finance	85000
Comp. Sci.	77333
Biology	72000
History	61000

图 3-16 查询 "找出平均工资超过 42 000 美元的那些系的教师平均工资" 的结果关系

与 **select** 子句的情况类似，任何出现在 **having** 子句中，但没有被聚集的属性必须出现在 **group by** 子句中，否则查询就是错误的。

包含聚集、**group by** 或 **having** 子句的查询的含义可通过下述运算序列来定义：

1. 与不带聚集的查询情况类似，首先根据 **from** 子句来计算出一个关系。
2. 如果出现了 **where** 子句，**where** 子句中的谓词将应用到 **from** 子句的结果关系上。
3. 如果出现了 **group by** 子句，满足 **where** 谓词的元组通过 **group by** 子句被放入分组中。如果没有 **group by** 子句，满足 **where** 谓词的整个元组集被当成一个分组。
4. 如果出现了 **having** 子句，它将应用到每个分组上；不满足 **having** 子句谓词的分组将被去掉。
5. **select** 子句利用剩下的分组产生查询结果中的元组，即在每个分组上应用聚集函数来得到单个结果元组。

为了说明在同一个查询中同时使用 **having** 子句和 **where** 子句的情况，我们考虑查询："对于在 2017 年讲授的每个课程段，如果该课程段有至少 2 名学生选课，找出选修该课程段的所有学生的总学分（*tot_cred*）的平均值。"

> **select** *course_id*, *semester*, *year*, *sec_id*, **avg** (*tot_cred*)
> **from** *student*, *takes*
> **where** *student.ID* = *takes.ID* **and** *year* = 2017
> **group by** *course_id*, *semester*, *year*, *sec_id*
> **having count** (*student.ID*) >= 2;

注意上述查询需要的所有信息来自 *takes* 和 *student* 关系，尽管此查询是关于课程段的，却并不需要与 *section* 进行连接。

3.7.4 对空值和布尔值的聚集

空值的存在给聚集运算的处理带来了麻烦。例如，假设 *instructor* 关系中有些元组在 *salary* 上取空值。考虑以下计算所有教师工资总额的查询：

$$\textbf{select sum } (salary)$$
$$\textbf{from } instructor;$$

由于我们假设某些元组在 *salary* 上取空值，上述查询待求和的值中就包含了空值。SQL 标准并不认为总和本身为 *null*，而是认为 **sum** 运算符应忽略其输入中的 *null* 值。

总而言之，聚集函数根据以下原则处理空值：除了 **count**(*) 之外所有的聚集函数都忽略其输入集合中的空值。由于空值被忽略，聚集函数的输入值集合有可能为空集。规定空集的 **count** 运算值为 0，并且当作用在空集上时，其他所有聚集运算返回一个空值。在一些更复杂的 SQL 结构中空值的影响会更难以琢磨。

在 SQL:1999 中引入了**布尔**（boolean）数据类型，它可以取 **true**、**false** 和 **unknown** 三种值。聚集函数 **some** 和 **every** 可应用于布尔值的集合，并分别计算这些值的析取（or）与合取（and）。

注释 3-2 SQL 与多重集关系代数——第二部分

正如我们早先在注释 3-1 中所看到的，使用多重集合版本的选择、投影与笛卡儿积运算能够将 SQL 的 **select**、**from** 和 **where** 子句表示为多重集关系代数。

关系代数的并、交和集差（∪、∩ 和 -）运算也可以参考我们在 3.5 节中看到的 SQL 中对 **union all**、**intersect all** 和 **except all** 的相关定义，用类似的方式扩展到多重集关系代数；SQL 的 **union**、**intersect** 和 **except** 对应于集合版本的∪、∩和 -。

扩展的关系代数聚集运算 γ 允许在关系属性上使用聚集函数。（还用符号 G 来表示聚集运算，在本书的早期版本中也使用过该符号。）正如我们之前在 3.7.2 节中所看到的，运算 $_{dept\_name}\gamma_{average(salary)}(instructor)$ 将 *instructor* 关系按 *dept_name* 属性进行分组，并计算每个分组的平均工资。左边的下标可以省略，这会导致整个输入关系被分在同一个组内。因此，$\gamma_{average(salary)}(instructor)$ 计算所有教师的平均工资。聚集值并没有属性名；为方便起见，通过使用更名运算符 ρ，采用如下语法为其赋予一个名称：

$$_{dept\_name}\gamma_{\textbf{average}(salary) \text{ as } avg\_salary}(instructor)$$

更复杂的 SQL 查询也可以用关系代数来改写。例如，如下查询：

$$\textbf{select } A_1, A_2, \textbf{sum}(A_3)$$
$$\textbf{from } r_1, r_2, \ldots, r_m$$
$$\textbf{where } P$$
$$\textbf{group by } A_1, A_2 \textbf{ having count}(A_4) > 2$$

等价于：

$$t1 \leftarrow \sigma_P(r_1 \times r_2 \times \cdots \times r_m)$$
$$\Pi_{A_1, A_2, SumA3}(\sigma_{countA4 > 2}(_{A_1, A_2}\gamma_{\text{sum}(A_3) \text{ as } SumA3, \text{count}(A_4) \text{ as } countA4}(t1))$$

from 子句中的连接表达式可以用关系代数中的等价连接表达式来编写，我们把细节留给读者作为练习。然而，**where** 或 **select** 子句中的子查询不能以这种直接的方式重写为关系代数，因为没有与子查询结构等价的关系代数运算。针对此任务已经提出了对关系代数的扩展，但它们超出了本书的范围。

3.8 嵌套子查询

SQL 提供嵌套子查询机制。子查询是嵌套在另一个查询中的 **select-from-where** 表达式。通过将子查询嵌套在 **where** 子句中，通常可以用子查询来执行对集合成员资格的测试、对集合的比较以及对集合基数的确定。从 3.8.1 节到 3.8.4 节，我们将学习在 **where** 子句中嵌套子查询的用法。在 3.8.5 节，我们将学习在 **from** 子句中嵌套子查询。在 3.8.7 节，我们将看到一类被称作标量子查询的子查询是如何出现在返回单个值的表达式可以出现的任何地方的。

3.8.1 集合成员资格

SQL 允许测试元组在关系中的成员资格。连接词 **in** 测试集合成员资格，这里的集合是由 **select** 子句产生的一组值构成的。连接词 **not in** 测试集合成员资格的缺失。

作为一个示例，考虑查询："找出在 2017 年秋季和 2018 年春季学期都开课的所有课程。"先前，我们通过对两个集合进行交运算来编写该查询，这两个集合分别是：2017 年秋季开课的课程集合与 2018 年春季开课的课程集合。我们可以采用另一种方式，查找在 2017 年秋季开课的所有课程，再看它们是否也是 2018 年春季开课的课程集合中的成员。这种表达方式得到的结果与前面的查询相同，但它让我们可以用 SQL 中的 **in** 连接词来编写该查询。我们从找出 2018 年春季开课的所有课程开始，写出子查询：

```
(select course_id
 from section
 where semester = 'Spring' and year= 2018)
```

然后我们需要从子查询得到的课程集合中找出那些在 2017 年秋季开课的课程。为完成此项任务我们将子查询嵌入外部查询的 **where** 子句中。最后的查询语句是：

```
select distinct course_id
from section
where semester = 'Fall' and year= 2017 and
    course_id in (select course_id
                  from section
                  where semester = 'Spring' and year= 2018);
```

注意，在这里我们需要使用 **distinct**，因为 **intersect** 运算在缺省情况下是去除重复项的。

该例说明在 SQL 中可以用多种方式编写同一个查询。这种灵活性是有好处的，因为它允许用户用看起来最自然的方式去考虑查询。我们将看到在 SQL 中有许多这样的冗余。

我们以与 **in** 结构类似的方式使用 **not in** 结构。例如，为了找出所有在 2017 年秋季学期开课但不在 2018 年春季学期开课的课程，之前我们使用 **except** 运算表达过此查询，我们还可写为：

```
select distinct course_id
from section
where semester = 'Fall' and year= 2017 and
    course_id not in (select course_id
                      from section
                      where semester = 'Spring' and year= 2018);
```

in 和 **not in** 运算符也能用于枚举集合。下面的查询是找出既不叫"Mozart"也不叫"Einstein"的教师的姓名：

```
select distinct name
from instructor
where name not in ('Mozart', 'Einstein');
```

在以上示例中，我们是在单属性关系中测试成员资格。在 SQL 中对任意关系进行成员资格测试也是可以的。例如，我们可以这样来表达查询"找出选修了 ID 为 10101 的教师所讲授的课程段的（不同）学生的总数"：

```
select count (distinct ID)
from takes
where (course_id, sec_id, semester, year) in (select course_id, sec_id, semester, year
                                               from teaches
                                               where teaches.ID= '10101');
```

然而，请注意一些 SQL 实现并不支持上面所用的行构建语法"(course_id, sec_id, semester, year)"。我们将在 3.8.3 节中看到编写此查询的其他方式。

3.8.2　集合比较

作为一个说明嵌套子查询能够对集合进行比较的示例，考虑查询"找出工资至少比 Biology 系某位教师的工资要高的所有教师的姓名"，在 3.4.1 节，我们将此查询写作：

```
select distinct T.name
from instructor as T, instructor as S
where T.salary > S.salary and S.dept_name = 'Biology';
```

但是 SQL 提供另外一种方式编写上面的查询。"至少比某一个要大"在 SQL 中用 >some 表示。此结构允许我们用一种更贴近此查询的文字表达的形式重写上面的查询：

```
select name
from instructor
where salary > some (select salary
                     from instructor
                     where dept_name = 'Biology');
```

子查询

```
(select salary
 from instructor
 where dept_name = 'Biology')
```

产生 Biology 系所有教师的所有工资值的集合。当元组的 salary 值至少比 Biology 系教师的所有工资值集合中的某一个成员高时，外层 select 的 where 子句中的 >some 的比较为真。

SQL 也允许 <some、<=some、>=some、=some 和 <>some 的比较。作为练习，请验证 =some 等价于 in，然而 <>some 并不等价于 not in[⊖]。

现在稍微修改一下我们的查询。找出所有这样的教师的姓名：他们的工资值比 Biology 系每位教师的工资都高。结构 >all 对应于"比所有的都大"。使用该结构，我们写出如下查询：

⊖ 在 SQL 中关键字 any 与 some 同义。SQL 的早期版本仅允许使用 any，后来的版本为了避免和英语中的 any 一词在语言上产生混淆，又添加了另一个可选择的关键字 some。

```
select name
from instructor
where salary > all (select salary
                    from instructor
                    where dept_name = 'Biology');
```

类似于 **some**，SQL 也允许 <**all**、<=**all**、>=**all**、=**all** 和 < >**all** 的比较。作为练习，请验证 < >**all** 等价于 **not in**，但 =**all** 并不等价于 **in**。

作为集合比较的另一个示例，考虑查询"找出平均工资最高的系"。我们首先写一个查询来找出每个系的平均工资，然后把它作为子查询嵌套在一个更大的查询中，以找出那些平均工资大于或等于所有平均工资的系。

```
select dept_name
from instructor
group by dept_name
having avg (salary) >= all (select avg (salary)
                           from instructor
                           group by dept_name);
```

3.8.3 空关系测试

SQL 包含一个特性，可测试一个子查询的结果中是否存在元组。**exists** 结构在作为参数的子查询非空时返回 **true** 值。使用 **exists** 结构，我们还能用另外一种方法编写查询"找出在 2017 年秋季学期和 2018 年春季学期都开课的所有课程"：

```
select course_id
from section as S
where semester = 'Fall' and year= 2017 and
      exists (select *
              from section as T
              where semester = 'Spring' and year= 2018 and
                    S.course_id= T.course_id);
```

上述查询还说明了 SQL 的一个特性：来自外层查询的**相关名称**（上述查询中的 *S*）可以用在 **where** 子句的子查询中。使用了来自外层查询的相关名称的子查询被称作**相关子查询**（correlated subquery）。

在包含了子查询的查询中，在相关名称上可以应用作用域规则。根据此规则，在一个子查询中只能使用此子查询本身定义的，或在包含此子查询的任何查询中定义的相关名称。如果一个相关名称既在子查询中局部定义，又在包含该子查询的查询中全局定义，则局部定义有效。这条规则类似于编程语言中常用的变量作用域规则。

我们可以通过使用 **not exists** 结构来测试子查询结果集中是否不存在元组。我们可以使用 **not exists** 结构来模拟集合包含（即超集）运算：可将"关系 *A* 包含关系 *B*"写成" **not exists**(*B* **except** *A*)"。（尽管 **contains** 运算符并不是当前 SQL 标准的一部分，但它曾出现在某些早期的关系系统中。）为了说明 **not exists** 运算符，考虑查询"找出选修了 Biology 系开设的所有课程的所有学生"。使用 **except** 结构，我们可以编写此查询如下：

```
select S.ID, S.name
from student as S
where not exists ((select course_id
```

> **from** *course*
> **where** *dept_name* = 'Biology')
> **except**
> (**select** *T.course_id*
> **from** *takes* **as** *T*
> **where** *S.ID* = *T.ID*));

这里，子查询

> (**select** *course_id*
> **from** *course*
> **where** *dept_name* = 'Biology')

找出 Biology 系开设的所有课程的集合。子查询

> (**select** *T.course_id*
> **from** *takes* **as** *T*
> **where** *S.ID* = *T.ID*)

找出学生 *S.ID* 选修的所有课程。这样，外层 **select** 对每名学生测试其选修的所有课程集合是否包含 Biology 系开设的所有课程集合。

在 3.8.1 节中，我们看到对应于"找出选修了 *ID* 为 10101 的教师所讲授的课程段的（不同）学生的总数"的一种 SQL 查询。该查询使用了部分数据库不支持的元组构造符语法。一种替代方式是使用 **exists** 结构将此查询写为如下形式：

> **select count** (**distinct** *ID*)
> **from** *takes*
> **where exists** (**select** *course_id*, *sec_id*, *semester*, *year*
> 　　　　　　　　**from** *teaches*
> 　　　　　　　　**where** *teaches.ID* = '10101'
> 　　　　　　　　　　**and** *takes.course_id* = *teaches.course_id*
> 　　　　　　　　　　**and** *takes.sec_id* = *teaches.sec_id*
> 　　　　　　　　　　**and** *takes.semester* = *teaches.semester*
> 　　　　　　　　　　**and** *takes.year* = *teaches.year*
> 　　　　　　　　);

3.8.4　重复元组存在性测试

SQL 提供一个布尔函数，用于测试在一个子查询的结果中是否存在重复元组。如果在作为参数的子查询结果中没有重复的元组，则 **unique** 结构[⊖]返回 **true** 值。我们可以用 **unique** 结构编写查询"找出在 2017 年最多开设一次的所有课程"：

> **select** *T.course_id*
> **from** *course* **as** *T*
> **where unique** (**select** *R.course_id*
> 　　　　　　　　**from** *section* **as** *R*
> 　　　　　　　　**where** *T.course_id* = *R.course_id* **and**
> 　　　　　　　　　　*R.year* = 2017);

注意，如果某门课程不在 2017 年开设，那么子查询会返回一个空的结果，**unique** 谓词

⊖　此结构尚未被广泛实现。

就会在空集上计算并得到真值。

在不使用 **unique** 结构的情况下，上述查询的一种等价表达方式是：

> **select** *T.course_id*
> **from** *course* **as** *T*
> **where** 1 >= (**select count**(*R.course_id*)
>   **from** *section* **as** *R*
>   **where** *T.course_id= R.course_id* **and**
>   *R.year* = 2017);

我们可以用 **not unique** 结构测试在一个子查询结果中是否存在重复元组。为了说明这一结构，考虑如下所示的查询"找出在 2017 年最少开设两次的所有课程"：

> **select** *T.course_id*
> **from** *course* **as** *T*
> **where not unique** (**select** *R.course_id*
>   **from** *section* **as** *R*
>   **where** *T.course_id= R.course_id* **and**
>   *R.year* = 2017);

形式化地定义如下：当且仅当在关系中存在两个元组 t_1 和 t_2 使得 $t_1=t_2$，该关系上的 **unique** 测试被定义为假。如果 t_1 或 t_2 的某些域为空，因为对 $t_1=t_2$ 的测试为假，所以即使存在一个元组的多个副本，只要该元组至少有一个属性为空，那么 **unique** 测试结果就有可能为真。

3.8.5 from 子句中的子查询

SQL 允许在 **from** 子句中使用子查询表达式。在此采用的主要观点是：任何 **select-from-where** 表达式返回的结果都是关系，因而可以被插入到另一个 **select-from-where** 中关系可以出现的任何位置。

考虑查询"找出系平均工资超过 42 000 美元的那些系的教师平均工资"。在 3.7 节我们使用了 **having** 子句来编写此查询。现在我们可以不用 **having** 子句，而是通过如下这种在 **from** 子句中使用子查询的方式来重写这个查询：

> **select** *dept_name, avg_salary*
> **from** (**select** *dept_name,* **avg** (*salary*) **as** *avg_salary*
>   **from** *instructor*
>   **group by** *dept_name*)
> **where** *avg_salary* > 42000;

该子查询产生的关系包含所有系的名称和相应的教师平均工资。子查询的结果属性可以在外层查询中使用，正如上例中所看到的那样。

注意我们不需要使用 **having** 子句，因为 **from** 子句中的子查询计算出了每个系的平均工资，早先在 **having** 子句中使用的谓词现在出现在外层查询的 **where** 子句中。

我们可以使用 **as** 子句给此子查询的结果关系起个名称，并对属性进行重命名。如下所示：

> **select** *dept_name, avg_salary*
> **from** (**select** *dept_name,* **avg** (*salary*)
>   **from** *instructor*
>   **group by** *dept_name*)
>   **as** *dept_avg* (*dept_name, avg_salary*)
> **where** *avg_salary* > 42000;

子查询的结果关系被命名为 *dept_avg*，具有 *dept_name* 和 *avg_salary* 属性。

大多数（但并非全部）的 SQL 实现都支持在 **from** 子句中嵌套子查询。请注意，某些 SQL 实现（特别是 MySQL 和 PostgreSQL）要求 **from** 子句中的每个子查询的结果关系必须被命名，即使此名称从未被引用；Oracle 允许（以省略关键字 **as** 的方式）对子查询的结果关系命名，但不支持对此关系的属性更名。对此问题的一种简单的应对措施是在子查询的 **select** 子句中对属性进行更名；对于上述查询，子查询的 **select** 子句将被替换为：

$$\textbf{select } dept\_name, \textbf{avg}(salary) \textbf{ as } avg\_salary$$

而

$$\textbf{"as } dept\_avg\ (dept\_name,\ avg\_salary)\textbf{"}$$

将被替换为：

$$\textbf{"as } dept\_avg\textbf{".}$$

作为另一个示例，假设我们希望在所有系中找出所有教师工资总额最大的系。**having** 子句于此是无能为力的，但我们可以用 **from** 子句中的子查询来轻易地写出如下查询：

```
select max (tot_salary)
from (select dept_name, sum(salary)
      from instructor
      group by dept_name) as dept_total (dept_name, tot_salary);
```

我们注意到在 **from** 子句嵌套的子查询中不能使用来自同一 **from** 子句的其他关系的相关变量。然而，从 SQL:2003 开始的 SQL 标准允许 **from** 子句中的子查询用关键字 **lateral** 作为前缀，以便访问同一个 **from** 子句中在它前面的表或子查询的属性。例如，如果我们想打印每位教师的姓名，以及他们的工资和他们所在系的平均工资，可以编写如下查询：

```
select name, salary, avg_salary
from instructor I1, lateral (select avg(salary) as avg_salary
                            from instructor I2
                            where I2.dept_name= I1.dept_name);
```

如果没有 **lateral** 子句，子查询就不能访问来自外层查询的相关变量 *I1*。只有最新的 SQL 实现才支持 **lateral** 子句。

3.8.6 with 子句

with 子句提供了一种定义临时关系的方式，这个定义只对包含 **with** 子句的查询有效。考虑下面的查询，它找出具有最大预算值的那些系。

```
with max_budget (value) as
    (select max(budget)
     from department)
select budget
from department, max_budget
where department.budget = max_budget.value;
```

该查询中的 **with** 子句定义了临时关系 *max_budget*，此关系包含定义了此关系的子查询的结果元组。此关系只能在同一查询的后面部分中使用[⊖]。**with** 子句是在 SQL:1999 中引入的，有

⊖ SQL 的计算引擎可能不会物理地创建这个关系，而是以其他方式计算整个查询结果，前提是查询结果与物理创建的关系的结果相同。

许多（但并非所有）数据库系统都提供了支持。

我们也能使用 **from** 子句或 **where** 子句中的嵌套子查询来编写上述查询。但是，用嵌套子查询会使得查询更加晦涩难懂。**with** 子句使查询在逻辑上更加清晰，它还允许在一个查询内的多个地方使用这种临时关系。

例如，假设要找出工资总额大于所有系平均工资总额的所有系，我们可以利用 **with** 子句写出如下查询：

$$
\begin{aligned}
&\textbf{with } dept\_total\ (dept\_name,\ value)\ \textbf{as}\\
&\quad (\textbf{select } dept\_name,\ \textbf{sum}(salary)\\
&\quad\ \ \textbf{from } instructor\\
&\quad\ \ \textbf{group by } dept\_name),\\
&dept\_total\_avg(value)\ \textbf{as}\\
&\quad (\textbf{select avg}(value)\\
&\quad\ \ \textbf{from } dept\_total)\\
&\textbf{select } dept\_name\\
&\textbf{from } dept\_total,\ dept\_total\_avg\\
&\textbf{where } dept\_total.value > dept\_total\_avg.value;
\end{aligned}
$$

我们也可以不用 **with** 子句来建立等价的查询，但是那样会复杂很多，而且也不易理解。作为练习，你可以写出这个等价的查询表示。

3.8.7 标量子查询

SQL 允许子查询出现在返回单个值的表达式能够出现的任何地方，只要该子查询只返回一个包含单个属性的元组；这样的子查询称为**标量子查询**（scalar subquery）。例如，一个子查询可以被用到下面示例的 **select** 子句中，这个示例列出所有的系以及每个系中的教师总数：

$$
\begin{aligned}
&\textbf{select } dept\_name,\\
&\quad (\textbf{select count}(*)\\
&\quad\ \ \textbf{from } instructor\\
&\quad\ \ \textbf{where } department.dept\_name = instructor.dept\_name)\\
&\quad \textbf{as } num\_instructors\\
&\textbf{from } department;
\end{aligned}
$$

上面示例中的子查询保证只返回单个值，因为它使用了不带 **group by** 的 **count**(*) 聚集函数。此例也说明了对相关变量的使用，即使用外层查询的 **from** 子句中的关系的属性，例如上例中的 *department.dept_name*。

标量子查询可以出现在 **select**、**where** 和 **having** 子句中。也可以不使用聚集函数来定义标量子查询。在编译时并非总能判断一个子查询返回的结果中是否有多个元组；如果在子查询被执行后其结果中有不止一个元组，则产生一个运行时错误。

注意，从技术上讲标量子查询的结果类型仍然是关系，尽管其中只包含单个元组。然而，当在表达式中使用标量子查询时，它出现的位置是期望单个值出现的地方，SQL 就从该关系中包含单属性的单个元组中隐式地取出相应的值，并返回该值。

3.8.8 不带 from 子句的标量

某些查询需要计算，但不需要引用任何关系。类似地，某些查询可能有包含 **from** 子句的子查询，但高层查询不需要 **from** 子句。

作为一个示例，假设我们想要查找平均每位教师所讲授（无论是学年还是学期）的课程段数，其中由多位教师所讲授的课程段对每位教师计数一次。我们需要对 teaches 中的元组进行计数来找到所授课程段的总数，并对 instructor 中的元组进行计数来找到教师总数。然后一次简单的除法就能给出我们想要的结果。可能有人将此查询写为：

select count (*) **from** teaches) / (**select count** (*) **from** instructor);

尽管在一些系统中这样写是合法的，但其他系统会由于缺少 **from** 子句而报错⊖。在后一种情况下，可以创建一个特殊的虚拟关系，例如创建包含单个元组的 dual 关系。这使得前面的查询可以写为：

select (**select count** (*) **from** teaches) / (**select count** (*) **from** instructor)
from dual;

Oracle 针对上述用途提供了一个称作 dual 的预定义关系，它包含单个元组（此关系具有单个属性，但这与我们的用途无关）；如果使用任何其他的数据库，你也可以创建等效的关系。

由于上述查询是用一个整数除以另一个整数，因此在大多数数据库上，其结果也会是一个整数，这可能带来精度的损失。如果你希望得到浮点数形式的结果，可以在执行除法运算之前，将两个子查询结果中的一个乘以 1.0，将其转换为浮点数。

注释 3-3　SQL 与多重集关系代数——第三部分

与我们在本章前面所学习的 SQL 集合和聚合运算不同，SQL 子查询在关系代数中并没有直接等价的运算。大多数涉及子查询的 SQL 查询都可以以不使用子查询的方式重写，因而它们就有等价的关系代数表达式。

重写为关系代数的过程可以得益于两种扩展的关系代数运算：一种称作**半连接**（semijoin），记为⋉；另一种称作**反连接**（antijoin），记为⋉̄。这两种运算在许多数据库实现中都有内部支持（有时用符号▷代替⋉̄来表示反连接）。例如，给定关系 r 和 s，$r \ltimes_{r.A=s.B} s$ 输出 r 中所有这样的元组：这些元组满足在 s 中至少有一个元组使得它在 s.B 属性上的值与 r 中上述元组在 r.A 属性上的值相匹配。相反，$r \overline{\ltimes}_{r.A=s.B} s$ 输出 r 中那些在 s 中没有任何这样的匹配元组的所有元组。这些运算符可用于重写使用 **exists** 和 **not exists** 连接词的许多子查询。

半连接和反连接可以使用其他关系代数运算来表示，因此它们并不增加任何表达能力，但由于它们能够非常高效地实现，因此在实践中非常有用。

然而，重写包含子查询的 SQL 查询的过程通常并不简单。因此，数据库系统的实现通过允许 σ 和 Π 运算符在其谓词和投影列表中调用子查询来对关系代数进行扩展。

3.9　数据库的修改

到目前为止我们的注意力都集中在对数据库信息的抽取上。现在我们将展示如何用 SQL 来增加、删除或修改信息。

⊖　此结构对于诸如 SQL Server 那样的系统是合法的，而对于诸如 Oracle 那样的系统是非法的。

3.9.1 删除

删除（delete）请求的表达方式与查询非常类似。我们只能删除整个元组，而不能只删除某些属性上的值。SQL 用如下语句表示删除：

$$\textbf{delete from } r$$
$$\textbf{where } P;$$

其中 *P* 代表一个谓词，而 *r* 代表一个关系。**delete** 语句首先从 *r* 中找出使 *P*(*t*) 为真的所有元组 *t*，然后把它们从 *r* 中删除。**where** 子句可以省略，在省略的情况下 *r* 中的所有元组都将被删除。

注意，一条 **delete** 命令只能作用于一个关系。如果我们想从多个关系中删除元组，必须为每个关系使用一条 **delete** 命令。**where** 子句中的谓词可以和 **select** 命令的 **where** 子句中的谓词一样复杂。在另一种极端情况下，**where** 子句可以为空，请求

$$\textbf{delete from } instructor;$$

将删除 *instructor* 关系中的所有元组。*instructor* 关系本身仍然存在，但它变成空的了。

这里有 SQL 删除请求的一些示例。

- 从 *instructor* 关系中删除属于 *Finance* 系的教师的所有元组。

$$\textbf{delete from } instructor$$
$$\textbf{where } dept\_name = \text{'Finance'};$$

- 删除工资在 13 000 美元到 15 000 美元之间的所有教师。

$$\textbf{delete from } instructor$$
$$\textbf{where } salary \textbf{ between } 13000 \textbf{ and } 15000;$$

- 从 *instructor* 关系中删除所有这样的教师元组：他们在位于 Watson 大楼的系里工作。

$$\textbf{delete from } instructor$$
$$\textbf{where } dept\_name \textbf{ in } (\textbf{select } dept\_name$$
$$\textbf{from } department$$
$$\textbf{where } building = \text{'Watson'});$$

此 **delete** 请求首先找出位于 Watson 的所有系，然后将属于这些系的 *instructor* 元组全部删除。

注意，虽然我们一次只能从一个关系中删除元组，但是在 **delete** 的 **where** 子句中嵌套的 **select-from-where** 中，可以引用任意数量的关系。**delete** 请求可以包含嵌套的 **select**，该 **select** 引用待删除元组的关系。例如，假设我们想删除工资低于大学平均工资的所有教师记录，可以写出如下语句：

$$\textbf{delete from } instructor$$
$$\textbf{where } salary < (\textbf{select avg } (salary)$$
$$\textbf{from } instructor);$$

该 **delete** 语句首先测试 *instructor* 关系中的每一个元组，检查其工资是否小于大学教师的平均工资。然后删除所有测试通过的元组，即所有低于平均工资的教师的元组。在执行任何删除之前先进行所有元组的测试是至关重要的，如果有些元组在另一些元组未被测试前先被删除，那么平均工资将会改变，这样 **delete** 的最后结果将依赖于元组被处理的顺序！

3.9.2　插入

要往关系中插入数据，要么指定待插入的元组，要么写一条查询语句来生成待插入的元组集合。待插入元组的属性值必须在相应属性的域中存在。类似地，待插入元组的属性数量也必须是正确的。

最简单的 **insert** 语句是插入一个元组的请求。假设我们想要插入这样一条信息：Computer Science 系开设的名为"Database Systems"的课程 CS-437 有 4 个学时。我们可写为：

> **insert into** *course*
>   **values** ('CS-437', 'Database Systems', 'Comp. Sci.', 4);

在此例中，元组属性值的排列顺序和关系模式中对应属性的排列顺序一致。为了方便那些可能不记得关系属性排列顺序的用户，SQL 允许在 **insert** 语句中指定属性。例如，下列 SQL **insert** 语句与前述语句的功能相同：

> **insert into** *course* (*course_id*, *title*, *dept_name*, *credits*)
>   **values** ('CS-437', 'Database Systems', 'Comp. Sci.', 4);

> **insert into** *course* (*title*, *course_id*, *credits*, *dept_name*)
>   **values** ('Database Systems', 'CS-437', 4, 'Comp. Sci.');

更常见的情况是，我们可能想在查询结果的基础上插入元组。假设我们想让 Music 系每个修满 144 学时的学生成为 Music 系的教师，其工资为 18 000 美元。我们可写为：

> **insert into** *instructor*
>   **select** *ID*, *name*, *dept_name*, 18000
>   **from** *student*
>   **where** *dept_name* = 'Music' **and** *tot_cred* > 144;

和本小节前面的示例不同的是，我们用 **select** 指定了一个元组的集合，而不是指定一个元组。SQL 首先执行这条 **select** 语句，求出将要插入 *instructor* 关系中的元组集合。每个元组都有 *ID*、*name*、*dept_name*（Music）和 18 000 美元的工资。

系统在执行任何插入之前先执行完 **select** 语句是非常重要的。如果在执行 **select** 语句的同时执行某些插入动作，像

> **insert into** *student*
>   **select** *
>   **from** *student*;

只要在 *student* 上没有主码约束，这样的请求就可能会插入无数元组。如果没有主码约束，上述请求会重新插入 *student* 中的第一个元组，产生该元组的第二份拷贝。由于这第二份拷贝现在成为 *student* 的一部分，**select** 语句可能找到它，于是第三份拷贝被插入 *student* 中。这第三份拷贝又可能被 **select** 语句发现，于是又插入第四份拷贝，如此等等，无限循环。在执行插入之前先完成 **select** 语句的执行可以避免这样的问题。这样，如果在 *student* 关系上没有主码约束，那么上述 **insert** 语句就只是把 *student* 关系中的每个元组都复制一遍。

我们对 **insert** 语句的讨论只考虑了这样的示例：给定了待插入元组的每个属性的值。有可能对待插入元组只给出了模式中某些属性的值，其余属性将被赋空值，用 *null* 表示。考虑请求：

> **insert into** *student*
>   **values** ('3003', 'Green', 'Finance', *null*);

此请求所插入的元组代表了一个在 Finance 系、*ID* 为 "3003" 的学生，但该生的 *tot_cred* 值是未知的。

大部分关系数据库产品都有特殊的 "bulk loader" 工具，它可以向关系中插入一个非常大的元组集合。这些工具允许从格式化的文本文件中读出数据，并且它们的执行速度比等价的插入语句序列要快得多。

3.9.3 更新

在某些情况下，我们可能希望在不改变一个元组所有值的情况下改变其某个属性的值。为达到这一目的，可以使用 **update** 语句。与使用 **insert** 、 **delete** 类似，我们可以通过使用查询来选出待更新的元组。

假设要进行年度工资增长，所有教师的工资将增长 5%。我们写为：

$$\text{update } instructor$$
$$\text{set } salary = salary * 1.05;$$

上面的更新语句将在 *instructor* 关系的每个元组上各执行一次。

如果只给工资低于 70 000 美元的教师涨工资，我们可以这样写：

$$\text{update } instructor$$
$$\text{set } salary = salary * 1.05$$
$$\text{where } salary < 70000;$$

总之，**update** 语句的 **where** 子句可以包含 **select** 语句的 **where** 子句中的任何合法结构（包括嵌套的 **select**）。和 **insert**、**delete** 类似，**update** 语句中嵌套的 **select** 可以引用待更新的关系。同样，SQL 首先检查关系中的所有元组，看它们是否应该被更新，然后才执行更新。例如，我们可以将请求 "给工资低于平均值的教师涨 5% 的工资" 写为如下形式：

$$\text{update } instructor$$
$$\text{set } salary = salary * 1.05$$
$$\text{where } salary < (\text{select avg } (salary)$$
$$\text{from } instructor);$$

我们现在假设给工资超过 100 000 美元的教师涨 3% 的工资，而给其余教师涨 5%。我们可以写两条 **update** 语句：

$$\text{update } instructor$$
$$\text{set } salary = salary * 1.03$$
$$\text{where } salary > 100000;$$

$$\text{update } instructor$$
$$\text{set } salary = salary * 1.05$$
$$\text{where } salary <= 100000;$$

注意，这两条 **update** 语句的顺序很重要。假如我们改变这两条语句的顺序，工资略少于100 000 美元的教师将增长超过 8% 的工资。

SQL 提供 **case** 结构，我们可以利用它在单条 **update** 语句中执行前面的两种更新，以避免更新次序引发的问题：

$$\text{update } instructor$$
$$\text{set } salary = \text{case}$$

$$\text{when } salary <= 100000 \text{ then } salary * 1.05$$
$$\text{else } salary * 1.03$$
$$\textbf{end}$$

case 语句的一般格式如下：

$$\textbf{case}$$
$$\text{when } pred_1 \text{ then } result_1$$
$$\text{when } pred_2 \text{ then } result_2$$
$$\dots$$
$$\text{when } pred_n \text{ then } result_n$$
$$\text{else } result_0$$
$$\textbf{end}$$

当 i 是第一个满足的 $pred_1, pred_2, \cdots, pred_n$ 时，此操作就会返回 $result_i$；如果没有一个谓词可以满足，则运算返回 $result_0$。case 语句可以用在应该出现值的任何地方。

标量子查询在 SQL 更新语句中非常有用，它们可以用在 **set** 子句中。我们用第 2 章中介绍的 *student* 关系和 *takes* 关系来说明这一点。考虑这样一种更新：我们把每个 *student* 元组的 *tot_cred* 属性值设为该生成功学完的课程学分的总和。我们假设如果一名学生在某门课程上的成绩既不是 'F' 也不是空，那么他就成功学完了这门课程。我们需要使用 **set** 子句中的子查询来写出这种更新，如下所示：

```
update student
set tot_cred = (
    select sum(credits)
    from takes, course
    where student.ID= takes.ID and
          takes.course_id = course.course_id and
          takes.grade <> 'F' and
          takes.grade is not null);
```

如果一名学生没有成功学完任何课程，上述语句将把其 *tot_cred* 属性值置为空。如果想把这样的属性值置为 0，我们可以使用另一条 **update** 语句来把空值替换为 0。更好的替代方案是把上述子查询中的 "**select sum**(*credits*)" 子句替换为如下使用 **case** 表达式的 **select** 子句：

```
select case
    when sum(credits) is not null then sum(credits)
    else 0
    end
```

许多系统都支持 coalesce 函数，我们将在后面的 4.5.2 节中详细描述该函数，它提供了一种用其他值替换 *null* 的简洁方法。在上面的示例中，我们可以使用 **coalesce**(**sum**(*credits*)，0) 来代替 **case** 表达式；该表达式如果不为空，则返回聚集结果 **sum**(*credits*)，否则返回 0。

3.10 总结

- SQL 是最有影响的商用市场化的关系查询语言。SQL 语言包括几个部分：
  - **数据定义语言**（DDL），它提供了定义关系模式、删除关系以及修改关系模式的命令。
  - **数据操纵语言**（DML），它包括查询语言，以及往数据库中插入元组、从数据库中删除元组和修改数据库中元组的命令。

- SQL 的数据定义语言用于创建具有特定模式的关系。除了声明关系属性的名称和类型之外，SQL 还允许声明完整性约束，例如主码约束和外码约束。
- SQL 提供了多种用于查询数据库的语言结构，其中包括 **select**、**from** 和 **where** 子句。
- SQL 还提供了对属性和关系重命名，以及对查询结果按特定属性进行排序的机制。
- SQL 支持关系上的基本集合运算，包括**并**、**交**和**差**运算，它们对应于数学集合论中的∪、∩和－运算。
- SQL 通过在常用真值 true 和 false 外增加真值"unknown"，来处理对包含空值的关系的查询。
- SQL 支持聚集，能够把关系进行分组，在每个分组上单独运用聚集。SQL 还支持分组上的集合运算。
- SQL 支持在外层查询的 **where** 和 **from** 子句中嵌套子查询。它还支持在一个表达式返回的单个值所允许出现的任何地方使用标量子查询。
- SQL 提供了用于更新、插入和删除信息的结构。

术语回顾

- 数据定义语言
- 数据操纵语言
- 数据库模式
- 数据库实例
- 关系模式
- 关系实例
- 主码
- 外码
  - 引用关系
  - 被引用关系
- 空值
- 查询语言
- SQL 查询结构
  - **select** 子句
  - **from** 子句
  - **where** 子句
- 多重集关系代数
- **as** 子句
- **order by** 子句
- 表别名
- 相关名称（相关变量，元组变量）

- 集合运算
  - 并（**union**）
  - 交（**intersect**）
  - 差（**except**）
- 聚集函数
  - **avg, min, max, sum, count**
  - **group by**
  - **having**
- 嵌套子查询
- 集合比较
  - {<,<=,>,>=} {some,all}
  - **exists**
  - **unique**
- **lateral** 子句
- **with** 子句
- 标量子查询
- 数据库修改
  - 删除
  - 插入
  - 更新

实践习题

3.1 使用大学模式，用 SQL 写出如下查询。（建议在一个数据库上实际运行这些查询，使用我们在本书英文版的网站 db-book.com 上提供的样本数据。上述网站还提供了如何建立一个数据库和加载样本数据的说明。）

a. 找出 Comp. Sci. 系开设的、具有 3 个学分的课程的名称。

b. 找出名叫 Einstein 的教师所教的所有学生的 ID，保证结果中没有重复。

c. 找出教师的最高工资。

d. 找出工资最高的所有教师 (可能有不止一位教师具有相同的工资)。

e. 找出 2017 年秋季开设的每个课程段的选课人数。

f. 从 2017 年秋季开设的所有课程段中，找出最多的选课人数。

g. 找出在 2017 年秋季拥有最多选课人数的课程段。

3.2 假设给你一个关系 grade_points(grade, points)，它提供从 takes 关系中用字母表示的成绩等级到数字表示的得分之间的转换。例如，"A"等级可被指定为对应于 4 分，"A-"对应于 3.7 分，"B+"对应于 3.3 分，"B"对应于 3 分，等等。学生在某门课程 (课程段) 上所获得的绩点被定义为该课程段的学分乘以该生得到的成绩等级所对应的数字表示的得分。

给定上述关系和大学模式，用 SQL 写出下面的每个查询。为简单起见，你可以假设没有任何 takes 元组在 grade 上取 null 值。

a. 根据 ID 为 '12345' 的学生所选修的所有课程，找出该生所获得的总绩点。

b. 找出上述学生的平均绩点 (Grade Point Average, GPA)，即用总绩点除以相关课程学分的总和。

c. 找出每名学生的 ID 和平均绩点。

d. 现在假设某些成绩可能为空，重新考虑你对本习题前几问的回答。解释你的解决方案是否仍然有效，如果不行，请提供能够正确处理空值的版本。

3.3 使用大学模式，用 SQL 写出如下插入、删除和更新语句。

a. 给 Comp. Sci. 系的每位教师涨 10% 的工资。

b. 删除所有从未被开设过 (即没有出现在 section 关系中) 的课程。

c. 把每个在 tot_cred 属性上取值超过 100 的学生作为同系的教师进行插入，其工资为 10 000 美元。

3.4 考虑图 3-17 中的保险公司数据库，其中加下划线的是主码。为这个关系数据库构造出如下 SQL 查询:

a. 找出 2017 年其车辆出过交通事故的人员总数。

b. 删除 ID 为 '12345' 的人拥有的年份为 2010 的所有汽车。

```
person (driver_id, name, address)
car (license_plate, model, year)
accident (report_number, year, location)
owns (driver_id, license_plate)
participated (report_number, license_plate, driver_id, damage_amount)
```

图 3-17 保险公司数据库

3.5 假设我们有一个关系 marks(ID, score)，并且希望基于成绩按如下方式为学生评定等级: 如果 score<40 则为 F 级; 如果 40≤score<60 则为 C 级; 如果 60≤score<80 则为 B 级; 如果 80≤score 则为 A 级。写出 SQL 查询完成下列操作:

a. 基于 marks 关系显示每名学生的等级。

b. 找出每个等级的学生数量。

3.6 SQL 的 like 运算符 (在多数系统中) 是大小写敏感的，但字符串上的 lower() 函数可用来实现大小写不敏感的匹配。为了说明其用法，请写出这样一个查询: 找出名称中包含了 "sci" 子串的系，忽略大小写。

3.7 考虑 SQL 查询:

$$\textbf{select } p.a1$$
$$\textbf{from } p, r1, r2$$
$$\textbf{where } p.a1 = r1.a1 \textbf{ or } p.a1 = r2.a1$$

在什么条件下上述查询选出的 *p.a*1 值要么在 *r*1 中，要么在 *r*2 中？请仔细考察 *r*1 或 *r*2 可能为空的情况。

3.8 考虑图 3-18 中的银行数据库，其中的主码被加了下划线。请为这个关系数据库构造出如下 SQL 查询：

a. 找出银行中有账户但无贷款的每位客户的 ID。

b. 找出与客户 '12345' 居住在同一个城市、同一个街道的每位客户的 ID。

c. 找出每个这样的支行的名称：在这些支行中至少有一位居住在"Harrison"的客户开设了账户。

```
branch(branch_name, branch_city, assets)
customer (ID, customer_name, customer_street, customer_city)
loan (loan_number, branch_name, amount)
borrower (ID, loan_number)
account (account_number, branch_name, balance )
depositor (ID, account_number)
```

图 3-18   银行数据库

3.9 考虑图 3-19 的雇员数据库，其中的主码被加了下划线。请为下面的每个查询写出 SQL 表达式：

a. 找出为"First Bank Corporation"工作的每位雇员的 ID、姓名及所居住城市。

b. 找出为"First Bank Corporation"工作且工资超过 10 000 美元的每位雇员的 ID、姓名及所居住城市。

c. 找出没为"First Bank Corporation"工作的每位雇员的 ID。

d. 找出工资高于"Small Bank Corporation"的所有雇员的每位雇员的 ID。

e. 假设一家公司可以位于好几个城市（此时 *company* 关系上的主码为（*company_name, city*））。找出位于"Small Bank Corporation"所在所有城市的每家公司的名称。

f. 找出雇员最多的公司名称（如果雇员最多的不止一家，则全部列出这些公司）。

g. 找出平均工资高于"First Bank Corporation"平均工资的每家公司的名称。

```
employee (ID, person_name, street, city)
works (ID, company_name, salary)
company (company_name, city)
manages (ID, manager_id)
```

图 3-19   雇员数据库

3.10 考虑图 3-19 的雇员数据库。请给出下列每个查询的 SQL 表达式：

a. 修改数据库使 ID 为 '12345' 的雇员现在居住在"Newtown"。

b. 为"First Bank Corporation"工资不超过 100 000 美元的每个经理增长 10% 的工资，对工资超过 100 000 美元的只增长 3%。

习题

3.11 使用大学模式，请用 SQL 写出如下查询。

a. 找出至少选修了一门 Comp. Sci. 课程的每名学生的 ID 和姓名，保证结果中没有重复的姓名。

b. 找出没有选修 2017 年之前开设的任何课程的每名学生的 ID 和姓名。

c. 找出每个系的教师的最高工资值。可以假设每个系至少有一位教师。

d. 从前述查询所计算出的每个系的最高工资中选出所有系中的最低值。

3.12 使用大学模式，请写出执行下列运算的 SQL 语句。

a. 创建一门新课程"CS-001"，其名称为"Weekly Seminar"，学分为 0。

b. 为该课程创建 2017 年秋季的一个课程段，*sec_id* 为 1，该课程段的地点暂不指定。

c. 为 Comp. Sci. 系的每名学生选修上述课程段。

d. 从上述课程段的选修信息中删除 ID 为 '12345' 的学生的信息。

e. 删除课程 CS-001。如果你在运行此 **delete** 语句之前，没有先删除这门课程的授课信息（课程段），会发生什么事情？

f. 删除课程名称中包含单词"advanced"的任意课程的任意课程段所对应的所有 *takes* 元组，在课程名与单词的匹配中忽略大小写。

3.13 请写出对应于图 3-17 中模式的 SQL DDL。在数据类型上做出合理的假设，并确保声明主码和外码。

3.14 考虑图 3-17 中的保险公司数据库，其中主码被加了下划线。请对这个关系数据库构造如下 SQL 查询。

a. 找出和名为"John Smith"的人的车有关的交通事故数量。

b. 将编号为"AR2197"的事故报告中、车牌是"AABB2000"的车辆的损失额度更新为 3000 美元。

3.15 考虑图 3-18 中的银行数据库，其中主码被加了下划线。请对这个关系数据库构造如下 SQL 查询。

a. 找出在位于"Brooklyn"的所有支行都有账户的每位客户。

b. 找出银行的所有贷款额的总和。

c. 找出资产比位于"Brooklyn"的至少一家支行要多的所有支行名称。

3.16 考虑图 3-19 中的雇员数据库，其中主码被加了下划线。请给出下面每个查询的 SQL 表达式。

a. 找出每位这样的雇员的 ID 和姓名：该雇员所居住的城市与其工作的公司所在城市一样。

b. 找出所居住的城市和街道与其经理相同的每位雇员的 ID 和姓名。

c. 找出工资高于其所在公司所有雇员平均工资的每位雇员的 ID 和姓名。

d. 找出工资总和最小的公司。

3.17 考虑图 3-19 中的雇员数据库。请给出下面每个查询的 SQL 表达式。

a. 为"First Bank Corporation"的所有雇员增长 10% 的工资。

b. 为"First Bank Corporation"的所有经理增长 10% 的工资。

c. 删除"Small Bank Corporation"的雇员在 *works* 关系中的所有元组。

3.18 请给出图 3-19 的雇员数据库的 SQL 模式定义。为每个属性选择合适的域，并为每个关系模式选择合适的主码。引入任何合理的外码约束。

3.19 请列出两个原因，说明为什么空值可能被引入数据库中。

3.20 证明在 SQL 中，$\Leftrightarrow$**all** 等价于 **not in**。

3.21 考虑图 3-20 中的图书馆数据库。请用 SQL 写出如下查询。

a. 找出借阅了至少一本由"McGraw-Hill"出版的书的每位会员的会员编号与姓名。

b. 找出借阅了所有由"McGraw-Hill"出版的书的每位会员的会员编号与姓名。

c. 对于每家出版商，找出借阅了超过五本由该出版商出版的书的每位会员的会员编号与姓名。

d. 找出会员借阅书籍的平均数量。考虑这样的情况：如果某会员没有借阅任何书籍，那么该会员根本不会出现在 *borrowed* 关系中，但该会员仍应参与平均运算。

> *member*(*memb_no*, *name*)
> *book*(*isbn*, *title*, *authors*, *publisher*)
> *borrowed*(*memb_no*, *isbn*, *date*)

图 3-20 图书馆数据库

3.22 不使用 **unique** 结构，重写下面的 **where** 子句：

$$\text{where unique (select } title \text{ from } course)$$

3.23 考虑查询：

```
with dept_total (dept_name, value) as
    (select dept_name, sum(salary)
    from instructor
    group by dept_name),
dept_total_avg(value) as
    (select avg(value)
    from dept_total)
```

> **select** *dept_name*
> **from** *dept_total, dept_total_avg*
> **where** *dept_total.value* >= *dept_total_avg.value*;

不使用 **with** 结构，重写此查询。

3.24　使用大学模式，请编写 SQL 查询来找到由 Physics 系教师指导的那些 Accounting 系的学生的姓名和 ID。

3.25　使用大学模式，请编写 SQL 查询来找到预算高于 Philosophy 系预算的那些系的名称。将结果按字母顺序排列。

3.26　使用大学模式，请用 SQL 执行以下操作：对于至少重修过一门课程两次的每名学生（即该生至少修过这门课程三次），显示课程 ID 及学生 ID。
　　　请按课程 ID 的顺序展示你的结果，不要展示重复的行。

3.27　使用大学模式，请编写 SQL 查询来找到重修过至少三门不同课程、每门课程至少重修过一次（即该生至少修过这门课程两次）的那些学生的 ID。

3.28　使用大学模式，请编写 SQL 查询来找到讲授其所在系开设的每门课程的那些教师的姓名及 ID（即出现在 *course* 关系中的每一门带有该教师所在系名的课程）。将结果按姓名排序。

3.29　使用大学模式，请编写 SQL 查询来找到姓名以字母 'D' 打头且没选过至少五门 Music 课程的每位 History 系学生的姓名及 ID。

3.30　在大学模式上考虑如下的 SQL 查询：

> **select avg**(*salary*) − (**sum**(*salary*) / **count**(*)）
> **from** *instructor*

我们可能期望这个查询的结果为零，因为一组数字的平均值被定义为数字的和除以数字数量。事实上，对于图 2-1 中 *instructor* 关系的示例来说确实是这样。但是，对于该关系的其他可能的实例来说，此结果可能不是零。请给出一个这样的实例，并解释为什么结果不是零。

3.31　使用大学模式，请编写 SQL 查询来找到在其所教授的任何课程中都从未给过 A 等级成绩的每位教师的 ID 及姓名。（那些从未教授过任何课程的教师自然也满足此条件。）

3.32　重写上述查询，但还要确保你的结果中只包含那些至少给出过一次某门课程的非空等级成绩的教师。

3.33　使用大学模式，请编写 SQL 查询来找到 Comp. Sci. 系的每门课程的 ID 及名称，要求该课程至少有一个带有下午课时（即于 12:00 或晚于 12:00 结束）的课程段。（如有重复项应该去除。）

3.34　使用大学模式，请编写 SQL 查询来找到每个课程段的学生人数。结果关系的列按 "courseid, secid, year, semester, num" 的顺序给出。无须输出那些学生数为 0 的课程段。

3.35　使用大学模式，请编写 SQL 查询来找到选课人数最多的课程段。结果关系的列按 "courseid, secid, year, semester, num" 的顺序给出。（使用 *with* 结构可能较为方便。）

工具

很多关系数据库系统可以从市场上购得，包括 IBM DB2、IBM Informix、Oracle、SAP Adaptive Server Enterprise（以前名为 Sybase），以及 Microsoft 的 SQL Server。另外还有几个开源数据库系统可以从网上下载并免费使用，包括 PostgreSQL 和 MySQL（除几种特定的商业化使用外是免费的）。一些供应商还提供它们系统的免费版本，免费版本有一定的使用限制，其中包括 Oracle Express edition、Microsoft SQL Server Express 和 IBM DB2 Express-C。

sql.js 数据库是嵌入式 SQL 数据库 SQLite 的一个版本，它可以直接在 Web 浏览器中运行，允许在浏览器中直接执行 SQL 命令。所有数据都是临时的，并且当你关闭浏览器时数据就会消失，但它对于学习 SQL 很有用；请注意，sql.js 和 SQLite 所支持的 SQL 子集比其他数据库所支持的要小得多。www.w3schools.com/sql 网站提供了使用 sql.js 作为执行引擎的 SQL 教程。

本书英文版的网站 db-book.com 为本书提供了大量辅助材料。进入网站上名为 Laboratory Material 的链接，你可以访问到如下材料：

- 有关如何建立和访问一些流行数据库系统的说明，包括 sql.js（能够在你的浏览器中运行）、MySQL 和 PostgreSQL。
- 大学模式的 SQL 模式定义。
- 加载样例数据集的 SQL 脚本。
- 关于如何使用由 IIT Bombay 所开发的 XData 系统的建议，从而通过在系统生成的多个数据集上执行查询来测试其正确性；并且对于教师，有关于如何使用 XData 来对 SQL 查询自动打分的建议。
- 关于不同数据库上 SQL 变种的建议。

不同数据库对 SQL 特性的支持有所不同，大多数数据库还支持一些非标准的 SQL 扩展。请阅读系统手册以了解数据库所支持的具体 SQL 特性。

大多数数据库系统提供了命令行界面来提交 SQL 命令。此外，大多数数据库还提供了图形化的用户界面（Graphical User Interface，GUI），它们简化了浏览数据库、创建和提交查询，以及管理数据库的任务。pgAdmin 工具为 PostgreSQL 提供了 GUI 功能，而 phpMyAdmin 为 MySQL 提供了 GUI 功能。Oracle 提供了 Oracle SQL Developer，而 Microsoft SQL Server 则带有 SQL Server Management Studio。

NetBeans IDE 的 SQL Editor 提供了一个 GUI 前端，可以为多个不同的数据库工作，但其功能有限；而 Eclipse IDE 则通过 Data Tools Platform（DTP）来支持类似的功能。还有商品化的 IDE，支持跨多个数据库平台的 SQL 访问，包括 Embarcadero 的 RAD Studio 与 Aqua Data Studio。

延伸阅读

原先的 Sequel 语言后来发展为 SQL，Sequel 在 [Chamberlin et al. (1976)] 中有描述。

最重要的 SQL 参考可能是你所使用的特定数据库系统或供应商提供的在线文档。这些文档将标出与本章所描述的 SQL 标准特性有差别的任何特性。以下是一些常用数据库当前版本（截至 2018 年）的 SQL 参考手册的链接。

- MySQL 8.0：dev.mysql.com/doc/refman/8.0/en/。
- Oracle 12c：docs.oracle.com/database/121/SQLRF/。
- PostgreSQL：www.postgresql.org/docs/current/static/sql.html。
- SQLite：www.sqlite.org/lang.html。
- SQL Server：docs.microsoft.com/en-us/sql/t-sql。

参考文献

[Chamberlin et al. (1976)]　D. D. Chamberlin, M. M. Astrahan, K. P. Eswaran, P. P. Griffiths, R. A. Lorie, J. W. Mehl, P. Reisner, and B. W. Wade, "SEQUEL 2: A Unified Approach to Data Definition, Manipulation, and Control", *IBM Journal of Research and Development*, Volume 20, Number 6 (1976), pages 560–575.

中级 SQL

在本章中我们继续学习 SQL。我们考虑具有更复杂形式的 SQL 查询、视图定义、事务、完整性约束，以及关于 SQL 数据定义和授权的更多详细信息。

4.1 连接表达式

在第 3 章的所有查询示例中（除了当使用集合运算时），我们使用笛卡儿积运算符来组合来自多个关系的信息。在本节中，我们介绍几种"连接"运算，这些运算允许程序员以一种更自然的方式编写一些查询，并表达某些只用笛卡儿积很难表达的查询。

本节中使用的所有示例都涉及 *student* 和 *takes* 这两个关系，它们分别如图 4-1 和图 4-2 所示。请注意对于 *ID* 为 98988 的学生，他在 2018 年夏季选修的 BIO-301 课程的 1 号课程段的 *grade* 属性为空值。该空值表示尚未得到成绩。

ID	name	dept_name	tot_cred
00128	Zhang	Comp. Sci.	102
12345	Shankar	Comp. Sci.	32
19991	Brandt	History	80
23121	Chavez	Finance	110
44553	Peltier	Physics	56
45678	Levy	Physics	46
54321	Williams	Comp. Sci.	54
55739	Sanchez	Music	38
70557	Snow	Physics	0
76543	Brown	Comp. Sci.	58
76653	Aoi	Elec. Eng.	60
98765	Bourikas	Elec. Eng.	98
98988	Tanaka	Biology	120

图 4-1 *student* 关系

ID	course_id	sec_id	semester	year	grade
00128	CS-101	1	Fall	2017	A
00128	CS-347	1	Fall	2017	A–
12345	CS-101	1	Fall	2017	C
12345	CS-190	2	Spring	2017	A
12345	CS-315	1	Spring	2018	A
12345	CS-347	1	Fall	2017	A
19991	HIS-351	1	Spring	2018	B
23121	FIN-201	1	Spring	2018	C+
44553	PHY-101	1	Fall	2017	B–
45678	CS-101	1	Fall	2017	F
45678	CS-101	1	Spring	2018	B+
45678	CS-319	1	Spring	2018	B
54321	CS-101	1	Fall	2017	A–
54321	CS-190	2	Spring	2017	B+
55739	MU-199	1	Spring	2018	A–
76543	CS-101	1	Fall	2017	A
76543	CS-319	2	Spring	2018	A
76653	EE-181	1	Spring	2017	C
98765	CS-101	1	Fall	2017	C–
98765	CS-315	1	Spring	2018	B
98988	BIO-101	1	Summer	2017	A
98988	BIO-301	1	Summer	2018	*null*

图 4-2 *takes* 关系

4.1.1 自然连接

请考虑以下 SQL 查询，该查询为每名学生计算该学生已经选修的课程的集合：

```
select name, course_id
from student, takes
where student.ID = takes.ID;
```

请注意，此查询仅输出已选修某些课程的学生。未选修任何课程的学生不会被输出。

请注意在 *student* 和 *takes* 表中，满足匹配条件需要 *student.ID* 等于 *takes.ID*。这是两个关系中具有相同名称的唯一属性。实际上这是一种常见的情况；也就是说，**from** 子句中的匹配条件通常要求在名称相匹配的所有属性上都取值相等。

为了在这种常见情况下简化 SQL 编程人员的工作，SQL 支持一种被称作自然连接的运算，我们将在下面介绍这种运算。事实上，SQL 还支持另外几种方式使得来自两个或多个关系的信息可以被**连接**起来。我们已经见过怎样利用笛卡儿积和 **where** 子句谓词来连接来自多个关系的信息。连接来自多个关系的信息的其他方式将在 4.1.2 节至 4.1.4 节中介绍。

自然连接（natural join）运算作用于两个关系，并产生一个关系作为结果。与两个关系的笛卡儿积不同，自然连接只考虑在两个关系的模式中都出现的那些属性上取值相同的元组对，而笛卡儿积将第一个关系的每个元组与第二个关系的每个元组进行串接。因此，回到 *student* 和 *takes* 关系的示例上，计算：

student **natural join** *takes*

只考虑这样的元组对：在共同属性 *ID* 上取值相同的来自 *student* 的元组和来自 *takes* 的元组。

如图 4-3 所示的结果关系只有 22 个元组，它们给出了关于一名学生以及该生实际选修课程的信息。请注意我们并没有重复列出在两个关系的模式中都出现的属性，这样的属性只出现一次。还要注意属性的列出顺序：首先是两个关系模式中的公共属性，其次是只出现在第一个关系模式中的那些属性，最后是只出现在第二个关系模式中的那些属性。

ID	name	dept_name	tot_cred	course_id	sec_id	semester	year	grade
00128	Zhang	Comp. Sci.	102	CS-101	1	Fall	2017	A
00128	Zhang	Comp. Sci.	102	CS-347	1	Fall	2017	A-
12345	Shankar	Comp. Sci.	32	CS-101	1	Fall	2017	C
12345	Shankar	Comp. Sci.	32	CS-190	2	Spring	2017	A
12345	Shankar	Comp. Sci.	32	CS-315	1	Spring	2018	A
12345	Shankar	Comp. Sci.	32	CS-347	1	Fall	2017	A
19991	Brandt	History	80	HIS-351	1	Spring	2018	B
23121	Chavez	Finance	110	FIN-201	1	Spring	2018	C+
44553	Peltier	Physics	56	PHY-101	1	Fall	2017	B-
45678	Levy	Physics	46	CS-101	1	Fall	2017	F
45678	Levy	Physics	46	CS-101	1	Spring	2018	B+
45678	Levy	Physics	46	CS-319	1	Spring	2018	B
54321	Williams	Comp. Sci.	54	CS-101	1	Fall	2017	A-
54321	Williams	Comp. Sci.	54	CS-190	2	Spring	2017	B+
55739	Sanchez	Music	38	MU-199	1	Spring	2018	A-
76543	Brown	Comp. Sci.	58	CS-101	1	Fall	2017	A
76543	Brown	Comp. Sci.	58	CS-319	2	Spring	2018	A
76653	Aoi	Elec. Eng.	60	EE-181	1	Spring	2017	C
98765	Bourikas	Elec. Eng.	98	CS-101	1	Fall	2017	C-
98765	Bourikas	Elec. Eng.	98	CS-315	1	Spring	2018	B
98988	Tanaka	Biology	120	BIO-101	1	Summer	2017	A
98988	Tanaka	Biology	120	BIO-301	1	Summer	2018	*null*

图 4-3 *student* 关系和 *takes* 关系的自然连接

此前我们曾把查询"对于大学中已经选课的所有学生，找出他们的姓名以及他们选修的所有课程的标识"写为：

```
select name, course_id
from student, takes
where student.ID = takes.ID;
```

该查询可以用 SQL 中的自然连接运算更简洁地写作：

> **select** *name, course_id*
> **from** *student* **natural join** *takes*;

以上两个查询产生相同的结果[⊖]。

自然连接运算的结果是关系。从概念上讲，可以将 **from** 子句中的"*student* **natural join** *takes*"表达式替换为通过计算该自然连接所得到的关系[⊜]。然后在这个关系上执行 **where** 和 **select** 子句，就如我们在 3.3.2 节中所看到的那样。

在一条 SQL 查询的 **from** 子句中，可以用自然连接将多个关系结合在一起，如下所示：

> **select** $A_1, A_2, \ldots, A_n$
> **from** r_1 **natural join** r_2 **natural join** … **natural join** r_m
> **where** P;

更为一般地，**from** 子句可以写为如下形式：

> **from** $E_1, E_2, \ldots, E_n$

其中每个 E_i 可以是单个关系或一个涉及自然连接的表达式。例如，假设我们要回答查询"列出学生的姓名以及他们所选课程的名称"。此查询可以用 SQL 写为如下形式：

> **select** *name, title*
> **from** *student* **natural join** *takes, course*
> **where** *takes.course_id = course.course_id*;

首先计算 *student* 和 *takes* 的自然连接，正如我们此前所见的，再计算该结果与 *course* 的笛卡儿积，**where** 子句从这个结果中仅提取出这样的元组：来自连接结果的课程标识与来自 *course* 关系的课程标识相匹配。请注意 **where** 子句中的 *takes.course_id* 表示自然连接结果的 *course_id* 域，因为该域最终来自 *takes* 关系。

但下面的 SQL 查询并不会计算出相同的结果：

> **select** *name, title*
> **from** *student* **natural join** *takes* **natural join** *course*;

为了说明原因，请注意 *student* 和 *takes* 的自然连接包含的属性是 (*ID, name, dept_name, tot_cred, course_id, sec_id*)，而 *course* 关系包含的属性是 (*course_id, title, dept_name, credits*)。作为二者自然连接的结果，需要来自这两个关系的 *dept_name* 属性取值相同，还要在 *course_id* 上取值相同。从而该查询将忽略所有这样的（学生姓名，课程名称）对：其中学生所选修的一门课程不是他所在系的课程。而前一个查询会正确输出这样的对。

为了发扬自然连接的优点，同时避免不正确的相等属性所带来的危险，SQL 提供了一种自然连接的构造形式，它允许你来指定究竟需要哪些列相等。下面的查询说明了这个特征：

⊖　为了符号对称，SQL 允许我们将以逗号表示的笛卡儿积用关键字 **cross join** 表示。因此，"**from** *student, takes*"可以等价地表示为"**from** *student* **cross join** *takes*"。

⊜　其结果是，在某些系统中可能无法使用包含了原始关系名的属性名来指代自然连接结果中的属性，例如 *student.ID* 或 *takes.ID*。虽然有些系统允许，但也有一些系统不允许，还有一些系统对于除了连接属性（即出现在两个关系模式中的那些属性）之外的所有属性是允许的。但是，我们可以使用诸如 *name* 和 *course_id* 那样的属性名，而不带关系名。

> **select** *name, title*
> **from** (*student* **natural join** *takes*) **join** *course* **using** (*course_id*);

join ⋯ **using** 运算需要指定一个属性名列表。被连接的两个关系都必须具有指定名称的属性。请考虑运算 r_1 **join** r_2 **using**(A_1, A_2)，此运算与 r_1 **natural join** r_2 类似，只不过当 $t_1.A_1 = t_2.A_1$ 和 $t_1.A_2 = t_2.A_2$ 成立时，来自 r_1 的元组 t_1 和来自 r_2 的元组 t_2 就能匹配成对，即使 r_1 和 r_2 都具有名为 A_3 的属性，也不需要 $t_1.A_3 = t_2.A_3$ 成立。

这样，在前述 SQL 查询中，**连接**结构允许 *student.dept_name* 和 *course.dept_name* 是不同的，并且该 SQL 查询给出了正确的答案。

4.1.2　连接条件

在 4.1.1 节中我们介绍了如何表达自然连接，并且介绍了 **join** ⋯ **using** 子句，它是自然连接的一种形式，只需要指定属性上的取值相匹配。SQL 还支持另外一种形式的连接，其中可以指定任意的连接条件。

on 条件允许在参与连接的关系上设置通用的谓词。该谓词的写法与 **where** 子句谓词类似，只不过使用的是关键词 **on** 而不是 **where**。与 **using** 条件一样，**on** 条件出现在连接表达式的末尾。

考虑下面的查询，它具有包含 **on** 条件的连接表达式：

> **select** *
> **from** *student* **join** *takes* **on** *student.ID = takes.ID*;

上述 **on** 条件表明：如果一个来自 *student* 的元组和一个来自 *takes* 的元组在 *ID* 上的取值相同，那么它们是匹配的。本例中的连接表达式与连接表达式 *student* **natural join** *takes* 几乎相同，因为自然连接运算也需要 *student* 元组和 *takes* 元组是匹配的。这两者之间的一个区别在于：在上述连接结果中，*ID* 属性出现了两次，一次是 *student* 中的，另一次是 *takes* 中的，即便它们的 *ID* 属性值必须是相同的。

实际上，上述查询与以下查询是等价的：

> **select** *
> **from** *student, takes*
> **where** *student.ID = takes.ID*;

正如我们此前所见，关系名被用来区分属性名 *ID*，这样 *ID* 的两次出现被分别表示为 *student. ID* 和 *takes.ID*。只显示一次 *ID* 值的查询版本如下：

> **select** *student.ID* **as** *ID, name, dept_name, tot_cred,*
> 　　　*course_id, sec_id, semester, year, grade*
> **from** *student* **join** *takes* **on** *student.ID = takes.ID*;

此查询的结果与 *student* 和 *takes* 自然连接的结果完全相同，我们已在图 4-3 中给出。

on 条件可以表达任何 SQL 谓词，因而使用 **on** 条件的连接表达式就可以表示比**自然连接**更为丰富的连接条件。然而，正如我们前面的示例所示，使用带 **on** 条件的连接表达式的查询可以用不带 **on** 条件的等价表达式来替换，只要把 **on** 子句中的谓词移到 **where** 子句中即可。因此，**on** 条件看起来似乎是一个冗余的 SQL 特征。

但是，引入 **on** 条件有两个很好的理由。首先，我们马上会看到，对于被称作外连接的这一类连接来说，**on** 条件的表现与 **where** 条件的确是不同的。其次，如果在 **on** 子句中指定连接条件, 并在 **where** 子句中出现其余的条件, 这样的 SQL 查询通常更容易让人读懂。

4.1.3 外连接

假设我们希望显示所有学生的一个列表, 显示他们的 *ID*、*name*、*dept_name* 和 *tot_cred*, 以及他们所选修的课程。下面的 SQL 查询看起来检索出了所需的信息:

select *
from *student* **natural join** *takes*;

遗憾的是, 上述查询的结果并不完全与想要的结果相同。假设有一些学生, 他们并没有选修课程。那么这些特定的学生在 *student* 关系中所对应的元组与 *takes* 关系中的任何元组配对, 都不会满足自然连接的条件, 因而这些学生的数据就不会出现在结果中。这样我们就看不到没有选修任何课程的学生的任何信息。例如, 在图 4-1 的 *student* 关系和图 4-2 的 *takes* 关系中, 请注意 *ID* 为 70557 的学生 Snow 没有选修任何课程。Snow 出现在 *student* 关系中, 但是 Snow 的 ID 号并没有出现在 *takes* 的 *ID* 列中。因而, Snow 并不会出现在自然连接的结果中。

更为一般地, 参与连接的任何一个或两个关系中的某些元组可能会以这种方式 "丢失"。**外连接** (outer join) 运算与我们已经学过的连接运算类似, 但它通过在结果中创建包含空值的元组, 来保留那些在连接中会丢失的元组。

例如, 为了保证前例中名为 Snow 的学生出现在结果中, 可以在连接结果中加入一个元组, 它的来自 *student* 关系的所有属性上的值被设置为学生 Snow 的相应值, 并且所有余下的、来自 *takes* 关系的属性上的值被设置为空, 这些属性是 *course_id*、*sec_id*、*semester* 和 *year*。因此, 学生 Snow 的元组被保留在外部连接的结果中。

共有三种形式的外连接:

- **左外连接** (left outer join) 只保留出现在**左外连接**运算之前 (左边) 的关系中的元组。
- **右外连接** (right outer join) 只保留出现在**右外连接**运算之后 (右边) 的关系中的元组。
- **全外连接** (full outer join) 保留出现在两个关系中的元组。

相比而言, 为了与外连接运算相区分, 我们此前学习的不保留未匹配元组的连接运算被称作**内连接** (inner join) 运算。

我们现在详细解释每种形式的外连接是如何运作的。我们可以按照如下方式计算左外连接运算: 首先, 像前面那样计算出内连接的结果; 然后, 对于内连接的左侧关系中任意一个与右侧关系中任何元组都不匹配的元组 *t*, 向连接结果中加入一个元组 *r*, *r* 的构造如下:

- 元组 *r* 从左侧关系得到的属性被赋为来自元组 *t* 的值。
- *r* 的其余属性被赋为空值。

图 4-4 给出了下列查询的结果:

select *
from *student* **natural left outer join** *takes*;

与内连接的结果不同, 此结果中包含学生 Snow (*ID* 70557), 但是在 Snow 对应的元组中, 那些只出现在 *takes* 关系模式中的属性取空值[⊖]。

⊖ 我们在表中用 *null* 表示空值, 但是大多数系统把空值显示为空白字段。

ID	name	dept_name	tot_cred	course_id	sec_id	semester	year	grade
00128	Zhang	Comp. Sci.	102	CS-101	1	Fall	2017	A
00128	Zhang	Comp. Sci.	102	CS-347	1	Fall	2017	A-
12345	Shankar	Comp. Sci.	32	CS-101	1	Fall	2017	C
12345	Shankar	Comp. Sci.	32	CS-190	2	Spring	2017	A
12345	Shankar	Comp. Sci.	32	CS-315	1	Spring	2018	A
12345	Shankar	Comp. Sci.	32	CS-347	1	Fall	2017	A
19991	Brandt	History	80	HIS-351	1	Spring	2018	B
23121	Chavez	Finance	110	FIN-201	1	Spring	2018	C+
44553	Peltier	Physics	56	PHY-101	1	Fall	2017	B-
45678	Levy	Physics	46	CS-101	1	Fall	2017	F
45678	Levy	Physics	46	CS-101	1	Spring	2018	B+
45678	Levy	Physics	46	CS-319	1	Spring	2018	B
54321	Williams	Comp. Sci.	54	CS-101	1	Fall	2017	A-
54321	Williams	Comp. Sci.	54	CS-190	2	Spring	2017	B+
55739	Sanchez	Music	38	MU-199	1	Spring	2018	A-
70557	Snow	Physics	0	null	null	null	null	null
76543	Brown	Comp. Sci.	58	CS-101	1	Fall	2017	A
76543	Brown	Comp. Sci.	58	CS-319	2	Spring	2018	A
76653	Aoi	Elec. Eng.	60	EE-181	1	Spring	2017	C
98765	Bourikas	Elec. Eng.	98	CS-101	1	Fall	2017	C-
98765	Bourikas	Elec. Eng.	98	CS-315	1	Spring	2018	B
98988	Tanaka	Biology	120	BIO-101	1	Summer	2017	A
98988	Tanaka	Biology	120	BIO-301	1	Summer	2018	null

图 4-4　*student* **natural left outer join** *takes* 的结果

作为使用外连接运算的另一个示例，我们可以将查询"找出一门课程也没有选修的所有学生"写作：

> **select** *ID*
> **from** *student* **natural left outer join** *takes*
> **where** *course_id* **is** *null*;

右外连接和**左外连接**是对称的。来自右侧关系的、不匹配左侧关系中任何元组的元组被补上空值，并加入右外连接的结果中。这样，如果我们使用右外连接来重写前面的查询，并按如下方式交换所列出关系的次序：

> **select** *
> **from** *takes* **natural right outer join** *student*;

那么我们得到的结果是一样的，只不过在结果中属性出现的次序不同（见图 4-5）。

全外连接是左外连接与右外连接类型的联合。在内连接结果被计算出来之后，该运算将来自左侧关系的、不匹配右侧关系中任何元组的那些元组添上空值并把它们加到结果中。类似地，它将来自右侧关系的、不匹配左侧关系中任何元组的那些元组也添上空值并把它们加到结果中。换言之，全外连接是左外连接和相应的右外连接的并运算⊖。

作为使用全外连接的示例，请考虑下述查询："显示 Comp. Sci. 系中所有学生以及他们在 2017 年春季选修的所有课程段的列表。2017 年春季开设的所有课程段都必须显示，即使没有来自 Comp. Sci. 系的学生选修这些课程段。"此查询可写为：

⊖　在那些只实现左外连接和右外连接的系统（特别是 MySQL）中，这正是人们编写完整外连接的方式。

```
select *
from (select *
      from student
      where dept_name = 'Comp. Sci.')
      natural full outer join
      (select *
      from takes
      where semester = 'Spring' and year = 2017);
```

ID	course_id	sec_id	semester	year	grade	name	dept_name	tot_cred
00128	CS-101	1	Fall	2017	A	Zhang	Comp. Sci.	102
00128	CS-347	1	Fall	2017	A-	Zhang	Comp. Sci.	102
12345	CS-101	1	Fall	2017	C	Shankar	Comp. Sci.	32
12345	CS-190	2	Spring	2017	A	Shankar	Comp. Sci.	32
12345	CS-315	1	Spring	2018	A	Shankar	Comp. Sci.	32
12345	CS-347	1	Fall	2017	A	Shankar	Comp. Sci.	32
19991	HIS-351	1	Spring	2018	B	Brandt	History	80
23121	FIN-201	1	Spring	2018	C⁺	Chavez	Finance	110
44553	PHY-101	1	Spring	2017	B-	Peltier	Physics	56
45678	CS-101	1	Fall	2017	F	Levy	Physics	46
45678	CS-101	1	Spring	2018	B+	Levy	Physics	46
45678	CS-319	1	Spring	2018	B	Levy	Physics	46
54321	CS-101	1	Fall	2017	A-	Williams	Comp. Sci.	54
54321	CS-190	2	Spring	2017	B+	Williams	Comp. Sci.	54
55739	MU-199	1	Spring	2018	A-	Sanchez	Music	38
70557	null	null	null	null	null	Snow	Physics	0
76543	CS-101	1	Fall	2017	A	Brown	Comp. Sci.	58
76543	CS-319	2	Spring	2018	A	Brown	Comp. Sci.	58
76653	EE-181	1	Spring	2017	C	Aoi	Elec. Eng.	60
98765	CS-101	1	Fall	2017	C-	Bourikas	Elec. Eng.	98
98765	CS-315	1	Spring	2018	B	Bourikas	Elec. Eng.	98
98988	BIO-101	1	Summer	2017	A	Tanaka	Biology	120
98988	BIO-301	1	Summer	2018	null	Tanaka	Biology	120

图 4-5　*takes* **natural right outer join** *student* 的结果

其结果如图 4-6 所示。

ID	name	dept_name	tot_cred	course_id	sec_id	semester	year	grade
00128	Zhang	Comp. Sci.	102	null	null	null	null	null
12345	Shankar	Comp. Sci.	32	CS-190	2	Spring	2017	A
54321	Williams	Comp. Sci.	54	CS-190	2	Spring	2017	B+
76543	Brown	Comp. Sci.	58	null	null	null	null	null
76653	null	null	null	ECE-181	1	Spring	2017	C

图 4-6　全外连接示例的结果（见文本）

on 子句可以和外连接一起使用。下述查询与我们见过的使用 "*student* **natural left outer join** *takes*" 的第一个查询是相同的，只不过属性 *ID* 在结果中出现了两次。

```
select *
from student left outer join takes on student.ID = takes.ID;
```

正如我们前面提到的，**on** 和 **where** 对于外连接的表现是不同的。其原因是：外连接只为那些对相应的"内"连接结果没有贡献的元组增加补上空值的元组。**on** 条件是外连接声明的一部分，但 **where** 子句却不是。在我们的示例中，*ID* 为 70557 的学生"Snow"所对应

的 *student* 元组的情况就说明了这样的差异。假设我们按这样的方式来修改前述查询：把 **on** 子句谓词换到 **where** 子句中，并使用一个为 *true* 的 on 条件[⊖]。

> select *
> from *student* **left outer join** *takes* **on** *true*
> where *student.ID* = *takes.ID*;

早先的查询使用带 **on** 条件的左外连接，包括元组（70557, Snow, Physics, 0, *null, null, null, null, null, null*），因为在 *takes* 中没有 *ID*=70557 的元组。然而在后面的查询中，每个元组都满足连接条件 *true*，因此外连接不会产生补上空值的元组。外连接实际上产生了两个关系的笛卡儿积。因为在 *takes* 中没有 *ID*=70557 的元组，每次当外连接中出现 *name*="Snow"的元组时，*student.ID* 与 *takes.ID* 的取值必然是不同的，并且这样的元组会被 **where** 子句谓词排除掉。从而，学生 Snow 不会出现在后面查询的结果中。

注释 4-1 SQL 与多重集关系代数——第四部分

关系代数支持由 ⋈$_θ$ 表示的左外连接运算、由 ⋉$_θ$ 表示的右外连接运算以及由 ⋈$_θ$ 表示的全外连接运算。它还支持用 ⋈ 表示的自然连接运算，以及用 ⋈、⋉ 和 ⋈ 表示的左外连接、右外连接和全外连接运算的自然连接版。所有这些运算的定义与 SQL 中相应运算的定义是相同的，我们在 4.1 节中已经看到过了。

4.1.4 连接类型和条件

为了把常规连接和外连接区分开来，在 SQL 中把常规连接称作**内连接**。这样连接子句就可以指定用**内连接**而不是**外连接**来说明使用的是常规连接。然而关键词 **inner** 是可选的，当 **join** 子句中没有使用 **outer** 前缀时，缺省的连接类型是**内连接**。从而，

> select *
> from *student* **join** *takes* **using** (*ID*);

等价于：

> select *
> from *student* **inner join** *takes* **using** (*ID*);

类似地，**自然连接**（natural join）等价于**自然内连接**（natural inner join）。

图 4-7 给出了我们已讨论的各种连接类型的完全列表。从图中可以看出，任意的连接形式（内连接、左外连接、右外连接或全外连接）可以和任意的连接条件（自然连接、using 条件连接或 on 条件连接）进行组合。

连接类型		连接条件
inner join		**natural**
left outer join		**on** <predicate>
right outer join		**using** $(A_1, A_2, \cdots, A_n)$
full outer join		

图 4-7 连接类型和连接条件

4.2 视图

让所有用户看到数据库中关系的完整集合并非总是合适的。在 4.7 节中，我们将看到如

⊖ 有些系统并不允许使用布尔常量 *true*。要在这些系统上对此进行测试，请使用重言式（即始终计算为真的谓词），如"1=1"。

何使用 SQL 授权机制来限制对关系的访问，但是出于安全性考虑，可能需要向用户仅隐藏一个关系中的特定数据。请考虑以下情况：一位职员需要知道教师的 ID、姓名和所在系名，但是并没有权限看到教师的工资值。此人应该看到的关系用 SQL 语句描述如下：

$$\textbf{select } ID, name, dept\_name$$
$$\textbf{from } instructor;$$

除了安全问题，我们可能希望创建一个"虚拟"关系的个性化集合，该集合能更好地匹配特定用户直观意义上的企业结构。在大学示例中，我们可能希望有一个关于物理系在 2017 年秋季学期所开设的所有课程段的列表，其中包括每个课程段在哪栋建筑的哪个房间授课的信息。为了得到这样的列表，我们应该创建的关系是：

$$\textbf{select } course.course\_id, sec\_id, building, room\_number$$
$$\textbf{from } course, section$$
$$\textbf{where } course.course\_id = section.course\_id$$
$$\qquad \textbf{and } course.dept\_name = \text{'Physics'}$$
$$\qquad \textbf{and } section.semester = \text{'Fall'}$$
$$\qquad \textbf{and } section.year = 2017;$$

可以计算出这些查询的结果并存储下来，然后把存储的关系提供给用户。但如果我们这样做，一旦 *instructor*、*course* 或 *section* 关系中的底层数据发生变化，那么所存储的查询结果就不再与在这些关系上重新执行查询的结果相匹配。一般说来，对像上例中那样的查询结果进行计算并存储不是一种好的思路（尽管也存在某些例外情况，我们会在后面学习）。

SQL 允许通过查询来定义一种"虚拟关系"，它在概念上包含查询的结果。该虚拟关系并不预先计算和存储，而是在使用虚拟关系的时候才通过执行查询计算出来。我们在 3.8.6 节中看到过一种这样的特性，在那里我们描述了 **with** 子句。**with** 子句允许我们为子查询指定一个名称，以便经常根据需要来使用，但只能在一个特定的查询中使用。在这里，我们提出了一种通过定义**视图**（view）来将此概念扩展到单个查询之外的方式。在任何给定的实际关系集合上能够支持大量的视图。

4.2.1 视图定义

我们在 SQL 中通过使用 **create view** 命令来定义视图。为了定义一个视图，我们必须给视图一个名称，并且必须提供计算视图的查询。**create view** 命令的格式为：

$$\textbf{create view } v \textbf{ as } < 查询表达式 >;$$

其中 < 查询表达式 > 可以是任何合法的查询表达式。视图名称用 v 表示。

请重新考虑需要访问 *instructor* 关系中除 *salary* 之外的所有数据的职员。该职员不应该被授予访问 *instructor* 关系的权限（我们将在 4.7 节中看到如何指定权限）。但可以把视图关系 *faculty* 提供给该职员，此视图的定义如下：

$$\textbf{create view } faculty \textbf{ as }$$
$$\textbf{select } ID, name, dept\_name$$
$$\textbf{from } instructor;$$

如前所述，视图关系在概念上包含查询结果中的元组，但并不进行预计算和存储。相反，数据库系统存储的是与视图关系相关联的查询表达式。每当视图关系被访问时，其中的元组就通过计算查询结果而被创建出来。从而，视图关系可以随时根据需要进行创建。

为了创建这样一个视图，列出物理系在 2017 年秋季学期所开设的所有课程段，以及每个课程段在哪栋建筑的哪个房间授课，我们可以写出：

create view *physics_fall_2017* **as**
　　select *course.course_id*, *sec_id*, *building*, *room_number*
　　from *course*, *section*
　　where *course.course_id* = *section.course_id*
　　　　　　and *course.dept_name* = 'Physics'
　　　　　　and *section.semester* = 'Fall'
　　　　　　and *section.year* = 2017;

稍后，当我们在 4.7 节中学习 SQL 授权机制时，将看到用户可以用对视图的访问来代替对关系的访问或作为对关系的访问之外的补充。

视图与 **with** 语句的不同之处在于：视图一旦创建，在被显式删除之前就一直是可用的。由 **with** 定义的命名子查询对于定义它的查询来说只是本地可用的。

4.2.2 在 SQL 查询中使用视图

一旦我们定义了一个视图，就可以用视图名来指代该视图所生成的虚拟关系。使用视图 *physics_fall_2017*，我们可以通过下面的查询找到于 2017 年秋季学期、在 Watson 大楼开设的所有物理课程：

　　select *course_id*
　　from *physics_fall_2017*
　　where *building* = 'Watson';

在查询中，视图名可以出现在关系名可以出现的任何地方。

视图的属性名可以按下述方式来显式指定：

create view *departments_total_salary*(*dept_name*, *total_salary*) **as**
　　select *dept_name*, **sum** (*salary*)
　　from *instructor*
　　group by *dept_name*;

上述视图为每个系给出了该系中所有教师的工资总和。因为表达式 **sum**(*salary*) 并没有一个名称，所以在视图定义中显式指定了该属性名。

直观地说，在任何给定时刻，视图关系中的元组集都是对定义视图的查询表达式求值的结果。因此，如果计算并存储视图关系，一旦用于定义该视图的关系被修改，那么视图就会过期。为了避免这一点，视图通常这样来实现：当我们定义一个视图时，数据库系统存储视图本身的定义，而不存储定义该视图的查询表达式的求值结果。一旦视图关系出现在查询中，它就被已存储的查询表达式代替。因此，每当我们计算这个查询时，视图关系都被重新计算。

一个视图可能被用到定义另一个视图的表达式中。例如，我们可以定义一个视图 *physics_fall_2017_watson*，它列出了于 2017 年秋季学期、在 Watson 大楼开设的所有物理课程的课程 ID 和房间号：

create view *physics_fall_2017_watson* **as**
　　select *course_id*, *room_number*
　　from *physics_fall_2017*
　　where *building* = 'Watson';

其中，*physics_fall_2017_watson* 本身是一个视图关系。它等价于：

```
create view physics_fall_2017_watson as
    select course_id, room_number
    from (select course.course_id, building, room_number
          from course, section
          where course.course_id = section.course_id
                and course.dept_name = 'Physics'
                and section.semester = 'Fall'
                and section.year = 2017)
    where building = 'Watson';
```

4.2.3 物化视图

某些数据库系统允许存储视图关系，但是它们保证：如果用于定义视图的实际关系发生改变，则视图也跟着修改以保持最新。这样的视图被称为**物化视图**（materialized view）。

例如，请考虑 *departments_total_salary* 视图。如果该视图是物化的，则其结果将存储在数据库中，从而允许使用该视图的查询可以通过使用预计算的视图结果来更快地运行，而不是重新计算该视图的结果。

然而，如果一个 *instructor* 元组被插入 *instructor* 关系中，或者从 *instructor* 关系中删除，则定义视图的查询的结果就会发生变化，其结果是物化视图的内容也必须更新。类似地，如果一位教师的工资被更新，那么 *departments_total_salary* 中对应于该教师所在系的元组就必须更新。

保持物化视图一直在最新状态的过程称为**物化视图维护**（materialized view maintenance），或者通常简称为**视图维护**（view maintenance），将在 16.5 节中进行介绍。当构成视图定义的任何关系被更新时，可以马上进行视图维护。然而，某些数据库系统是当视图被访问时才惰性地执行视图维护的。还有一些系统仅仅周期性地对物化视图进行更新，在这种情况下，当物化视图被使用时，其中的内容可能是陈旧的，或者说是过时的。如果应用需要最新数据，这种方式是不适用的。某些数据库系统允许数据库管理员来控制对于每个物化视图应该采取上述的哪种方式。

频繁使用视图的应用可以从视图的物化中获益。需要快速响应基于大型关系上聚集计算的特定查询的应用也可以通过创建与该查询相对应的物化视图而受益良多。在这种情况下，聚集结果可能比视图定义所基于的大型关系要小得多，其结果是：利用物化视图可以非常快地回答查询，它避免读取大型底层关系。物化视图查询所带来的好处还需要与存储代价和所增加的更新开销相权衡。

SQL 并没有定义指定物化视图的标准方式，但是很多数据库系统提供了它们自己的 SQL 扩展来实现这项任务。一些数据库系统在底层关系变化时，总是把物化视图保持在最新状态；而另外一些系统允许物化视图过时，并周期性地重新计算物化视图。

4.2.4 视图更新

尽管对于查询而言，视图是一种有用的工具，但如果我们用它们来表达更新、插入或删除，它们可能带来严重的问题。困难就在于：用视图表达的数据库修改必须被翻译为对数据库逻辑模型中实际关系的修改。

假设我们此前所见的 *faculty* 视图被提供给一个职员。既然我们允许视图名出现在关系名可以出现的任何地方，该职员就可以这样写：

insert into *faculty*
values ('30765', 'Green', 'Music');

这个插入必须被表示为对 *instructor* 关系的插入，因为 *instructor* 是数据库系统用于构造 *faculty* 视图的实际关系。然而，为了把一个元组插入 *instructor* 中，我们必须给出 *salary* 的值。存在两种合理的解决方案来处理这样的插入：

- 拒绝插入，并向用户返回一条错误信息。
- 向 *instructor* 关系中插入元组（'30765', 'Green', 'Music', *null*）。

通过视图修改数据库的另一类问题发生在这样的视图上：

create view *instructor_info* **as**
select *ID*, *name*, *building*
from *instructor*, *department*
where *instructor.dept_name* = *department.dept_name*;

这个视图列出了大学里每位教师的 *ID*、*name* 和建筑名。请考虑通过该视图的如下插入语句：

insert into *instructor_info*
values ('69987', 'White', 'Taylor');

假设没有 *ID* 为 69987 的教师，也没有位于 Taylor 大楼的系。那么向 *instructor* 和 *department* 关系中插入元组的唯一可能的方式是：向 *instructor* 中插入元组（'69987', 'White', *null*, *null*），并向 *department* 中插入元组（*null*, 'Taylor', *null*）。于是我们得到如图 4-8 所示的关系。但是这个更新并没有产生所需的结果，因为视图关系 *instructor_info* 中仍然不包含元组（'69987', 'White', 'Taylor'）。因此，通过利用空值来更新 *instructor* 和 *department* 关系以得到对 *instructor_info* 所需的更新是不可行的。

ID	name	dept_name	salary
10101	Srinivasan	Comp. Sci.	65000
12121	Wu	Finance	90000
15151	Mozart	Music	40000
22222	Einstein	Physics	95000
32343	El Said	History	60000
33456	Gold	Physics	87000
45565	Katz	Comp. Sci.	75000
58583	Califieri	History	62000
76543	Singh	Finance	80000
76766	Crick	Biology	72000
83821	Brandt	Comp. Sci.	92000
98345	Kim	Elec. Eng.	80000
69987	White	*null*	*null*

instructor

dept_name	building	budget
Biology	Watson	90000
Comp. Sci.	Taylor	100000
Electrical Eng.	Taylor	85000
Finance	Painter	120000
History	Painter	50000
Music	Packard	80000
Physics	Watson	70000
null	Taylor	*null*

department

图 4-8 插入元组后的 *instructor* 和 *department* 关系

由于如上所述的种种问题，除了一些有限的情况之外，一般不允许对视图关系进行修改。不同的数据库系统指定了不同的条件，在满足这些条件的前提下才允许更新视图关系；请参考数据库系统手册以获得详细信息。

一般说来，如果定义视图的查询对下列条件都能满足，那么就称 SQL 视图是**可更新的**

（即视图上可以执行插入、更新或删除）：

- **from** 子句中只有一个数据库关系。
- **select** 子句中只包含关系的属性名，并不包含任何表达式、聚集或 distinct 声明。
- 没有出现在 **select** 子句中的任何属性都可以取 *null* 值；也就是说，这些属性没有非空约束，也不构成主码的一部分。
- 查询中不含有 **group by** 或 **having** 子句。

在这些限制下，允许在下面的视图上执行 **update**、**insert** 和 **delete** 操作：

> **create view** *history_instructors* **as**
> **select** *
> **from** *instructor*
> **where** *dept_name* = 'History';

即便是在可更新的条件下，下面的问题仍然存在。假设一个用户尝试向 *history_instructors* 视图中插入元组（'25566', 'Brown', 'Biology', 100000），这个元组可以被插入 *instructor* 关系中，但是由于它不满足视图所要求的选择条件，因此它不会出现在 *history_instructors* 视图中。

在缺省情况下，SQL 允许执行上述更新。但是，可以通过在视图定义的末尾包含 **with check option** 子句的方式来定义视图；这样，如果向视图中插入一条不满足视图的 **where** 子句条件的元组，则数据库系统会拒绝该插入操作。类似地，如果新值不满足 **where** 子句的条件，则更新也会被拒绝。

SQL:1999 有更复杂的规则集是关于何时可以在视图上执行插入、更新和删除的，并通过更大一类视图来允许一个视图的更新，但是这些规则过于复杂，就不在这里讨论了。

通过视图修改数据库的另一种可替代的且通常更可取的方法是使用 5.3 节中讨论的触发机制。触发器声明中的 **instead of** 特性允许用专门为每种特定情况设计的操作去替换视图上缺省的插入、更新和删除操作。

4.3 事务

事务（transaction）由查询和（或）更新语句的序列组成。SQL 标准规定当一条 SQL 语句被执行时，就隐式地开始了一个事务。下列 SQL 语句之一会结束该事务：

- **commit work** 提交当前事务；也就是说，它使事务执行的更新在数据库中成为永久性的。在事务被提交后，一个新的事务会自动开始。
- **rollback work** 回滚当前事务；也就是说，它会撤销事务中 SQL 语句执行的所有更新。因此，数据库状态被恢复到它执行该事务的第一条语句之前的状态。

关键字 **work** 在两条语句中都是可选的。

如果在一个事务的执行期间检测到某种错误状态，事务回滚是有用的。在某种意义上，提交类似于对正在编辑的文档保存更改，而回滚类似于退出编辑会话且不保存更改。一旦一个事务执行了 **commit work**，它的影响就不能再用 **rollback work** 来撤销了。数据库系统保证在发生诸如某条 SQL 语句错误、断电或系统崩溃这些故障的情况下，如果一个事务还没有执行 **commit work**，那么其影响将被回滚。在断电或其他系统崩溃的情况下，回滚会在系统重启时执行。

例如，考虑一个银行应用，我们需要从一个银行账户把钱转到同一家银行的另一个账户。为了这样做，我们需要更新两个账户的余额，从一个账户中减去转账金额，并把它加到另一个账户上。如果在从第一个账户上划走资金以后，但在把这笔资金加到第二个账户之前发生了系统崩溃，那么银行余额就会不一致。如果在第一个账户划走资金之前先往第二个账户存款，并且在存款之后马上发生系统崩溃，那么也会出现类似的问题。

作为另一个示例，请考虑我们正在使用的大学应用的示例。我们假设只要学生成功修完一门课程，*student* 关系中对应元组的 *tot_cred* 属性就会通过修改保持最新。为此，只要当 *takes* 关系被更新以记录一名学生成功修完一门课程的信息（通过赋予适当的成绩）时，相应的 *student* 元组也必须更新。如果执行这两个更新的应用程序在执行完一个更新后但在执行第二个更新前崩溃了，那么数据库中的数据就是不一致的。

一个事务或者在完成其所有步骤后提交其操作，或者在不能成功完成其所有动作的情况下回滚其所有动作，通过这种方式数据库提供了对事务具有**原子性**（atomic）的抽象，原子性也就是不可分割性。要么事务的所有影响被反映到数据库中，要么任何影响也没有（在回滚之后）。

如果把事务的概念应用到上述应用中，那些更新语句就会作为单个事务来执行。在事务执行其某一条语句时出错会导致事务早先执行的语句的影响被撤销，从而不会让数据库处于部分更新的状态。

如果程序没有执行这两条命令中的任何一条就终止了，那么更新要么被提交要么被回滚。SQL 标准并没有指出究竟执行那一种，如何选择依赖于具体实现。

在包括 MySQL 和 PostgreSQL 在内的很多 SQL 实现中，在缺省方式下每条 SQL 语句自成一个事务，且语句一旦执行完就提交该事务。如果一个事务由需要执行的多条 SQL 语句组成，就必须关闭单条 SQL 语句的这种自动提交。如何关闭自动提交依赖于特定的 SQL 实现，尽管很多数据库都支持**关闭自动提交**（set autocommit off）的命令[⊖]。

一种更好的备选方案是，作为 SQL:1999 标准的一部分，允许多条 SQL 语句被包含在关键字 **begin atomic** … **end** 之间。这样在此关键字之间的所有语句就构成了一个单一事务，如果执行到 **end** 语句，则该事务被默认提交。只有诸如 SQL Server 的某些数据库支持上述语法。但是，诸如 MySQL 和 PostgreSQL 的其他几个数据库支持的是 **begin** 语句，该语句启动包含所有后续 SQL 语句的事务，但并不支持 **end** 语句；事务必须通过 **commit work** 或 **rollback work** 命令来结束。

如果使用诸如 Oracle 那样的数据库，其中自动提交并不是 DML 语句的缺省设置，请确保在添加或修改数据后发出 **commit** 命令，否则当你断开连接时，将回滚你的所有数据库修改[⊖]！你应该清楚，虽然在缺省情况下 Oracle 已关闭自动提交，但缺省设置可能会被本地设置所覆盖。

我们将在第 13 章中学习事务的更多特性；将在第 14 章中介绍实现事务的相关问题。

4.4 完整性约束

完整性约束（integrity constraint）保证授权用户对数据库所做的修改不会导致数据一致性的丢失。因此，完整性约束防止的是对数据的意外破坏。这与**安全性约束**（security constraint）不同，安全性约束防止未经授权的用户访问数据库。

⊖ 在使用诸如 JDBC 或 ODBC 那样的应用程序接口时，有一种打开或关闭自动提交的标准方式，我们将分别在 5.1.1 节和 5.1.3 节中学习。

⊖ Oracle 的确会自动提交 DDL 语句。

完整性约束的示例有：

- 教师姓名不能为 *null*。
- 任意两位教师不能有相同的教师 ID。
- *course* 关系中的每个系名必须在 *department* 关系中有一个对应的系名。
- 一个系的预算必须大于 0.00 美元。

一般说来，一个完整性约束可以是关于数据库的任意谓词。但是，检测任意谓词的代价可能太高。因此，大多数数据库系统允许用户指定那些只需极小开销就可以检测的完整性约束。

在 3.2.2 节中我们已经见过了完整性约束的一些形式。我们将在本节中学习完整性约束的更多形式。在第 8 章中，我们将学习另一种被称作**函数依赖**（functional dependency）的完整性约束形式，它主要应用在模式设计的过程中。

完整性约束通常被视为数据库模式设计过程的一部分，并作为用于创建关系的 **create table** 命令的一部分被声明。然而，也可以通过使用 **alter table** *table-name* **add** *constraint* 命令将完整性约束施加到已有关系上，其中 *constraint* 可以是该关系上的任意约束。当这样一条命令被执行时，系统首先保证该关系满足指定的约束。如果满足，那么约束被施加到关系上；如果不满足，则上述命令被拒绝执行。

4.4.1　单个关系上的约束

我们在 3.2 节中描述了如何用 **create table** 命令来定义关系表。**create table** 命令还可以包括完整性约束语句。除了主码约束之外，还有许多其他可以包括在 **create table** 命令中的约束。允许的完整性约束包括：

- **not null**；
- **unique**；
- **check**(< 谓词 >)。

我们将在下面几个小节中介绍这些类型的每种约束。

4.4.2　非空约束

正如我们在第 3 章中讨论过的，空值是所有域的成员，它在缺省情况下是 SQL 中每个属性的合法值。然而对于特定的属性来说，空值可能是不合适的。请考虑 *student* 关系中的一个元组，其中 *name* 是 *null*。这样的元组给出了一名未知学生的学生信息，因此它并不包含有用的信息。类似地，我们不会希望系的预算为 *null*。在这些情况下，我们希望禁止空值，可以通过限定 *name* 和 *budget* 属性的域来排除空值，即按照如下方式来声明：

name   **varchar**(20) **not null**
budget **numeric**(12,2) **not null**

非空（not null）约束禁止对该属性插入空值，并且它是**域约束**（domain constraint）的一个示例。可能导致向一个声明为**非空**的属性插入空值的任何数据库修改都会产生错误诊断信息。

在许多情况下我们希望避免空值。尤其是 SQL 禁止在关系模式的主码中出现空值。因此，在我们的大学示例中，在 *department* 关系上如果声明 *dept_name* 属性为 *department* 的主码，那它就不能取空值。其结果是它不必显式地声明为**非空**的。

4.4.3 唯一性约束

SQL 还支持这种完整性约束：

$$\text{unique } (A_{j_1}, A_{j_2}, \cdots, A_{j_m})$$

唯一性（unique）声明指出属性 $A_{j_1}, A_{j_2}, \cdots, A_{j_m}$ 形成了一个超码；也就是说，在关系中没有两个元组能在所有列出的属性上取值相同。然而声明了唯一性的属性允许为 *null*，除非它们已被显式地声明为**非空**。请回忆一下，空值并不等于其他的任何值。（这里对空值的处理与对 3.8.4 节中定义的 **unique** 结构的处理一样。）

4.4.4 check 子句

当应用于关系声明时，**check**(P) 子句指定一个谓词 P，关系中的每个元组都必须满足谓词 P。

通常用 **check** 子句来保证属性值满足指定的条件，实际上是创建了一个强大的类型系统。例如，在用于 *department* 关系的 **create table** 命令中的 **check**(*budget*>0) 子句将保证 **budget** 上的取值是非负的。

作为另一个示例，考虑如下语句：

```
create table section
    (course_id        varchar (8),
     sec_id           varchar (8),
     semester         varchar (6),
     year             numeric (4,0),
     building         varchar (15),
     room_number      varchar (7),
     time_slot_id     varchar (4),
     primary key (course_id, sec_id, semester, year),
     check (semester in ('Fall', 'Winter', 'Spring', 'Summer')));
```

这里，我们用 **check** 子句模拟了一个枚举类型，是通过指定 *semester* 必须是 'Fall'、'Winter'、'Spring' 或 'Summer' 中的一个来实现的。这样，**check** 子句允许以有力的方式对属性域加以限制，这是大多数编程语言的类型系统所不能允许的。

在对 **check** 子句的求值中空值呈现了一种有趣的特殊情况。如果 **check** 子句不为假，则它是满足的，因此计算结果为**未知**的子句也是满足的。如果不需要空值，则必须指定单独的**非空约束**（见 4.4.2 节）。

如之前所示，**check** 子句可以单独出现，也可以作为属性声明的一部分出现。在图 4-9 中，*semester* 属性的 **check** 约束是作为 *semester* 声明的一部分出现的。**check** 子句的位置取决于编码风格。通常来说，对单个属性值的约束与该属性一起列出，而更复杂的 **check** 子句则在 **create table** 语句的末尾单独列出。

根据 SQL 标准，**check** 子句中的谓词可以是包括子查询在内的任意谓词。然而，当前还没有一个被广泛使用的数据库产品允许包含子查询的谓词。

4.4.5 引用完整性

我们常常希望保证一个关系（引用关系）中给定属性集合的取值也在另一个关系（被引用关系）的特定属性集的取值中出现。正如我们在前面的 2.3 节中所看到的，这种情况称为引用完整性约束，外码是引用完整性约束的一种形式，其中被引用的属性构成被引用关系的主码。

```
create table classroom
    (building        varchar (15),
     room_number     varchar (7),
     capacity        numeric (4,0),
     primary key (building, room_number));

create table department
    (dept_name       varchar (20),
     building        varchar (15),
     budget          numeric (12,2) check (budget > 0),
     primary key (dept_name));

create table course
    (course_id       varchar (8),
     title           varchar (50),
     dept_name       varchar (20),
     credits         numeric (2,0) check (credits > 0),
     primary key (course_id),
     foreign key (dept_name) references department);

create table instructor
    (ID              varchar (5),
     name            varchar (20) not null,
     dept_name       varchar (20),
     salary          numeric (8,2) check (salary > 29000),
     primary key (ID),
     foreign key (dept_name) references department);

create table section
    (course_id       varchar (8),
     sec_id          varchar (8),
     semester        varchar (6) check (semester in
                                 ('Fall', 'Winter', 'Spring', 'Summer')),
     year            numeric (4,0) check (year > 1759 and year < 2100),
     building        varchar (15),
     room_number     varchar (7),
     time_slot_id    varchar (4),
     primary key (course_id, sec_id, semester, year),
     foreign key (course_id) references course,
     foreign key (building, room_number) references classroom);
```

图 4-9   大学数据库的部分 SQL 数据定义

通过使用**外码**（foreign key）子句，可以将外码指定为 SQL 的**创建表**（create table）语句的一部分，正如我们在 3.2.2 节中所见的。我们通过使用一部分大学数据库的 SQL DDL 定义来说明外码声明，如图 4-9 中所示。*course* 表的定义中有一个声明"**foreign key** (*dept_name*) **references** *department*"。这个外码声明表明：对于每个课程元组，元组中指定的系名必须在 *department* 关系中存在。如果没有这个约束，就可能会为一门课程指定一个并不存在的系名。

在缺省情况下，在 SQL 中外码引用的是被引用表的主码属性。SQL 还支持一个可以显式指定被引用关系的属性列表的**引用**（references）子句的版本⊖。例如，*course* 关系的外码声明可以指定为：

⊖   某些系统（尤其是 MySQL）并不支持缺省情况，而是要求指定被引用关系的属性。

$$\textbf{foreign key }(\textit{dept\_name})\textbf{ references }\textit{department}(\textit{dept\_name})$$

然而，这个被指定的属性列表必须声明为被引用关系的超码，要么使用**主码**约束，要么使用**唯一性**约束来进行这种声明。在更为普遍的引用完整性约束形式中，被引用的属性不必是候选码，但这样的形式不能在 SQL 中直接声明。SQL 标准提供了另外的结构用于实现这样的约束，我们将在 4.4.8 节中描述这样的结构，但是，任何广泛使用的数据库系统都不支持这些替代结构。

请注意外码必须引用一组兼容的属性，也就是说，属性数量必须相同，并且相应属性的数据类型必须兼容。

我们可以使用以下形式作为表定义的一部分，来声明一个属性构成一个外码：

$$\textit{dept\_name }\textbf{varchar}(20)\textbf{ references }\textit{department}$$

当违反引用完整性约束时，通常的处理是拒绝执行导致破坏完整性的操作（即执行更新操作的事务被回滚）。但是，在**外码**（foreign key）子句中可以指明：如果被引用关系上的删除或更新操作违反了约束，那么系统必须采取一些措施来改变引用关系中的元组以恢复完整性约束，而不是拒绝这样的操作。请考虑 *course* 关系上一个完整性约束的如下定义：

```
create table course
    ( …
    foreign key (dept_name) references department
            on delete cascade
            on update cascade,
    … );
```

由于有了与外码声明相关联的**级联删除**（on delete cascade）子句，如果删除 *department* 中的一个元组导致违反了这种引用完整性约束，则系统并不拒绝该删除，而是对 *course* 关系做"**级联**（cascade）"删除，即删除引用了被删除系的元组。类似地，如果更新被约束引用的字段时违反了约束，则系统并不拒绝更新操作，而是将 *course* 中引用元组的 *dept_name* 字段也改为新值。SQL 还允许**外码**（foreign key）子句指定除**级联**以外的其他动作，如果约束被违反，可将引用域（这里是 *dept_name*）置为 *null*（通过用 **set null** 代替 **cascade**），或置为该域的缺省值（通过使用 **set default**）。

如果存在跨多个关系的外码依赖链，则在链的一端所做的删除或更新可能级联传至整个链上。实践习题 4.9 中出现的一种有趣的情况是：一个关系上的**外码**约束所引用的关系就是它自己。如果一个级联更新或删除所导致的对约束的违反不能通过进一步的级联操作来解决，则系统就中止该事务。其结果是，该事务所做的所有修改以及它的级联动作都将被撤销。

空值使得 SQL 中引用完整性约束的语义复杂化了。外码中的属性允许为 *null*，只要它们没有另外被声明为**非空**。如果在给定元组的外码的所有列上均取非空值，则对该元组采用外码约束的通常定义。如果任一外码列为 *null*，则该元组被自动定义为是满足约束的。这样的定义可能并不总是正确的选择，因此 SQL 也提供一些结构使你可以改变对空值的处理方式；我们在此不讨论这样的结构。

4.4.6 给约束赋名

我们可以为完整性约束赋予名称。如果我们想要删除先前定义的一个约束，则这样的名称是很有用的。

为了命名约束，我们在约束的前面使用关键字 **constraint** 和我们希望为其赋予的名称。例如，如果我们希望将名称 *minsalary* 赋给 *instructor* 的 *salary* 属性上的 **check** 约束（参见图 4-9），那么可以将对 *salary* 的声明修改为：

salary **numeric**(8,2), **constraint** *minsalary* **check** (*salary* > 29000),

之后，如果我们决定不再需要这个约束，那么可以写为：

alter table *instructor* **drop constraint** *minsalary*;

如果名称缺失，需要使用特定于系统的功能来识别出约束的系统分配名称。并非所有的系统都支持这样的功能，但是比如在 Oracle 中，系统表 *user_constraints* 就包含了这样的信息。

4.4.7   事务中对完整性约束的违反

事务可能包括几个步骤，在某一步之后也许会暂时违反完整性约束，但是后面的某一步也许就会消除这个违反。例如，假设我们有一个主码为 *name* 的 *person* 关系，还有一个 *spouse* 属性，并且假设 *spouse* 是在 *person* 上的一个外码。也就是说，该约束要求 *spouse* 属性必须包含在 *person* 表里出现的姓名。假设我们希望在上述关系中插入两个元组，一个是关于 John 的，另一个是关于 Mary 的，这两个元组的配偶属性分别设置为 Mary 和 John，以此表示 John 和 Mary 彼此之间的婚姻关系。那么无论先插入这两个元组中的哪一个，被插入的第一个元组都会违反该外码约束。但在插入第二个元组后，外码约束又会满足了。

为了处理这样的情况，SQL 标准允许将 **initially deferred** 子句加入约束声明中；这样约束就不是在事务的中间步骤上检查，而是在事务结束的时候检查。一个约束可以被指定为**可延迟的**（deferrable），这意味着在缺省情况下它会被立即检查，但是在需要的时候可以延迟检查。对于被声明为可延迟的约束，对 **set constraints** *constraint-list* **deferred** 语句的执行将作为事务的一部分，从而导致对指定约束的检查被延迟到该事务结束时执行。在约束列表中出现的约束必须指定名称。缺省方式是立即检查约束，并且许多数据库实现并不支持延迟约束检查。

如果 *spouse* 属性可以被置为 *null*，我们可以用另一种方式来避开前述示例中的问题：在插入 John 和 Mary 元组时，我们设置其 *spouse* 属性为 *null*，后面再更新它们的值。然而，这种技术需要更大的编程量，而且如果属性不能置为 *null*，此方法就不可行。

4.4.8   复杂 check 条件与断言

在 SQL 标准中还有其他的结构用于指定大多数系统当前不支持的完整性约束。我们将在本小节中讨论其中的一些结构。

正如 SQL 标准所定义的，**check** 子句中的谓词可以是包含子查询的任意谓词。如果一个数据库实现支持在 **check** 子句中出现子查询，我们就可以在 *section* 关系上声明如下所示的引用完整性约束：

check (*time_slot_id* **in** (**select** *time_slot_id* **from** *time_slot*))

这个 **check** 条件所检测的是 *section* 关系的每个元组中的 *time_slot_id* 的确是 *time_slot* 关系中某个时间段的标识。因此这个条件不仅在 *section* 中插入或修改元组时需要检测，而且在 *time_slot* 关系改变时（当 *time_slot* 关系中的一个元组被删除或修改时）也需要检测。

在我们的大学模式上另一个自然的约束是：每个课程段都需要有至少一位教师来讲授。

为了强制实现此约束，我们可能希望声明 *section* 关系的属性集（*course_id*, *sec_id*, *semester*, *year*）构成外码，它引用 *teaches* 关系的相应属性。遗憾的是，这些属性并未构成 *teaches* 关系的候选码。如果数据库系统支持带子查询的 **check** 约束，可以使用与 *time_slot* 属性类似的 **check** 约束来强制实现上述约束。

复杂的 **check** 条件在我们希望确保数据完整性的时候是有用的，但它们的检测开销可能会很大。在我们的示例中，**check** 子句中的谓词不仅需要在 *section* 关系发生更新时计算，而且也需要在 *time_slot* 关系发生更新时检测，因为 *time_slot* 在子查询中被引用了。

一个断言（assertion）就是一个谓词，它表达了我们希望数据库总能满足的一个条件。请考虑以下约束，它们可以使用断言来表示。

- 对于 *student* 关系中的每个元组，它在 *tot_cred* 属性上的取值必须等于该生已成功修完的课程的学分总和。
- 每位教师不能在同一个学期的同一个时间段在两个不同的教室授课⊖。

SQL 中的断言采用如下形式：

create assertion <assertion-name> **check** <predicate>;

在图 4-10 中，我们展示了如何用 SQL 写出第一个约束的示例。由于 SQL 并不提供"for all *X*, *P*(*X*)"结构（其中 *P* 是一个谓词），我们只好通过等价的"not exists *X* such that not *P*(*X*)"结构来实现此约束，这一结构可以用 SQL 来表示。

```
create assertion credits_earned_constraint check
(not exists (select ID
       from student
       where tot_cred <> (select coalesce(sum(credits), 0)
                   from takes natural join course
                   where student.ID= takes.ID
                     and grade is not null and grade<> 'F' )))
```

图 4-10 一个断言的示例

我们把第二个约束的声明留作练习。尽管可以使用 **check** 谓词来表达这两个约束，但使用断言可能更加自然，尤其是对于第二个约束。

当创建断言时，系统要检测其有效性。如果断言有效，则今后对数据库的任何修改只有在不破坏该断言的情况下才被允许。如果断言较复杂，则这样的检测会带来相当大的开销。因此，使用断言应该特别小心。由于检测和维护断言的开销较高，这使得一些系统开发者省去了对通用断言的支持，或只提供易于检测的特殊形式的断言。

目前，还没有一个被广泛使用的数据库系统要么支持在 **check** 子句的谓词中使用子查询，要么支持**创建断言**（create assertion）的结构。然而，如果数据库系统支持触发器，可以使用触发器来实现等价的功能，触发器将在 5.3 节中介绍，5.3 节还将介绍如何用触发器来实现 *time_slot_id* 上的引用完整性约束。

⊖ 我们假设不在第二课程采用远程授课的形式！指定"一位教师在一个给定学期的相同时间段不能讲授两门课程"的另一个可选约束可能不被满足，因为有时候课程是交叉排课的；也就是说，相同课程被给出了两个标识和名称。

4.5 SQL 的数据类型与模式

在第 3 章中，我们介绍了一些在 SQL 中支持的固有数据类型，如整数类型、实数类型和字符类型。SQL 还支持一些其他的固有数据类型，对此我们将在下面描述。我们还将描述如何用 SQL 来创建基本的用户自定义类型。

4.5.1 SQL 中的日期和时间类型

除了我们在 3.2 节中介绍过的基本数据类型以外，SQL 标准还支持与日期和时间相关的几种数据类型。

- **日期**（date）：日历日期，包括年（四位）、月和月中的日。
- **时间**（time）：一天中的时间，用时、分和秒来表示。可以用变量 **time**(p) 来指定秒的小数点后的数字位数（缺省值为 0）。通过指定 **time with timezone**，还可以把时区信息连同时间一起存储。
- **时间戳**（timestamp）：**date** 和 **time** 的结合。可以用变量 **timestamp**(p) 来指定秒的小数点后的数字位数（缺省值为 6）。如果指定 **with timezone**，则时区信息也会被存储。

日期和时间类型的值可按如下方式说明：

> **date** '2018-04-25'
> **time** '09:30:00'
> **timestamp** '2018-04-25 10:29:01.45'

日期类型必须按照如上所示的年后接月再接日的格式来指定[⊖]。**时间**（time）或**时间戳**（timestamp）的秒的域中可能会有小数部分，像上述时间戳中的情况一样。

我们可以利用 **extract** (*field* **from** *d*) 来从 **date** 或 **time** 值 d 中提取出单独的域，这里的域（*field*）可以是 **year**、**month**、**day**、**hour**、**minute** 或 **second** 中的一种。时区信息可以用 **timezone_hour** 和 **timezone_minute** 来提取。

SQL 定义了一些函数来获取当前的日期和时间。例如，**current_date** 返回当前日期，**current_time** 返回当前时间（带有时区），还有 **localtime** 返回当前的本地时间（不带时区）。时间戳（日期加上时间）由 **current_timestamp**（带有时区）以及 **localtimestamp**（本地日期加时间，不带时区）返回。

包括 MySQL 在内的某些系统提供了**日期时间**（datetime）数据类型来表示时区不可调整的时间。在实践中，时间规范会有许多特殊情况，包括使用标准时间还是"夏令时"或"夏季"时间。系统在可表示的时间范围内是变化的。

SQL 允许在上面列出的所有类型上进行比较运算，并且允许在各种数字类型上进行算术运算和比较运算。SQL 还提供了一种称作**区间**（interval）的数据类型，它允许在日期、时间和时间区间上进行计算。例如，如果 x 和 y 都是 **date** 类型，那么 $x-y$ 就是一个时间区间，其值为从日期 x 到日期 y 间隔的天数。类似地，在日期或时间上加上或减去一个时间区间将分别得到新的日期或时间。

4.5.2 类型转换和格式化函数

虽然系统会自动执行某些数据类型的**转换**（conversion），但其他的转换需要显式请求。

⊖ 许多数据库系统在将字符串缺省转换为日期和时间戳方面提供了更大的灵活性。

我们可以使用形如 **cast**(*e* **as** *t*) 的表达式来将表达式 *e* 转换为类型 *t*。可能需要数据类型转换来执行特定的操作或强制保证特定的排序次序。例如，请考虑 *instructor* 的 *ID* 属性，我们已将其指定为字符串（**varchar**(5)）。如果我们按此属性排序输出，则 ID 11111 位于 ID 9 之前，因为第一个字符 '1' 在 '9' 之前。但是，如果我们写：

> **select cast**(*ID* **as numeric**(5)) **as** *inst_id*
> **from** *instructor*
> **order by** *inst_id*

其结果将会是我们想要的排序次序。

作为查询结果显示的数据可能需要不同类型的转换。例如，我们可能希望数值以特定位数的数字来显示，或者数据以特定格式（例如月－日－年或日－月－年）来显示。显示格式的这些变化并不是数据类型的转换，而是格式的转换。数据库系统提供了各种格式化函数，且相关细节因主流系统而异。MySQL 提供了 **format** 函数。Oracle 和 PostgreSQL 提供了一组函数：**to_char**、**to_number** 和 **to_date**。SQL Server 提供了 **convert** 函数。

结果显示中的另一个问题是处理空值。在本书中，我们使用 *null* 来使阅读更清晰，但在大多数系统中缺省设置只是将字段留空。我们可以使用 **coalesce** 函数来选择在查询结果中输出空值的方式。该函数接收任意数量的参数（所有参数必须是相同的类型），并返回第一个非空参数。例如，如果我们希望显示教师的 ID 和工资，但是将空工资显示为 0，我们会写：

> **select** *ID*, **coalesce**(*salary*, 0) **as** *salary*
> **from** *instructor*

coalesce 的一个限制是要求所有参数必须是相同的类型。如果我们希望将空工资显示为 'N/A' 以表示"不可用"，我们将无法使用 **coalesce**。诸如 Oracle 的**解码**（decode）那样的面向系统的函数确实允许这种转换。**解码**的一般形式是：

> **decode** (*value, match-1, replacement-1, match-2, replacement-2, …,*
> *match-N, replacement-N, default-replacement*);

它将 *value* 与 *match* 值进行比较，并且如果找到一个匹配项，则将属性值替换为相应的替换值。如果没有匹配成功，则使用缺省替换值去替换属性值。没有对数据类型匹配的要求。为方便起见，*null* 值可以作为一个 *match* 值，并且与通常情况不同，*null* 被视为等于 *null*。因此，我们可以以 'N/A' 去替换空工资，如下所示：

> **select** *ID*, **decode** (*salary, null,* 'N/A', *salary*) **as** *salary*
> **from** *instructor*

4.5.3 缺省值

SQL 允许为属性指定**缺省**（default）值，如下面的 **create table** 语句所示：

> **create table** *student*
>   (*ID*   **varchar** (5),
>   *name*   **varchar** (20) **not null**,
>   *dept_name*   **varchar** (20),
>   *tot_cred*   **numeric** (3,0) **default** 0,
>   **primary key** (*ID*));

tot_cred 属性的缺省值被声明为 0。其结果是，当一个元组被插入 *student* 关系中时，如果没

有给出 *tot_cred* 属性的值,那么该元组在此属性上的取值就被置为 0。下面的 **insert** 语句说明了在插入操作中如何省略 *tot_cred* 属性的值:

$$\textbf{insert into } student(\textit{ID, name, dept\_name})$$
$$\textbf{values } ('12789', 'Newman', 'Comp. Sci.');$$

4.5.4 大对象类型

许多数据库应用程序需要存储这样的属性:它们的域由大型数据项组成,比如照片、高分辨率的医学图像或视频。因此,SQL 为字符数据(**clob**)和二进制数据(**blob**)提供了**大对象数据类型**(large-object data type)。这些数据类型中的字符"lob"代表"大对象(Large OBject)"。例如,我们可以声明属性:

$$\textit{book\_review } \textbf{clob}(10\text{KB})$$
$$\textit{image } \textbf{blob}(10\text{MB})$$
$$\textit{movie } \textbf{blob}(2\text{GB})$$

对于包含大对象(好几个 MB 甚至 GB)的结果元组而言,把整个大对象放入内存中是非常低效或不现实的。相反,应用程序通常用一条 SQL 查询来检索出一个大对象的"定位器",然后在宿主语言中用这个定位器来操纵该对象,应用程序本身也是用宿主语言编写的。例如,JDBC 应用编程接口(将在 5.1.1 节中描述)允许获取一个定位器而不是整个大对象,然后用这个定位器来一点一点地取出这个大对象,而不是一次全部取出,这很像用一个 read 函数的调用从操作系统文件中读取数据。

注释 4-2 时态有效性

在某些情况下需要包括历史数据,例如,如果我们希望不仅存储每位教师的当前工资,而且还存储整个工资历史。要做到这点很容易,可通过向 *instructor* 关系模式添加两个属性来实现,一个指明给定工资值的开始日期,且另一个指明结束日期。然后,一位教师就可能有几个工资值,每个工资值对应于一对特定的开始和结束日期。这些开始日期和结束日期被称为相应工资值的**有效时间值**。

请注意在 *instructor* 关系中现在可能存在不止一个具有相同 ID 值的元组。7.10 节将讨论在这种时态数据的上下文中特定主码和外码约束的问题。

对于支持这种时态结构的数据库系统来说,第一步就是提供语法以指定特定的属性来定义有效的时间区间。我们使用 Oracle 12 的语法作为示例。使用如下的 **period** 声明来扩充 *instructor* 的 SQL DDL,以表明 *start_date* 和 *end_date* 属性指定了一个有效的时间区间。

```
create table instructor
    ( …
    start_date      date,
    end_date        date,
    period for valid_time (start_date, end_date),
    … );
```

Oracle 12c 还提供了几个 DML 扩展,便于使用时态数据进行查询。然后可以在查询中使用

as of period for 结构，以仅获取其有效时间段包括特定时间的那些元组。为了找到过去某个时间（比如说 2014 年 1 月 20 日）的教师及其工资，我们写作：

> **select** *name, salary, start_date, end_date*
> **from** *instructor* **as of period for** *valid_time* '20-JAN-2014';

如果我们希望找到其有效期包括 2014 年 1 月 20 日至 2014 年 1 月 30 日期间的全部或部分时间段的元组，我们写作：

> **select** *name, salary, start_date, end_date*
> **from** *instructor* **versions period for** *valid_time* **between** '20-JAN-2014' **and** '30-JAN-2014';

Oracle 12c 还实现了一种功能，它允许所存储的数据库过程（将在第 5 章中介绍）在指定的时间段之内运行。

尽管可以在不使用上述结构的情况下编写查询，但这些结构简化了查询的规范。

4.5.5 用户自定义类型

SQL 支持两种形式的**用户自定义数据类型**（user-defined data type）。第一种形式称为**独特类型**（distinct type），我们将在这里介绍。另一种形式称为**结构化数据类型**（structured data type），允许创建具有嵌套记录结构、数组和多重集的复杂数据类型。

一些属性可能具有相同的数据类型。例如，用于学生姓名和教师姓名的 *name* 属性就可能有相同的域：所有人名的集合。然而，*budget* 和 *dept_name* 的域肯定应该是不同的。*name* 和 *dept_name* 是否应该有相同的域，这一点就不那么明显了。在实现层，教师姓名和系的名字都是字符串。然而，我们通常不认为"找出所有与某个系具有相同名称的教师"是一个有意义的查询。因此，如果我们在概念层而不是在物理层来看待数据库，*name* 和 *dept_name* 应该有不同的域。

更重要的是，在现实层面，把一位教师的姓名赋给一个系名可能是一个程序上的错误；类似地，把一个以美元表示的货币值与一个以英镑表示的货币值进行直接比较几乎可以肯定是程序上的错误。一个好的类型系统应该能够检测出这类赋值或比较。为了支持这种检测，SQL 提供了**独特类型**（distinct type）的概念。

可以用 **create type** 子句来定义新类型。例如，下面的语句：

> **create type** *Dollars* **as numeric**(12,2) **final**;
> **create type** *Pounds* **as numeric**(12,2) **final**;

把两个用户自定义类型 *Dollars* 和 *Pounds* 定义为总共 12 位数字的十进制小数，其中两位放在十进制小数点的后面[⊖]。然后新创建的类型就可以用作关系属性的类型。例如，我们可以把 *department* 表定义为：

> **create table** *department*
>   (*dept_name*   **varchar** (20),
>   *building*   **varchar** (15),
>   *budget*   *Dollars*);

⊖ 在此，关键字 **final** 在这个上下文中并不是真的有意义，但它是 SQL:1999 标准所要求的，其原因我们不在这里讨论；一些实现允许省略 **final** 关键字。

尝试为 *Pounds* 类型的变量赋予一个 *Dollars* 类型的值会导致一个编译时错误，尽管这两者都是相同的数值类型。这样的赋值可能是由于程序错误导致的，或许是程序员忘记了货币之间的区别。为不同的货币声明不同的类型有助于捕捉这样的错误。

由于有强类型检查，表达式（*department.budget* + 20）将不会被接受，因为该属性和整型常数 20 具有不同的类型。就像我们在 4.5.2 节中曾看到的那样，一种类型的值可以被转换到另一个域，如下所示：

cast (*department.budget* **to** *numeric*(12,2))

我们可以在数值类型上做加法，但是为了把结果存回到一个 *Dollars* 类型的属性中，我们需要用另一个类型转换表达式来把数值类型转换回 *Dollars* 类型。

SQL 提供了 **drop type** 和 **alter type** 子句来删除或修改以前创建过的类型。

在把用户自定义类型加入 SQL（在 SQL:1999 中）之前，SQL 有一个相似但稍有不同的概念：**域**（domain）（在 SQL-92 中引入），它可以在基本类型上施加完整性约束。例如，我们可以定义一个如下所示的 *DDollars* 域：

create domain *DDollars* **as numeric**(12,2) **not null**;

DDollars 域可以用作属性类型，正如我们使用 *Dollars* 类型一样。然而，在类型和域之间有两个重大的差异：

1. 在域上可以声明诸如**非空**那样的约束，也可以为域类型的变量定义缺省值，然而在用户自定义类型上不能声明约束或缺省值。用户自定义类型不仅被设计用来指定属性类型，而且还被用在不能施加约束的地方以对 SQL 进行过程扩展。
2. 域并不是强类型的。其结果是，一个域类型的值可以被赋值给另一个域类型，只要它们的基本类型是相容的。

当应用于域时，**check** 子句允许模式设计者来指定一个谓词，被声明为来自该域的任何属性都必须满足这个谓词。例如，**check** 子句可以保证教师的工资域中只允许出现大于给定值的值：

create domain *YearlySalary* **numeric**(8,2)
constraint *salary_value_test* **check**(**value** >= 29000.00);

YearlySalary 域有一个约束来保证 *YearlySalary* 大于或等于 29 000.00 美元。**constraint** *salary_value_test* 子句是可选的，它用来将该约束命名为 *salary_value_test*。系统用这个名称来指出一个更新所违反的约束。

作为另一个示例，通过使用 **in** 子句可以限定一个域只包含指定的一组值：

create domain *degree_level* **varchar**(10)
constraint *degree_level_test*
check (**value in** ('Bachelors', 'Masters', 'Doctorate'));

注释 4-3　对类型和域的支持

尽管本小节描述的**创建类型**（create type）和**创建域**（create domain）结构是 SQL 标准的一部分，但这里描述的这些结构形式还没有被大多数数据库实现完全支持。PostgreSQL 支持**创建域**结构，但是其**创建类型**结构具有不同的语法和解释。

> IBM DB2 支持**创建类型**的一个版本，它使用**创建独特类型**（create distinct type）的语法，但它并不支持**创建域**。Microsoft 的 SQL Server 实现了**创建类型**结构的一个版本，它支持域约束，与 SQL 的**创建域**结构类似。
>
> Oracle 不支持在此描述的任何一种结构。Oracle、IBM DB2、PostgreSQL 和 SQL Server 都支持使用不同形式的**创建类型**结构的面向对象类型系统。
>
> 然而，SQL 还定义了一个更复杂的面向对象类型系统。类型可以在它们内部具有结构，比如像由 *firstname* 和 *lastname* 组成的 *Name* 类型。子类型也是允许的；例如，*Person* 类型可能具有子类型 *Student*、*Instructor* 等。继承规则类似于面向对象编程语言中的规则。可以使用对元组的引用，其方式与面向对象编程语言中的对象引用非常相似。SQL 允许使用数组和多重集合数据类型以及操作这些类型的方式。
>
> 我们不在此处介绍这些功能的详细信息。数据库系统如果实现这些功能，那么它们在实现的方式上是不同的。

4.5.6 生成唯一码值

在大学示例中，我们已经看到了具有不同数据类型的主码属性。有一些像 *dept_name* 那样拥有真实的现实世界信息。另外一些如 *ID* 则拥有仅仅为了标识目的而由企业所创建的值。那些后一类的主码域产生了创造新值的实际问题。假设大学雇用了一位新教师，则应该为其分配什么 ID？我们如何确定新的 ID 是唯一的？虽然可以编写一条 SQL 语句来执行此操作，但是这样的语句需要检查所有先前存在的 ID，这会损害系统性能。另一种备选方案是：可以设置一个特殊的表，其中包含迄今为止所发布的最大 ID 值。然后，当需要一个新的 ID 时，可以按顺序将该值递增到下一个值并将其存储为新的最大值。

数据库系统提供了对生成唯一码值的自动管理。其语法在最流行的系统之间是不同的，有时在系统的版本之间也有所不同。我们在这里展示的语法接近于 Oracle 和 DB2 的语法。假设我们不是将 *instructor* 关系中的教师 ID 声明为 "*ID* **varchar**(5)"，而是选择让系统来挑选唯一的教师 ID 值。由于此功能仅适用于数字型的码值数据类型，因此我们将 *ID* 的类型更改为 **number**，并写作：

ID **number**(5) **generated always as identity**

当使用 **always** 选项时，任何 **insert** 语句都必须避免为自动生成的码来指定一个值。为此，请使用指定了属性顺序的 **insert** 语法（参见 3.9.2 节）。对于我们的 *instructor* 示例，只需要指定 *name*、*dept_name* 和 *salary* 的值，如下例所示：

insert into *instructor* (*name, dept_name, salary*)
values ('Newprof', 'Comp. Sci.', 100000);

所生成的 ID 值可以通过常规的 **select** 查询来找到。如果用 **by default** 去替换 **always**，我们可以选择指定我们自己挑选的 *ID* 或者依赖于系统来生成 *ID*。

在 PostgreSQL 中，我们可以将 *ID* 的类型定义为 **serial**，它告诉 PostgreSQL 要自动生成标识；在 MySQL 中，我们使用 **auto_increment** 来代替 **generated always as identity**，而在 SQL Server 中我们可以仅使用 **identity**。

可以使用 **identity** 规范来指定其他选项，包括设置最小值和最大值、选择起始值、选择从一个值到下一个值的增量，等等。具体方式取决于数据库。

此外，许多数据库支持**创建序列**（create sequence）结构，该结构创建与任何关系分离的序列计数器对象，并允许 SQL 查询从序列中获取下一个值。每次对获得下一个值的调用都会使序列计数器递增。请参阅数据库的系统手册以查找创建序列以及检索下一个值的确切语法。使用序列，我们可以生成在多个关系之间（例如，跨 *student.ID* 和 *instructor.ID*）保持唯一的标识。

4.5.7 create table 的扩展

应用常常要求创建与现有的某个表的模式相同的表。SQL 提供了一个 **create table like** 的扩展来支持这项任务[⊖]：

create table *temp_instructor* **like** *instructor*;

上述语句创建了一个与 *instructor* 具有相同模式的新表 *temp_instructor*。

当编写一个复杂查询时，把查询的结果存储成一个新表通常是有用的；这个表通常是临时性的。这里需要两条语句，一条用于创建表（具有合适的列），且另一条用于把查询结果插入该表中。SQL:2003 提供了一种更简单的技术来创建包含查询结果的表。例如，下面的语句创建了一个表 *t*1，该表包含一个查询的结果。

```
create table t1 as
    (select *
    from instructor
    where dept_name = 'Music')
with data;
```

在缺省情况下，列的名称和数据类型是从查询结果中推导出来的。通过在关系名后面列出列名，可以给列显式指派名称。

正如 SQL:2003 标准所定义的，如果省略 **with data** 子句，则表会被创建，但不会载入数据。但即使在省略 **with data** 子句的情况下，很多数据库实现还是通过缺省方式往表中加载数据。请注意，几种数据库实现都使用不同语法来支持 **create table … like** 和 **create table … as** 的功能；请参考相应的系统手册以获得进一步的细节。

上述 **create table … as** 语句与 **create view** 语句非常相似，并且两者都是用查询来定义的。主要的区别在于：当表被创建时表的内容被加载，但视图的内容总是反映着当前查询的结果。

4.5.8 模式、目录与环境

要理解模式和目录的形成，需要考虑在文件系统中文件是如何命名的。早期的文件系统是平面的；也就是说，所有的文件都被存储在单个目录中。现代的文件系统有一个目录（或者用文件夹这个同义词）结构，文件都存储在子目录下。为了唯一地命名一个文件，我们必须指定文件的完整路径名，例如，/users/avi/db_book/chapter3.tex。

跟早期文件系统一样，早期的数据库系统也有一个用于所有关系的命名空间。用户必须相互协调以保证他们没有对不同的关系企图使用相同的名称。当今的数据库系统提供了三层

⊖ 并非所有系统都支持此语法。

体系结构用于关系的命名。体系结构的最顶层由**目录**（catalog）构成，每个目录都可以包含**模式**（schema）。诸如关系和视图那样的 SQL 对象都包含在**模式**中。（一些数据库实现用术语"数据库"来代替术语"目录"。）

为了在数据库上执行任何操作，用户（或程序）都必须先连接到数据库。用户必须提供用户名，并且通常需要提供密码，来验证用户身份。每个用户都有一个缺省的目录和模式，并且这个组合对用户来说是唯一的。当一个用户连接到数据库系统时，系统将为该连接设置好缺省的目录和模式；这对应于当用户登录进一个操作系统时，把当前目录设置为用户的主目录的情况。

为了唯一地标识出一个关系，可以使用一个由三部分组成的名称，例如：

$$catalog5. univ\_schema.course$$

在名称的目录部分被认为是连接的缺省目录的情况下，我们可以省略目录部分。因此，如果 $catalog5$ 是缺省目录，则我们可以用 $univ\_shema.course$ 来唯一标识同样的关系。

如果用户想访问一个存在于另外的模式而不是该用户的缺省模式中的关系，那就必须指定该模式的名称。然而，如果一个关系存在于特定用户的缺省模式中，那么甚至连模式的名称也可以省略。这样，如果 $catalog5$ 是缺省目录并且 $univ\_schema$ 是缺省模式，我们可以只用 $course$。

当有多个目录和模式可用时，不同应用和不同用户可以独立工作而不必担心命名冲突。不仅如此，一个应用的多个版本（一个是产品版本，其他是测试版本）可以在同一个数据库系统上运行。

缺省的目录和模式是为每个连接建立的 **SQL 环境**（SQL environment）的一部分。环境还另外包括用户标识（也称为授权标识（authorization identifier））。所有通常的 SQL 语句（包括 DDL 和 DML 语句）都在一个模式的环境中运行。

我们可以用 **create schema** 和 **drop schema** 语句来创建和删除模式。在大多数数据库系统中，模式还随着用户账户的创建而自动创建，此时模式名被置为用户账户名。模式要么建立在缺省目录中，要么建立在创建用户账户时所指定的目录中。新创建的模式将成为该用户账户的缺省模式。

目录的创建和删除依据实现的不同而不同，这并不是 SQL 标准的一部分。

4.6 SQL 中的索引定义

许多查询仅涉及文件中的一小部分记录。例如，诸如"查找物理系中的所有教师"或"查找 ID 为 22201 的教师的 $salary$ 值"之类的查询仅涉及教师记录的一小部分。系统读取每条记录并检查 ID 字段以找到 ID "22201"或检查 $dept\_name$ 字段以找到"Physics"值的方式是低效的。

关系属性上的**索引**（index）是一种数据结构，它允许数据库系统高效地找到在关系中具有该属性指定值的那些元组，而不扫描关系的所有元组。例如，如果我们在 $instructor$ 关系的 $dept\_name$ 属性上创建一个索引，则数据库系统可以直接找到具有任何指定 $dept\_name$ 值的记录，例如"Physics"或"Music"，而无须读取 $instructor$ 关系的所有元组。还可以在一个属性列表上创建索引，例如，在 $instructor$ 的 $name$ 和 $dept\_name$ 属性上。

索引对于正确性来说不是必需的，因为它们是冗余的数据结构。索引构成数据库物理模式的一部分，而不是数据库逻辑模式的一部分。

但是，索引对于事务的高效处理（既包括更新事务又包括查询事务）是很重要的。索引对于诸如主码约束和外码约束那样的完整性约束的高效实施也很重要。原则上数据库系统可以自动决定创建何种索引。但是，由于索引的空间代价以及索引对更新处理的影响，要在维护何种索引上自动地做出正确选择并不容易。

因此，大多数 SQL 实现允许程序员通过数据定义语言的命令对索引的创建和删除进行控制。接下来我们将举例说明这些命令的语法。尽管我们给出的语法被很多数据库系统广泛采用和支持，但它并不是 SQL 标准的一部分。SQL 标准并不支持对数据库物理模式的控制，它将自身约束在数据库逻辑模式的层面。

我们使用 **create index** 命令来创建索引，它的形式为：

create index < 索引名 > **on** < 关系名 > (< 属性列表 >);

属性列表是构成索引搜索码的关系属性的列表。

为了在 *instructor* 关系上定义以 *dept_name* 为搜索码的、名为 *dept_index* 的索引，我们写作：

create index *dept_index* **on** *instructor* (*dept_name*);

当用户提交一个可以从索引的使用中受益的 SQL 查询时，SQL 查询处理器会自动使用索引。例如，给定一个 SQL 查询，它选择 *dept_name* 为 "Music" 的 *instructor* 元组，SQL 查询处理器将使用上面定义的 *dept_index* 索引来查找所需的元组，而不用读取整个关系。

如果我们想要声明搜索码就是一个候选码，那么在索引定义中增加属性 **unique**。于是，命令：

create unique index *dept_index* **on** *instructor* (*dept_name*);

声明 *dept_name* 是 *instructor* 的一个候选码（这有可能并不是我们在大学数据库中真正想要的）。如果当我们输入 **create unique index** 命令时，*dept_name* 并不是候选码，则系统会显示错误消息，并且索引创建会失败。如果索引创建成功，则后面违反候选码声明的任何元组的插入企图都将失败。请注意，如果数据库系统支持 SQL 标准的**唯一性**声明，那么这里的**唯一性**特性就是多余的。

我们为一个索引指定的索引名在撤销索引时需要用到。**drop index** 命令采用的形式是：

drop index < 索引名 >;

很多数据库系统还提供一种方式来指定要使用的索引的类型，如 B$^+$ 树或散列索引，我们将在第 14 章中学习它们。有些数据库系统还允许一个关系上的某个索引被声明为聚集的，这样系统就以聚集索引的搜索码次序来存储这个关系。我们将在第 14 章中学习如何实际地实现索引，以及数据库自动创建哪些索引，还有如何决定要创建哪些其他索引。

4.7 授权

我们可能会给一个用户在数据库的某些部分上授予几种形式的权限。对数据的授权包括：
- 授权读取数据。
- 授权插入新数据。
- 授权更新数据。

- 授权删除数据。

每种这样类型的授权都称为一种**权限**（privilege）。我们可以在数据库的某些特定部分（比如一个关系或视图）上授予用户所有这些类型的权限，或完全不授权，或授予这些权限的一个组合。

当用户提交查询或更新时，SQL 实现先基于该用户曾获得过的权限检查此查询或更新是否是授权过的。如果此查询或更新没有经过授权，那么将被拒绝执行。

除了数据上的授权之外，用户还可以被授予数据库模式上的权限，例如，可以允许用户创建、修改或删除关系。拥有某些形式的权限的用户还可以把这样的权限转授（授予）给其他用户，或者撤销（收回）一种之前授出的权限。在本节中，我们将看到每种这样的权限是如何用 SQL 来指定的。

权限的最终形式是被授予数据库管理员的。数据库管理员可以授权给新用户、可以重构数据库等。权限的这种形式和操作系统中的**超级用户**（superuser）、管理员或操作员的权限是类似的。

4.7.1　权限的授予与收回

SQL 标准包括**选择**（select）、**插入**（insert）、**更新**（update）和**删除**（delete）**权限**。**所有权限**（all privilege）这样的权限可以用作允许所有权限的简写形式。一个创建了新关系的用户将被自动授予该关系上的所有权限。

SQL 数据定义语言包括授予和收回权限的命令。**授权**（grant）语句用来授予权限。此语句的基本形式为：

> **grant** <权限列表>
> **on** <关系名或视图名>
> **to** <用户 / 角色列表>;

权限列表（privilege list）允许在一条命令中授予多个权限。角色的概念将在 4.7.2 节中介绍。

关系上的**选择**权限用于读取关系中的元组。下面的**授权**语句给数据库用户 Amit 和 Satoshi 授予了 *department* 关系上的**选择**权限：

> **grant select on** *department* **to** *Amit, Satoshi*;

该授权使得这些用户可以在 *department* 关系上运行查询。

关系上的**更新**权限允许用户修改关系中的任意元组。**更新**权限既可以在关系的所有属性上授予，也可以只在某些属性上授予。如果在**授权**语句中包括了**更新**权限，则被授予更新权限的属性列表可以出现在紧跟关键字 **update** 的括号中。该属性列表是可选项，如果省略属性列表，则授予的是关系的所有属性上的**更新**权限。

下面的**授权**语句授予用户 Amit 和 Satoshi 在 *department* 关系的 *budget* 属性上的更新权限：

> **grant update** (*budget*) **on** *department* **to** *Amit, Satoshi*;

关系上的**插入**权限允许用户往关系中插入元组。**插入**权限也可以指定一个属性列表；对关系所做的任何插入必须只针对这些属性，并且系统对其余属性要么赋缺省值（如果为这些属性定义了缺省值），要么将它们置为空（*null*）。

关系上的**删除**权限允许用户从关系中删除元组。

public 这个用户名是指系统的所有当前用户和将来的用户。因此，对 **public** 的授权隐含着对所有当前用户和将来用户的授权。

在缺省情况下，被授予权限的用户／角色无权把此权限授予另一个用户／角色。SQL 允许一个权限授予来指定接受者可以进一步把此权限授予另一个用户。我们将在 4.7.5 节中更详细地介绍这个特性。

值得注意的是：SQL 授权机制可以在整个关系上或一个关系的特定属性上授予权限。但是，它不允许在一个关系的特定元组上授权。

我们使用**收权**（revoke）语句来收回权限。此语句的形式与**授权**几乎是一样的：

> **revoke** < 权限列表 >
> **on** < 关系名或视图名 >
> **from** < 用户／角色列表 >

因此，为了收回前面我们所授予的那些权限，我们写作：

> **revoke select on** *department* **from** *Amit, Satoshi*;
> **revoke update** (budget) **on** *department* **from** *Amit, Satoshi*;

如果被收回权限的用户已经把权限授予了另外的用户，则权限的收回会更加复杂。我们将在 4.7.5 节中再回到这个问题。

4.7.2　角色

考虑在一所大学里不同人所具有的真实世界角色。每位教师必须在同一组关系上具有相同类型的权限。无论何时指派一位新的教师，他都必须被单独授予所有这些权限。

一种更好的方式是指明每位教师应该被授予的权限，并单独标识出哪些数据库用户是教师。系统可以利用这两条信息来确定每位教师的权限。当雇用了一位新的教师时，必须给他分配一个用户标识，并且必须将他标识为一位教师，而不需要重新单独授予教师权限。

角色（role）的概念适用于此观念。在数据库中建立一个角色集，可以给角色授予权限，就和给单个用户授权的方式完全一样。每个数据库用户被授予一组他有权扮演的角色（也可能是空的）。

在我们的大学数据库里，角色的示例可以包括 *instructor*、*teaching_assistant*、*student*、*dean* 和 *department_chair*。

一种不是很可取的备选方案是：建立一个 *instructor* 用户标识，并允许每位教师用 *instructor* 用户标识来连接到数据库。该方案的问题是：它不可能鉴别出到底是哪位教师执行了数据库更新，从而导致安全隐患。此外，如果一位教师离开大学或被转成非教师角色，则必须创建新的 *instructor* 密码并以安全的方式分发给所有教师。使用角色的好处是：需要用户用他们自己的用户标识来连接到数据库。

可以授予用户的任何权限都可以授予角色。给用户授予角色就像给用户授予权限一样。

在 SQL 中创建角色如下所示：

> **create role** *instructor*;

然后角色就可以像用户那样被授予权限，如这条语句所示：

> **grant select on** *takes*
> **to** *instructor*;

角色可以授予用户，也可以授予其他角色，如这些语句所示：

create role *dean*;
grant *instructor* **to** *dean*;
grant *dean* **to** Satoshi;

因此，一个用户或一个角色的权限包括：

- 直接授予该用户 / 角色的所有权限。
- 授予该用户 / 角色所拥有的角色的所有权限。

请注意可能存在着一个角色链；例如，*teaching_assistant* 角色可能被授予所有的 *instructor*。接着，*instructor* 角色被授予所有的 *dean*。这样，*dean* 角色就继承了被授予 *instructor* 和 *teaching_assistant* 角色的所有权限，还包括直接授予 *dean* 的权限。

当一个用户登录到数据库系统时，在此会话期间由该用户执行的动作拥有直接授予该用户的所有权限，以及（直接地或通过其他角色间接地）授予该用户所拥有的角色的所有权限。这样，如果一个用户 Amit 被授予了 *dean* 角色，用户 Amit 就拥有了直接授予 Amit 的所有权限，以及授予 *dean* 的权限，再加上授予 *instructor* 和 *teaching_assistant* 的权限，如果像上面那样，这些角色被（直接地或间接地）授予 *dean* 角色。

值得注意的是：基于角色的授权概念并没有在 SQL 中指定，但在很多的共享应用中，基于角色的授权被广泛应用于存取控制。

4.7.3 视图的授权

在我们的大学示例中，请考虑一位工作人员，他需要知道一个特定系（比如说地质系）里所有员工的工资。该工作人员无权看到其他系中员工的相关信息。因此，该工作人员对 *instructor* 关系的直接访问必须被禁止。但是，如果他要访问地质系的信息，他就必须得到一个视图上的访问权限，我们称该视图为 *geo_instructor*，它仅由属于地质系的那些 *instructor* 元组构成。该视图可以用 SQL 定义如下：

create view *geo_instructor* **as**
(**select** *
from *instructor*
where *dept_name* = 'Geology');

假设该工作人员发出如下 SQL 查询：

select *
from *geo_instructor*;

该工作人员有权看到此查询的结果。但是，当查询处理器将此查询转换为数据库中实际关系上的查询时，它用视图的定义来取代对视图的使用，从而在 *instructor* 上产生了一个查询。这样，系统必须在用视图定义来替换视图之前，就检查该工作人员的查询权限。

创建视图的用户没必要获得该视图上的所有权限。他仅得到的那些权限不会为他提供超越他已有权限的额外权限。例如，一个创建视图的用户不能得到视图上的**更新**权限，如果该用户在用来定义视图的关系上没有**更新**权限的话。如果用户要创建一个视图，而此用户在该视图上不能获得任何权限，则系统会拒绝这样的视图创建请求。在我们的 *geo_instructor* 视图示例中，视图的创建者必须在 *instructor* 关系上具有**选择**权限。

正如我们将在 5.2 节中看到的那样，SQL 支持创建函数和过程，继而在函数和过程中可以包括查询与更新。在函数或过程上可以授予**执行**（execute）权限，以允许用户执行该函数或过程。在缺省情况下和视图类似，函数和过程具有其创建者所拥有的所有权限。在效果上，函数或过程的运行就像它被其创建者调用了那样。

尽管这种方式在很多情况下是恰当的，但是它并非总是恰当的。从 SQL:2003 开始，如果函数定义有一个额外的 **sql security invoker** 子句，那么它就在调用该函数的用户的权限下执行，而不是在函数**定义者**的权限下执行。这就允许所创建的函数库能够在与调用者相同的权限下运行。

4.7.4 模式的授权

SQL 标准为数据库模式指定了一种基本的授权机制：只有模式的拥有者才能够执行对模式的任何修改，比如创建或删除关系、增加或删除关系的属性，以及增加或删除索引。

然而，SQL 提供了一种引用（references）权限，它允许用户在创建关系时声明外码。可以通过与**更新**权限类似的方式将 SQL 的**引用**权限授予特定属性。下面的**授权**语句允许用户 Mariano 创建这样的关系：它能够引用 *department* 关系的 *dept_name* 码作为外码。

grant references (*dept_name*) **on** *department* **to** Mariano;

初看起来，似乎没有理由不允许用户创建引用了其他关系的外码。但是，请回想一下：外码约束限制了被引用关系上的删除和更新操作。假定 Mariano 在关系 *r* 中创建了一个外码，它引用 *department* 关系的 *dept_name* 属性，然后在 *r* 中插入一条属于地质系的元组。那么就再也不可能从 *department* 关系中将地质系删除，除非同时也修改关系 *r*。这样，由 Mariano 定义的外码就限制了其他用户将来的操作，因此，需要有**引用**权限。

继续使用 *department* 关系的示例，如果要创建关系 *r* 上的 **check** 约束，并且该约束有引用 *department* 的子查询，那么还需要有 *department* 上的引用权限。其原因与我们已给出的外码约束的情况类似，因为引用了一个关系的 check 约束会限制对该关系可能的更新。

4.7.5 权限的转移

获得了某些形式的授权的用户可能被允许将该授权传递给其他用户。在缺省方式下，被授予权限的用户 / 角色无权把得到的权限再授予另外的用户 / 角色。如果我们希望在授权时允许接受者把权限再传递给其他用户，可以在相应的**授权**命令后附加 **with grant option** 子句。例如，如果我们希望授予 Amit 在 *department* 上的**选择**权限，并且允许 Amit 将该权限授予其他用户，我们写作：

grant select on *department* **to** Amit **with grant option**;

一个对象（关系 / 视图 / 角色）的创建者拥有该对象上的所有权限，包括给其他用户授权的权限。

作为一个示例，请考虑大学数据库中 *teaches* 关系上更新权限的授予情况。假设最开始数据库管理员将 *teaches* 上的更新权限授予用户 U_1、U_2 和 U_3，他们接下来又可能将此权限传递给其他用户。指定的权限从一个用户传递到另一个用户的过程可以表示为**授权图**（authorization graph）。该图中的节点就是用户。

请考虑 *teaches* 上更新权限所对应的授权图。如果用户 U_i 将 *teaches* 上的更新权限授予 U_j，则图中包含一条 $U_i \rightarrow U_j$ 的边。图的根是数据库管理员。在图 4-11 所示的示例图中，请注意 U_1 和 U_2 都给用户 U_5 授过权，而 U_4 只从 U_1 处获得过授权。

一个用户具有权限的充要条件是：当且仅当存在从授权图的根（即代表数据库管理员的节点）到代表该用户的节点的路径。

4.7.6　权限的收回

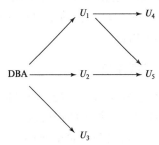

假设数据库管理员决定收回用户 U_1 的授权。由于 U_4 从 U_1 处获得过授权，因此该权限也应该被收回。可是，U_5 既从 U_1 处又从 U_2 处获得过授权。由于数据库管理员并没有从 U_2 处收回 *teaches* 上的更新权限，因此 U_5 继续拥有 *teaches* 上的更新权限。如果 U_2 最终从 U_5 处收回授权，则 U_5 将失去权限。

图 4-11　授权图（U_1，U_2，…，U_5 是用户，并且 DBA 代表数据库管理员）

一对狡猾的用户可能企图通过相互授权来破坏收回权限的规则。例如，U_2 最初由数据库管理员授予了一种权限，U_2 进而把此权限授予 U_3。假设 U_3 现在把此权限授回给 U_2。如果数据库管理员从 U_2 收回权限，看起来好像 U_2 保留了通过 U_3 获得的授权。然而，请注意一旦管理员从 U_2 收回了权限，那么在授权图中就不存在从根到 U_2 或 U_3 的路径了。这样，SQL 保证从这两个用户那里都收回了权限。

正如我们刚才看到的那样，从一个用户 / 角色那里收回权限可能导致其他用户 / 角色也失去该权限。这一方式称作级联收权（cascading revocation）。在大多数的数据库系统中，级联是缺省方式。然而，**收权**语句可以声明**限定**（restrict）来防止级联收权：

revoke select on *department* **from** Amit, Satoshi **restrict**;

在这种情况下，如果存在任何级联收权，则系统返回一个错误，并且不执行收权动作。

可以用关键字 **cascade** 来替换 **restrict**，以表示需要级联收权，然而，**cascade** 可以省略，就像我们前述示例中那样，因为它是缺省方式。

下面的**收权**语句仅仅收回授权选项，而并不是真正收回**选择**权限：

revoke grant option for select on *department* **from** Amit;

请注意一些数据库实现并不支持上述语法，它们采用另一种方式：收回权限本身，然后不带 grant option 子句重新授权。

级联收权在许多情况下是不合适的。假定 Satoshi 具有 *dean* 角色，他将 *instructor* 授予 Amit，后来 *dean* 角色从 Satoshi 收回（也许由于 Satoshi 离开了大学），Amit 继续被雇用为教职工，并且还应该保持 *instructor* 角色。

为了处理这种情况，SQL 允许权限通过角色来授予，而不是通过用户来授予。SQL 有一个与会话相关联的当前角色的概念。在缺省情况下，一个会话所关联的当前角色是空的（某些特殊情况除外）。与一个会话相关联的当前角色可以通过执行 **set role** *role_name* 来设置。指定的角色必须已经授予用户，否则 **set role** 语句会执行失败。

为了将授权人的某种权限设置为与一个会话相关联的当前角色，只要当前角色不为空，我们就可以给授权语句增加子句：

granted by current_role

假设将 *instructor* 角色（或其他权限）授予 Amit 是用 **granted by current_role** 子句实

现的，当前角色被设置为 *dean* 而不是作为用户 Satoshi 的授权人。那么，从 Satoshi 处收回角色 / 权限（包括 *dean* 角色）就不会导致收回以 *dean* 角色作为授权人所授予的权限，即使 Satoshi 是执行该授权的用户；这样，即使在 Satoshi 的权限被收回后，Amit 仍然能够保持 *instructor* 角色。

4.7.7 行级授权

我们已经学习过的授权类型适用于关系或视图级别。一些数据库系统在关系中的特定元组级别提供了细粒度的授权机制。

例如，假设我们希望允许学生在 *takes* 关系中查看他自己的数据，但不允许查看其他用户的那些数据。如果数据库支持，我们可以使用行级授权来强制实施此类限制。下面我们将描述 Oracle 中的行级授权；PostgreSQL 和 SQL Server 也使用概念上类似的机制来支持行级授权，但使用的是不同的语法。

Oracle 虚拟私有数据库（Virtual Private Database，VPD）功能支持如下所示的行级授权。它允许系统管理员将函数与关系相关联；该函数返回一个谓词，该谓词会自动添加到使用该关系的任何查询中。该谓词可以使用 **sys_context** 函数，它返回代表正在执行查询的用户的标识。对于我们的示例，学生需要访问他们在 *takes* 关系中的数据，我们将指定以下谓词与 *takes* 关系相关联：

$$ID = \textbf{sys\_context} \text{ ('USERENV', 'SESSION\_USER')}$$

系统将此谓词添加到使用 *takes* 关系的每个查询的 **where** 子句中。其结果是，每名学生只能看到 ID 值与其 ID 相匹配的那些 *takes* 元组。

VPD 提供了关系的特定元组或行的级别上的授权，因此被称为**行级授权**（row-level authorization）机制。如上所述添加谓词的一个隐患是：它可能会显著改变查询的含义。例如，如果一个用户编写查询来查找所有课程的平均成绩，则他最终会得到他的成绩的平均值，而不是所有成绩的平均值。虽然系统会为重写的查询提供"正确"的答案，但用户可能认为该答案与其所提交的查询不对应。

4.8 总结

- SQL 支持包括自然连接、内连接和外连接在内的几种连接类型，以及几种类型的连接条件。
  - 自然连接提供了一种在多个关系上编写查询的简单方式，否则，就需要为每一个关系中名字相匹配的属性写一个属性值相等的 **where** 谓词。如果将新属性添加到模式中，则此便利性可能会带来使查询语义发生变化的风险。
  - **join-using** 结构提供了一种在多个关系上编写查询的简单方式，查询要求在某些但不必是所有的名称相匹配的属性上取值相等。
  - **join-on** 结构提供了一种在 **from** 子句中包含连接谓词的方式。
  - 外连接提供了一种保留元组的方式，这些元组由于连接谓词（无论是自然连接、join-using，还是 join-on）而不会出现在结果关系中的任何位置。被保留的元组用空值填充，以遵循结果模式。
- 视图关系可以被定义为包含查询结果的关系。对于隐藏不需要的信息，以及对于把信息从不止一个关系中收集到一起，视图是有用的。

- 事务是共同执行一项任务的查询和更新的序列。事务可以被提交或回滚；当一个事务被回滚时，该事务执行的所有更新所产生的效果都被撤销。
- 完整性约束保证授权用户对数据库所做的改变不会导致数据一致性的破坏。
- 引用完整性约束保证出现在一个关系的给定属性集上的值同样也出现在另一个关系的特定属性集上。
- 域约束指定了与一个属性相关联的可能取值的集合。这种约束也可以禁止在特定属性上使用空值。
- 断言是声明式表达式，它声明了我们要求总是为真的谓词。
- SQL 数据定义语言提供了对定义诸如**日期**（date）和**时间**（time）那样的固有域类型以及用户自定义域类型的支持。
- 索引对于高效处理查询以及高效实施完整性约束是重要的。它虽然不是 SQL 标准的一部分，但大多数数据库系统都支持用于创建索引的 SQL 命令。
- SQL 授权机制允许人们按照数据库用户在数据库中不同数据值上所允许的访问类型来对他们进行区分。
- 角色使我们能够根据用户在组织机构中所扮演的角色来把一组权限分配给用户。

术语回顾

- 连接类型
  - 自然连接
  - 带 **using** 和 **on** 的内连接
  - 左外连接、右外连接和全外连接
  - 带 **using** 和 **on** 的外连接
- 视图定义
  - 物化视图
  - 视图维护
  - 视图更新
- 事务
  - 提交
  - 回滚
  - 原子事务
- 约束
  - 完整性约束
  - 域约束
  - 唯一性约束
  - check 子句
  - 引用完整性
    - 级联删除
    - 级联更新
  - 断言
- 数据类型
  - 日期和时间类型
  - 缺省值

- 大对象
  - 字符大对象数据类型（clob）
  - 二进制大对象数据类型（blob）
  - 用户自定义类型
  - 独特类型
  - 域
  - 类型转换
- 目录
- 模式
- 索引
- 权限
  - 权限类型
    - 选择（**select**）
    - 插入（**insert**）
    - 更新（**update**）
  - 授予权限
  - 收回权限
  - 授予权限的权限
  - grant option 子句
- 角色
- 视图授权
- 执行授权
- 调用者权限
- 行级授权
- 虚拟私有数据库（VPD）

实践习题

4.1 请考虑以下 SQL 查询，该查询旨在查找 2017 年春季讲授的所有课程的标题以及教师的姓名的列表。

> **select** name, title
> **from** *instructor* **natural join** *teaches* **natural join** *section* **natural join** *course*
> **where** *semester* = 'Spring' **and** year = 2017

请问这个查询有什么问题？

4.2 用 SQL 写出下面的查询：

　　a. 请显示所有教师的列表，展示每位教师的 ID 以及所讲授课程段的编号。对于没有讲授任何课程段的教师，确保将课程段编号显示为 0。你的查询应该使用外连接，且不能使用子查询。

　　b. 请使用标量子查询且不使用外连接来写出 a 中的查询。

　　c. 请显示 2018 年春季开设的所有课程段的列表，包括讲授课程段的每位教师的 ID 和姓名。如果一个课程段有不止一位教师讲授，那么有多少位教师，此课程段在结果中就出现多少次。如果一个课程段并没有任何教师，它也要出现在结果中，相应的教师姓名被置为"—"。

　　d. 请显示所有系的列表，包括每个系中教师的总数，不能使用子查询。请确保显示没有教师的系，并用教师计数为零的方式来列出这些系。

4.3 不使用 SQL **外连接**（outer join）运算也可以在 SQL 中计算外连接表达式。为了阐明这个事实，请展示如何不使用**外连接**（outer join）表达式来重写下面的每个 SQL 查询：

　　a. **select* from** *student* **natural left outer join** *takes*

　　b. **select* from** *student* **natural full outer join** *takes*

4.4 假设我们有三个关系：$r(A, B)$、$s(B, C)$ 和 $t(B, D)$，其中所有属性都声明为非空（not null）。

　　a. 请给出关系 r、s 和 t 的实例，使得在 (r **natural left outer join** s) **natural left outer join** t 的结果中，属性 C 具有一个空值，但属性 D 具有一个非空值。

　　b. 是否存在 r、s 和 t 的实例，使得在 r **natural left outer join** (s **natural left outer join** t) 的结果中，C 有一个空值，但 D 有一个非空值？请解释为什么存在或为什么不存在。

4.5 **测试 SQL 查询**：为了测试是否正确地用 SQL 写出了一个用文字表达的查询，通常会让 SQL 查询在多个测试数据库上执行，并人工检测每个测试数据库上的 SQL 查询结果是否与用文字表达的意图相匹配。

　　a. 在 4.1.1 节中我们见过一个错误的 SQL 查询示例，它希望找出每位教师讲授了哪些课程；该查询计算 *instructor*、*teaches* 和 *course* 的自然连接，其结果是它无意地造成了让 *instructor* 和 *course* 的 *dept_name* 属性取值相等。请给出一个数据集的样例，它能有助于捕捉这种特别的错误。

　　b. 在创建测试数据库时，对每个外码来说，在被引用关系中创建与引用关系中任何元组都不匹配的元组是很重要的。请用大学数据库上的一个查询样例来解释原因。

　　c. 在创建测试数据库时，倘若外码属性可空，为外码属性创建具有空值的元组是重要的（SQL 允许外码属性取空值，只要它们不是主码的一部分，并且没有被声明为**非空**（not null））。请用大学数据库上的一个查询样例来解释原因。

　　提示：请使用来自实践习题 4.2 的查询。

4.6 基于实践习题 3.2 中的查询，请展示如何定义视图 *student_grades* (*ID*, *GPA*)，它给出了每名学生的平均绩点；请回忆一下，我们用关系 *grade_points* (*grade*, *points*) 来把用字母表示的成绩等级转换为用数字表示的得分。请确保你的视图定义能够正确处理在 *takes* 关系的 *grade* 属性上取空（*null*）值的情况。

4.7 请考虑图 4-12 中的员工数据库。请给出这个数据库的 SQL DDL 定义。请指出应该保持的引用完整性约束，并把它们

> *employee* (*ID*, *person_name*, *street*, *city*)
> *works* (*ID*, *company_name*, *salary*)
> *company* (*company_name*, *city*)
> *manages* (*ID*, *manager_id*)

图 4-12　员工数据库

包括在 DDL 定义中。

4.8 正如在 4.4.8 节中所讨论的，我们希望能够满足约束"每位教师不能在同一个学期的同一个时间段在两个不同的教室授课"。

a. 请写出一个 SQL 查询，它返回违反此约束的所有（*instructor*, *section*）组合。

b. 请写出一个 SQL 断言来强制实现此约束（正如在 4.4.8 节中所讨论的那样，当今的数据库系统并不支持这样的断言，尽管它们是 SQL 标准的一部分）。

4.9 SQL 允许外码依赖引用同一个关系，如下所示：

    create table *manager*
      (*employee_ID*   **char**(20),
      manager_ID   **char**(20),
      primary key *employee_ID*,
      foreign key (*manager_ID*) **references** *manager*(*employee_ID*)
                  on delete cascade)

在此，*employee_ID* 是 *manager* 表的码，这意味着每位员工最多只有一位经理。外码子句要求每位经理也是一位员工。请准确解释当 *manager* 关系中一个元组被删除时会发生什么情况。

4.10 给定关系 *a*(*name*, *address*, *title*) 和 *b*(*name*, *address*, *salary*)，请展示如何使用带 **on** 条件的**全外连接**（full outer-join）运算来表达 *a* **自然全外连接**（natural full outer join）*b*，而不使用**自然连接**（natural join）语法。这可以使用**合并**（coalesce）运算来完成。请确保结果关系不包含 *name* 和 *address* 属性的两个拷贝，并且即使在 *a* 和 *b* 中的某些元组对于 *name* 或 *address* 属性取空值的情况下，所给出的解决方案也是正确的。

4.11 操作系统通常只为数据文件提供两种类型的授权控制：读访问和写访问。为什么数据库系统提供这么多种授权？

4.12 假设一个用户想授予另一个用户一个关系上的**选择**（select）访问权限。为什么该用户应该在**授权**（grant）语句中包含（或不包含）**granted by current role** 子句？

4.13 请考虑一个视图 *v*，其定义仅引用关系 *r*。

- 如果一个用户被授予 *v* 上的**选择**（select）权限，该用户是否也需要在 *r* 上具有**选择**权限？试问为什么需要或者为什么不需要？
- 如果一个用户被授予 *v* 上的**更新**（update）权限，该用户是否还需要在 *r* 上具有**更新**权限？试问为什么需要或者为什么不需要？
- 请在视图 *v* 上给出一个**插入**（insert）操作的示例，以添加在 **select * from** *v* 的结果中不可见的元组 *t*。请解释你的答案。

习题

4.14 请考虑查询：

    select *course_id*, *semester*, *year*, *sec_id*, **avg** (*tot_cred*)
    from *takes* **natural join** *student*
    where *year* = 2017
    group by *course_id*, *semester*, *year*, *sec_id*
    having count (*ID*) >= 2;

请解释为什么在 **from** 子句中添加 **natural join** *section* 不会改变结果。

4.15 请重写查询：

    select *
    from *section* **natural join** *classroom*

不使用自然连接，而是使用具有 **using** 条件的内连接。

4.16 请使用大学模式来编写一个 SQL 查询，以查找从未在大学上过课的每名学生的 ID。不使用子查询和集合运算（使用外连接）来执行此操作。

4.17 在 SQL 中不使用子查询和集合运算来表达下述查询。

$$\begin{aligned}
&\textbf{select } \textit{ID}\\
&\textbf{from } \textit{student}\\
&\textbf{except}\\
&\textbf{select } \textit{s\_id}\\
&\textbf{from } \textit{advisor}\\
&\textbf{where } \textit{i\_ID} \textbf{ is not null}
\end{aligned}$$

4.18 对于图 4-12 中的数据库，请编写一个查询来找出没有经理的每位员工的 ID。请注意，一位员工可能只是没有列出经理，或者可能经理值为空。请使用外连接来编写你的查询，然后根本不使用外连接再重写查询。

4.19 在什么情况下查询

$$\begin{aligned}
&\textbf{select } *\\
&\textbf{from } \textit{student} \textbf{ natural full outer join } \textit{takes}\\
&\qquad\qquad \textbf{natural full outer join } \textit{course}
\end{aligned}$$

会为 *title* 属性包含具有空值的元组？

4.20 请说明如何定义视图 *tot_credits*(*year*, *num_credits*)，它给出每年所修的总学分数。

4.21 对于习题 4.18 中的视图，请解释为什么数据库系统不允许通过该视图将元组插入数据库中。

4.22 请说明如何使用 **case** 结构来表达 **coalesce** 函数。

4.23 请解释为什么当一位经理（比如 Satoshi）授予权限时，授权应该由经理角色而不是由用户 Satoshi 来完成。

4.24 假设具有关系 *r* 上的所有授权特权的用户 *A* 使用 grant option 将关系 *r* 上的**选择权限**授给**公众**（public）。然后假设用户 *B* 将对 *r* 的**选择权限**又授予 *A*。这是否会导致授权图中出现环路？请解释为什么。

4.25 假设一个用户创建了一个带外码的新关系 *r*1，且该外码引用另一个关系 *r*2。则此用户在 *r*2 上需要什么授权特权？为什么在没有任何此类权限的情况下，不能简单地允许这样做？

4.26 请解释完整性约束和授权约束之间的区别。

延伸阅读

在第 3 章中提供了对常规 SQL 的参照。如前所述，许多系统以非标准的方式来实现功能，出于这样的原因，面向你所使用的数据库系统的参考手册是必不可少的指南。大多数厂商还在网络上提供广泛的支持。

SQL 所用的规则决定了视图更新的能力，在 SQL:1999 中介绍了这些规则以及更新操作如何影响底层的数据库关系，在 [Melton and Simon (2001)] 中对此进行了总结。

关于断言的初始 SQL 建议可以追溯到 [Astrahan et al. (1976)]、[Chamberlin et al. (1976)] 和 [Chamberlin et al. (1981)]。

参考文献

[Astrahan et al. (1976)]   M. M. Astrahan, M. W. Blasgen, D. D. Chamberlin, K. P. Eswaran, J. N. Gray, P. P. Griffiths, W. F. King, R. A. Lorie, P. R. McJones, J. W. Mehl, G. R. Putzolu, I. L. Traiger, B. W. Wade, and V. Watson, "System R, A Relational Approach to Data Base

Management", *ACM Transactions on Database Systems*, Volume 1, Number 2 (1976), pages 97–137.

[Chamberlin et al. (1976)]   D. D. Chamberlin, M. M. Astrahan, K. P. Eswaran, P. P. Griffiths, R. A. Lorie, J. W. Mehl, P. Reisner, and B. W. Wade, "SEQUEL 2: A Unified Approach to Data Definition, Manipulation, and Control", *IBM Journal of Research and Development*, Volume 20, Number 6 (1976), pages 560–575.

[Chamberlin et al. (1981)]   D. D. Chamberlin, M. M. Astrahan, M. W. Blasgen, J. N. Gray, W. F. King, B. G. Lindsay, R. A. Lorie, J. W. Mehl, T. G. Price, P. G. Selinger, M. Schkolnick, D. R. Slutz, I. L. Traiger, B. W. Wade, and R. A. Yost, "A History and Evaluation of System R", *Communications of the ACM*, Volume 24, Number 10 (1981), pages 632–646.

[Melton and Simon (2001)]   J. Melton and A. R. Simon, *SQL:1999, Understanding Relational Language Components*, Morgan Kaufmann (2001).

高级 SQL

第 3～4 章详细介绍了 SQL 的基本结构。在本章中，我们首先解决如何使用通用程序设计语言来访问 SQL 的问题，这对于构建使用数据库来管理数据的应用程序是非常重要的。然后，我们将介绍 SQL 的一些更高级的特性，从如何在数据库内部执行过程性代码开始，其方式是要么通过扩展 SQL 语言来支持过程性操作，要么通过允许在数据库内部执行以过程性语言定义的函数。我们将介绍触发器，它可以用来指定在特定事件发生的情况下自动执行的动作，这些事件诸如在指定关系中插入、删除或更新元组。最后，我们将讨论 SQL 支持的递归查询和高级聚集特性。

5.1 使用程序设计语言访问 SQL

SQL 提供了一种强大的声明式查询语言。用 SQL 编写查询通常比用通用程序设计语言对同样的查询进行编码要简单得多。然而，基于至少两种原因数据库程序员必须能够访问通用程序设计语言：

1. 因为 SQL 并没有提供通用语言的全部表达能力，所以 SQL 并不能表达所有的查询。也就是说，有可能存在这样的查询，它们可以用诸如 C、Java 或 Python 那样的语言来编写，但不能用 SQL 来表达。要编写这样的查询，我们可以将 SQL 嵌入一种更强大的语言中。

2. 非声明式动作（诸如打印一份报告、和用户交互，或者把查询结果发送到图形化用户界面中）都不能在 SQL 中实现。应用程序通常具有几个组件，并且查询或更新数据只是其中一个组件，其他组件则用通用程序设计语言来实现。对于集成应用来说，必须用某种方式把 SQL 与通用程序设计语言结合起来。

可以通过以下两种方式从通用程序设计语言中访问 SQL。

1. **动态 SQL**（dynamic SQL）：通用程序可以通过一组函数（对于过程式语言）或者方法（对于面向对象的语言）来连接到数据库服务器并与之通信。动态 SQL 允许程序在运行时以字符串形式来构建 SQL 查询，提交查询，然后以每次一个元组的方式把结果存入程序变量中。SQL 的动态 SQL 组件允许程序在运行时构建和提交 SQL 查询。

在这一章中，我们将介绍两种用于连接到 SQL 数据库并执行查询和更新的标准。一种是用于 Java 语言的应用程序接口 JDBC（见 5.1.1 节）。另一种是 ODBC（见 5.1.3 节），它最初是为 C 语言开发的应用程序接口，后来扩展到诸如 C++、C#、Ruby、Go、PHP 和 Visual Basic 等其他语言。我们还将说明用 Python 编写的程序如何使用 Python Database API 来连接到数据库（见 5.1.2 节）。

为 Visual Basic .NET 和 C# 语言设计的 ADO.NET API 提供了访问数据的函数，它们在高级别上类似于 JDBC 函数，尽管细节不同。ADO.NET API 也可以用于某些类型的非关系型数据源。ADO.NET 的详细信息可以在联机手册中找到，本章就不再进一步介绍了。

2. **嵌入式 SQL**（embedded SQL）：与动态 SQL 类似，嵌入式 SQL 提供了一种用于程序与数据库服务器进行交互的方式。然而，在嵌入式 SQL 中，SQL 语句在编译时采用预处理器来进行识别，预处理器将用嵌入式 SQL 表达的请求转换为函数调用。在运行时，这些函数调用使用提供动态 SQL 设施的 API 连接到数据库，但是这些 API 可能只适用于正在使用的数据库。5.1.4 节将简要介绍嵌入式 SQL。

把 SQL 与通用语言相结合的主要挑战是 SQL 与这些语言操纵数据的方式不匹配。在 SQL 中，数据的主要类型是关系。SQL 语句在关系上进行操作，并返回关系作为结果。程序设计语言通常一次操作一个变量，并且这些变量大致相当于关系中一个元组的一个属性的值。因此，为了在单个应用中整合这两种类型的语言，需要提供一种机制，以程序可以处理的方式返回查询的结果。

本节中的示例假设在运行数据库系统的服务器上访问一个数据库。在注释 5-1 中讨论了使用**嵌入式数据库**（embedded database）的另一种可替代方法。

5.1.1 JDBC

JDBC 标准定义了用于将 Java 程序连接到数据库服务器的**应用程序接口**（Application Program Interface，API）（JDBC 这个词原本是 **Java 数据库连接**（Java Database Connectivity）的缩写，但此全称已经不再使用了）。

图 5-1 给出了使用 JDBC 接口的 Java 代码的示例。Java 程序必须加载 java.sql.*，它包含 JDBC 所提供函数的接口定义。

```
public static void JDBCexample(String userid, String passwd)
{
    try (
        Connection conn = DriverManager.getConnection(
                "jdbc:oracle:thin:@db.yale.edu:1521:univdb",
                userid, passwd);
        Statement stmt = conn.createStatement();
    ) {
        try {
            stmt.executeUpdate(
                "insert into instructor values('77987','Kim','Physics',98000)");
        }
        catch (SQLException sqle) {
            System.out.println("Could not insert tuple. " + sqle);
        }
        ResultSet rset = stmt.executeQuery(
                "select dept_name, avg (salary) "+
                " from instructor "+
                " group by dept_name");
        while (rset.next()) {
            System.out.println(rset.getString("dept_name") + " " +
                    rset.getFloat(2));
        }
    }
    catch (Exception sqle)
    {
        System.out.println("Exception : " + sqle);
    }
}
```

图 5-1 JDBC 代码示例

5.1.1.1 连接到数据库

从 Java 程序访问数据库的第一步是打开一个与数据库的连接。这一步需要选择使用哪个数据库，比如运行在你的机器上的一个 Oracle 实例，或者运行在另一台机器上的一个 PostgreSQL 数据库。只有在打开一个连接以后，Java 程序才能执行 SQL 语句。

通过使用 DriverManager 类（在 java.sql 中）的 getConnection() 方法打开一个连接。该方法有三个参数[⊖]。

1. 调用 getConnection() 的第一个参数是一个字符串，它指定了 URL 或服务器所运行的主机名称（在我们的示例中是 db.yale.edu），以及某些可能的其他信息，例如，与数据库通信所用的协议（在我们的示例中是 jdbc:oracle:thin:，我们马上就会看到为什么需要它）、数据库系统用来通信的端口号（在我们的示例中是 2000），还有服务器端使用的特定数据库（在我们的示例中是 univdb）。请注意 JDBC 只指定 API 而不指定通信协议。一个 JDBC 驱动器可能支持多种协议，我们必须指定一种数据库和驱动器都支持的协议。协议的详细内容是由厂商设定的。

2. getConnection() 的第二个参数是一个数据库用户的标识，它是一个字符串。

3. 第三个参数是密码，它也是一个字符串。（请注意，如果未经授权的人访问你的 Java 代码，在 JDBC 代码中指定密码会带来安全性风险。）

我们在图中的示例中，已经创建了一个 Connection 对象，其句柄是 conn。

支持 JDBC（所有主流的数据库厂商都支持）的每个数据库产品都会提供一个 JDBC 驱动程序，该驱动程序必须被动态加载才能实现 Java 对数据库的访问。事实上，必须在连接到数据库之前，首先完成该驱动程序的加载。如果已从厂商的网站下载了合适的驱动程序而且该驱动程序在类路径中，那么 getconnection() 方法将定位所需的驱动程序[⊖]。驱动程序提供了从独立于产品的 JDBC 调用到面向产品的调用的转换，而面向产品的调用是正在使用的特定数据库管理系统所需要的。用于与数据库交换信息的实际协议取决于所使用的驱动程序，并且不由 JDBC 标准来定义。一些驱动程序支持不止一种协议，必须根据特定数据库产品支持何种协议来选择一种合适的协议。在我们的示例中，当打开与数据库的连接时，字符串 jdbc:oracle:thin: 指定了 Oracle 所支持的具体协议。MySQL 的等价表示是 jdbc:mysql:。

5.1.1.2 向数据库系统中传递 SQL 语句

一旦打开一个数据库连接，程序就可以利用该连接来向数据库发送 SQL 语句用于执行。这是通过 Statement 类的一个实例来完成的。一个 Statement 对象本身并不是 SQL 语句，而是允许 Java 程序调用方法的一个对象，这些方法将给定的 SQL 语句作为参数发送给数据库系统来执行。我们的示例在 conn 连接上创建了一个 Statement 句柄（stmt）。

我们既可以调用 executeQuery() 方法又可以调用 executeUpdate() 方法来执行一条语句，这取决于这条 SQL 语句是查询语句（如果是查询语句，则会返回一个结果集），还是诸如**更新**（update）、**插入**（insert）、**删除**（delete）或**创建表**（create table）这样的非查询语句。在我们的示例中，stmt.executeUpdate() 执行一条向 *instructor* 关系中进行插入的更新语句。它返回一个整数，给出插入、更新或者删除元组的数量。对于 DDL 语句，其返回值为零。

5.1.1.3 异常与资源管理

执行任何 SQL 方法都可能导致引发异常。try {…} catch {…} 结构允许我们捕获在进行 JDBC 调用时出现的任何异常（错误情况），并采取适当的操作。在 JDBC 编程中，它可能有助于区分 SQLException（这是面向 SQL 的异常）和 Exception 的一般情况（它可以是任何 Java 异常，比如空指针异常或数组下标越界异常）。我们在图 5-1 中显示了这两种异常。实际上，人们编写的异常处理程序应该比我们在示例代码中编写的（为了简洁起见）更为完整。

打开连接、语句和其他 JDBC 对象都是消耗系统资源的操作。程序员必须注意确保程序关闭所有这样的资源。否则可能会导致数据库系统的资源池被耗尽，使得系统在超时期限到期之前无法访问或无法操作。关闭资源的一种方式是编写显式调用来关闭连接和语句。如果代码由于异常而退出，则此方式将失效，因为带关闭调用的 Java 语句没有被使用。出于这样的原因，首选方式是使用 Java 中的 *try-with-resources* 结构。在图 5-1 的示例中，连接和语句对象的打开是在括号内完成的，而不是在花括号内 try 的主体中完成的。在括号内代码中打开的资源在 try 块结尾处自动关闭。这样可以防止我们让连接或语句处于未关闭状态。由于关闭一条语句会隐式关闭为该语句打开的对象（即我们将在下一节中讨论的 ResultSet 对象），因此这种编码方式可以防止我们让资源处于未关闭状态⊖。在图 5-1 的示例中，我们可以用 conn.close() 语句来显式地关闭连接，并用 stmt.close() 来显式地关闭语句，尽管在我们的示例中是不必这样做的。

5.1.1.4 获取查询结果

图 5-1 的示例代码通过使用 stmt.executeQuery() 来执行一次查询。它把结果中的元组集提取到 ResultSet 对象 rset 中，并每次取出一个元组进行处理。结果集上的 next() 方法用来测试在结果集中是否还存在至少一个尚未提取的元组，如果存在就取出该元组。next() 方法的返回值是一个布尔变量，它表示该方法是否提取了一个元组。通过使用名称以 get 打头的各种方法可以检索来自所提取元组的各个属性。getString() 方法可以检索任何基本的 SQL 数据类型（并将值转换成 Java String 对象），当然也可以使用像 getFloat() 那样的约束性更强的方法。各种 get 方法的参数既可以是被指定为一个字符串的属性名，又可以是一个整数，它表明所需属性在元组中的位置。图 5-1 给出了在元组中提取属性值的两种方式：利用属性名（*dept_name*）提取以及利用属性位置（2，代表第二个属性）提取。

5.1.1.5 预备语句

我们可以创建一条预备语句，其中用 "?" 来代替某些值，以此指明以后会提供实际的值。数据库系统在预备查询的时候对其进行编译。在每次执行该查询时（用新值去替换那些 "?"），数据库系统可以重用此前编译的查询形式，将新的值作为参数来应用。图 5-2 的代码片段展示了如何使用预备语句。

```
PreparedStatement pStmt = conn.prepareStatement(
        "insert into instructor values(?,?,?,?)");
pStmt.setString(1, "88877");
pStmt.setString(2, "Perry");
pStmt.setString(3, "Finance");
pStmt.setInt(4, 125000);
pStmt.executeUpdate();
pStmt.setString(1, "88878");
pStmt.executeUpdate();
```

图 5-2 JDBC 代码中的预备语句

Connection 类的 prepareStatement() 方法定义一个查询，该查询可以包含参数值。一些 JDBC 驱动程序可以将查询作为方法的一部分提交到数据库进行编译，但其他驱动

⊖ 此 Java 特性称为 *try-with-resources*，是在 Java7 中引入的。

程序此时并未与数据库联系。此方法返回一个 PreparedStatement 类的对象。此时还尚未执行任何 SQL 语句。执行需要 PreparedStatement 类的两个方法 executeQuery() 和 executeUpdate()。但是在它们被调用之前，我们必须使用 PreparedStatement 类的方法来为 "?" 参数赋值。setString() 方法以及诸如 setInt() 那样的用于其他基本 SQL 类型的类似方法允许我们为参数指定值。第一个变量指明我们为哪个 "?" 参数赋值（第一个参数是 1，区别于大多数其他的 Java 结构，这些结构是从 0 开始的）。第二个变量指定要赋予的值。

在图 5-2 的示例中，我们预备了一条 **insert** 语句，设定了 "?" 参数，并且随后调用 executeUpdate()。该示例的最后两行表明：直到我们特别地进行重新设定为止，参数赋值保持不变。这样，最后的语句调用 executeUpdate()，插入元组（"88878"，"Perry"，"Finance"，125000)。

在同一查询编译一次然后带不同参数值运行多次的情况下，预备语句使得执行更加高效。然而，只要查询使用用户输入的值，即使该查询只运行一次，预备语句也有一个更为重要的优势使得它们成为执行 SQL 查询的首选方法。假设我们读取一个用户输入的值，然后使用 Java 的字符串操作来构造 SQL 语句。如果用户输入了某些特殊字符，例如一个单引号，除非我们格外小心地检查用户输入，否则生成的 SQL 语句会出现语法错误。setString() 方法为我们自动完成这样的检查，并插入所需的转义字符以确保语法的正确性。

在我们的示例中，假设用户已经输入了对于 ID、name、dept_name 和 salary 这些变量的值，并且相应的行将被插入 *instructor* 关系中。假设不使用预备语句，而是使用如下的 Java 表达式把字符串拼接起来以构造查询：

"insert into instructor values(' " + ID + " ', ' " + name + " ', " +
" '" + dept_name + " ', " + salary + ")"

并且使用 Statement 对象的 executeQuery() 方法来直接执行查询。请注意字符串中单引号的使用，单引号将在生成的 SQL 查询中包围 ID、name 和 dept_name 的值。

现在，如果用户在 ID 或者姓名字段中敲入了一个单引号，查询字符串就会出现语法错误。一位教师的姓名中很有可能带有引号（例如 "O'Henry"）。

也许以上示例会被认为是令人讨厌的，但情况可能会糟得多。一种叫作 **SQL 注入**（SQL injection）的技术可以被恶意黑客用来窃取数据或损坏数据库。

假设一段 Java 程序输入一个字符串 *name*，并且构建查询：

"select * from instructor where name = '" + name + "'"

如果用户输入的不是一个姓名，而是：

X' or 'Y' = 'Y

那么，所产生的语句就变成：

"select * from instructor where name = '" + "X' or 'Y' = 'Y" + "'"

即为

select * from instructor where name = 'X' or 'Y' = 'Y'

在生成的查询中，**where** 子句总是为真，并且返回整个教师关系。

更诡计多端的恶意用户可能安排输出甚至更多的数据，包括诸如密码之类的资质，这些资质允许用户连接到数据库并执行其想要的任何操作。可以使用**更新**（update）语句上的

SQL 注入攻击来更改在更新列中存储的值。实际上在现实世界中已经发生了许多使用 SQL 注入的攻击。通过使用 SQL 注入，对多个金融网站的攻击已导致大量资金被盗窃。

使用预备语句就可以避免这类问题，因为输入的字符串将被插入转义字符，因此所产生的查询变为：

```
"select * from instructor where name = 'X\' or \'Y\' = \'Y'
```

这是无害的语句，并返回空的关系。

程序员必须仅通过预备语句的参数将用户输入的字符串传递给数据库；通过使用用户输入值串接起来的字符串来创建 SQL 查询存在极其严重的安全风险，并且在任何程序中都不应该这样做。

有些数据库系统允许在单个 JDBC 的 execute 方法中执行多条 SQL 语句，语句之间用分号分隔。由于 JDBC 驱动程序允许恶意的黑客使用 SQL 注入来插入整条 SQL 语句，因此该特性在某些 JDBC 驱动程序上被默认关闭了。例如，在我们前面的 SQL 注入示例中，一个恶意的用户可以输入：

```
X'; drop table instructor; --
```

这将导致向数据库提交一个查询字符串，其中包含两条用分号分隔的语句。由于这些语句以 JDBC 连接所使用的数据库用户标识的权限运行，因此可以执行破坏性的 SQL 语句，例如**删除表**（drop table）或对用户所选择的任何表进行更新。但是，某些数据库仍然允许执行如上所述的多条语句。因此，正确使用预备语句以避免 SQL 注入的风险是非常重要的。

5.1.1.6 可调用语句

JDBC 还提供了 CallableStatement 接口，它允许调用 SQL 的存储过程和函数（将在 5.2 节中描述）。此接口对函数和过程所扮演的角色跟 prepareStatement 对查询所扮演的角色一样。

```
CallableStatement cStmt1 = conn.prepareCall("{? = call some_function(?)}");
CallableStatement cStmt2 = conn.prepareCall("{call some_procedure(?,?)}");
```

函数返回值和过程输出参数的数据类型必须先用 registerOutParameter() 方法注册，并可以用与结果集类似的 get 方法来检索。请参阅 JDBC 手册以获得更详细的信息。

5.1.1.7 元数据特性

正如我们此前提到的，Java 应用程序不包含对数据库中所存储数据的声明。这些声明是 SQL DDL 的一部分。因此，使用 JDBC 的 Java 程序必须要么将关于数据库模式的获取硬编码到程序中，要么在运行时直接从数据库系统得到那些信息。后一种方法通常更可取，因为它使得应用程序可以更健壮地应对数据库模式的变化。

请回想一下：当我们使用 executeQuery() 方法提交一个查询时，查询结果被封装在一个 ResultSet 对象中。ResultSet 接口有一个 getMetaData() 方法，它返回一个包含关于结果集的元数据的 ResultSetMetaData 对象。ResultSetMetaData 又进一步具有查找元数据信息的方法，例如结果中的列数、指定列的名称或者指定列的类型。通过这样的方式，即使我们事先不知道结果的模式，也可以编写代码来执行查询。

下面的 Java 代码片段使用 JDBC 来打印出一个结果集的所有列的名称和类型。假定代码中的变量 rs 指代通过执行查询而获得的一个 ResultSet 实例。

```
ResultSetMetaData rsmd = rs.getMetaData();
for(int i = 1; i <= rsmd.getColumnCount(); i++) {
    System.out.println(rsmd.getColumnName(i));
    System.out.println(rsmd.getColumnTypeName(i));
}
```

getColumnCount() 方法返回结果关系的元数（属性个数）。这使得我们能够遍历每个属性（请注意，与 JDBC 的惯例一致，我们从 1 开始）。对于每个属性，我们采用 getColumnName() 和 getColumnTypeName() 两种方法来分别检索它的名称和数据类型。

DatabaseMetaData 接口提供了查找关于数据库的元数据的方式。Connection 接口具有一个 getMetaData() 方法，它返回一个 DatabaseMetaData 对象。DatabaseMetaData 接口又进一步具有大量的方法来获取关于程序所连接的数据库和数据库系统的元数据。

例如，有些方法可以返回数据库系统的产品名称和版本号。另外一些方法允许应用程序来查询数据库系统所支持的特性。

还有其他方法返回有关数据库本身的信息。图 5-3 中的代码展示了如何查找数据库中有关关系的列（属性）信息。假定 conn 变量是一个已打开的数据库连接的句柄。getColumns() 方法有四个参数：一个目录名称（为空表示目录名称将被忽略）、一个模式名式样、一个表名式样以及一个列名式样。模式名、表名和列名的式样可以用于指定一个名称或式样。式样可以使用 SQL 字符串匹配的特殊字符 " % " 和 " _ "，例如，式样 " % " 匹配所有的名称。只有满足特定名称或式样的模式的表的列被检索出来。结果集中的每行包含有关一个列的信息。这些行具有若干列，比如目录名、模式名、表名、列名、列的类型等。

```
DatabaseMetaData dbmd = conn.getMetaData();
ResultSet rs = dbmd.getColumns(null, "univdb", "department", "%");
    // getColumns的参数：目录、模式式样、表式样以及列式样
    // 返回值：为每列返回一行，每行包含一系列属性
    // 例如 COLUMN_NAME, TYPE_NAME
while( rs.next()) {
    System.out.println(rs.getString("COLUMN_NAME"),
            rs.getString("TYPE_NAME"));
}
```

图 5-3 在 JDBC 中使用 DatabaseMetaData 查找列信息

getTables() 方法允许获取数据库中所有表的列表。getTables() 的前三个参数与 getColumns() 是相同的。第四个参数可用于限制所返回的表的类型；如果被设置为空，则返回所有表，包括系统内部表，但该参数可以设置为仅返回由用户创建的表。

DatabaseMetaData 还提供了其他方法来获取与数据库相关的信息，包括获取主码的方法（getPrimaryKeys()）、获取外码引用的方法（getCrossReference()）、获取授权的方法、获取诸如最大连接数那样的数据库限制的方法等。

元数据接口可以用于各种任务。例如，它们可以用于编写数据库浏览器，该浏览器允许用户查找数据库中的表，检查它们的模式，检查表中的行，应用选择来查看所需的行等。元数据信息可以使得用于这些任务的代码更为通用，例如，可以以能够在无论何种模式下的所有可能的关系上都有效的方式，来编写代码展示一个关系中的行。类似地，可以编写代码来接受查询字符串、执行该查询并将结果打印为一个格式化的表；无论实际提交的查询是什么，这段代码都可以工作。

5.1.1.8 其他特性

JDBC 提供了许多其他特性，比如**可更新的结果集**（updatable result set）。它可以根据在数据库关系上执行选择或投影的查询来创建出可更新的结果集。对结果集中元组的更新将导致对数据库关系的相应元组的更新。

请回想一下 4.3 节，事务允许将多个操作视为一个可以被提交或者回滚的单个原子性单元。在缺省情况下，每条 SQL 语句都被视为一个自动提交的独立事务。JDBC 的 Connection 接口中的 setAutoCommit() 方法允许打开或关闭这种自动提交的行为。因此，如果 conn 是一个打开的连接，则 conn.setAutoCommit(false) 将关闭自动提交。然后事务必须要么使用 conn.commit() 来显式提交，要么使用 conn.rollback() 来显式回滚。自动提交可以用 conn.setAutoCommit(true) 来打开。

JDBC 提供了处理大对象的接口，而不要求在内存中创建整个大对象。为了获取大对象，ResultSet 接口提供了 getBlob() 和 getClob() 方法，它们与 getString() 方法相似，但是分别返回类型为 Blob 和 Clob 的对象。这些对象并不存储整个大对象，而是存储这些大对象的"定位器"，也就是指向数据库中实际的大对象的逻辑指针。从这些对象中获取数据非常类似于从文件或输入流中获取数据，并且可以采用诸如 getBytes() 和 getSubString() 那样的方法来实现。

为了在数据库中存储大对象，可以用 PreparedStatement 类的 setBlob(intparameterIndex, InputStream inputStream) 方法把一个类型为**二进制大对象**（blob）的数据库列与一条输入流（例如已被打开的文件）关联起来。当执行预备语句时，数据从输入流被读取，然后被写入数据库的**二进制大对象**中。相似地，使用以参数索引和字符串流为参数的 setClob() 方法可以设置**字符大对象**（clob）的列。

JDBC 还提供了行集（row set）特性，它允许收集结果集并将其发送给其他应用程序。行集既可以向后又可以向前扫描，并且可以被修改。

5.1.2 从 Python 访问数据库

从 Python 访问数据库可以通过如图 5-4 所示的方法来完成。包含 insert 查询的语句显示了如何使用与 JDBC 预备语句等价的 Python 语句，其中的参数在 SQL 查询中由 "%s" 来标识，并且参数值是作为列表提供的。更新不会自动提交到数据库，需要调用 commit() 方法来提交更新。

try:, except…: 块显示了如何捕获异常并打印有关异常的信息。for 循环说明了如何在查询执行的结果上进行循环，以及如何访问特定行的各个属性。

该程序使用 psycopg2 驱动程序，它允许连接到 PostgreSQL 数据库，并在程序的第一行导入。驱动程序通常是面向数据库的，使用 MySQLdb 驱动程序连接到 MySQL，使用 cx_Oracle 连接到 Oracle；但是 pyodbc 驱动程序可以连接到支持 ODBC 的大多数数据库。程序中使用的 Python 数据库 API 是通过许多数据库的驱动程序来实现的，但是与 JDBC 不同，在跨不同驱动程序的 API 中存在细微的差别，特别是在 connect() 函数的参数方面。

5.1.3 ODBC

开放数据库连接（Open DataBase Connectivity，ODBC）标准定义了一个 API，应用程序可以用它来打开与一个数据库的连接、发送查询和更新并获取返回结果。诸如图形化用户界面、统计程序包以及电子表格那样的应用程序可以使用相同的 ODBC API 来连接到支持 ODBC 的任何数据库服务器。

```
import psycopg2
def PythonDatabaseExample(userid, passwd)
    try:
        conn = psycopg2.connect( host="db.yale.edu", port=5432,
            dbname="univdb", user=userid, password=passwd)
        cur = conn.cursor()
        try:
            cur.execute("insert into instructor values(%s, %s, %s, %s)",
                ("77987","Kim","Physics",98000))
            conn.commit();
        except Exception as sqle:
            print("Could not insert tuple. ", sqle)
            conn.rollback()
        cur.execute( ("select dept_name, avg (salary) "
                " from instructor group by dept_name"))
        for dept in cur:
            print dept[0], dept[1]
    except Exception as sqle:
        print("Exception : ", sqle)
```

图 5-4　从 Python 访问数据库

每个支持 ODBC 的数据库系统都提供一个必须和客户端程序相链接的库。当客户端程序调用一个 ODBC API 时，库中的代码就和服务器进行通信以执行被请求的动作并获取结果。

图 5-5 给出了一段使用 ODBC API 的 C 语言代码示例。利用 ODBC 与服务器通信的第　步是建立与服务器的连接。为此，程序先分配一个 SQL 环境变量，然后分配一个数据库连接句柄。ODBC 定义了 HENV、HDBC 和 RETCODE 类型。程序随后通过使用 **SQLConnect** 打开数据库的连接，此调用需要几个参数，包括连接句柄、要连接的服务器、用户标识和用于数据库的密码。常量 SQL_NTS 表示前面的参数是一个以 null 结尾的字符串。

一旦建立起连接，程序就可以通过使用 **SQLExecDirect** 向数据库发送 SQL 命令。因为 C 语言的变量可以和查询结果的属性绑定，所以当使用 **SQLFetch** 来获取结果元组时，其属性值被存储在相应的 C 变量中。**SQLBindCol** 函数执行此项任务。第二个参数标识属性在查询结果中的位置，第三个参数指明从 SQL 到 C 所需的类型转换。下一个参数给出变量的地址。对于像字符串数组那样的变长类型，最后两个参数还要给出变量的最大长度以及当获取元组时要存储实际长度的位置。长度字段返回负值表示该值为**空**（null）。对于诸如整型或浮点型那样的定长类型，最大长度字段被忽略，然而长度字段返回负值则表示一个空值。

SQLFetch 语句在 **while** 循环中一直执行，直到 **SQLFetch** 返回一个非 SQL_SUCCESS 的值。在每次取值时，程序把值存放在由 **SQLBindCol** 调用所指定的 C 变量中，并输出这些值。

在会话结束的时候，程序释放语句的句柄，断开与数据库的连接，同时释放连接句柄和 SQL 环境句柄。好的编程风格要求必须检查每一个函数调用的结果，以确保没有出现错误；为了简洁起见，我们省略了大部分这样的检查。

可以创建一条带有参数的 SQL 语句，例如，请考虑语句 insert into department values(?, ?, ?)。问号是为后面将提供的值而设置的占位符。上面的语句可以被"预备"，也就是说，在数据库中先编译，并通过为占位符提供实际值来反复执行——在本例中，是通过为 *department* 关系提供系名、教学楼和预算。

```
void ODBCexample()
{
    RETCODE error;
    HENV env; /* 环境变量 */
    HDBC conn; /* 数据库连接句柄 */

    SQLAllocEnv(&env);
    SQLAllocConnect(env, &conn);
    SQLConnect(conn, "db.yale.edu", SQL_NTS, "avi", SQL_NTS,
                    "avipasswd", SQL_NTS);
    {
        char deptname[80];
        float salary;
        int lenOut1, lenOut2;
        HSTMT stmt;

        char * sqlquery = "select dept_name, sum (salary)
                            from instructor
                            group by dept_name";
        SQLAllocStmt(conn, &stmt);
        error = SQLExecDirect(stmt, sqlquery, SQL_NTS);
        if (error == SQL_SUCCESS) {
            SQLBindCol(stmt, 1, SQL_C_CHAR, deptname , 80, &lenOut1);
            SQLBindCol(stmt, 2, SQL_C_FLOAT, &salary, 0 , &lenOut2);
            while (SQLFetch(stmt) == SQL_SUCCESS) {
                printf (" %s %g\n", deptname, salary);
            }
        }
        SQLFreeStmt(stmt, SQL_DROP);
    }
    SQLDisconnect(conn);
    SQLFreeConnect(conn);
    SQLFreeEnv(env);
}
```

图 5-5 ODBC 代码示例

ODBC 为各种任务都定义了函数，例如查找数据库中的所有关系，以及查找查询结果或数据库中关系的列的名称和类型。

在缺省情况下，每条 SQL 语句都被认为是一个自动提交的单独事务。SQLSetConnect-Option(conn, SQL_AUTOCOMMIT, 0) 关闭 conn 连接上的自动提交，然后事务必须通过 SQLTransact(conn, SQL_COMMIT) 来显式提交或通过 SQLTransact (conn, SQL_ROLLBACK) 来显式回滚。

ODBC 标准定义了适应性级别（conformance level），用于指定由标准定义的函数子集。一个 ODBC 实现可以仅提供核心级特性，也可以提供更高级（级别 1 或级别 2）的特性。级别 1 要求支持获取目录的有关信息，例如有关当前关系及其属性类型的信息。级别 2 需要更多的特性，例如发送和检索参数值数组以及检索更详细的目录信息的能力。

SQL 标准定义了一个与 ODBC 接口类似的**调用层接口**（Call Level Interface，CLI）。

5.1.4 嵌入式 SQL

SQL 标准定义了将 SQL 嵌入各种程序设计语言（比如 C、C++、Cobol、Pascal、Java、PL/I 和 Fortran）中的方法。嵌入了 SQL 查询的语言被称为宿主（host）语言，并且在宿主语言中允许使用的 SQL 结构构成了嵌入式 SQL。

用宿主语言编写的程序可以使用嵌入式 SQL 的语法来访问和更新存储在数据库中的数据。嵌入式 SQL 程序在编译之前必须先由特殊的预处理器进行处理。该预处理器将嵌入的 SQL 请求替换为宿主语言的声明以及允许运行时执行数据库访问的过程调用。然后，所产生的程序由宿主语言编译器进行编译。这是嵌入式 SQL 与 JDBC 或 ODBC 之间的主要区别。

为使预处理器识别出嵌入式 SQL 请求，我们使用 EXEC SQL 语句，它具有如下格式：

EXEC SQL < 嵌入式 SQL 语句 >;

在执行任何 SQL 语句之前，程序必须首先连接到数据库。在嵌入式 SQL 语句中可以使用宿主语言的变量，不过它们的前面必须加上冒号（:）以将它们与 SQL 变量区分开来。

要遍历一个嵌入式 SQL 查询的结果，我们必须声明一个游标（cursor）变量，它可以随后被打开，并在宿主语言循环中发出获取（fetch）命令来获取查询结果的连续行。行的属性可以提取到宿主语言变量中。数据库更新也可以通过以下方式实现：使用关系上的游标来遍历关系的行，或使用 **where** 子句来仅遍历所选的行。嵌入式 SQL 命令可用于更新游标所指向的当前行。

嵌入式 SQL 请求的确切语法取决于嵌入 SQL 的语言。可以参考你所使用的特定语言的嵌入语法的手册以获取更多详细信息。

在 JDBC 中，SQL 语句在运行时进行解释（即使它们是使用预备语句功能来创建的）。当使用嵌入式 SQL 时，在预处理时有可能会捕获一些与 SQL 有关的错误（包括数据类型错误）。与在程序中使用动态 SQL 相比，嵌入式 SQL 程序中的 SQL 查询也更容易理解。但是，嵌入式 SQL 也存在一些缺点。预处理器会创建新的宿主语言代码，这可能会使程序的调试复杂化。预处理器用于标识 SQL 语句的结构可能在语法上与宿主语言在后续版本中所引入的宿主语言语法发生冲突。

其结果是，当前大多数系统使用动态 SQL，而不是嵌入式 SQL。微软语言集成查询（Microsoft Language Integrated Query，LINQ）工具是一种例外，它扩展了宿主语言以包括对查询的支持，而不是使用预处理器将嵌入式 SQL 查询转换为宿主语言。

注释 5-1　嵌入式数据库

JDBC 和 ODBC 都假设服务器在托管数据库的数据库系统上运行。某些应用程序使用完全存在于应用程序中的数据库。此类应用程序仅为内部使用而维护数据库，并且除非通过应用程序本身，否则无法访问到数据库。在这种情况下，可以使用**嵌入式数据库**（embedded database）以及使用实现了可从程序设计语言中访问的 SQL 数据库的几种包中的一种。热门的选择包括 Java DB、SQLite、HSQLBD 和2。还有 MySQL 的嵌入式版本。

嵌入式数据库系统缺少完全基于服务器的数据库系统的许多特性，但是它们为那些可以从数据库抽象中受益而无须支持超大型数据库或大规模事务处理的应用程序提供了优势。

请不要将嵌入式数据库与嵌入式 SQL 相混淆，后者是连接到服务器上运行的数据库的一种方式。

5.2 函数和过程

我们已经见识过内置在 SQL 语言中的几个函数。在本节中，我们将展示开发者如何编写他们自己的函数和过程，把它们存储在数据库里并随后在 SQL 语句中调用它们。函数对于诸如图像和几何对象那样的特定数据类型来说特别有用。例如，地图数据库中使用的一个线段数据类型可能有一个相关联的函数用于检测两条线段是否重叠，并且一个图像数据类型可能有一个相关联的函数用于比较两幅图像的相似性。

函数和过程允许“业务逻辑”被存储在数据库中，并从 SQL 语句中执行。例如，大学通常有许多规章制度，规定在一个给定学期里一名学生可以选多少门课，在一年里一位全职教师必须最少讲授多少门课，一名学生最多可以注册多少个专业，等等。尽管这样的业务逻辑可以被编码成程序设计语言的过程并完全存储在数据库以外，但把它们定义成数据库中的存储过程有几种优势。例如，它允许多个应用程序来访问这些过程，并允许当业务规则发生变化时进行单点改变，而不必改变应用程序的其他部分。然后应用程序代码可以调用存储过程，而不是直接更新数据库关系。

SQL 允许定义函数、过程和方法。它们要么可以通过 SQL 的过程性组件来定义，要么可以通过诸如 Java、C 或 C++ 那样的外部程序设计语言来定义。我们首先看看 SQL 中的定义，然后在 5.2.3 节中将了解如何使用外部语言来进行定义。

尽管我们在这里介绍的是 SQL 标准所定义的语法格式，然而大多数数据库都实现了这种语法的非标准版本。例如，Oracle（PL/SQL）、Microsoft SQL Sever（TransactSQL）和PostgreSQL（PL/pgSQL）所支持的过程性语言都与我们在这里描述的标准语法有所差别。我们将在注释 5-2 中用 Oracle 来举例说明某些不同之处。更进一步的详细信息可参见各自的系统手册。尽管我们在这里介绍的部分语法在这些系统上并不支持，但是我们所阐述的概念在不同的实现上都是适用的，虽然存在语法上的区别。

5.2.1 声明及调用 SQL 函数和过程

假定我们想要这样一个函数：给定一个系的名称，返回该系的教师数量。我们可以如图 5-6[○]所示来定义函数。这个函数可以在查询中用来返回多于 12 位教师的所有系的名称和预算：

```
select dept_name, budget
from department
where dept_count(dept_name) > 12;
```

```
create function dept_count(dept_name varchar(20))
    returns integer
    begin
    declare d_count integer;
        select count(*) into d_count
        from instructor
        where instructor.dept_name= dept_name
    return d_count;
    end
```

图 5-6 用 SQL 定义的函数

如果是在大量的元组上调用函数，那么当在查询中调用复杂的用户自定义函数时，在许多数据库系统上都会出现性能问题。因此，程序员在决定是否要在查询中使用用户自定义函数时应该考虑性能因素。

SQL 标准支持以返回表作为结果的函数；这种函数称为表函数（table function）。请考虑图 5-7 中定义的函数。该函数返回一个包含特定系的所有教师的表。请注意，当引用函数的参数时需要给它加上函数名作为前缀（instructor_of.dept_name）。

○ 如果你要输入自己的函数或过程，应该写“create or replace”而不是 create，这样便于在调试时（通过函数替换）修改你的代码。

此函数可以按如下方式在查询中使用：

> **select** *
> **from table**(*instructor_of*('Finance'));

该查询返回 'Finance' 系的所有教师。在
这种简单情况下不使用以表为值的函数
来写这个查询也是很直观的。但是，以表
为值的函数通常可以被看作**参数化视图**
（parameterized view），它通过允许参数来
泛化常规的视图概念。

```
create function instructor_of (dept_name varchar(20))
    returns table (
        ID varchar (5),
        name varchar (20),
        dept_name varchar (20),
        salary numeric (8,2))
return table
    (select ID, name, dept_name, salary
    from instructor
    where instructor.dept_name = instructor_of.dept_name);
```

图 5-7　SQL 中的表函数

SQL 也支持过程。*dept_count* 函数也
可以写成一个过程：

> **create procedure** *dept_count_proc*(**in** *dept_name* **varchar**(20),
>   **out** *d_count* **integer**)
>   **begin**
>   **select count**(*) **into** *d_count*
>   **from** *instructor*
>   **where** *instructor.dept_name*= *dept_count_proc.dept_name*
>   **end**

关键字 **in** 和 **out** 分别表示待赋值的参数和为了返回结果而在过程中设置值的参数。

可以从一个 SQL 过程中或者从嵌入式 SQL 中通过使用 **call** 语句来调用过程：

> **declare** *d_count* **integer**;
> **call** *dept_count_proc*('Physics', *d_count*);

过程和函数可以从动态 SQL 中调用，正如 5.1.1.5 节中的 JDBC 语法所示。

SQL 允许不止一个过程具有相同的名称，只要同名过程的参数数量是不同的。名称和
参数数量一起用于标识过程。SQL 也允许不止一个函数具有相同的名称，只要这些同名的不
同函数要么具有不同的参数数量，要么对于具有相同数量参数的函数来说，它们至少有一个
参数的类型是不同的。

5.2.2　用于过程和函数的语言结构

SQL 所支持的结构赋予了它通用程序设计语言几乎所有的能力。SQL 标准中处理这些
结构的部分称为**持久存储模块**（Persistent Storage Module，PSM）。

使用 **declare** 语句可以声明变量，变量可以是任意合法的 SQL 数据类型。使用 **set** 语句
可以进行赋值。

复合语句具有 **begin … end** 的形式，并且它可以在 **begin** 和 **end** 之间包含多条 SQL 语句。
正如我们曾在 5.2.1 节中看到过的，可以在复合语句中声明局部变量。形如 **begin atomic …**
end 的复合语句确保其中包含的所有语句作为单个事务来执行。

while 语句和 **repeat** 语句的语法如下：

> **while** 布尔表达式 **do**
>   语句序列；
> **end while**
>
> **repeat**

语句序列;
until 布尔表达式
end repeat

还有 **for** 循环，它允许在查询的所有结果上进行循环：

```
declare n integer default 0;
for r as
        select budget from department
        where dept_name = 'Music'
do
        set n = n− r.budget
end for
```

该程序每次将查询结果的一行获取到 **for** 循环变量（上面示例中的 r）中。**leave** 语句可用来退出循环，而 **iterate** 则用来跳过剩余语句，从循环的开始处理下一个元组。

SQL 支持的条件语句包括使用以下语法的 **if-then-else** 语句：

```
if 布尔表达式
    then 语句或复合语句
elseif 布尔表达式
    then 语句或复合语句
else 语句或复合语句
end if
```

SQL 也支持 case 语句，类似于 C/C++ 语言的 case 语句（加上我们在第 3 章中看到过的 case 表达式）。

图 5-8 提供了一个在 SQL 中使用过程化结构的更大型的示例。图中定义的 *registerStudent* 函数在确认选修一门课的学生数没有超过分配给该门课的教室容量之后，在该门课中注册一名学生。函数返回一个错误代码：这个值大于或等于 0 表示成功，为负表示一种错误状态，同时以 **out** 参数的形式返回一条消息来说明出错的原因。

```
-- 在确保教室能容纳下的前提下注册一名学生
-- 如果成功则返回0，如果超过教室容量则返回−1
create function registerStudent(
        in s_id varchar(5),
        in s_courseid varchar(8),
        in s_secid varchar(8),
        in s_semester varchar(6),
        in s_year numeric(4,0),
        out errorMsg varchar(100)
returns integer
begin
    declare currEnrol int;
    select count(*) into currEnrol
        from takes
        where course_id = s_courseid and sec_id = s_secid
            and semester = s_semester and year = s_year;
    declare limit int;
    select capacity into limit
        from classroom natural join section
        where course_id = s_courseid and sec_id = s_secid
```

图 5-8 为一门课注册一名学生的过程

```
                        and semester = s_semester and year = s_year;
        if (currEnrol < limit)
            begin
                insert into takes values
                    (s_id, s_courseid, s_secid, s_semester, s_year, null);
                return(0);
            end
        - - 否则, 已经达到该门课的容量限制
        set errorMsg = 'Enrollment limit reached for course ' || s_courseid
            || ' section ' || s_secid;
        return(-1);
    end;
```

图 5-8 （续）

SQL 的过程化语言还支持对**异常情况**（exception condition）的信号发送, 以及对处理异常的**句柄**（handler）的声明, 如这段代码中所示:

```
declare out_of_classroom_seats condition
declare exit handler for out_of_classroom_seats
begin
语句序列;
end
```

begin 和 **end** 之间的语句可以通过执行 **signal** *out_of_classroom_seats* 来引发一个异常。这个句柄说明: 如果异常情况发生, 将会采取动作来从 **begin end** 的语句中退出。**continue** 是另一种可选动作, 它从引发异常的语句的下一条语句继续执行。除了明确定义的情况之外, 还有一些诸如 **sqlexception**、**sqlwarning** 和 **not found** 那样的预定义情况。

注释 5-2　过程和函数的非标准化语法

　　尽管 SQL 标准为过程和函数定义了语法, 但是大多数数据库并不严格遵循该标准, 并且所支持的语法有很大的差异。造成这种情况的原因之一是: 这些数据库通常在语法被标准化之前就引入了对过程和函数的支持, 并且它们一直沿用其原始语法。在这里不可能列出每个数据库所支持的语法, 但是我们通过下面显示的来自图 5-6 的函数在 PL/SQL 中定义的版本来说明 Oracle 的 PL/SQL 中的一些差异。

```
create function dept_count (dname in instructor.dept_name%type) return integer
as
d_count integer;
begin
    select count(*) into d_count
    from instructor
    where instructor.dept_name = dname;
return d_count;
end;
```

虽然这两个版本在概念上是相似的, 但有很多细微的语法差异, 其中一些在比较函数的这两个版本时是明显的。尽管这里没有显示, 但是在 PL/SQL 中控制流的语法与这里给

出的语法也有一些不同。

请注意，PL/SQL 允许通过添加后缀 *%type* 来将一种类型指定为关系属性的类型。另外，PL/SQL 并不直接支持返回表的功能，尽管存在通过创建表类型来实现此功能的间接方式。其他数据库所支持的过程化语言也有大量语法和语义上的差异。更多信息请参阅相应语言的参考资料。使用存储的过程和函数的非标准化语法是将应用程序移植到不同数据库的一种障碍。

5.2.3　外部语言例程

尽管对 SQL 的过程化扩展非常有用，然而可惜的是它们并不被跨数据库的标准方式所支持。即使是最基本的特性在不同数据库产品中都可能有不同的语法或语义。其结果是，程序员必须针对每种数据库产品学习一门新的语言。还有另一种可替代方案可以解决语言支持的问题，即在一种命令式程序设计语言中定义过程，但允许从 SQL 查询和触发器的定义中来调用它们。

SQL 允许我们用诸如 Java、C#、C 或 C++ 那样的程序设计语言来定义函数。以这种方式定义的函数会比用 SQL 定义的函数效率更高，并且在 SQL 中无法执行的计算可以由这些函数来执行。

外部过程和函数可以通过这样的方式来指定（请注意，确切的语法取决于你所使用的特定数据库系统）：

```
create procedure dept_count_proc( in dept_name varchar(20),
                                    out count integer)
language C
external name '/usr/avi/bin/dept_count_proc'

create function dept_count (dept_name varchar(20))
returns integer
language C
external name '/usr/avi/bin/dept_count'
```

通常来说，外部语言过程需要处理参数（包括 **in** 和 **out** 参数）中的空值并返回值。它们还需要传递失败 / 成功的状态并处理异常情况。这些信息可以通过额外的参数来传递：一个指明失败 / 成功状态的 **sqlstate** 值、一个存储函数返回值的参数，以及一些指明每个参数 / 函数结果的值是否为空的指示变量。还可以通过其他机制来处理空值，例如，可以传递指针而不是值。具体采用哪种机制取决于数据库。不过，如果一个函数并不处理这些情况，可以在声明中添加额外的一行 **parameter style general** 来指明外部过程 / 函数只接受显示的参数并且不处理空值或异常。

用程序设计语言定义并在数据库系统之外编译的函数可以被加载并与数据库系统代码一起执行。不过这么做会带来这样的风险：程序中的错误可能破坏数据库的内部结构，并且可以绕过数据库系统的访问控制功能。如果数据库系统关注高效的执行胜过安全性，可以采用这种方式来执行过程。关注安全性的数据库系统可以将这种代码作为一个单独进程的一部分来执行，通过进程间通信传递参数的值并取回结果。然而，进程间通信的时间开销相当高；在典型的 CPU 体系结构上，在一次进程间通信所花费的时间内可以执行数万条到数十万条指令。

如果代码是用诸如 Java 或 C# 那样的"安全"语言来编写的，则存在另一种可能：在数据库查询执行进程本身的**沙盒**（sandbox）里来执行代码。沙盒允许 Java 或 C# 代码来访问它自己的内存区域，但它阻止代码读取或更新查询执行进程的内存，或者访问文件系统中的文件。（对于诸如 C 那样的语言来说，创建沙盒是不可能的，因为 C 允许通过指针不受限制地访问内存。）避免进程间通信大大降低了函数调用的开销。

当今有几个数据库系统支持在查询执行进程内的沙盒里来运行外部语言例程。例如，Oracle 和 IBM DB2 允许 Java 函数作为数据库进程的一部分来运行。Microsoft SQL Server 允许将过程编译到通用语言运行库（Common Language Runtime，CLR）中以便在数据库进程内执行；此类过程可以用诸如 C# 或 Visual Basic 等语言来编写。PostgreSQL 允许用多种语言来定义函数，比如 Perl、Python 和 Tcl。

5.3　触发器

触发器（trigger）是作为对数据库修改的连带效果而由系统自动执行的一条语句。为了定义一个触发器，我们必须：

- 指明什么时候执行触发器。这被拆分为引起触发器被检测的一个事件和触发器继续执行所必须满足的一个条件。
- 指明当触发器执行时所采取的*动作*。

一旦我们把一个触发器输入数据库中，只要发生指定的事件并且满足相应的条件，数据库系统就负责去执行它。

5.3.1　对触发器的需求

触发器可以被用来实现特定的完整性约束，这些约束不能使用 SQL 的约束机制来指定。触发器还是一种有用的机制，用来当满足特定条件时对人们发出警报或自动开始执行特定的任务。作为一个示例，我们可以设计一个触发器：只要一个元组被插入 *takes* 关系中，就在 *student* 关系中更新选课的学生所对应的元组，把该课的学分数值加入这名学生的总学分中。作为另一个示例，假设一个仓库希望维护每种物品的最低库存量，当一种物品的库存量低于最低水平时，可以自动下单。在更新一种物品的库存时，触发器会比较这种物品的当前库存量和它的最低库存量，并且如果库存量等于或低于最低库存量，就会创建一份新的订单。

请注意，触发器通常不能执行数据库以外的更新，因此，在补充库存的示例中，我们不能用一个触发器去在外部世界中下订单，而是在存放订单的关系中添加一条订单记录。我们必须创建一个单独的、永久运行的系统进程来周期性地扫描该关系并下单。某些数据库系统提供了内置的支持，可以通过这种方法从 SQL 查询和触发器中发送电子邮件。

5.3.2　SQL 中的触发器

现在我们来考虑如何在 SQL 中实现触发器。我们在这里介绍的是由 SQL 标准所定义的语法，但是大多数数据库实现的是这种语法的非标准版本。尽管这里所述的语法可能不被这些系统所支持，但是我们所阐述的概念是对于不同实现都适用的。我们将在注释 5-3 中讨论非标准的触发器实现。在每个系统中，触发器语法都基于该系统中对函数和过程进行编码的语法。

图 5-9 展示了如何使用触发器来确保 *section* 关系的 *time_slot_id* 属性上的引用完整性。图中第一个触发器的定义指明该触发器在任何一次对 *section* 关系的插入之后被启动，并且它确保所插入的 *time_slot_id* 值是合法的。SQL 插入语句可以向关系中插入多个元组，而触发器代码中的 **for each row** 子句可以随后显式地在被插入的每一行上进行迭代。**referencing new row as** 子句创建了一个 *nrow* 变量（称为**过渡变量**（transition variable）），它用来存储所插入行的值。

```
create trigger timeslot_check1 after insert on section
referencing new row as nrow
for each row
when (nrow.time_slot_id not in (
        select time_slot_id
        from time_slot)) /* 在time_slot中不存在该time_slot_id */
begin
  rollback
end;

create trigger timeslot_check2 after delete on timeslot
referencing old row as orow
for each row
when (orow.time_slot_id not in (
        select time_slot_id
        from time_slot) /* 从time_slot中删除了对应于该time_slot_id的最后一个元组 */
    and orow.time_slot_id in (
        select time_slot_id
        from section)) /* 并且仍然存在section对该time_slot_id的引用 */
begin
  rollback
end;
```

图 5-9 使用触发器来维护引用完整性

when 语句指定了一个条件。系统仅对于满足该条件的元组才会执行触发器体中的其余部分。**begin atomic … end** 子句用来将多条 SQL 语句汇集成单条复合语句。不过在我们的示例中只有一条语句，它对引起触发器执行的事务进行回滚。因此，违背引用完整性约束的任何事务都将被回滚，从而确保数据库中的数据满足该约束。

只检查插入时的引用完整性是不够的，我们还需要考虑对 *section* 的更新，以及对被引用表 *time_slot* 的删除和更新操作。图 5-9 中定义的第二个触发器考虑的是对 *time_slot* 删除的情况。这个触发器检查要么被删除元组的 *time_slot_id* 还在 *time_slot* 中，要么在 *section* 中不存在包含这个特定 *time_slot_id* 值的元组，否则将违背引用完整性。

为了保证引用完整性，我们还必须为处理 *section* 和 *time_slot* 的更新来创建触发器；我们接下来将介绍如何在更新时执行触发器，不过，我们将这些触发器的定义留给读者作为练习。

对于更新来说，触发器可以指定是哪些属性的更新导致触发器的执行，而其他属性的更新却不会让它执行。例如，为了指定在更新 *takes* 关系的 *grade* 属性之后执行一个触发器，我们写作：

after update of *grade* **on** *takes*

referencing old row as 子句可以用来创建一个变量，它存储一个已更新或已删除的行的旧值。**referencing new row as** 子句除了用于插入之外，还可以用于更新。

图 5-10 展示了当对 *takes* 关系中元组的 *grade* 属性进行更新时,如何使用触发器来使 *student* 元组的 *tot_cred* 属性值保持最新。只有当 *grade* 属性从空值或者'F'值被更新为表示课程已成功修完的分数时,该触发器才会执行。除了 *nrow* 变量的使用之外,**更新**(update)语句是正规的 SQL 语法。

```
create trigger credits_earned after update of grade on takes
referencing new row as nrow
referencing old row as orow
for each row
when nrow.grade <> 'F' and nrow.grade is not null
   and (orow.grade = 'F' or orow.grade is null)
begin atomic
   update student
   set tot_cred= tot_cred+
        (select credits
        from course
        where course.course_id= nrow.course_id)
   where student.id = nrow.id;
end;
```

图 5-10 使用触发器来维护 *credits_earned* 值

这个示例触发器的更实际的实现还应该处理把成功结课的分数改成不及格分数的分数修正,以及处理向 *takes* 关系中插入含有表示成功结课的 *grade* 值的元组的情况。我们把这些实现留给读者作为练习。

作为使用触发器的另一个示例,当**删除**一个 *student* 元组的操作发生时,需要检查在 *takes* 关系中是否存在与该学生相关的项,并且如果有则删除这些项。

许多数据库系统支持各种其他的触发事件,比如当一个用户(应用程序)登录到数据库(即打开一个连接)的时候、系统停止的时候或者系统设置改变的时候。

触发器可以在事件(**插入、删除**或**更新**)**之前**被激活,而不仅是在事件**之后**被激活。在事件之前执行的触发器可以作为避免非法更新、插入或删除的额外约束。为了避免执行非法操作而产生错误,触发器可以采取措施来纠正问题,**使更新、插入**或**删除**变得合法化。例如,假设我们想把一位教师插入一个系中,但该系的名称并未出现在 *department* 关系中,那么触发器就可以在插入操作产生外码冲突之前针对该系的名称往 *department* 关系中插入一个元组。作为另一个示例,假设所插入分数的值为空白,这可能表示分数缺失。我们可以定义一个触发器,将这个值用**空**(null)值来替换。可以使用 **set** 语句来执行这样的修改。这种触发器的一个示例如图 5-11 所示。

我们可以针对引起插入、删除或更新的整条 SQL 语句执行单个操作,而不是针对每个受影响的行执行一个操作。为了做到这一点,我们用 **for each statement** 子句来替代 **for each row** 子句。然后可以用 **referencing old table as** 子句或 **referencing new table as** 子句来指代包含所有受影响行的临时表(称为过渡表(transition table))。过渡表不能用于 **before** 触发器,但是它们可以用于 **after** 触发器,无论是语句触发器还是行触发器。这样,在过渡表的基础上,单条 SQL 语句就可以用来执行多个操作。

```
create trigger setnull before update of takes
referencing new row as nrow
for each row
when (nrow.grade = ' ')
begin atomic
   set nrow.grade = null;
end;
```

图 5-11 使用 **set** 来修改插入值的示例

触发器可以被禁用或启用；在缺省情况下，当触发器被创建时它们是启用的，但是可以通过使用 **alter trigger** *trigger_name* **disable**（某些数据库使用其他可替代的语法，比如 **disable trigger** *trigger_name*）将其禁用。已被禁用的触发器可以重新启用。通过使用命令 **drop trigger** *trigger_name* 还可以删除触发器，该命令将其永久移除。

回到 5.3.1 节中的库存补货示例，假设我们有如下的关系：

- *inventory*(*item*, *level*)，它记录物品在仓库中的当前库存量。
- *minlevel*(*item*, *level*)，它记录物品应该保持的最低库存量。
- *reoder*(*item*, *amount*)，它记录当物品的库存少于最低库存量的时候要订购的数量。
- *orders*(*item*, *amount*)，它记录物品被订购的数量。

当库存量降到指定的最低值以下时，我们可以使用图 5-12 中所示的触发器来进行重新下单。请注意，只有当库存量从最低水平以上降到最低水平以下时，我们才谨慎下单。如果我们只检查更新后的新值在最低水平以下，那么当物品已经重新订购时，我们可能会错误地下单。

尽管触发器在 SQL:1999 之前并不是 SQL 标准的一部分，但是它仍被广泛地应用在基于 SQL 的数据库系统中。遗憾的是，每个数据库系统都实现了其自身的触发器语法，结果导致彼此不能兼容。我们在这里用的是 SQL:1999 的触发器语法，它与 IBM DB2 以及 Oracle 数据库系统的语法比较相似，但并不完全一致。请参见注释 5-3。

```
create trigger reorder after update of level on inventory
referencing old row as orow, new row as nrow
for each row
when nrow.level <= (select level
                    from minlevel
                    where minlevel.item = orow.item)
and orow.level > (select level
                  from minlevel
                  where minlevel.item = orow.item)
begin atomic
    insert into orders
        (select item, amount
        from reorder
        where reorder.item = orow.item);
end;
```

图 5-12　重新订购物品的触发器示例

5.3.3　何时不用触发器

触发器有许多很好的用途，例如我们刚刚在 5.3.2 节中所看到的那些，然而有一些用途最好用别的可替代技术来实现。比如说，我们可以通过使用触发器而不是使用级联特性来实现外码约束的**级联删除**（on delete cascade）特性。然而这样不仅需要完成更多的工作，而且它使得数据库中实现的约束集合对于数据库用户来说要难以理解得多。

作为另一个示例，可以用触发器来维护物化视图。例如，如果我们希望能够快速访问到每门课所注册的学生总数，可以通过创建一个关系来实现这个功能：

section_registration(*course_id*, *sec_id*, *semester*, *year*, *total_students*)

它由以下查询来定义：

```
select course_id, sec_id, semester, year, count(ID) as total_students
from takes
group by course_id, sec_id, semester, year;
```

必须通过 *takes* 关系的插入、删除或更新上的触发器，来将每门课的 *total_students* 的值维护到最新状态。在对 *section_registration* 进行元组的插入、更新或删除时可能需要这样的维护，并且必须相应地编写触发器。

然而，许多数据库系统现在支持的物化视图是由数据库系统来自动维护的（参见4.2.3节）。其结果是，没必要编写触发器代码来维护这样的物化视图。

触发器已经被用来维护数据库的备份或者副本。在每个关系上可以针对插入、删除或更新来创建一组触发器，以将变化记录在称为 change 或 delta 的关系中。一个单独的进程会将这些变化拷贝到数据库的副本中。然而，现代的数据库系统提供了内置的数据库复制工具，使得在大多数情况下不必为了复制而使用触发器。

注释 5-3 非标准的触发器语法

尽管我们在这里介绍的触发器语法是 SQL 标准的一部分，并被 IBM DB2 所支持，但是大多数其他的数据库系统用非标准的语法来声明触发器，并且不一定实现了 SQL 标准中的所有特性。我们将在下面概述一些差异；关于更深入的细节请参考相关的系统手册。

例如，与 SQL 标准语法不同，在 Oracle 的语法中，在 referencing 语句中并不出现关键字 row。在 begin 之后也不出现关键字 atomic。在 update 语句中嵌入的 select 语句对 nrow 的引用必须以冒号（:）为前缀，用以告知系统变量 nrow 是在 SQL 语句之外定义的。更不一样的是，在 when 和 if 子句中不允许包含子查询。可以通过下面的方法来解决这个问题：把复杂谓词从 when 子句移到单独的查询中，该查询用本地变量来保存查询结果，然后在一个 if 子句里引用该变量，并把触发器体移动到相关的 then 子句里。更进一步，Oracle 中的触发器不允许直接执行事务回滚，但是，可以使用一个叫作 raise_application_error 的函数，该函数不但回滚事务，而且返回错误信息给执行更新的用户/应用程序。

作为另一个示例，在 Microsoft SQL Server 中用关键字 on 来替代 after。省略了 referencing 子句，并且用元组变量 deleted 和 inserted 来引用旧行和新行。另外，还省略了 for each row 子句，并用 if 来替代 when。不支持 before 声明，但是支持 instead of 声明。

在 PostgreSQL 中，触发器没有触发器体，而是为每一行调用一个过程，该过程可以访问包含该行的旧值和新值的 old 和 new 变量。触发器不执行回滚，而是引发一个具有相关错误信息的异常。

触发器的另一个问题在于，当数据从备份副本⊖中加载，或者当一个站点处的数据库更新被复制到备份站点的时候，触发器动作的意外执行。在这样的情况下，触发器动作已经执行了，并且通常不应该再次执行。在加载数据的时候，可以显式地禁用触发器。对于可能要接管主系统的备份复制系统来说，必须首先禁用触发器，然后在备份站点接管了主系统的业务后再启用触发器。作为另一种可选方案，一些数据库系统允许触发器被指定为 **not for replication**，它保证不会在数据库复制期间在备份站点上执行触发器。另一些数据库系统提供了一个系统变量，它指明该数据库是一套副本，数据库动作在其上是重演的；触发器体会检查这个变量，如果它为真则退出执行。这两种解决方案都不需要显式地禁用和启用触发器。

⊖ 我们将在第 14 章中详细讨论数据库备份和故障恢复的内容。

编写触发器时应该特别小心，因为运行时检测出的触发器错误会导致触发该触发器的动作语句失败。此外，一个触发器的动作可以触发另一个触发器。在最坏的情况下，这甚至会导致无限的触发链。例如，假设一个关系上的插入触发器有一个动作，它引发同一关系上的另一个（新的）插入，该新插入动作随后又触发另外一个插入动作，并如此无穷循环下去。有些数据库系统限制了这种触发链的长度（例如最长到 16 或 32），并把更长的触发链视为一个错误。另一些系统将任何这样的触发器标记为错误：该触发器试图引用的关系的修改会导致该触发器首先执行。

触发器可以起到非常有用的作用，但是当存在其他备选方案时最好避免使用触发器。许多触发器的应用程序都可以通过存储过程的恰当使用来替换，我们在 5.2 节中已经介绍过存储过程。

5.4 递归查询

请考虑图 5-13 中所示的 *prereq* 关系的实例，它包含有关大学所开设的各门课程的信息以及每门课的先修信息[⊖]。

course_id	*prereq_id*
BIO-301	BIO-101
BIO-399	BIO-101
CS-190	CS-101
CS-315	CS-190
CS-319	CS-101
CS-319	CS-315
CS-347	CS-319

图 5-13 *prereq* 关系的一个实例

假设现在我们希望对于一门特定课程（例如 CS-347）来找出它的无论是直接的还是间接的先修课程有哪些。也就是说，我们想找到这样的课程，它是 CS-347 的直接先修课程，或者它是 CS-347 的先修课程的先修课程，如此等等。

因此，由于 CS-319 是 CS-347 的先修课程，并且 CS-315 和 CS-101 是 CS-319 的先修课程，那么 CS-315 和 CS-101 也是 CS-347 的（间接的）先修课程。然后，由于 CS-190 是 CS-315 的先修课程，则 CS-190 是 CS-347 的另一门间接的先修课程。继续下去，我们看到 CS-101 是 CS-190 的先修课程，但请注意，CS-101 已经添加到 CS-347 的先修课程列表中。在一所真正的大学里，我们不希望有如此复杂的先修课程结构（像我们的示例那样），但是这个示例的作用是展示一些可能出现的情况。

prereq 关系的**传递闭包**（transitive closure）是一个包含所有这样的（*cid, pre*）对的关系：其中 *pre* 是 *cid* 的一门直接或间接先修课程。有许多应用需要计算**层次**结构上类似的传递闭包。例如，组织机构通常由几层组织单元构成。机器由部件构成，而部件又有子部件，依此类推。例如，一辆自行车可能有诸如车轮和踏板那样的子零件，这些子零件又有诸如轮胎、轮辋和轮辐那样的子零件。在这种层次结构上可以使用传递闭包来找出自行车中的所有零件。

5.4.1 使用迭代的传递闭包

编写上述查询的一种方式是使用迭代：首先找到 CS-347 的那些直接先修课程，然后找到第一个集合中所有课程的那些先修课程，依此类推。此迭代持续进行，直到在一次迭代中没有新课程被加进来才停止。图 5-14 显示了执行这项任务的 *findAllPrereqs(cid)* 函数；该函数以课程的 *course_id* 为参数（*cid*），计算该课程的所有直接和间接先修课程所组成的集合，并返回该集合。

⊖ *prereq* 的这个实例与之前使用的有所不同，其原因是当我们用它来解释递归查询时就能看得很清楚了。

```
create function findAllPrereqs(cid varchar(8))
     - - 找出cid的所有(直接或间接的)先修课程
returns table (course_id varchar(8))
     - - prereq(course_id, prereq_id)关系指明哪一门课程是另一门课程的直接先修课程
begin
     create temporary table c_prereq (course_id varchar(8));
          - - c_prereq表存储待返回课程的集合
     create temporary table new_c_prereq (course_id varchar(8));
          - - new_c_prereq表包含上一次迭代中找到的课程
     create temporary table temp (course_id varchar(8));
          - - temp表用来存放中间结果
     insert into new_c_prereq
          select prereq_id
          from prereq
          where course_id = cid;
     repeat
          insert into c_prereq
               select course_id
               from new_c_prereq;

          insert into temp
               (select prereq.prereq_id
                   from new_c_prereq, prereq
                   where new_c_prereq.course_id = prereq.course_id
               )
               except (
                   select course_id
                   from c_prereq
               );
          delete from new_c_prereq;
          insert into new_c_prereq
               select *
               from temp;
          delete from temp;

     until not exists (select * from new_c_prereq)
     end repeat;
     return table c_prereq;
end
```

图 5-14 找出一门课程的所有先修课程

该过程使用了三张临时表。

- *c_prereq*：存储待返回的元组集合。
- *new_c_prereq*：存储前一次迭代中找到的课程。
- *temp*：当对课程集合进行操作时用作临时存储。

请注意，SQL 允许使用**创建临时表**（create temporary table）命令来创建临时表；这些表仅在执行查询的事务内部才可用，并随事务的完成而被删除。而且，如果 *findAllPrereqs* 的两个实例同时运行，那么每个实例都拥有它自己的临时表副本；如果它们共享一份副本，那么它们的结果就会出错。

该过程在 **repeat** 循环之前把课程 *cid* 的所有直接先修课程插入 *new_c_prereq* 中。**repeat** 循环首先把 *new_c_prereq* 中的所有课程加入 *c_prereq* 中。接下来，它为 *new_c_prereq* 中的所有课程计算先修课程（除了那些被发现是 *cid* 的先修课程的课程），并将它们存放在临时表

temp 中。最后，它把 *new_c_prereq* 的内容替换成 *temp* 的内容。当 **repeat** 循环找不到新的（间接）先修课程时，该循环就终止。

图 5-15 显示了当针对 CS-347 调用该过程时，在每次迭代中所找到的先修课程。尽管可以在一条 SQL 语句中更新 *c_prereq*，但我们首先需要构造 *new_c_prereq*，以便可以知道何时在（最终）迭代中未添加任何内容。

在该函数中使用 **except** 子句保证了即使在先修关系中存在环路的（非正常）情况下，该函数也能工作。例如，如果 *a* 为 *b* 的一门先修课程，*b* 为 *c* 的一门先修课程，且 *c* 为 *a* 的一门先修课程，则存在一个环路。

迭代次数	c1中的元组
0	
1	(CS-319)
2	(CS-319), (CS-315), (CS-101)
3	(CS-319), (CS-315), (CS-101), (CS-190)
4	(CS-319), (CS-315), (CS-101), (CS-190)
5	done

图 5-15 在 *findAllPrereqs* 函数的迭代过程中产生的 CS-347 的先修课程

尽管在课程先修关系中环路是不现实的，但环路可能在其他应用中存在。例如，假设我们有一个 *flights(to, from)* 关系，它表示哪个城市可以从哪个城市直接飞达。我们可以编写类似于 *findAllPrereqs* 函数中的代码，来找到所有从一个给定城市出发通过一次或一系列飞行可以到达的所有城市。我们要做的所有工作只是用 *flight* 代替 *prereq* 并且替换相应的属性名称。在这种情况下，可能存在可达关系的环路，但函数仍会正确执行，因为它会将所有已发现过的城市去掉。

5.4.2 SQL 中的递归

使用迭代来表达传递闭包很不方便。还有另一种可替代方法，它使用递归的视图定义，这种方法更加容易使用。

我们可以使用递归为一门指定课程（例如 CS-347）按如下方法定义其先修课程的集合。CS-347 的（直接或间接的）先修课程是这样的课程：

- CS-347 的先修课程。
- CS-347 的那些（直接或间接的）先修课程的先修课程。

请注意，第二种情况是递归的，因为它使用了 CS-347 的先修课程集合来定义 CS-347 的先修课程集合。传递闭包的其他示例，诸如查找一个给定零件的所有（直接或间接）子零件，同样可以使用类似的方式来递归地定义。

SQL 标准使用 **with recursive** 子句来支持递归的受限形式，其中的视图（或临时视图）是用自身来表示的。例如，可以使用递归查询来简洁地表示传递闭包。请回想一下，**with** 子句可用于定义一个临时视图，该视图的定义仅在定义它的查询中是可用的。附加的关键字 **recursive** 指明了视图是递归的[⊖]。

例如，使用图 5-16 中所示的递归 SQL 视图，我们可以找到每个这样的 *(cid, pre)* 对，使得 *pre* 是课程 *cid* 的直接或间接的先修课程。

任何递归视图都必须被定义为两个子查

```
with recursive rec_prereq(course_id, prereq_id) as (
        select course_id, prereq_id
        from prereq
    union
        select rec_prereq.course_id, prereq.prereq_id
        from rec_prereq, prereq
        where rec_prereq.prereq_id = prereq.course_id
    )
select *
from rec_prereq;
```

图 5-16 SQL 中的递归查询

⊖ 有些系统将 recursive 关键字视为可选项；而另一些系统则不允许使用该关键字。

询的并[⊖]：非递归的**基查询**（base query）和使用递归视图的**递归查询**（recursive query）。在图5-16的示例中，基查询是 *prereq* 上的选择，而递归查询则计算 *prereq* 和 *rec_prereq* 的连接。

对递归视图含义的最好的理解方式如下：首先计算基查询，并把所有结果元组添加到递归定义的视图关系 *rec_prereq* 中（它初始为空）。然后用视图关系的当前内容计算递归查询，并把所有结果元组加回到视图关系中。持续重复上述步骤直至没有新的元组添加到视图关系中为止。所得到的视图关系实例被称为递归视图定义的**不动点**（fixed point）。（术语"不动"是指不会再有进一步变化。）这样，视图关系就被定义为正好包含不动点实例中的元组。

把这种逻辑应用于我们的示例，首先通过执行基查询找到每门课的所有直接先修课程。递归查询会在每轮迭代中增加一层课程，直到达到课程－先修关系的最深层次为止。此时不会再有新的元组添加到视图中，并且达到了一个不动点。

为了找到一门指定课程的先修课程，以 CS-347 为例，我们可以通过添加一个 **where** 子句" where *rec_prereq.course_id* = 'CS-347'"来修改外层查询。执行带有选择的查询的一种方式是：先使用迭代技术计算 *rec_prereq* 的所有内容，然后从结果中仅选出 *course_id* 为CS-347 的那些元组。但是，这会导致对所有课程都计算（课程，先修课程）对，其中除了关于课程 CS-347 的那些元组之外，其他所有的元组都不相关。事实上，数据库系统没有必要使用这样的迭代技术来计算递归查询的全部结果然后再执行选择。它可以使用其他可能更高效的技术来得到相同的结果，比如说我们之前看到过的、在 *findAllPrereqs* 函数中采用的技术。关于这个话题的更多信息请参阅参考文献中的资料。

在递归视图中的递归查询上是有一些限制的；具体地说，该查询必须是**单调的**（monotonic），也就是说，如果视图关系实例 V_1 是视图关系实例 V_2 的超集，那么该查询在 V_1 上的结果必须是它在 V_2 上的结果的超集。从直观上讲，如果更多的元组被添加到视图关系中，则递归查询必须返回至少与以前相同的元组集，并且还可能返回额外的元组。

特别地，递归查询不能使用如下任何结构，因为它们会导致查询的非单调性：
- 递归视图上的聚集。
- 在使用递归视图的子查询上的 **not exists** 运算。
- 右端使用递归视图的集差（**except**）运算。

例如，如果递归查询形如 *r−v*，其中 *v* 是递归视图，那么如果我们在 *v* 中增加一个元组，则查询结果可能会变得更小；可见该查询不是单调的。

只要递归查询是单调的，递归视图的含义就可以通过迭代过程来定义；如果递归查询是非单调的，则视图的含义就难以确定。因此 SQL 要求查询必须是单调的。递归查询将在27.4.6 节的 Datalog 查询语言的环境中更加详细地讨论。

SQL 还允许通过使用**创建递归视图**（create recursive view）代替 **with recursive** 来创建递归定义的永久性视图。一些系统实现支持使用不同语法的递归查询。这包括 Oracle 称作层次查询的 **start with/connect by prior** 语法[⊖]。进一步的细节请参考各自的系统手册。

5.5 高级聚集特性

在 SQL 中对聚集的支持是十分强大的，并且可以容易地处理最常见的任务。然而，有

⊖ 某些系统（特别是 Oracle）要求使用**全部相并**（union all）。

⊖ 从 Oracle 12.c 开始，除了传统的层次语法之外，还接受标准语法，其中省略了 **recursive** 关键字，并且在我们的示例中要求使用**全部相并**（union all）而不是**并**（union）。

些任务很难用基本的聚集特性来高效地实现。在本节中，我们将学习 SQL 中用于处理这些任务的特性。

5.5.1 排名

从一个集合中找到一个值的位置是一种常见的操作。例如，我们可能希望基于学生的平均绩点（GPA）赋予他们在班级中的名次：GPA 最高的学生排名第 1，GPA 次高的学生排名第 2，依此类推。一种相关的查询类型是查找一个值在一个（多重）集合中所属的百分比，比如排在后 1/3、中间 1/3 或是前 1/3。虽然这样的查询可以使用我们目前为止已经见过的 SQL 结构来表示，但它们表达困难且执行效率低。程序员可能将这类查询部分用 SQL 来编写、部分用程序设计语言来编写。我们在这里学习 SQL 中如何对这类查询进行直接表达。

在我们的大学示例中，*takes* 关系给出了每名学生在所选的每门课程上所取得的成绩。为了说明排名，让我们假设有一个 *student_grades(ID, GPA)* 视图，它给出了每名学生的平均绩点[⊖]。

排名是用 **order by** 声明来实现的。下面的查询给出了每名学生的名次。

> select *ID*, **rank() over (order by** (*GPA*) **desc) as** *s_rank*
> **from** *student_grades*;

请注意这里没有定义输出中的元组顺序，所以元组可能不按名次排序。需要使用一个额外的 **order by** 子句来得到按名次排序的元组，如下所示：

> select *ID*, **rank () over (order by** (*GPA*) **desc) as** *s_rank*
> **from** *student_grades*
> **order by** *s_rank*;

有关排名的一个基本问题是如何处理多个元组在排序属性上取值相同的情况。在我们的示例中，这意味着如果有两名 GPA 相同的学生应该决定如何处理。**rank** 函数对所有在 **order by** 属性上相等的元组赋予相同的名次。例如，如果两名学生都具有相同的最高 GPA，则两人都将获得第 1 名。下一个排名将会是 3 而不是 2，所以如果三名学生得到了次高的 GPA，则他们都将排名第 3，并且接下来的一名或者多名学生将排名第 6，如此等等。另有一个 **dense_rank** 函数，它不在排名中产生空档。在前面的示例中，具有次高成绩的元组都排名第 2，并且具有第三高成绩的元组都排名第 3，依此类推。

如果正在排序的值中存在空值，则将它们视为最高值。这在某些情况下是有意义的，尽管对于我们的示例来说，这会导致没有课程的学生表现出具有最高的 GPA。因此，我们看到在可能出现空值的情况下，在编写排名查询时需要小心。SQL 允许用户通过使用**空值最先**（nulls first）或**空值最后**（nulls last）来指定它们应该出现的位置，例如：

> select *ID*, **rank () over (order by** *GPA* **desc nulls last) as** *s_rank*
> **from** *student_grades*;

可以使用基本的 SQL 聚集函数来表达上述查询，所采用的查询如下：

> select *ID*, (1 + (select count(*)
> **from** *student_grades B*

⊖ 用 SQL 语句来创建 *student_grades* 视图是有些复杂的，因为我们必须把 *takes* 关系中的字母评分转换成数字，并且要根据课程的学分数来考虑该课成绩所占的权重。这个视图的定义是实践习题 4.6 的目标。

```
            where B.GPA > A.GPA)) as s_rank
    from student_grades A
    order by s_rank;
```

应该清楚的是，一名学生的排名就是具有更高 GPA 的学生人数再加 1，这正是该查询所描述的那样[⊖]。然而，对每名学生排名的计算所耗的时间与关系的规模呈线性增长，导致整体耗时与关系规模呈平方量级增长。在大型关系上，上述查询可能要花很长时间来执行。相比之下，**rank** 子句的系统实现可以对关系进行排序并在短得多的时间内计算出排名。

排名可在数据的不同分区里进行。例如，假设我们希望按照系而不是在整个学校范围内对学生进行排名。假设有一个视图，它像 *student_grades* 那样定义，但是包含系名：*dept_grades(ID, dept_name, GPA)*。那么下面的查询就给出了学生们在每个分区里的排名：

```
select ID, dept_name,
    rank () over (partition by dept_name order by GPA desc) as dept_rank
from dept_grades
order by dept_name, dept_rank;
```

外层的 **order by** 子句将结果元组按系名排序，并在各系内部按照名次排序。

在单条 select 语句内可以使用多个 **rank** 表达式，因此，通过在同一条 select 子语中使用两个 **rank** 表达式，我们可以获得总排名以及系内的排名。当排名（可能带有分区）与 **group by** 子句同时出现的时候，首先应用 **group by** 子句，然后根据 group by 的结果进行分区和排名。因此，然后可以将聚集值用于排名。

通常情况下，尤其是对于大规模的结果，我们可能只对结果中排名靠前的元组感兴趣，而非整个列表。对于排名查询，这可以通过将排名查询嵌套在一个包含查询中来完成，该包含查询的 **where** 子句仅选择排名低于某个指定值的那些元组。例如，为了根据 GPA 找到排名前 5 的学生，我们可以通过编写下述内容来扩展前面的示例：

```
select *
from (select ID, rank() over (order by (GPA) desc) as s_rank
        from student_grades)
where s_rank <= 5;
```

这个查询不一定给出 5 名学生，因为可能存在并列。例如，如果 2 名学生并列第 5，则结果将包含总共 6 个元组。请注意，后 n 个与前 n 个相同，仅在于排名顺序是相反的。

有几个数据库系统提供了非标准的 SQL 语法来直接指定只需要前 n 个结果。在我们的示例中，这将允许我们找到前 5 名的学生，而无须使用 rank 函数。但是，这种结构会导致正好得到所指定的元组数（在我们的示例中是 5），因此最后位置的并列会被人为切断。这些“top n”查询的确切语法在不同系统中差别很大，请参见注释 5-4。请注意，top n 结构并不支持分区，因此，如果不执行排名，我们就无法在每个分区内得到 top n 的结果。

注释 5-4　top n 查询

通常只需要查询结果的前几个元组。这可能发生在仅对排名靠前的结果感兴趣的排名查询中。另一种可能发生这种情况的情形是，在具有 **order by** 的查询中只有前面的值

⊖　如果一名学生没有选修任何课程并因此 GPA 为空（null），则技术上会有细微的差别。由于 SQL 中比较空值的工作方式，一名 GPA 为空的学生不会对其他学生的**计数**（count）值有所贡献。

才有意义。正如我们在前面所看到的，可以使用 **rank** 函数来将结果限制在排名靠前的结果上，但这种语法相当麻烦。对于这种限制，许多数据库支持更简单的语法，但在主流数据库系统中，语法的差异却非常大。我们在这里提供几个示例。

有些系统（包括 MySQL 和 PostgreSQL）允许在 SQL 查询的末尾添加 **limit** n 子句，以指定只输出前 n 个元组。此子句可与 **order by** 子句结合使用以获取 top n 元组，如以下查询所示，该查询按 GPA 顺序检索前 10 名学生的 ID 和 GPA：

```
select ID, GPA
from student_grades
order by GPA desc
limit 10;
```

在 IBM DB2 和 Oracle 的最新版本中，**limit** 子句等同于**只获取前 10 行**（fetch first 10 rows only）。Microsoft SQL Server 在支持此功能的版本中是用 **select** 子句，而不是增加单独的 **limit** 子句。**select** 子句应书写为：**select top** 10 ID, GPA。

Oracle（当前版本以及较旧版本）提供了**行号**的概念来支持此特性。有一个特殊的、隐藏的 rownum 属性按检索次序对结果关系的元组进行编号。这个属性可以随后在包含查询内的 **where** 子句中使用。但是，该特性的使用需要一点技巧，因为 rownum 是在按 **order by** 子句对行进行排序之前就决定了的。为了正确使用它，应按如下方式使用嵌套查询：

```
select *
from (select ID, GPA
      from student_grades
      order by GPA desc)
where rownum <= 10;
```

该嵌套查询确保仅在应用了 **order by** 之后才应用 rownum 上的谓词。

有些数据库系统具有允许在并列情况下超过元组限制的特性。有关详细信息请参阅你的系统文档。

还有其他几种可以用来替代 **rank** 的函数。例如，一个元组的 **percent_rank** 以分数的形式给出了该元组的排名。如果分区⊖中有 n 个元组且某元组的排名为 r，则该元组的百分比排名定义为 $(r-1)/(n-1)$（如果该分区中只有一个元组则定义为 null）。**cume_dist**（累积分布的简写）函数对于一个元组的定义是 p/n，其中 p 是分区中排序值小于或等于该元组排序值的元组数，并且 n 是分区中的元组数。**row_number** 函数对行进行排序，并且按行在排序顺序中所处位置给每行一个唯一的行号，具有相同排序值的不同的行将按照非确定的方式来得到不同的行号。

最后，对于给定的常数 n，排名函数 **ntile**(n) 按照指定的顺序取到每个分区中的元组，并把它们分成 n 个具有相同元组数目的桶⊜。然后对于每个元组，**ntile**(n) 给出它所在桶的编号，桶的编号从 1 开始计数。该函数对于构造基于百分比的直方图来说特别有用。我们可以通过下面的查询来展示根据 GPA 把学生分为四个等级：

⊖　如果没有使用显式分区，则整个集合被看成单个的分区。
⊜　如果一个分区中的所有元组的总数不能被 n 整除，则每个桶中的元组数可以最多相差 1 个。为了使每个桶中的元组数量相同，具有相同排序属性值的元组可能被不确定地分配给不同的桶。

```
select ID, ntile(4) over (order by (GPA desc)) as quartile
from student_grades;
```

5.5.2 分窗

窗口查询在一定范围内的元组上计算聚集函数。该特性很有用，比如计算一个固定时间区间的聚集值，此时间区间被称为一个窗口（window）。窗口可以重叠，在这种情况下一个元组可能对多个窗口都有贡献。这与此前我们看到过的分区是不一样的，因为那里的一个元组只对一个分区有贡献。

趋势分析是分窗应用的一个案例。请考虑我们前面的销售示例。由于天气等原因，销售量可能会一天天地波动很大（例如暴风雪、洪水、飓风或地震会在一段时间内降低销售量）。然而，经历足够长的一段时间后，波动就会较小（继续前面的示例，由于天气原因造成的销售量下降可能会"赶上去"）。另一个使用分窗概念的示例是股票市场的趋势分析。在商务和投资的网站上可以发现各种各样的"移动平均线"。

要用我们已经学过的那些特性编写 SQL 查询来计算一个窗口上的聚集是相对简单的，例如计算固定的三天时段上的销售量。但是，如果我们想对每个三天时段都如此计算，那么查询就变得棘手了。

SQL 提供了一个分窗特性来支持这样的查询。假设我们有一个视图 *tot_credits*(*year*, *num_credits*)，它给出了每年学生选修的总学分[○]。请注意，这个关系对于每个年份最多包含一个元组。请考虑如下查询：

```
select year, avg(num_credits)
            over (order by year rows 3 preceding)
            as avg_total_credits
from tot_credits;
```

这个查询在按照指定顺序的前三个元组上计算均值。因此，对于 2019 年，如果在 *tot_credits* 关系中出现了 2018 年和 2017 年所对应的元组，由于每个年份仅由一个元组来表示，因此该窗口定义的结果就是 2017 年、2018 年和 2019 年的值的平均数。每年的均值也可以通过类似的方式来计算。对于 *tot_credits* 关系中最早的年份，均值的计算就只针对该年份本身，然而对于下一年来说，均值应该针对两年的值来进行计算。请注意，此示例之所以有意义，只是因为每个年份在 *tot_weight* 中仅出现一次。如果不是这样，那么元组可能会有几种顺序，因为相同年份的元组可以是任意顺序的。我们很快会看到一个分窗查询，它使用一个值的范围而不是特定数量的元组。

假设我们并不想回到固定数量的元组，而是希望把前面所有的年份都包含在窗口内。这意味着要考虑的前面的年份数量并不是固定的。我们编写下面的查询来得到前面所有年份上的平均总学分：

```
select year, avg(num_credits)
            over (order by year rows unbounded preceding)
            as avg_total_credits
from tot_credits;
```

○ 按照我们的大学示例来定义这个视图，我们将此留作练习。

也可以使用关键字 **following** 来替换 **preceding**。如果在我们的示例中这样做，那么 *year* 值就表示窗口的起始年份，而不是结束年份。类似地，我们可以指定一个窗口，它在当前元组之前开始，并在其后结束：

> select *year*, **avg**(*num_credits*)
>   **over** (**order by** *year* **rows between** 3 **preceding and** 2 **following**)
>   **as** *avg_total_credits*
> **from** *tot_credits*;

在我们的示例里，所有元组都是针对整个大学而言的。假如不是这样，而是在视图 *tot_credits_dept*(*dept_name, year, num_credits*) 中有每个系的学分数据，它给出了学生在指定年份中从特定系所修的总学分数。（我们仍旧把对这个视图定义的编写留作练习。）我们可以编写如下的分窗查询，它按照 *dep_name* 分区，并单独处理每个系：

> select *dept_name, year*, **avg**(*num_credits*)
>   **over** (**partition by** *dept_name*
>   **order by** *year* **rows between** 3 **preceding and current row**)
>   **as** *avg_total_credits*
> **from** *tot_credits_dept*;

使用关键字 **range** 代替 **row** 允许分窗查询使用特定值覆盖所有元组，而不是覆盖特定数量的元组。因此，举例来说，**rows current row** 只指代一个元组，而 **range current row** 指代 *sort* 属性上的取值与当前元组相同的所有元组。**range** 关键字并不是在每个系统中都完全实现的[注]。

5.5.3　旋转

请考虑这样一个应用：一家商店想要找出流行的服装款式。让我们假设衣服的特性包括它们的商品名、颜色和尺寸，并且有一个 *sales* 关系，它的模式是：

> *sales* (*item_name, color, clothes_size, quantity*)

假设 *item_name* 可以取的值有（skirt, dress, shirt, pants），*color* 可以取的值有（dark, pastel, white），*clothes_size* 可以取的值有（small, medium, large），并且 *quantity* 是一个整数值，表示一个给定（*item_name, color, clothes_size*）组合的商品销售总数。*sales* 关系的一个实例如图 5-17 所示。

图 5-18 展示了查看出现在图 5-17 中的数据的一种可选方式；*color* 属性的值"dark""pastel"和"white"已成为图 5-18 中的属性名称。图 5-18 中的表是**交叉表**（cross-tabulation 或者简写为 cross-tab）的一个示例，也可称之为**数据透视表**（pivot-table）。

item_name	color	clothes_size	quantity
dress	dark	small	2
dress	dark	medium	6
dress	dark	large	12
dress	pastel	small	4
dress	pastel	medium	3
dress	pastel	large	3
dress	white	small	2
dress	white	medium	3
dress	white	large	0
pants	dark	small	14
pants	dark	medium	6
pants	dark	large	0
pants	pastel	small	1
pants	pastel	medium	0
pants	pastel	large	1
pants	white	small	3
pants	white	medium	0
pants	white	large	2
shirt	dark	small	2
shirt	dark	medium	6
shirt	dark	large	6
shirt	pastel	small	4
shirt	pastel	medium	1
shirt	pastel	large	2
shirt	white	small	17
shirt	white	medium	1
shirt	white	large	10
skirt	dark	small	2
skirt	dark	medium	5
skirt	dark	large	1
skirt	pastel	small	11
skirt	pastel	medium	9
skirt	pastel	large	15
skirt	white	small	2
skirt	white	medium	5
skirt	white	large	3

图 5-17　关系 *sales* 的示例

 ⊖　有些系统（如 PostgreSQL）只允许使用**无边界**（unbounded）的范围（range）。

在我们的示例中，新属性 *dark*、*pastel* 和 *white* 的值定义如下：对于 *item_name* 和 *clothes_size* 的一个特定组合（例如（" dress"，" small"）），如果存在单个元组的 *color* 值为" dark"，则该元组的 *quantity* 值将显示为 *dark* 属性的值。如果存在多个这样的元组，则在我们的示例中使用总和（sum）聚集来汇总这些值；通常也可以使用其他聚集函数。对于另外两个属性（*pastel* 和 *white*）的值可以类似定义。

item_name	clothes_size	dark	pastel	white
dress	small	2	4	2
dress	medium	6	3	3
dress	large	12	3	0
pants	small	14	1	3
pants	medium	6	0	0
pants	large	0	1	2
shirt	small	2	4	17
shirt	medium	6	1	1
shirt	large	6	2	10
skirt	small	2	11	2
skirt	medium	5	9	5
skirt	large	1	15	3

通常说来，交叉表是从一个关系（例如 *R*）派生出来的表，其中关系 *R* 的某个属性（例如 *A*）的值成为结果中的属性名称；属性 *A* 是**轴向**（pivot）属性。交叉表已广泛用于数据分析。

图 5-18　图 5-17 的 *sales* 关系上的 SQL pivot 操作结果

诸如 Microsoft SQL Server 和 Oracle 的几种 SQL 实现支持 **pivot** 子句，允许创建交叉表。给定图 5-17 中的 *sales* 关系，查询：

```
select *
from sales
pivot (
    sum(quantity)
    for color in ('dark', 'pastel', 'white')
)
```

返回图 5-18 中所示的结果。

请注意，**pivot** 子句中的 **for** 子句指定：一个轴向属性（在上面的查询中是 *color*），该属性的值应该作为属性名出现在 pivot 的结果中（在上面的查询中是 dark、pastel 和 white），以及应该用于计算新属性值的聚集函数（在上面的查询中是 *quantity* 属性上的聚集函数 **sum**）。

在结果中并不出现 *color* 和 *quantity* 属性，但保留所有其他的属性。在有多个元组为一个给定单元格贡献值的情况下，**pivot** 子句中的聚集运算将指定如何合并这些值。在上面的示例中，使用 **sum** 函数来聚合 *quantity* 的值。

使用 **pivot** 的查询也可以使用基本的 SQL 结构来编写，而不使用 pivot 结构，但是该结构简化了编写此类查询的任务。

5.5.4　上卷和立方体

SQL 使用**上卷**（rollup）和**立方体**（cube）操作来支持 **group by** 结构的泛化形式，它允许在单个查询中运行多个 **group by** 查询，并以单个关系的形式来返回结果。

请再次考虑我们的零售商店示例以及关系：

sales (*item_name*, *color*, *clothes_size*, *quantity*)

我们可以通过编写简单的 **group by** 查询来找到按每种商品名称所销售的商品数量：

```
select item_name, sum(quantity) as quantity
from sales
group by item_name;
```

类似地，我们可以找到按每种颜色以及按每种尺寸所销售的商品数量等。我们可以编写下面的代码通过商品名和颜色来进一步拆分 *sales*：

> **select** *item_name*, *color*, **sum**(*quantity*) **as** *quantity*
> **from** *sales*
> **group by** *item_name*, *color*;

类似地，使用 **group by** *item_name, color, clothes_size* 的查询将允许我们查看按（*item_name, color, clothes_size*）组合拆分的 *sales*。

数据分析师通常需要查看以如上所示的多种方式聚集的数据。SQL 的 **rollup** 和 **cube** 结构提供了一种简洁的方式，可以使用单个查询来获得多个这样的聚集，而不是编写多个查询。

可以使用以下查询来说明 **rollup** 结构：

> **select** *item_name*, *color*, **sum**(*quantity*)
> **from** *sales*
> **group by rollup**(*item_name*, *color*);

此查询的结果如图 5-19 所示。上面的查询等价于下面使用**并**（union）运算的查询。

> (**select** *item_name*, *color*, **sum**(*quantity*) **as** *quantity*
> **from** *sales*
> **group by** *item_name*, *color*)
> **union**
> (**select** *item_name*, *null* **as** *color*, **sum**(*quantity*) **as** *quantity*
> **from** *sales*
> **group by** *item_name*)
> **union**
> (**select** *null* **as** *item_name*, *null* **as** *color*, **sum**(*quantity*) **as** *quantity*
> **from** *sales*)

group by rollup(item_name, color) 结构产生 3 个分组：

{ (*item_name*, *color*), (*item_name*), () }

其中 () 表示空的 **group by** 列表。请注意，对于**上卷**（rollup）子句中列出的属性的每个前缀都出现一个分组，包括空前缀。查询结果包含这些分组结果的并集。不同的分组生成不同的模式；为了将不同分组的结果纳入一个公共模式中，结果中的元组包含 *null*，作为在特定分组中不存在的那些属性的值[⊖]。

cube 结构生成甚至更多的分组，这些分组由 **cube** 结构中列出的属性的所有子集组成。例如，查询：

> **select** *item_name*, *color*, *clothes_size*, **sum**(*quantity*)
> **from** *sales*
> **group by cube**(*item_name*, *color*, *clothes_size*);

生成以下分组：

item_name	color	quantity
skirt	dark	8
skirt	pastel	35
skirt	white	10
dress	dark	20
dress	pastel	10
dress	white	5
shirt	dark	14
shirt	pastel	7
shirt	white	28
pants	dark	20
pants	pastel	2
pants	white	5
skirt	*null*	53
dress	*null*	35
shirt	*null*	49
pants	*null*	27
null	*null*	164

图 5-19 **group by rollup**(*item_name*, *color*) 的查询结果

⊖ SQL 的**外并**（outer union）运算可用于执行可能没有公共模式的关系的联合。结果模式具有跨输入的所有属性的并集；每个输入元组通过添加该元组中缺少的所有属性并将其值设置为空来映射到一个输出元组。并查询可以使用外并来编写，并且在这种情况下，我们不需要像在上面的查询中所做的那样使用 "*null* **as** 属性名" 的结构来显式地生成空值属性。

$$\{ (item\_name, color, clothes\_size), (item\_name, color), (item\_name, clothes\_size),$$
$$(color, clothes\_size), (item\_name), (color), (clothes\_size), () \}$$

为了将不同分组的结果纳入一个公共模式中，就像使用**上卷**一样，在结果的元组中包含 *null* 作为特定分组中不存在的那些属性的值。

可以将多个**上卷**和**立方体**用于单条 **group by** 子句中。比如，下面的查询：

> **select** *item_name, color, clothes_size,* **sum**(*quantity*)
> **from** *sales*
> **group by rollup**(*item_name*), **rollup**(*color, clothes_size*);

生成分组：

$$\{ (item\_name, color, clothes\_size), (item\_name, color), (item\_name),$$
$$(color, clothes\_size), (color), () \}$$

为了理解原因，请注意 **rollup**(*item_name*) 生成两个分组的集合 {(*item_name*), ()}，而 **rollup**(*color, clothes_size*) 生成三个分组的集合 {(*color, clothes_size*), (*color*), ()}。这两个集合的笛卡儿积给了我们如上所示的六个分组。

rollup 和 **cube** 子句都不能完全控制所生成的分组。例如，我们不能使用它们来指定只需要分组 {(*color, clothes_size*), (*clothes_size, item_name*)}。这种受限的分组可以通过使用 **grouping sets** 结构来生成，在该结构中可以指定要使用的分组的特定列表。为了只获得分组 {(*color, clothes_size*), (*clothes_size, item_name*)}，我们可以编写：

> **select** *item_name, color, clothes_size,* **sum**(*quantity*)
> **from** *sales*
> **group by grouping sets** ((*color, clothes_size*), (*clothes_size, item_name*));

分析员可能希望将由**上卷**和**立方体**运算生成的那些空值与实际存储在数据库中或由外连接所生成的"正常"空值区分开来。如果 **grouping()** 函数的参数是由**上卷**或**立方体**所生成的空值，则该函数返回 1，否则返回 0（请注意，**grouping** 函数不同于 **grouping sets** 结构）。如果我们希望显示如图 5-19 所示的**上卷**查询结果，但是使用值 "all" 来代替**上卷**所生成的空值，我们可以使用查询：

> **select** (**case when grouping**(*item_name*) = 1 **then** 'all'
>   **else** *item_name* **end**) **as** *item_name*,
>   (**case when grouping**(*color*) = 1 **then** 'all'
>   **else** *color* **end**) **as** *color*,
> **sum**(*quantity*) **as** *quantity*
> **from** *sales*
> **group by rollup**(*item_name, color*);

人们可能会考虑使用以下带有**合并**（coalesce）的查询，但它会错误地将空的商品名称和颜色转换为 **all**：

> **select coalesce** (*item_name,*'**all**') **as** *item_name*,
>   **coalesce** (*color,*'**all**') **as** *color*,
> **sum**(*quantity*) **as** *quantity*
> **from** *sales*
> **group by rollup**(*item_name, color*);

5.6 总结

- SQL 查询可以从宿主语言通过嵌入式和动态 SQL 来调用。ODBC 和 JDBC 标准定义了应用程序接口来从 C 和 Java 语言程序中访问 SQL 数据库。
- 函数和过程可以使用 SQL 过程性扩展来定义，它允许迭代和条件（if-then-else）语句。
- 当发生特定事件并且满足相应条件时，触发器定义的动作会自动执行。触发器有很多用处，例如实现业务规则和审计日志。它们可以通过外部语言例程来执行数据库系统之外的操作。
- 诸如传递闭包的某些查询要么可以通过使用迭代来表示，要么可以通过使用递归的 SQL 查询来表示。递归要么可以使用递归视图来表示，要么可以使用递归的 **with** 子句定义来表示。
- SQL 支持几种高级的聚集特性，包括排名和分窗查询，还有 pivot 以及上卷 / 立方体运算。这些特性简化了一些聚集的表达方式，并提供了更高效的求值方法。

术语回顾

- Java 数据库连接（JDBC）
- 预备语句
- SQL 注入
- 元数据
- 可更新结果集
- 开放数据库连接（ODBC）
- 嵌入式 SQL
- 嵌入式数据库
- 存储过程和函数
- 表函数
- 参数化视图
- 持久存储模块（PSM）
- 异常情况
- 句柄
- 外部语言例程

- 沙盒
- 触发器
- 传递闭包
- 层次
- 创建临时表
- 基查询
- 递归查询
- 不动点
- 单调的
- 分窗
- 排名函数
- 交叉表
- 数据透视表
- 旋转
- SQL **group by cube**，**group by rollup**

实践习题

5.1 请考虑如下一个公司数据库中的关系：
- *emp* (*ename, dname, salary*)
- *mgr* (*ename, mname*)

以及图 5-20 中的 Java 代码，它使用了 JDBC 的 API。假设用户标识、密码、主机名等都是正确的。请用简洁的话描述一下这段 Java 程序做了什么。（也就是说，用类似于"它查找玩具部门的经理"这样的句子来表达，而不是一行一行地解释每条 Java 语句都做了什么。）

5.2 请编写一个使用 JDBC 元数据特性的 Java 方法，该方法用 ResultSet 作为输入参数，并把结果输出为采用合适的名称作为列标题的表格形式。

5.3 假设我们希望找到在某门给定课程之前必须选修的所有课程。这意味着不仅要找到该课程的先修课程，还要找到先修课程的先修课程，如此等等。请使用 JDBC 来编写一段完整的 Java 程序，它能够：

```
import java.sql.*;
public class Mystery {
    public static void main(String[] args) {
        try (
            Connection con=DriverManager.getConnection(
                "jdbc:oracle:thin:star/X@//edgar.cse.lehigh.edu:1521/XE");
            q = "select mname from mgr where ename = ?";
            PreparedStatement stmt=con.prepareStatement();
        )
        {
            String q;
            String empName = "dog";
            boolean more;
            ResultSet result;
            do {
                stmt.setString(1, empName);
                result = stmt.executeQuery(q);
                more = result.next();
                if (more) {
                    empName = result.getString("mname");
                    System.out.println (empName);
                }
            } while (more);
            s.close();
            con.close();
        }
        catch(Exception e){
            e.printStackTrace();
        }
    }
}
```

图 5-20 实践习题 5.1 的 Java 代码（使用 Oracle JDBC）

- 从键盘获得 *course_id* 的值。
- 使用通过 JDBC 提交的 SQL 查询来查找该课程的先修课程。
- 对于返回的每门课程，找到它的先修课程，并反复执行此过程，直到没有找到新的先修课程为止。
- 打印结果。

对于本习题不要使用递归的 SQL 查询，而是使用前面描述的迭代方法。在一所大学意外地创建了一个先修课程环路（也就是说，比如，*A* 课程是 *B* 课程的先修课程，*B* 课程是 *C* 课程的先修课程，且 *C* 课程是 *A* 课程的先修课程）的情况下，一个完善的解决方案对于这样的错误情况应该是稳健的。

5.4 请描述你会选择使用嵌入式 SQL 而不是单独使用 SQL 或仅仅使用通用程序设计语言的情况。

5.5 请说明如何使用一个触发器来保证"一位教师不能在一个学期的同一时间段讲授两门不同的课"的约束（要知道，对 *teaches* 关系和 *section* 关系的改变都可能违反该约束）。

5.6 请考虑图 5-21 中的银行数据库。让我们按照如下方式定义 *branch_cust* 视图：

create view *branch_cust* **as**
    select *branch_name, customer_name*
    from *depositor, account*
    where *depositor.account_number = account.account_number*

假设视图是物化的，也就是说，该视图被计算且存储。请编写触发器来维护该视图，也就是说，该视图在对 *depositor* 或 *account* 进行插入时保持最新状态。不必处理删除或更新的情况。请注意，为了简单起见，我们不需要消除重复项。

5.7 请考虑图 5-21 中的银行数据库。请编写一个 SQL 触发器来执行下列操作：在**删除**一个账户时，检查该账户的拥有者是否还有其他账户，如果没有，则将其从 *depositor* 关系中删除。

5.8 给定一个关系 *S(student, subject, marks)*，请编写一个查询，通过使用 SQL 排名来按总分查找前 10 名的学生。即使导致最终人数超过 10 名也要包括在排名中并列最后的所有学生。

5.9 给定一个关系 *nyse(year, month, day, sharest_raded, dollar_volume)*，它具有来自纽约证券交易所的交易数据，请按交易的股票数量顺序列出每个交易日，并显示每天的排名。

> branch (<u>branch_name</u>, branch_city, assets)
> customer (<u>customer_name</u>, customer_street, cust omer_city)
> loan (<u>loan_number</u>, branch_name, amount)
> borrower (<u>customer_name</u>, <u>loan_number</u>)
> account (<u>account_number</u>, branch_name, balance)
> depositor (<u>customer_name</u>, <u>account_number</u>)

图 5-21 用于实践习题 5.6 的银行数据库

5.10 请使用实践习题 5.9 中的关系，编写一个 SQL 查询来生成一个报表，显示按每年、每个月以及每个交易日划分的股票交易数量、交易数量和总的美元交易量。

5.11 请展示如何使用**上卷**（rollup）来表达 **group by cube**(*a, b, c, d*)；你的答案中只允许包含一个 **group by** 子句。

习题

5.12 请编写一段 Java 程序，它允许大学管理员来打印一位教师的教学记录。
   a. 首先让用户输入登录 ID 和密码，然后打开正确的连接。
   b. 接下来要求用户输入一个搜索子字符串，并且系统返回姓名与该子字符串匹配的教师的（ID, *name*）对。使用 SQL 中的 **like**('% 子字符串 %') 结构来执行此操作。如果搜索返回为空，则允许继续搜索，直到出现非空结果为止。
   c. 然后要求用户输入一个 ID 编号，它是介于 0 和 99 999 之间的一个数字。一旦用户输入了一个有效数字，检查是否存在具有该 ID 的教师。如果没有具有给定 ID 的教师，则打印合理的消息并退出。
   d. 如果该教师没有讲授任何课程，请打印一条消息说明这一点。否则打印该教师的教学记录，显示系的名称、课程标识、课程名称、课程段号、学期、年份和总注册人数（并按 *dept_name*、*course_id*、*year*、*semester* 对那些记录进行排序）。
   请仔细检测错误的输入。确保你的 SQL 查询不会引发异常。在登录时可能会发生异常，因为用户可能键入了错误的密码，但请捕获这些异常并允许用户重试。

5.13 假设你需要在 Java 中定义一个类 MetaDisplay，它包含 static void printTable(String r) 方法；该方法以关系名称 *r* 为输入，执行查询"**select * from** *r*"，然后以表格形式来打印结果，并在表头显示属性的名称。
   a. 为了能够以指定的表格形式来打印结果，你需要知道有关关系 *r* 的哪些信息？
   b. JDBC 的哪个（些）方法能帮你获得所需的信息？
   c. 请使用 JDBC API 来编写 printTable(String r) 方法。

5.14 请使用 ODBC 重做习题 5.13，将 void printTable(char *r) 定义为函数而不是方法。

5.15 请考虑具有两个关系的雇员数据库：

> *employee* (<u>employee_name</u>, street, city)
> *works* (<u>employee_name</u>, company_name, salary)

其中主码用下划线标出。请编写一个 *avg_salary* 函数，它以公司名称作为参数，并查找该公司员工的平均工资。然后，请使用该函数编写一条 SQL 语句，来查找员工平均工资高于"First Bank"平均工资的公司。

5.16 请考虑关系模式：

$$part(\underline{part\_id}, name, cost)$$
$$subpart(\underline{part\_id}, \underline{subpart\_id}, count)$$

其中主码属性用下划线标出。*subpart* 关系中的一个元组（p_1, p_2, 3）表示 *part_id* 为 p_2 的部件是 *part_id* 为 p_1 的部件的直接子件，并且 p_1 中包含 3 个 p_2。请注意 p_2 本身可能具有进一步的子件。请编写一个递归的 SQL 查询来输出 *part_id* 为 "P-100" 的部件的所有子件的名称。

5.17 请考虑习题 5.16 中的关系模式。请使用非递归的 SQL 编写一个 JDBC 函数来查找 "P-100" 部件的总成本，包括它的所有子件的成本。请务必考虑到一个部件可能有同一个子件重复出现多次的事实。如果你愿意，可以在 Java 中使用递归。

5.18 请使用你的数据库系统中对存储过程和函数进行编码的语言重做习题 5.12。请注意，你可能需要查阅你的系统的联机文档以作为参考，因为大多数系统使用的语法与本书中遵循的 SQL 标准版本有所不同。具体来说，编写一个以教师 ID 为参数的过程，并以习题 5.12 中指定的格式打印输出，如果教师不存在或没有讲授任何课程，则要产生适当的信息。（对于本习题的更简单版本，与其提供打印的输出，不如假设存在具有适当模式的关系，并往其中插入你的答案，而不必担心对于错误参数值的测试。）

5.19 假设有两个关系 r 和 s，使得 r 的外码 B 引用 s 的主码 A。请描述如何使用触发器机制来实现从 s 中删除一个元组时的**级联删除**（on delete cascade）选项。

5.20 一个触发器的执行可能会触发另一个动作。大多数数据库系统都在可能的嵌套深度上设置了限制。请解释它们为什么要设置这样的限制。

5.21 请修改图 5-16 中的递归查询来定义一个关系：

$$prereq\_depth(\underline{course\_id}, \underline{prereq\_id}, depth)$$

其中 *depth* 属性表示在课程和先修课程之间存在多少层中间先修课程。直接先修课程的深度为 0。请注意，一门先修课程可能具有多个深度，并因此可能会出现不止一次。

5.22 给定关系 s(a, b, c)，请编写一条 SQL 语句来生成一个直方图，用于显示 c 值与 a 之和，并将 a 划分为 20 个规模相等的分区（即其中每个分区包含 s 中 5% 的元组，并按 a 排序）。

5.23 请考虑实践习题 5.9 中的 nyse 关系。对于每年的每个月，请显示该月和前两个月的每月总金额和平均每月金额。（提示：首先编写查询来查找每年每月的总金额。这个一旦正确，就将其放入外层查询的 from 子句中以解决整个问题。该外层查询将需要分窗。子查询则不需要。）

5.24 请考虑图 5-22 中所示的关系 r。请给出下列查询的结果：

```
select building, room_number, time_slot_id, count(*)
from r
group by rollup (building, room_number, time_slot_id)
```

building	room_number	time_slot_id	course_id	sec_id
Garfield	359	A	BIO-101	1
Garfield	359	B	BIO-101	2
Saucon	651	A	CS-101	2
Saucon	550	C	CS-319	1
Painter	705	D	MU-199	1
Painter	403	D	FIN-201	1

图 5-22 习题 5.24 中的关系 r

工具

在我们的图书网站 db-book.com 上提供了示例的 JDBC 代码。

包括 IBM、Microsoft 和 Oracle 在内的大部分数据库厂商都把 OLAP 工具作为它们的数据库系统的一部分或作为附加的应用程序来提供。有些工具可能被整合到更大型的"商务智能"产品中，例如 IBM Cognos。很多公司还提供了面向特定应用的分析工具，比如客户关系管理（例如 Oracle Siebel CRM）。

延伸阅读

有关 JDBC 的更多详细信息可以在 docs.oracle.com/javase/tutorial/jdbc 上找到。

为了编写可以在一个给定系统上执行的存储过程、存储函数和触发器，你需要参考系统文档。

尽管我们对递归查询的讨论集中在 SQL 语法上，但是在关系数据库中还有实现递归的其他方法。Datalog 是一种基于 Prolog 程序设计语言的数据库语言。

在 SQL:1999 中引入了包括上卷和立方体在内的 SQL 中的 OLAP 特性，并且在 SQL:2003 中增加了具有排名和分区的窗口函数。如今，大多数数据库都支持包括窗口函数在内的 OLAP 特性。尽管大多数系统遵循我们已经介绍过的 SQL 标准语法，但还是存在一些区别。请参阅你所使用系统的系统手册以了解更多的详细信息。Microsoft 的多维表达式（MultiDimensional Expression，MDX）是一种类 SQL 的查询语言，是为查询 OLAP 立方体而设计的。

形式化关系查询语言

第 2 章到第 5 章，我们介绍了关系模型，并详细讲述了 SQL。在本章中我们将介绍 SQL 所基于的形式化模型，同时它也是其他关系查询语言的基础。

本章内容包括三种形式化语言。我们首先介绍关系代数（Relational Algebra，RA），它构成了广泛使用的 SQL 查询语言的基础。然后我们继续介绍"纯"查询语言，特别是元组关系演算和域关系演算，它们都基于数学逻辑的声明式查询语言。

6.1 关系代数

关系代数由一组运算组成，这些运算接受一个或两个关系作为输入，并生成一个新的关系作为它们的结果。

其中一些运算（如选择、投影和更名运算）称为一元（unary）运算，因为它们只在一个关系上进行运算。另一些运算（如并、笛卡儿积和集差）在一对关系上进行，因此称为二元（binary）运算。

尽管关系代数运算构成了广泛使用的 SQL 的基础，但是数据库系统并不允许用户用关系代数来编写查询。然而，也存在为便于学生练习关系代数查询而构建的关系代数实现。在本书英文版的网站 db-book.com 上，标题为"实验室材料"的链接下提供了几个这样的实现的网址。

在此值得回顾的是，由于关系是元组的集合，因此关系不能包含重复的元组。然而，在实践中，除非施加了特定的约束来禁止，否则数据库系统中的表允许包含重复元组。但是在讨论正式的关系代数时，如集合的数学定义所要求的那样，我们要求去除重复项。在第 3 章中，我们讨论了如何将关系代数扩展到多重集合上，多重集合是可以包含重复项的集合。

6.1.1 选择运算

选择（select）运算选出满足给定谓词的元组。我们使用小写的希腊字母 sigma（σ）来代表选择。谓词写在 σ 的下标中。作为参数的关系写在 σ 后的括号内。因此，为了选出 *instructor* 关系的那些元组，使得它们对应于"物理"系中的教师，我们写为：

$$\sigma_{dept\_name = \text{"Physics"}} (instructor)$$

如果 *instructor* 关系如图 2-1 所示，则上述查询得到的关系如图 6-1 所示。

通过编写如下语句，我们可以找出薪水高于 90 000 美元的所有教师：

$$\sigma_{salary > 90000} (instructor)$$

通常，我们允许在选择谓词中使用 =、≠、<、≤、> 和≥来进行比较。此外，可以通过使用连接词 and（∧）、or（∨）和 not（¬）将几个谓词组合成一个更长的谓词。因此，为了查找薪水超过 90 000 美元的物理系的教师，我们写为：

$$\sigma_{dept\_name=\text{"Physics"} \land salary>90000}(instructor)$$

选择谓词可以包含两个属性之间的比较。为说明这一点，请考虑 *department* 关系。为了查找名称与其所在教学楼名称相同的所有系，我们可以写为：

$$\sigma_{dept\_name=building}(department)$$

6.1.2 投影运算

假设我们希望列出所有教师的 *ID*、*name* 和 *salary*，但并不关心 *dept_name*。**投影**（project）运算使得我们可以生成这样的关系。投影运算是一种一元运算，返回它的参数关系，但滤掉了特定的属性。由于关系是一个集合，任何重复的行都会被删除。投影用大写的希腊字母 pi（Π）来表示。我们将那些希望出现在结果中的属性作为 Π 的下标列出。参数关系写在后面的括号中。我们编写如下的查询以生成这样的列表：

$$\Pi_{ID, name, salary}(instructor)$$

图 6-2 展示了这个查询所得到的关系。

ID	name	salary
10101	Srinivasan	65000
12121	Wu	90000
15151	Mozart	40000
22222	Einstein	95000
32343	El Said	60000
33456	Gold	87000
45565	Katz	75000
58583	Califieri	62000
76543	Singh	80000
76766	Crick	72000
83821	Brandt	92000
98345	Kim	80000

ID	name	dept_name	salary
22222	Einstein	Physics	95000
33456	Gold	Physics	87000

图 6-1 $\sigma_{dept\_name=\text{"Physics"}}(instructor)$ 的结果   图 6-2 $\Pi_{ID, name, salary}(instructor)$ 的结果

投影运算 $\Pi_L(E)$ 的基础版本只允许在列表 L 中出现属性名。该运算的泛化版本则允许在列表 L 中出现涉及属性的表达式。例如，我们可以使用

$$\Pi_{ID,name,salary/12}(instructor)$$

来得到每位教师的月薪。

6.1.3 关系运算的复合

关系运算的结果本身也是关系这一事实是重要的。请考虑更为复杂的查询"查找物理系所有教师的姓名"。我们写为：

$$\Pi_{name}(\sigma_{dept\_name=\text{"Physics"}}(instructor))$$

请注意，我们没有将关系的名称作为投影运算的参数给出，而是给出了一个能求出关系的表达式。

一般来说，由于关系代数运算的结果与其输入具有相同的类型（都是关系），因此可以将关系代数运算复合在一起成为**关系代数表达式**（relational-algebra expression）。将关系代数运算复合成关系代数表达式就像将算术运算（比如 +、-、* 和 ÷）复合为算术表达式一样。

6.1.4　笛卡儿积运算

笛卡儿积（Cartesian-product）运算用叉号（×）表示，它允许我们结合来自任意两个关系的信息。我们将关系 r_1 与 r_2 的笛卡儿积记为 $r_1 \times r_2$。

数据库关系的笛卡儿积在其定义上与集合的笛卡儿积的数学定义略有不同。关系代数中的 $r_1 \times r_2$ 不是将来自 r_1 和 r_2 的元组生成元组对（t_1，t_2），而是将 t_1 和 t_2 拼接成单个元组，如图 6-3 所示。

instructor.ID	name	dept_name	salary	teaches.ID	course_id	sec_id	semester	year
10101	Srinivasan	Comp. Sci.	65000	10101	CS-101	1	Fall	2017
10101	Srinivasan	Comp. Sci.	65000	10101	CS-315	1	Spring	2018
10101	Srinivasan	Comp. Sci.	65000	10101	CS-347	1	Fall	2017
10101	Srinivasan	Comp. Sci.	65000	12121	FIN-201	1	Spring	2018
10101	Srinivasan	Comp. Sci.	65000	15151	MU-199	1	Spring	2018
10101	Srinivasan	Comp. Sci.	65000	22222	PHY-101	1	Fall	2017
...	...	...	...	...	...	...	...	...
...	...	...	...	...	...	...	...	...
12121	Wu	Finance	90000	10101	CS-101	1	Fall	2017
12121	Wu	Finance	90000	10101	CS-315	1	Spring	2018
12121	Wu	Finance	90000	10101	CS-347	1	Fall	2017
12121	Wu	Finance	90000	12121	FIN-201	1	Spring	2018
12121	Wu	Finance	90000	15151	MU-199	1	Spring	2018
12121	Wu	Finance	90000	22222	PHY-101	1	Fall	2017
...	...	...	...	...	...	...	...	...
...	...	...	...	...	...	...	...	...
15151	Mozart	Music	40000	10101	CS-101	1	Fall	2017
15151	Mozart	Music	40000	10101	CS-315	1	Spring	2018
15151	Mozart	Music	40000	10101	CS-347	1	Fall	2017
15151	Mozart	Music	40000	12121	FIN-201	1	Spring	2018
15151	Mozart	Music	40000	15151	MU-199	1	Spring	2018
15151	Mozart	Music	40000	22222	PHY-101	1	Fall	2017
...	...	...	...	...	...	...	...	...
...	...	...	...	...	...	...	...	...
22222	Einstein	Physics	95000	10101	CS-101	1	Fall	2017
22222	Einstein	Physics	95000	10101	CS-315	1	Spring	2018
22222	Einstein	Physics	95000	10101	CS-347	1	Fall	2017
22222	Einstein	Physics	95000	12121	FIN-201	1	Spring	2018
22222	Einstein	Physics	95000	15151	MU-199	1	Spring	2018
22222	Einstein	Physics	95000	22222	PHY-101	1	Fall	2017
...	...	...	...	...	...	...	...	...
...	...	...	...	...	...	...	...	...

图 6-3　笛卡儿积 *instructor*×*teaches* 的结果

由于相同的属性名可能既出现在 r_1 的模式中，也出现在 r_2 的模式中，因此我们需要设计一种命名机制来在这些属性之间进行区分。在这里，我们通过将属性所属的关系名附加到该属性上来做到这一点。例如，对应于 $r=instructor \times teaches$ 的关系模式为：

(instructor.ID, instructor.name, instructor.dept_name, instructor.salary,
teaches.ID, teaches.course_id, teaches.sec_id, teaches.semester, teaches.year)

使用此模式，我们可以区分 *teaches.ID* 和 *instructor.ID*。对于那些仅出现在其中一种模式中的属性，我们通常删除关系名前缀。这种简化并不会导致任何歧义。这样我们可以将 r 的关系模式写成：

(instructor.ID, name, dept_name, salary,
teaches.ID, course_id, sec_id, semester, year)

这种命名规范要求作为笛卡儿积运算参数的两个关系具有不同的名称。这一要求在某些情况下会导致问题，例如当需要一个关系与其自身做笛卡儿积时。如果在笛卡儿积中使用关系代数表达式的结果，也会出现类似的问题，因为需要为关系取一个名称，这样我们才可以引用该关系的属性。在 6.1.8 节中，我们将看到如何使用更名运算来避免这些问题。

现在我们了解了关于 $r=instructor \times teaches$ 的关系模式，那么在 r 中会出现什么样的元组呢？正如你可能猜测到的，我们根据每一对可能的元组构造出 r 的一个元组：元组对中的一个元组来自 $instructor$ 关系（见图 2-1），且另一个来自 $teaches$ 关系（见图 2-7）。因此从图 6-3 可以看出，r 是一个大型的关系，图中所展示的也只是构成 r 的一部分元组。

假设我们在 $instructor$ 中有 n_1 个元组，并且在 $teaches$ 中有 n_2 个元组。则共有 $n_1 \times n_2$ 种方式来选择一个元组对——从每个关系中各选择一个元组，因此在 r 中就有 $n_1 \times n_2$ 个元组。特别是针对我们的示例，对于 r 中的某个元组 t，$instructor.ID$ 和 $teaches.ID$ 这两个 ID 值有可能是不同的。

一般来说，如果有关系 $r_1(R_1)$ 和 $r_2(R_2)$，那么 $r_1 \times r_2$ 就是这样一个关系 $r(R)$：它的模式 R 是 r_1 和 r_2 的模式的拼接。关系 r 包含所有这样的元组 t：对于 t 存在 r_1 中的一个元组 t_1 和 r_2 中的一个元组 t_2，满足 t 和 t_1 在 R_1 中的属性上取值相同，并且 t 和 t_2 在 R_2 中的属性上取值相同。

6.1.5 连接运算

假设我们希望查找关于所有教师以及他们所讲授的所有课程的 *course_id* 的信息。我们既需要 *instructor* 关系中的信息也需要 *teaches* 关系中的信息来计算出所需的结果。*instructor* 和 *teaches* 的笛卡儿积确实把来自这两个关系的信息都结合在一起，但遗憾的是笛卡儿积把每一位教师和所开设的每一门课程都关联了起来，而不管这位教师是否讲授过这门课程。

由于笛卡儿积运算将 *instructor* 的每一个元组与 *teaches* 的每一个元组关联了起来，因此我们知道，如果一位教师讲授过一门课程（正如在 *teaches* 关系中所记录的那样），则在 *instructor* × *teaches* 中有一些元组既包含了该教师的姓名又满足 *instructor.ID=teaches.ID*。因此，如果我们写出：

$$\sigma_{instructor.ID = teaches.ID}(instructor \times teaches)$$

那么我们就只得到 *instructor* × *teaches* 中属于教师和他们所讲授课程的那些元组。

这个表达式的结果如图 6-4 所示。请注意教师 Gold、Califieri 和 Singh 不讲授任何课程（正如在 *teaches* 关系中所记录的那样），因此不会出现在结果中。

请注意，这个表达式会导致教师 ID 的重复出现。这个问题可以通过增加一个投影来去除 *teaches.ID* 列而轻松地解决。

连接运算使我们能够将选择与笛卡儿积合并到单个运算中。

请考虑关系 $r(R)$ 和 $s(S)$，并令 θ 为 $R \cup S$ 模式的属性上的一个谓词。**连接**（join）运算 $r \bowtie_\theta s$ 定义如下：

$$r \bowtie_\theta s = \sigma_\theta (r \times s)$$

因此，$\sigma_{instructor.ID = teaches.ID} (instructor \times teaches)$ 可以等价地写为 $instructor \bowtie_{instructor.ID=teaches.ID} teaches$。

instructor.ID	name	dept_name	salary	teaches.ID	course_id	sec_id	semester	year
10101	Srinivasan	Comp. Sci.	65000	10101	CS-101	1	Fall	2017
10101	Srinivasan	Comp. Sci.	65000	10101	CS-315	1	Spring	2018
10101	Srinivasan	Comp. Sci.	65000	10101	CS-347	1	Fall	2017
12121	Wu	Finance	90000	12121	FIN-201	1	Spring	2018
15151	Mozart	Music	40000	15151	MU-199	1	Spring	2018
22222	Einstein	Physics	95000	22222	PHY-101	1	Fall	2017
32343	El Said	History	60000	32343	HIS-351	1	Spring	2018
45565	Katz	Comp. Sci.	75000	45565	CS-101	1	Spring	2018
45565	Katz	Comp. Sci.	75000	45565	CS-319	1	Spring	2018
76766	Crick	Biology	72000	76766	BIO-101	1	Summer	2017
76766	Crick	Biology	72000	76766	BIO-301	1	Summer	2018
83821	Brandt	Comp. Sci.	92000	83821	CS-190	1	Spring	2017
83821	Brandt	Comp. Sci.	92000	83821	CS-190	2	Spring	2017
83821	Brandt	Comp. Sci.	92000	83821	CS-319	2	Spring	2018
98345	Kim	Elec. Eng.	80000	98345	EE-181	1	Spring	2017

图 6-4 $\sigma_{instructor.ID = teaches.ID}\,(instructor \times teaches)$ 的结果

6.1.6 集合运算

请考虑这样一个查询：查找在 2017 年秋季学期、在 2018 年春季学期或者在这两个学期都开设的所有课程的集合。此信息包含在 *section* 关系中（见图 2-6）。为了找到在 2017 年秋季学期开设的所有课程的集合，我们写为：

$$\Pi_{course\_id}\,(\sigma_{semester = \text{“Fall”} \wedge year=2017}\,(section))$$

为了找到在 2018 年春季学期开设的所有课程的集合，我们写为：

$$\Pi_{course\_id}\,(\sigma_{semester = \text{“Spring”} \wedge year=2018}\,(section))$$

为了回答该查询，我们需要这两个集合的**并**（union）集；也就是说，我们需要出现在这两个关系之一或同时出现在这两个关系中的所有 *course_id*。我们通过二元运算并来找到这些数据，并用集合论中的 ∪ 来表示。因此所需的表达式是：

$$\Pi_{course\_id}\,(\sigma_{semester = \text{“Fall”} \wedge year=2017}\,(section)) \cup$$
$$\Pi_{course\_id}\,(\sigma_{semester = \text{“Spring”} \wedge year=2018}\,(section))$$

course_id
CS-101
CS-315
CS-319
CS-347
FIN-201
HIS-351
MU-199
PHY-101

这个查询的结果关系如图 6-5 所示。请注意，尽管在 2017 年秋季学期开设了三门不同的课程，且在 2018 年春季学期开设了六门不同的课程，结果中却只有八个元组。这是因为关系是集合，所以诸如在这两个学期都开设的 CS-101 这样的重复的值将只出现一次。

图 6-5 在 2017 年秋季、2018 年春季或这两个学期都开设的课程

请注意在我们的示例中，我们计算了两个集合的并集，而这两个集合都是由 *course_id* 的值组成的。一般来说，为了使并运算有意义：

1. 必须确保输入并运算的两个关系具有相同数量的属性，一个关系的属性数量被称为它的**元数**（arity）。

2. 当属性有关联的类型时，对于每个 *i*，两个输入关系的第 *i* 个属性的类型必须相同。

这样的关系被称为**相容**（compatible）关系。

例如，计算 *instructor* 和 *section* 关系的并集是没有意义的，因为它们的属性数量不同。并且尽管 *instructor* 和 *student* 关系的元数都为 4，但它们的第 4 个属性，即 *salary* 和 *tot_* *cred*，属于两种不同的类型。这两个属性的并集在大多数情况下是没有意义的。

交（intersection）运算用 ∩ 表示，它允许我们找到同时出现在两个输入关系中的元组。表达式 $r \cap s$ 生成一个关系，其中包含既在 r 中也在 s 中的那些元组。与并运算的情况一样，我们必须确保交是在相容关系之间进行计算的。

假设我们希望找到既在 2017 年秋季学期也在 2018 年春季学期开设的所有课程的集合。使用集合的交，我们可以写为：

$$\Pi_{course\_id} (\sigma_{semester = \text{``Fall''} \wedge year=2017} (section)) \cap$$
$$\Pi_{course\_id} (\sigma_{semester = \text{``Spring''} \wedge year=2018} (section))$$

这个查询的结果关系如图 6-6 所示。

集差（set-difference）运算用 − 来表示，它使我们能够找到在一个关系中但不在另一个关系中的元组。表达式 $r-s$ 所产生的关系包含在 r 中但不在 s 中的那些元组。

我们可以通过编写如下表达式来查找在 2017 年秋季学期开设，但在 2018 年春季学期未开设的所有课程：

$$\Pi_{course\_id} (\sigma_{semester = \text{``Fall''} \wedge year=2017} (section)) -$$
$$\Pi_{course\_id} (\sigma_{semester = \text{``Spring''} \wedge year=2018} (section))$$

这个查询的结果关系如图 6-7 所示。

course_id
CS-101

图 6-6 在 2017 年秋季与 2018 年
春季学期都开设的课程

course_id
CS-347
PHY-101

图 6-7 在 2017 年秋季开设但在 2018
年春季未开设的课程

与并运算的情况一样，我们必须确保集差是在相容关系之间进行计算的。

6.1.7 赋值运算

有时通过将一个关系代数表达式中的一部分赋值给临时的关系变量，可以方便地编写该表达式。**赋值**（assignment）运算用 ← 来表示，其工作方式与程序设计语言中的赋值是类似的。为了说明此运算，请考虑我们在前面看到过的查找在 2017 年秋季和在 2018 年春季都开设的课程的查询。我们可以将它写为：

$$courses\_fall\_2017 \leftarrow \Pi_{course\_id}(\sigma_{semester = \text{``Fall''} \wedge year=2017} (section))$$
$$courses\_spring\_2018 \leftarrow \Pi_{course\_id}(\sigma_{semester = \text{``Spring''} \wedge year=2018} (section))$$
$$courses\_fall\_2017 \cap courses\_spring\_2018$$

上面的最后一行展示了查询的结果。前两行将查询结果赋值给一个临时关系。赋值的计算并不会向用户展示任何关系。而是将 ← 右边的表达式的结果赋值给 ← 左边的关系变量。这个关系变量可以在后续表达式中使用。

使用赋值操作可以将一个查询编写为一个顺序程序，该程序由一系列赋值后跟一个表达式组成，该表达式的值作为查询的结果进行展示。对于关系代数查询，必须始终赋值给临时的关系变量。向永久关系赋值会造成数据库修改。请注意，赋值运算并没有为关系代数提供任何额外的功能，而只是提供了一种表达复杂查询的简便方式。

6.1.8 更名运算

不同于数据库中的关系，关系代数表达式的结果并没有可以用来指代它们的名称。在某些情况下，给它们命名是有用的；**更名**（rename）运算用小写希腊字母 rho（ρ）来表示，它使我们能够做到这一点。给定一个关系代数表达式 E，下述表达式

$$\rho_x(E)$$

返回以 x 命名的表达式 E 的结果。

关系 r 本身就是一个（平凡的）关系代数表达式。因此，我们也可以对关系 r 应用更名运算，以得到新名称下的同一个关系。有些查询需要在查询中不止一次地使用相同的关系；在这种情况下，可以使用更名运算为相同关系的不同出现提供不同的名称。

更名运算的第二种形式如下：假设一个关系代数表达式 E 的元数为 n。那么，表达式

$$\rho_{x(A_1,A_2,\dots,A_n)}(E)$$

返回以 x 命名的表达式 E 的结果，并将其属性重命名为 $A_1, A_2, \cdots, A_n$。这种形式的更名运算可用于在涉及属性上的表达式的关系代数运算的结果中为属性命名。

为了描述关系的更名，我们考虑"查找比 ID 为 12121 的教师（即图 2-1 示例表中的教师 Wu）挣得多的那些教师的 ID 和姓名"的查询。

编写此查询语句有几种策略，但为了说明更名运算，我们的策略是将每位教师的工资都与 ID 为 12121 的教师的工资进行比较。这里的难点是，为了获取每位教师的工资我们需要先引用一次 *instructor* 关系，然后再引用一次该关系以得到教师 12121 的工资；而我们希望能用一个表达式来完成所有这些任务。更名算子允许我们对 *instructor* 关系的每次引用都使用不同的名称来做到这一点。在本例中，我们将使用名称 i 来指代为寻找那些将成为查询结果的一部分而对 *instructor* 关系进行的扫描，并使用 w 来指代为获得教师 12121 的工资而对 *instructor* 关系进行的扫描：

$$\Pi_{i.ID,i.name}((\sigma_{i.salary > w.salary}(\rho_i(instructor) \times \sigma_{w.id=12121}(\rho_w(instructor)))))$$

由于可以对属性使用位置标记，更名运算并不是严格要求一定要有的。我们可以通过使用位置标记来隐式地命名关系的属性，即使用 \$1, \$2, … 来引用第一个属性、第二个属性，依此类推。位置标记也可以用来引用关系代数运算结果的属性。然而，由于属性的位置是数字，而不是易于记住的属性名，因此对于人们来说位置标记的使用是不方便的。因此，我们在本书中并不使用位置标记。

注释 6-1　其他关系运算

除了到目前为止我们所看到过的关系代数运算之外，还有许多其他常用的运算。我们将其总结如下，并将在稍后对它们进行详细描述，以及给出等价的 SQL 结构。

聚集运算允许在查询返回的值集上进行函数计算。这些函数包括求平均值、求和、求最小值和最大值等。该运算还允许在将值集进行分组之后再执行这些聚集，例如，计算每个部门的平均工资。我们在 3.7 节（注释 3-2）中学习聚集运算的更多细节。

自然连接（natural join）运算用一种隐式谓词取代了 $\bowtie_\theta$ 中的谓词 θ，这种隐式谓词要求在左右两个关系的模式中同时出现的那些属性上取值相等。这在符号表示方面是便利

的，但也会对重用的查询带来风险，这些查询可能在关系模式更改后进而又被使用。在
4.1.1 节中对此进行讨论。

请回想一下，当我们计算 *instructor* 和 *teaches* 的连接时，不讲授任何课程的教师并
不会出现在连接结果中。**外连接**（outer join）运算允许通过为缺失的值插入空值的方式
在结果中保留这些元组。在 4.1.3 节（注释 4-1）中对此进行讨论。

6.1.9 等价查询

请注意用关系代数来编写查询的方式通常不止一种。请考虑如下查询，它查找物理系的
教师所讲授课程的有关信息：

$$\sigma_{dept\_name = \text{"Physics"}}(instructor \bowtie_{instructor.ID = teaches.ID} teaches)$$

现在，请考虑一个可替代的查询：

$$(\sigma_{dept\_name = \text{"Physics"}}(instructor)) \bowtie_{instructor.ID = teaches.ID} teaches$$

请注意这两条查询之间的微妙区别：在第一条查询中，将 *dept_name* 限制为物理系的选择是
在 *instructor* 与 *teaches* 的连接运算之后才应用的；而在第二条查询中，先将 *dept_name* 限制
为物理系的选择应用于 *instructor*，然后再进行连接运算。

虽然这两条查询不完全相同，但实际上它们是**等价**（equivalent）的；也就是说，它们在
任何数据库上都给出相同的结果。

数据库系统中的查询优化器通常会查看表达式所计算的结果是什么，并找到计算该结果
的高效方式，而不是严格按照查询中指定的步骤序列来执行。正如在第 12 章中我们将看到
的，关系代数的代数结构使得我们能够容易地找到高效而等价的替代表达式。

6.2 元组关系演算

当我们书写关系代数表达式时，我们提供了产生我们的查询结果的一个过程序列。与
之相比，**元组关系演算**（tuple relational calculus）是**非过程化的**（nonprocedural）查询语言。
它描述了所需信息，而不给出用于获得该信息的具体过程。

在元组关系演算中的查询表达为：

$$\{t \mid P(t)\}$$

也就是说，它是使谓词 P 为真的所有元组 t 的集合。和我们前面的记法一样，我们用 $t[A]$ 来
表示元组 t 在属性 A 上的取值，并且我们用 $t \in r$ 来表示元组 t 在关系 r 中。

在我们给出元组关系演算的形式化定义之前，我们先回到 6.1 节中我们用关系代数表
达式书写过的一些查询。

6.2.1 查询示例

请找出工资在 80 000 美元以上的教师的 *ID*、*name*、*dept_name* 和 *salary*：

$$\{t \mid t \in instructor \wedge t[salary] > 80000\}$$

假设我们只需要 *ID* 属性，而不是需要关系 *instructor* 的所有属性。为了用元组关系演
算来书写这个查询，我们需要为在模式（*ID*）上的关系来写一个表达式。我们需要（*ID*）上
这样的元组：使得在 *instructor* 中存在一个元组的属性 *salary*>80000。为了表述这样的要求，

我们需要引入数理逻辑中的"存在"这一结构。记法:

$$\exists\, t \in r(Q(t))$$

表示"在关系 r 中存在一个元组 t 使谓词 $Q(t)$ 为真"。

使用这种记法,我们可以将查询"找出工资大于 80 000 美元的每位教师的教师 *ID*"表述为:

$$\{t \mid \exists\, s \in instructor\ (t\,[ID] = s[ID]$$
$$\wedge s[salary] > 80000)\}$$

我们可以这样来读上述表达式:"它是满足如下条件的所有元组 t 的集合:在 *instructor* 关系中存在一个元组 s 使得 t 和 s 在 *ID* 属性上的取值相等,且 s 在 *salary* 属性上的取值大于 80 000 美元。"

元组变量 t 是只定义在 *ID* 属性上的,因为这是为 t 指定的条件所涉及的唯一属性。因此,其结果是一个在(*ID*)上的关系。

请考虑查询"找出位于 Watson 楼的系中的所有教师的姓名"。这个查询比前一个查询稍微复杂一些,因为它涉及 *instructor* 和 *department* 两个关系。但是,正如我们将看到的那样,它所需要的只不过是在我们的元组关系演算表达式中使用两个"存在"子句,并通过 *and*(∧)把它们连接起来。我们将此查询表述如下:

$$\{t \mid \exists\, s \in instructor\ (t\,[name] = s[name]$$
$$\wedge \exists\, u \in department\ (u\,[dept\_name] = s\,[dept\_name]$$
$$\wedge u\,[building] = \text{"Watson"}))\}$$

元组变量 u 被限制在位于 Watson 楼的系,而元组变量 s 被限制在与元组变量 u 的 *dept_name* 相匹配的教师。这个查询的结果如图 6-8 所示。

name
Einstein
Crick
Gold

图 6-8 位于 Watson 楼的系中的所有教师的姓名

为了找出在 2017 年秋季学期、2018 年春季学期或者这两个学期都开设的所有课程的集合,我们在关系代数中使用并运算。在元组关系演算中,我们将使用通过 *or*(∨)连接的两个"存在"子句:

$$\{t \mid \exists\, s \in section\ (t\,[course\_id] = s[course\_id])$$
$$\wedge s\,[semester] = \text{"Fall"} \wedge s[year] = 2017)$$
$$\vee \exists\, u \in section\ (u[course\_id] = t[course\_id]\ )$$
$$\wedge u[semester] = \text{"Spring"} \wedge u[year] = 2018)\}$$

此表达式给出了我们至少满足下面两个条件之一的所有 *course_id* 元组的集合:

- 在 *section* 关系中满足 *semeter* = Fall 且 *year* = 2017 的某个元组包含该 *course_id*。
- 在 *section* 关系中满足 *semeter* = Spring 且 *year* = 2018 的某个元组包含该 *course_id*。

如果同一门课程在 2017 年秋季学期和 2018 年春季学期都开设,那么它的 *course_id* 在结果中也只出现一次,因为集合的数学定义并不允许重复的成员。此查询的结果如图 6-9 中所示。

如果我们现在只想要在 2017 年秋季学期和 2018 年春季学期都开设的课程的那些 *course_id* 的值,我们所需做的只不过是把上述表达式中的 *or*(∨)改为 *and*(∧)。

$$\{t \mid \exists\, s \in section\ (t[course\_id] = s[course\_id])$$
$$\wedge s\,[semester] = \text{"Fall"} \wedge s\,[year] = 2017)$$

$$\wedge \exists\, u \in section\ (u\ [course\_id]= t\ [course\_id]\ )$$
$$\wedge\ u\ [semester] = \text{"Spring"} \wedge\ u\ [year] = 2018)\}$$

此查询的结果如图 6-10 中所示。

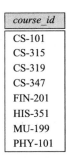

course_id
CS-101
CS-315
CS-319
CS-347
FIN-201
HIS-351
MU-199
PHY-101

course_id
CS-101

图 6-9　在 2017 年秋季学期、2018 年　　图 6-10　在 2017 年秋季学期和 2018
春季或两个学期都开设的课程　　　年春季学期都开设的课程

现在请考虑查询"找出在 2017 年秋季学期授课而在 2018 年春季学期不授课的所有课程"。对于这个查询的元组关系演算表达式同我们刚刚见过的表达式类似，只不过是使用了 *not*（¬）符号：

$$\{t \mid \exists\, s \in section\ (t\ [course\_id] = s\ [course\_id])$$
$$\wedge\ s\ [semester] = \text{"Fall"} \wedge s\ [year] = 2017)$$
$$\wedge \neg\, \exists\, u \in section\ (u\ [course\_id] = t\ [course\_id]\ )$$
$$\wedge\ u\ [semester] = \text{"Spring"} \wedge u\ [year] = 2018)\}$$

这个元组关系演算表达式用 $\exists\, s \in section$（…）子句来要求特定的 *course_id* 是在 2017 年秋季学期开设的，并且它用 $\neg\, \exists\, u \in section$（…）子句来去掉那些作为在 2018 年春季学期已开设过的课程出现在 *section* 关系的某个元组中的 *course_id* 的值。

接下来我们要考虑的查询将用到蕴含，用⇒来表示。公式 P⇒Q 表示"P 蕴含 Q"，也就是说，"如果 P 为真，则 Q 必然为真"。请注意 P⇒Q 逻辑上等价于 ¬P∨Q。使用蕴含而不是 *not* 和 *or* 常常可以更直观地解释查询的含义。

请考虑这样的查询："找出选修了生物（Biology）系所开设的全部课程的所有学生"。为了用元组关系演算书写这个查询，我们引入"对于所有的"结构，用∀表示。记法：

$$\forall\, t \in r\ (Q(t))$$

表示"对于关系 r 中的所有元组 t，Q 均为真"。

对于我们的查询，我们书写如下的表达式：

$$\{t \mid \exists\, r \in student\ (r\ [ID] = t\ [ID]) \wedge$$
$$(\forall\, u \in course\ (u\ [dept\_name] = \text{"Biology"} \Rightarrow$$
$$\exists\, s \in takes\ (t\ [ID] = s\ [ID]$$
$$\wedge\ s\ [course\_id] = u\ [course\_id]))\}$$

我们可以把这个表达式理解为："它是所有这样的学生（即（ID）上的元组 t）的集合：对于在 *course* 关系中的所有元组 u，如果 u 在 *dept_name* 属性上的值是' Biology '，那么在 *takes* 关系中一定存在一个包含该学生 ID 以及该 *course_id* 的元组。"

请注意在上述查询中有一点很微妙：如果生物系没有开设任何课程，则所有的学生 ID 都满足条件。在这种情况下，上述查询表达式的第一行非常关键——如果没有条件：

$$\exists\, r \in student\,(r\,[ID] = t\,[ID])$$

那么若生物系没有开设任何课程，则任何一个 t 值（包括不是在 *student* 关系里的学生 *ID* 的值）都会符合要求。

6.2.2 形式化定义

我们现在可以给出形式化定义了。元组关系演算表达式具有如下形式：

$$\{t \mid P(t)\}$$

其中 P 是一个公式（*formula*）。公式中可以出现多个元组变量。如果元组变量不被 ∃ 或 ∀ 量化，则称为自由变量。因此，在

$$t \in instructor \wedge \exists\, s \in department\,(t\,[dept\ name] = s\,[dept\ name])$$

中，t 是自由变量。元组变量 s 称为受限变量。

元组关系演算的公式是由原子（*atom*）构成的。原子可以具有如下形式之一：

- $s \in r$，其中 s 是元组变量且 r 是关系（我们并不允许使用 $\notin$ 运算符）。
- $s[x]\,\Theta\,u[y]$，其中 s 和 u 是元组变量，x 是定义 s 的关系模式中的一个属性，y 是定义 u 的关系模式中的一个属性，且 Θ 是一个比较运算符（$<$，$\leq$，$=$，$\neq$，$>$，$\geq$）；我们要求属性 x 和 y 所属域中的成员能用 Θ 进行比较。
- $s[x]\,\Theta\,c$，其中 s 是元组变量，x 是定义 s 的关系模式中的一个属性，Θ 是一个比较运算符，且 c 是属性 x 所属域中的一个常量。

我们通过使用如下规则，从原子来构造出公式：

- 原子是公式。
- 如果 P_1 是公式，那么 $\neg P_1$ 和 (P_1) 也是公式。
- 如果 P_1 和 P_2 是公式，那么 $P_1 \vee P_2$、$P_1 \wedge P_2$ 和 $P_1 \Rightarrow P_2$ 也是公式。
- 如果 $P_1(s)$ 是包含一个自由元组变量 s 的公式，且 r 是关系，那么

$$\exists\, s \in r\,(P_1\,(s)) \quad \text{和} \quad \forall\, s \in r\,(P_1\,(s))$$

  也是公式。

正如我们对于关系代数那样，我们也可以写出形式上不一样的等价的表达式。在元组关系演算中，这种等价性包括如下三条规则：

1. $P_1 \wedge P_2$ 等价于 $\neg\,(\neg\,(P_1) \vee \neg\,(P_2))$。
2. $\forall\, t \in r\,(P_1(t))$ 等价于 $\neg \exists\, t \in r\,(\neg\,P_1(t))$。
3. $P_1 \Rightarrow P_2$ 等价于 $\neg\,(P_1) \vee P_2$。

6.2.3 表达式的安全性

最后还要讨论一个问题。元组关系演算表达式可能产生一个无限的关系。假设我们书写表达式：

$$\{t \mid \neg\,(t \in instructor)\,\}$$

不在 *instructor* 中的元组有无限多个，大多数这样的元组所包含的值甚至根本不在数据库中！我们并不希望允许这样的表达式。

为了帮助我们定义对元组关系演算的限制，我们引入了元组关系公式 P 的**域**（domain）这一概念。直观地说，P 的域用 $dom(P)$ 来表示，它是 P 所引用的所有值的集合。它们既包括在 P 自身中用到的值，又包括在 P 中涉及到的关系的元组中所出现的值。因此，P 的域是在 P 中显式出现的所有值、或者其名称出现在 P 中的一个或多个关系中出现的所有值的集

合。例如，*dom*(*t*∈*instructor*∧*t*[*salary*]>80000) 是包括 80000 以及出现在 *instructor* 关系的任意元组的任意属性中的所有值的集合。类似地，*dom*(¬ (*t*∈*instructor*)) 也是在 *instructor* 中出现的所有值的集合，因为 *instructor* 关系在表达式中涉及了。

如果出现在表达式 {*t* | *P*(*t*)} 结果中的所有值均来自于 *dom*(*P*)，则我们说表达式 {*t* | *P*(*t*)} 是安全的。表达式 {*t* | ¬ (*t*∈*instructor*)} 是不安全的。请注意 *dom*(¬ (*t*∈*instructor*)) 是出现在 *instructor* 中的所有值的集合。但是，可能有一个不在 *instructor* 中的元组 *t*，它包含的值并没有在 *instructor* 中出现。我们在这一节中所书写的元组关系演算表达式的其他示例都是安全的。

满足诸如 {*t* | ¬ (*t*∈*instructor*)} 这样的不安全表达式的元组数量可以是无限的，而安全的表达式保证具有有限的结果。因此所允许的元组关系演算表达式的类别被限定为那些安全的表达式。

6.3 域关系演算

关系演算的第二种形式称为**域关系演算**（domain relational calculus），它使用从属性域中取值的域（domain）变量，而不是对于整个元组的值。尽管如此，域关系演算同元组关系演算是联系紧密的。

就像关系代数作为 SQL 语言的基础一样，域关系演算是作为 QBE 语言的理论基础。

6.3.1 形式化定义

域关系演算中的表达式形如：
$$\{ <x_1, x_2, \cdots, x_n> \mid P(x_1, x_2, \cdots, x_n)\}$$
其中 $x_1, x_2, \cdots, x_n$ 代表域变量。与在元组关系演算中的情况一样，*P* 代表由原子构成的公式。域关系演算中的原子具有如下形式之一：

- $<x_1, x_2, \cdots, x_n> \in r$，其中 *r* 是在 *n* 个属性上的关系，且 $x_1, x_2, \cdots, x_n$ 是域变量或域常量。
- *x*Θ*y*，其中 *x* 和 *y* 是域变量，且 Θ 是比较运算符 (<, ≤, =, ≠, >, ≥)。我们要求属性 *x* 和 *y* 所属的域可用Θ来进行比较。
- *x*Θ*c*，其中 *x* 是域变量，Θ 是比较运算符，且 *c* 是在 *x* 作为域变量的那个属性域中的常量。

通过使用以下规则，我们从原子构造出公式：

- 原子是公式。
- 如果 P_1 是公式，那么 ¬ P_1 和（P_1）也是公式。
- 如果 P_1 和 P_2 是公式，那么 $P_1 \lor P_2$、$P_1 \land P_2$ 和 $P_1 \Rightarrow P_2$ 也是公式。
- 如果 $P_1(x)$ 是 *x* 的一个公式，其中 *x* 是自由的域变量，则
$$\exists x(P_1(x)) \quad \text{和} \quad \forall x(P_1(x))$$
也是公式。

我们把 $\exists a, b, c (P(a, b, c))$ 作为 $\exists a (\exists b (\exists c (P(a, b, c))))$ 的符号简写。

6.3.2 查询示例

我们现在对于我们在前面考虑过的示例给出域关系演算查询形式。请注意这些表达式和对应的元组关系演算表达式的相似之处。

- 找出工资在 80 000 美元以上的教师的教师 *ID*、*name*、*dept_name* 和 *salary*：
$$\{<i, n, d, s> \,|\, <i, n, d, s> \in instructor \wedge s > 80\ 000\}$$

- 找出工资在 80 000 美元以上的教师的所有教师 *ID*：
$$\{<i> \,|\, \exists n, d, s\ (<i, n, d, s> \in instructor \wedge s > 80\ 000)\}$$

虽然第二个查询看起来同我们为元组关系演算书写的查询很相似，但还是存在重要的区别。在元组演算中，当我们对某个元组变量 *s* 书写 ∃*s* 时，我们通过书写 ∃*s*∈*r* 立刻将它同一个关系绑定了。可是，当我们在域演算中书写 ∃*n* 时，*n* 并不指代一个元组，而是指代一个域值。因此，在子公式 $<i, n, d, s> \in instructor$ 将 *n* 约束到出现在 *instructor* 关系中的教师姓名之前，变量 *n* 的域是不受约束的。

现在我们给出几个在域关系演算中查询的示例。

- 找出在物理（Physics）系中所有教师的姓名，以及他们教授的所有课程的 *course_id*：
$$\{<n, c> \,|\, \exists i, a, se, y\ (<i, c, a, se, y> \in teaches$$
$$\wedge \exists d, s\ (<i, n, d, s> \in instructor \wedge d = \text{"Physics"}))\}$$

- 找出在 2017 年秋季学期、2018 年春季学期或者这两个学期都开设的所有课程的集合：
$$\{<c> \,|\, \exists a, s, y, b, r, t\ (<c, a, s, y, b, r, t> \in section$$
$$\wedge s = \text{"Fall"} \wedge y = \text{"2017"}\ )$$
$$\vee \exists a, s, y, b, r, t\ (<c, a, s, y, b, r, t> \in section$$
$$\wedge s = \text{"Spring"} \wedge y = \text{"2018"}\ )\}$$

- 找出选修了在生物（Biology）系中开设的全部课程的所有学生：
$$\{<i> \,|\, \exists n, d, tc\ (<i, n, d, tc> \in student) \wedge$$
$$\forall ci, ti, dn, cr\ (<ci, ti, dn, cr> \in course \wedge dn = \text{"Biology"}$$
$$\Rightarrow$$
$$\exists si, se, y, g\ (<i, ci, si, se, y, g> \in takes\ ))\}$$

请注意，如果生物系没有开设任何课程，那么所有学生都将在结果中，这与对于元组关系演算的情况一样。

6.3.3 表达式的安全性

我们注意到在元组关系演算中（6.2 节），有可能写出会产生无限关系的表达式。这使得我们为元组关系演算表达式定义了安全性（*safety*）。对于域关系演算也会出现类似的情况。诸如

$$\{<i, n, d, s> \,|\, \neg\ (<i, n, d, s> \in instructor)\}$$

这样的表达式是不安全的，因为它允许在结果中的值并不在表达式的域中。

对于域关系演算，我们还必须关注在"存在"和"对于所有的"子句中公式的形式。请考虑表达式

$$\{<x> \,|\, \exists y\ (<x, y> \in r) \wedge \exists z\ (\neg\ (<x, z> \in r) \wedge P(x, z))\}$$

其中 *P* 是涉及 *x* 和 *z* 的某个公式。我们可以通过只考虑在 *r* 中的值来测试公式的第一个部分：∃*y* ($<x, y>\in r$)。可是，为了测试公式的第二个部分：∃*z* ($\neg$ ($<x, z>\in r$)∧*P*(*x*, *z*))，我们必须考虑并不在 *r* 中出现的、对于 *z* 的值。由于所有的关系都是有限的，并不在 *r* 中出现的值是无限多的。因此在通常情况下，如果不考虑对于 *z* 的潜在的值有无限多个，就不可能测

试公式的第二个部分。事实上我们并不这样做，我们增加一些约束来限制诸如上面这样的表达式。

在元组关系演算中，我们将任何存在量化的变量限制在一个特定关系的范围内。由于在域演算中我们还没有这样做，我们增加用于定义安全性的规则，以处理类似于我们示例的情况。我们认为表达式

$$\{ <x_1, x_2, \cdots, x_n> \mid P(x_1, x_2, \cdots, x_n) \}$$

是安全的，如果下列条件全部成立的话：

1）在表达式的元组中出现所有值均是来自于 $dom(P)$ 的值。

2）对于每个形如 $\exists x(P_1(x))$ 的"存在"子公式而言，当且仅当在 $dom(P_1)$ 中存在一个值 x 使 $P_1(x)$ 为真的情况下，该子公式为真。

3）对于每个形如 $\forall x(P_1(x))$ 的"对于所有的"子公式而言，当且仅当 $P_1(x)$ 对于来自 $dom(P_1)$ 的所有值 x 均为真的情况下，该子公式为真。

附加规则的目的是保证我们无须测试无限多种可能性就可以完成对"存在"和"对于所有的"子公式的测试。请考虑在安全性定义中的第二条规则。要使 $\exists x(P_1(x))$ 为真，我们只需找到一个 x 使 $P_1(x)$ 为真。通常说来，存在无限多个值需要测试。但是，如果表达式是安全的，我们知道可以只关注来自 $dom(P_1)$ 的值。这种限制将我们必须考虑的元组减少到有限个。

形如 $\forall x(P_1(x))$ 的子公式的情况是类似的。要断言 $\forall x(P_1(x))$ 为真，我们通常必须测试所有可能的值，因此我们必须检查无限多的值。跟前面一样，如果我们知道表达式是安全的，则针对来自 $dom(P_1)$ 的那些取值来测试 $P_1(x)$ 对于我们来说就足够了。

除了我们在前面见过的不安全查询的示例之外，我们在本节的示例查询中书写的所有域关系演算表达式都是安全的。

6.4 纯关系查询语言的表达能力

仅限于安全表达式的元组关系演算在**表达能力**（expressive power）上等价于基本关系代数（使用运算符 ∪、−、×、σ、Π 和 ρ，但不使用扩展的关系运算，如广义投影和聚集（γ））。因此，对于只使用基本运算的每个关系代数表达式而言，存在一个在元组关系演算中的等价表达式，并且对于每个元组关系演算表达式而言，存在一个等价的关系代数表达式。我们在此不证明这个断言；参考文献中包含了该证明的参考资料。习题中包括了该证明的部分内容。我们注意到元组关系演算并没有任何等价的聚集运算，但是可以对其进行扩展以支持聚集。扩展元组关系演算来处理算术表达式是很简单的。

当把域关系演算限制在安全表达式范围内时，它与被限制在安全表达式范围内的元组关系演算具有等价的表达能力。由于我们在前面已经注意受限的元组关系演算与关系代数等价，因此下述三者都是等价的：

- 基本关系代数（不包括扩展的关系代数运算）。
- 限制在安全表达式范围内的元组关系演算。
- 限制在安全表达式范围内的域关系演算。

我们注意到域关系演算也没有任何等价的聚集运算，但是可以扩展它来支持聚集，并且扩展它来处理算术表达式是很简单的。

6.5 总结

- 关系代数提供了一组运算，它们以一个或多个关系为输入，并返回一个关系作为输出。诸如 SQL 这样的实际查询语言是基于关系代数的，但它们增加了许多有用的语法特征。
- 关系代数定义了一组代数运算，它们可作用在表上，并输出表作为其结果。这些运算可以组合成表达式以表达所需的查询。关系代数定义了在像 SQL 这样的关系查询语言中所使用的基本运算。
- 元组关系演算和域关系演算是非过程化的语言，代表了关系查询语言中所需的基本能力。基本关系代数是一种过程化语言，它在能力上等价于当关系演算的这两种形式被限制在安全表达式范围内时的情况。
- 元组关系演算和域关系演算是简洁的、形式化的语言，不适合于偶尔使用数据库系统的用户。因此，商用数据库系统采用有更多"语法修饰"的语言。

术语回顾

- 关系代数
- 关系代数表达式
- 关系代数运算
  - 选择 σ
  - 投影 Π
  - 笛卡尔积 ×
  - 连接 ⋈
  - 并 ∪
  - 集差 −
  - 交 ∩
  - 赋值 ←
  - 更名 ρ
- 元组关系演算
- 域关系演算
- 表达式的安全性
- 语言的表达能力

实践习题

6.1 先执行 *student* 和 *advisor* 的笛卡儿积，然后在结果上执行基于谓词 *s_id*=ID 的选择运算，最后的结果是什么？（采用关系代数的符号表示，此查询可写成 $\sigma_{s\_id=ID}(student \times advisor)$。）

6.2 请考虑图 6-11 的职员数据库。请给出关系代数表达式来表示下面的每个查询：
   a. 请找出居住在城市"Miami"的每位职员的姓名。
   b. 请找出薪水超过 \$100 000 的每位职员的姓名。
   c. 请找出居住在"Miami"并且薪水超过 100 000 美元的每位职员的姓名。

> *employee* (*person_name, street, city*)
> *works* (*person_name, company_name, salary*)
> *company* (*company_name, city*)

图 6-11 职员数据库

6.3 请考虑图 6-12 的银行数据库。请给出关系代数表达式来表示下面的每个查询：
   a. 请找出位于"Chicago"的每家支行的名称。
   b. 请找出在"Downtown"支行有贷款的每位贷款人的 ID。

> *branch*(*branch_name, branch_city, assets*)
> *customer* (*ID, customer_name, customer_street, customer_city*)
> *loan* (*loan_number, branch_name, amount*)
> *borrower* (*ID, loan_number*)
> *account* (*account_number, branch_name, balance*)
> *depositor* (*ID, account_number*)

图 6-12 银行数据库

6.4 请考虑图 6-11 的职员数据库。请给出关系代数表达式来表示下面的每个查询：

　　a. 请找出不为"BigBank"工作的每位职员的姓名。

　　b. 请找出至少与数据库中每位职员的薪水同样多的所有职员的姓名。

6.5 关系代数的**除法算子**"÷"的定义如下。令 $r(R)$ 和 $s(S)$ 代表关系，且 $S \subseteq R$；也就是说，模式 S 的每个属性也在模式 R 中。给定一个元组 t，令 $t[S]$ 代表元组 t 在 S 中属性上的投影。那么，$r \div s$ 是在 $R-S$ 模式上的一个关系（也就是说，该模式包含所有在模式 R 中但不在模式 S 中的属性）。元组 t 在 $r \div s$ 中的充分必要条件是满足以下两个条件。

　　• t 在 $\Pi_{R-S}(r)$ 中。

　　• 对于 s 中的每个元组 t_s，在 r 中存在一个元组 t_r 同时满足如下条件：

　　　　a. $t_r[S] = t_s[S]$。

　　　　b. $t_r[R-S] = t$。

　　给定上述定义：

　　a. 请使用除法算子写出一个关系代数表达式，来找出选修过全部计算机科学课程的所有学生的 ID。（提示：在进行除法运算之前，将 *takes* 投影到只有 ID 和 *course_id*，并用选择表达式来生成全部计算机科学课程的 *course_id* 集合。）

　　b. 请展示如何在不使用除法的情况下用关系代数编写上述查询。（通过这样做，你也展示了如何使用其他的关系代数运算来定义除法运算。）

6.6 给出如下关系模式：

　　$R = (A, B, C)$

　　$S = (D, E, F)$

　　令关系 $r(R)$ 和 $s(S)$ 是给定的。请给出与下列每个表达式等价的元组关系演算形式：

　　a. $\Pi_A(r)$　　　　　　　**b.** $\sigma_{B=17}(r)$　　　　　　**c.** $r \times s$　　　　　　**d.** $\Pi_{A, F}(\sigma_{C=D}(r \times s))$

6.7 令 $R = (A, B, C)$，并且令 r_1 和 r_2 都是在模式 R 上的关系。请给出与下列每个表达式等价的域关系演算表达式：

　　a. $\Pi_A(r_1)$　　　　　**b.** $\sigma_{B=17}(r_1)$　　　　　**c.** $r_1 \cup r_2$　　　　　**d.** $r_1 \cap r_2$

　　e. $r_1 - r_2$　　　　　**f.** $\Pi_{A, B}(r_1) \bowtie \Pi_{B, C}(r_2)$

6.8 令 $R = (A, B)$ 且 $S = (A, C)$，并令 $r(R)$ 和 $s(S)$ 为关系。请为下面的每个查询写出关系代数表达式：

　　a. $\{<a> \mid \exists b(<a, b> \in r \land b = 7)\}$

　　b. $\{<a, b, c> \mid <a, b> \in r \land <a, c> \in s\}$

　　c. $\{<a> \mid \exists c(<a, c> \in s \land \exists b_1, b_2(<a, b_1> \in r \land <c, b_2> \in r \land b_1 > b_2))\}$

6.9 请考虑图 6-13 中的关系数据库，其中主码用下划线标示。请为下面的每个查询给出元组关系演算表达式：

　　a. 请找出直接为"Jones"工作的所有员工。

　　b. 请找出直接为"Jones"工作的所有员工所居住的所有城市。

　　c. 请找出"Jones"的经理的经理的姓名。

　　d. 请找出比居住在城市"Mumbai"的所有员工的收入都高的那些员工。

```
employee (person_name, street, city)
works (person_name, company_name, salary)
company (company_name, city)
manages (person_name, manager_name)
```

图 6-13　员工数据库

习题

6.10 请考虑图 6-11 的职员数据库。请给出关系代数表达式来表示下面的每个查询：

　　a. 请找出为"BigBank"工作的每位职员的姓名。

　　b. 请找出为"BigBank"工作的每位职员的姓名和所居住的城市。

　　c. 请找出为"BigBank"工作且薪水超过 10 000 美元的每位职员的姓名、街道地址和所居住的城市。

　　d. 请找出在这个数据库中居住地与工作的公司所在地为同一城市的每位职员的姓名。

6.11 请考虑图 6-12 的银行数据库。请给出关系代数表达式来表示下面的每个查询：

　　a. 请找出贷款额度超过 10 000 美元的每个贷款号。

　　b. 请找出每个这样的存款人的 ID，他拥有一个存款余额大于 6000 美元的账户。

　　c. 请找出每个这样的存款人的 ID，他在"Uptown"支行拥有一个存款余额大于 6000 美元的账户。

6.12 对于大学模式，请用关系代数编写如下查询：

　　a. 请找出物理系中每位教师的 ID 和姓名。

　　b. 请找出位于"Watson"教学楼的系里的每位教师的 ID 和姓名。

　　c. 请找出至少选修过"Comp. Sci."系的一门课程的每名学生的 ID 和姓名。

　　d. 请找出在 2018 年至少上过一个课程段的每名学生的 ID 和姓名。

　　e. 请找出在 2018 年未上过任何一个课程段的每名学生的 ID 和姓名。

6.13 请考虑图 6-13 的员工数据库。请为下面的每个查询给出元组关系演算表达式：

　　a. 请找出为"FBC"工作的所有员工的姓名。

　　b. 请找出为"FBC"工作的所有员工的姓名和居住城市。

　　c. 请找出为"FBC"工作且薪水超过 10 000 美元的所有员工的姓名、街道地址和居住城市。

　　d. 请找出居住在与其工作的公司相同城市的所有员工。

　　e. 请找出与其经理居住在相同城市和相同街道的所有员工。

　　f. 请找出在数据库中不为"FBC"工作的所有员工。

　　g. 请找出挣得比"SBC"的每位员工多的所有员工。

　　h. 假设公司可以位于好几个城市中。请找出所有这样的公司：它位于"SBC"所位于的每一座城市。

6.14 编写域关系演算查询而不是元组关系演算查询来重做习题 6.13。

6.15 令 $R = (A, B)$ 且 $S = (A, C)$，并令 $r(R)$ 和 $s(S)$ 是关系。请写出与下列域关系演算表达式等价的关系代数表达式：

　　a. $\{ <a> \mid \exists b\, (<a, b> \in r \wedge b = 17) \}$

　　b. $\{ <a, b, c> \mid <a, b> \in r \wedge <a, c> \in s \}$

　　c. $\{ <a> \mid \exists b\, (<a, b> \in r) \vee \forall c\, (\exists d\, (<d, c> \in s) \Rightarrow <a, c> \in s) \}$

　　d. $\{ <a> \mid \exists c\, (<a, c> \in s \wedge \exists b_1, b_2(<a, b_1> \in r \wedge <c, b_2> \in r \wedge b_1 > b_2)) \}$

6.16 编写 SQL 查询而不是关系代数表达式来重做习题 6.15。

6.17 令 $R = (A, B)$ 且 $S = (A, C)$，并令 $r(R)$ 和 $s(S)$ 是关系。请使用特殊常量 *null*，书写等价于下列每个表达式的元组关系演算表达式：

　　a. $r \bowtie s$

　　b. $r \rightthreetimes\!\!\bowtie s$

　　c. $r \bowtie\!\!\leftthreetimes s$

6.18 请给出元组关系表达式来找出关系 $r(A)$ 中的最大值。

延伸阅读

IBM San Jose 研究实验室的 E. F. Codd 于 20 世纪 60 年代末提出了关系模型（[Codd (1970)]）。在那篇论文中，Codd 还引入了关系代数的原始定义。这项工作使 Codd 在 1981 年获得了享有盛誉的 ACM 图灵奖（[Codd (1982)]）。

对关系模型的扩展以及在关系代数（RM/T 模型）中引入空值以及外连接的讨论见 [Codd(1979)]。[Codd(1990)] 是 E. F. Codd 关于关系模型论文的概要。外连接也在 [Date (1983)] 中进行了讨论。

元组关系演算的最初定义见 [Codd(1972)]。元组关系演算与关系代数等价性的形式化证明见 [Codd(1972)]。已经对关系演算提出过若干扩展。[Klug(1982)] 和 [Escobar Molano et al.(1993)] 描述了标量聚集函数的扩展。

参考文献

[Codd (1970)]　　E. F. Codd, "A Relational Model for Large Shared Data Banks", *Communications of the ACM*, Volume 13, Number 6 (1970), pages 377-387.

[Codd (1972)] E. F. Codd. "Further Normalization of the Data Base Relational Model", In [*Rustin (1972)*], pages 33-64 (1972).

[Codd (1979)] E. F. Codd, "Extending the Database Relational Model to Capture More Meaning", *ACM Transactions on Database Systems*, Volume 4, Number 4 (1979), pages 397-434.

[Codd (1982)]　　E. F. Codd, "The 1981 ACM Turing Award Lecture: Relational Database: A Practical Foundation for Productivity", *Communications of the ACM*, Volume 25, Number 2 (1982), pages 109-117.

[Codd (1990)] E. F. Codd, *The Relational Model for Database Management: Version 2*, Addison Wesley (1990).

[Date (1983)] C. J. Date, "The Outer Join", In *Proc. of the International Conference on Databases* John Wiley and Sons (1983), pages 76-106.

[Escobar-Molano et al. (1993)] M. Escobar-Molano, R. Hull, and D. Jacobs, "Safety and Translation of Calculus Queries with Scalar Functions", In *Proc. of the ACM SIGMOD Conf. on Management of Data (1993)*, pages 253-264.

[Klug (1982)] A. Klug, "Equivalence of Relational Algebra and Relational Calculus Query Languages Having Aggregate Functions", *Journal of the ACM*, Volume 29, Number 3 (1982), pages 699-717.

数据库设计与应用程序开发

构建数据库应用是一项复杂的任务，包括设计数据库模式、设计访问和更新数据的程序，以及设计控制数据访问的安全模式。用户的需求在设计过程中扮演着重要的角色。

第7章中讲述的实体–联系（Entity-Relationship，E-R）模型是一种高层数据模型。与把所有数据用表来表示的方式不同，它将被称作实体（entity）的基本对象和这些对象之间的联系（relationship）区分开来。该模型通常用于数据库模式设计的第一步。

先前的章节曾非形式化地介绍了关系数据库设计——关系模式的设计。然而，还存在用于区分好的数据库设计和不好的数据库设计的基本原理。这些原理被形式化为若干"范式"的形式，这些范式提供了在不一致的可能性和特定查询效率之间的不同权衡。第8章将讲述关系模式的规范化设计。

几乎所有的数据库使用都发生在应用程序内部。相应地，几乎所有与数据库的用户交互都是通过应用程序间接发生的。支持数据库的应用程序在网络和移动平台上随处可见。在第9章中，我们将学习用于构建应用程序的工具和技术，重点是使用数据库存储和检索数据的交互式应用程序。

使用 E-R 模型的数据库设计

到现在为止，在本书中我们已经假想了一个给定的数据库模式并研究了如何表述查询和更新。我们现在考虑首先该如何设计一个数据库模式。在本章中，我们关注于实体－联系（E-R）数据模型，它提供了一种识别数据库中表示的实体以及这些实体间如何关联的方式。最终，数据库设计将会被表示为一个关系数据库设计和一个与之关联的约束集合。我们将在本章中讲述一个 E-R 设计如何转换成一个关系模式的集合以及如何在该设计中捕获某些约束。然后在第 8 章中，我们将详细考查一个关系模式的集合是否为一个好的或不好的数据库设计，并学习使用更广的约束集合来构建好的设计的过程。这两章覆盖了数据库设计的基本概念。

7.1 设计过程概览

构建一个数据库应用是一项复杂的任务，包括设计数据库模式、设计访问和更新数据的程序，以及设计控制数据访问的安全模式。用户的需求在设计过程中扮演着重要的角色。在本章中，我们主要关注于数据库模式的设计，不过在本章的后面，我们也简要概述了一些其他的设计任务。

7.1.1 设计阶段

对于小型的应用，由一个理解应用需求的数据库设计者直接决定要构建的关系、关系的属性以及关系上的约束，这样也许是可行的。但是，这种直接的设计过程在现实应用中是困难的，因为现实应用常常很复杂，通常没有一个人能够理解应用的所有数据需求。数据库设计者必须与应用的用户进行交互以理解应用的需求，把它们以用户能够理解的高层的形式表示出来，然后再将需求转化为更低层次的设计。高层数据模型为数据库设计者提供了一个概念框架，在该框架中以系统的方式明确规定了数据库用户的数据需求，以及满足这些需求的数据库结构。

- 数据库设计的最初阶段是完整地描述未来数据库用户的数据需求。为完成这个任务，数据库设计者需要同应用领域的专家和用户进行深入的沟通。这一阶段的产出是用户需求规格说明。虽然存在图形化方式的用户需求表示技术，但是在本章中，我们仅限于采用文本的方式来描述用户需求。
- 接下来，设计者选择一种数据模型，并采用所选数据模型的概念将这些需求转化为数据库的概念模式。在此**概念设计**（conceptual-design）阶段所产生的模式提供了对企业的详细概览。我们在本章其余部分将学习的实体－联系模型通常用于表示概念设计。用实体－联系模型的术语来说，概念模式明确规定了数据库中表示的实体、实体的属性、实体之间的联系，以及实体和联系上的约束。通常，概念设计阶段会导致实体－联系图的构建，它提供了对模式的图形化表示。

  设计者检查此模式以确保所有数据需求都真正被满足了，并且互相不冲突。他还可以检查该设计以去除任何冗余的特性。在这个阶段，他关注的是如何描述数据及其联系，而不是具体说明物理存储细节。

- 完善的概念模式还会指明企业的功能需求。在**功能需求规格说明**（specification of functional requirement）中，用户描述将在数据上执行的各类操作（或事务），例如修改或更新数据，搜索并取回特定数据，以及删除数据。在概念设计的这一阶段，设计者可以检查模式以确保其满足功能需求。

- 从抽象数据模型到数据库实现的转换过程在最后两个设计阶段中进行。

  ○ 在**逻辑设计阶段**（logical-design phase）中，设计者将高层概念模式映射到将被使用的数据库系统具体实现的数据模型。数据模型的实现通常是关系数据模型，并且该阶段通常包括将采用实体－联系模型定义的概念模式映射到关系模式。

  ○ 最后，设计者将所得到的面向系统的数据库模式使用到后续的**物理设计阶段**（physical-design phase）中。在该阶段，数据库的物理特性被具体说明，这些特性包括文件组织形式和索引结构的选择，我们将在第 10～11 章中讨论这些内容。

在应用建立之后，数据库物理模式的改变可能相对容易。但是，由于可能影响到应用程序代码中散布的大量查询和更新，对逻辑模式的改变执行起来常常更加困难。因此，在建立其余的数据库应用之前，慎重实施数据库设计阶段是非常重要的。

7.1.2 设计选择

数据库设计过程的一个主要部分是决定如何在设计中表示各种类型的"事物"，比如人、地方、产品，诸如此类。我们使用实体（entity）这个术语来指代任何可明确识别的个体。在大学数据库中，实体的示例将包括教师、学生、系、课程和开课。我们假设一门课程可能在多个学期开设，也可能在一个学期中开设多次，我们将一门课程的每次开设称为一个课程段。各种实体以多种方式互相关联，而所有这些方式都需要在数据库设计中反映出来。例如，一名学生在一次开课中选课，而一位教师在一次开课中授课，授课和选课就是实体间联系的示例。

在一个数据库模式的设计中，我们必须确保避免两个主要的缺陷。

1. **冗余**：一种不好的设计可能会重复信息。例如，如果对于每一次开课我们都存储课程标识和课程名称，那么对于每次开课，名称的存储就是冗余的（即多次地、不必要地存储）。对每次开课仅存储课程标识，并在一个课程实体中将课程名称和课程标识关联一次就足够了。

   冗余也可能出现在关系模式中。在目前为止我们所使用的大学示例中，有一个课程段信息的关系和一个单独的课程信息的关系。假设换一种方式，我们只有一个关系，其中对一门课程的每个（开设的）课程段我们将全部课程信息（课程标识、课程名、系名、学分）重复一次。关于课程的信息将被冗余地存储。

   信息的这种冗余表达的最大问题是：如果对一条信息进行了更新但没有仔细地将这条信息的所有拷贝都更新，那么这条信息的拷贝会变得不一致。例如，一门课程的几次不同的开课可能拥有相同的课程标识，但拥有不同的名称，于是会搞不清楚该课程的正确名称是什么。理想的情况是，信息应该只出现在一个地方。

2. **不完整**：一种不好的设计可能会使得企业的某些方面难以甚至无法建模。例如，假设在上述情形中，我们只有对应于开课的实体，而没有对应于课程的实体。用关系的术语等价地说，假设我们有单个关系，其中对一门课程提供的每个课程段都重复存储一次该课程的所有信息。那么有关一门新课程的信息将无法表示，除非开设了该课程。

我们可能会尝试通过为课程段信息存储空值的方式来处理这个有问题的设计。这种变通措施不仅不漂亮，而且有可能由于主码约束而无法实行。

仅仅避免不好的设计是不够的。可能存在大量好的设计，我们必须从中选择。作为一个简单的示例，考虑购买了某产品的一位客户。该产品的销售是客户和产品之间的联系吗？或者销售本身是一个与客户和产品都关联的实体？这种选择虽然简单，却可能对于在哪些方面可以对企业很好建模产生重要差异。考虑到为现实企业中的大量实体和联系做出类似这种选择的需要，不难看出数据库设计是一个很有挑战性的问题。事实上我们将看到，它需要科学和"好的品味"二者的结合。

7.2 实体－联系模型

实体－联系数据模型（E-R 数据模型）被开发来方便数据库的设计，它是通过允许定义代表数据库全局逻辑结构的企业模式（enterprise schema）来做到的。

E-R 模型在将现实企业的含义和交互映射到概念模式上非常有用，由于这种用途，许多数据库设计工具都利用了来自 E-R 模型的概念。E-R 数据模型采用了三个基本概念：实体集、联系集和属性。E-R 模型还有一种相关联的图形表示：E-R 图。正如我们在 1.3.1 节中所看到的，**E-R 图**（E-R diagram）可以通过图形方式表示数据库的总体逻辑结构。E-R 模型的广泛使用在很大程度上可能与 E-R 图简单而清晰的特性有关。

本章末尾的"工具"部分提供了有关你可用来创建 E-R 图的几种图编辑器的信息。

7.2.1 实体集

一个**实体**（entity）是现实世界中可区别于所有其他对象的一个"事物"或"对象"。例如，大学中的每个人都是一个实体。每个实体有一组性质，并且某些性质集合的值必须唯一地标识一个实体。例如，一个人可能具有 *person_id* 性质，其值唯一标识了这个人。因此，*person_id* 的值 677-89-9011 将唯一标识出大学中一个特定的人。类似地，课程也可以被看作实体，并且 *course_id* 唯一标识出了大学中的某个课程实体。实体可以是实实在在的，比如一个人或一本书；实体也可以是抽象的，比如课程、开设的课程段或者航班预订。

实体集（entity set）是共享相同性质或属性的、具有相同类型的实体的集合。例如，一所给定大学的所有教师的集合可定义为 *instructor* 实体集。类似地，*student* 实体集可以表示该大学中的所有学生的集合。

在建模的过程中，我们通常抽象地使用术语实体集，而不是指某个个别实体的特定集合。我们用实体集的**外延**（extension）这个术语来指属于实体集的实体的实际集合。因此，大学中教师的实际集合构成了 *instructor* 实体集的外延。这种区别类似于我们在第 2 章中所看到的关系和关系实例之间的区别。

实体集不必互不相交。例如，可以定义大学中所有人员组成的 *person* 实体集。一个 *person* 实体可以是 *instructor* 实体，可以是 *student* 实体，可以既是 *instructor* 实体又是 *student* 实体，也可以都不是。

实体通过一组**属性**（attribute）来表示。属性是实体集中每个成员所拥有的描述性性质。为实体集设计一个属性表明数据库存储关于该实体集中每个实体的类似信息，但每个实体在每个属性上可以有它自己的值。*instructor* 实体集可能具有的属性是 *ID*、*name*、*dept_name* 和 *salary*。在现实生活中，可能会有更多的属性，如街道号、房间号、州、邮政编码和国家，但是为了简化我们的示例，我们通常省略了这些属性。*course* 实体集可能的属性有 *course_id*、*title*、*dept_name* 和 *credits*。

在本小节中，我们只考虑**简单**的属性——那些不能划分为子部分的属性。在 7.3 节中，我们将讨论更复杂的情况，其中属性可以是复合的和多值的。

每个实体在它的每个属性上都有一个**值**（value）。例如，一个特定的 *instructor* 实体可能在 *ID* 上的值为 12121，在 *name* 上的值为 Wu，在 *dept_name* 上的值为 Finance，并且在 *salary* 上的值为 90000。

ID 属性用来唯一地标识教师，因为可能会有多位教师拥有相同的名字。在历史上，许多企业发现用政府颁发的标识号作为属性很方便，其值唯一地对人进行了标识。但是，出于安全和隐私的原因，这被认为是不好的做法。一般来说，大学必须为每位教师创建和分配它自己的唯一标识。

因此，数据库包括一组实体集，每个实体集包括任意数量的相同类型的实体。一个大学数据库可能包含许多其他的实体集。例如，除了跟踪记录教师和学生外，大学还具有关于课程的信息，用 *course* 实体集来表示，它带有属性 *account_number*、*course_id*、*title*、*dept_name* 和 *credits*。在真实场景中，一个大学数据库可能会保持数十个实体集。

实体集在 E-R 图中用一个**矩形**来表示，该矩形分为两个部分。第一部分在本书中为灰色阴影，它包含实体集的名称。第二部分包含实体集所有属性的名称。图 7-1 中的 E-R 图显示了 *instructor* 和 *student* 两个实体集。与 *instructor* 关联的属性是 *ID*、*name* 和 *salary*。与 *student* 关联的属性是 *ID*、*name* 和 *tot_cred*。作为主码部分的属性被加了下划线（参见 7.5 节）。

7.2.2 联系集

联系（relationship）是多个实体间的相互关联。例如，我们可以定义关联 Katz 教师和 Shankar 学生的 *advisor* 联系。这一联系指明 Katz 是学生 Shankar 的导师。**联系集**（relationship set）是相同类型联系的集合。

考虑 *instructor* 和 *student* 两个实体集。我们定义 *advisor* 联系集来表示学生和作为他们的导师的教师之间的关联。这一关联如图 7-2 所示。为了保持图的简洁，只显示了两个实体集的某些属性。

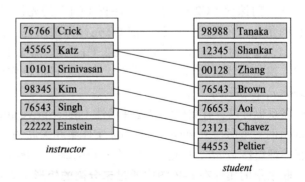

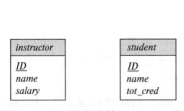

图 7-1　E-R 图显示的 *instructor* 和 *student* 实体集

图 7-2　*advisor* 联系集（仅显示 *instructor* 和 *student* 的某些属性）

E-R 模式中的一个**联系实例**（relationship instance）表示在所建模的现实企业中被命名的实体之间的一种关联。作为一个示例，一位教师 *ID* 为 45565 的 *instructor* 实体 Katz 和一名学生 ID 为 12345 的 *student* 实体 Shankar，都参与到 *advisor* 的一个联系实例中。这一联系实例表示在大学中 Katz 教师指导 Shankar 学生。

联系集在 E-R 图中用**菱形**表示，菱形通过**线条**连接到多个不同的实体集（矩形）。图 7-3 中的 E-R 图显示了通过二元联系集 *advisor* 关联的 *instructor* 和 *student* 两个实体集。

图 7-3   显示 *advisor* 联系集的 E-R 图

作为另一个示例，考虑 *student* 和 *section* 两个实体集，其中 *section* 表示一门课程的一次开课。我们可以定义 *takes* 联系集来表示学生及其所选课程段之间的关联。

尽管在前面的示例中，每个联系集都是两个实体集之间的关联，但一般来说，联系集可以表示两个以上实体集的关联。

形式化地说，**联系集**是在 $n \geqslant 2$ 个（可能相同的）实体集上的数学关系。如果 $E_1, E_2, \cdots, E_n$ 为实体集，那么联系集 R 是

$$\{(e_1, e_2, \ldots, e_n) \mid e_1 \in E_1, e_2 \in E_2, \ldots, e_n \in E_n\}$$

的一个子集，其中 $(e_1, e_2, \cdots, e_n)$ 是一个联系实例。

实体集之间的关联被称为参与，即实体集 $E_1, E_2, \cdots, E_n$ **参与**（participate）联系集 R。

实体在联系中扮演的功能被称为实体的**角色**（role）。由于参与一个联系集的实体集通常是互异的，因此角色是隐含的并且一般并不指定。但是，当联系的含义需要解释时角色是有用的。当参与联系集的实体集并非互异时就是这种情况；也就是说，同样的实体集以不同的角色多次参与一个联系集。在这类联系集中，有必要用显式的角色名来指明实体是如何参与联系实例的，这类联系集有时被称作**递归的**（recursive）联系集。例如，考虑记录大学中所开设的所有课程的信息的 *course* 实体集。我们用 *course* 实体的有序对来建模联系集 *prereq*，以描述一门课程（C2）是另一门课程（C1）的先修课。每对课程中的第一门课程扮演 C1 课程的角色，而第二门课程扮演 C2 先修课的角色。按照这种方式，所有的 *prereq* 联系通过（C1, C2）对来表示，排除了（C2, C1）对。在 E-R 图中，我们通过在菱形和矩形之间的连线上进行标注来表示角色。图 7-4 给出了 *course* 实体集和 *prereq* 联系集之间的角色标识 *course_id* 和 *prereq_id*。

联系也可以具有被称作**描述性属性**（descriptive attribute）的属性。作为联系的描述性属性的示例，考虑与 *student* 和 *section* 实体集相关联的 *takes* 联系集。我们可能希望存储联系的描述性属性 *grade*，以记录学生在开设的课程中获得的成绩。

联系集的属性在 E-R 图中通过**未分割的矩形**来表示。我们用虚线将此矩形与表示该联系集的菱形相连接。例如，图 7-5 显示了 *section* 和 *student* 实体集之间的 *takes* 联系集。我们将描述性属性 *grade* 附加到 *takes* 联系集上。一个联系集可以具有多个描述性属性；例如，我们还可以在 *takes* 联系集上存储描述性属性 *for_credit*，以记录学生选这门课是为了修学分，或是旁听这门课程（或非正式地随班听课）。

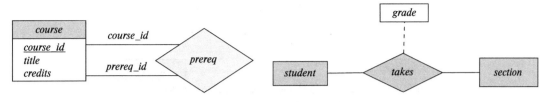

图 7-4　带有角色标识的 E-R 图　　　　图 7-5　将一个属性附加到联系集的 E-R 图

从图 7-5 的 E-R 图中省略了两个实体集的属性，它们在大学的完整 E-R 图中的其他地方被说明了；我们已经见过了 *student* 的属性，并且我们将在本章后面看到 *section* 的属性。复杂的 E-R 设计可能需要拆分成多张可能位于不同页面的图。联系集应仅显示在一个位置，但实体集可以在不止一个位置重复出现。实体集的属性应在第一次出现时显示。后续出现的实体集应显示为不带属性的，以避免重复信息以及由此产生的在不同出现中显示的属性不一致的可能性。

相同的实体集可能会参与到多个联系集中。例如，假设学生可能是某门课程的助教。那么，除了参与 *takes* 联系集之外，*section* 和 *student* 实体集还可能参与 *teaching_assistant* 联系集。

我们之前看到的联系集的形式化定义将联系集定义为联系实例的集合。考虑 *student* 和 *section* 之间的 *takes* 联系。由于集合不能有重复项，因此一名特定学生只能与 *takes* 联系中的一个特定课程段有一个关联。从而，一名学生只能有一个与某课程段相关联的成绩，在这种情况下这是有意义的。但是，如果我们希望允许一名学生在同一课程段上取得不止一个成绩，我们需要有一个 *grades* 属性来存储一组成绩；这些属性称为多值属性，我们将在 7.3 节的后面看到它们。

advisor 和 *takes* 联系集给出了**二元联系集**（binary relationship set）的示例，即涉及两个实体集的联系集。数据库系统中的大部分联系集都是二元的。然而，有时联系集会涉及多于两个实体集。参与联系集的实体集的数目是**联系集的度**（degree）。二元联系集的度为 2；**三元联系集**（ternary relationship set）的度为 3。

作为一个示例，假设我们有一个代表大学内开展的所有研究项目的 *project* 实体集，考虑 *instrustor*、*student* 和 *project* 实体集。每个项目可以有多名参与的学生和多位参与的教师。另外，在项目中工作的每名学生必须有一位相关教师来指导该生在项目中的工作。目前，我们忽略项目和教师之间以及项目和学生之间的前两个联系，而关注在一个特定项目上由哪位教师指导哪名学生。

为了表示这些信息，我们通过 *proj_guide* 三元联系集将三个实体集联系到一起，它关联 *instructor*、*student* 和 *project* 实体集。*proj_guide* 的实例表示在一个特定项目上一名特定学生接受了一位特定教师的指导。注意，一名学生在不同项目中可以由不同教师指导，不能将这个联系描述成学生与教师之间的二元关系。

非二元的联系集也可以在 E-R 图中容易地表示。图 7-6 展示了三元联系集 *proj_guide* 的 E-R 图表示形式。

7.3　复杂属性

对于每个属性都有一个可取值的集合，称为该属性的**域**（domain），或者**值集**（value set）。*course_id* 属性的域可能是特定长度的所有文本字符串的集合。类似地，*semester* 属性的域可能是集合 { 秋，冬，春，夏 } 中的字符串。

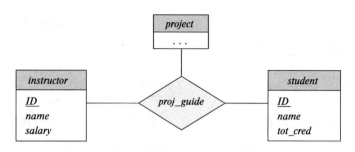

图 7-6 具有三元联系 *proj_guide* 的 E-R 图

E-R 模型中使用的属性可以按照如下的属性类型来进行描述。

- **简单**（simple）和**复合**（composite）属性。迄今为止在我们的示例中出现的属性都是**简单的**，也就是说，它们不能被划分为子部分。而**复合属性**可以被划分为子部分（即其他属性）。例如，*name* 属性可被构建为一个包括 *first_name*、*middle_initial* 和 *last_name* 的复合属性。如果用户希望在一些场景中引用整个属性，而在另外的场景中仅引用属性的一部分，则在设计模式中使用复合属性是一种好的选择。假设我们要给 *student* 实体集增加一个地址。地址可被定义为具有 *street*、*city*、*state* 和 *postal_code*⊖属性的复合属性 *address*。复合属性帮助我们把相关属性集合起来，使模型更清晰。

    还要注意，复合属性的出现可以是有层次的。在 *address* 复合属性中，其子属性 *street* 可以进一步分为 *street_number*、*street_name* 和 *apartment_number*。图 7-7 描述了 *instructor* 实体集的这些复合属性的示例。

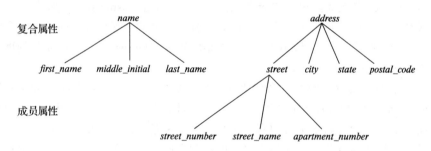

图 7-7 *instructor* 实体集的复合属性

- **单值**（single-valued）和**多值**（multivalued）属性。我们示例中的属性对一个特定实体都只有单独的一个值。例如，对某个特定的学生实体而言，*student_ID* 属性只对应于一个学生 *ID*。这样的属性被称作是**单值**的。而在某些实例中，对一个特定实体而言，一个属性可能对应于一组值。假设我们往 *instructor* 实体集中添加一个 *phone_number* 属性，每位教师可以有零个、一个或多个电话号码，不同的教师可以有不同数量的电话号码。这种类型的属性被称作是**多值**的。作为另一个示例，我们可以往 *instructor* 实体集中添加一个 *dependent_name* 属性，它列出所有的家属姓名。这个属性将是多值的，因为任何一位特定的教师可能有零个、一个或多个家属。
- **派生属性**（derived attribute）。这类属性的值可以从其他相关属性或实体的值派生出

⊖ 我们假定使用美国的地址格式，其中包括一个称作邮政编码的邮政编码数字。

来。例如，假设 *instructor* 实体集有一个 *students_advised* 属性，它表示一位教师指导了多少名学生。我们可以通过统计与一位教师相关联的所有 *student* 实体的数目来导出这个属性的值。

作为另一个示例，假设 *instructor* 实体集具有 *age* 属性，它表示教师的年龄。如果 *instructor* 实体集还具有 *date_of_birth* 属性，我们就可以从 *date_of_birth* 和当前日期计算出 *age*。因此 *age* 就是派生属性。在这种情况下，*date_of_birth* 可以称为基（base）属性，或存储的（stored）属性。派生属性的值并不存储，而是在需要时被计算出来。

图 7-8 展示了怎样用 E-R 符号来表示复合属性。这里具有成员属性 *first_name*、*middle_initial* 和 *last_name* 的复合属性 *name* 代替了 *instructor* 的简单属性 *name*。作为另一个示例，假定我们给 *instructor* 实体集增加一个地址。地址可以被定义为具有 *street*、*city*、*state* 和 *postal_code* 属性的复合属性 *address*。*street* 属性本身也是一个复合属性，其成员属性为 *street_number*、*street_name* 和 *apartment_number*。该图还给出

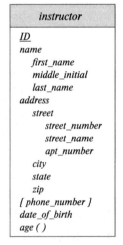

了一个由 "{*phone_number*}" 表示的多值属性 *phone_number*，以及一个由 "*age*()" 表示的派生属性 *age*。

当实体在某个属性上没有值时认为该属性取空（*null*）值。空值可以表示"不适用"，即该实体的这个值不存在。例如，没有中间名的人可以将 *middle_initial* 属性设置为空。空还可以表示属性值是未知的。未知的值要么是缺失的（值存在，但我们没有该信息），要么是不知道的（我们并不知道该值是否确实存在）。

例如，如果一位特定教师的 *name* 值为空，我们推测这个值是缺失的，因为每位教师肯定有一个名字。*apartment_number* 属性的空值可能意味着地址中没有包括公寓号（不适用），公寓号是存在的但是我们并不知道是什么（缺失的），或者我们不知道公寓号是否是该教师地址的一部分（不知道的）。

图 7-8 包含复合、多值和派生属性的 E-R 图

7.4 映射基数

映射基数（mapping cardinality）或基数比率表示一个实体能通过一个联系集关联的另一些实体的数量。映射基数在描述二元联系集时最有用，尽管它们可用于描述涉及多于两个实体集的联系集。

对于实体集 *A* 和 *B* 之间的二元联系集 *R* 来说，映射基数必然是以下情况之一：

- **一对一**（one-to-one）。*A* 中的一个实体至多与 *B* 中的一个实体相关联，并且 *B* 中的一个实体也至多与 *A* 中的一个实体相关联（如图 7-9a 所示）。
- **一对多**（one-to-many）。*A* 中的一个实体可以与 *B* 中任意数量（零个或多个）的实体相关联，而 *B* 中的一个实体至多与 *A* 中的一个实体相关联（如图 7-9b 所示）。
- **多对一**（many-to-one）。*A* 中的一个实体至多与 *B* 中的一个实体相关联，而 *B* 中的一个实体可以与 *A* 中任意数量（零个或多个）的实体相关联（如图 7-10a 所示）。
- **多对多**（many-to-many）。*A* 中的一个实体可以与 *B* 中任意数量（零个或多个）的实体相关联，而且 *B* 中的一个实体也可以与 *A* 中任意数量（零个或多个）的实体相关联（如图 7-10b 所示）。

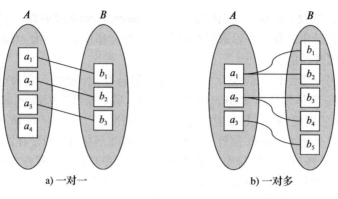

图 7-9 映射基数

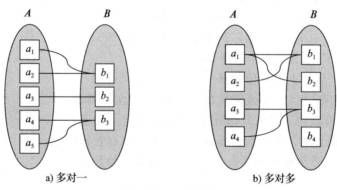

图 7-10 映射基数

一个特定联系集的适当的映射基数显然依赖于该联系集所建模的现实世界的情况。

作为示例,考虑 *advisor* 联系集。如果一名学生可以由多位教师指导(比如学生被联合指导的情况),那么此联系集是多对多的。如果一所特定的大学施加了一种约束,一名学生只能由一位教师指导,而一位教师可以指导多名学生,那么 *instructor* 到 *student* 的联系集是一对多的。因此,映射基数可用于指定关于在现实世界中允许哪些联系的约束。

在 E-R 图表示法中,我们通过在联系集和相关实体集之间绘制有向线段(→)或无向线段(—)来指明联系上的基数约束。具体来说,以大学为例存在以下情况:

- **一对一**(one-to-one)。我们从联系集到两个实体集各画一条有向线段。例如,在图 7-11a 中,指向 *instructor* 和 *student* 的有向线段表示一位教师最多可以指导一名学生,并且一名学生最多可以有一位导师。
- **一对多**(one-to-many)。我们从联系集到联系的"一"侧画一条有向线段。因此,在图 7-11b 中,有一条从 *advisor* 联系集到 *instructor* 实体集的有向线段,以及一条到 *student* 实体集的无向线段。这表示一位教师可以指导多名学生,但一名学生最多只能有一位导师。
- **多对一**(many-to-one)。我们从联系集到联系的"一"侧画一条有向线段。因此,在图 7-11c 中,有一条从 *advisor* 联系集到 *instructor* 实体集的无向线段,以及一条到 *student* 实体集的有向线段。这表示一位教师最多可以指导一名学生,但一名学生可以有多位导师。
- **多对多**(many-to-many)。我们从联系集到两个实体集各画一条无向线段。因此,在

图 7-11d 中，从 *advisor* 联系集到 *instructor* 和 *student* 实体集都有无向线段。这表示一位教师可以指导多名学生，并且一名学生可以有多位导师。

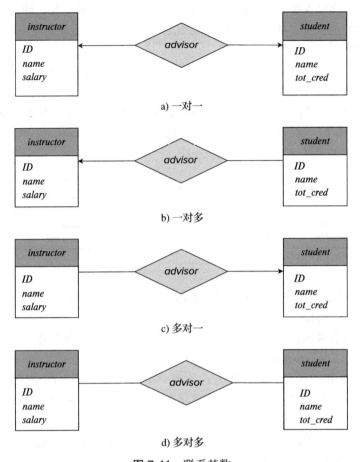

a) 一对一

b) 一对多

c) 多对一

d) 多对多

图 7-11 联系基数

如果实体集 E 中的每个实体都必须参与到联系集 R 中的至少一个联系中，那么实体集 E 在联系集 R 中的参与就被称为是**全部**的。如果 E 中一些实体可能不参与到 R 的联系中，那么实体集 E 在联系集 R 中的参与就被称为是**部分**的。

例如，一所大学可能要求每名学生至少有一位导师；在 E-R 模型中，这相当于要求每个 *student* 实体通过 *advisor* 联系至少与一位教师相关联。因而，*student* 在 *advisor* 联系集中的参与是全部的。而一位教师不是必须要指导学生。因此，可能只有某些 *instructor* 实体通过 *advisor* 联系同 *student* 实体集相关联，那么 *instructor* 在 *advisor* 联系集中的参与是部分的。

我们用双线表示一个实体在联系集中的全部参与。图 7-12 显示了 *advisor* 联系集的示例，其中双线表示学生必须有导师。

图 7-12 显示全部参与的 E-R 图

E-R 图还提供了一种方式来描述更复杂的约束，这种约束限制了每个实体参与联系集中的联系的次数。线段上可以有一个关联的最小和最大基数，用 *l..h* 的形式表示，其中 *l* 表示最小基数，*h* 表示最大基数。最小值为 1 表示实体集全部参与联系集，即实体集中的每个实体在该联系集中的至少一个联系中出现。最大值为 1 表示实体至多参与一个联系，而最大值为 * 代表没有限制。

例如，考虑图 7-13。*advisor* 和 *student* 之间的线段有 1..1 的基数约束，这意味着基数的最小值和最大值都是 1。也就是说，每名学生必须有且只有一位导师。*advisor* 和 *instructor* 之间的线段有 0..* 的限制，说明一位教师可以有零名或多名学生。因此，*advisor* 联系是从 *instructor* 到 *student* 的一对多联系，更进一步地讲，*student* 在 *advisor* 中的参与是全部的，这意味着一名学生必须有一位导师。

图 7-13　联系集上的基数限制

很容易将左侧的边上的 0..* 曲解为 *advisor* 联系是从 *instructor* 到 *student* 的多对一联系，这正好和正确的解释相反。

如果两条边都有最大值 1，那么这个联系是一对一的。如果我们在左侧的边上指定基数限制为 1..*，就可以说每位教师必须指导至少一名学生。

图 7-13 中的 E-R 图的另一种替代方式是画一条从 *student* 到 *advisor* 的双线，以及一个从 *advisor* 到 *instructor* 的箭头，来替换所显示的基数约束。这种替换方式可以强制实施同图中所示约束完全一样的约束。

在非二元的联系集中，我们可以指定多对一联系的某些类型。假设一名学生在一个项目上最多只能由一位教师指导。这种约束可以通过从 *proj_guide* 指向 *instructor* 的箭头来表示。

我们至多允许一个箭头从一个非二元的联系集指出，因为在 E-R 图中，从一个非二元联系集指出两个或更多的箭头可以用两种方式来解释。我们将在 7.5.2 节中详细阐述这个问题。

7.5　主码

我们必须有一种方式来指定如何区分给定实体集中的实体和给定联系集中的联系。

7.5.1　实体集

从概念上来说，各个实体是可区分的；但从数据库的观点来看，它们之间的区别必须通过其属性来表达。

因此，一个实体的属性取值必须可以唯一标识该实体。换句话说，在一个实体集中不允许两个实体对于所有属性都具有完全相同的值。

2.3 节中定义的关系模式的码（key）的概念直接适用于实体集，即实体的码是一个足以将实体彼此区分开来的属性集。关系模式中的超码、候选码、主码的概念同样适用于实体集。

码同样有助于唯一地标识联系，并从而将联系互相区分开来。接下来，我们定义联系集的码的相应概念。

7.5.2 联系集

我们需要一种机制来区分联系集中不同的联系。

设 R 是一个涉及实体集 E_1, E_2, $\cdots$, E_n 的联系。设 $primary\text{-}key(E_i)$ 代表构成实体集 E_i 的主码的属性集合。现在假设所有主码的属性名是互不相同的。联系集主码的构成依赖于与联系集 R 相关联的属性集合。

如果联系集 R 没有属性与之相关联，那么属性集合

$$primary\text{-}key(E_1) \cup primary\text{-}key(E_2) \cup \cdots \cup primary\text{-}key(E_n)$$

描述了集合 R 中一个单独的联系。

如果联系集 R 有属性 a_1, a_2, $\cdots$, a_m 与之相关联，那么属性集合

$$primary\text{-}key(E_1) \cup primary\text{-}key(E_2) \cup \cdots \cup primary\text{-}key(E_n) \cup \{a_1, a_2, \ldots, a_m\}$$

描述了集合 R 中一个单独的联系。

如果实体集之间主码的属性名称不是互不相同的，则重命名这些属性以区分它们；实体集的名称结合属性名可以构成唯一的名称。如果一个实体集不止一次参与一个联系集（如 7.2.2 节中的 $prereq$ 联系），则使用角色名代替实体集名称来构成唯一的属性名。

回想一下，联系集是联系实例的集合，并且每个实例都由参与其中的实体唯一标识。因此，在以上的两种情况下，属性集合

$$primary\text{-}key(E_1) \cup primary\text{-}key(E_2) \cup \cdots \cup primary\text{-}key(E_n)$$

构成了联系集的一个超码。

二元联系集主码的选择取决于联系集的映射基数。对于多对多关系，前述主码的并集是最小的超码，并被选作主码。作为一个示例，考虑 7.2.2 节中的 $instructor$ 和 $student$ 实体集以及 $advisor$ 联系集。假设联系集是多对多的，那么 $advisor$ 的主码由 $instructor$ 和 $student$ 的主码的并集构成。

对于一对多和多对一关系，"多"方的主码是最小的超码，并被用作主码。例如，如果从 $student$ 到 $instructor$ 的联系是多对一的，即每名学生最多只能有一位导师，则 $advisor$ 的主码就仅是 $student$ 的主码。而如果一位教师只能指导一名学生，即 $advisor$ 联系是从 $instructor$ 到 $student$ 的多对一联系，则 $advisor$ 的主码就仅是 $instructor$ 的主码。

对于一对一的联系，任一参与实体集的主码都构成最小超码，并且可以选择任意一个作为联系集的主码。但是，如果一位教师只能指导一名学生，并且每名学生只能由一位教师指导，也就是说，如果 $advisor$ 联系是一对一的，那么，可以选择 $student$ 或 $instructor$ 的主码作为 $advisor$ 的主码。

对于非二元联系，如果不存在基数约束，那么本小节前述的超码就是唯一的候选码，并被选为主码。如果有基数约束，那么主码的选择就复杂多了。正如我们在 7.4 节中所注意到的，我们允许一个联系集最多有一个箭头指出。我们这样做是因为非二元联系集有两个或多个箭头指出的 E-R 图可以用下面描述的两种方式来解释。

假设实体集 E_1、E_2、E_3、E_4 之间有联系集 R，并且只有指向实体集 E_3 和 E_4 的边带箭头。那么，两种可能的解释是：

1. 来自 E_1、E_2 的一个特定实体组合可以和至多一个来自 E_3、E_4 的实体组合相关联。因此，联系 R 的主码可以用 E_1 和 E_2 的主码的并集来构造。

2. 来自 E_1、E_2、E_3 的一个特定实体组合至多可与来自 E_4 的一个实体组合相关联，并且来自 E_1、E_2、E_4 的一个特定实体组合至多可与来自 E_3 的一个实体组合相关联，那么，E_1、E_2 和 E_3 的主码的并集构成一个候选码，E_1、E_2 和 E_4 的主码的并集也是如此。

每种解释都已在实践中使用，并且二者对于被建模的特定企业而言都是正确的。因此，为了避免混淆，我们只允许非二元联系集有一个箭头指出，在这种情况下，两种解释是等价的。

为了表示一种场景，其中多箭头的一种情况是成立的，可以通过用实体集替换非二元联系集来修改 E-R 设计。也就是说，我们将非二元联系集的每个实例视为一个实体。那么，我们可以通过单独的联系集将每个这样的实体与 E_1、E_2、E_4 的对应实例关联起来。一种更简单的方法是使用函数依赖（functional dependency），我们将在 8.4 节中学习。函数依赖以明确的方式简单地指定允许这两种解释中的哪一种。

那么，联系集 R 的主码是那些没有被来自联系集 R 的箭头指向的、参与实体集 E_i 的主码的并集。

7.5.3 弱实体集

考虑一个 *section* 实体，它由课程编号、学期、学年以及课程段标识来唯一标识。课程段实体与课程实体相关联。假定我们在 *section* 和 *course* 实体集之间创建一个 *sec_course* 联系集。

现在，注意到 *sec_course* 中的信息是冗余的，由于 *section* 已有 *course_id* 属性，它表示该课程段所关联的课程。消除这种冗余的一种方式是去掉 *sec_course* 联系；然而，这么做使得 *section* 和 *course* 之间的联系隐含于一个属性中，这并不是我们想要的。

处理这种冗余的另一种替代方式是在 *section* 实体中不保存 *course_id* 属性，而只保存剩下的属性 *sec_id*、*year* 以及 *semester*⊖。然而，如果这样 *section* 实体集就没有足够的属性来唯一标识一个特定的 *section* 实体；尽管每个 *section* 实体都是可区分的，不同课程的课程段也可能会共享相同的 *sec_id*、*year* 以及 *semester*。为解决这个问题，我们将 *sec_course* 联系视为一种特殊的联系，它为唯一标识 *section* 实体提供所需的额外信息，在此情况下是 *course_id*。

弱实体集的概念对上述直观描述进行了形式化。**弱实体集**（weak entity set）的存在依赖于另一个实体集，称为其**标识性实体集**（identifying entity set）；我们使用标识性实体集的主码以及称为**分辨符属性**（discriminator attribute）的额外属性来唯一地标识弱实体，而不是将主码与弱实体相关联。非弱实体集的实体集被称为**强实体集**（strong entity set）。

每个弱实体必须和一个标识性实体相关联；也就是说，弱实体集被称为**存在依赖**（existence dependent）于标识性实体集。标识性实体集被称为**拥有**（own）它所标识的弱实体集。将弱实体集与标识性实体集相关联的联系被称为**标识性联系**（identifying relationship）。

标识性联系是从弱实体集到标识性实体集的多对一联系，并且弱实体集在联系中的参与是全部的。标识性联系集不应该有任何描述性属性，因为任何这样的属性都可以与弱实体集相关联。

在我们的示例中，*section* 的标识性实体集是 *course*，将 *section* 实体和它们对应的 *course* 实体关联在一起的 *sec_course* 联系是标识性联系。*section* 的主码由标识性实体集（即

⊖ 注意，即使我们从 *section* 实体集中去掉了 *course_id* 属性，但由于后面变清晰的一些原因，我们根据 *section* 实体集最终构建的关系模式还是具有 *course_id* 属性。

course）的主码加上弱实体集（即 *section*）的分辨符构成。因此，主码就是 {*course_id*, *sec_id*, *year*, *semester*}。

注意，我们可以选择在大学提供的所有课程中使 *sec_id* 全局唯一，在这种情况下，*section* 实体集将具有主码。然而，一个 *section* 的存在在概念上仍依赖于一个 *course*，通过使之成为弱实体集可以明确这种依赖关系。

在 E-R 图中，通过双边框的矩形描述弱实体集，其分辨符被加上虚的下划线。关联弱实体集和标识性强实体集的联系集以双边框的菱形表示。在图 7-14 中，*section* 弱实体集通过 *sec_course* 联系集依赖于 *course* 强实体集。

图 7-14　具有弱实体集的 E-R 图

该图还说明使用双线来表示的（弱）实体集 *section* 在 *sec_course* 联系中的参与是全部的，这意味着每个课程段必须通过 *sec_course* 与某门课程相关联。最后，从 *sec_course* 指向 *course* 的箭头表示每个课程段与单门课程相关联。

通常，弱实体集必须全部参与其标识性联系集，并且该联系是到标识性实体集的多对一联系。

弱实体集可以参与除标识性联系之外的联系。例如，*section* 实体可以参与与 *time_slot* 实体集的联系，以标识特定课程段的上课时间。弱实体集可以作为属主参与与另一个弱实体集的标识性联系。一个弱实体集也可能与不止一个标识性实体集相关联。这样，一个特定的弱实体将通过实体的组合来标识，每个标识性实体集有一个实体在该组合中。弱实体集的主码可以由标识性实体集主码的并集再加上弱实体集的分辨符组成。

7.6　从实体集中删除冗余属性

当我们使用 E-R 模型设计数据库时，我们通常从确认那些应当被包含的实体集开始。例如，在我们迄今所讨论的大学机构中，我们决定包含诸如 *student* 和 *instructor* 那样的实体集。当决定好实体集后，我们必须挑选适当的属性，这些属性要表示我们在数据库中希望取得的各种值。在大学机构中，我们决定为 *instructor* 实体集包括 *ID*、*name*、*dept_name* 以及 *salary* 这些属性，我们还可以增加 *phone_number*、*office_number*、*home_page* 及其他属性。要包含哪些属性取决于设计者，他充分了解企业的结构。

一旦选择好实体和它们相应的属性，各种实体间的联系集就建立起来了。这些联系集有可能会导致这样一种情况：不同实体集中的属性存在冗余，并需要将其从原始实体集中删除。为了说明这一点，考虑 *instructor* 和 *department* 实体集：

- *instructor* 实体集包含 *ID*、*name*、*dept_name* 以及 *salary* 属性，其中 *ID* 构成主码。
- *department* 实体集包含 *dept_name*、*building* 以及 *budget* 属性，其中 *dept_name* 构成主码。

我们用关联 *instructor* 和 *department* 的 *inst_dept* 联系集来对这样的事实建模：每位教师都有一个相关联的系。

dept_name 属性在两个实体集中都出现了。由于它是 *department* 实体集的主码，因此它

在 *instructor* 实体集中是冗余的，需要被移除。

从 *instructor* 实体集中移除 *dept_name* 属性可能看起来不是那么直观，因为我们在前几章中用到的 *instructor* 关系都具有 *dept_name* 属性。正如我们将在后面看到的，当我们从 E-R 图构建关系模式时，只有当每位教师最多只与一个系相关联时，*dept_name* 属性才会被实际添加到 *instructor* 关系中。如果一位教师有多个相关联的系，教师与系之间的联系会被记录在一个单独的 *inst_dept* 关系中。

将教师和系之间的关联统一看成联系，而不是 *instructor* 的一个属性，使得逻辑关系明确，并有助于避免过早假设每位教师只与一个系相关联。

类似地，*student* 实体集通过 *student_dept* 联系集与 *department* 实体集相关联，因而 *student* 中不需要 *dept_name* 属性。

作为另一个示例，考虑课程的开设（课程段）和开课的时段。每个时段由 *time_slot_id* 标识，并且和每周上课时间的集合相关联，每周上课时间都由星期几、开始时间以及结束时间来标识。我们决定使用多值复合属性对每周上课时间集合进行建模。假设我们对 *section* 和 *time_slot* 实体集按以下方式建模：

- *section* 实体集包含 *course_id*、*sec_id*、*semester*、*year*、*building*、*room_number* 以及 *time_slot_id* 属性，其中 (*course_id, sec_id, year, semester*) 构成主码。
- *time_slot* 实体集包含 *time_slot_id* 属性（它是主码[⊖]）以及一个多值复合属性 {(*day, start_time, end_time*)}[⊖]。

这些实体通过 *sec_time_slot* 联系集相互关联。

time_slot_id 属性在两个实体集中均出现。由于它是 *time_slot* 实体集的主码，因此它在 *section* 实体集中是冗余的，并且需要被删除。

作为最后一个示例，假设我们有一个 *classroom* 实体集，包含 *building*、*room_number* 以及 *capacity* 属性，主码由 *building* 和 *room_number* 组成。再假设我们有一个 *sec_class* 联系集，它将 *section* 和 *classroom* 关联在一起。那么 {*building, room_number*} 属性在 *section* 实体集中是冗余的。

好的实体-联系设计不包含冗余的属性。对于大学示例，我们在下面列出了实体集以及它们的属性，主码被加上了下划线。

- *classroom*：包含属性 (*building, room_number, capacity*)。
- *department*：包含属性 (*dept_name, building, budget*)。
- *course*：包含属性 (*course_id, title, credits*)。
- *instructor*：包含属性 (*ID, name, salary*)。
- *section*：包含属性 (*course_id, sec_id, semester, year*)。
- *student*：包含属性 (*ID, name, tot_cred*)。
- *time_slot*：包含属性 (*time_slot_id*, {(*day, start_time, end_time*)})。

我们设计的联系集如下所示。

- *inst_dept*：关联教师和系。

⊖ 我们将在后面看到由 *time_slot* 实体集构建的关系的主码包含 *day* 以及 *start_time*，然而，*day* 和 *start_time* 并不是 *time_slot* 实体集的主码的一部分。

⊖ 我们可以选择给包含 *day*、*start_time* 以及 *end_time* 的复合属性取个名字，比如 *meeting*。

- *stud_dept*：关联学生和系。
- *teaches*：关联教师和课程段。
- *takes*：关联学生和课程段，具有描述性属性 *grade*。
- *course_dept*：关联课程和系。
- *sec_course*：关联课程段和课程。
- *sec_class*：关联课程段和教室。
- *sec_time_slot*：关联课程段和时段。
- *advisor*：关联学生和教师。
- *prereq*：关联课程和先修课程。

你可以验证没有任何一个实体集包含因某个联系集而造成冗余的任何属性。进而，你可以验证我们此前在图 2-9 中看到的大学数据库关系模式中的所有信息（除了约束）全部包含在上述设计中，只是关系设计中的几个属性被 E-R 设计中的联系所替代。

我们最后展示本书迄今一直使用的大学机构所对应的 E-R 图（见图 7-15）。除了几个额外的约束，该 E-R 图与大学 E-R 模型的文字性描述等价。

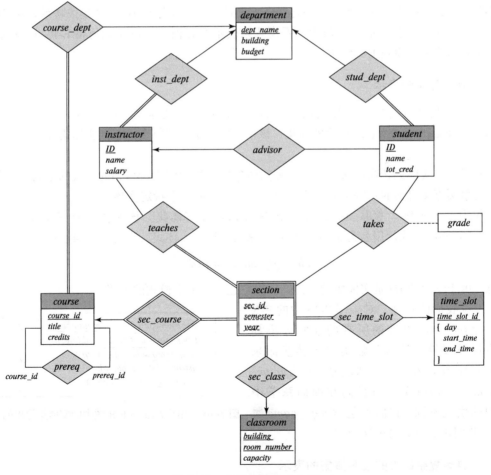

图 7-15　大学机构的 E-R 图

在我们的大学数据库中，我们限制每位教师必须有且仅有一个相关联的系。其结果是，在图 6-15 中在 *instructor* 和 *inst_dept* 之间有一条双线，表示 *instructor* 在 *inst_dept* 中全部参与，即每位教师必须和一个系相关联。另外，存在一个从 *inst_dept* 到 *department* 的箭头，表示每位教师可以有至多一个相关联的系。

类似地，*course* 实体集与 *course_dept* 联系集用双线连接，表示每门课程必须在某个系里开设，并且 *student* 实体集与 *stud_dept* 联系集用双线连接，表示每名学生必须在某个系主修。在每种情况下，箭头指向 *department* 实体集，以表示一门课程或一名学生分别只能与一个系相关联，而不能与几个系相关联。

此外，图 7-15 显示 *takes* 联系集具有一个描述性属性 *grade*，并且每名学生有至多一位导师。该图还显示 *section* 是一个弱实体集，具有构成分辨符的 *sec_id*、*semester* 以及 *year* 属性；*sec_course* 是连接 *section* 弱实体集和 *course* 强实体集的标识性联系集。

在 7.7 节中，我们将展示如何用这张 E-R 图来导出我们使用的各个关系模式。

7.7　将 E-R 图转换为关系模式

E-R 模型和关系数据库模型都是对现实企业的抽象的逻辑表示。由于两种模型采用类似的设计原则，我们可以将 E-R 设计转换为关系设计。在数据库设计中，对于每个实体集以及每个联系集，都有唯一的关系模式与之对应，我们为其赋名为相应的实体集或联系集的名称。

在这一节中，我们描述如何用关系模式来表示 E-R 模式，以及如何将 E-R 设计中提出的约束映射到关系模式上的约束。

7.7.1　强实体集的表示

设 E 是只具有简单描述性属性 a_1, a_2, …, a_n 的强实体集。我们用具有 n 个不同属性的、称作 E 的模式来表示这个实体集。该模式的关系中的每个元组同实体集 E 的一个实体相对应。

对于从强实体集转换而来的模式，强实体集的主码就作为所得到的模式的主码。这是从这样的事实直接得到的：每个元组都对应于实体集中的一个特定实体。

作为一个示例，考虑图 7-15 中 E-R 图的 *student* 实体集。该实体集有三个属性：*ID*、*name*、*tot_cred*。我们用名为 *student* 的模式来表示这个实体集，它有三个属性：

$$student\ (\underline{ID},\ name,\ tot\_cred)$$

注意，由于学生的 *ID* 是实体集的主码，所以它也是该关系模式的主码。

继续我们的示例，对于图 7-15 中的 E-R 图，除 *time_slot* 以外的所有的强实体集都只有简单属性，从这些强实体集转换而来的模式如图 7-16 所示。请注意，*instructor*、*student* 和 *course* 模式与我们在前面章节中用到的模式不同（它们不包含 *dept_name* 属性）。我们稍后还会讨论这个问题。

classroom(*building*, *room_number*, *capacity*)
department(*dept_name*, *building*, *budget*)
course(*course_id*, *title*, *credits*)
instructor(*ID*, *name*, *salary*)
student(*ID*, *name*, *tot_cred*)

图 7-16　由图 7-15 的 E-R 图中的实体集导出的模式

7.7.2　具有复杂属性的强实体集的表示

当一个强实体集具有非简单属性时，事情更加复杂一点。我们通过为每个成员属性创建一个单独属性的方式来处理复合属性；我们并不为复合属性自身创建一个单独的属性。例如，考虑图 7-8 中描述的 *instructor* 实体集的版本。对于 *name* 复合属性，为 *instructor* 生成的模式包括 *first_name*、*middle_initial* 和 *last_name* 属性；没有单独的属性或模式来表示 *name*。类似地，对于 *address* 复合属性，产生的模式包括 *street*、*city*、*state* 以及 *postal_code* 属性。由于 *street* 是一个复合属性，因此它被替换成 *street_number*、*street_name* 以及 *apt_number*。

多值属性的处理不同于其他属性。我们已经看到，E-R 图中的属性通常直接映射到相应关系模式的属性。但是，多值属性却是个例外；正如我们将看到的，为了这些属性将构建新的关系模式。

派生属性并不在关系数据模型中显式地表示出来。然而，它们可以在其他数据模型中被表示为存储过程、函数或方法。

从具有复杂属性的 *instructor* 实体集的版本转换而来的、不包含多值属性的关系模式是这样的：

$$instructor\ (ID, first\_name, middle\_initial, last\_name,$$
$$street\_number, street\_name, apt\_number,$$
$$city, state, postal\_code, date\_of\_birth)$$

对于一个多值属性 M，我们构建关系模式 R，该模式具有一个对应于 M 的属性 A，以及对应于 M 所在的实体集或联系集的主码的属性。

作为一个示例，考虑图 7-8 中的 E-R 图，它描述了包含 *phone_number* 多值属性的 *instructor* 实体集。*instructor* 的主码是 *ID*。对于这个多值属性，我们构建一个关系模式：

$$instructor\_phone\ (\underline{ID}, \underline{phone\_number})$$

教师的每个电话号码都表示为该模式上的关系中的一个唯一元组。因此，如果我们有一个 *ID* 为 22222 的教师，其电话号码为 555-1234 和 555-4321，那么 *instructor_phone* 关系将有两个元组（22222, 555-1234）和（22222, 555-4321）。

我们创建关系模式的主码，它由该模式的所有属性组成。在上面的示例中，主码由 *instructor_phone* 关系模式的两个属性一起组成。

另外，我们在由多值属性构建的关系模式上建立外码约束。在那个新创建的模式中，根据实体集主码生成的属性必须引用根据实体集生成的关系。在上面的示例中，*instructor_phone* 关系上的外码约束应该是 *ID* 属性引用 *instructor* 关系。

在一个实体集只有两个属性的情况下——单个主码属性 B 以及单个多值属性 M——该实体集的关系模式应只包含一个属性，即主码属性 B。我们可以删掉这个关系，而保留具有属性 B 和对应于 M 的属性 A 的关系模式。

例如，考虑图 7-15 中描述的 *time_slot* 实体集，其中 *time_slot_id* 是 *time_slot* 实体集的主码，并且有一个多值属性，它恰好是复合的。这个实体集可以就通过从多值复合属性创建的下述模式来表示：

$$time\_slot\ (\underline{time\_slot\_id}, \underline{day}, \underline{start\_time}, end\_time)$$

虽然没有在 E-R 图上表示为约束，但是我们知道不存在一个班的两次课在一周的同一天的同一时间开始却在不同时间结束。基于这种约束，*end_time* 已从 *time_slot* 模式的主码中省略了。

从实体集生成的关系将只有单个属性 *time_slot_id*，去掉此关系的优化有助于简化生成的数据库模式，即使它有一个与外码相关的缺点，我们将在 7.7.4 节中对此简要讨论。

7.7.3　弱实体集的表示

设 A 是具有属性 a_1，a_2，$\cdots$，a_m 的弱实体集。设 B 是 A 所依赖的强实体集。设 B 的主码由属性 b_1，b_2，$\cdots$，b_n 构成。我们用名为 A 的关系模式表示实体集 A，该模式的每个属性对应于以下集合中的一个成员：

$$\{a_1,\ a_2,\ \cdots,\ a_m\} \cup \{b_1,\ b_2,\ \cdots,\ b_n\}$$

对于从弱实体集转换而来的模式，该模式的主码由其强实体集的主码与弱实体集的分辨符组合而成。除了创建主码之外，我们还要在关系 A 上建立外码约束，指明属性 b_1，b_2，$\cdots$，b_n 引用关系 B 的主码。外码约束保证：对于表示弱实体的每个元组，都有一个表示相应强实体的元组与之对应。

作为一个示例，考虑图 7-15 的 E-R 图中的 *section* 弱实体集。该实体集有属性：*sec_id*、*semester* 和 *year*。*section* 所依赖的 *course* 实体集的主码是 *course_id*。因此，我们用具有以下属性的模式来表示 *section*：

section (*course_id*, *sec_id*, *semester*, *year*)

该主码由 *course* 实体集的主码和 *section* 的分辨符（即 *sec_id*、*semester* 以及 *year*）组成。我们还在 *section* 模式上建立了一个外码约束，用 *course_id* 属性引用 *course* 模式的主码⊖。

7.7.4　联系集的表示

设 R 是联系集，设 a_1，a_2，$\cdots$，a_m 是每个参与 R 的实体集的主码的并集所构成的属性集合，并设 R 的描述性属性（如果有）为 b_1，b_2，$\cdots$，b_n。我们用名为 R 的关系模式表示该联系集，R 的每个属性表示下述集合的一个成员：

$$\{a_1,\ a_2,\ \cdots,\ a_m\} \cup \{b_1,\ b_2,\ \cdots,\ b_n\}$$

我们在 7.5 节中介绍过如何为二元联系集选择主码。联系集的主码属性也被用作关系模式 R 的主码属性。

作为一个示例，考虑图 7-15 的 E-R 图中的 *advisor* 联系集。此联系集涉及如下两个实体集：

- *instructor*，具有主码 *ID*。
- *student*，具有主码 *ID*。

由于该联系集没有属性，所以 *advisor* 模式有两个属性，即 *instructor* 和 *student* 的主码。由于这两个属性具有相同的名称，我们将它们重命名为 *i_ID* 和 *s_ID*。因为 *advisor* 联系集是从 *student* 到 *instructor* 的多对一联系，所以 *advisor* 关系模式的主码是 *s_ID*。

我们还在关系模式 R 上建立了如下外码约束：对于联系集 R 所关联的每个实体集 E_i，我们从关系模式 R 创建外码约束，从 E_i 主码导出的 R 的属性引用表示 E_i 的关系模式的主码。

回到我们之前的示例，我们因此在 *advisor* 关系上创建两个外码约束，具有引用 *instructor* 主码的 *i_ID* 属性以及引用 *student* 主码的 *s_ID* 属性。

⊖ 或者作为一种可选项，外码约束可以有一个"级联删除"申明，这样，删除 *course* 实体将自动删除引用该 *course* 实体的任何 *section* 实体。如果没有这个申明，在删除课程之前，必须先删除相应课程的每个课程段。

将上述技术应用到图 7-15 的 E-R 图中的其他联系集，我们得到如图 7-17 所示的关系模式。

teaches (*ID*, *course_id*, *sec_id*, *semester*, *year*)
takes (*ID*, *course_id*, *sec_id*, *semester*, *year*, *grade*)
prereq (*course_id*, *prereq_id*)
advisor (*s_ID*, *i_ID*)
sec_course (*course_id*, *sec_id*, *semester*, *year*)
sec_time_slot (*course_id*, *sec_id*, *semester*, *year*, *time_slot_id*)
sec_class (*course_id*, *sec_id*, *semester*, *year*, *building*, *room_number*)
inst_dept (*ID*, *dept_name*)
stud_dept (*ID*, *dept_name*)
course_dept (*course_id*, *dept_name*)

图 7-17 由图 7-15 的 E-R 图中的联系集导出的模式

观察到对于 *prereq* 联系集的情况，与该联系相关联的角色标识被用作属性的名称，因为两个角色都引用同一个关系 *course*。

与 *advisor* 的情况类似，每个关系的主码 *sec_course*、*sec_time_slot*、*sec_class*、*inst_dept*、*stud_dept* 以及 *course_dept* 仅由两个相关联的实体集中的一个实体集的主码构成，因为每个对应的联系都是多对一的。

在图 7-17 中并没有显示外码，但是对于图中每一个关系都有两个外码约束，引用从两个相关的实体集所构建出的两个关系。例如，*sec_course* 有引用 *section* 和 *classroom* 的外码，*teaches* 有引用 *instructor* 和 *section* 的外码，并且 *takes* 有引用 *student* 和 *section* 的外码。

这种优化允许我们对包含多值属性的 *time_slot* 实体集只建立单个关系模式，避免了从 *sec_time_slot* 关系模式到由 *time_slot* 实体集生成的关系的外码的建立，因为我们舍弃了由 *time_slot* 实体集生成的关系。我们保留了由多值属性生成的关系，并将其命名为 *time_slot*，但这个关系可能没有元组对应于某个 *time_slot_id*，或者它有多个元组对应于一个 *time_slot_id*，因而，*sec_time_slot* 中的 *time_slot_id* 不能引用这个关系。

精明的读者可能会想，为什么我们在前面的章节中没有见过 *sec_course*、*sec_time_slot*、*sec_class*、*inst_dept*、*stud_dept* 以及 *course_dept* 模式。其原因是我们迄今所提出的算法使得一些模式或者被消除，或者与其他模式合并。我们接下来讨论这个问题。

7.7.5 模式的冗余

连接弱实体集和相应强实体集的联系集被特殊对待。正如我们在 7.5.3 节中提到的，这样的联系集是多对一的，且没有描述性属性。另外，弱实体集的主码包含强实体集的主码。在图 7-14 的 E-R 图中，*section* 弱实体集通过 *sec_course* 联系集依赖于 *course* 强实体集。*section* 的主码是 {*course_id*, *sec_id*, *semester*, *year*}，并且 *course* 的主码是 *course_id*。由于 *sec_course* 没有描述性属性，因此 *sec_course* 模式具有属性 *course_id*、*sec_id*、*semester* 以及 *year*。表示 *section* 实体集的模式包含 *course_id*、*sec_id*、*semester* 以及 *year* 等属性。*sec_course* 关系中的每个（*course_id*, *sec_id*, *semester*, *year*）组合也将出现在 *section* 模式上的关系中，反之亦然。因此，*sec_course* 模式是冗余的。

一般而言，连接弱实体集与其对应的强实体集的联系集的模式是冗余的，而且在基于 E-R 图的关系数据库设计中不必给出。

7.7.6 模式的合并

考虑从实体集 *A* 到实体集 *B* 的多对一联系集 *AB*。用我们前面概述的关系－模式构建算法，得到三个模式：*A*、*B* 和 *AB*。进一步假设 *A* 在该联系中的参与是全部的，即实体集 *A* 中的每个实体 *a* 都必须参与到联系 *AB* 中。那么我们可以将 *A* 和 *AB* 模式合并成单个模式，它由两个模式的属性的并集构成。合并后模式的主码是其模式中融入了联系集模式的那个实体集的主码。

为了说明这一点，让我们检验图 7-15 的 E-R 图中满足上述准则的各种关系：

- *inst_dept*。*instructor* 和 *department* 模式分别对应于实体集 *A* 和 *B*。这样，*inst_dept* 模式可以和 *instructor* 模式合并。结果是 *instructor* 模式由属性 {*ID*，*name*，*dept_name*，*salary*} 组成。
- *stud_dept*。*student* 和 *department* 模式分别对应于实体集 *A* 和 *B*。这样，*stud_dept* 模式可以和 *student* 模式合并。结果是 *student* 模式由属性 {*ID*，*name*，*dept_name*，*tot_cred*} 组成。
- *course_dept*。*course* 和 *department* 模式分别对应于实体集 *A* 和 *B*。这样，*course_dept* 模式可以和 *course* 模式合并。结果是 *course* 模式由属性 {*course_id*，*title*，*dept_name*，*credits*} 组成。
- *sec_class*。*section* 和 *classroom* 模式分别对应于实体集 *A* 和 *B*。这样，*sec_class* 模式可以和 *section* 模式合并。结果是 *section* 模式由属性 {*course_id*，*sec_id*，*semester*，*year*，*building*，*room_number*} 组成。
- *sec_time_slot*。*section* 和 *time_slot* 模式分别对应于实体集 *A* 和 *B*。这样，*sec_time_slot* 模式可以和上一步中得到的 *section* 模式合并。结果是 *section* 模式由属性 {*course_id*，*sec_id*，*semester*，*year*，*building*，*room_number*，*time_slot_id*} 组成。

在一对一联系的情况下，联系集的关系模式可以跟参与联系的任何一个实体集的模式进行合并。

即使是部分参与，我们也可以通过使用空值来进行模式合并。在上面这个示例中，如果 *inst_dept* 是部分参与，那么我们可以为那些没有相关联的系的教师在 *dept_name* 属性上存放空值。

最后，我们考虑表示联系集的模式上本应有的外码约束。本应存在引用每一个参与了联系集的实体集的外码约束。我们舍弃了引用联系集模式所合并的实体集模式的约束，然后将另一个外码约束加到合并的模式上。在上面的示例中，在 *inst_dept* 上有一个 *dept_name* 属性引用 *department* 关系的外码约束，当 *inst_dept* 与 *instructor* 模式合并时，*instructor* 关系会隐式强制执行此外码约束。

7.8 扩展的 E-R 特性

虽然基本的 E-R 概念足以对大多数数据库特性建模，但数据库的某些方面可以通过对基本 E-R 模型的特定扩展来更恰当地表达。在这一小节中，我们讨论以下扩展的 E-R 特性：特化、概化、高层和低层实体集、属性继承和聚集。

为了有助于讨论，我们将用一个稍微更复杂的大学数据库模式。特别是，我们通过定义具有 *ID*、*name*、*street* 以及 *city* 属性的 *person* 实体集来对学校中不同的人进行建模。

7.8.1 特化

实体集可能包含一些实体的子集，这些实体在某些方面区别于实体集中的其他实体。例如，实体集中某个实体子集可能具有不被该实体集中所有实体所共享的一些属性。E-R 模型提供了表示这种与众不同的实体组的方法。

作为一个示例，*person* 实体集可进一步归类为以下两类之一：

- *employee*。
- *student*。

这两类人中的每一类都通过一个属性集来描述，它包括 *person* 实体集的所有属性加上可能的附加属性。例如，*employee* 实体可进一步用 *salary* 属性来描述，而 *student* 实体可进一步用 *tot_cred* 属性来描述。在实体集内部进行分组的过程称为**特化**（specialization）。对 *person* 的特化使得我们可以根据其对应于雇员还是学生来对人群进行区分：一般来说，一个人可以是一位雇员、一名学生，都是，或者都不是。

作为另一个示例，假设大学将学生分为两类：研究生和本科生。给研究生安排办公室，给本科生安排学生宿舍。每一种这样的学生类型都通过属性集来描述，这个属性集包括 *student* 实体集的所有属性和附加的属性。

我们可以反复应用特化来改进设计。大学可以创建 *student* 的两个特化，称作 *graduate* 和 *undergraduate*。正如我们此前所看到的，学生实体用 *ID*、*name*、*address* 以及 *tot_cred* 属性来描述。*graduate* 实体集将具有 *student* 的所有属性以及一个附加属性 *office_number*。*undergraduate* 实体集将具有 *student* 的所有属性以及一个附加属性 *residential_college*。作为另一个示例，大学雇员可以进一步分为 *instructor* 或 *secretary*。

每类这样的雇员都用包括 *employee* 实体集的所有属性以及附加属性的属性集来描述。例如，*instructor* 实体可以进一步由 *rank* 属性来描述，而 *secretary* 实体可以由 *hours_per_week* 属性来描述。进而，*secretary* 实体可以参与 *secretary* 和 *employee* 实体集之间的 *secretary_for* 联系，它标识了有秘书协助的雇员。

一个实体集可以根据多个可区分的特征进行特化。在我们的示例中，雇员实体间的可区分特征是雇员所从事的工作。同时，另一个特化可以基于一个人是临时（有限任期）雇员还是长期雇员，因而有 *temporary_employee* 和 *permanent_employee* 实体集。当在一个实体集上形成了多种特化时，一个特定实体可能属于多个特化。例如，一位给定的雇员可以既是一位临时雇员，又是一位秘书。

采用 E-R 图的方式，特化用从特化实体指向另一方实体的空心箭头来表示（见图 7-18）。我们称这种联系为 ISA 联系，它表示"是一个"，例如，一位教师"是一个"雇员。

我们在 E-R 图中描述特化的方式取决于一个实体是否可以属于多个特化实体集，或者它是否必须属于至多一个特化实体集。前者（允许多个集合）称为**重叠特化**（overlapping specialization），而后者（允许至多一个集合）称为**不相交特化**（disjoint specialization）。对于重叠特化（如 *student* 和 *employee* 作为 *person* 的特化的情况），使用两个单独的箭头。对于不相交特化（如 *instructor* 和 *secretary* 作

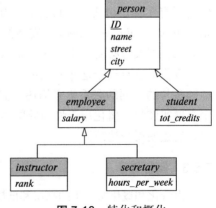

图 7-18　特化和概化

为 *employee* 的特化的情况），使用单个箭头。特化联系还可能被称作**超类－子类**（superclass-subclass）联系。高层和低层实体集按普通实体集表示——即包含实体集名称的矩形。

7.8.2 概化

从初始实体集到一系列不同层次的实体子集的细化代表了一种**自顶向下**（top-down）的设计过程，在这个设计过程中，显式地产生出差别。设计过程也可以通过**自底向上**（bottom-up）的方式进行，其中多个实体集根据共同具有的特征综合成一个更高层的实体集。数据库设计者可能一开始就标识了：

- *instructor* 实体集，具有 *instructor_id*、*instructor_name*、*instructor_salary* 以及 *rank* 属性。
- *secretary* 实体集，具有 *secretary_id*、*secretary_name*、*secretary_salary* 以及 *house_per_week* 属性。

就所具有的属性而言，在 *instructor* 实体集和 *secretary* 实体集之间存在共性。从概念上来说，这两个实体集包含了相同的属性：也就是标识、姓名和工资属性。这种共性可以通过**概化**（generalization）来表达，概化是在一个高层（higher-level）实体集与一个或多个低层（lower-level）实体集之间存在的包含联系。在我们的示例中，*employee* 是高层实体集，而 *instructor* 和 *secretary* 是低层实体集。在这种情况下，在两个低层实体集中，概念上相同的属性有着不同的名称。为了进行概化，这些属性必须赋予相同的名称并由高层实体 *person* 来表示。我们使用 *ID*、*name*、*street* 和 *city* 作为属性名称，正如我们在 7.8.1 节中所看到的示例那样。

高层与低层实体集也可以分别用术语**超类**（superclass）和**子类**（subclass）来表示。*person* 实体集是 *employee* 和 *student* 子类的超类。

对于所有实际的目标来说，概化只不过是特化的逆过程。在为企业设计 E-R 模式的过程中，我们将结合使用这两个过程。在 E-R 图中，我们对特化和概化不做区分。随着设计模式逐渐完全体现数据库应用和数据库用户的要求，新的实体层次通过区分（特化）或综合（概化）表现出来。这两种方式的区别可以通过它们的出发点和总体目标来体现。

特化从单个实体集出发，它通过创建不同的低层实体集来强调同一实体集内实体间的差异。这些低层实体集可以有属性，也可以参与联系，这些属性和联系不适用于高层实体集中的所有实体。事实上，设计者采用特化的原因正是为了表达这种与众不同的特征。如果 *student* 和 *employee* 与 *person* 实体拥有完全相同的属性，并且与 *person* 实体参与完全相同的联系，则没有必要去特化 *person* 实体集。

概化的进行出于这样的认识：一定数量的实体集共享一些共同的特征（即通过相同的属性和参与的相同的联系集来描述它们）。概化是在这些实体集共性的基础上将它们综合成单个高层实体集。概化用于强调低层实体集间的相似性并隐藏它们的差异；由于共享属性不重复，它还使得表达简洁。

7.8.3 属性继承

由特化和概化所产生的高层和低层实体的一个重要特性是**属性继承**（attribute inheritance）。高层实体集的属性被低层实体集**继承**（inherit）。例如，*student* 和 *employee* 继承了 *person* 的属性。因此，*student* 用其 *ID*、*name*、*street* 和 *city* 属性以及附加的 *tot_cred* 属性来描述；而 *employee* 用其 *ID*、*name*、*street* 和 *city* 属性以及附加的 *salary* 属性来描述。属性继承适用于所有低层实体集，因此，*employee* 的子类 *instructor* 和 *secretary* 从 *person* 继承了 *ID*、*name*、*street* 和 *city* 属性，另外又从 *employee* 继承了 *salary*。

低层实体集（或子类）同时还继承地参与其高层实体（或超类）所参与的联系集。与属性继承类似，参与继承适用于所有低层实体集。例如，假设 *person* 实体集参与到与 *department* 的 *person_dept* 联系集。那么，*person* 实体集的子类 *student*、*employee*、*instructor* 和 *secretary* 实体集也都隐式地参与到与 *department* 的 *person_dept* 联系中。这些实体集可以参与到 *person* 实体集所参与的任何联系中。

对 E-R 模型的一个给定部分来说，不管它是通过特化还是概化得到的，其结果基本都是一样的：

- 高层实体集所具有的属性和联系适用于它的所有低层实体集。
- 低层实体集所具有的独有的特征仅适用于特定的低层实体集。

在后面的叙述中，虽然我们常常只涉及概化，但我们所讨论的性质是两个过程完全共有的。

图 7-18 描述了实体集的一种**层次结构**（hierarchy）。图中，*employee* 是 *person* 的低层实体集，同时又是 *instructor* 和 *secretary* 实体集的高层实体集。在层次结构中，一个给定实体集作为低层实体集只参与到一个 ISA 联系中，即在这样的图中实体集只具有**单继承**（single inheritance）。如果一个实体集作为低层实体集参与到多个 ISA 联系中，则称这个实体集具有**多继承**（multiple inheritance），且产生的结构被称为格（lattice）。

7.8.4 特化上的约束

为了更准确地对企业建模，数据库设计者可能选择在特定的概化 / 特化上设置某些约束。

我们之前看到过一种关于特化的约束，它规定了特化是否是不相交的或重叠的。对特化 / 概化的另一种类型的约束是**完全性约束**（completeness constraint），它规定高层实体集中的一个实体是否必须至少属于该概化 / 特化内的一个低层实体集。这种约束可以是下述情况之一：

- **全部特化**或**概化**。每个高层实体必须属于一个低层实体集。
- **部分特化**或**概化**。一些高层实体可以不属于任何低层实体集。

部分特化是默认的。我们可以在 E-R 图中指定全部特化：通过在图中加入关键字 "total"，并画一条从关键字到应用该关键字的相应空心箭头（对于全部特化）的虚线，或者画从关键字到应用该关键字的一组空心箭头（对于重叠特化）的虚线。

如果大学不需要表示任何既不是 *student* 也不是 *employee* 的人，则对 *person* 的 *student* 或 *employee* 特化是全部的。但是，如果大学需要表示其他类型的人，那么该特化就是部分的。

完全性约束和不相交约束彼此没有依赖关系。因此，特化可以是部分 - 重叠的、部分 - 不相交的、全部 - 重叠的和全部 - 不相交的。

我们可以看到，对给定概化或特化应用约束带来了特定的插入和删除的需求。例如，当存在一个全部的完全性约束时，被插入高层实体集中的实体还必须被插入至少一个低层实体集中。从高层实体集删除一个实体也必须从它所属于的所有相应低层实体集中删除。

7.8.5 聚集

E-R 模型的一个局限性在于它不能表达联系间的联系。为了说明对这种结构的需求，考虑我们此前看到的 *instructor*、*student* 和 *project* 之间的 *proj_guide* 三元联系（见图 7-6）。

现在假设在项目上指导学生的每位教师需要提交月度评估报告。我们将评估报告建模为

具有 *evaluation_id* 主码的 *evaluation* 实体。记录一个 *evaluation* 所对应的（*student*, *project*, *instructor*）组合的另一种方式是在 *instructor*、*student*、*project* 和 *evaluation* 之间建立一个四元（四路）联系集 *eval_for*。（四元联系是必需的——例如，*student* 和 *evaluation* 之间的二元联系无法让我们表示一个 *evaluation* 所对应的（*project*, *instructor*）组合。）通过使用基本的 E-R 模型结构，我们得到了图 7-19 所示的 E-R 图（为了简洁我们省略了实体集的属性）。

看上去 *proj_guide* 和 *eval_for* 联系集可以合并到单个联系集中。然而，我们不应该将它们合并到单个联系集中，因为某些 *instructor*、*student*、*project* 组合可能没有相关联的 *evaluation*。

但是，在按照这种方法产生的图中存在冗余信息，因为 *eval_for* 中的每个 *instructor*、*student*、*project* 组合也必须在 *proj_guide* 中。如果 *evaluation* 被建模为一个值而不是一个实体，我们反而可以将 *evaluation* 作为 *proj_guide* 联系集的一个多值复合属性。然而，如果 *evaluation* 也可能和其他实体相关联，那么这种替代方法就不可行了；例如，每份评估报告可能和一个 *secretary* 相关联，该 *secretary* 负责评估报告的后续处理以支付奖学金。

对类似上述情况建模的最好方式是使用聚集。**聚集**（aggregation）是一种抽象，通过这种抽象，联系被视为高层实体。这样，对于我们的示例，我们将 *proj_guide* 联系集（关联 *instructor*、*student* 和 *project* 实体集）看成一个名为 *proj_guide* 的高层实体集。可以像对任何其他实体集一样来处理这种实体集。然后我们就可以在 *proj_guide* 和 *evaluation* 之间创建一个二元联系 *eval_for* 来表示一个 *evaluation* 对应于哪个（*student*, *project*, *instructor*）组合。图 7-20 展示了表示这种情况的通常使用的聚集符号。

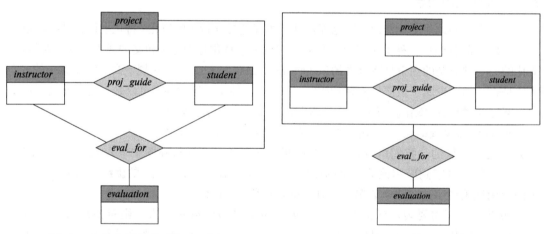

图 7-19　具有冗余联系的 E-R 图　　　　　图 7-20　具有聚集的 E-R 图

7.8.6　转换为关系模式

我们现在可以描述扩展的 E-R 特性如何被转换为关系模式。

7.8.6.1　概化的表示

为包含概化的 E-R 图设计关系模式有两种不同的方法。尽管我们在下面的讨论中引用了图 7-18 中的概化，但我们通过只包括第一层的低层实体集（即 *employee* 和 *student*）来简化讨论。我们假定 *ID* 是 *person* 的主码。

1. 为高层实体集创建一个模式。为每个低层实体集创建一个模式，对于该实体集的每个属性，模式中都包含一个对应属性，并且对于高层实体集主码的每个属性，模式中也包含一个对应属性。因此，对于图 7-18 的 E-R 图（忽略 *instructor* 和 *secretary* 实体集），我

们有三个模式:

$$person\ (\underline{ID},\ name,\ street,\ city)$$
$$employee\ (\underline{ID},\ salary)$$
$$student\ (\underline{ID},\ tot\_cred)$$

高层实体集的主码属性既是高层实体集的主码属性也是所有低层实体集的主码属性。在上例中可见这些属性被加上了下划线。

另外,我们在低层实体集上建立外码约束,使它们的主码属性引用从高层实体集创建的关系的主码。在上面的示例中,*employee* 的 *ID* 属性会引用 *person* 的主码,*student* 也类似。

2. 如果概化是不相交且完全的(即如果不存在实体是直接在一个高层实体集下面的两个低层实体集的成员,并且高层实体集中的每个实体也都是一个低层实体集的成员),那么可以采用另一种替代的表示方式。这里,我们不需要为高层实体集创建模式,只需要为每个低层实体集创建一个模式,对于该实体集的每个属性,模式中都包含一个对应属性,并且对于高层实体集的每个属性,模式中也包含一个对应属性。那么,对于图 7-18 的 E-R 图,我们有两个模式:

$$employee\ (\underline{ID},\ name,\ street,\ city,\ salary)$$
$$student\ (\underline{ID},\ name,\ street,\ city,\ tot\_cred)$$

这两个模式都将高层实体集 *person* 的主码属性 *ID* 作为它们的主码。

第二种方法的一个缺点在于定义外码约束。为了说明这个问题,假定我们有一个与 *person* 实体集相关的联系集 R。用第一种方法,当从该联系集创建一个关系模式 R 时,我们还可以在 R 上建立引用 *person* 模式的外码约束。遗憾的是,如果用第二种方法,我们无法提供单个关系让 R 上的外码约束可以引用。为了避免这个问题,我们需要创建一个 *person* 关系模式,该模式至少包含 *person* 实体的主码属性。

如果将第二种方法用于重叠概化,某些值就会不必要地存储多次。例如,如果一个人既是雇员又是学生,*street* 和 *city* 的值就会存储两次。

如果概化是不相交的但不是全部的(即如果有些人既不是雇员又不是学生),则需要一个额外的模式

$$person\ (\underline{ID},\ name,\ street,\ city)$$

来表示这样的人。然而,上面谈到的外码约束问题仍然存在。作为解决这个问题的一种尝试,假定在 *person* 关系中额外表示雇员和学生。遗憾的是,对于学生来说,姓名、街道以及城市的信息就要在 *person* 关系和 *student* 关系中被冗余存储。类似地,对于雇员来说,在 *person* 关系和 *employee* 关系中也存在冗余信息。这就促使将姓名、街道和城市信息只存储在 *person* 关系中,而把这些信息从 *student* 和 *employee* 中去除。如果我们这么做,结果就跟我们讲述的第一种方法完全一样了。

7.8.6.2 聚集的表示

为包含聚集的 E-R 图设计模式是很直接的。考虑图 7-20。表示 *proj_guide* 聚集和 *evaluation* 实体集之间的 *eval_for* 联系集的模式包含对应于 *evaluation* 实体集和 *proj_guide* 联系集的每个主码属性的属性。它还包含对应于 *eval_for* 联系集的任意描述性属性(如果存在)的属性。然后,根据我们已经定义的规则,在聚集的实体集中转换联系集和实体集。

当把聚集当作其他实体集一样看待时,我们此前看到的在联系集上创建主码和外码约束的规则也可以应用于涉及聚集的联系集。聚集的主码是定义它的联系集的主码。不需要单独的关系来表示聚集,而是使用从定义该聚集的联系创建出来的关系就可以了。

7.9 实体–联系设计问题

实体集和联系集的标记法并不精确,而且定义一组实体及它们之间的联系可能有多种不同的方式。在本节中,我们讨论 E-R 数据库模式设计中的基本问题。设计过程将在 7.11 节中更详细地介绍。

7.9.1 E-R 图中的常见错误

创建 E-R 模型时一种常见的错误是使用一个实体集的主码作为另一个实体集的属性,而不是使用联系。例如,在我们的大学 E-R 模型中,将 *dept_name* 作为 *student* 的属性是不正确的,如图 7-21a 所示,即使它作为 *student* 的关系模式中的属性存在。*stud_dept* 联系是在 E-R 模型中表示此信息的正确方式,因为它可以明确表示 *student* 和 *department* 之间的联系,而不是将这种联系隐含在属性中。同时存在 *dept_name* 属性以及 *stud_dept* 联系将导致信息重复。

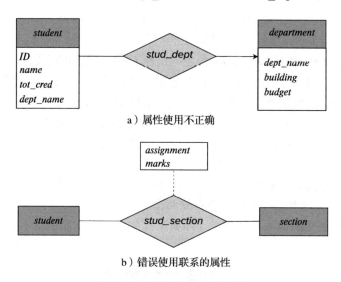

a) 属性使用不正确

b) 错误使用联系的属性

图 7-21 错误的 E-R 图示例

人们有时犯的另一种相关错误是将相关实体集的主码属性作为联系集的属性。例如,*ID*(*student* 的主码属性)和 *ID*(*instructor* 的主码属性)不应该作为 *advisor* 联系的属性出现。不应该这样做是因为在联系集中已经隐含了这些主码属性[⊖]。

第三种常见错误是在需要多值属性的情况下使用具有单值属性的联系。例如,假设我们决定表示学生在一个开设的课程段(*section*)的不同作业中所获得的分数。一种错误的做法是给 *stud_section* 联系添加 *assignment* 和 *marks* 两个属性,如图 7-21b 所示。这种设计的问题在于,我们只能表示一个给定的学生–课程段对的单次赋值,因为联系实例必须通过参与实体 *student* 和 *section* 来唯一标识。

⊖ 正如我们以后会看到,当我们从 E-R 模式创建关系模式时,这些属性可能会出现在从 *advisor* 联系集创建出的模式中,但是,它们不应该出现在 *advisor* 联系集中。

如图 7-22a 所示，图 7-21b 中描述的问题的一种解决方案是将 *assignment* 建模为由 *section* 标识的弱实体，并在 *assignment* 和 *student* 之间添加 *marks_in* 联系，该联系将具有一个 *marks* 属性。一种替代的解决方案如图 7-22b 所示，是给 *stud_section* 使用多值复合属性 {*assignment_marks*}，其中 *assignment_marks* 具有成员属性 *assignment* 和 *marks*。在这种情况下，最好将课程作业建模为弱实体，因为它允许记录有关作业的其他信息，比如最高分或截止日期。

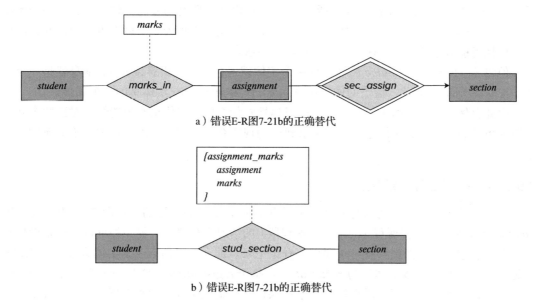

a）错误E-R图7-21b的正确替代

b）错误E-R图7-21b的正确替代

图 7-22 图 7-21 的 E-R 图的正确版本

当 E-R 图变得太大而无法绘制到单张图中时，将其分解成若干张图是有意义的，每张都展示 E-R 模型的一部分。在执行此操作时，你可能需要在多个页面中描绘一个实体集。正如 7.2.2 节所讨论的，实体集的属性应该只在其第一次出现时显示一次。后续出现的实体集不应带任何属性，以避免在多个位置重复相同的信息，这可能导致不一致性。

7.9.2 使用实体集还是属性

考虑具有附加属性 *phone_number* 的 *instructor* 实体集（见图 7-23a）。可以说电话本身可以作为一个具有 *phone_number* 和 *location* 属性的实体；地址可以是电话所放置的办公室或家，移动（蜂窝式）电话则可以用值"mobile"来表示。如果我们采用这样的观点，那么我们就不给 *instructor* 增加 *phone_number* 属性，而是创建：

- *phone* 实体集，具有 *phone_number* 和 *location* 属性。
- *inst_phone* 联系集，表示教师及其所拥有的电话之间的关联。

这种替代方法如图 7-23b 所示。

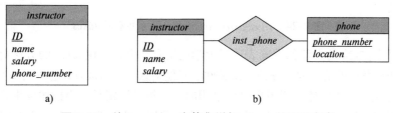

a)   b)

图 7-23 给 *instructor* 实体集增加 *phone* 的可选方案

那么，教师的这两种定义之间的主要差别是什么呢？将电话看成一个 *phone_number* 属性暗示每位教师恰好有一个电话号码。将电话看成·个 *phone* 实体则允许教师可以有若干电话号码（包括零个）与之相关联。然而，我们还可以简单地将 *phone_number* 定义为多值属性，从而允许每位教师有多部电话。

那么主要的差别就是，在一个人希望保存关于电话的额外信息，如它的位置或它的类型（移动电话、IP 电话或简单的老式电话），或共享该电话的所有的人时，将电话看作一个实体是一种更好的建模方式。因此，把电话视为一个实体比把它视为一个属性更具通用性，而且当通用性可能有用的时候，这种定义方式就更为适合了。

但将（一位教师的）*name* 属性视作一个实体就不合适了；很难说 *name* 本身就是一个实体（与电话不同）。因此，恰当的做法是将 *name* 作为 *instructor* 实体集的一个属性。

由此自然就产生了两个问题：什么构成属性？什么构成实体集？很遗憾，对这两个问题没有简单的答案。区分它们主要依赖于被建模的现实企业的结构，以及与被讨论的属性相关的语义。

7.9.3 使用实体集还是联系集

一个对象最好被表示为实体集还是联系集并不总是显而易见的。在图 7-15 中，我们用 *takes* 联系集对学生选修课程（的某一个课程段）的情况进行建模。另一种可选方式是设想对于每名学生选的每门课程都有一条课程 – 登记记录。那么，我们有一个实体集来表示课程 – 登记记录。让我们称该实体集为 *registration*。每个 *registration* 实体与一名学生和一个课程段相关联，因此我们有两个联系集，一个将课程 – 登记记录和学生相关联，另一个将课程 – 登记记录和课程段相关联。在图 7-24 中，我们展示了来自图 7-15 的、带有 *takes* 联系集的 *section* 和 *student* 实体集，它们将被一个实体集和两个联系集替代：

- *registration*，表示课程 – 登记记录的实体集。
- *section_reg*，关联 *registration* 和 *course* 的联系集。
- *student_reg*，关联 *registration* 和 *student* 的联系集。

注意，我们使用双线表示 *registration* 实体的全部参与。

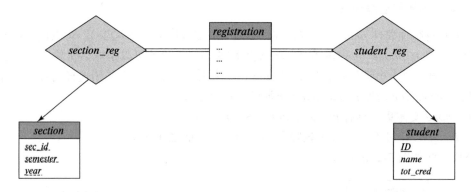

图 7-24 用 *registration* 和两个联系集替代 *takes*

图 7-15 和图 7-24 的方法都准确表达了大学的信息，但是使用 *takes* 的方法更紧凑也更可取。然而，如果登记处给课程 – 登记记录关联了其他信息，那么最好让它本身成为一个实体。

在决定是使用实体集还是联系集时可采用的一个指导原则是，当描述发生在实体间的行为时采用联系集。这一方法在决定是否更适合将某些属性表示为联系时也很有用。

7.9.4　二元还是 n 元联系集

数据库中的联系通常是二元的。一些看来非二元的联系实际上可以用几个二元联系来更好地表示。例如，我们可以创建一个 *parent* 三元联系，将一个孩子与他的母亲和父亲相关联。然而，这一联系也可以用两个二元联系来表示，即 *mother* 和 *father*，并分别将孩子与他的母亲和父亲相关联。使用 *mother* 和 *father* 两个联系使我们即使不知道父亲的身份也可以记录孩子的母亲；而如果使用三元联系的 *parent* 则需要有一个空值。所以在这种情况下使用二元联系集更好。

事实上，一个非二元的（n 元，$n>2$）联系集总可以用一组不同的二元联系集来替代。简单起见，我们考虑一个抽象的三元（$n = 3$）联系集 R，它将实体集 A、B 和 C 关联起来。我们用实体集 E 替代联系集 R，并建立如图 7-25 所示的三个联系集：

- R_A，从 E 到 A 的多对一联系集。
- R_B，从 E 到 B 的多对一联系集。
- R_C，从 E 到 C 的多对一联系集。

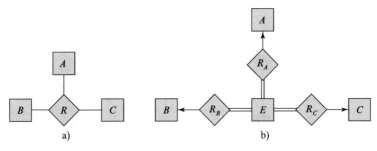

图 7-25　三元联系与三个二元联系

E 必须全部参与每个 R_A、R_B 和 R_C。如果联系集 R 有属性，则将这些属性赋给实体集 E，进而为 E 创建一个特殊的标识属性（因为它必须能够基于其属性值来区别实体集中的不同实体）。对于联系集 R 中的每个联系 (a_i, b_i, c_i)，我们在实体集 E 中创建一个新的实体 e_i。然后，在三个新联系集中，我们分别插入如下所示的联系：

- 在 R_A 中插入 (e_i, a_i)。
- 在 R_B 中插入 (e_i, b_i)。
- 在 R_C 中插入 (e_i, c_i)。

我们可以直接将这一过程推广到 n 元联系集。因此，在概念上我们可以限制 E-R 模型只包含二元联系集。然而，这种限制并不总是令人满意的。

- 对于为表示联系集而创建的实体集，可能必须为其创建一个标识性属性。该属性和所需的额外的联系集增加了设计的复杂性以及对总的存储空间的需求（正如我们在 7.7 节中看到的）。
- n 元联系集可以更清晰地表示几个实体参与到单个联系中。
- 有可能无法将三元联系上的约束转换为多个二元联系上约束。例如，考虑一个约束，它表明 R 是从 A、B 到 C 的多对一联系；也就是说，来自 A 和 B 的每一对实体最多与一个 C 实体相关联。这种约束就不能通过使用 R_A、R_B 和 R_C 联系集上的基数约束来表达。

考虑 7.2.2 节中的 *proj_guide* 联系集，它关联 *instructor*、*student* 和 *project*。我们不能直接将 *proj_guide* 拆分为 *instructor* 和 *project* 之间的以及 *instructor* 和 *student* 之间的二元联系。如果我们这么做，我们可以记录教师 Katz 与学生 Shankar 和 Zhang 一起为项目 A 和 B

工作，然而，我们无法记录 Katz 与学生 Shankar 一起为项目 *A* 工作并且与学生 Zhang 一起为项目 *B* 工作，而不是与 Zhang 一起为项目 *A* 工作或者与 Shankar 一起为项目 *B* 工作。

可以通过创建一个如上所述的新实体集来将 *proj_guide* 联系集拆分为二元联系。然而，这么做却不是很自然。

7.10 数据建模的可选表示法

一个应用的数据模型的图形表示是数据库模式设计的一个至关重要的部分。数据库模式的构建不仅需要数据建模专家，而且还需要了解应用的需求但可能并不熟悉数据建模的领域专家。一种直观的图形表示使这两类专家之间的信息沟通变得简单，因而尤其重要。

目前已经提出了许多对数据建模的可选表示法，其中 E-R 图和 UML 类图的应用最为广泛。对于 E-R 图的表示法还没有统一的标准，不同的书籍以及 E-R 图软件使用不同的表示法。

在本节剩下的部分，我们学习一些可选的 E-R 图表示法，以及 UML 类图表示法。为有助于将我们的表示法与这些可选表示法进行比较，图 7-26 总结了在我们的 E-R 图表示法中所用到的符号集。

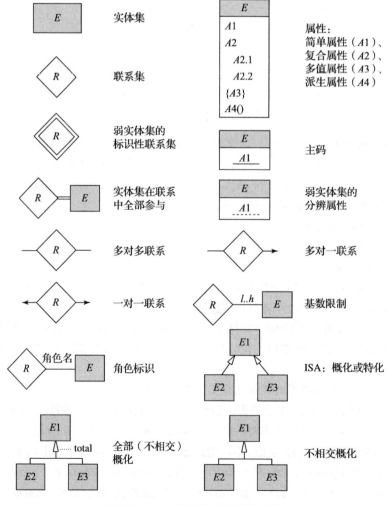

图 7-26　E-R 表示法中使用的符号

7.10.1 可选的 E-R 表示法

图 7-27 给出了一些被广泛使用的可选择的 E-R 表示法。表示实体属性的一种可选的方式是将它们放入与代表实体的方框相连接的椭圆中。主码属性以下划线表明。在图的上部展示了上述表示法。联系的属性可以用类似的方式表示，即将代表属性的椭圆与代表联系的菱形相连接。

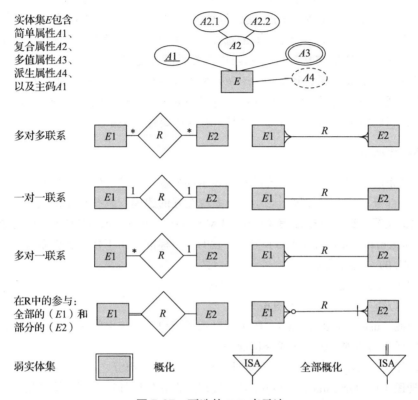

图 7-27 可选的 E-R 表示法

如图 7-27 所示，联系上的基数约束可以用几种不同的方式表示。在图的左部展示了一种可选择的方式，即在联系引出的边上标记 * 和 1，以此表示多对多、一对一以及多对一联系。一对多的情况与多对一的情况是对称的，在此没有显示。

在图 7-27 的右部展示了另一种可选择的表示法，联系集是用实体集之间的连线而不是菱形来表示；因此只有二元联系才可以被建模。如图所示，在这种表示法中基数约束用"鸦爪"表示。在 E1 和 E2 之间的联系集 R 中，两侧的鸦爪代表多对多联系，而仅在 E1 端的鸦爪代表从 E1 到 E2 的多对一联系。在这种表示法中，通过竖线代表全部参与。不过要注意，对于 E1 和 E2 实体之间的联系 R，如果 E1 在 R 中全部参与，则竖线放置在对面，即靠近 E2 的位置。类似地，通过在对面画一个圆圈来表示部分参与。

在图 7-27 的底部显示了概化的另一种可选择的表示方式，即用三角形替代空心箭头。

在本书第 5 版及以前的版本中，我们用椭圆表示属性，用三角形表示概化，如图 7-27 所示。用椭圆表示属性并用菱形表示联系的表示法接近于 Chen 在他引入 E-R 模型概念的论文中所用的 E-R 图的原始形式，那种表示法目前被称为陈氏表示法。

美国国家标准与技术研究院于 1993 年定义了一个称为 IDEF1X 的标准。IDEF1X 使用了鸦爪形表示法，并在联系的边上加上竖线来表示全部参与，加上圆圈来表示部分参与，它还包括我们没有显示出来的其他符号。

随着统一建模语言（UML）(将在 7.10.2 节中介绍）的使用的增多，我们已选择更新我们的 E-R 表示法，使之更接近于 UML 类图的形式；在 7.10.2 节中将说明它们之间的联系。和我们此前的表示法相比，我们新的表示法提供了对属性的更紧凑的表示，并且它更接近于许多 E-R 建模工具所支持的表示法，另外也更接近 UML 类图表示法。

目前有多种用于构建 E-R 图的工具，每种工具都有它自己的表示法变体。某些工具甚至提供几种不同的 E-R 表示法变体之间的选择。相关引用请参考本章末尾的工具部分。

在 E-R 图中的实体集与从这些实体创建的关系模式之间的一个关键区别在于，关系模式中的属性对应于 E-R 联系，比如 *instructor* 的 *dept_name* 属性，这些属性在 E-R 图的实体集中并没有出现。一些数据建模工具允许设计者在同一个实体的两种视图间进行选择，一种是不具有这种属性的实体视图，而另一种是具有这种属性的关系视图。

7.10.2 统一建模语言

实体-联系图有助于对软件系统的数据表示部分进行建模。然而，数据表示只构成整个系统设计的一部分。其他部分包括对用户与系统交互的建模、系统功能模块的规范定义以及它们之间的交互等。**统一建模语言**（Unified Modeling Language，UML）是由**对象管理组织**（Object Management Group，OMG）主持开发的一个标准，用于建立软件系统不同部分的规范定义。UML 的一些组成部分是：

- **类图**（class diagram）。类图和 E-R 图类似。在本小节的后面我们将说明类图的几个特征以及它们如何与 E-R 图相关联。
- **用况图**（use case diagram）。用况图展示了用户和系统之间的交互，特别是用户所执行的任务的步骤（如取钱或登记课程）。
- **活动图**（activity diagram）。活动图说明了系统各个部分之间的任务流。
- **实现图**（implementation diagram）。实现图在软件构件层和硬件构件层展示了系统的组成部分以及它们之间的联系。

在这里我们不准备提供 UML 不同部分的详细介绍。不过，我们将通过示例来说明 UML 中与数据建模有关的那部分的一些特征。关于 UML 的参考文献请参阅本章末尾的延伸阅读部分。

图 7-28 显示了几个 E-R 图的结构和与它们等价的 UML 类图的结构。我们将在下面描述这些结构。事实上 UML 为对象建模，而 E-R 为实体建模。对象和实体很像，也有属性，但是另外还提供一组函数（称为方法），这些函数可在对象属性的基础上被调用以计算出值，或更新对象本身。类图除了可以说明属性外，还可以说明方法。UML 不支持复合或多值属性，而派生属性与不带参数的函数等价。由于类支持封装，因而 UML 允许属性和函数带有前缀 "+" "−" 或 "#"，分别表示公共、私有以及受保护的访问。私有属性只能在类的方法中使用，而受保护属性只能在类和它的子类的方法中使用；了解 Java、C++ 或 C# 的人应该对这些很熟悉。

在 UML 术语中，联系集被称为**关联**（association）；为了与 E-R 术语一致，我们将仍称它们为联系集。在 UML 中我们仅通过画一条线连接到实体集来表示二元联系集。我们将联系集的名称写在线的旁边。我们还可以通过将角色的名称写在靠近实体集的线上，来指定该实体集在联系集中扮演的角色。另一种替代方式是，我们可将联系集的名称写在方框里，和联系集的属性写在一起，并用虚线把这个方框连接到表示联系集的连线上。这个方框因而可以看作一个实体集，如同 E-R 图中的聚集一样，并且可以与其他实体集一起参与联系。

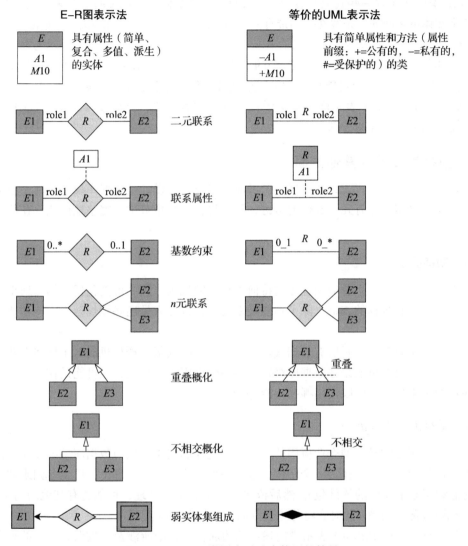

图 7-28　UML 类图表示法中使用的符号

从 UML 1.3 版开始，UML 通过使用与 E-R 图同样的菱形表示法来支持非二元联系。在更早版本的 UML 中无法直接表示非二元联系——非二元联系必须通过我们之前在 7.9.4 节中见过的技术转换成二元联系。即使对于二元联系，UML 也允许使用菱形表示法，但是大部分设计者使用线段表示法。

在 UML 中指定基数约束的方式与在 E-R 图中一样，用 $l..h$ 的形式表示，其中 l 表示一个实体可以参与的联系的最少数量，h 则表示最大数量。然而，如图 7-28 所示，你应该注意到约束的位置和 E-R 图中约束的位置正好相反。$E2$ 边上的约束 0..* 和 $E1$ 边上的 0..1 表示每个 $E2$ 实体可以至多参与一个联系，而每个 $E1$ 实体可以参与多个联系；换句话说，该联系是从 $E2$ 到 $E1$ 的多对一联系。

像 1 或 * 这样的单个值可以写在边上；边上的单个值 1 视为与 1..1 等价，而 * 等价于 0..*。UML 支持概化，包括不相交概化和重叠概化的表示方式，其表示法与我们的 E-R 表示法基本相同。

UML 类图还包含一些其他的表示法，大致对应于我们已经见过的 E-R 表示法。在 UML 中，两个实体集之间的一条线在一端带有一个小的阴影菱形表示 UML 中的"构成"。图 7-28 中 $E2$ 和 $E1$ 之间的构成联系表明 $E2$ 存在依赖于 $E1$；这大致等价于将 $E2$ 表示为存在依赖于标识性实体集 $E1$ 的弱实体集。（UML 中的术语聚集（aggregation）表示一种构成的变体，其中 $E2$ 包含在 $E1$ 中，但也可能独立存在，并使用一个小的空心菱形表示。）

UML 类图还提供了表示面向对象语言的特性的表示法，例如接口。关于 UML 类图的更多信息，请参阅延伸阅读部分。

7.11 数据库设计的其他方面

我们在本章中对模式设计的扩展讨论可能会造成模式设计是数据库设计的唯一组成部分的错误印象。事实上还有几种其他的考虑，我们将在后续章节中更完整地讲述，在此先简要地概览一下。

7.11.1 功能要求

所有企业都有关于企业应用程序支持何种功能的规则。这些可能包括数据更新事务，以及以所需方式查看数据的查询。除了功能规划之外，设计人员还必须规划为支持功能而需构建的接口。

并非所有用户都有查看所有数据或执行所有事务的权限。授权机制对于任何企业应用都非常重要。这种授权可能是在数据库级别，使用数据库授权功能，也可能是在功能或接口这样的更高级别来指定谁可以使用哪些功能 / 接口。

7.11.2 数据流、工作流

数据库应用通常是大型企业应用的一部分，这样的应用不仅与数据库系统交互，而且会同各种专门的应用交互。作为一个示例，考虑一份差旅费报告。它由一位出差归来的雇员写成（可能利用某个专门的软件包），然后依次交给该雇员的经理，可能还有其他的高层经理，最后交到财务部门报销（此时它将与该企业的财务信息系统交互）。

术语工作流（workflow）表示像前述示例的那些流程中所涉及的数据和任务的组合。当工作流在用户间移动并且用户执行其在工作流中的任务时，工作流会与数据库系统交互。除了工作流所操作的数据之外，数据库还可以存储关于工作流本身的数据，包括构成工作流的任务以及它们在用户之间移动的路径。因此工作流可以指定一系列对数据库的查询和更新，而这些可能会作为数据库设计过程的一个部分被考虑到。换句话说，对企业建模要求我们不仅要理解数据的语义，还要理解使用这些数据的业务流程。

7.11.3 模式演化

数据库设计通常不是一项一蹴而就的工作。一个组织的需求不断发展，它所需要存储的数据也会相应地发展。在最初的数据库设计阶段中，或者在应用程序的开发中，数据库设计者都有可能意识到在概念层、逻辑层和物理模式层上需要有所改变。模式中的改变会影响到数据库应用的方方面面。好的数据库设计会预先估计组织机构的未来需求，并确保所设计出的模式在需求发展时只需要做最少的改动。

区分希望长久保持的基本约束和预期要改变的约束非常重要。例如，教师标识能唯一地标识一位教师的约束是基本的。另外，大学可能有一项政策，一位教师只能属于一个系，如果允许联合任命，这项政策也许会在今后改变。只允许每位教师属于一个系的数据库设计在允许联合任命的情况下会需要较大的改动。只要每位教师只隶属于一个主系，这种联合任命就可以通过增加额外的联系来表示，而不需要修改 *instructor* 关系；如果政策改成允许不止一个主系，则数据库设计就会需要进行较大的改动。好的设计不仅应该考虑到当前的政策，还应该避免或尽量减少由于预期的变化或遇合理时机发生的变化而需要进行的修改。

最后值得注意的是，数据库设计在两种意义上是面向人的工作：系统的最终用户是人（即使有应用程序位于数据库和最终用户之间）；数据库设计者需要与应用领域的专家进行深入交互以理解应用的数据需求。所有涉及数据的人都有需求和偏好，为了数据库的设计和部署在企业中获得成功，这些都应当考虑到。

7.12　总结

- 数据库设计主要涉及数据库模式的设计。实体－联系（E-R）数据模型是一种被广泛用于数据库设计的数据模型。它提供了一种方便的图形化表示方式来查看数据、联系和约束。

- E-R 模型主要用于数据库设计过程。它的发展是为了通过允许企业模式的规范定义来帮助数据库设计。这种模式代表了数据库的全局逻辑结构。这种全局结构可以通过 E-R 图来图形化地表示。

- 实体是在真实世界中存在的对象，并且区别于其他对象。我们通过把每个实体同描述对象的一组属性相关联来表示这种区别。

- 联系是多个实体间的关联。联系集是相同类型的联系的集合，而实体集是相同类型的实体的集合。

- 术语超码、候选码以及主码同适用于关系模式一样适用于实体集和联系集。在确定一个联系集的主码时需要小心，因为它是由来自一个或多个相关实体集的属性组成的。

- 映射基数表示通过联系集可以和另一个实体相关联的实体的数量。

- 不具有足够的属性来构成主码的实体集被称为弱实体集。具有主码的实体集被称为强实体集。

- E-R 模型的各种特性在如何最好地表示被建模的企业方面，给数据库设计者提供了大量的选择。在某些情况中，概念和对象可以用实体、联系或属性来表示。企业总体结构的各方面可以使用弱实体集、概化、特化或聚集来很好地描述。设计者通常需要在简单的、紧凑的模型与更精确但也更复杂的模型之间进行权衡。

- 通过 E-R 图定义的数据库设计可以用关系模式的集合来表示。数据库中的每个实体集和联系集都有唯一的关系模式与之对应，该关系模式被赋名为相应的实体集或联系集的名称。这形成了从 E-R 图转换为关系数据库设计的基础。

- 特化和概化定义了一个高层实体集与一个或多个低层实体集之间的包含关系。特化是取出高层实体集的一个子集来形成一个低层实体集的结果。概化是用两个或多个不相交的（低层）实体集的并集来产生一个高层实体集的结果。高层实体集的属性被低层实体集继承。

- 聚集是一种抽象，其中联系集（和跟它们相关的实体集一起）被看作高层实体集，并且可以参与联系。
- 在 E-R 设计中必须小心，有许多常见的错误需要避免。此外，在表示企业各方面的实体集、联系集和属性的使用中也存在选择，这些选择的正确性可能取决于面向企业的精微细节。
- UML 是一种流行的建模语言。UML 类图被广泛用于对类的建模，以及多功能的数据建模。

术语回顾

- 设计过程
  - 概念设计
  - 逻辑设计
  - 物理设计
- 实体－联系（E-R）数据模型
- 实体和实体集
  - 简单和复合属性
  - 单值和多值属性
  - 派生属性
- 码
  - 超码
  - 候选码
  - 主码
- 联系和联系集
  - 二元联系集
  - 联系集的度
  - 描述性属性

- 超码、候选码和主码
- 角色
- 递归联系集
- E-R 图
- 映射基数
  - 一对一联系
  - 一对多联系
  - 多对一联系
  - 多对多联系
- 全部参与和部分参与
- 弱实体集和强实体集
  - 分辨符属性
  - 标识性联系
- 特化和概化
- 聚集
- 设计选择
- 统一建模语言（UML）

实践习题

7.1 为车辆保险公司构建一张 E-R 图，其每位客户拥有一辆或多辆车。每辆车关联零次或任意多次事故的记录。每张保险单为一辆或多辆车投保，并与一次或多次保费支付相关联。每次支付只针对一段特定的时间，具有关联的到期日和缴费日。

7.2 考虑一个数据库，它包含来自大学模式的 *student*、*course* 和 *section* 实体集，并且另外还记录了学生在不同课程段的不同考试中所获得的分数。
　　a. 构建一张 E-R 图，将考试建模为实体，并使用三元联系作为设计的一部分。
　　b. 构造一张可替代的 E-R 图，它只使用 *student* 和 *section* 之间的二元联系。保证在特定的 *student* 和 *section* 对之间只存在一个联系，而且可以表示出学生在不同考试中所得的分数。

7.3 设计一张 E-R 图用于跟踪记录你喜欢的球队的得分统计数据。你应该保存打过的比赛、每场比赛的比分、每场比赛的上场队员以及每个队员在每场比赛中的得分统计。总的统计数据应该被建模成派生属性，并附上解释以说明如何计算它们。

7.4 考虑一张 E-R 图，其中相同实体集出现数次，且它的属性重复出现多次。为什么允许这样的冗余是应尽量避免的不良设计？

7.5 E-R 图可被视作一张图。下面这些用企业模式结构的术语来说意味着什么？

a. 图是非连通的。　　　　　　　　　　　b. 图是有环的。

7.6　考虑使用图 7-29b 中所示的多个二元联系（未显示属性）来表示图 7-29a 中的三元联系。

　　a. 给出 E、A、B、C、R_A、R_B 和 R_C 的一个简单实例，这个实例不能对应于 A、B、C 和 R 的任何实例。

　　b. 修改图 7-29b 的 E-R 图，引入约束以确保 E、A、B、C、R_A、R_B 和 R_C 的任意满足约束的实例将对应于 A、B、C 和 R 的一个实例。

　　c. 修改上述转换以处理该三元联系上的全部参与约束。

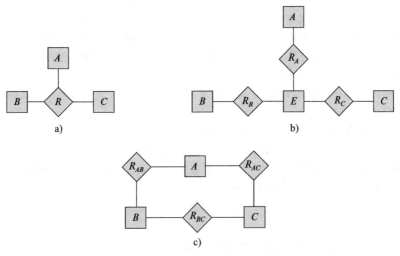

图 7-29　使用二元关系来表示三元关系

7.7　一个弱实体集总可以通过往自己的属性中加入其标识性实体集的主码属性来变成一个强实体集。请概括如果我们这么做会导致什么样的冗余。

7.8　考虑从多对一的联系集 sec_course 产生的关系，比如 sec_course。在这个关系上创建的主码和外码约束是否强制实施多对一的基数约束？请解释为什么。

7.9　假设 advisor 联系集是一对一的。为了确保实施一对一的基数约束，在 advisor 关系上需要哪些额外的约束？

7.10　考虑实体集 A 和 B 之间的多对一联系 R。假设由 R 生成的关系和由 A 生成的关系合并了。在 SQL 中，参与外码约束的属性可以为空。请解释如何使用 SQL 中的 **not null** 约束来强制实施 A 在 R 中的全部参与约束。

7.11　在 SQL 中，外码约束只能引用被引用关系的主码属性，或者其他用 **unique** 约束声明为超码的属性。其结果是，多对多联系集（或者一对多联系集的"一"方）上的全部参与约束在由该联系集创建的关系上无法用关系上的主码、外码以及非空约束来强制实施。

　　a. 请解释为什么。

　　b. 请解释如何使用复杂的 check 约束或断言（参见 4.4.8 节）来强制实施全部参与约束。（遗憾的是，在目前广泛使用的任何数据库中并不支持这些特性。）

7.12　考虑概化和特化的下列格结构（没有给出属性）。针对实体集 A、B 和 C，请说明如何从高层实体集 X 和 Y 继承属性。请讨论在 X 的一个属性和 Y 的某个属性同名的情况下应如何处理。

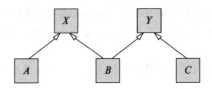

7.13 E-R 图通常对一家企业在某个时间点的状态进行建模。假设我们希望追踪时间变化（temporal change），即数据随时间的变化。例如，Zhang 可能在 2015 年 9 月至 2019 年 5 月之间是一名学生，而 Shankar 可能在 2018 年 5 月至 2018 年 12 月以及 2019 年 6 月至 2020 年 1 月期间把教师 Einstein 作为导师。类似地，一个实体或联系的属性值会随时间发生变化，例如 course 的 title 和 credits、instructor 的 salary 甚至 name，以及 student 的 tot_cred。

对时间变化建模的一种方式如下：定义一个新的数据类型，称作**有效时间**（valid_time），它是一个时间段或者时间段的集合。然后我们将每个实体和联系都与一个 valid_time 属性关联起来，以记录实体或联系有效的时间段。一个时间段的结束时间可以是无穷的；例如，如果 Shankar 在 2018 年 9 月成为学生，并且目前仍为学生，我们可以将 Shankar 实体的 valid_time 时间段的结束时间表示为无穷。类似地，我们将值随时间变化的属性建模为值的集合，每一个值都具有它自己的 valid_time。

a. 画一张具有 student 和 instructor 实体以及 advisor 联系，并具有上述扩展以追踪时间变化的 E-R 图。

b. 将上面讨论的 E-R 图转换为一个关系的集合。

很明显，所产生的关系集合相当复杂，导致像写 SQL 查询这样的任务比较困难。另一种更广泛使用的替代方式是：在设计 E-R 模型的时候忽略时间变化（尤其是属性值随时间的变化），然后修改由 E-R 模型生成的关系以追踪时间变化。

习题

7.14 请解释主码、候选码和超码这些术语之间的区别。

7.15 请为医院构建一张包含一组病人和一组医生的 E-R 图。为每个病人关联所做过的各种检查和化验的记录。

7.16 请对实践习题 7.3 中的 E-R 图进行扩展，以追踪一个联赛中所有球队的相同信息。

7.17 请解释弱实体集和强实体集之间的区别。

7.18 考虑两个都具有属性 X 的实体集 A 和 B（其中另外的名称与此问题无关）。

a. 如果两个 X 完全不相关，那么应该如何改进设计呢？

b. 如果这两个 X 代表相同的性质，并且它同时适用于 A 和 B，那么应该如何改进设计呢？考虑三种子情况：

- X 是 A 的主码，但不是 B 的主码。
- X 是 A 和 B 的主码。
- X 不是 A 或 B 的主码。

7.19 我们可以通过简单地增加一些适当的属性，将任意弱实体集转换成强实体集。那么，我们为什么还要弱实体集呢？

7.20 为以下各习题中的 E-R 图构建适当的关系模式：

a. 实践习题 7.1。

b. 实践习题 7.2。

c. 实践习题 7.3。

d. 习题 7.15。

7.21 考虑图 7-30 中的 E-R 图，它对一家网上书店进行建模。

a. 假设书店增加了蓝光光盘和可下载视频。相同的商品可能以一种格式或两种格式存在，对于不同格式具有不同的价格。绘制 E-R 图的一部分为这个新增需求建模，仅显示与视频相关的部分。

b. 现在对完整的 E-R 图进行扩展，从而对包含书、蓝光光盘或可下载视频的任意组合的购物篮的情况进行建模。

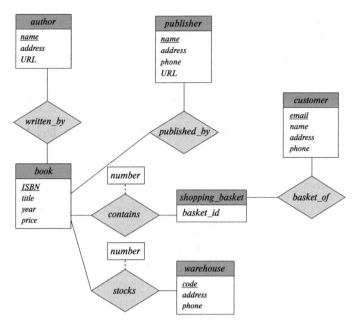

图 7-30　用于在线书店建模的 E-R 图

7.22　为一家汽车公司设计一个数据库，用于给它的经销商提供协助以维护客户记录和经销商库存，并协助销售人员订购车辆。

　　每辆车由车辆标识号（Vehicle Identification Number，VIN）来标识，每辆单独的车都是公司提供的特定品牌的特定模型（例如，XF 是塔塔汽车捷豹品牌车的模型）。每个模型都可以有各种选项，但是一辆车可能只有一些（或没有）可用的选项。数据库需要保存关于模型、品牌、选项的信息，以及每个经销商、客户和车的信息。

　　你的设计应该包括 E-R 图、关系模式的集合，以及包括主码和外码约束在内的一系列约束。

7.23　为全球包裹递送公司（例如 DHL 或者 FedEX）设计一个数据库。数据库必须能够追踪寄件客户和收件客户；有些客户可能两者都是。每个包裹必须是可标识且可追踪的，因此数据库必须能够存储包裹的位置以及它的历史位置。位置包括卡车、飞机、机场和仓库。

　　你的设计应该包括 E-R 图、关系模式的集合，以及包括主码和外码约束在内的一系列约束。

7.24　为航空公司设计一个数据库。数据库必须追踪客户及他们的预订、航班及航班的状态、单次航班上的座位分配，以及未来航班的时刻表和飞行路线。

　　你的设计应该包括 E-R 图、关系模式的集合，以及包括主码和外码约束在内的一系列约束。

7.25　在 7.9.4 节中，我们用如图 7-29b 所示的多个二元联系来表示图 7-29a 中的一个三元联系。请考虑图 7-29c 中的另一种可选方案。讨论用多个二元联系来表示一个三元联系的这两种可选方案的相对优点。

7.26　请为机动车销售公司设计一个概化—特化层次结构。该公司出售摩托车、客车、面包车和大巴车。请论述你在此层次结构的各层放置属性的合理性。说明为什么它们不应被放在较高的层次或较低的层次。

7.27　请说明不相交约束和重叠约束之间的区别。

7.28　请解释全部约束和部分约束之间的区别。

工具

　　许多数据库系统提供支持 E-R 图的数据库设计工具。这些工具有助于设计者建立 E-R 图，并且它们可以自动创建数据库中相应的表。请参看第 1 章的工具部分所给出的数据库系统厂商的网址。

还存在几种独立于数据库的、支持 E-R 图和 UML 类图的数据建模工具。

Dia 是一个免费的图表编辑器，可以在诸如 Linux 和 Windows 那样的多个平台上运行，支持 E-R 图和 UML 类图。由于 Dia 中缺省的 E-R 表示法将属性表示为椭圆，你可以使用 UML 库中的类或者 Dia 提供的数据库库中的表来表示具有属性的实体。免费的在线图表编辑器 LucidChart 允许你创建 E-R 图表，其中的实体表示方式与我们所做的相同。为了建立联系，建议你使用 Flowchart 形状集合中的菱形。Draw.io 是另一个支持 E-R 图的在线图表编辑器。

商业工具包括 IBM Rational Rose Modeler、Microsoft Visio、ERwin Data Modeler、Poseidon for UML 以及 SmartDraw。

延伸阅读

E-R 数据模型由 [Chen (1976)] 提出。由美国国家标准与技术研究院（NIST）发布的信息建模集成定义（IDEF1X）标准 [NIST (1993)] 定义了 E-R 图的标准。但是，现在有各种各样的 E-R 表示法在使用。[Thalheim (2000)] 提供了 E-R 建模研究的详尽教科书。

截至 2018 年，UML 的当前版本为 2.5，这是在 2015 年 6 月发布的。有关 UML 标准和工具的更多信息，请访问 www.uml.org。

参考文献

[Chen (1976)] P. P. Chen, "The Entity-Relationship Model: Toward a Unified View of Data", *ACM Transactions on Database Systems*, Volume 1, Number 1 (1976), pages 9–36.

[NIST (1993)] NIST, "Integration Definition for Information Modeling (IDEF1X)", Technical Report Federal Information Processing Standards Publication 184, National Institute of Standards and Technology (NIST) (1993).

[Thalheim (2000)] B. Thalheim, *Entity-Relationship Modeling: Foundations of Database Technology*, Springer Verlag (2000).

关系数据库设计

在本章中，我们考虑为关系数据库设计模式的问题。其中的许多问题和我们在第 7 章中使用 E-R 模型时所考虑的设计问题是相似的。

一般而言，关系数据库设计的目标是生成一组关系模式，使得我们存储信息时避免不必要的冗余，并且让我们可以轻松地获取信息。这是通过设计满足适当范式（normal form）的模式来实现的。为了确定一个关系模式是否属于理想的范式，我们需要用数据库建模的真实企业的相关信息。某些信息存在于设计良好的 E-R 图中，但是可能还需要关于该企业的额外信息。

在本章中，我们介绍基于函数依赖概念的关系数据库设计的规范方法。然后根据函数依赖及其他类型的数据依赖来定义范式。不过，我们首先从根据给定的实体－联系设计导出模式的角度来考察关系设计的问题。

8.1 好的关系设计的特点

我们在第 7 章中学习的实体－联系设计为创建关系数据库设计提供了很好的起点。我们在 7.7 节中看到，可以直接从 E-R 设计来生成一组关系模式。所生成的模式集的好坏取决于 E-R 最初设计的质量。在本章的后面，我们将学习评价一组关系模式的可取性的精确方法。然而，利用已经学过的概念，我们可以向好的设计迈进一大步。为了易于参照，我们在图 8-1 中重复了用于大学数据库的模式。

classroom(*building*, *room_number*, *capacity*)
department(*dept_name*, *building*, *budget*)
course(*course_id*, *title*, *dept_name*, *credits*)
instructor(*ID*, *name*, *dept_name*, *salary*)
section(*course_id*, *sec_id*, *semester*, *year*, *building*, *room_number*, *time_slot_id*)
teaches(*ID*, *course_id*, *sec_id*, *semester*, *year*)
student(*ID*, *name*, *dept_name*, *tot_cred*)
takes(*ID*, *course_id*, *sec_id*, *semester*, *year*, *grade*)
advisor(*s_ID*, *i_ID*)
time_slot(*time_slot_id*, *day*, *start_time*, *end_time*)
prereq(*course_id*, *prereq_id*)

图 8-1 用于大学示例的数据库模式

假设我们从设计具有 *in_dep* 模式的大学企业开始。

in_dep (*ID*, *name*, *salary*, *dept_name*, *building*, *budget*)

这表示在对应于 *instructor* 和 *department* 的关系上进行自然连接的结果。这似乎是个好主意，因为某些查询可以用更少的连接来表达，除非我们仔细考虑产生我们的 E-R 设计的大学的有关实际状况。

让我们考虑图 8-2 中所示的 *in_dep* 关系的实例。请注意，我们对于系里的每位教师都不得不重复一遍系的信息（" *building* "和" *budget* "）。例如，关于计算机科学系的信息（Taylor, 100000）被包含在 Katz、Srinivasan 和 Brandt 教师的元组中。

ID	name	salary	dept_name	building	budget
22222	Einstein	95000	Physics	Watson	70000
12121	Wu	90000	Finance	Painter	120000
32343	El Said	60000	History	Painter	50000
45565	Katz	75000	Comp. Sci.	Taylor	100000
98345	Kim	80000	Elec. Eng.	Taylor	85000
76766	Crick	72000	Biology	Watson	90000
10101	Srinivasan	65000	Comp. Sci.	Taylor	100000
58583	Califieri	62000	History	Painter	50000
83821	Brandt	92000	Comp. Sci.	Taylor	100000
15151	Mozart	40000	Music	Packard	80000
33456	Gold	87000	Physics	Watson	70000
76543	Singh	80000	Finance	Painter	120000

图 8-2 *in_dep* 关系

所有这些元组的预算数额统一这一点是重要的，否则我们的数据库将会不一致。在使用 *instructor* 和 *department* 的原始设计中，我们对每个预算的数额只存储一次。这说明使用 *in_dep* 是一个坏主意，因为它重复存储预算数额，并且需要承担某些用户可能更新一个元组而不是所有元组中的预算数额并因此产生不一致性的风险。

即使我们决定容忍冗余的问题，*in_dep* 模式仍然存在其他问题。假设我们在大学里创立一个新的系。在上面的备选设计方案中，我们无法直接表达关于一个系的信息 (*dept_name*, *building*, *budget*)，除非该系在大学中至少有一位教师。这是因为 *in_dep* 表中的元组需要 *ID*、*name* 和 *salary* 的值。这意味着我们不能记录新成立的系的相关信息，直到这个新系录用了第一位教师为止。在旧的设计中，*department* 模式可以处理这种情况，但是在修改后的设计中，我们将不得不创建一个 *ID*、*name* 和 *salary* 为空值的元组。在某些情况下，空值会带来麻烦，正如我们在 SQL 学习中所看到的那样。然而，如果我们认为这种情况不是问题，那么我们可以继续使用该修改后的设计，但是，正如我们所指出的，我们仍然会有冗余的问题。

8.1.1 分解

避免 *in_dep* 模式中的信息重复问题的唯一方式是将其分解为两个模式（在本例中为 *instructor* 和 *department* 模式）。我们将在本章的后面介绍一些算法来确定哪些模式是合适的，而哪些模式不是。一般来说，可能必须将表现出信息重复的模式分解为几个较小的模式。

并非所有的模式分解都是有益的。请考虑所有模式都由一个属性构成的极端情况。任何类型的有意义的联系都无法被表示。现在考虑一种不那么极端的情况，我们选择将 *employee* 模式（见 7.8 节）

employee (*ID, name, street, city, salary*)

分解为以下两个模式：

employee1 (*ID, name*)
employee2 (*name, street, city, salary*)

在企业可能拥有两个重名职员的情况下会暴露这个分解的缺陷。在实际中这不是不可能的，因为许多文化中都有某些非常流行的名字。每个人都要有一个唯一的职员号，这就是 *ID* 能够作为主码的原因。作为一个示例，让我们假定有两个职员均名为 Kim，他们在该大学工作，并且在原始设计中的 *employee* 模式上的关系中有以下元组：

(57766, Kim, Main, Perryridge, 75000)
(98776, Kim, North, Hampton, 67000)

图 8-3 所示内容为这些元组、利用分解产生的模式所生成的元组，以及试图用自然连接重新生成原始元组所得到的结果。正如我们在图中所看到的，那两个原始元组伴随着两个新的元组出现于结果中，这两个新的元组将属于这两个名为 Kim 的职员的数据值错误地混合在一起。虽然我们拥有更多的元组，但是实际上从以下意义来讲我们却拥有更少的信息。我们能够指出一个特定的街道、城市和工资属于某个名为 Kim 的人，但是我们无法区分出是哪一个 Kim。因此，我们的分解无法表达关于大学职员的特定的重要事实。我们想要避免这样的分解。我们将这样的分解称为**有损分解**（lossy decomposition），而将那些没有信息丢失的称为**无损分解**（lossless decomposition）。

对于本书的其余部分，我们将坚持所有的分解都应该是无损分解。

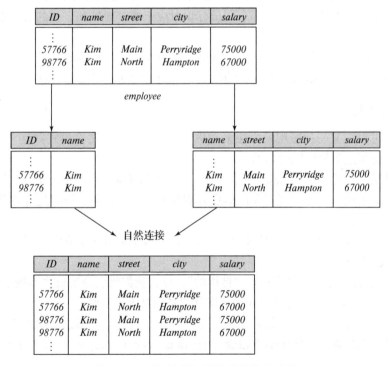

图 8-3　不好的分解所导致的信息丢失

8.1.2　无损分解

令 R 为关系模式，并令 R_1 和 R_2 构成 R 的分解——也就是说，将 R、R_1 和 R_2 视为属性集，$R=R_1 \cup R_2$。如果用两个关系模式 R_1 和 R_2 去替代 R 时没有信息丢失，则我们称该分解是一个**无损分解**（lossless decomposition）。如果不是用 $r(R)$ 的实例而是必须使用 $r_1(R_1)$ 和 $r_2(R_2)$ 的实例来表示，关系 $r(R)$ 的一个实例所包含的信息就无法表示的话，则会发生信息的丢失。更准确地说，如果对于所有合法的（我们将在 8.2.2 节中正式定义"合法的"）数据库实例，关系 r 都包含与下述 SQL 查询的结果相同的元组集，那么我们称该分解是无损的[⊖]：

$$
\begin{aligned}
&\textbf{select } * \\
&\textbf{from } (\textbf{select } R_1 \textbf{ from } r) \\
&\quad\quad \textbf{natural join} \\
&\quad\quad (\textbf{select } R_2 \textbf{ from } r)
\end{aligned}
$$

这可以用关系代数更简洁地表示为：

$$
\Pi_{R_1}(r) \bowtie \Pi_{R_2}(r) = r
$$

换句话说，如果我们把 r 投影到 R_1 和 R_2 上，然后计算投影结果的自然连接，则我们正好得到一模一样的 r。

但如果我们在计算投影结果的自然连接时得到了原始关系的一个真正超集，则分解是有损的。这可以用关系代数更为简洁地表示为：

$$
r \subset \Pi_{R_1}(r) \bowtie \Pi_{R_2}(r)
$$

让我们回到将 *employee* 模式分解为 *employee*1 和 *employee*2（见图 8-3）并且两个或多个职员具有相同名字的情况。*employee*1 自然连接 *employee*2 的结果是原始关系 *employee* 的一个超集，但是连接的结果丢失了哪个职员标识对应于哪个地址和工资的关联信息，因此该分解是有损的。

我们有更多的元组，却更少的信息，这似乎有悖常理，但事实确实如此。分解后的版本无法表示姓名与地址或薪水之间的缺失的联系，而缺失的联系确实是信息。

8.1.3 规范化理论

我们现在可以定义一种通用的方法来导出一组模式，使得每个模式都是"良构的"；也就是说，它不受信息重复问题的影响。

用于设计关系数据库的方法是使用一个通常称为**规范化**（normalization）的过程。其目标是生成一组关系模式，允许我们存储信息并避免不必要的冗余，同时还允许我们轻松地检索信息。该方法是：

- 确定一个给定的关系模式是否为"良构的"。我们将在 8.3 节中介绍已有的许多不同的形式（称为范式）。
- 如果一个给定的关系模式不是"良构的"，那么我们将它分解成许多较小的关系模式，使得每个模式都满足适当的范式。该分解必须是无损分解。

为了确定一个关系模式是否符合一种理想的范式，我们需要用数据库建模的现实企业的额外信息。最常用的方法是使用**函数依赖**（functional dependency），我们将在 8.2 节中讨论。

8.2 使用函数依赖进行分解

一个数据库对真实世界中的一组实体和联系进行建模。在真实世界中的数据上通常存在各种约束（规则）。例如，在一个大学数据库中期望满足的一些约束有：

1.学生和教师通过他们的 ID 来唯一标识。

⊖ 假定出现在函数依赖左侧的任何属性都不能取空值，则阐述了无损的定义。这将在实践习题 8.10 中进一步探讨。

2. 每位学生和教师只有一个名字。

3. 每位教师和学生只（主要）关联一个系[⊖]。

4. 每个系只有一个预算值，并且只有一栋关联的办公楼。

一个关系的满足所有这种真实世界约束的实例被称为该关系的**合法实例**（legal instance）；在一个数据库的合法实例中所有关系实例都是合法实例。

8.2.1　符号惯例

在讨论用于关系数据库设计的算法中，我们需要针对任意的关系及其模式进行讨论，而不只是讨论示例。请回想我们在第 2 章中对关系模型的介绍，我们在这里对我们的符号表示进行概括。

- 在一般情况下，我们用希腊字母来表示属性集（例如 α）。我们使用大写的罗马字母来表示关系模式，使用符号 $r(R)$ 来表示模式 R 是对于关系 r 而言的。

  一个关系模式是一个属性集，但是并非所有的属性集都是模式。当使用一个小写的希腊字母时，我们是指一个可能是模式也可能不是模式的属性集。当我们希望指明属性集肯定是一个模式时，就使用罗马字母。

- 当属性集是一个超码时，我们可能用 K 来表示它。超码属于一个特定的关系模式，因此我们使用术语"K 是 R 的一个超码"。

- 我们对关系使用小写的名称。在我们的示例中，这些名称是有实际含义的（例如 *instructor*），而在我们的定义和算法中，则使用单个字母，比如 r。

- 因此符号 $r(R)$ 指的是具有模式 R 的关系 r。当我们写 $r(R)$ 时，指的既是关系也是它的模式。

- 一个关系在任意给定时刻都有特定的值；我们将此看作一个实例并使用术语"r 的实例"。当我们明显在讨论一个实例时，可以简单地使用关系的名称（例如 r）。

为了简单起见，我们假设属性名在数据库模式中只有一种含义。

8.2.2　码和函数依赖

一些最常用的真实世界的约束类型可以被形式化地表示为码（超码、候选码以及主码），或者表示为我们在下面所定义的函数依赖。

在 2.3 节中，我们将超码的概念定义为能够一起来唯一标识出关系中一个元组的一个或多个属性的集合。我们在这里重新表述该定义如下。给定 $r(R)$，R 的一个子集 K 是 $r(R)$ 的**超码**（superkey）的条件是，在 $r(R)$ 的任意合法实例中，对于 r 的实例中的所有元组对 t_1 和 t_2 总满足：若 $t_1 \neq t_2$，则 $t_1[K] \neq t_2[K]$。也就是说，在关系 $r(R)$ 的任意合法实例中，不存在两个元组在属性集 K 上具有相同的值[⊖]。如果在 r 中没有两个元组在 K 上具有相同的值，那么在 r 中一个 K 值就能唯一标识出一个元组。

鉴于超码是能够唯一标识整个元组的属性集，函数依赖让我们可以表达唯一标识特定属

⊖ 在许多现实的大学中，一位教师可以和不止一个系相关联，例如，通过共同任命的方式或者在兼职教师的情况下。类似地，一名学生可以有两个（或更多个）主修专业或一个辅修专业。我们简化的大学模式只对每位教师或学生所关联的主系进行建模。

⊖ 在我们对函数依赖的讨论中，使用正常数学意义上的相等（=），而不是 SQL 的三值逻辑含义。换句话说，在函数依赖性的讨论中，我们假设没有空值。

性的值的约束。请考虑一个关系模式 $r(R)$，并且令 $\alpha \subseteq R$ 且 $\beta \subseteq R$。

- 给定 $r(R)$ 的一个实例，如果对于该实例中的所有元组对 t_1 和 t_2，使得若 $t_1[\alpha]=t_2[\alpha]$，则 $t_1[\beta]=t_2[\beta]$ 也成立，那么我们称该实例**满足**（satisfy）**函数依赖**（functional dependency） $\alpha \rightarrow \beta$。
- 如果 $r(R)$ 的每个合法实例都满足函数依赖 $\alpha \rightarrow \beta$，则我们称该函数依赖在模式 $r(R)$ 上**成立**（hold）。

使用函数依赖这一概念，我们说如果函数依赖 $K \rightarrow R$ 在 $r(R)$ 上成立，则 K 是 $r(R)$ 的一个超码。换句话说，如果对于 $r(R)$ 的每个合法实例，对于来自实例的每对元组 t_1 和 t_2，只要 $t_1[K]=t_2[K]$，就总有 $t_1[R]=t_2[R]$ 成立（即 $t_1=t_2$），则 K 就是一个超码$^{\ominus}$。

函数依赖使我们可以表达不能用超码来表达的约束。在 8.1 节中我们曾考虑模式：

$$in\_dep\ (ID, name, salary, dept\_name, building, budget)$$

在该模式中函数依赖 $dept\_name \rightarrow budget$ 成立，因为对于每个系（由 $dept\_name$ 唯一标识）都存在唯一的预算数额。

属性对 $(ID, dept\_name)$ 构成 in_dep 的一个超码，我们将这一事实写作：

$$ID, dept\_name \rightarrow name, salary, building, budget$$

我们将以两种方式来使用函数依赖：

1. 测试关系的实例，看它们是否满足一个给定的函数依赖集 F。
2. 声明合法关系集上的约束。因此，我们将只关注满足给定函数依赖集的那些关系实例。

如果我们希望把注意力放到模式 $r(R)$ 上满足函数依赖集 F 的关系，我们说 F 在 $r(R)$ 上**成立**。

让我们考虑图 8-4 中的关系 r 的实例，看看它满足什么样的函数依赖。请注意 $A \rightarrow C$ 是满足的。存在两个元组的 A 值为 a_1。这些元组具有相同的 C 值，即 c_1。类似地，A 值为 a_2 的两个元组具有相同的 C 值——c_2。不存在其他的可区分元组对具有相同的 A 值。但是，函数依赖 $C \rightarrow A$ 是不满足的。为了说明该依赖不满足，请考虑元组 $t_1 = (a_2, b_3, c_2, d_3)$ 和 $t_2 = (a_3, b_3, c_2, d_4)$。这两个元组具有相同的 C 值——c_2，但它们具有不同的 A 值，分别为 a_2 和 a_3。因此，我们找到了一对元组 t_1 和 t_2 满足 $t_1[C] = t_2[C]$，但 $t_1[A] \neq t_2[A]$。

有些函数依赖被称为是**平凡的**（trivial），因为它们被所有关系满足。例如，$A \rightarrow A$ 被包含属性 A 的所有关系满足。从字面上理解函数依赖的定义，我们知道，对于所有满足 $t_1[A] = t_2[A]$ 的元组 t_1 和 t_2，$t_1[A] = t_2[A]$ 成立。类似地，$AB \rightarrow A$ 也被包含属性 A 的所有关系满足。一般来说，如果 $\beta \subseteq \alpha$，则形如 $\alpha \rightarrow \beta$ 的函数依赖是平凡的。

重要的是要认识到：一个关系的实例可能满足的某些函数依赖并不需要在该关系的模式上成立。在图 8-5 的 *classroom* 关系的实例中，我们看到 *room_number* $\rightarrow$ *capacity* 是满足的。但是，我们相信在现实世界中，不同教学楼里的两个教室可以具有相同的房间号，但却具有不同的空间容量。因此，有可能在某个时刻存在 *classroom* 关系的一个实例，其中并不满足 *room_number* $\rightarrow$ *capacity*。所以，我们不应该将 *room_number* $\rightarrow$ *capacity* 包含在 *classroom* 关系模式上成立的函数依赖集中。然而，我们会期望函数依赖 *building, room_number* $\rightarrow$ *capacity* 在

$\ominus$ 请注意，我们在这里假设关系为集合。SQL 处理多重集，并且在 SQL 中声明一个属性集 K 为**主码**不仅需要当 $t_1[K]=t_2[K]$ 时 $t_1=t_2$，还需要不存在重复的元组。SQL 还要求集合 K 中的属性不能被赋予 *null*（空）值。

classroom 模式上成立。

A	B	C	D
a_1	b_1	c_1	d_1
a_1	b_2	c_1	d_2
a_2	b_2	c_2	d_2
a_2	b_3	c_2	d_3
a_3	b_3	c_2	d_4

图 8-4 关系 *r* 的实例的示例

building	room_number	capacity
Packard	101	500
Painter	514	10
Taylor	3128	70
Watson	100	30
Watson	120	50

图 8-5 *classroom* 关系的一个实例

因为我们假设属性名在数据库模式中只有一种含义，如果我们声明一个函数依赖 $\alpha \to \beta$ 作为数据库上的约束成立，那么对于任何模式 R，只要 $\alpha \subseteq R$ 且 $\beta \subseteq R$，则 $\alpha \to \beta$ 必须成立。

给定在关系 $r(R)$ 上成立的一个函数依赖集 F，有可能会推断出其他特定的函数依赖也一定在该关系上成立。例如，给定模式 $r(A, B, C)$，如果函数依赖 $A \to B$ 和 $B \to C$ 在 r 上成立，我们可以推断函数依赖 $A \to C$ 也一定在 r 上成立。这是因为，给定 A 的任意值，仅存在一个对应的 B 值，并且对于那个 B 值，只能存在一个对应的 C 值。我们将在 8.4.1 节中学习如何进行这种推导。

我们将使用符号 F^+ 来表示集合 F 的**闭包**（closure），也就是说，能够从给定的集合 F 推导出的所有函数依赖的集合。F^+ 包含 F 中所有的函数依赖。

8.2.3 无损分解和函数依赖

我们可以用函数依赖来说明什么时候特定的分解是无损的。令 R、R_1、R_2 和 F 如上所述。R_1 和 R_2 构成 R 的一个无损分解的条件是，以下函数依赖中至少有一个是在 F^+ 中：

- $R_1 \cap R_2 \to R_1$
- $R_1 \cap R_2 \to R_2$

换句话说，如果 $R_1 \cap R_2$ 要么构成 R_1 的超码要么构成 R_2 的超码，则 R 的该分解就是一个无损分解。正如我们将在后面看到的，可以使用属性闭包来高效地检验超码。

为了举例说明这一点，请考虑模式：

$$in\_dep\ (ID, name, salary, dept\_name, building, budget)$$

我们在 8.1 节中将其分解为 *instructor* 和 *department* 模式：

$$instructor\ (ID, name, dept\_name, salary)$$
$$department\ (dept\_name, building, budget)$$

请考虑这两个模式的交集，即 *dept_name*。我们发现，由于 $dept\_name \to dept\_name, building, budget$，因此满足无损分解的规则。

对于将一个模式一次性分解成多个模式的通用情况，对无损分解的测试就更加复杂了。有关此主题的参考文献，请参阅本章末尾的"延伸阅读"部分。

虽然对二元分解的测试显然是无损分解的一个充分条件，但只有当所有约束都是函数依赖时它才是必要条件。在后面我们将看到其他类型的约束（特别是在 8.6.1 节中讨论的称为多值依赖的一种约束类型），它们即使在不存在函数依赖的情况下仍可保证一个分解是无损的。

假设我们将一个关系模式 $r(R)$ 分解为 $r_1(R_1)$ 和 $r_2(R_2)$，其中 $R_1 \cap R_2 \to R_1^\ominus$。那么必须对分

$\ominus$ $R_1 \cap R_2 \to R_2$ 的情况是对称的，并被省略。

解后的模式施加以下 SQL 约束以确保它们的内容与原始模式保持一致。

- $R_1 \cap R_2$ 是 r_1 的主码。

  此约束强制实施该函数依赖性。

- $R_1 \cap R_2$ 是从 r_2 引用 r_1 的外码。

  这个约束确保 r_2 中的每个元组在 r_1 中都有一个匹配元组，如果没有这个匹配元组，它就不会出现在 r_1 和 r_2 的自然连接中。

如果进一步分解 r_1 或 r_2，只要分解确保 $R_1 \cap R_2$ 中的所有属性都在一个关系中，那么 r_1 或 r_2 上的主码或外码约束将由该关系来继承。

8.3 范式

正如 8.1.3 节所述，在设计关系数据库时有许多不同的范式。在本节中，我们将介绍两种最常见的范式。

8.3.1 Boyce-Codd 范式

我们能达到的较满意的范式之一是 **Boyce-Codd 范式**（Boyce-Codd Normal Form，**BCNF**）。它消除了基于函数依赖能够发现的所有冗余，虽然可能还保留着其他类型的冗余，正如我们将在 8.6 节中所看到的。

8.3.1.1 定义

关于函数依赖集 F 的关系模式 R 属于 BCNF 的条件是，对于 F^+ 中所有形如 $\alpha \to \beta$ 的函数依赖（其中 $\alpha \subseteq R$ 且 $\beta \subseteq R$），下面至少有一项成立：

- $\alpha \to \beta$ 是平凡的函数依赖（即 $\beta \subseteq \alpha$）。
- α 是模式 R 的一个超码。

一个数据库设计属于 BCNF 的条件是，构成该设计的关系模式集中的每个模式都属于 BCNF。

我们已经在 8.1 节中见过不属于 BCNF 的关系模式的示例：

$$in\_dep\,(ID, name, salary, dept\_name, building, budget)$$

函数依赖 $dept\_name \to budget$ 在 in_dep 上成立，但是 $dept\_name$ 并不是超码（因为一个系可以有多位不同的教师）。在 8.1 节中，我们看到把 in_dep 分解为 $instructor$ 和 $department$ 是一种更好的设计。$instructor$ 模式是属于 BCNF 的。所有成立的非平凡的函数依赖，例如

$$ID \to name, dept\_name, salary$$

在箭头的左侧包含 ID，且 ID 是 $instructor$ 的一个超码（事实上，在这个示例中它就是主码）。（换言之，在左侧不包含 ID 的情况下，对于 $name$、$dept\_name$ 和 $salary$ 的任意组合不存在非平凡的函数依赖。）因此，$instructor$ 属于 BCNF。

类似地，$department$ 模式属于 BCNF，因为所有成立的非平凡函数依赖，例如

$$dept\_name \to building, budget$$

在箭头的左侧包含 $dept\_name$，且 $dept\_name$ 是 $department$ 的一个超码（和主码）。因此，$department$ 属于 BCNF。

我们现在讲述对于不属于 BCNF 的模式进行分解的通用规则。令 R 为不属于 BCNF 的一个模式。那么存在至少一个非平凡的函数依赖 $\alpha \to \beta$，使得 α 不是 R 的超码。我们在设计

中用以下两个模式去取代 R：

- $(\alpha \cup \beta)$
- $(R - (\beta - \alpha))$

在上面的 *in_dep* 示例中，$\alpha = dept\_name$，$\beta = \{building, budget\}$，且 *in_dep* 被取代为：

- $(\alpha \cup \beta) = (dept\_name, building, budget)$
- $(R - (\beta - \alpha)) = (ID, name, dept\_name, salary)$

在这个示例中，结果是 $\beta - \alpha = \beta$。我们需要像我们已经做过的那样来表述规则，以便正确处理具有在箭头的两侧都出现的属性的函数依赖。关于这方面的技术原因会在 8.5.1 节中介绍。

当我们分解一个不属于 BCNF 的模式时，可能会有一个或多个结果模式不属于 BCNF。在这种情况下，需要进一步分解，使得最终结果是一个 BCNF 模式的集合。

8.3.1.2　BCNF 和保持依赖

我们已经看到过几种表达数据库一致性约束的方式：主码约束、函数依赖、**check** 约束、断言和触发器。在每次更新数据库时检查这些约束的开销很大，因此，以能够高效检查约束的方式来设计数据库是有用的。特别地，如果函数依赖的检验仅考虑一个关系就可以完成，那么这样的约束检查的开销就很低。我们将看到，在有些情况下，到 BCNF 的分解会妨碍对特定函数依赖的高效检查。

为了举例说明这一点，假定我们对我们的大学组织机构要做一个小的改动。在图 7-15 的设计中，一名学生只能有一位导师。这是由从 *student* 到 *advisor* 的 *advisor* 联系集为多对一而推断出的。我们要做的"小"改动是一位教师只能和单个系相关联，且一名学生可以有多位导师，但是在一个给定的系中只有不超过一位导师[⊖]。

利用 E-R 设计实现这个改动的一种方式是，把 *advisor* 联系集替换为一个涉及 *instructor*、*student* 和 *department* 实体集的三元联系集 *dept_advisor*，它是从 {*student, instructor*} 对到 *department* 的多对一联系集，如图 8-6 中所示。该 E-R 图指明了"一名学生可以有不止一位导师，但是对于一个给定的系不超过一位"这样的约束。

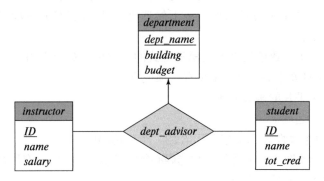

图 8-6　*dept_advisor* 联系集

对于这张新的 E-R 图，*instructor*、*department* 和 *student* 关系的模式没有变化。然而，从 *dept_advisor* 联系集导出的模式现在为：

$$dept\_advisor\ (s\_ID, i\_ID, dept\_name)$$

虽然没有在 E-R 图中指明，不过假定我们有附加的约束"一位教师只能在单个系中担任

⊖　这样的安排对于双学位的学生是有意义的。

导师。"

那么，下面的函数依赖在 *dept_advisor* 上成立：

$$i\_ID \rightarrow dept\_name$$
$$s\_ID, dept\_name \rightarrow i\_ID$$

第一个函数依赖产生于我们的需求"一位教师只能在单个系中担任导师"。第二个函数依赖产生于我们的需求"对于一个给定的系，一名学生可以有至多一位导师"。

请注意，在这种设计中，每次当一位教师参与到一个 *dept_advisor* 联系中时，我们都不得不重复一次系的名称。我们看到 *dept_advisor* 并不属于 BCNF，因为 *i_ID* 并不是超码。根据 BCNF 分解规则，我们得到：

$$(s\_ID, i\_ID)$$
$$(i\_ID, dept\_name)$$

上面的两个模式都属于 BCNF。（事实上，你可以验证，按照定义任何只包含两个属性的模式都属于 BCNF。）

然而请注意，在我们的 BCNF 设计中，没有一个模式包含了出现在函数依赖 *s_ID, dept_name* → *i_ID* 中的所有属性。可以在分解后的单个关系上强制实施的唯一依赖是 *ID*→*dept_name*。函数依赖 *s_ID, dept_name* → *i_ID* 只能通过计算分解后关系的连接来检查[⊖]。

由于我们的设计并不允许在没有连接的情况下强制实施这种函数依赖，所以我们的设计是非**保持依赖**（dependency preserving）的（我们在 8.4.4 节中提供了保持依赖的形式化定义）。由于保持依赖通常被认为是可取的，所以我们考虑另外一种比 BCNF 弱的范式，它允许我们保持依赖。该范式被称为第三范式[⊖]。

8.3.2　第三范式

BCNF 要求所有非平凡函数依赖都形如 $\alpha \rightarrow \beta$，其中的 α 为一个超码。第三范式（Third Normal Form，3NF）稍微放松了一点这个约束，它允许存在左侧不是超码的特定的非平凡函数依赖。在我们定义 3NF 之前，回想一下候选码是最小的超码，也就是说，它是其任何真子集都不是超码的超码。

关系模式 R 是关于函数依赖集 F 的**第三范式**的条件是，对于 F^+ 中所有形如 $\alpha \rightarrow \beta$ 的函数依赖（其中 $\alpha \subseteq R$ 且 $\beta \subseteq R$），以下至少有一项成立：

- $\alpha \rightarrow \beta$ 是一个平凡的函数依赖。
- α 是 R 的一个超码。
- $\beta - \alpha$ 中的每个属性 A 都被包含于 R 的一个候选码中。

请注意上面的第三个条件并不是说单个候选码必须包含 $\beta - \alpha$ 中的所有属性；$\beta - \alpha$ 中的每个属性 A 可能被包含于不同的候选码中。

前两个可选条件与 BCNF 定义中的两个可选条件相同。3NF 定义中的第三个可选条件看起来很不直观，并且它的用途也不是显而易见的。在某种意义上，它代表 BCNF 条件的

⊖　从技术上来说，由于存在逻辑蕴涵一个依赖的其他依赖，因此其属性在任何一个模式中都不完全出现的依赖也可能还是被隐式地强制实施了。我们将在 8.4.4 节中讨论这种情况。

⊖　你可能已经注意到我们跳过了第二范式。它仅具有历史意义，并且在实践中，第三范式或 BCNF 总是更好的选择。我们将在实践习题 8.19 中探讨第二范式。第一范式与属性域相关，而不是与分解相关。我们将在 8.8 节中讨论它。

最小放松，这种放松有助于确保每一个模式都能保持依赖地分解到 3NF。它的用途在后面当我们学习 3NF 分解时会变得更清晰。

请注意任何满足 BCNF 的模式也满足 3NF，因为它的每个函数依赖都将满足前两个可选条件中的一个。所以 BCNF 是比 3NF 更严格的范式。

3NF 的定义允许在 BCNF 中不允许的特定的函数依赖存在。只满足 3NF 定义中第三个可选条件的依赖 $\alpha \to \beta$ 在 BCNF 中是不允许的，但在 3NF 中是允许的[⊖]。

现在，让我们再次考虑 *dept_advisor* 关系的模式，它具有以下函数依赖：

$$i\_ID \to dept\_name$$
$$s\_ID, dept\_name \to i\_ID$$

在 8.3.1.2 节中，我们说函数依赖 "$i\_ID \to dept\_name$" 导致 *dept_advisor* 模式不属于 BCNF。请注意这里 $\alpha = i\_ID$，$\beta = dept\_name$，并且 $\beta - \alpha = dept\_name$。由于函数依赖 $s\_ID, dept\_name \to i\_ID$ 在 *dept_advisor* 上成立，因此 *dept_name* 属性被包含于一个候选码中，并且 *dept_advisor* 属于 3NF。

我们已经看到，当不存在保持依赖的 BCNF 设计时，必须在 BCNF 和 3NF 之间进行权衡。这些权衡将在 8.3.3 节中更详细地描述。

8.3.3 BCNF 和 3NF 的比较

对于关系数据库模式的两种范式——3NF 和 BCNF，3NF 的优点是：总可以在不牺牲无损性或依赖保持性的前提下得到 3NF 的设计。然而 3NF 也有缺点：可能不得不用空值来表示数据项之间的某些可能有意义的联系，并且存在信息重复的问题。

我们应用函数依赖进行数据库设计的目标是：

1. BCNF。
2. 无损性。
3. 依赖保持性。

由于并不是总能满足所有这三个目标，我们也许不得不在 BCNF 和保持依赖的 3NF 之间做出选择。

值得注意的是，除了通过使用**主码**约束或者**唯一性**约束来声明超码的特殊情况之外，SQL 并不提供指定函数依赖的途径。尽管有点复杂，但编写断言来强制实施函数依赖也是有可能的（参见实践习题 8.9）。遗憾的是，目前还没有数据库系统支持强制实施任意函数依赖所需要的复杂断言，而且检查这些断言的开销是很昂贵的。所以即使我们有一种保持依赖的分解，但如果我们使用标准 SQL，我们也只能对那些左侧是码的函数依赖进行高效的检查。

虽然在分解并非保持依赖的情况下对函数依赖的检查可能会用到连接，但如果数据库系统支持物化视图，我们原则上可以通过将连接结果存储为物化视图的方式来降低成本；但是，只有当数据库系统支持物化视图上的**主码**约束或**唯一性**约束时，此方法才可行。从消极的方面来看，物化视图会带来空间和时间的开销；但是从积极的方面来看，应用程序员不需要操心编写代码来保持冗余数据在更新上的一致性。维护物化视图（也就是说在数据库被更新时使物化视图保持最新）是数据库系统的工作。

⊖ 这些依赖是**传递依赖**（transitive dependency）的示例（请参见实践习题 8.18）。3NF 的原始定义就是根据传递依赖而来的。我们所使用的定义与之等价但更容易理解。

遗憾的是，当前大多数数据库系统限制了对物化视图的约束或根本不支持它们。即使允许这样的约束，也存在一个额外的要求：数据库必须在更新基础关系时立即更新视图并检查约束（作为同一个事务的一部分）。否则，就在更新已经执行且导致冲突的事务已经提交之后，可能会检测出约束违反。

总之，即使不能得到保持依赖的 BCNF 分解，我们仍然倾向于选择 BCNF，因为在 SQL 中检查除了主码约束之外的函数依赖是困难的。

8.3.4　更高级的范式

在特定情况下，使用函数依赖来分解模式可能不足以避免不必要的信息重复。请考虑 *instructor* 实体集定义中的一个小变化，在该实体集中我们为每位教师记录一组孩子的姓名以及一组可以被多个人共享的固定电话号码。因此，*phone_number* 和 *child_name* 将是多值属性，并且根据从 E-R 设计生成模式的规则，我们会有两个模式，每个多值属性 *phone_number* 和 *child_name* 都对应一个模式：

$$(ID, child\_name)$$
$$(ID, phone\_number)$$

如果我们想合并这些模式来得到：

$$(ID, child\_name, phone\_number)$$

我们会发现该结果属于 BCNF，因为没有平凡的函数依赖成立。其结果是我们可能认为这样的合并是个好主意。然而，通过考虑有两个孩子和两个电话号码的一位教师的示例，我们会发现这样的合并是一个坏主意。例如，令 *ID* 为 99999 的教师有两个孩子，叫作"David"和"William"，并且有两个电话号码，512-555-1234 和 512-555-4321。在合并的模式中，我们必须为每位家属重复一次电话号码：

$$(99999, David, 512\text{-}555\text{-}1234)$$
$$(99999, David, 512\text{-}555\text{-}4321)$$
$$(99999, William, 512\text{-}555\text{-}1234)$$
$$(99999, William, 512\text{-}555\text{-}4321)$$

如果我们不重复这些电话号码，并且只存储第一个和最后一个元组，我们就记录了家属姓名和电话号码，但是结果元组将暗指 David 对应于 512-555-1234，而 William 对应于 512-555-4321。这是不正确的。

由于基于函数依赖的范式并不足以处理这样的情况，因而还定义了另外的依赖和范式。我们将在 8.6 节和 8.7 节中对它们进行介绍。

8.4　函数依赖理论

在我们的示例中已经看到，作为检查模式是否属于 BCNF 或 3NF 这一过程的一部分，能够对函数依赖进行系统的推理是有用的。

8.4.1　函数依赖集的闭包

我们将会看到，给定一个模式上的函数依赖集 *F*，我们可以证明其他特定的函数依赖在该模式上也是成立的。我们称这种函数依赖被 *F* 所"逻辑蕴涵"。当检验范式时，只考虑给定的函数依赖集是不够的，还需要考虑在模式上成立的所有函数依赖。

更正式地讲，给定一个关系模式 $r(R)$，如果关系 $r(R)$ 的每一个满足 F 的实例也满足 f，则 R 上的函数依赖 f 被 R 上的函数依赖集 F 所**逻辑蕴涵**（logically imply）。

假设我们给定一个关系模式 $r(A, B, C, G, H, I)$ 及函数依赖集：

$$A \rightarrow B$$
$$A \rightarrow C$$
$$CG \rightarrow H$$
$$CG \rightarrow I$$
$$B \rightarrow H$$

那么函数依赖

$$A \rightarrow H$$

是被逻辑蕴涵的。也就是说，我们可以证明，一个关系实例只要满足给定的函数依赖集，这个关系实例就必须满足 $A \rightarrow H$。假设元组 t_1 及 t_2 满足：

$$t_1[A] = t_2[A]$$

由于我们已知 $A \rightarrow B$，从该函数依赖的定义可以推出：

$$t_1[B] = t_2[B]$$

又由于我们已知 $B \rightarrow H$，从该函数依赖的定义可以推出：

$$t_1[H] = t_2[H]$$

因此，我们已经证明了：对于两个元组 t_1 及 t_2，只要 $t_1[A] = t_2[A]$，则一定有 $t_1[H] = t_2[H]$。而这正好是 $A \rightarrow H$ 的定义。

令 F 为一个函数依赖集。F 的**闭包**是被 F 所逻辑蕴涵的所有函数依赖的集合，记作 F^+。给定 F，我们可以由函数依赖的形式化定义直接计算出 F^+。如果 F 很大，则这个过程将会很长而且很难。这种对 F^+ 的运算需要刚才用来证明 $A \rightarrow H$ 在我们的依赖示例集的闭包中的那种论证。

公理（axiom）或推理规则提供了一种用于对函数依赖进行推理的更为简单的技术。在下面的规则中，我们用希腊字母（α，β，γ，…）来表示属性集，并用字母表中排在前面的大写罗马字母来表示单个属性。我们用 $\alpha\beta$ 来表示 $\alpha \cup \beta$。

我们可以使用以下三条规则去寻找被逻辑蕴涵的函数依赖。通过反复应用这些规则，可以找出对于给定 F 的 F^+ 中的全部依赖。这组规则被称为**阿姆斯特朗公理**（Armstrong's axiom），以纪念这一公理的首次提出者。

- **自反律**（reflexivity rule）。若 α 为一个属性集且 $\beta \subseteq \alpha$，则 $\alpha \rightarrow \beta$ 成立。
- **增补律**（augmentation rule）。若 $\alpha \rightarrow \beta$ 成立且 γ 为一个属性集，则 $\gamma\alpha \rightarrow \gamma\beta$ 成立。
- **传递律**（transitivity rule）。若 $\alpha \rightarrow \beta$ 成立且 $\beta \rightarrow \gamma$ 成立，则 $\alpha \rightarrow \gamma$ 成立。

阿姆斯特朗公理是**有效的**，因为它们不会产生任何不正确的函数依赖。这些规则是**完备的**，因为对于一个给定的函数依赖集 F，它们能允许我们产生全部 F^+。延伸阅读部分提供了对于有效性和完备性证明的参考文献。

虽然阿姆斯特朗公理是完备的，但是直接用它们来计算 F^+ 会很麻烦。为进一步简化这个问题，我们列出了附加的规则。可以使用阿姆斯特朗公理来证明这些规则是有效的（请参见实践习题 8.4、实践习题 8.5 以及习题 8.27）。

- **合并律**（union rule）。若 $\alpha \rightarrow \beta$ 成立且 $\alpha \rightarrow \gamma$ 成立，则 $\alpha \rightarrow \beta\gamma$ 成立。
- **分解律**（decomposition）。若 $\alpha \rightarrow \beta\gamma$ 成立，则 $\alpha \rightarrow \beta$ 成立且 $\alpha \rightarrow \gamma$ 成立。
- **伪传递律**（pseudotransitivity rule）。若 $\alpha \rightarrow \beta$ 成立且 $\gamma\beta \rightarrow \delta$ 成立，则 $\alpha\gamma \rightarrow \delta$ 成立。

让我们将规则应用于示例模式 $R = (A, B, C, G, H, I)$ 及函数依赖集 $F = \{A \rightarrow B, A \rightarrow C, CG \rightarrow H, CG \rightarrow I, B \rightarrow H\}$。在这里我们列出了 F^+ 中的几个依赖。

- $A \rightarrow H$。由于 $A \rightarrow B$ 和 $B \rightarrow H$ 成立，因此使用传递律。可以看到使用阿姆斯特朗公理来证明 $A \rightarrow H$ 成立要比我们在本小节前面那样直接从定义来论证要简单得多。
- $CG \rightarrow HI$。由于 $CG \rightarrow H$ 和 $CG \rightarrow I$ 成立，因此由合并律可推出 $CG \rightarrow HI$ 成立。
- $AG \rightarrow I$。由于 $A \rightarrow C$ 且 $CG \rightarrow I$ 成立，因此由伪传递律可推出 $AG \rightarrow I$ 成立。

    证明 $AG \rightarrow I$ 成立的另一种方式如下：在 $A \rightarrow C$ 上使用增补律推断出 $AG \rightarrow CG$。在这个依赖和 $CG \rightarrow I$ 上使用传递律，从而推断出 $AG \rightarrow I$。

图 8-7 给出了一个过程，它形式化地示范了如何使用阿姆斯特朗公理来计算 F^+。在这个过程中，当一个函数依赖被加入 F^+ 时，它可能已经存在了，在这种情况下 F^+ 没有变化。我们将在 8.4.2 节中看到计算 F^+ 的一种可替代方式。

函数依赖的左侧和右侧都是 R 的子集。由于规模为 n 的集合有 2^n 个子集，所以共有 $2^n \times 2^n = 2^{2n}$ 个可能的函数依赖，其中 n 是 R 中的属性个数。除最后一次之外，在过程的每次 repeat 循环中都至少往 F^+ 里加入一个函数依赖。因此，该过程保证可以终止，虽然它可能非常冗长。

8.4.2 属性集的闭包

如果 $\alpha \rightarrow B$，我们就称属性 B 被 α **函数决定**（functionally determine）。要测试一个集合 α 是否为超码，我们必须设计一个算法，用于计算被 α 函数决定的属性集。一种方式是计算 F^+，找出所有左侧为 α 的函数依赖，并合并所有这些依赖的右侧。但是这么做开销很昂贵，因为 F^+ 可能很大。

有一种用于计算被 α 函数决定的属性集的高效算法，它不仅可以用来测试 α 是否为超码，还可以用于其他几种任务，正如我们将会在本小节的后面所看到的那样。

令 α 为一个属性集。我们将函数依赖集 F 下被 α 函数决定的所有属性的集合称为 F 下 α 的闭包，记为 α^+。图 8-8 展示了以伪码编写的计算 α^+ 的算法。其输入是函数依赖集 F 和属性集 α。其输出存储在 *result* 变量中。

```
F⁺ = F
应用自反律 /* 生成所有的平凡依赖 */
repeat
    for each F⁺中的函数依赖 f
        在 f 上应用增补律
        将函数依赖的结果加入 F⁺ 中
    for each F⁺中的一对函数依赖 f₁和 f₂
        if f₁和 f₂可以使用传递律进行结合
            将函数依赖的结果加入 F⁺ 中
until F⁺不再发生变化
```

```
result := α;
repeat
    for each 函数依赖 β → γ in F do
        begin
            if β ⊆ result then result := result ∪ γ;
        end
until (result 不发生改变)
```

图 8-7 计算 F^+ 的过程   图 8-8 计算 F 下 α 的闭包 α^+ 的算法

为了说明该算法是如何工作的，我们将用它来计算 8.4.1 节中定义的函数依赖的 $(AG)^+$。

我们从 *result = AG* 开始。在第一次执行 **repeat** 循环来测试每个函数依赖时，我们发现：

- *A → B* 使我们将 *B* 加入 *result* 中。为了证明这个事实，我们观察到 *A → B* 属于 *F*，*A* ⊆ *result*（它是 *AG*），所以 *result* := *result* ∪ *B*。
- *A → C* 导致 *result* 变为 *ABCG*。
- *CG → H* 导致 *result* 变为 *ABCGH*。
- *CG → I* 导致 *result* 变为 *ABCGHI*。

第二次执行 **repeat** 循环时，没有新属性被加入 *result*，因而算法终止。

让我们来看看图 8-8 的算法为什么是正确的。第一步是正确的，因为 α → α 总是成立的（根据自反律）。我们申明，对于 *result* 的任意子集 β，有 α → β。因为开始 **repeat** 循环时 α → *result* 为真，所以只要 β ⊆ *result* 且 β → γ 成立，就可将 γ 加入 *result* 中。然后由自反律得到 *result* → β，故再由传递律可得 α → β。再应用传递律就得到 α → γ（由 α → β 及 β → γ）。由合并律可推出 α → *result* ∪ γ，所以 α 函数决定了在 **repeat** 循环中所产生的任意新结果。从而，由算法返回的任意属性都属于 α⁺。

容易看出算法找到了所有的 α⁺。请考虑 α⁺ 中的一个属性 *A*，它在执行期间的任何时刻都未出现在 *result* 中。必须存在一种方式可使用公理证明 *result→A*。要么 *result→A* 就在 *F* 本身中（这使得证明是平凡的并且确保 *A* 被添加到 *result* 中），要么必须存在一个使用传递律的证明步骤，它证明对于某个属性 *B* 有 *result→B*。如果出现 *A = B* 的情况，那么我们已经证明了 *A* 被加到 *result* 中。如果没有，则添加 *B ≠ A*。然后重复这个论证，我们看到 *A* 最终必须被加到 *result* 中。

经证明，在最坏情况下，这个算法的执行时间为 *F* 规模的二次方。有一种更快的算法（但略微复杂一点儿），其执行时间与 *F* 的规模呈线性关系；那个算法将作为实践习题 8.8 的一部分来展示。

属性闭包算法有几种用途：

- 为了测试 α 是否为超码，我们计算 α⁺，并检查 α⁺ 是否包含 *R* 中的所有属性。
- 通过检查是否 β ⊆ α⁺，我们可以检查一个函数依赖 α → β 是否成立（或者换句话说，是否属于 *F*⁺）。也就是说，我们用属性闭包计算 α⁺，然后检查它是否包含 β。正如在本章的后面我们将会看到的，这种检查特别有用。
- 该算法给了我们另一种计算 *F*⁺ 的可替代方法：对于任意的 γ ⊆ *R*，我们找出闭包 γ⁺，并且对于任意的 *S* ⊆ γ⁺，我们输出一个函数依赖 γ → *S*。

8.4.3 正则覆盖

假设我们在一个关系模式上有一个函数依赖集 *F*。每当用户在该关系上执行更新时，数据库系统必须确保此更新不破坏任何函数依赖，也就是说，*F* 中的所有函数依赖在新的数据库状态下仍然被满足。

如果更新违反了集合 *F* 中的任意函数依赖，则系统必须回滚该更新。

我们可以通过测试与给定函数依赖集具有相同闭包的一个简化集的方式来减小花费在违反检测方面的开销。由于简化集和原集具有相同的闭包，所以满足函数依赖简化集的任何数据库也一定满足原集，反之亦然。但是，简化集更便于检测。稍后我们将看到简化集是如何被构造的。首先，我们需要一些定义。

如果我们可以去除函数依赖的一个属性而不改变该函数依赖集的闭包，则称该属性是**无**

关的（extraneous）。

- 从一个函数依赖的左侧删除一个属性可以使其成为更强的约束。例如，如果有 $AB \rightarrow C$ 并删除 B，则得到可能更强的结果 $A \rightarrow C$。它可能更强是因为 $A \rightarrow C$ 逻辑蕴含了 $AB \rightarrow C$，但 $AB \rightarrow C$ 本身并不逻辑蕴含 $A \rightarrow C$。但是，我们也许能够安全地从 $AB \rightarrow C$ 中删除 B，这取决于我们的函数依赖集 F 到底是什么情况。例如，假设集合 $F = \{AB \rightarrow C, A \rightarrow D, D \rightarrow C\}$。那么我们可以证明 F 逻辑蕴含 $A \rightarrow C$，这使得 B 在 $AB \rightarrow C$ 中是无关的。

- 从一个函数依赖的右侧删除一个属性可以使其成为更弱的约束。例如，如果有 $AB \rightarrow CD$ 并删除 C，则得到可能更弱的结果 $AB \rightarrow D$。它可能更弱是因为仅使用 $AB \rightarrow D$，我们可能不再能推断出 $AB \rightarrow C$。但是，根据我们的函数依赖集 F 的情况，我们可能可以安全地从 $AB \rightarrow CD$ 中删除 C。例如，假设 $F = \{AB \rightarrow CD, A \rightarrow C\}$。那么我们可以证明，即使用 $AB \rightarrow D$ 去替换 $AB \rightarrow CD$，仍然可以推断出 $AB \rightarrow C$，并进而推断出 $AB \rightarrow CD$。

无关属性（extraneous attribute）的形式化定义如下：考虑一个函数依赖集 F 以及 F 中的函数依赖 $\alpha \rightarrow \beta$。

- **从左侧移除**：如果 $A \in \alpha$ 并且 F 逻辑蕴涵 $(F - \{\alpha \rightarrow \beta\}) \cup \{(\alpha - A) \rightarrow \beta\}$，则属性 A 在 α 中是无关的。

- **从右侧移除**：如果 $A \in \beta$ 并且函数依赖集 $(F - \{\alpha \rightarrow \beta\}) \cup \{\alpha \rightarrow (\beta - A)\}$ 逻辑蕴涵 F，则属性 A 在 β 中是无关的。

在使用无关属性的定义时，请注意蕴涵的方向：如果反转了上述语句，蕴涵关系将总是成立。也就是说，$(F - \{\alpha \rightarrow \beta\}) \cup \{(\alpha - A) \rightarrow \beta\}$ 总是逻辑蕴涵 F，同时 F 也总是逻辑蕴涵 $(F - \{\alpha \rightarrow \beta\}) \cup \{\alpha \rightarrow (\beta - A)\}$。

下面介绍如何有效地检验一个属性是否是无关的。令 R 为一个关系模式，且 F 是在 R 上成立的给定函数依赖集。请考虑依赖 $\alpha \rightarrow \beta$ 中的一个属性 A。

- 如果 $A \in \beta$，为了检验 A 是否是无关的，请考虑集合：

$$F' = (F - \{\alpha \rightarrow \beta\}) \cup \{\alpha \rightarrow (\beta - A)\}$$

并检验 $\alpha \rightarrow A$ 是否能够由 F' 推出。为此，计算 F' 下的 α^+（α 的闭包）；如果 α^+ 包含 A，则 A 在 β 中是无关的。

- 如果 $A \in \alpha$，为了检验 A 是否是无关的，令 $\gamma = \alpha - \{A\}$，并且检查 $\gamma \rightarrow \beta$ 是否可以由 F 推出。为此，计算 F 下的 γ^+（γ 的闭包）；如果 γ^+ 包含 β 中的所有属性，则 A 在 α 中是无关的。

例如，假定 F 包含 $AB \rightarrow CD$、$A \rightarrow E$ 和 $E \rightarrow C$。为了检验 C 在 $AB \rightarrow CD$ 中是否是无关的，我们计算 $F' = \{AB \rightarrow D, A \rightarrow E, E \rightarrow C\}$ 下 AB 的属性闭包。该闭包为 $ABCDE$，它包含了 CD，所以我们推断出 C 是无关的。

在定义了无关属性的概念之后，我们可以解释如何构造一个等价于给定函数依赖集的简化的函数依赖集。

F 的**正则覆盖**（canonical cover）F_c 是这样的一个依赖集：F 逻辑蕴涵 F_c 中的所有依赖，并且 F_c 逻辑蕴涵 F 中的所有依赖。此外，F_c 必须具备如下性质：

- F_c 中任何函数依赖都不包含无关属性。

- F_c 中每个函数依赖的左侧都是唯一的。也就是说，在 F_c 中不存在两个依赖 $\alpha_1 \rightarrow \beta_1$ 和 $\alpha_2 \rightarrow \beta_2$，满足 $\alpha_1 = \alpha_2$。

函数依赖集 F 的正则覆盖可以按图 8-9 中描述的那样来计算。需要重视的是，当检验一个属性是否无关时，检验时使用的是 F_c 当前值中的函数依赖，而非 F 中的依赖。如果一个函数依赖在它的右侧只包含一个属性，例如 $A \to C$，并且这个属性被证明是无关的，那么我们将得到一个右侧为空的函数依赖。这样的函数依赖应该被删除。

$F_c = F$
repeat
    使用合并律将 F_c 中任何形如 $\alpha_1 \to \beta_1$ 和 $\alpha_1 \to \beta_2$ 的依赖替换为 $\alpha_1 \to \beta_1\beta_2$
    在 F_c 中寻找一个函数依赖 $\alpha \to \beta$，它要么在 α 中要么在 β 中具有
    一个无关属性
    /* 请注意，使用 F_c 而非 F 来检验无关属性 */
    如果找到一个无关属性，则将它从 F_c 中的 $\alpha \to \beta$ 中删除
until （F_c 不再改变）

图 8-9 计算正则覆盖

由于该算法允许选择任何无关属性，因此对于一个给定的 F，可以存在几种可能的正则覆盖。任何这样的 F_c 都是同等可接受的。可以证明 F 的任何正则覆盖 F_c 与 F 具有相同的闭包；因此，验证是否满足 F_c 等价于验证是否满足 F。但是，从某种意义上说，F_c 是最小的——它并不含无关属性，并且它合并了具有相同左侧的函数依赖。所以验证 F_c 比验证 F 本身代价更低。

我们现在来考虑一个示例。假设我们在模式 (A, B, C) 上给定了以下函数依赖集 F：

$$A \to BC$$
$$B \to C$$
$$A \to B$$
$$AB \to C$$

让我们来计算 F 的一个正则覆盖。

- 存在两个函数依赖在箭头的左侧具有相同的属性集：

$$A \to BC$$
$$A \to B$$

我们将这些函数依赖合并成 $A \to BC$。

- A 在 $AB \to C$ 中是无关的，因为 F 逻辑蕴涵 $(F - \{AB \to C\}) \cup \{B \to C\}$。这个断言为真，因为 $B \to C$ 已经在我们的函数依赖集中。

- C 在 $A \to BC$ 中是无关的，因为 $A \to BC$ 被 $A \to B$ 和 $B \to C$ 逻辑蕴涵。

于是，我们的正则覆盖为：

$$A \to B$$
$$B \to C$$

给定一个函数依赖集 F，可能集合中有一整条函数依赖都是无关的，从这个意义上说删掉它并不改变 F 的闭包。我们可以证明 F 的正则覆盖 F_c 不包含这种无关的函数依赖。利用反证法，假设在 F_c 中存在这种无关的函数依赖，则依赖的右侧属性将是无关的，这与正则覆盖的定义矛盾。

正如我们之前提到的，正则覆盖未必是唯一的。例如，请考虑函数依赖集 $F = \{A \to BC, B \to AC, C \to AB\}$。如果对 $A \to BC$ 进行无关属性检验，我们发现在 F 下 B 和 C 都是无关

的。然而，两个都删掉是不对的！寻找正则覆盖的算法从这二者中选出一个并删除之。那么，

1. 如果删除 C，则我们得到集合 $F' = \{ A \rightarrow B, B \rightarrow AC, C \rightarrow AB \}$。现在，在 F' 下，$A \rightarrow B$ 右侧的 B 就不是无关的了。继续执行算法，我们发现 $C \rightarrow AB$ 右侧的 A 和 B 都是无关的，这导致正则覆盖有两种选择：

$$F_c = \{A \rightarrow B, B \rightarrow C, C \rightarrow A\}$$
$$F_c = \{A \rightarrow B, B \rightarrow AC, C \rightarrow B\}$$

2. 如果删除 B，则我们得到集合 $\{A \rightarrow C, B \rightarrow AC, C \rightarrow AB\}$。这种情况与前面的情况是对称的，将导致正则覆盖的另外两种选择：

$$F_c = \{A \rightarrow C, C \rightarrow B, B \rightarrow A\}$$
$$F_c = \{A \rightarrow C, B \rightarrow C, C \rightarrow AB\}$$

作为练习，你能再找到对于 F 的另外一个正则覆盖吗？

8.4.4 保持依赖

使用函数依赖理论，有一种方式可以描述依赖的保持，这比我们在 8.3.1.2 节中使用的即席方法更为简单。

令 F 为模式 R 上的一个函数依赖集，并令 R_1，R_2，$\cdots$，R_n 为 R 的一个分解。**F 对 R_i 的限定**是 F^+ 中只包含 R_i 中属性的所有函数依赖的集合 F_i。由于一个限定中的所有函数依赖只涉及一个关系模式的属性，因此判定这种依赖是否满足可以只检查一个关系。

请注意定义限定时用到的是 F^+ 中的所有依赖，而不仅仅是 F 中的那些。例如，假设 $F = \{A \rightarrow B, B \rightarrow C\}$，并且有一个到 AC 和 AB 的分解。F 对 AC 的限定包含 $A \rightarrow C$，因为 $A \rightarrow C$ 属于 F^+，尽管它并没有在 F 中。

限定 F_1，F_2，$\cdots$，F_n 的集合是能被高效检查的依赖集。我们现在必须要问的是：是否只检查这些限定就够了。令 $F' = F_1 \cup F_2 \cup \cdots \cup F_n$。$F'$ 是模式 R 上的一个函数依赖集，不过通常 $F' \neq F$。但是，即使 $F' \neq F$，也有可能 $F'^+ = F^+$。如果后者为真，则 F 中的每个依赖都被 F' 逻辑蕴涵，并且，如果我们证明了 F' 是被满足的，则我们就证明了 F 也是被满足的。我们称具有性质 $F'^+ = F^+$ 的分解为**保持依赖的分解**（dependency-preserving decomposition）。

图 8-10 给出了用于测试保持依赖的算法。其输入是分解后的关系模式的集合 $D = \{R_1$, R_2, $\cdots$, $R_n\}$ 以及一个函数依赖集 F。因为这个算法需要计算 F^+，所以它的开销很大。我们将考虑两种可替代方案，而不是应用图 8-10 的算法。

首先，请注意如果 F 中的每一个函数依赖都可以在分解后的一个关系上得到验证，那么这个分解就是保持依赖的。这是一种简单的验证保持依赖的方式，但是，它并不总是有效。存在这样的情况：尽管这个分解是保持依赖的，但是在 F 中存在一个依赖，它无法在分解后的任意一个关系上被验证。所以这种可替代的验证方式只能被用作易于检查的一个充分条件，如果它验证失败我们也不能断定这个分解就不是保持依赖的，相反我们将不得不采用通用的验证方式。

```
计算 F+;
for each D 中的模式 R_i do
    begin
        F_i := F+ 对 R_i 的限定;
    end
F' := ∅
for each 限定 F_i do
    begin
        F' = F' ∪ F_i
    end
计算 F'+;
if (F'+ = F+) then return (true)
             else return (false);
```

图 8-10 保持依赖的测试

我们现在给出避免计算 F^+ 的验证保持依赖的第二种可替代方式。我们会在介绍该验证

方式之后解释该方式背后的直观思想。该验证方式对 F 中的每个 $\alpha \rightarrow \beta$ 都使用下面的过程：

$$result = \alpha$$
repeat
　　for each 分解后的 R_i
　　　　$t = (result \cap R_i)^+ \cap R_i$
　　　　$result = result \cup t$
until ($result$ 没有变化)

这里的属性闭包是在函数依赖集 F 下的。如果 $result$ 包含了 β 的所有属性，则函数依赖 $\alpha \rightarrow \beta$ 被保持。当且仅当上述过程表明 F 中的所有依赖都被保持，该分解是保持依赖的。

上述验证方式背后的两种关键的思想如下：

- 第一种思想是验证 F 中的每个函数依赖 $\alpha \rightarrow \beta$，看它是否在 F' 中被保持（这里的 F' 的定义如图 8-10 所示）。为此，我们计算 F' 下 α 的闭包；当该闭包包含 β 时，该依赖一定得以保持。当且仅当 F 中的所有依赖都被证明是保持的，该分解是保持依赖的。

- 第二种思想是使用修改后的属性闭包算法的形式来计算 F' 下的闭包，而不用先真正计算出 F'。我们希望避免对 F' 的计算是因为计算开销很大。请注意 F' 是所有 F_i 的并集，其中 F_i 是 F 在 R_i 上的限定。算法计算 ($result \cap R_i$) 关于 F 的属性闭包，并将此闭包与 R_i 求交，然后将结果属性集加入 $result$；这一系列步骤等价于计算 F_i 下的 $result$ 闭包。在 while 循环中对每个 i 重复此步骤就得到了 F' 下的 $result$ 闭包。

  为了理解为什么这个修改后的属性闭包方法能正确工作，请注意对于任意的 $\gamma \subseteq R_i$，$\gamma \rightarrow \gamma^+$ 是 F^+ 中的一个函数依赖，并且 $\gamma \rightarrow \gamma^+ \cap R_i$ 是 F^+ 对于 R_i 的限定 F_i 中的一个函数依赖。反之，如果 $\gamma \rightarrow \delta$ 出现在 F_i 中，则 δ 将是 $\gamma^+ \cap R_i$ 的一个子集。

该判定方式要花多项式时间的代价，而不是计算 F^+ 所需的指数时间的代价。

8.5　使用函数依赖的分解算法

现实世界的数据库模式要比能放进书页中的示例大得多。出于这样的原因，我们需要能生成属于适当范式的设计的算法。在本节中，我们给出对于 BCNF 和 3NF 的算法。

8.5.1　BCNF 分解

BCNF 的定义可以被直接用于检查一个关系是否属于 BCNF。但是，计算 F^+ 是一项繁重的任务。我们首先描述用于验证一个关系是否属于 BCNF 的简化测试方法。如果一个关系不属于 BCNF，它可以被分解以创建出属于 BCNF 的关系。在本小节的后面，我们将描述一种创建关系的无损分解的算法，使得该分解满足 BCNF。

8.5.1.1　BCNF 的检测

在某些情况下，检测一个关系模式 R 是否满足 BCNF 可以做如下简化：

- 为了检查一个非平凡的依赖 $\alpha \rightarrow \beta$ 是否违反 BCNF，可以计算 α^+（α 的属性闭包），并且验证它是否包含了 R 中的所有属性，也就是说，验证它是否是 R 的一个超码。

- 为了检查一个关系模式 R 是否属于 BCNF，仅需检查给定集合 F 中的依赖是否违反 BCNF 就足够了，而不用检查 F^+ 中的所有依赖。

  我们可以证明：如果 F 中没有依赖违反 BCNF，那么在 F^+ 中也不会有依赖会违反 BCNF。

遗憾的是，当一个关系模式被分解时，后一个过程就不再适用了。也就是说，当我们判定 R 上的一个分解中的关系模式 R_i 是否违反 BCNF 时，只用 F 就不够了。例如，请考虑关系模式 (A, B, C, D, E)，其函数依赖集 F 包括 $A \rightarrow B$ 和 $BC \rightarrow D$。假设 R 被分解成 (A, B) 和 (A, C, D, E)。现在，F 中没有一个函数依赖只包含来自 (A, C, D, E) 的属性，所以我们也许会误认为它满足 BCNF。实际上，在 F^+ 中存在一个函数依赖 $AC \rightarrow D$（它可以使用伪传递律从 F 中的两个依赖推出），这表明 (A, C, D, E) 不属于 BCNF。所以，我们也许需要一个属于 F^+ 但不属于 F 的依赖，来证明一个分解后的关系不属于 BCNF。

BCNF 的另一种可替代测试有时会比计算 F^+ 中的所有依赖更为简单。为了检查 R 分解后的一个关系模式 R_i 是否属于 BCNF，我们应用这样的测试：

- 对于 R_i 中属性的每个子集 α，检查 α^+（F 下 α 的属性闭包）要么不包含 $R_i - \alpha$ 的任何属性，要么包含 R_i 的所有属性。

如果 R_i 中有某个属性集 α 违反了该条件，则考虑如下的函数依赖（可以证明它出现在 F^+ 中）：

$$\alpha \rightarrow (\alpha^+ - \alpha) \cap R_i$$

这个函数依赖说明 R_i 违反了 BCNF。

8.5.1.2　BCNF 分解算法

我们现在能够给出一个通用的方法来分解关系模式以便满足 BCNF。图 8-11 为用于这项任务的一个算法。若 R 不属于 BCNF，我们可以通过这个算法将 R 分解成一组 BCNF 模式 $R_1, R_2, \cdots, R_n$。这个算法利用被证明违反了 BCNF 的依赖来执行分解。

```
result := {R};
done := false;
while (not done) do
    if（在 result 中存在一个模式 R_i 不属于 BCNF）
        then begin
                令 α→β 为在 R_i 上成立的一个非平凡函数依赖，使得 α⁺ 并不包含 R_i，
                并且 α∩β = ∅ ；
                result := (result − R_i) ∪ (R_i − β) ∪ ( α, β);
            end
        else done := true;
```

图 8-11　BCNF 分解算法

这个算法所产生的分解不仅满足 BCNF，而且还是无损分解。来看看为什么我们的算法只产生无损分解，我们注意到，当用 $(R_i - \beta)$ 和 (α, β) 去取代模式 R_i 时，依赖 $\alpha \rightarrow \beta$ 成立，而且 $(R_i - \beta) \cap (\alpha, \beta) = \alpha$。

如果我们没有要求 $\alpha \cap \beta = \varnothing$，那么 $\alpha \cap \beta$ 中的那些属性就不会出现在模式 $(R_i - \beta)$ 中，而依赖 $\alpha \rightarrow \beta$ 也不再成立。

容易看出在 8.3.1 节中我们对 *in_dep* 的分解结果可以通过应用该算法得到。函数依赖 *dept_name* $\rightarrow$ *building, budget* 满足 $\alpha \cap \beta = \varnothing$ 条件，并因此被选择用来分解该模式。

BCNF 分解算法（BCNF decomposition algorithm）所花费的时间与初始模式的规模呈指数分布，因为用于检查分解中的一个关系是否满足 BCNF 的算法可能花费指数级的时间。存在一种算法能够在多项式时间内计算 BCNF 的分解。但是，这个算法可能"过于规范化"，也就是说，可能分解不必要分解的关系。

作为使用 BCNF 分解算法的一个更长的示例，假定我们使用 *class* 关系模式进行数据库

设计，其模式如下所示：

$$class\ (course\_id,\ title,\ dept\_name,\ credits,\ sec\_id,\ semester,\ year,\ building,$$
$$room\_number,\ capacity,\ time\_slot\_id)$$

我们要求在这个模式上成立的函数依赖集为：

$$course\_id \rightarrow\ title,\ dept\_name,\ credits$$
$$building,\ room\_number \rightarrow capacity$$
$$course\_id,\ sec\_id,\ semester,\ year\rightarrow building,\ room\_number,\ time\_slot\_id$$

该模式的一个候选码是 $\{course\_id,\ sec\_id,\ semester,\ year\}$。

我们可以按如下方式将图 8-11 的算法应用于 class 示例。

- 函数依赖

$$course\_id \rightarrow\ title,\ dept\_name,\ credits$$

成立，但 course_id 不是超码。因此，class 不属于 BCNF。我们将 class 替换为具有以下模式的两个关系：

$$course\ (course\_id,\ title,\ dept\_name,\ credits)$$
$$class\text{-}1\ (course\_id,\ sec\_id,\ semester,\ year,\ building,\ room\_number$$
$$capacity,\ time\_slot\_id)$$

在 course 上成立的唯一的非平凡函数依赖在箭头的左侧包含 course_id。由于 course_id 是 course 的超码，所以 course 属于 BCNF。

- class-1 的一个候选码为 $\{course\_id,\ sec\_id,\ semester,\ year\}$，函数依赖

$$building,\ room\_number \rightarrow capacity$$

在 class-1 上成立，但 $\{building,\ room\_number\}$ 不是 class-1 的超码。我们将 class-1 替换为具有以下模式的两个关系：

$$classroom\ (building,\ room\_number,\ capacity)$$
$$section\ (course\_id,\ sec\_id,\ semester,\ year,$$
$$building,\ room\_number,\ time\_slot\_id)$$

这两个模式都属于 BCNF。

于是，对 class 的分解产生出三个关系模式：course、classroom 和 section，每个模式都属于 BCNF。这些模式对应于我们在本章和前面章节中所使用的模式。你可以验证该分解既是无损的，又是保持依赖的。

8.5.2 3NF 分解

图 8-12 给出了用于寻求保持依赖且无损分解到 3NF 的算法。该算法中使用的依赖集 F_c 是 F 的一个正则覆盖。请注意，该算法考虑的是模式 R_j ($j=1$, 2，$\cdots$，i) 的集合；初始时 $i=0$，并且在这种情况下该集合为空。

让我们将该算法应用于 8.3.2 节中的 dept_

```
令 Fc 为 F 的一个正则覆盖;
i := 0;
for each Fc 中的函数依赖 α→β
    i := i + 1;
    Ri := αβ;
if 没有一个模式 Rj (j=1, 2,···, i) 包含 R 的一个候选码
    then
    i := i + 1;
    Ri := R 的任一候选码;
/* 可选地删除冗余关系 */
repeat
    if 任意模式 Rj 包含于另一个模式 Rk 中
        then
        /* 删除 Rj */
        Rj := Ri;
        i := i - 1;
until 不再有可以被删除的 Rj
return (R1, R2,···, Ri)
```

图 8-12 保持依赖且无损分解到 3NF 的算法

advisor 示例，在那里我们曾证明：

$$dept\_advisor \,(s\_ID,\, i\_ID,\, dept\_name)$$

虽然不属于 BCNF，但是属于 3NF。该算法使用 F 中的以下函数依赖：

$$f_1\colon i\_ID \to dept\_name$$
$$f_2\colon s\_ID,\, dept\_name \to i\_ID$$

在 F 的任意一个函数依赖中都不存在无关属性，因此 F_c 包含 f_1 和 f_2。该算法然后生成 $(i\_ID,\, dept\_name)$ 模式作为 R_1，以及 $(s\_ID,\, dept\_name,\, i\_ID)$ 模式作为 R_2。算法随即发现 R_2 包含了一个候选码，因此不再继续创建关系模式。

生成的模式集可能会包含冗余的模式，即一个模式 R_k 包含另一个模式 R_j 的所有属性。例如，上面的 R_2 包含了 R_1 的所有属性。这个算法会删除所有这种包含于另一个模式中的模式。在被删除的 R_j 上可以验证的任意依赖在相应的关系 R_k 上也能验证，从而即使删除了 R_j，分解仍旧是无损的。

现在让我们再次考虑 8.5.1.2 节的 *class* 关系的模式并运用 **3NF 分解算法**（3NF decomposition algorithm）。我们所列出的函数依赖集恰好就是一个正则覆盖。其结果是，该算法给我们得出了同样的三个模式：*course*、*classroom* 和 *section*。

上例说明了 3NF 算法的一种有趣的特性。有时候，结果不仅属于 3NF，而且也属于 BCNF。这就提出了生成 BCNF 设计的一种可替代方法。首先使用 3NF 算法，然后对于 3NF 设计中任何不属于 BCNF 的模式，使用 BCNF 算法对其进行分解。如果结果不是保持依赖的，则还原到 3NF 设计。

8.5.3　3NF 算法的正确性

3NF 算法通过为正则覆盖中的每个依赖显式地构造一个模式而确保了依赖的保持性。该算法通过保证至少有一个模式包含了被分解模式的候选码，从而确保了该分解是一个无损分解。实践习题 8.16 提供了一些深入的证据来说明这些足以保证无损分解性。

这个算法也称为 **3NF 合成算法**（3NF synthesis algorithm），因为它接受一个依赖集合，并每次添加一个模式，而不是对初始的模式反复地分解。算法结果不是唯一确定的，因为一个函数依赖集有不止一个正则覆盖。该算法有可能分解一个已经属于 3NF 的关系，不过，仍然保证分解是属于 3NF 的。

为了判定该算法是否生成 3NF 设计，请考虑分解中的一个模式 R_i。请回想一下，当我们判定 3NF 时，只需考虑其右侧是由单个属性组成的函数依赖就足够了。因此，为了判定 R_i 是否属于 3NF，你必须确认在 R_i 上成立的任意函数依赖 $\gamma \to B$ 都满足 3NF 的定义。假定在合成算法中产生 R_i 的依赖是 $\alpha \to \beta$。因为 B 属于 R_i，而且 $\alpha \to \beta$ 产生 R_i，所以 B 一定属于 α 或 β。让我们考虑以下三种可能的情况。

- B 既属于 α 又属于 β。在这种情况下，依赖 $\alpha \to \beta$ 将不可能属于 F_c，因为 B 在 β 中将是无关的。所以这种情况不成立。
- B 属于 β 但不属于 α。请考虑两种情况：
  - γ 是一个超码。则满足 3NF 的第二个条件。
  - γ 不是超码。则 α 必定包含某些不在 γ 中的属性。现在，由于 $\gamma \to B$ 在 F^+ 中，它一定是通过使用 γ 上的属性闭包算法从 F_c 推导出来的。该推导不可能用到 $\alpha \to \beta$，因为如果这个依赖被用到，α 一定包含在 γ 的属性闭包里，而这是不可能的，因为我们假定 γ 并不是超码。现在，使用 $\alpha \to (\beta - \{B\})$ 和 $\gamma \to B$，我们可以推导出 $\alpha \to B$（由于 $\gamma \subseteq \alpha\beta$；并且因为 $\gamma \to B$ 是非平凡的，所以 γ 不包含 B）。这表明 B 在 $\alpha \to \beta$ 的右侧是无关的，这也是不可能的，因为 $\alpha \to \beta$ 属于正则覆盖 F_c。所以，如果 B 属于 β，那么 γ 一定是超码并且一定满足 3NF 的第二个条件。

- B 属于 α 但不属于 β。

因为 α 是候选码，所以满足 3NF 定义中的第三个可选条件。

有趣的是，我们描述的用于分解到 3NF 的算法可以在多项式时间内完成，尽管判定一个给定关系是否满足 3NF 是 NP-hard 的（这意味着设计一个多项式时间的算法来解决这个问题是太不可能的）。

8.6 使用多值依赖的分解

有些关系模式虽然属于 BCNF，但从某种意义上说仍然遭受信息重复问题的困扰，所以看起来并没有被充分地规范化。请考虑大学组织机构的一个变种，其中一位教师可以和多个系相关联，并且我们有一个关系：

$$inst \ (ID, dept\_name, name, street, city)$$

敏锐的读者将发现这个模式是一个非 BCNF 的模式，因为有函数依赖

$$ID \to \ name, street, city$$

并且 ID 并不是 $inst$ 的码。

进一步假设一位教师可能有多个地址（比如说，一个冬天的家和一个夏天的家）。那么，我们不再想强制实施函数依赖 "$ID \to street, city$"，不过，我们仍想强制实施 "$ID \to name$"（即大学不处理有多个别名的教师的情况）。根据 BCNF 分解算法，我们得到两个模式：

$$r_1 \ (ID, name)$$
$$r_2 \ (ID, dept\_name, street, city)$$

这两个模式都属于 BCNF（请回想一下，一位教师可以和多个系关联，并且一个系可以有多位教师，因此 "$ID \to dept\_name$" 和 "$dept\_name \to ID$" 都不成立）。

尽管 r_2 已属于 BCNF，但是冗余仍然存在。我们对于一位教师所关联的每个系都要将该教师的每一个住址的地址信息重复一次。为了解决这个问题，我们可以把 r_2 进一步分解为：

$$r_{21}(ID, dept\_name)$$

$$r_{22}(ID, street, city)$$

但是，并不存在任何约束来引导我们进行这种分解。

为处理这个问题，我们必须定义一种称为多值依赖的新的约束形式。正如我们对函数依赖所做的那样，我们将利用多值依赖来为关系模式定义一种范式。这种范式称为**第四范式**（Fourth Normal Form，4NF），它比 BCNF 的约束更为严格。我们将看到每个 4NF 模式也都属于 BCNF，但存在不属于 4NF 的 BCNF 模式。

8.6.1 多值依赖

函数依赖在一个关系中排除了某些元组。如果 $A \to B$ 成立，那么我们就不能有两个元组在 A 上的取值相同而在 B 上的取值不同。多值依赖从另一个角度出发，并不排除特定元

组的存在，而是要求具有特定形式的其他元组存在于关系中。由于这种原因，函数依赖有时被称为**相等产生依赖**（equality-generating dependency），而多值依赖被称为**元组产生依赖**（tuple-generating dependency）。

令 $r(R)$ 为一个关系模式，并令 $\alpha \subseteq R$ 且 $\beta \subseteq R$。**多值依赖**（multivalued dependency）

$$\alpha \twoheadrightarrow \beta$$

在 R 上成立的条件是：在关系 $r(R)$ 的任意合法实例中，对于 r 中满足 $t_1[\alpha] = t_2[\alpha]$ 的所有元组对 t_1 和 t_2，在 r 中都存在元组 t_3 和 t_4，使得

$$t_1[\alpha] = t_2[\alpha] = t_3[\alpha] = t_4[\alpha]$$
$$t_3[\beta] = t_1[\beta]$$
$$t_3[R - \beta] = t_2[R - \beta]$$
$$t_4[\beta] = t_2[\beta]$$
$$t_4[R - \beta] = t_1[R - \beta]$$

这个定义看似复杂，实则不然。图 8-13 给出了 t_1、t_2、t_3 和 t_4 的表格图。直观地说，多值依赖 $\alpha \twoheadrightarrow \beta$ 是说 α 和 β 之间的联系独立于 α 和 $R - \beta$ 之间的联系。若模式 R 上的所有关系都满足多值依赖 $\alpha \twoheadrightarrow \beta$，则 $\alpha \twoheadrightarrow \beta$ 在模式 R 上是平凡的多值依赖。因此，如果 $\beta \subseteq \alpha$ 或 $\beta \cup \alpha = R$，则 $\alpha \twoheadrightarrow \beta$ 是平凡的。可以通过查看图 8-13 并考虑 $\beta \subseteq \alpha$ 和 $\beta \cup \alpha = R$ 这两种特殊情况来看出这一点。在每种情况下，该表格缩减为两列，并且我们看到 t_1 和 t_2 能够起到 t_3 和 t_4 的作用。

为说明函数依赖和多值依赖的区别，我们再次考虑模式 r_2 以及图 8-14 中所示的该模式上的一个示例关系。我们必须为一位教师的每个地址重复一遍系名，并且必须为一位教师所关联的每个系重复地址。这种重复是不必要的，因为一位教师与其地址之间的联系独立于该教师与系之间的联系。如果一位 *ID* 为 22222 的教师与物理系（Physics）相关联，那么我们希望这个系与该教师的所有地址都关联。因此，图 8-15 的关系是非法的。要使该关系合法化，我们需要向图 8-15 的关系中加入元组（22222，Physics，Main，Manchester）及（22222，Math，North，Rye）。

	α	β	$R - \alpha - \beta$
t_1	$a_1 \dots a_i$	$a_{i+1} \dots a_j$	$a_{j+1} \dots a_n$
t_2	$a_1 \dots a_i$	$b_{i+1} \dots b_j$	$b_{j+1} \dots b_n$
t_3	$a_1 \dots a_i$	$a_{i+1} \dots a_j$	$b_{j+1} \dots b_n$
t_4	$a_1 \dots a_i$	$b_{i+1} \dots b_j$	$a_{j+1} \dots a_n$

图 8-13 $\alpha \twoheadrightarrow \beta$ 的表格表示

ID	dept_name	street	city
22222	Physics	North	Rye
22222	Physics	Main	Manchester
12121	Finance	Lake	Horseneck

图 8-14 BCNF 模式上的一个关系中有冗余的示例

ID	dept_name	street	city
22222	Physics	North	Rye
22222	Math	Main	Manchester

图 8-15 一个非法的 r_2 关系

将前面这个示例与我们的多值依赖的定义相比较，我们发现需要多值依赖：

$$ID \twoheadrightarrow street, city$$

成立。（多值依赖 $ID \twoheadrightarrow dept\_name$ 成立也可以。我们不久将会看到它们是等价的。）

与函数依赖相同，我们将以两种方式来使用多值依赖：

1. 为了检验关系以确定它们在一个给定的函数依赖和多值依赖的集合下是否合法。

2. 为了在合法关系的集合上指定约束；因此我们将只考虑满足一个给定的函数依赖和多

值依赖的集合的那些关系。

请注意，若一个关系 r 不满足一个给定的多值依赖，我们可以通过向 r 中增加元组的方式来构造出一个确实满足多值依赖的关系 r'。

令 D 表示一个函数依赖和多值依赖的集合。D 的闭包 D^+ 是由 D 逻辑蕴涵的所有函数依赖和多值依赖的集合。与我们对函数依赖的做法相同，我们可以使用函数依赖和多值依赖的规范定义来根据 D 计算出 D^+。我们可以用这样的推理来处理非常简单的多值依赖。幸运的是，在实践中出现的多值依赖看起来都相当简单。对于复杂的依赖，通过使用推理规则系统来推导出依赖集会更好。

根据多值依赖的定义，对于 $\alpha, \beta \subseteq R$，我们可以推导出以下规则：

- 若 $\alpha \to \beta$，则 $\alpha \twoheadrightarrow \beta$。换言之，每一个函数依赖也是一个多值依赖。
- 若 $\alpha \twoheadrightarrow \beta$，则 $\alpha \twoheadrightarrow R - \alpha - \beta$。

8.6.2 第四范式

再次考虑我们的 BCNF 模式的示例：

$$r_2(ID, dept\_name, street, city)$$

其中多值依赖 "$ID \twoheadrightarrow street, city$" 成立。我们在 8.6 节开头的段落中看到过，尽管这个模式属于 BCNF，但该设计并不理想，因为我们必须为每个系重复一位教师的地址信息。我们将看到，可以通过将该模式分解为**第四范式**来使用给定的多值依赖以改进数据库的设计。

一个关系模式 R 是关于一个函数依赖和多值依赖的集合 D 的**第四范式**（Fourth Normal Form，4NF）的条件是，对于 D^+ 中所有形如 $\alpha \twoheadrightarrow \beta$ 的多值依赖（其中 $\alpha \subseteq R$ 且 $\beta \subseteq R$），至少有以下之一成立：

- $\alpha \twoheadrightarrow \beta$ 是一个平凡的多值依赖。
- α 是 R 的一个超码。

一个数据库设计属于 4NF 的条件是构成该设计的关系模式集合中的每个模式都属于 4NF。

请注意，4NF 定义与 BCNF 定义的唯一不同在于多值依赖的使用。每个 4NF 模式一定属于 BCNF。为了理解这个事实，我们注意到，如果一个模式 R 不属于 BCNF，则在 R 上存在一个非平凡的函数依赖 $\alpha \to \beta$，其中 α 不是超码。由于 $\alpha \to \beta$ 蕴含了 $\alpha \twoheadrightarrow \beta$，故 R 不可能属于 4NF。

令 R 为一个关系模式，并且令 R_1，R_2，$\cdots$，R_n 为 R 的一个分解。为了检验该分解中的每一个关系模式 R_i 是否属于 4NF，我们需要找到在每一个 R_i 上成立的多值依赖是什么。请回想一下：对于函数依赖集 F，F 在 R_i 上的限定 F_i 是 F^+ 中只含 R_i 中属性的所有函数依赖。现在考虑既有函数依赖又有多值依赖的集合 D。D 在 R_i 上的**限定**（restriction）是集合 D_i，它包含：

1. D^+ 中只含 R_i 中属性的所有函数依赖。

2. 所有形如

$$\alpha \twoheadrightarrow \beta \cap R_i$$

的多值依赖，其中 $\alpha \subseteq R_i$ 且 $\alpha \twoheadrightarrow \beta$ 属于 D^+。

8.6.3 4NF 分解

我们可以将 4NF 与 BCNF 之间的相似性应用到 4NF 模式分解的算法中。图 8-16 给出了 4NF 分解算法。它与图 8-11 的 BCNF 分解算法相同，除了它使用的是多值依赖以及 D^+ 在

R_i 上的限定。

```
result := {R};
done := false;
计算D⁺;给定模式Rᵢ，令Dᵢ表示D⁺在Rᵢ上的限定
while (not done) do
    if（在result中存在一个模式Rᵢ，它对于Dᵢ来说不属于4NF）
        then begin
                令α↠β为Rᵢ上成立的一个非平凡多值依赖
                使得α→Rᵢ不属于Dᵢ，并且α∩β=∅;
                result := (result − Rᵢ) ∪ (Rᵢ − β) ∪ (α, β);
            end
        else done := true;
```

图 8-16 4NF 分解算法

如果将图 8-16 的算法应用于 (*ID*, *dept_name*, *street*, *city*)，我们发现 $ID \twoheadrightarrow dept\_name$ 是一个非平凡的多值依赖，并且 *ID* 不是该模式的超码。按照该算法，我们将它替换为两个模式：

(*ID*, *dept_name*)
(*ID*, *street*, *city*)

这对模式属于 4NF，它消除了我们前面所遇到的冗余。

与我们单独处理函数依赖时的情况一样，我们感兴趣的是无损的和保持依赖的分解。下面关于多值依赖和无损性的事实表明：图 8-16 的算法只产生无损分解。

- 令 $r(R)$ 为一个关系模式，并令 D 为 R 上的函数依赖和多值依赖的集合。令 $r_1(R_1)$ 和 $r_2(R_2)$ 为 R 的一个分解。当且仅当下面的多值依赖中至少有一个属于 D^+，这个分解是 R 的无损分解：

$$R_1 \cap R_2 \twoheadrightarrow R_1$$
$$R_1 \cap R_2 \twoheadrightarrow R_2$$

请回想我们在 8.2.3 节中提到过的，若 $R_1 \cap R_2 \to R_1$ 或 $R_1 \cap R_2 \to R_2$，则 $r_1(R_1)$ 和 $r_2(R_2)$ 构成 $r(R)$ 的一个无损分解。上面这个关于多值依赖的事实是对无损性的更泛化的表述。它指明：对于每个将 $r(R)$ 分解为两个模式 $r_1(R_1)$ 和 $r_2(R_2)$ 的无损分解，$R_1 \cap R_2 \twoheadrightarrow R_1$ 和 $R_1 \cap R_2 \twoheadrightarrow R_2$ 这两个依赖中的一个必须成立。为了说明这是正确的，我们首先需要证明：如果这些依赖中至少有一个成立，那么 $\Pi_{R_1}(r) \bowtie \Pi_{R_2}(r) = r$。并且接下来需要证明：如果 $\Pi_{R_1}(r) \bowtie \Pi_{R_2}(r) = r$，那么 $r(R)$ 必须满足这些依赖中的至少一个。有关完整证明的参考资料，请参阅"延伸阅读"部分。

当我们对存在多值依赖的关系模式进行分解时，保持依赖的问题变得更加复杂。

一个多值依赖有可能仅在给定模式的一个真子集上成立，而无法在该给定模式上表达这个多值依赖，这个事实使得情况更为复杂。这种多值依赖可能出现在分解的结果中。幸运的是，这种称为**嵌入多值依赖**（embedded multivalued dependency）的情况非常罕见。有关详情请参阅"延伸阅读"部分。

8.7 更多的范式

第四范式绝不是"最终"的范式。正如我们前面看到过的，多值依赖有助于我们理解并

消除某些形式的信息重复，而这种信息重复用函数依赖是无法理解的。还有一些类型的约束称作**连接依赖**（join dependency），它概化了多值依赖，并引出了另一种称作**投影 - 连接范式**（Project-Join Normal Form，PJNF）的范式。PJNF 在某些书中被称为**第五范式**（fifth normal form）。还有一类更概化的约束，它引出了一种称作**域 - 码范式**（Domain-Key Normal Form，DKNF）的范式。

使用这些概化约束的一个实际的问题是：它们不仅难以推导，而且还没有形成一套具有有效性和完备性的推理规则来用于约束的推导。因此 PJNF 和 DKNF 很少被使用。

很明显，在我们对范式的讨论中缺少**第二范式**（Second Normal Form，2NF）。由于它只具有历史的意义，所以我们没有对它进行讨论。在实践习题 8.19 中，我们对它进行了简单的定义，并留给读者作为练习。第一范式处理的是与我们迄今为止所看到的范式不同的问题。将在下一节中对它进行讨论。

8.8 原子域和第一范式

E-R 模型允许实体集和联系集的属性具有某种程度的子结构。特别地，它允许像图 7-8 中的 *phone_number* 那样的多值属性以及复合属性（比如具有成员属性 *street*、*city* 以及 *state* 的 *address* 属性）。当我们从包含这些属性类型的 E-R 设计创建表的时候，要消除这种子结构。对于复合属性，我们让每个成员属性本身成为一个属性。对于多值属性，我们为多值集合中的每一项创建一个元组。

在关系模型中，我们将属性不具有任何子结构这个思想形式化。如果一个域的元素被认为是不可再分的单元，则称这个域是**原子的**（atomic）。如果一个关系模式 *R* 的所有属性的域都是原子的，则称 *R* 属于**第一范式**（First Normal Form，1NF）。

名称的集合是非原子值的一个示例。例如，如果 *employee* 关系的模式包含一个 *children* 属性，它的域的元素是姓名的集合，则该模式不属于第一范式。

复合属性也具有非原子域，比如具有成员属性 *street* 和 *city* 的 *address* 属性。

假定整数是原子的，因此整数的集合是一个原子域；然而，所有整数集的集合是一个非原子域。区别在于：我们一般并不认为整数具有子部分，但是我们认为整数的集合具有子部分——构成该集合的那些整数。不过，重要的问题并不是域本身是什么，而是在数据库中如何使用域元素。如果我们认为每个整数是一列有序的数字，那么全部整数的域就是非原子的。

作为这种观点的一个实际例证，请考虑一个组织机构，它给职员分配具有下述样式的标识号：前两个字母表示系，并且剩下的四位数字是职员在该系内部的唯一号码。这种编号的示例可以是“CS0012”和“EE1127”。这样的标识号可以拆分成更小的单元，因而是非原子的。如果一个关系模式有一个属性的域是由如上编码的标识号所组成的，则该模式不属于第一范式。

当采用这种标识号时，职员所属的系可以通过编写解析标识号结构的代码来得到。这么做需要额外的编程，而且信息是在应用程序中而不是在数据库中被编码。如果这种标识号被用作主码，还会产生进一步的问题：当一位职员更换系时，该职员的标识号在它所出现的每个地方都必须被修改（这会是一项困难的任务），否则解释该编号的代码将会给出错误的结果。

根据以上讨论，我们可能会使用形如“CS-101”这样的课程标识号，其中“CS”表示计算机科学系，这意味着课程标识号的域不是原子的。就使用该系统的人而言，这样的域不是原子的。然而，只要数据库应用没有尝试将标识号拆开并将标识号的一部分解析为系的缩写，它就仍然将该域视为原子的。*course* 模式将系名作为一个单独的属性存储，并且数据库应用可以使用这个属性值来找到一门课程所属的系，而不需要解析课程标识号中特定的字母。因此，我们的大学模式可以被认为是属于第一范式的。

使用以集合为值的属性会导致冗余存储数据的设计，进而会导致不一致性。比如，数据库设计者可能不将教师和课程段之间的联系表示为一个单独的关系 *teaches*，而是尝试为每一位教师存储一个课程段标识的集合，并为每一个课程段存储一个教师标识的集合。（*section* 和 *instructor* 的主码被用作标识。）每当关于哪位教师讲授哪个课程段的数据发生变化时，必须在两个地方执行更新：课程段的教师集合以及教师的课程段集合。对两个更新的执行失败会导致数据库处于不一致的状态。只保留这两个集合中的一个将避免重复的信息；然而，只保留其中一个集合将使某些查询变得复杂，并且也不好确定保留这两个中的哪一个更好。

有些类型的非原子值是有用的，但使用它们的时候应该小心。例如，复合值属性常常很有用，而且在很多情况下以集合为值的属性也很有用，这就是为什么在 E-R 模型里这两种值都是支持的。在许多含有复杂结构实体的领域中，强制使用第一范式会给应用程序员带来不必要的负担，他们必须编写代码把数据转换成原子形式。从原子形式来回转换数据也会存在运行时的开销。所以在这样的领域里支持非原子的值是很有用的。事实上，现代数据库系统确实支持很多类型的非原子值。然而本章我们只讨论属于第一范式的关系，因而所有的域都是原子的。

8.9 数据库设计过程

迄今为止我们已经详细讨论了关于范式和规范化的问题，在本节中，我们研究规范化是如何糅合在整体数据库设计过程中的。

在本章的前面，从 8.1.1 节开始，我们假定给定关系模式 *r*(*R*)，并且对它进行规范化。我们可以采用以下几种方式来得到 *r*(*R*) 的模式：

1. *r*(*R*) 可以是由 E-R 图向关系模式集转换时所生成的。
2. *r*(*R*) 可以是包含所有有意义的属性的单个关系模式。然后由规范化过程将 *R* 分解成一些更小的模式。
3. *r*(*R*) 可以是对关系即席设计的结果，然后检验它是否满足一种期望的范式。

在本节的剩余部分，我们将考察这些方法可能产生的影响。我们还将考察数据库设计中的一些实际问题，包括为了保证性能的去规范化，以及规范化没有检测到的不良设计的示例。

8.9.1 E-R 模型和规范化

当我们仔细地定义了 E-R 图并正确地识别出所有的实体集时，从 E-R 图生成的关系模式应该不需要太多进一步的规范化。然而，在一个实体集的属性之间有可能存在函数依赖。例如，假设 *instructor* 实体集具有 *dept_name* 和 *dept_address* 属性，并且存在函数依赖 *dept_name → dept_address*。那么我们就需要对从 *instructor* 生成的关系进行规范化。

这种依赖的大多数示例都是由不好的 E-R 图设计引起的。在前面的示例中，如果正确设计 E-R 图，我们将创建一个具有 *dept_address* 属性的 *department* 实体集以及 *instructor* 与

department 之间的联系集。类似地，涉及两个以上实体集的联系集有可能会使产生的模式不属于所期望的范式。由于大多数联系集都是二元的，所以这样的情况相对稀少。（事实上，某些 E-R 图的变种实际上很难或者不可能指定非二元的联系集。）

函数依赖有助于我们检测出不好的 E-R 设计。如果生成的关系模式不属于所期望的范式，则该问题可以在 E-R 图中解决。也就是说，规范化可以作为数据建模的一部分来规范地进行。规范化既可以留给设计者在 E-R 建模时靠直觉实现，也可以在从 E-R 模型生成的关系模式上规范地进行。

细心的读者可能已经注意到，为了解释多值依赖和第四范式的必要性，我们不得不从并不是由我们的 E-R 设计导出的模式出发。事实上，创建 E-R 设计的过程倾向于产生 4NF 设计。如果一个多值依赖成立且不是被相应的函数依赖所隐含的，那么它通常由以下情况之一引起：

- 一个多对多的联系集。
- 实体集的一个多值属性。

对于多对多的联系集，每个相关的实体集都有它自己的模式，并且存在一个额外的模式用于表示该联系集。对于多值属性会创建一个单独的模式，它包含该属性以及实体集的主码（正如 *instructor* 实体集的 *phone_number* 属性的情况一样）。

关系数据库设计的泛关系方法从一种假设开始，它假定存在单个关系模式包含所有有意义的属性。该单个模式定义了用户和应用程序如何与数据库进行交互。

8.9.2 属性和联系的命名

数据库设计的一个期望的特性是**唯一角色假设**（unique-role assumption），这意味着每个属性名在数据库中只有唯一的含义。这使得我们不能使用同一个属性在不同的模式中表示不同的东西。例如，相反地，我们可能考虑使用 *number* 属性在 *instructor* 模式中表示电话号码，而在 *classroom* 模式中表示房间号。对 *instructor* 模式上的一个关系和 *classroom* 上的一个关系进行连接是毫无意义的。用户和应用程序开发人员必须仔细工作以保证在每种场合使用了正确的 *number*，而对电话号码和房间号分别使用不同的属性名则能减少用户的错误。

虽然对不相容的属性保持名称的可区分性是个好主意，但是如果不同关系的属性具有相同的含义，则使用相同的属性名可能就是个好主意了。出于这样的原因我们对 *instructor* 和 *student* 实体集使用相同的属性名 "*name*"。如果不是这样（即对教师和学生的姓名采用不同的命名规范），那么如果我们想通过创建一个 *person* 实体集来概化这两个实体集，就不得不重新命名属性。因此，即使当前没有对 *instructor* 和 *student* 的概化，然而如果我们预见到这种可能性，那最好还是在这两个实体集（和关系）中使用同样的属性名。

尽管从技术上看，一个模式中的属性名的顺序无关紧要，然而习惯上把主码属性列在前面。这会使得查看缺省输出（比如 **select *** 的输出）更加容易。

在大型数据库模式中，联系集（以及由此导出的模式）常常以相关实体集名称的拼接来命名，可能带有连字符或下划线。我们已经使用了几个这样的名称，例如 *inst_sec* 和 *student_sec*。我们使用 *teaches* 和 *takes* 名称而不使用更长的拼接名称。由于对于少数几个联系集来说，记住它们的相关实体集并不难，因而这是可以接受的。我们无法总是通过简单的拼接来创建联系集的名称；例如，对于职员之间的管理者或打工者的联系，如果它被称为

employee_employee 是没有多大意义的。类似地，如果在一对实体集之间可能存在多个联系集，那么联系集的名称就必须包含额外的部分以区别这些联系集。

不同的组织对于命名实体集有不同的习惯。举例来说，我们可能称一个学生的实体集为 *student* 或者 *students*。在我们的数据库设计中选用了单数形式。使用单数或者复数形式都是可以接受的，只要在所有实体集之间都一致地使用该习惯就可以了。

随着模式变得更大，联系集的数量不断增加，使用对属性、联系和实体的一致性命名方式会使得数据库设计者和应用程序开发者的工作更加轻松。

8.9.3 为了性能去规范化

有时候数据库设计者会选择一个具有冗余信息的模式，也就是说，它没有规范化。对特定的应用来说，它们使用冗余来提高性能。不使用规范化模式的代价是用来保持冗余数据一致性的额外工作（以编码时间和执行时间计算）。

例如，假定每次访问一门课程时所有的先修课程都必须和该课程信息一起显示。在我们规范化的模式中，需要连接 *course* 和 *prereq*。

一种不用动态计算连接的可替代方式是保存一个包含 *course* 和 *prereq* 的所有属性的关系。这使得显示"全部"课程信息会更快。然而，对于每门先修课程都要重复课程的信息，而且每当添加或删除一门先修课程时，应用程序就必须更新所有的副本。把一个规范化的模式变成非规范化的过程称为**去规范化**（denormalization），设计者用它来调整系统的性能以支持响应时间苛刻的操作。

现今许多数据库系统都支持一种更好的可替代方式，即使用规范化的模式，同时将 *course* 和 *prereq* 的连接作为物化视图额外存储。（请回忆一下，物化视图是将结果存储在数据库中的视图，并且当视图中使用的关系被更新时也相应更新。）与去规范化类似，使用物化视图确实会有空间和时间上的开销；不过它也有优点，就是进行视图更新的工作是由数据库系统而不是应用程序员来完成的。

8.9.4 其他设计问题

在数据库设计中有一些方面不能通过规范化来解决，而它们也会导致不好的数据库设计。与时间或时间范围有关的数据就存在这样的问题。在这里我们将给出一些示例；显然，这样的设计是应该避免的。

请考虑一个大学数据库，我们想在其中存储不同年份中每个系的教师总数。可以使用一个 *total_inst*(*dept_name*, *year*, *size*) 关系来存储所需要的信息。在这个关系上唯一的函数依赖是 *dept_name*, *year* → *size*，并且这个关系属于 BCNF。

另一种可替代的设计是使用多个关系，每个关系对于一个不同年份存储系的规模信息。假设我们感兴趣的年份为 2017、2018 和 2019；我们将得到形如 *total_inst_2017*、*total_inst_2018*、*total_inst_2019* 这样的关系，所有这些关系都建立在 (*dept_name*, *size*) 模式之上。这里的每个关系上的唯一函数依赖是 *dept_name* → *size*，所以这些关系也属于 BCNF。

但是，这种可替代设计显然是一个坏主意——我们必须每年都创建一个新的关系，并且每年还不得不编写新的查询来把每个新的关系考虑进去。由于可能需要引用很多关系，所有查询也将更加复杂。

还有一种表示相同数据的方式是使用一个单独的关系 *dept_year*(*dept_name*, *total_inst_2017*, *total_inst_2018, total_inst_2019*)。这里唯一的函数依赖是从 *dept_name* 到其他属性的，并且该关系也属于 BCNF。这种设计也不可取，因为它存在与前面的设计类似的问题，即每年我们都不得不修改关系模式并编写新的查询。由于可能需要引用很多属性，查询也会更加复杂。

像 *dept_year* 关系中那样的表示方法（一个属性的每一个值作为一列），叫作**交叉表**（crosstab）。它们在电子表单、报告和数据分析工具中广泛使用。虽然这种表示方法对于显示给用户是很有用的，但是由于上面给出的原因，它们在数据库设计中并不可取。为了显示方便，SQL 包括了将数据从规范化的关系表示转换到交叉表的特性。

8.10 时态数据建模

假定在我们的大学组织机构中保存的数据不仅包括每位教师的地址，还包括该大学所知道的所有以前的地址。我们从而可能提出诸如"找出在 1981 年居住在普林斯顿的所有教师"这样的查询。在这种情况下，对于每位教师可能有多个地址。每个地址有一个关联的起始日期和终止日期，表示该教师居住在该地址的时间。对于终止日期有一个特殊的值，比如空值或者像 9999-12-31 这样的相当远的未来的值，它可以被用来表示教师仍然居住在该地址。

一般来说，**时态数据**（temporal data）是具有关联的时间区间的数据，时间区间内的数据是**有效**（valid）的[⊖]。

由于某些原因，对时态数据建模是一个具有挑战性的问题。例如，假定我们有一个 *instructor* 实体集，我们希望用它来关联一个随时间变化的地址。为了给地址加上时态信息，我们就不得不创建一个多值属性，其每个值都是包含了一个地址和一个时间区间的复合值。除了随时间变化的属性值之外，实体本身可能也要关联一个有效时间。例如，一个学生实体可能有一个从入学日期到毕业（或者离校）日期的有效时间。联系也可能有关联的有效时间。例如，*prereq* 联系可以记录一门课程成为另一门课程的先修课程的时间。这样我们就需要给属性值、实体集和联系集加上有效时间区间。在 E-R 图上增加这些细节会使其非常难以创建和理解。当前已经有几种扩展 E-R 表示法的提案，希望用简单的方式来指明属性值或联系是随时间变化的，但是至今仍没有被采用的标准。

在实践中，数据库设计者回归到更简单的方法来设计时态数据库。一种常用的方法是忽略时态的变化来设计整个数据库（包括 E-R 设计和关系设计）。在此之后，设计者研究各种关系并决定哪些关系需要跟踪时态变化。

下一步是通过将开始时间和结束时间作为属性添加到每个这样的关系中来增加有效时间的信息。例如，请考虑 *course* 关系。课程的名称可能会随着时间的推移而变化，这可以通过添加有效的时间范围来处理；结果模式应该是：

$$course\ (course\_id, title, dept\_name, credits, start, end)$$

该关系的一个实例如图 8-17 所示。每个元组都有一个与之关联的有效区间。请注意，根据 SQL:2011 标准，区间在左侧是**闭的**，也就是说，元组在 start 时间是有效的，但在右侧是**开的**，也就是说，元组直到 *end* 时间之前都是有效的，但在 *end* 时间是无效的。这允许一个元组的开始时间与另一个元组的结束时间相同，而不会重叠。通常来说，闭的左、右端点用

[⊖] 有些其他的时态数据模型会区分**有效时间**（valid time）和**事务时间**（transaction time），后者记录了将一个事实记录到数据库中的时间。为了简单起见，我们忽略了这样的细节。

[和] 表示，而开的左、右端点用 (和) 表示。SQL:2011 中的区间形式为 [*start, end*)，也就是说它们是在左侧闭并在右侧开的。请注意，根据 SQL 标准，9999-12-31 是可能的最大日期。

course_id	title	dept_name	credits	start	end
BIO-101	Intro. to Biology	Biology	4	1985-01-01	9999-12-31
CS-201	Intro. to C	Comp. Sci.	4	1985-01-01	1999-01-01
CS-201	Intro. to Java	Comp. Sci.	4	1999-01-01	2010-01-01
CS-201	Intro. to Python	Comp. Sci.	4	2010-01-01	9999-12-31

图 8-17　*course* 关系的时态版本

从图 8-17 可以看出，CS-201 课程的名称已经改变了几次。假设在 2020-01-01 该课程的名称再次更新为 " Intro. to Scala"。那么，名称为 " Intro. to Python" 的元组的 *end* 属性值将更新为 2020-01-01，并且一个新的元组 (CS-201, Intro. to Scala, Comp. Sci., 4, 2020-01-01, 9999-12-31) 将添加到该关系中。

当我们跨时间追踪数据的值时，假定成立的函数依赖可能就不再成立了，比如：

$$course\_id \rightarrow title, dept\_name, credits$$

下述约束（用自然语言表述）则可能成立："在任意给定的时间 t，一门课程 *course_id* 仅有一个 *title* 和一个 *dept_name* 的值。"

在某个特定时刻成立的函数依赖称为时态函数依赖。我们使用术语数据**快照**（snapshot）来表示特定时刻的数据值。因此，*course* 数据的快照给出了特定时刻所有课程的所有属性的值，比如名称和系。形式化地说，**时态函数依赖**（temporal functional dependency）$\alpha \xrightarrow{\tau} \beta$ 在关系模式 $r(R)$ 上成立的条件是：对于 $r(R)$ 的所有合法实例，r 的所有快照都满足函数依赖 $\alpha \rightarrow \beta$。

一个时态关系的原始主码无法再唯一地标识一个元组。我们可以通过向主码添加开始和结束时间的属性来尝试解决这个问题，以确保没有两个元组具有相同的主码值。但是，此解决方案是不正确的，因为可能存储具有重叠的有效时间区间的数据，而仅仅通过将开始和结束时间的属性添加到主码约束的方式并不能捕捉到这种情况。相反，主码约束的时态版本必须确保：如果任何两个元组具有相同的主码值，则它们的有效时间区间不会重叠。形式化地，如果 $r.A$ 是关系 r 的**时态主码**（temporal primary key），那么只要 r 中的两个元组 t_1 和 t_2 使得 $t_1.A = t_2.A$，它们的有效时间区间 t_1 和 t_2 必然不会重叠。

当被引用关系是时态关系时，外码约束也更为复杂。时态外码不仅要确保引用关系中的每个元组（比如说 r）在被引用的关系中具有匹配的元组（比如说 s），而且还要考虑它们的时间区间。但并不要求 s 中的匹配元组具有完全相同的时间间隔，甚至不要求 s 中的单个元组具有包含 r 元组时间区间的时间区间。相反，我们允许 r 元组的时间区间被一个或多个 s 元组覆盖。形式化地，从 $r.A$ 到 $s.B$ 的**时态外码**（temporal foreign-key）约束确保了以下内容：对于 r 中具有有效时间区间 (l, u) 的每个元组 t，在 s 中存在一个或多个元组构成的一个子集 s_t，使得每个元组 $s_i \in s_t$ 都有 $s_i.B = t.A$，并且保证所有 s_i 的时间区间的并集包含 (l, u)。

学生成绩单中的记录应该引用该学生选修课程时的课程名称。因此，引用关系还必须记录时间信息，以区分来自 *course* 关系的特定记录。在我们的大学模式中，*takes.course_id* 是一个引用 *course* 的外码。*takes* 元组的 *year* 和 *semester* 的值可以映射到一个代表日期，例如学期的开始日期；结果日期的值可用于标识 *course* 关系的时态版本中的元组，该元组的有效时间区间包含了指定日期。或者，*takes* 元组可以与从学期的开始日期到学期的结束日期的有效时间区间相关联，并且可以检索具有匹配的 *course_id* 和重叠的有效时间的 *course* 元组；只要 *course* 元组在一个学期内没有更新，就会只有一条这样的记录。

一些数据库设计者不是给每个关系添加时态信息，而是为每个关系创建一个对应的 *history* 关系，该关系存储元组的最新历史。例如，设计者可以保持 *course* 关系不变，但创建包含 *course* 所有属性的 *course_history* 关系，并附加一个 *timestamp* 属性来指示何时将一条记录添加到 *course_history* 表中。然而，这种方案具有局限性，比如无法将一条 *takes* 记录与正确的课程名称相关联。

SQL:2011 标准增加了对时态数据的支持。特别是，它允许声明现有的属性来指定一个元组的有效时间区间。例如，对于上面看到的扩展的 *course* 关系，我们可以通过声明

period for *validtime* (*start, end*)

来指定元组在由 *start* 和 *end*（它们本来是普通属性）指定的区间内是有效的。

在 SQL:2011 中可以声明时态主码，如下所示，使用扩展的 *course* 模式：

primary key (*course_id*, *validtime* **without overlaps**)

SQL:2011 还支持时态外码约束，它允许随引用关系属性以及被引用关系属性一起指定一个**周期**（period）。除了 IBM DB2、Teradata 和其他一些可能的数据库之外，大多数数据库并不支持时态主码约束。据我们所知，目前还没有数据库系统支持时态外码约束（Teradata 允许指定这些约束，但至少截至 2018 年并没有强制实施它们）。

某些并不直接支持时态主码约束的数据库允许使用变通的方法来强制实施此类约束。例如，虽然 PostgreSQL 本身并不支持时态主码约束，但可以使用 PostgreSQL 支持的排除（exclude）约束特性来强制实施此类约束。例如，请考虑 *course* 关系，其主码是 *course_id*。在 PostgreSQL 中，我们可以添加一个具有 tsrange 类型的 *validtime* 属性；PostgreSQL 的 tsrange 数据类型存储带有开始和结束时间戳的时间戳范围。PostgreSQL 支持一对范围上的 && 算子，如果两个范围有重叠则返回 true，否则返回 false。通过将下述 exclude 约束（PostgreSQL 支持的约束类型）添加到 *course* 关系可以强制实施时态主码：

exclude (*course_id* **with =,** *validtime* **with &&**)

上述约束确保：如果两个 *course* 元组具有相同的 *course_id* 值，则它们的 *validtime* 区间不会重叠。

诸如选择、投影或连接那样的关系代数运算可以扩展为将时态关系作为输入并生成时态关系作为输出。时态关系上的选择和投影运算所输出元组的有效时间区间与其对应的输入元组的有效时间区间相同。**时态连接**（temporal join）略有不同：在连接结果中一个元组的有效时间被定义为派生该元组的输入元组的有效时间的交集。如果有效时间并不相交，则从结果中丢弃该元组。据我们所知，还没有数据库本身支持时态连接，尽管它们可以通过显式处理时态条件的 SQL 查询来表示。有几个数据库系统支持诸如 overlaps、contains、before 和 after 那样的谓词以及诸如一对区间上的 intersection 和 difference 之类的运算。

8.11 总结

- 我们给出了在数据库设计中易犯的错误，以及按怎样的方式来系统地设计数据库模式以避免这些错误。这些易犯的错误包括信息重复和不能表示某些信息。

- 第 7 章展示了从 E-R 设计到关系数据库设计的发展过程，以及什么时候可以安全地合并模式。

- 函数依赖是一致性约束，用于定义两种广泛使用的范式：Boyce-Codd 范式（BCNF）和第三范式（3NF）。

- 如果分解是保持依赖的，则可以只考虑应用于一个关系的那些依赖来逻辑推断出所有的函数依赖。这允许测试更新的有效性，而无须计算分解中关系的连接。

- 正则覆盖是等价于给定函数依赖集的函数依赖集，它以特定方式进行了最小化以消除无关属性。

- 将关系分解为 BCNF 的算法确保了无损分解。有些关系模式对于给定的函数依赖集不存在保持依赖的 BCNF 分解。

- 正则覆盖用于将关系模式分解为 3NF，3NF 比 BCNF 的条件放松了一些。该算法生成的设计既是无损的又能保持依赖。3NF 中的关系可能有一些冗余，但在没有保持依赖的 BCNF 分解的情况下，它被认为是一种可接受的权衡。

- 多值依赖指定了特定的、不能单独用函数依赖来指定的约束。第四范式（4NF）是使用多值依赖的概念来定义的。

- 存在包括 PJNF 和 DKNF 在内的其他范式，它们消除了更多细微的冗余形式。然而，它们很难派上用场且很少被使用。第二范式只具有历史意义，因为它没有提供超出 3NF 的优势。

- 关系设计通常基于每个属性的简单的原子域。这被称为第一范式。

- 时间在数据库系统中发挥着重要作用。数据库是现实世界的模型。虽然大多数数据库是在某个时刻（在当前时间）对现实世界的状态进行建模，但时态数据库是跨时间对现实世界的状态进行建模。

- 尽管可能存在一些数据库设计是无损的、保持依赖的，并且符合适当范式，但它们是不好的。我们展示了一些此类设计的示例，以说明基于函数依赖的规范化虽然非常重要，但并不是良好关系设计的唯一方面。

- 为了使数据库不仅存储当前数据，还存储历史数据，数据库必须为每个这样的元组存储时间段，表明该元组对于这个时间段是有效的，或者曾经是有效的。因此，有必要定义时态函数依赖来表达这样的思想：函数依赖在任何时刻都成立而不是在整个关系上成立。类似地，需要修改连接运算，以便只对具有重叠时间区间的元组进行恰当的连接。

- 在回顾本章中的问题时，请注意，我们可以定义严格的关系数据库设计方法的原因是关系数据模型建立在坚实的数学基础之上。与我们学习过的其他数据模型相比，这是关系模型的主要优势之一。

术语回顾

- 分解
  - 有损分解
  - 无损分解
- 规范化
- 函数依赖
- 合法实例

- 超码
- *R* 满足 *F*
- 函数依赖
  - 成立
  - 平凡
- 函数依赖集的闭包

- 保持依赖
- 传递依赖
- 逻辑蕴涵
- 公理
- 阿姆斯特朗公理
- 有效的
- 完备的
- 函数决定的
- 无关属性
- 正则覆盖
- F 对 R_i 的限定
- 保持依赖的分解
- Boyce-Codd 范式（BCNF）
- BCNF 分解算法
- 第三范式（3NF）
- 3NF 分解算法
- 3NF 合成算法
- 多值依赖
  - 相等产生依赖
  - 元组产生依赖
  - 嵌入的多值依赖
- 闭包
- 第四范式（4NF）
- D 对 R_i 的限定
- 第五范式
- 域－码范式（DKNF）
- 原子域
- 第一范式（1NF）
- 唯一角色假设
- 去规范化
- 交叉表
- 时态数据
- 快照
- 时态函数依赖
- 时态主码
- 时态外码
- 时态连接

实践习题

8.1 假设我们将模式 $R = (A, B, C, D, E)$ 分解为

$$(A, B, C)$$
$$(A, D, E)$$

如果如下函数依赖集 F 成立，请证明该分解是无损分解：

$$A \to BC$$
$$CD \to E$$
$$B \to D$$
$$E \to A$$

8.2 请列出图 8-18 的关系所满足的所有非平凡函数依赖。

8.3 请解释如何使用函数依赖来表明：
- 在 *student* 和 *instructor* 实体集之间存在的一对一联系集。
- 在 *student* 和 *instructor* 实体集之间存在的多对一联系集。

8.4 请用阿姆斯特朗公理来证明合并律的有效性。（提示：使用增补律可证，若 $\alpha \to \beta$，则 $\alpha \to \alpha\beta$。再次对 $\alpha \to \gamma$ 使用增补律，然后使用传递律。）

A	B	C
a_1	b_1	c_1
a_1	b_1	c_2
a_2	b_1	c_1
a_2	b_1	c_3

图 8-18 实践习题 8.2 的关系

8.5 请用阿姆斯特朗公理来证明伪传递律的有效性。

8.6 请对于关系模式 $R = (A, B, C, D, E)$ 计算如下函数依赖集 F 的闭包。

$$A \to BC$$
$$CD \to E$$
$$B \to D$$
$$E \to A$$

请列出 R 的候选码。

8.7 请用实践习题 8.6 的函数依赖计算正则覆盖 F_c。

8.8 请考虑图 8-19 中计算 α^+ 的算法。证明该算法比图 8-8（见 8.4.2 节）中提出的算法更加高效，并且能正确计算出 α^+。

```
result := ∅;
/* fdcount是一个数组，它的第i个元素包含第i个函数依赖左侧的
   属性个数，这些属性还不知道是否属于α⁺ */
for i := 1 to |F| do
  begin
     令β→γ表示第i个函数依赖;
     fdcount [i] := |β|;
  end
/* appears是一个数组，每个属性对应于数组的一项。对应于
   属性A的项是一个整数列表，列表中的每个整数i指明A出现
   在第i个函数依赖的左侧 */
for each 属性 A do
  begin
     appears [A] := NIL;
     for i := 1 to |F| do
       begin
          令β→γ表示第i个函数依赖;
          if A ∈ β then 把i加到appears[A]中;
       end
  end
addin (α);
return (result);

procedure addin (α);
for each α中的属性A do
  begin
     if A ∉ result then
       begin
          result := result ∪ {A};
          for each appears[A]的元素i do
            begin
               fdcount [i] := fdcount [i] − 1;
               if fdcount [i] := 0 then
                 begin
                    令β→γ表示第i个函数依赖;
                    addin (γ);
                 end
            end
       end
  end
```

图 8-19 一种计算 α^+ 的算法

8.9 给定数据库模式 $R(A, B, C)$ 及模式 R 上的关系 r，请写出检验函数依赖 $B \to C$ 是否在关系 r 上成立的一条 SQL 查询。并写出强制实施该函数依赖的 SQL 断言。假设不存在空值。（虽然是 SQL 标准的部分，但这样的断言目前还没有在任何数据库实现中得到支持。）

8.10 我们对无损分解的讨论隐含假设了函数依赖左侧的属性不能取空值。如果违反了这个假设，在分解中可能会出现什么样的错误？

8.11 在 BCNF 分解算法中，假设你用一个函数依赖 $\alpha \to \beta$ 将关系模式 $r(\alpha, \beta, \gamma)$ 分解为 $r_1(\alpha, \beta)$ 和 $r_2(\alpha, \gamma)$。

a. 你预期在分解后的关系上有什么样的主码和外码约束成立？

b. 如果在上述分解后的关系上没有强制实施该外码约束，请给出一个由于错误更新而导致不一致的示例。

c. 当使用 8.5.2 节中的算法将一个关系模式分解为 3NF 时，你预期将有什么样的主码和外码依赖在分解后的模式上成立？

8.12 令 $R_1, R_2, \cdots, R_n$ 为模式 U 的一个分解。令 $u(U)$ 为一个关系，并且令 $r_i = \Pi_{R_i}(u)$。请证明：

$$u \subseteq r_1 \bowtie r_2 \bowtie \cdots \bowtie r_n$$

8.13 请证明实践习题 8.1 中的分解不是保持依赖的分解。

8.14 使用以下依赖集，请证明对于一个给定的函数依赖集可以有不止一个正则覆盖：

$$X \rightarrow YZ, Y \rightarrow XZ \text{ 和 } Z \rightarrow XY。$$

8.15 生成正则覆盖的算法一次只删除一个无关属性。请使用实践习题 8.14 中的函数依赖来展示如果一次删除两个被推断为无关的属性会出现什么错误。

8.16 请证明有可能通过保证至少有一个模式包含被分解模式的一个候选码来确保一个保持依赖的 3NF 模式分解是无损分解。（提示：证明到分解后模式上的所有投影的连接不会具有比原始关系更多的元组。）

8.17 请给出一个关系模式 R' 及函数依赖集 F' 的示例，使得至少存在三种不同的无损分解可将 R' 分解为 BCNF。

8.18 令主（prime）属性为至少在一个候选码中出现的属性。令 α 和 β 为属性集，使得 $\alpha \rightarrow \beta$ 成立但 $\beta \rightarrow \alpha$ 不成立。令 A 为一个既不属于 α 也不属于 β 的属性，并且 $\beta \rightarrow A$ 成立。我们称 A **传递依赖**（transitively dependent）于 α。我们可以按如下方式重新定义 3NF：关系模式 R 是关于函数依赖集 F 的 3NF 的条件是，R 中没有非主属性 A 传递依赖于 R 的一个码。请证明这个新定义等价于原始定义。

8.19 函数依赖 $\alpha \rightarrow \beta$ 被称为**部分依赖**（partial dependency）的条件是，存在 α 的一个真子集 γ 使得 $\gamma \rightarrow \beta$。我们称 β 部分依赖于 α。关系模式 R 属于**第二范式**（Second Normal Form，2NF）的条件是，R 中的每个属性 A 都满足如下准则之一：

- 它出现在一个候选码中。
- 它没有部分依赖于一个候选码。

请证明每个 3NF 模式都属于 2NF。（提示：证明每个部分依赖都是一个传递依赖。）

8.20 请给出一个关系模式 R 和依赖集的示例，使得 R 属于 BCNF，但不属于 4NF。

习题

8.21 请给出实践习题 8.1 中模式 R 的一个无损的 BCNF 分解。

8.22 请给出实践习题 8.1 中模式 R 的一个无损并保持依赖的 3NF 分解。

8.23 请解释信息重复和无法表示信息的含义是什么。请解释为什么这些性质可能意味着不好的关系数据库设计。

8.24 为什么某些函数依赖被称为平凡的函数依赖？

8.25 请使用函数依赖的定义来论证阿姆斯特朗公理的每条定律（自反律、增补律与传递律）都是有效的。

8.26 请考虑下面提出的用于函数依赖的规则：若 $\alpha \rightarrow \beta$ 且 $\gamma \rightarrow \beta$，则 $\alpha \rightarrow \gamma$。通过给出一个关系 r，它满足 $\alpha \rightarrow \beta$ 和 $\gamma \rightarrow \beta$ 但并不满足 $\alpha \rightarrow \gamma$，来证明这条规则不是有效的。

8.27 请用阿姆斯特朗公理来证明分解律的有效性。

8.28 请用实践习题 8.6 中的函数依赖来计算 B^+。

8.29 请证明对实践习题 8.1 中模式 R 的如下分解不是无损分解：

$$(A, B, C)$$
$$(C, D, E)$$

提示：给出关系 $r(R)$ 的一个示例，使得 $\prod_{A,B,C}(r) \bowtie \prod_{C,D,E}(r) \neq r$。

8.30 请考虑关系模式 (A, B, C, D, E, G) 上的如下函数依赖集 F：

$$A \rightarrow BCD$$
$$BC \rightarrow DE$$
$$B \rightarrow D$$
$$D \rightarrow A$$

a. 请计算 B^+。

b. 请（使用阿姆斯特朗公理）证明 AG 是超码。

c. 请计算这个函数依赖集 F 的一个正则覆盖；请给出你推导的每一步并进行解释。

d. 请根据正则覆盖给出给定模式的 3NF 分解。

e. 请使用函数依赖的原始集合 F 对给定模式进行 BCNF 分解。

8.31 请考虑模式 $R = (A, B, C, D, E, G)$ 和函数依赖集 F：

$$AB \rightarrow CD$$
$$B \rightarrow D$$
$$DE \rightarrow B$$
$$DEG \rightarrow AB$$
$$AC \rightarrow DE$$

由于很多原因 R 不属于 BCNF，其中一个原因来自函数依赖 $AB \rightarrow CD$。请解释为什么 $AB \rightarrow CD$ 表示 R 不属于 BCNF，然后使用 BCNF 分解算法从 $AB \rightarrow CD$ 开始生成 R 的 BCNF 分解。一旦分解完成，请确定你的结果是否是保持依赖的，并解释你的推理。

8.32 请考虑模式 $R = (A, B, C, D, E, G)$ 和函数依赖集 F：

$$A \rightarrow BC$$
$$BD \rightarrow E$$
$$CD \rightarrow AB$$

a. 请找到一个不包含无关属性的非平凡函数依赖，该依赖是被上述三个依赖所逻辑蕴含的，并解释你是如何找到它的。

b. 请使用 BCNF 分解算法来找到对 R 的 BCNF 分解。从 $A \rightarrow BC$ 开始。并解释你的步骤。

c. 对于你的分解，请说明它是否是无损的，并解释原因。

d. 对于你的分解，请说明它是否是保持依赖的，并解释原因。

8.33 请考虑模式 $R = (A, B, C, D, E, G)$ 和函数依赖集 F：

$$AB \rightarrow CD$$
$$ADE \rightarrow GDE$$
$$B \rightarrow GC$$
$$G \rightarrow DE$$

请使用 3NF 分解算法来生成 R 的 3NF 分解，并展示你的工作。这意味着：

a. 所有候选码的列表。

b. F 的一个正则覆盖，以及你用来生成它的步骤说明。

c. 算法的其余步骤及其解释。

d. 最终的分解。

8.34 请考虑模式 $R = (A, B, C, D, E, G, H)$ 和函数依赖集 F：

$$AB \rightarrow CD$$
$$D \rightarrow C$$
$$DE \rightarrow B$$
$$DEH \rightarrow AB$$
$$AC \rightarrow DC$$

请使用 3NF 分解算法来生成 R 的 3NF 分解，并展示你的工作。这意味着：

a. 所有候选码的列表。

b. F 的一个正则覆盖。

c. 算法的步骤及其解释。

d. 最终的分解。

8.35 尽管 BCNF 算法确保所得到的分解是无损的，但是有可能具有一个模式和一个不是由算法所生成的分解，该分解是属于 BCNF 的且不是无损的。请给出一个这样的模式及其分解的示例。

8.36 请证明无论给定的函数依赖集 F 是什么，正好由两个属性组成的每个模式一定属于 BCNF。

8.37 请列出关系数据库设计的三个目标，并解释为什么要达到每个目标。

8.38 在关系数据库设计中，为什么我们有可能会选择非 BCNF 的设计？

8.39 给定关系数据库设计的三个目标，有没有什么理由设计一个属于 2NF 但不属于任何一种更高级范式的数据库模式？（2NF 的定义请参见实践习题 8.19。）

8.40 给定一个关系模式 $r(A, B, C, D)$，$A \rightarrow BC$ 是否逻辑蕴涵 $A \rightarrow B$ 和 $A \rightarrow C$？如果是，请证明之，否则，请给出一个反例。

8.41 请解释为什么 4NF 是一个比 BCNF 更可取的范式。

8.42 将具有给定约束的下列模式规范化为 4NF。

$$books(accessionno, isbn, title, author, publisher)$$
$$users(userid, name, deptid, deptname)$$
$$accessionno \rightarrow isbn$$
$$isbn \rightarrow title$$
$$isbn \rightarrow publisher$$
$$isbn \rightarrow\rightarrow author$$
$$userid \rightarrow name$$
$$userid \rightarrow deptid$$
$$deptid \rightarrow deptname$$

8.43 尽管 SQL 并不支持函数依赖约束，但是如果数据库系统支持物化视图上的约束，并且物化视图是立即维护的，则可以在 SQL 中强制实施函数依赖约束。给定一个关系 $r(A, B, C)$，请解释如何使用物化视图上的约束来强制实施函数依赖 $B \rightarrow C$。

8.44 给定两个关系 $r(A, B, validtime)$ 和 $s(B, C, validtime)$，其中 $validtime$ 表示有效时间区间，请编写一个 SQL 查询来计算两个关系的时态自然连接。你可以使用 && 算子来检查两个区间是否重叠，并使用 * 算子来计算两个区间的交集。

延伸阅读

对于关系数据库设计理论最初的讨论是在 [Codd (1970)] 这篇早期论文中。在这篇论文中，Codd 还引入了函数依赖，以及第一、第二和第三范式。

阿姆斯特朗公理是由 [Armstrong (1974)] 引入的。BCNF 是在 [Codd (1972)] 中引入的。[Maier (1983)] 是一本经典的教科书，其中详细介绍了规范化以及函数依赖和多值依赖的理论。

参考文献

[Armstrong (1974)]   W. W. Armstrong, "Dependency Structures of Data Base Relationships", In *Proc. of the 1974 IFIP Congress* (1974), pages 580–583.

[Codd (1970)]   E. F. Codd, "A Relational Model for Large Shared Data Banks", *Communications of the ACM*, Volume 13, Number 6 (1970), pages 377–387.

[Codd (1972)]   E. F. Codd. "Further Normalization of the Data Base Relational Model", In *[Rustin (1972)]*, pages 33–64 (1972).

[Maier (1983)]   D. Maier, *The Theory of Relational Databases*, Computer Science Press (1983).

[Rustin (1972)]   R. Rustin, *Data Base Systems*, Prentice Hall (1972).

应用程序开发

几乎对数据库的所有使用都发生在应用程序内部。相应地，几乎用户与数据库之间的所有交互都是通过应用程序间接发生的。在本章中，我们学习用于构建应用程序的工具和技术，并重点关注那些使用数据库来存储和检索数据的交互式应用程序。

任何以用户为中心的应用的一个关键需求都是良好的用户界面。目前，用于数据库所支撑应用的最常见的两种用户界面是 Web 界面和移动应用程序界面。

在本章的开头部分，我们将介绍应用程序和用户界面（9.1 节）以及 Web 技术（9.2 节）。之后，我们将讨论在后端广泛使用 Java Servlet 技术的 Web 应用程序开发（9.3 节），以及使用其他框架的 Web 应用程序开发（9.4 节）。使用 JavaScript 或移动应用技术实现的客户端代码对于构建响应式用户界面至关重要，因此我们将讨论其中一些技术（9.5 节）。然后，我们将概述 Web 应用程序体系结构（9.6 节），并介绍构建大型 Web 应用时的性能问题（9.7 节）。最后，我们将讨论应用安全性问题，这些问题是使应用能够抵御攻击的关键（9.8 节），我们还将讨论加密及其在应用程序中的应用（9.9 节）。

9.1 应用程序和用户界面

尽管许多人和数据库打交道，但很少有人使用查询语言来直接跟数据库系统进行交互。用户与数据库进行交互最常用的方式是通过一个**应用程序**（application program），它在前端提供用户界面，并在后端提供与数据库的接口。这种应用程序通常通过一种基于表格的界面来接收来自用户的输入，然后根据用户的输入要么将数据输入数据库中，要么从数据库中抽取信息，然后产生输出，并将输出展示给用户。

作为应用程序的示例，请考虑一个大学注册系统。和其他这种应用程序类似，注册系统首先需要你标识并认证你自己，通常通过用户名和密码。然后，应用程序使用你的身份从数据库中提取信息，比如你的姓名和你已经注册过的课程，并展示这些信息。应用程序提供大量的接口，让你可以注册课程及查询其他的信息，比如课程信息和教师信息。组织机构使用这种应用程序来自动完成各种任务，例如销售、购买、财会和薪资、人力资源管理以及库存管理等。

即使不能明显地看出来，应用程序也可能正在被使用。例如，一个新闻网站可以提供对单个用户透明定制的页面，即使该用户在和该网站交互时并没有显式填写任何表单。为了做到这一点，它实际上运行了一个应用程序，该程序为每个用户生成一个定制的页面，例如，可以基于用户所浏览文章的历史信息来进行定制。

一个典型的应用程序包括一个处理用户界面的前端部件、一个和数据库通信的后端部件，以及一个包含"业务逻辑"的中间层，也就是对于信息或更新执行特定请求的代码，强制实施诸如为了执行给定任务应该采取什么行动，或者谁可以执行什么任务那样的业务规则。

诸如航班订座那样的应用自 20 世纪 60 年代以来一直在使用。在计算机应用的早期，应用程序在大型"主"计算机上运行，并且用户通过终端与应用程序进行交互，其中一些终端甚至支持表单。个人计算机的发展导致了带有图形用户界面（或称为 GUI）的数据库应用的发展。这些界面依赖于在个人计算机上运行的代码，这些代码直接与一个共享的数据库进行通信。这种体系结构被称为客户 – 服务器体系结构（client-server architecture）。这种应用程序有两个缺点：第一，用户机器可以直接访问数据库，从而导致安全风险；第二，对应用程序或数据库的任何更改都要求将位于单台计算机上的应用程序的所有副本一起更新。

已经形成了两种方法来避免上述问题。

- Web 浏览器提供一种通用的前端（universal front end），供所有类型的信息服务来使用。浏览器使用一种标准的语法——**超文本标记语言**（HyperText Markup Language，HTML）标准，它既支持信息的格式化显示，又支持基于表单的界面创建。HTML 标准是独立于操作系统或浏览器的，并且目前几乎每台计算机都安装了 Web 浏览器。因此一个基于 Web 的应用程序可被任何连接到互联网的计算机所访问。

  与客户 – 服务器体系结构不同，为了使用基于 Web 的应用程序，不需要在客户机上安装任何面向应用的软件。

  然而，复杂用户界面所支持的功能远远超过纯 HTML 所能提供的功能，这些复杂用户界面目前正被广泛使用，并且是用大多数 Web 浏览器都支持的脚本语言 JavaScript 来构建的。与用 C 编写的程序不同，JavaScript 程序可以运行在安全模式下，保证不会导致安全问题。JavaScript 程序被透明地下载到浏览器上，并且不需要在用户的计算机上显式安装任何软件。

  在 Web 浏览器提供用于用户交互的前端的同时，应用程序构成了后端。通常，来自浏览器的请求被发送到 Web 服务器，它随后执行应用程序以处理请求。有多种技术都可以用于创建运行在后端的应用程序，包括 Java 服务器端程序、Java 服务器页面（Java Server Page，JSP）、动态服务器页面（Active Server Page，ASP），或者诸如 PHP 和 Python 那样的脚本语言。

- 应用程序安装在独立的设备上，这些设备主要是移动设备。它们通过 API 与后端应用程序进行通信，并不能直接访问数据库。后端应用程序提供包括用户身份验证在内的服务，并确保用户只能访问他们有权访问的服务。

  这种方式被广泛应用于移动应用中。构建此类应用的动机之一是为移动设备的小屏幕定制显示。另一个动机是在设备连接到高速网络时允许下载或更新相对较大的应用程序代码，而不是在可能通过较低的带宽或更昂贵的移动网络访问网页时下载此类代码。

随着越来越多地将 JavaScript 代码作为 Web 前端的一部分来使用，上述两种方法之间的差异目前已经显著减小。后端通常提供一个可以从移动应用程序或 JavaScript 代码来调用的 API，以在后端执行任何必需的任务。事实上，同一个后端通常用于构建多个前端，其中可能包括使用 JavaScript 的 Web 前端和多个移动平台（目前主要是 Android 和 iOS）。

9.2   Web 基础

在本节中，我们为那些不熟悉 Web 底层技术的读者，回顾一些万维网背后的基本技术。

9.2.1   统一资源定位符

统一资源定位符（Uniform Resource Locator，URL）是 Web 上可以访问的每份文档的全球唯一的名称。URL 的一个示例如下：

http://www.acm.org/sigmod

URL 的第一部分表明文档是如何被访问的："http"表明文档将通过**超文本传输协议**（HyperText Transfer Protocol，HTTP）来访问，这是一个用于传输 HTML 文档的协议；"https"表示必须使用 HTTP 协议的安全版本，并且它是当前的首选模式。第二部分给出一台具有 Web 服务器的机器的名称。URL 的其余部分是文档在该机器上的路径名，或者是文档在该机器内部的其他唯一标识。

URL 可以包含位于 Web 服务器机上的程序的标识，以及传递给该程序的参数。这样的 URL 的一个示例是：

https://www.google.com/search?q=silberschatz

它说明：应该带着参数 q = silberschatz 来执行 www.google.com 服务器上的 search 程序。当接收到一个这样的 URL 请求时，Web 服务器使用给定的参数来执行该程序。该程序返回一个 HTML 文档给 Web 服务器，Web 服务器再将该文档传送到前端。

9.2.2 超文本标记语言

图 9-1 是一个以 HTML 格式表示的表的示例，而图 9-2 展示了浏览器根据表示该表的 HTML 而产生的显示图像。HTML 源文本显示了一些 HTML 标签。每个 HTML 页面应被包含在一个 html 标签内，而该页的主体被包含在一个 body 标签内。表用 table 标签来表示，其中包含的行用 tr 标签来表示。表的标题行具有通过 th 标签指定的表单元，而普通行具有通过 td 标签指定的表单元。我们在这里不再对这些标签进行更详细的介绍；关于 HTML 更详细描述的参考资料，请参阅参考文献。

```
<html>
<body>
<table border>
<tr> <th>ID</th>      <th>Name</th>      <th>Department</th> </tr>
<tr> <td>00128</td> <td>Zhang</td>   <td>Comp. Sci.</td> </tr>
<tr> <td>12345</td> <td>Shankar</td> <td>Comp. Sci.</td> </tr>
<tr> <td>19991</td> <td>Brandt</td>   <td>History</td> </tr>
</table>
</body>
</html>
```

图 9-1 HTML 格式的表格数据

图 9-3 展示了如何指定一个 HTML 表单，它允许用户从菜单中选择人员类型（学生或教师），并允许用户在文本框中输入一个数。图 9-4 展示了图 9-3 的表单是如何在 Web 浏览器中显示的。在表单中展示了两种接受输入的方式，但是 HTML 还支持几种其他的输入方式。form 标签的 action 属性表示当表单被提交时（通过单击 submit 按键），表单数据应被发送到 URL PersonQuery（该 URL 是与页面的 URL 相关联的）。Web 服务器被配置成当这个 URL 被访

ID	Name	Department
00128	Zhang	Comp. Sci.
12345	Shankar	Comp. Sci.
19991	Brandt	History

图 9-2 图 9-1 中 HTML 源文本的显示

问时便调用相应的应用程序，并将用户提供的值作为 persontype 和 name（在 select 和 input 域中指定）变量的值。该应用程序生成一个 HTML 文档，该文档随后被传送回去并显

示给用户；我们将在本章的后面看到如何构建这种程序。

```
<html>
<body>
<form action="PersonQuery" method=get>
Search for:
<select name="persontype">
        <option value="student" selected>Student </option>
        <option value="instructor"> Instructor </option>
</select> <br>
Name: <input type=text size=20 name="name">
<input type=submit value="submit">
</form>
</body>
</html>
```

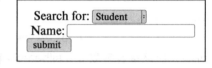

图 9-3　一个 HTML 表单　　　　　　　图 9-4　图 9-3 中 HTML 源文本的显示

　　HTTP 定义了两种方式来将用户在浏览器端输入的值发送到 Web 服务器。get 方法将这样的值编码为 URL 的一部分。例如，如果 Google 搜索页面使用一个表单，它具有 get 方法并带有一个名为 q 的输入参数，而且用户键入了字符串"silberschatz"并提交了表单，则浏览器会向 Web 服务器请求如下的 URL：

https://www.google.com/search?q=silberschatz

post 方法则将为 https://www.google.com 这样的 URL 发送一个请求，并将参数值作为在 Web 服务器和浏览器之间进行交换的 HTTP 协议的一部分来发送。图 9-3 中的表单表明该表单使用的是 get 方法。

　　尽管可以使用纯文本编辑器来创建 HTML 代码，但是存在若干通过使用图形界面来直接创建 HTML 文本的编辑器。这些编辑器允许从菜单中选择诸如表单、菜单和表这样的结构加入 HTML 文档中，而不是手工敲入生成这些结构的代码。

　　HTML 支持样式表（stylesheet），它可以改变关于如何显示 HTML 格式化结构的缺省定义，以及其他显示属性，比如页面的背景颜色。层叠式样式表（Cascading StyleSheet，CSS）标准允许同一个样式表被用于多份 HTML 文档，使得一个网站上的所有页面具有独特而统一的外观。你可以在网上找到更多关于样式表的信息，例如在 www.w3schools.com/css/ 上。

　　2014 年发布的 HTML5 标准提供了多种形式的输入类型，包括下面这些：

- 日期和时间选择，使用 <input type="date" name="abc"> 和 <input type="time" name="xyz">。浏览器通常会为此类输入字段显示图形化的日期或时间选择器；输入值被保存在表单属性 abc 和 xyz 中。可选属性 min 和 max 可用于指定可以选择的最小值和最大值。
- 文件选择，使用 <input type="file", name="xyz">，它允许选择一个文件，并且其名称被保存在表单属性 xyz 中。

　　各种输入类型上的输入限制（约束）包括最小值、最大值、与正则表达式匹配的格式等。例如，<input type="number" name="start" min="0" max="55" step="5" value="0"> 允许用户从 0、5、10、15 等直到 55 的数字中选出一个，其缺省值为 0。

9.2.3 Web 服务器和会话

Web 服务器（Web server）是运行于服务器机上的程序，它接收来自 Web 浏览器的请求并以 HTML 文档的形式将结果发送回去。浏览器和 Web 服务器通过 HTTP 进行通信。Web 服务器提供了强大的功能，而不只是简单的文档传输。最重要的功能是能够带着用户提供的参数执行程序，并以 HTML 文档的形式传送回结果。

其结果是，Web 服务器可以作为中介来提供对各种信息服务的访问。一个新的服务可以通过创建并安装提供该服务的应用程序来建立。**通用网关接口**（Common Gateway Interface，CGI）标准定义了 Web 服务器如何与应用程序进行通信。为了获取或者存储数据，应用程序通常通过 ODBC、JDBC 或者其他协议来与数据库服务器进行通信。

图 9-5 显示了一个使用三层体系结构搭建的 Web 应用程序，它包括一个 Web 服务器、一个应用服务器和一个数据库服务器。使用多层服务器增加了系统的开销；CGI 接口为每个请求都启动一个新的进程为之服务，这导致了更大的开销。

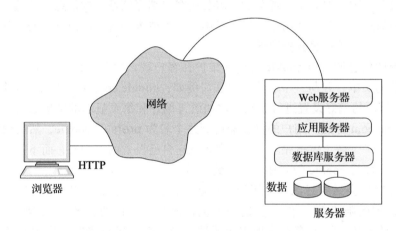

图 9-5 三层的 Web 应用程序体系结构

因此目前大多数 Web 应用程序使用一种两层的 Web 应用程序体系结构，其中 Web 服务器和应用服务器被合并成了单个服务器，如图 9-6 所示。我们将在后续的章节里更加详细地学习基于两层体系结构的系统。

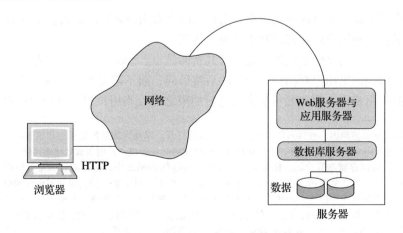

图 9-6 两层的 Web 应用程序体系结构

在客户端与 Web 服务器之间不存在持续的连接；当 Web 服务器接收到一个请求时，会临时创建一个连接来发送请求并接收来自 Web 服务器的响应。但是该连接可能随后会关闭，并且下一个请求可以生成一个新的连接。与此相反，当一个用户登录到一台计算机，或是使用 ODBC 或 JDBC 连接到数据库时，会创建一个会话，并且会话信息被保留在服务器和客户端，直到该会话终止——会话信息诸如用户标识以及用户已设置过的会话选项等。HTTP 是**无连接**（connectionless）的一个重要原因在于：大多数计算机能同时容纳的连接数量是有限的，并且如果 Web 上的大量站点打开与单台服务器的连接，就会超过这个限制，服务器就会拒绝对后续用户的服务。而如果使用无连接的协议，当一个请求被满足时连接就可以马上断开，从而为其他请求留出可用的连接⊖。

然而，大多数 Web 应用程序需要会话信息来允许有意义的用户交互。例如，应用程序通常会限制对信息的访问，并因此需要对用户进行认证。每次会话应进行一次认证，且会话中进一步的交互不需要重新认证。

尽管连接会关闭，但为了实现会话，需要在客户端存储额外的信息，并随会话中的每个请求返回这些信息；服务器使用这些信息来辨别一个请求是否是用户会话的一部分。关于会话的额外信息同样必须在服务器端维护。

这种额外的信息通常以 **cookie** 的形式维护在客户端；简单来说，一个 cookie 是一小段包含标识信息的文本，并与一个名称相关联。例如，google.com 可能设置一个名为 prefs 的 cookie，它对用户的偏好设置进行编码，比如语言偏好和每页显示的结果数目。对于每个搜索请求，google.com 都能从用户的浏览器得到这个名为 prefs 的 cookie，然后根据指定的偏好来显示结果。一个域（Web 站点）只允许获取它自己设置的 cookie，而不能获取其他域所设置的 cookie，而且 cookie 的名称可以跨域重用。

出于跟踪用户会话的目的，应用程序可能会产生一个会话标识（通常是一个当前没有被用作会话标识的随机数），然后发送一个包含该会话标识的、名为（比如）sessionid 的 cookie。该会话标识也被保存在本地服务器端。当一个请求进来时，应用服务器从客户端请求名为 sessionid 的 cookie。如果客户端并没有存储该 cookie，或者返回的值不是当前在服务器端记录的有效会话的标识，那么应用就认为该请求不是当前会话的一部分。如果 cookie 的值与一个被存储的会话标识相匹配，则该请求就被识别为一个正在进行中的会话的一部分。

如果一个应用需要安全地鉴别用户，则它只能在对用户认证之后设置 cookie；例如用户只有在提交了合法的用户名和密码时才能通过认证⊖。

对于并不要求高安全性的应用，比如公共新闻站点，cookie 可以永久存储在浏览器端和服务器端；它们识别出用户对同一个网站的后续访问，而不需要输入任何认证信息。对于要求高安全性的应用来说，服务器可能会在超时期限之后或当用户注销时使会话失效（删除会

⊖ 出于性能方面的原因，连接可能会在短时间内保持打开，以允许随后的请求重用该连接。然而，并不能保证该连接将会一直保持打开，因此在设计应用程序时必须假设一旦请求被处理连接就有可能关闭。

⊖ 用户标识可以存储在客户端，比如在一个叫作 userid 的 cookie 中。这样的 cookie 可以用于安全要求较低的应用中，比如免费的网络站点识别它们的用户。然而，对于要求较高级别安全性的应用来说，这样的机制就会造成安全隐患：cookie 的值可以在浏览器端被用户恶意篡改，从而该用户就能够伪装成一位不同的用户。将一个 cookie（比如名为 sessionid）设置为一个随机产生的会话标识（属于一个很大的数字空间），可以使得一个用户冒充（即伪装成）另一个用户的可能性变得极小。另外，一个顺序产生的会话标识则很容易冒充。

话）。（用户通常通过单击一个注销按钮来进行注销，它会提交一个注销表单，其操作就是使当前会话失效。）使一个会话失效仅仅就是从应用服务器端的活跃会话列表中删除该会话标识。

9.3 servlet

Java **Servlet**（Java 服务器端程序）规范定义了一种用于在 Web/ 应用服务器与应用程序之间进行通信的应用编程接口。Java 中的 HttpServlet 类实现了 servlet API 规范；用于实现特定功能的 servlet 类被定义为这个类的子类[⊖]。通常采用 servlet 一词来指代实现了 servlet 接口的 Java 程序（和类）。图 9-7 给出了一个 servlet 的示例；我们稍后会详细解释这段程序。

```
import java.io.*;
import javax.servlet.*;
import javax.servlet.http.*;

@WebServlet("PersonQuery")
public class PersonQueryServlet extends HttpServlet {
    public void doGet(HttpServletRequest request,
                      HttpServletResponse response)
        throws ServletException, IOException
    {
        response.setContentType("text/html");
        PrintWriter out = response.getWriter();
        …检查用户是否已登录…
        out.println("<HEAD><TITLE> Query Result</TITLE></HEAD>");
        out.println("<BODY>");

        String persontype = request.getParameter("persontype");
        String name = request.getParameter("name");
        if(persontype.equals("student")) {
            … 寻找具有指定姓名的学生的代码 …
            … 使用JDBC与数据库进行通信 …
            … 假设已获取到ResultSet rs，并且…
            … 包含属性：ID、姓名与系名…
            String headers = new String[]{"ID", "Name", "Department Name"};
            Util::resultSetToHTML(rs, headers, out);
        }
        else {
            …同上，但是是对于教师的…
        }
        out.println("</BODY>");
        out.close();
    }
}
```

图 9-7 servlet 代码示例

当服务器启动或者当服务器接收到远程的 HTTP 请求来执行一个特定的 servlet 时，servlet 的代码被加载到 Web/ 应用服务器中。servlet 的任务就是处理这种请求，这种请求可能涉及访问数据库以检索出必要的信息，并动态生成一个 HTML 页面来返回给客户端浏览器。

9.3.1 servlet 示例

servlet 通常用于对 HTTP 请求生成动态响应。它们可以访问通过 HTML 表单提供的输

⊖ 虽然我们的示例只使用了 HTTP，但是 servlet 接口也能支持非 HTTP 请求。

入，应用"业务逻辑"来决定提供什么样的响应，然后生成 HTML 输出并发送回浏览器。servlet 代码在 Web 或应用服务器上执行。

图 9-7 为实现图 9-3 中表单的 servlet 代码的示例。这个 servlet 叫作 PersonQuery-Servlet，同时该表单指定了 action="PersonQuery"。必须告知 Web/ 应用服务器这个 servlet 是用来处理对 PersonQuery 的请求的，这是通过使用代码中显示的注释 @WebServlet("PersonQuery") 来完成的。该表单指定使用 HTTP 的 get 机制来进行参数传递，因此 servlet 的 doGet() 方法会被调用，正如在代码中所定义的那样。

每次 servlet 请求都导致在执行调用的内部生成一个新的线程，因此多个请求就可以被并行处理。任何来自网页上的表单菜单和输入域的值，和 cookie 一样，通过为该请求而创建的 HttpServletRequest 类的一个对象传入，然后请求的应答通过 HttpServletResponse 类的一个对象传回。

示例中的 doGet() 方法通过使用 request.getParamter() 提取参数 persontype 和 name 的值，并在数据库上使用这些值来运行一个查询。用于访问数据库以及从查询结果获取属性值的代码，这里没有展示出来，有关如何使用 JDBC 去访问数据库的细节请参考 5.1.1.5 节。我们假设 JDBC ResultSet 形式的查询结果可通过变量 resultset 得到。

servlet 代码通过将查询结果输出到 HttpServletResponse 的 response 对象来将查询结果返回给请求者。将结果输出到 response 是这样来实现的：首先从 response 中获取一个 PrintWriter 对象 out，然后将查询结果以 HTML 格式打印到 out。在我们的示例中，查询结果是通过调用 Util::resultSetToHTML(resultset, header, out) 函数来打印的，如图 9-8 所示。该函数在 ResultSet rs 上使用 JDBC 元数据函数来计算需要打印多少列。列标题数组被传递给这个函数以便打印出来；虽然列名可以使用 JDBC 元数据来获取到，但数据库的列名可能并不适合显示给用户，因此我们为该函数提供了有意义的列名。

```java
import java.io.*;
import javax.servlet.*;
import javax.servlet.http.*;

public class Util {
    public static void resultSetToHTML(ResultSet rs,
                        String headers[], PrintWriter out) {
        ResultSetMetaData rsmd = rs.getMetaData();
        int numCols = rsmd.getColumnCount();
        out.println("<table border=1>");
        out.println("<tr>");
        for (int i=0; i < numCols; i++)
            out.println("<th>"+ headers[i] + </th>
        out.println("</tr>");
        while (rs.next()) {
            out.println("<tr>");
            for (int i=0; i < numCols; i++)
                out.println("<td>"+ rs.getString(i) + </td>
            out.println("</tr>");
        }
    }
}
```

图 9-8 将 ResultSet 输出为表的功能函数

9.3.2　servlet 会话

请回想一下，浏览器和 Web/ 应用服务器之间的交互是无状态的。也就是说，每当浏览器向服务器发出一个请求时，浏览器都需要连接到服务器，请求某些信息，然后从服务器断开连接。cookie 可以用来识别一个请求与前一个请求是否来自同一个浏览器会话。但是，cookie 构成的是一种低级别的机制，并且程序开发人员需要一种更好的抽象来处理会话。

servlet 的 API 提供了一种跟踪会话并存储会话相关信息的方法。调用 HttpServletRequest 类的 getSession(false) 方法将提取出对应于发出请求的浏览器的 HttpSession 对象。参数值为 true 表示如果该请求是新请求，则必须创建一个新的会话对象。

当 getSession() 方法被调用时，服务器会首先要求客户端返回一个具有指定名称的 cookie。如果客户端并没有该名称的 cookie，或者返回的值与任何正在进行中的会话都不匹配，则该请求就不是正在进行中的会话的一部分。在这种情况下，getSession() 将返回一个空值，并且 servlet 会将用户指引到一个登录页面。

登录页面可以允许用户提供用户名和密码。登录页面所对应的 servlet 可以验证密码与用户是否匹配；例如，通过使用用户名从数据库中检索出密码，并检查输入的密码是否与存储的密码相匹配⊖。

如果该用户正常通过认证，登录 servlet 会执行 getSession(true)，它将返回一个新的会话对象。为了创建一个新的会话，服务器会在内部执行以下任务：在客户端浏览器中设置一个 cookie（比如名为 sessionId），该 cookie 用会话标识作为它所关联的值；创建一个新的会话对象，并将会话标识的值与该会话对象相关联。

servlet 代码还能够在 HttpSession 对象中存储和查找（属性名，值）对，以便在一个会话内的多个请求之间维持状态。例如，在用户被认证并且会话对象被创建之后，登录 servlet 可以通过在 getSession() 所返回的会话对象上执行方法

session.setAttribute("userid", userid)

来将用户的 user-id 存储为会话的一个参数；假定 Java 变量 userid 包含了用户标识。

如果请求就是正在进行中的会话的一部分，那么浏览器就会返回该 cookie 的值，并且通过 getSession() 来返回对应的会话对象。然后 servlet 通过在上面返回的会话对象上执行方法

session.getAttribute("userid")

就能够从会话对象中获取到诸如 user-id 那样的会话参数。如果没有设置 userid 属性，那么该函数会返回一个空值，表明该客户端用户还没有通过认证。

请考虑图 9-7 中的 servlet 代码中的一行："…检查用户是否已登录…"。下面的代码实现了这种检查：如果用户没有登录，则会发送一条错误消息，并在 5 秒钟之后将用户重定向

⊖ 在数据库中存储未加密的密码是一个坏主意，因为任何有权访问数据库内容的人都可能窃取密码，比如系统管理员或黑客。相反，可将散列函数应用于密码，并将结果存储在数据库中；即使有人看到了存储在数据库中的散列结果，也很难推断出原始密码是什么。对用户提供的密码应用相同的散列函数，并将结果与存储的散列结果进行比较。此外，为了确保即使两个用户使用相同的密码，散列值也是不同的，密码系统通常为每个用户存储一个不同的随机字符串（称为 salt），并且它在计算散列值之前将该随机字符串附加到密码上。因此，密码关系将具有模式 user_password(user, salt, passwordhash)，其中 passwordhash 由 hash(append(password, salt)) 来生成。加密在 9.9.1 节中有更详细的描述。

到登录页面。

```
Session session = request.getSession(false);
if (session == null || session.getAttribute(userid) == null) {
    out.println("You are not logged in.");
    response.setHeader("Refresh", "5;url=login.html");
    return();
}
```

9.3.3 servlet 的生命周期

servlet 的生命周期由部署它的 Web/ 应用服务器来控制。当有客户端请求一个特定的 servlet 时，服务器首先检查是否存在该 servlet 的一个实例。如果不存在，Web 服务器就将 servlet 类加载进 Java 虚拟机（Java Virtual Machine，JVM），并创建该 servlet 类的一个实例。另外，服务器调用 init() 方法来初始化该 servlet 实例。请注意，每个 servlet 实例仅在它被加载的时候初始化一次。

在确定 servlet 实例的确存在之后，服务器调用 servlet 的 **service** 方法，并以一个 **request** 对象和一个 **response** 对象作为参数。在缺省情况下，服务器创建一个新的线程来执行 **service** 方法，因此，一个 servlet 上的多个请求就可以并行执行，而不必等待之前的请求执行完。**service** 方法视情况调用 **doGet** 或 **doPost**。

当不再需要的时候，可以通过调用 **destroy()** 方法来关闭一个 servlet。服务器可以被设置为如果在超时期限内没有对一个 servlet 进行过请求，则自动关闭这个 servlet；超时期限是服务器的一个参数，可以根据应用来适当地对它进行设置。

9.3.4 应用服务器

许多应用服务器都提供了对 servlet 的内置支持。最流行的应用服务器之一是来自 Apache Jakarta 项目的 Tomcat 服务器。支持 servlet 的其他应用服务器包括 Glassfish、JBoss、BEA Weblogic 应用服务器、Oracle 应用服务器以及 IBM 的 WebSphere 应用服务器。

开发 Servlet 应用程序的最佳方式是使用诸如 Eclipse 或 NetBeans 之类的 IDE，它们内置有 Tomcat 或 Glassfish 服务器。

除了基本的 servlet 支持之外，应用服务器通常还提供了各种有用的服务。它们允许应用程序被部署或者停止，并且它们提供了监控应用服务器状态的功能，包括性能统计。许多应用服务器还支持 Java2 企业版（Java 2 Enterprise Edition，J2EE）平台，它对多种任务都提供了支持和 API，比如处理对象以及跨多个应用服务器的并行处理。

9.4 可选择的服务器端框架

有几种 Java Servlet 的可替代方案来处理应用服务器端的请求，包括脚本语言和为诸如 Python 那样的语言而开发的 Web 应用框架。

9.4.1 服务器端脚本

用诸如 Java 或 C 那样的程序设计语言来编写一段即使很简单的 Web 应用程序也是很费时间的一项任务，它需要很多行代码以及熟悉该语言的错综复杂细节的程序员。一种可替代方法，即**服务器端脚本**（server-side scripting），为许多应用的创建提供了一种简单得多的方式。脚本语言提供了可被嵌入 HTML 文档中的结构。

在服务器端脚本中，服务器在传递一个 Web 页面之前会执行嵌入在该页面的 HTML 内容中的脚本。每段脚本在执行时可以生成被加入该页面的文本（或者甚至可能从该页面中被删除内容）。脚本的源码将从该页面中被删除，因此客户端可能根本没察觉到该页面原先含有代码。被执行的脚本也可能包含在数据库上执行的 SQL 代码。许多这样的语言都带有库和工具，它们共同构成了用于 Web 应用程序开发的框架。

一些广泛使用的脚本框架包括 Java 服务器页面（JSP）、来自 Microsoft 的 ASP.NET、PHP 以及 Ruby on Rails。这些框架允许用诸如 Java、C#、VBScript 以及 Ruby 那样的语言编写的代码被嵌入 HTML 页面中或者从 HTML 页面中调用这些代码。例如，JSP 允许 Java 代码被嵌入 HTML 页面中，而 Microsoft 的 ASP.NET 和 ASP 支持嵌入的 C# 和 VBScript。

9.4.1.1 Java 服务器页面

接下来我们简要介绍 **Java 服务器页面**（Java Server Pages，JSP），这种脚本语言允许 HTML 程序员将静态的 HTML 和动态生成的 HTML 混合在一起。其动机在于：对于许多动态的 Web 页面，它们的大多数内容仍然是静态的（也就是说，不论该页面何时生成，总是显示相同的内容）。Web 页面的动态内容（比如根据表单的参数生成的那些内容）通常只是页面的一小部分。通过编写 servlet 代码来创建这样的页面会导致大量的 HTML 被编码为 Java 字符串。相反，JSP 允许 Java 代码被嵌入静态的 HTML 中；被嵌入的 Java 代码生成该页面的动态部分。JSP 脚本实际上被转换为 servlet 代码然后进行编译，但是应用程序员却从撰写大量 Java 代码以创建 servlet 的困境中解脱出来了。

图 9-9 所示为一个包含嵌入了 Java 代码的 JSP 页面的源代码文本。通过将脚本中的 Java 代码用 <%…%> 括起来以将其区别于周围的 HTML 代码。该代码使用 request.getParameter() 来获得 name 属性的值。

```
<html>
<head> <title> Hello </title> </head>
<body>
 < % if (request.getParameter("name") == null)
  { out.println("Hello World"); }
  else { out.println("Hello, " + request.getParameter("name")); }
 %>
</body>
</html>
```

图 9-9 一个嵌入了 Java 代码的 JSP 页面

当通过浏览器请求一个 JSP 页面时，应用服务器根据该页面生成 HTML 输出，并将其发送回该浏览器。JSP 页面的 HTML 部分按原样输出[⊖]。在 HTML 输出中，所有在 <%…%> 中嵌入的 Java 代码都被用它向 out 对象打印的文本所代替。在图 9-9 的 JSP 代码中，如果没有值输入给表单参数 name，则脚本打印"Hello World"；如果输入了一个值，则脚本打印"Hello"，后面跟着名称。

一个更实际的示例可能会执行更复杂的操作，比如使用 JDBC 从数据库中查找值。

⊖ JSP 允许一种更复杂的嵌入，其中的 HTML 代码在 Java 的 if-else 语句内部，并且根据 if 条件的取值是否等于真来按条件得到输出。我们在这里省略细节。

JSP 也支持标签库（tag library）的概念，它允许使用这样的标签：它们看起来非常像 HTML 标签，却是在服务器端解释，并用对应生成的 HTML 代码来取代的。JSP 提供了一个标准的标签集，其中定义了变量和控制流（迭代器，if-then-else），以及基于 Javascript 的表达式语言（但在服务器端解释）。该标签集是可扩展的，并且已经实现了许多标签库。例如，有一个标签库支持对大型数据集的分页显示，还有一个库简化了对日期和时间的显示与解析。

9.4.1.2 PHP

PHP 是一种广泛用于服务器端脚本的脚本语言。PHP 代码可以像类似于 JSP 的方式一样与 HTML 混合使用。字符串 "<?php" 表示 PHP 代码的开始，而字符串 " ?>" 表示 PHP 代码的结束。下面的代码与图 9-9 中的 JSP 代码执行相同的动作。

```
<html>
<head> <title> Hello </title> </head>
<body>
 <?php if (!isset($_REQUEST['name']))
   { echo 'Hello World'; }
   else { echo 'Hello, ' . $_REQUEST['name']; }
 ?>
</body>
</html>
```

$_REQUEST 数组包含了请求的参数。请注意该数组是通过参数名来索引的；在 PHP 中数组可以用任意的字符串来索引，而不仅仅是数字。isset 函数检查该数组的元素是否已被初始化。echo 函数将它的参数打印到输出的 HTML。两个字符串之间的算子 "."将这些字符串拼连起来。

一个适当配置的 Web 服务器将把名称以 ".php"结尾的任意文件解释为 PHP 文件。如果请求该文件，则 Web 服务器将以与处理 JSP 文件类似的方式来处理该文件，并将生成的 HTML 返回给浏览器。

对于 PHP 语言有许多可用的库，包括使用 ODBC（类似于 Java 中的 JDBC）访问数据库的库。

9.4.2 Web 应用框架

Web 应用开发框架通过提供如下的功能来简化构建 Web 应用程序的任务：

- 一个支持 HTML 和 HTTP 功能（包括会话）的函数库。
- 一个模板脚本系统。
- 一个控制器，它将诸如表单提交这样的用户交互事件映射为处理该事件的适当函数。该控制器还管理身份认证和会话。一些框架还提供了用于管理身份认证的工具。
- 一种（相对）声明式的方式，说明一个表单具有在用户输入上的验证约束，系统据此生成 HTML 和 JavaScript/Ajax 代码以实现该表单。
- 一个具有对象-关系映射的面向对象模型，用于在关系数据库中保存数据（如 9.6.2 节中所述）。

这样，这些框架就以一种集成的方式提供了构建 Web 应用所需的多种特性。通过根据声明式规范来生成表单，以及透明地管理数据访问，这些框架最小化了 Web 应用程序员所需完成的代码量。

这样的框架有许多，它们基于不同的语言。其中一些较为广泛使用的框架包括用于

Python 语言的 Django 框架、在 Ruby 程序设计语言上支持 Rails 框架的 Ruby on Rails、Apache Struts、Swing、Tapestry 以及 WebObjects，它们都是基于 Java/JSP 的。许多这样的框架还使得创建简单的 **CRUD Web** 界面变得容易；也就是说，通过一个对象模型或数据库来生成代码以支持对对象 / 元组的创建、读取、更新和删除的界面。这种工具在使简单应用程序快速运行方面特别有用，并且所生成的代码可以被编辑来构建更复杂的 Web 界面。

9.4.3 Django 框架

用于 Python 的 Django 框架是一个广泛使用的 Web 应用框架。我们通过示例来说明该框架的一些特征。

Django 中的视图是等价于 Java 中 servlet 的函数。Django 需要一种通常在 urls.py 文件中指定的映射，它将 URL 映射为 Django 视图。当 Django 应用服务器接收到一个 HTTP 请求时，它使用 URL 映射来决定要调用哪个视图函数。

图 9-10 显示了我们之前使用 Java servlet 来实现的个人查询任务的示例代码。该代码展示了一个名为 person_query_view 的视图。我们假设 PersonQuery URL 被映射为 person_query_view 视图，并调用自前面图 9-3 所示的 HTML 表单。

```python
from django.http import HttpResponse
from django.db import connection

def result_set_to_html(headers, cursor):
    html = "<table border=1>"
    html += "<tr>"
    for header in headers:
        html += "<th>" + header + "</th>"
    html += "</tr>"
    for row in cursor.fetchall():
        html += "<tr>"
        for col in row:
            html += "<td>" + col + "</td>"
        html += "</tr>"
    html += "</table>"
    return html

def person_query_view(request):
    if "username" not in request.session:
        return login_view(request)
    persontype = request.GET.get("persontype")
    personname = request.GET.get("personname")
    if persontype == "student":
        query_tmpl = "select id, name, dept_name from student where name=%s"
    else:
        query_tmpl = "select id, name, dept_name from instructor where name=%s"
    with connection.cursor() as cursor:
        cursor.execute(query_tmpl, [personname])
        headers = ["ID", "Name", "Department Name"]
        return HttpResponse(result_set_to_html(headers, cursor))
```

图 9-10 Django 中的个人查询应用

我们还假设应用的根目录被映射为 login_view。没有显示关于 login_view 的代码，但是我们假定它显示一个登录表单，并且在提交时它调用 authenticate 视图。也没有显示 authenticate 视图，但是我们假定它检查登录名和密码。如果密码通过了验证，那么 authenticate 视图将重定向到 person_query_form，该表单显示我们前面在图 9-3 中看到过的 HTML 代码；如果密码验证失败，那么它将重定向到 login_view。

请回到图 9-10，person_query_view() 视图首先通过检查会话变量 username 来检查用户是否已登录。如果未设置会话变量，则浏览器将被重定向到登录屏幕。否则，通过连接到数据库来获取被请求的用户信息；用于数据库连接的详细信息在 Django 的配置文件 settings.py 中指定，这在我们的描述中省略了。在连接上打开了一个游标（类似于 JDBC 语句），并使用该游标来执行查询。请注意：cursor.execute 的第一个参数是查询，而参数是通过 "%s"来标记的；第二个参数是参数值的列表。然后通过调用 result_set_to_html() 函数来显示数据库查询的结果，该函数将在从数据库中提取出的结果集上进行迭代，并将结果以 HTML 格式输出到一个字符串中；然后将该字符串作为 HttpResponse 返回。

Django 提供了对许多其他功能的支持，例如创建 HTML 表单和验证表单中输入的数据、用于简化验证检查的注释，以及创建 HTML 页面的模板，这些模板与 JSP 页面有些相似。Django 还支持对象－关系映射系统，我们将在 9.6.2.2 节中对此进行描述。

9.5 客户端代码和 Web 服务

目前使用最广泛的两类用户界面是 Web 界面和移动应用界面。

虽然早期的 Web 浏览器只显示 HTML 代码，但很快人们就感觉到需要允许代码在浏览器上运行。**客户端脚本语言**（client-side scripting language）是被设计用于在客户端的 Web 浏览器上执行的语言。设计这种脚本语言的主要动机是与用户进行灵活的交互，提供超越 HTML 和 HTML 表单所提供的有限交互能力的功能。此外，与发送到服务器站点进行处理的每个交互相比，在客户端站点执行的程序大大加快了交互速度。

JavaScript 语言是到目前为止使用最为广泛的客户端脚本语言。当今 Web 界面的生成就广泛使用了 JavaScript 脚本语言来构造复杂的用户界面。

任何客户端界面都需要从后端存储和检索数据。直接访问数据库并不是一个好主意，因为这样不仅公开了低层级的细节，而且还使数据库暴露在攻击下。相反，后端提供了通过 Web 服务来存储和检索数据的访问。我们将在 9.5.2 节中讨论 Web 服务。

现今移动应用已被广泛使用，并且用于移动设备的用户界面是非常重要的。虽然在本书中并不涉及移动应用的开发，但我们在 9.5.4 节中提供了一些对移动应用开发框架的建议。

9.5.1 JavaScript

JavaScript 被用于多种任务，包括验证、灵活的用户界面以及与 Web 服务的交互，我们现在来对这些任务进行描述。

9.5.1.1 输入验证

用 JavaScript 编写的函数可以用于在用户的输入上执行错误检查（验证），例如日期字符串是否符合正确的格式，或者一个输入的值（例如年龄）是否在适当的范围之内。在输入数据时，甚至在这些数据被发送到 Web 服务器之前，这些检查就已在浏览器上执行了。

使用 HTML5，可以将许多验证约束指定为输入标签的一部分。例如，以下 HTML 代码：

```
<input type="number" name="credits" size="2" min="1" max="15">
```

确保 "credits" 参数的输入是介于 1 和 15 之间的一个数字。不能使用 HTML5 功能来执行的、更复杂的验证最好使用 JavaScript 来完成。

图 9-11 显示了一个带有用于验证表单输入的 JavaScript 函数的表单示例。该函数在 HTML 文档的 head 部分中被声明。该表单接受一个开始日期和一个结束日期。验证函数确保开始日期不大于结束日期。form 标签表示该验证函数在表单提交时被调用。如果验证失败，则将一个警告框显示给用户；而如果验证成功，则将表单提交给服务器。

```html
<html>
<head>
<script type="text/javascript">
    function validate() {
        var startdate = new Date (document.getElementById("start").value);
        var enddate = new Date (document.getElementById("end").value);
        if(startdate > enddate) {
            alert("Start date is > end date");
            return false;
        }
    }
</script>
</head>

<body>
<form action="submitDates" onsubmit="return validate()">
    Start Date: <input type="date" id="start"><br />
    End Date : <input type="date" id="end"><br />
    <input type="submit" value="Submit">
</form>
</body>
</html>
```

图 9-11 用于验证表单输入的 JavaScript 示例

9.5.1.2 响应式用户界面

JavaScript 最重要的优势是能够使用 JavaScript 在浏览器中创建高度响应式用户界面。构建这样一个用户界面的关键是能够动态地修改通过使用 JavaScript 来显示的 HTML 代码。浏览器将 HTML 代码解析为一个内存中的树结构，该树结构是由被称为**文本对象模型**（Document Object Model，DOM）的标准来定义的。JavaScript 代码能够修改该树结构以执行特定的操作。例如，假设一个用户需要输入很多行的数据，例如一份清单中的多个项。那就可以使用一个包含文本框以及其他形式输入方式的表格来收集用户的输入。该表格可能有一个缺省规模，但是如果需要更多的行，则用户可以单击标有（比如）"增加项目"的按钮。可以设置这个按钮去调用 JavaScript 函数，该函数通过向表格中增加额外的一行来修改 DOM 树。

虽然 JavaScript 语言已经被标准化，但是在浏览器之间仍存在差别，特别是在 DOM 模型的一些细节方面。其结果是，在一个浏览器上工作的 JavaScript 代码有可能在另一个浏览器上无法工作。为了避免这种问题，最好使用一个 JavaScript 库，例如 JQuery 库，它允许以一种独立于浏览器的方式来编写代码。库里的函数在内部能够找出正在使用的是哪种浏览器，并向该浏览器发送对应生成的 JavaScript。

诸如 JQuery 那样的 JavaScript 库提供了许多 UI 元素，比如菜单、选项卡、诸如滑块那样的小部件，以及诸如自动完成那样的功能，这些元素可以使用库函数来创建和执行。

HTML5 标准支持多种丰富的用户交互功能，包括拖放、地理定位（允许将用户的位置提供给具有用户许可的应用）、允许根据位置来定制数据／界面。HTML5 还支持服务器端事件（Server-Side Event，SSE），它允许后端在发生某些事件时通知前端。

9.5.1.3 与 Web 服务的接口

如今，JavaScript 被广泛用于创建动态网页，它使用统称为 **Ajax** 的几种技术。用 JavaScript 编写的程序可以和 Web 服务器异步通信（也就是说，在后台不阻塞用户与 Web 浏览器的交互），并能够获取数据和显示数据。像 15.6.1 节中描述的 JavaScript 对象表示法（JavaScript Object Notation，JSON）那样的表示形式是最广泛使用的用于数据传输的数据格式，尽管也使用诸如 XML 那样的其他格式。

在应用服务器端运行的、用于上述任务的代码的作用是将数据发送给 JavaScript 代码，然后在浏览器上呈现数据。这样的后端服务被称为 Web 服务（Web service），它扮演可以被调用以获取所需数据的函数的角色。这样的服务可以使用 Java Servlet、Python 或许多其他语言框架中的任何一种来实现。

作为使用 Ajax 的一个示例，考虑由许多 Web 应用所实现的自动补全功能。当用户在文本框中键入一个值时，系统会建议对所键入值的补全。这种自动补全对于帮助用户从大量的值中选择一个值是非常有用的，因为下拉列表对于这种情况可能是不可行的。诸如 jQuery 那样的库通过将一个函数与文本框相关联来提供对自动补全的支持；该函数接受文本框中的部分输入，连接到 Web 后端以获取可能的补全，并将它们显示为自动补全的建议。

图 9-12 中所示的 JavaScript 代码使用了 jQuery 库来实现自动补全，并使用 jQuery 库的 DataTables 插件来提供表格形式的数据显示。HTML 代码有一个用于名称的文本输入框，它的 id 属性被设置为 name。该脚本通过使用 jQuery 的 $("#name") 语法将来自 jQuery 库的自动补全函数与该文本框相关联，以定位对于具有 id 为 "name" 的文本框的 DOM 节点，并随后将 autocomplete 函数与该节点相关联。传递给该函数的 source 属性标识了必须被调用来获得自动补全函数的值的 Web 服务。我们假设已经定义了一个 /autocomplete_name 这样的 servlet，它接受一个 term 参数，其中包含用户迄今为止所键入的字符，即使它们正在被键入。该 servlet 应该返回一个 JSON 数组，其中包含与 term 参数中的字符相匹配的学生 / 教师的姓名。

```
<html> <head>
<script src="https://code.jquery.com/jquery-3.3.1.js"> </script>
<script src="https://cdn.datatables.net/1.10.19/js/jquery.dataTables.min.js"></script>
<script src="https://code.jquery.com/ui/1.12.1/jquery-ui.min.js"></script>
<script src="https://cdn.datatables.net/1.10.19/js/jquery.dataTables.min.js"></script>
<link rel="stylesheet"
    href="https://code.jquery.com/ui/1.12.1/themes/base/jquery-ui.css" />
<link rel="stylesheet"
    href="https://cdn.datatables.net/1.10.19/css/jquery.dataTables.min.css"/>
<script>
    var myTable;
    $(document).ready(function() {
        $("#name").autocomplete({ source: "/autocomplete_name" });
        myTable = $("#personTable").DataTable({
        columns: [{data:"id"}, {data:"name"}, {data:"dept_name"}]
        });
    });
    function loadTableAsync() {
        var params = {persontype:$("#persontype").val(), name:$("#name").val()};
        var url = "/person_query_ajax?" + jQuery.param(params);
        myTable.ajax.url(url).load();
```

图 9-12 使用 JavaScript 和 Ajax 的 HTML 页面

```
    }
</script>
</head> <body>
Search for:
<select id="persontype">
    <option value="student" selected>Student </option>
    <option value="instructor"> Instructor </option>
</select> <br>
Name: <input type=text size=20 id="name">
<button onclick="loadTableAsync()"> Show details </button>
<table id="personTable" border="1">
    <thead>
        <tr> <th>ID</th> <th>Name</th> <th>Dept. Name</th> </tr>
    </thead>
</table>
</body> </html>
```

图 9-12 （续）

这段 JavaScript 代码还展示了如何从 Web 服务检索出数据并随后显示数据。我们的示例代码使用了 jQuery 的 DataTables 插件；还有许多其他的可供选择的库用于显示表格数据。我们假定未显示出来的 person_query_ajax servlet 返回具有给定姓名的学生或教师的 ID、姓名和系名，正如我们前面在图 9-7 中所见过的，但在 JSON 中被编码为一个对象，该对象的 data 属性包含一个行的数组；每一行都是一个年 id、name 和 dept_name 属性的 JSON 对象。

以 myTable 开头的那行显示了 jQuery 的 DataTable 插件是如何与图中稍后展示的 HTML 表相关联的，该表的标识为 personTable。当单击按钮" Show details"时，将调用 loadTableAsync() 函数。此函数首先创建一个 URL 字符串 url，该字符串用于以人员类型和姓名的值为参数来调用 person_query_ajax。在 myTable 上调用的 ajax.url(url).load() 函数使用从 Web 服务中获取的 JSON 数据来填充表的行，而该 Web 服务的 URL 就是我们在上面创建的。这是异步发生的；也就是说，函数会立即返回，但是当获取到数据时，表中的行会被填充为返回的数据。

图 9-13 显示了一个浏览器的屏幕截图，它显示了图 9-12 中代码的结果。

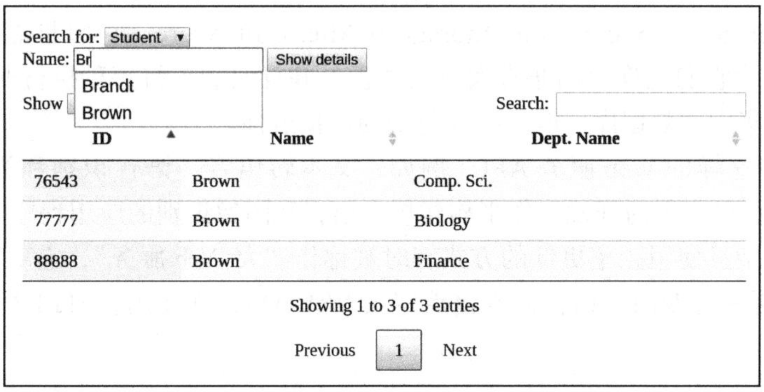

图 9-13 由图 9-12 生成的显示屏幕截图

作为使用 Ajax 的另一个示例，请考虑一个网站，它有一个表单允许你选择一个国家，并且一旦选择了一个国家，你就可以从这个国家的州列表中选择一个州。在国家被选定之前，州的下拉列表是空的。Ajax 框架允许在选定一个国家时，从该网站的后台下载州的列表，并且一旦获取到该列表，就把它加到下拉列表中，从而使你可以选择州。

9.5.2 Web 服务

Web 服务（Web service）是一个应用组件，它可以通过 Web 和函数来调用，在效果上类似于应用编程接口。Web 服务请求是使用 HTTP 协议来发送的，它在应用服务器上执行，并且结果会被发送回调用程序。

有两种方式被广泛用于实现 Web 服务。在较简单的称为**表示状态转移**（Representation State Transfer，或 REST）的方式中，通过在应用服务器端对 URL 的标准 HTTP 请求来执行 Web 服务函数的调用，其参数作为标准 HTTP 请求的参数来发送。应用服务器执行该请求（有可能涉及服务器端数据库的更新），生成结果并对结果编码，然后将该结果作为 HTTP 请求的结果返回。当今最广泛使用的结果编码是 JSON 表示形式，尽管 XML 也可被使用。请求方会解析返回的页面以访问所返回的数据。

在 RESTful 风格的 Web 服务（即使用 REST 的 Web 服务）的许多应用中，请求方是运行在 Wcb 浏览器中的 JavaScript 代码；该代码使用函数调用的结果来更新浏览器的屏幕。例如，当你在 Web 上的一个地图界面上滚动显示时，地图中需要新增的显示部分可以使用 RESTful 接口通过 JavaScript 代码来获取，然后显示在屏幕上。

虽然有些 Web 服务并没有公开的文档记录并且只能由特定的应用在内部使用，但是另一些 Web 服务有文档记载了它们的接口并且可以被任何应用使用。此类服务可能允许无任何限制的使用，可能要求用户在访问该服务之前必须登录，或者可能要求用户或应用开发者为了使用该服务的特权向 Web 服务提供商付费。

如今，有各种各样的 RESTful Web 服务可用，并且大多数前端应用程序使用一个或多个这样的服务来执行后端活动。例如，基于 Web 的电子邮件系统、社交媒体网页，或者基于 Web 的地图服务几乎肯定会使用用于呈现的 JavaScript 代码来构建，并且会使用后端 Web 服务来获取数据以及执行更新。类似地，任何在后端存储数据的移动应用几乎肯定会使用 Web 服务来获取数据和执行更新。

Web 服务也越来越多地用于后端，以利用其他后端系统所提供的功能。例如，基于 Web 的存储系统提供了用于存储和检索数据的 Web 服务 API；这些服务由许多供应商来提供，比如 Amazon S3、Google Cloud Storage 和 Microsoft Azure。它们非常受应用程序开发人员的欢迎，因为它们允许存储非常大量的数据，并且它们支持每秒执行非常大量的操作，且具有远远超出集中式数据库所能支持的范围的可扩展性。

还存在很多这样的 Web 服务 API。例如，文本转语音、语音识别和视觉 Web 服务的 API 允许开发人员以极少的开发工作来构建包含语音和图像识别的应用程序。

一种更加复杂且使用频率更低的方式有时被称作"大 Web 服务"，它对参数和结果使用 XML 编码，使用一种专门的语言来规范地定义 Web API，并使用在 HTTP 协议之上构建的一个协议层。

9.5.3 断连操作

许多应用都希望即使当一个客户端从应用服务器断开连接时仍支持某些操作。例如，一名学生可能希望完成一份申请表单，即使他的笔记本电脑已断开与网络的连接，但在该笔记本电脑重新连接网络时能将表单内容保存回去。作为另一个示例，如果将一个电子邮件客户端构建为一个 Web 应用，那么一个用户可能希望撰写一封电子邮件，即使他的笔记本电脑已从网络断开，但该笔记本电脑重新连接网络时能将邮件发送出去。构建这种应用需要客户端机器中的本地存储。

HTML5 标准支持本地存储，本地存储可以使用 JavaScript 来访问。代码

```
if (typeof(Storage) !== "undefined") { // 浏览器支持本地存储
    ...
}
```

检查浏览器是否支持本地存储。如果浏览器支持，则可以使用以下函数来存储、加载或删除一个给定键的值。

```
localStorage.setItem(key, value)
localStorage.getItem(key)
localStorage.deleteItem(key)
```

为了避免过多的数据存储，浏览器可以限制一个网站最多存储一定量的数据；缺省的最大值通常为 5 MB。

上面的接口只允许存储或检索键 / 值对。检索要求提供一个键；否则，需要扫描整个键 / 值对集合以查找所需的值。应用程序可能需要存储在多个属性上被索引的元组，从而允许基于任何属性的值来进行高效访问。HTML5 支持 IndexedDB，它允许存储在多个属性上具有索引的 JSON 对象。IndexedDB 还支持模式版本，并允许开发人员提供代码来将数据从一个模式版本迁移到下一个版本。

9.5.4 移动应用平台

移动应用（mobile application，或者简称为 mobile app）在今天得到了广泛的应用，并且它们构成了用于一大群用户的主要用户界面。目前使用最广泛的两种移动平台是 Android 和 iOS。这些平台中的每一种都提供了一种方式来构建具有图形化用户界面的应用，并且该图形化用户界面是为小型触摸屏设备而度身定制的。图形化用户界面提供了各种标准的 GUI 功能（比如菜单、列表、按钮、复选框、进度条等），以及显示文本、图像和视频的能力。

移动应用可以被下载、存储并以后使用。因此，用户可以在连接到高速网络时下载应用，然后在连接到低速网络时使用应用。当使用 Web 应用时也可能会进行下载，导致当用户连接到低速网络或数据传输成本较高的网络时会传输大量的数据。此外，移动应用具有在小型设备上工作良好的用户界面，能比 Web 应用更好地调整到小规模的设备。移动应用也可以被编译为机器代码，因此比 Web 应用所需的功耗更低。更重要的是，与（早期的）Web 应用不同，移动应用可以在本地存储数据并允许离线使用。此外，移动应用具有一个完善的授权模型，可以在具有用户授权的情况下使用信息和设备特性，比如位置、摄像头、联系人等。

然而，使用移动应用界面的缺点之一是：为 Android 平台编写的代码只能在该平台上运行，而不能在 iOS 上运行，反之亦然。其结果是，开发人员必须为每个应用编写两次代码，一次用于 Android，一次用于 iOS，除非他们决定完全忽略其中一个平台，但这是不可取的。

创建具有既能在 Android 上也能在 iOS 上运行的高级代码的应用显然是非常重要的。由 Facebook 开发的、基于 JavaScript 的本地响应框架（react native framework）和由 Google 开发的、基于 Dart 语言的 Flutter 框架（Flutter framework）是为支持跨平台开发而设计的。（Dart 是一种为开发用户界面而优化的语言，它提供诸如异步函数调用和流上函数那样的功

能。）这两个框架都允许对于 Android 和 iOS 共用大部分应用程序代码，但如果在框架的平台独立部分不支持某些功能，则可以面向底层平台来实现这些功能。

随着高速移动网络的广泛可用，使用移动应用而不使用 Web 应用的一些动机（例如提前下载的能力）就不再那么重要了。新一代的 Web 应用称为**渐进式网络应用**（Progressive Web App，PWA），它将移动应用与 Web 应用的优点结合在一起，其使用量正在不断增加。这些应用是使用 JavaScript 和 HTML5 来构建的，并且是为移动设备量身定制的。

PWA 的一个关键启用功能是对本地数据存储的 HTML5 支持，它甚至允许在设备离线时使用应用。另一个启用功能是支持编译 JavaScript 代码；仅限于编译遵循受限语法的代码，因为编译任意的 JavaScript 代码是不切实际的。这种编译通常是即时完成的，也就是说，它是在需要执行代码时完成的，或者如果它已经执行过多次。因此，通过只使用允许编译的 JavaScript 特性来编写 Web 应用中 CPU 消耗大的部分，可以确保移动设备上 CPU 和代码的节能执行。

PWA 还利用 HTML5 服务工作进程，它允许脚本在浏览器的后台运行，从而与网页分离。此类服务工作进程可用于在本地存储和 Web 服务之间执行后台同步操作，或者接收或推送来自后端服务的通知。HTML5 还允许应用获取设备位置（在用户授权之后），并允许 PWA 使用位置信息。

因此，PWA 可能会越来越多，并取代移动应用的许多（但肯定不是全部）用例。

9.6 应用程序体系结构

为了处理大型应用程序的复杂性，通常将它们划分为若干层：

- 展示（presentation）层或用户界面（user-interface）层，它处理用户的交互。单个应用程序可能有若干个不同版本的展示层，对应于不同类型的界面，例如 Web 浏览器以及手机的用户界面（它的屏幕相对要小很多）。

   在很多实现中，基于**模型-视图-控制器**（Model-View-Controller，MVC）体系结构，展示层/用户界面层本身在概念上可被划分为若干层。**模型**（model）对应于下文所述的业务-逻辑层。**视图**（view）定义数据的显示；单个底层模型根据用于访问应用程序的特定软件/设备可以具有不同的视图。**控制器**（controller）接收事件（用户操作），在模型上执行操作，并返回一个视图给用户。MVC 体系结构在许多 Web 应用框架中已得到应用。

- **业务逻辑**（bussiness-logic）层，它提供对数据和数据之上操作的高级视图。我们将在 9.6.1 节中更详细地讨论业务逻辑层。

- **数据访问**（data access）层，它提供业务逻辑层和底层数据库之间的接口。当底层数据库是关系数据库时，许多应用程序使用一种面向对象的语言来编写业务逻辑层，并使用一种面向对象的数据模型。在这种情况下，数据访问层还提供从业务逻辑所使用的面向对象数据模型到数据库所支持的关系模型的映射。我们将在 9.6.2 节中更详细地讨论这种映射。

图 9-14 展示了这些层，以及为了处理来自 Web 浏览器的一条请求所采取的一系列步骤。图中箭头上的标记表示步骤的顺序。当应用服务器接收到请求时，控制器向模型发送一条请求。模型使用业务逻辑来处理该请求，其中可能涉及更新作为模型一部分的对象，接着创建一个结果对象。模型依次使用数据访问层去更新数据库中的信息或从数据库中检索信

息。模型所创建的结果对象被发送到视图模块，它对结果生成一个 HTML 视图以便在 Web 浏览器上显示。该视图可能是根据用于查看结果的设备的特点度身定制的——例如它是一个具有大屏幕的计算机显示器，还是手机上的小屏幕。视图层越来越多地由在客户端而不是在服务器端运行的代码来实现。

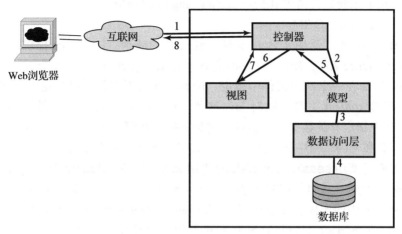

图 9-14　Web 应用程序体系结构

9.6.1　业务逻辑层

一个用于管理大学的应用程序的业务逻辑层可能会提供实体的抽象（比如学生、教师、课程、课程段等），以及操作的抽象（比如大学录取学生、学生注册课程等）。实现这些操作的代码保证满足**业务规则**（business rule）；例如，这些代码要保证只有当学生已经修完一门课程的先修课程并且已经交付学费时才能注册该课程。

另外，业务逻辑包含**工作流**（workflow），它描述如何处理一个涉及多个参与者的特定任务。例如，如果一名应试者申请大学，则存在一个工作流规定首先由谁来查看并批准申请，并且如果申请在第一步被批准后，接下来应该由谁来查看该申请，如此等等，直到要么给学生发出入学邀请要么发出拒信为止。工作流管理还需要处理错误情况；例如，如果接收 / 拒绝的最后期限还没到，则可能需要通知主管，使他能够干预并确保该申请被处理。

9.6.2　数据访问层和对象 – 关系映射

在最简单的场景中，业务逻辑层使用与数据库相同的数据模型，数据访问层只是隐藏了与数据库的接口细节。然而，当用面向对象程序设计语言编写业务 – 逻辑层时，很自然地会将数据建模为对象并具有在对象上调用的方法。

在早期的实现中，程序员不得不为了从数据库中获取数据来创建对象以及为了将更新后的对象存回到数据库中而编写代码。然而，这种数据模型之间的人为转换很麻烦并且容易出错。解决这个问题的一种方式是开发一个数据库系统，它能够本地存储对象以及对象之间的联系，并且允许以与内存中对象完全相同的方式来访问数据库中的对象。这种数据库称作**面向对象数据库**（object-oriented database）。然而，由于许多技术和商业原因，面向对象数据库并没有取得商业上的成功。

一种可替代方式是使用传统关系数据库来保存数据，但自动建立从关系中的数据到内存中按需创建（因为通常没有足够的内存来存储数据库中所有的数据）的对象的映射，以及反向映射来将更新后的对象以关系的形式保存回数据库。

已经有好几个实现这种**对象 - 关系映射**（Object-Relational Mapping，ORM）的系统被开发出来了。接下来我们将描述 Hibernate 和 Django 的 ORM。

9.6.2.1 Hibernate ORM

Hibernate 系统被广泛用于从 Java 对象到关系的映射。Hibernate 提供了 Java 持久化 API（Java Persistence API，JPA）的一种实现。在 Hibernate 中，从每个 Java 类到一个或多个关系的映射都在一个映射文件中指定。例如，该映射文件可以指定一个叫作 Student 的 Java 类映射到 *student* 关系，同时 Java 属性 ID 映射到 *student*.ID 属性，如此等等。在 *properties* 文件中指定有关数据库的信息，例如数据库在哪台主机上运行，以及用于连接到数据库的用户名和密码。程序需要打开一个会话以建立起到数据库的连接。一旦会话被建立起来，就可以通过调用 session.save(stud) 将用 Java 创建的 Student 对象 stud 保存到数据库中。Hibernate 代码生成将相应数据存储到 *student* 关系中所需的 SQL 命令。

虽然 E-R 模型中的实体自然地对应于诸如 Java 那样的面向对象语言中的对象，但联系通常并不对应。Hibernate 支持将这种联系映射为与对象相关联的集合。例如，*student* 和 *section* 之间的 *takes* 联系可以通过将一个 *section* 的集合与每个 *student* 相关联，并将一个 *student* 的集合与每个 *section* 相关联来建模。一旦指定了适当的映射，Hibernate 就会根据数据库关系 *takes* 来自动填充这些集合，并且对集合的更新也会在提交时反映回数据库关系中。

作为使用 Hibernate 的一个示例，我们按如下方式创建一个对应于 *student* 关系的 Java 类：

```
@Entity public class Student {
    @Id String ID;
    String name;
    String department;
    int tot_cred;
}
```

为了保证准确性，类属性应该被声明为私有的，并应该提供 getter/setter 方法来访问这些属性，但我们省略了这些细节。

从 Student 的类属性到 *student* 关系的属性的映射可以以 XML 格式在映射文件中指定，或者更方便地通过对 Java 代码进行注释的方式。在上面的示例中，注释 **@Entity** 表示将该类映射到一个数据库关系，在缺省情况下，该关系的名称就是类名，并且该关系的属性在缺省情况下与类属性是相同的。可以使用 **@Table** 和 **@Column** 注释来覆盖缺省的关系名和属性名。示例中的 **@Id** 注释指定 ID 是主码属性。

下面这一小段代码随后创建了一个 Student 对象并将它保存到数据库中。

```
Session session = getSessionFactory().openSession();
Transaction txn = session.beginTransaction();
Student stud = new Student("12328", "John Smith", "Comp. Sci.", 0);
session.save(stud);
txn.commit();
session.close();
```

Hibernate 自动生成所需的 SQL **insert** 语句，以便在数据库中创建一个 *student* 元组。

既可以通过主码，也可以通过查询来检索对象，正如下面的代码段所示：

```
Session session = getSessionFactory().openSession();
Transaction txn = session.beginTransaction();
// 通过标识来检索学生对象
Student stud1 = session.get(Student.class, "12328");
        …打印学生信息…
List students =
        session.createQuery("from Student as s order by s.ID asc").list();
for ( Iterator iter = students.iterator(); iter.hasNext(); ) {
        Student stud = (Student) iter.next();
        …打印学生信息…
}
txn.commit();
session.close();
```

可以使用 session.get() 方法并提供单个对象的类和它的主码来检索该对象。被检索的对象可以在内存中进行更新；当正在进行的 Hibernate 会话上的事务被提交时，Hibernate 通过在数据库中的关系上进行相应的更新来自动保存被更新过的对象。

前面的代码片段还显示了用 Hibernate 的 HQL 查询语言表示的一个查询，它基于 SQL，但被设计成允许在查询中直接使用对象。HQL 查询被 Hibernate 自动翻译成 SQL 并执行，然后结果被转换成一个 Student 对象的列表。for 循环遍历这个列表中的对象。

这些特点有助于给程序员提供一个不需要考虑关系存储细节的高级数据模型。然而，Hibernate 和其他对象－关系映射系统类似，还允许在数据库中存储的关系上使用 SQL 来编写查询；这种直接的数据库访问绕过了对象模型，对于编写复杂的查询是非常有用的。

9.6.2.2 Django ORM

已经开发出多个适用于 Python 语言的 ORM。Django 框架的 ORM 组件就是最流行的此类 ORM 之一，而 SQLAlchemy 是另一种流行的 Python ORM。

图 9-15 显示了 Django 中对于 Student 和 Instructor 的模型定义。请注意，*student* 和 *instructor* 的所有字段都已定义为 Student 和 Instructor 类中的字段，并具有适当的类型定义。

```
from django.db import models

class student(models.Model):
    id = models.CharField(primary_key=True, max_length=5)
    name = models.CharField(max_length=20)
    dept_name = models.CharField(max_length=20)
    tot_cred = models.DecimalField(max_digits=3, decimal_places=0)

class instructor(models.Model):
    id = models.CharField(primary_key=True, max_length=5)
    name = models.CharField(max_length=20)
    dept_name = models.CharField(max_length=20)
    salary = models.DecimalField(max_digits=8, decimal_places=2)
    advisees = models.ManyToManyField(student, related_name="advisors")
```

图 9-15 Django 中的模型定义

此外，*advisor* 关系在这里被建模为 Student 和 Instructor 之间的多对多联系。这个联系是通过 Instructor 中的一个名为 advisees 的属性来访问的，它存储了一组对 Student 对象的引用。从 Student 到 Instructor 的反向联系是自动创建的，并且该模型指定 Student 类中的反向联系的属性被命名为 advisors；此属性存储一组对 Instructor 对象的引用。

图 9-16 中所示的 Django 视图 person_query_model 说明了如何直接从 Python 语言来访问数据库对象，而无须使用 SQL。表达式 Student.objects.filter() 返回满足指定的筛选条件的所有学生对象；在本例中，返回具有给定姓名的学生。学生的姓名连同他们导师的姓名被一起打印出来。表达式 Student.advisors.all() 返回给定学生的导师（导师对象）列表，然后通过 get_names() 函数来检索并返回这些导师的姓名。对于教师的情况是类似的，教师姓名连同他们所指导的学生的姓名被一起打印出来。

```python
from models import Student, Instructor
def get_names(persons):
    res = ""
    for p in persons:
        res += p.name + ", "
    return res.rstrip(", ")

def person_query_model(request):
    persontype = request.GET.get('persontype')
    personname = request.GET.get('personname')
    html = ""

    if persontype == 'student':
        students = Student.objects.filter(name=personname)
        for student in students:
            advisors = students.advisors.all()
            html = html + "Advisee: " + student.name + "<br>Advisors: "
                + get_names(advisors) + "<br> \n"
    else:
        instructors = Instructor.objects.filter(name=personname)
        for instructor in instructors:
            advisees = instructor.advisees.all()
            html = html+"Advisor: " + instructor.name + "<br>Advisees: "
                + get_names(advisees) + "<br> \n"
    return HttpResponse(html)
```

图 9-16   Django 中使用模型的视图定义

Django 提供了一种称作迁移（migrate）的工具，它从给定的模型创建数据库关系。模型可以指定版本号。当在具有新版本号的模型上调用迁移工具时，如果数据库中已存在早期版本号，则迁移工具还生成用于将现有数据从旧的数据库模式迁移到新的数据库模式的 SQL 代码。还可以从现有的数据库模式创建 Django 模型。

9.7   应用程序性能

Web 站点可能以每秒数千次请求的速率被来自全球的数百万人所访问，对于最流行的站点来说访问速率甚至更高。确保对这些请求的服务具有较短的响应时间是网站开发人员面临的一个主要挑战。为了做到这点，应用程序开发人员通过利用诸如高速缓存那样的技术来试图加快处理单个请求的速度，并且他们通过使用多个应用服务器来进行并行处理。接下来我们简要描述这些技术。对数据库应用的调优是提高性能的另一种方式，我们将在 17.1 节中讲述。

9.7.1 通过高速缓存减少开销

假设服务于每个用户请求的应用程序代码都需要通过 JDBC 连接到一个数据库。创建一个新的 JDBC 连接可能需要花数毫秒的时间，如果需要支持很高的事务率，那么为每次用户请求打开一个新的连接就不是一个好主意。

连接池（connection pooling）被用来减少这种开销，它是这样工作的：连接池管理器（通常是应用服务器的一部分）创建一个打开的 ODBC/JDBC 连接池（也就是一个集合）。与打开一个新的数据库连接不同，对用户请求提供服务的代码（通常是一个 servlet）从连接池申请（请求）一个连接，然后在该代码（servlet）完成其处理时将连接归还给连接池。如果在请求连接时连接池中没有未使用的连接，则打开一个新的数据库连接（要小心不要超过该数据库能同时支持的最多连接数量）。如果存在很多打开的、在一段时间内没有被使用的连接，则连接池管理器可能会关闭一些打开的数据库连接。许多应用服务器以及较新的 ODBC/JDBC 驱动程序提供了内置的连接池管理器。

如何创建一个连接池的详细信息因应用服务器或 JDBC 驱动程序而异，但大多数实现都需要使用 JDBC 连接的详细信息（比如计算机、端口、数据库、用户标识和密码）以及与连接池相关的其他参数来创建 DataSource 对象。在 DataSource 对象上调用 getConnection() 方法就从连接池得到一个连接。关闭连接则将连接返回给连接池。

某些请求可能会导致向数据库重复提交完全相同的查询。只要数据库中的查询结果没有改变，通过高速缓存先前查询的结果并重新使用它们，可以大大减少与数据库通信的代价。一些 Web 服务器支持这样的查询结果高速缓存；如果不支持，可以在应用程序代码中显式实现高速缓存。

通过高速缓存为响应一个请求而发送的最终 Web 页面可以进一步减少开销。如果新的请求和之前的某个请求具有完全一样的参数，该请求并不执行任何更新并且结果 Web 页面就在高速缓存中，那么该页面就可以重复使用，从而避免了重新计算该页面的开销。可以在网页的片段级别实现高速缓存，然后组装这些片段来创建出完整的网页。

高速缓存的查询结果和高速缓存的 Web 页面都是物化视图的形式。如果底层数据库数据发生了改动，则高速缓存的结果必须被废弃，或者重新计算，甚至增量更新，就如同物化视图的维护那样。某些数据库系统（比如 Microsoft SQL Server）为应用服务器提供了一种方式来注册对数据库的查询，并且在查询结果改变时得到来自数据库的**通知**（notification）。这种通知机制可以用于确保在应用服务器处高速缓存的查询结果是最新的。

存在几种广泛使用的主存高速缓存系统；其中比较流行的是 **memcached** 和 **Redis**。这两个系统都允许应用程序存储具有关联键的数据，并检索指定键对应的数据。因此，它们充当了散列映射数据结构，允许数据存储在主存中但也可将不常使用的数据从高速缓存移出。

例如，利用 memcached，可以使用 memcached.add(key, data) 来存储数据，并使用 memcached.fetch(key) 来提取数据。应用程序首先通过发出 fetch("r:"+key1) 来检查是否已经高速缓存了所需的数据（在此，该键被附加到关系名上，以将数据与可能存储在同一个 memcached 实例中的不同关系区分开来），而不是通过发出数据库查询来从关系 r 中获取具有指定键（比如 key1）的用户数据。如果 fetch 返回空值，则发出数据库查询，把从数据库中提取的数据的副本存储在 memcached 中，然后将数据返回给用户。如果 fetch 确实找到了被请求的数据，则可以在不访问数据库的情况下使用该数据，从而实现更快的访问。

客户端可以连接到多个 memcached 实例，这些实例可以在不同的计算机上运行，并在其中任何一台机器中存储 / 检索数据。如何决定哪些数据存储在哪个实例上的问题被留给了客户端代码。通过跨多台机器对数据存储进行划分，应用程序可以从跨所有机器的可用主存的聚集中获益。

memcached 并不支持高速缓存数据的自动失效，但是应用程序可以跟踪数据库的更改，并对数据库中受更新或删除影响的键值进行更新（使用 memcached_set(key, newvalue)）或删除（使用 memcached_delete(key)）。Redis 提供了非常相似的功能。memcached 和 Redis 都提供了用多种语言表示的 API。

9.7.2　并行处理

处理这种非常重的负载的一种常用方法是采用大量以并行方式运行的应用服务器，每台应用服务器处理一小部分请求。一台 Web 服务器或者一台网络路由器可以被用于将每个客户端请求路由到其中一台应用服务器。来自一个特定客户端会话的所有请求都必须送到同一台应用服务器，因为服务器要维护客户端会话的状态。例如，通过将来自一个特定 IP 地址的所有请求都路由到相同的应用服务器可以确保这种性质。然而，底层数据库是被所有应用服务器所共享的，因此用户看到的是数据库的一个一致性视图。

虽然上述体系结构确保应用服务器并不会成为瓶颈，但它无法防止数据库成为瓶颈，因为只有一个数据库服务器。为了避免数据库的过载，应用程序设计者经常使用高速缓存技术来减少对数据库请求的数量。此外，当数据库需要处理非常大量的数据或者非常重的查询负载时，可以使用并行数据库系统。可以通过 Web 服务 API 访问的并行数据存储系统在需要扩展到非常大量的用户的应用程序中也很流行。

9.8　应用程序安全性

应用程序安全性必须处理几个安全威胁和问题，这些威胁和问题超出了由 SQL 授权处理的范围。

必须要强制实施安全性的首要地方是在应用程序中。为此，应用程序必须对用户进行认证，并确保用户只允许执行被授权的任务。

由于应用程序代码写得不好，即使数据库系统本身是安全的，也存在许多方式可以使得应用程序的安全性遭受攻击。在本节中，我们首先介绍几种安全性漏洞，它们可以允许黑客采取行动来绕过应用程序所执行的身份认证和授权检查，并且我们将解释如何防止这种漏洞。之后，我们介绍用于安全认证以及用于细粒度授权的技术。然后，我们介绍审计追踪，它可以有助于从未经授权的访问和从错误的更新中恢复。最后，我们通过对数据隐私问题的介绍来结束本节。

9.8.1　SQL 注入

在 SQL 注入（SQL injection）攻击中，攻击者设法获得一个应用程序来执行由攻击者创建的 SQL 查询。在 5.1.1.5 节中，我们看过一个示例，如果将用户输入与一条 SQL 查询直接拼接到一起并提交给数据库，就会造成 SQL 注入漏洞。作为 SQL 注入漏洞的另一个示例，请考虑图 9-3 中所示的表单源文本。假设图 9-7 中所示的相应 servlet 采用以下 Java 表达式来创建一个 SQL 查询串：

String query = "select * from student where name like '%"
+ name + "%' "

其中 name 是包含由用户输入的字符串的变量，并继而在数据库上执行该查询。利用该 Web 表单的一个恶意攻击者则可以键入诸如 " ';<some SQL statement>; --"那样的字符串来替代一个有效的学生姓名，其中 <some SQL statement> 表示该攻击者所期望的任何 SQL 语句。然后该 servlet 将执行以下字符串：

select * from student where name like '%'; <some SQL statement>; - - %'

由攻击者插入的引号结束了该字符串，接着的分号终止了该查询，然后由攻击者插入的后续文本被解析为第二条 SQL 查询，而结束引号已经被注释掉了。这样，该恶意用户就成功插入了一条被应用程序执行的任意 SQL 语句。该语句可能导致严重的破坏，因为它可以绕过在应用程序代码中实现的所有安全措施，而在数据库上进行任意的操作。

　　正如在 5.1.1.5 节中所讨论的，为了避免这种攻击，最好使用预备语句来执行 SQL 查询。当设置预备语句的参数时，JDBC 会自动添加转义字符，从而使得用户提供的引号就不能再终止字符串了。也就是说，增加这种转义字符的功能也可以在将输入字符串拼接到 SQL 查询连接之前就对输入字符串使用，而不使用预备语句。

　　SQL 注入风险的另一个来源是基于表单中指定的选择条件和排序属性来动态创建查询的应用程序。例如，一个应用程序可能允许用户来指定应该使用哪个属性对一个查询的结果进行排序。基于指定的属性可以构造出一条相应的 SQL 查询。假设该应用程序从表单的 orderAttribute 变量中获得属性名，并创建一个如下所示的查询串：

String query = "select * from takes order by " + orderAttribute;

　　即使用于获得输入的 HTML 表单通过提供菜单来试图限定所允许的值，恶意用户仍可以发送一个任意的字符串来替代一个有意义的 orderAttribute 值。为了避免这种类型的 SQL 注入，应用程序应该在追加 orderAttribute 变量值之前确保它是所允许的值（在我们的示例中为属性名）。

9.8.2　跨站点脚本和请求伪造

　　一个允许用户输入诸如评论或姓名那样的文本，然后将其保存并在以后显示给其他用户的网站，很容易受到一种叫作**跨站点脚本**（Cross-Site Scripting，XSS）的攻击。在这种攻击中，恶意用户并不输入有效的姓名或评论，而是输入用诸如 JavaScript 或 Flash 那样的客户端脚本语言编写的代码。当另一个用户阅览所输入的文本时，浏览器会执行脚本，而脚本可能会进行一些操作，比如将私人的 cookie 信息发送给该恶意用户，甚至在该用户可能登录的另一个不同的 Web 服务器上执行操作。

　　例如，假设在该脚本执行的时候用户恰巧登录进他的银行账户。该脚本就可以将有关银行账户登录的 cookie 信息发送回恶意用户，而他就可以利用该信息连接到银行的 Web 服务器，欺骗它并使它相信该连接来自原始用户。或者，该脚本可以适当设置参数并访问银行网站上的相应网页来执行资金转账。事实上，即使不使用脚本而只采用这样的一行代码就能够使这种特定的问题发生：

```
<img src=
    "https://mybank.com/transfermoney?amount=1000&toaccount=14523">
```

假定 mybank.com/transfermoney 这个 URL 接受指定的参数并执行资金转账。这后一种漏洞又被称作**跨站点请求伪造**（Cross-Site Request Forgery）或 **XSRF**（有时也称作 **CSRF**）。

XSS 可以用其他的方式来实现，比如引诱用户访问有恶意脚本嵌入其网页的网站。还存在其他更加复杂的 XSS 或 XSRF 攻击类型，我们在此就不再细述。为了防止此类攻击，需要完成两件事。

- **防止你的网站被用来发动 XSS 或 XSRF 攻击。**

  最简单的技术就是禁止在用户输入的任何文本中有任何 HTML 标签。存在检测或去除所有这类标签的函数。这些函数可以用来防止 HTML 标签，并因此防止任何脚本被展示给其他用户。在有些情况下 HTML 格式是有用的，在这些情况下可以使用那种能够解析文本并允许受限的 HTML 结构但不允许其他危险结构的函数。这些函数必须小心地设计，因为如果在图片展示软件中存在一个能被发现的错误，有时包含一个跟图片一样无害的结构也可能是危险的。

- **防止你的网站被从其他站点发动的 XSS 或 XSRF 所攻击。**

  如果用户已经登录到你的网站，并访问了一个不同的易受 XSS 攻击的网站，那么在该用户的浏览器上执行的恶意代码可能在你的网站上执行操作，或者将与你的网站关联的会话信息发送回试图利用它的恶意用户。虽然无法完全阻止这种攻击，但是你可以采取几个步骤来将风险最小化。

  - HTTP 协议允许服务器检查一个页面访问的**引用页**（referer），也就是用户为了初始化页面访问而点击的链接所在网页的 URL。通过检查引用页是否有效，例如引用页 URL 是否是同一个网站上的网页，可以防止从用户访问的一个不同网页上发起的 XSS 攻击。

  - 除了只使用 cookie 来标识会话外，还可以将会话限制在它被原始验证的 IP 地址上。其结果是，即使一个恶意用户得到了 cookie，他也可能无法从一台不同的计算机登录进来。

  - 决不要使用 **GET** 方法来执行任何更新。这阻止了利用 <img src …> 的攻击，正如我们在前面所看到的。事实上，HTTP 标准指明 **GET** 方法不应该执行任何更新。

  - 如果使用类似 Django 那样的 Web 应用框架，请确保使用该框架提供的 XSRF/CSRF 保护机制。

9.8.3 密码泄露

应用程序开发人员必须处理的另一个问题是在应用程序代码的明文中保存密码。例如，诸如 JSP 脚本那样的程序通常在明文中包含密码。如果这种脚本被保存在一个 Web 服务器可以访问的目录中，那么一个外部用户就可能访问到该脚本的源码，并获取该应用程序所使用的数据库账户的密码。为了避免这种问题，许多应用服务器提供了以加密形式来保存密码的机制，在将密码传送给数据库之前服务器会对其解码。这种机制去除了在应用程序中将密码存储为明文的需求。然而，如果解码密钥也容易被暴露，这种方法就不完全有效了。

作为保护易受攻击的数据库密码的另一种措施，许多数据库系统允许将对数据库的访问限制在一个给定的网络地址集合中，通常是运行应用服务器的机器。企图从其他网络地址连接数据库会被拒绝。这样，除非恶意用户能够登录到应用服务器，否则即使他获取了对数据库密码的访问也无法造成任何破坏。

9.8.4 应用级认证

认证（authentication）是指验证连接到应用程序的人 / 软件的身份。最简单的认证形式是，当一个用户连接到应用程序时必须出示密码。遗憾的是，密码容易受到攻击，例如通过试猜或者通过嗅探网络中的数据包（如果密码没有被加密传送）。对于诸如网上银行账户那样的关键应用需要更为鲁棒的模式。加密就是更为鲁棒的认证方案的基础。通过加密的认证将在 9.9.3 节中讲述。

许多应用程序使用**双因素认证**（two-factor authentication），其中两个独立的因素（即信息或进程的片段）被用于识别一个用户。这两个因素不应该具有相同的弱点；例如，如果一个系统只需要两个密码，则两者都可能以同样的方式被泄露（例如通过网络嗅探，或通过用户所使用的计算机上的病毒）。虽然诸如指纹或虹膜扫描那样的生物识别技术可以被用于在认证位置处用户物理在场的情况，但是在跨网络时它们就意义不大了。

在大部分这种双因素认证方案中，密码被用作第一个因素。通过 USB 接口连接的智能卡或其他加密设备可用于基于加密技术的认证（参见 9.9.3 节），它们被广泛用作第二个因素。

（比如说）每分钟生成一个新的伪随机数的一次性密码设备也被广泛用作第二个因素。给每个用户一个这样的设备，并且为了进行自己的认证，用户必须输入在认证时由设备所显示的数字以及密码。每个设备生成一个不同的伪随机数的序列。应用服务器能够生成与给用户的设备相同的伪随机数序列，在认证时停在将显示的数字处，并验证数字是否匹配。此方案要求设备中的时钟和服务器中的时钟同步得相当紧密。

而第二个因素的另一种方式是，每当一个用户希望登录到应用程序时，给用户的手机（其号码是早先已注册的）发送一条包含（随机生成的）一次性密码的短信。用户必须拥有一部具有该号码的手机以接收短信，然后将一次性密码连同他的常规密码一起输入来进行认证。

值得注意的是：即使用双因素认证，用户可能仍然容易受到**中间人攻击**（man-in-the-middle attack）。在这种攻击中，一个试图连接到应用程序的用户被转到一个虚假网站，该网站接受用户的密码（包括第二因素密码），并立即使用该密码到原始应用程序中进行认证。在 9.9.3.2 节中描述的 HTTPS 协议被用于为用户认证网站（使得用户不会连接到一个虚假站点，并相信该虚假站点是预期的站点）。HTTPS 协议还对数据进行加密并防止中间人攻击。

当用户访问多个网站时，用户通常会因为不得不在每个网站分别认证而感到不快，而且通常每个网站的密码是不同的。有的系统允许用户向一个中央认证服务进行认证，并且其他网站和应用程序可以通过中央认证服务对用户进行认证；这样相同的密码就可以用来访问多个站点。LDAP 协议被广泛用于对单个组织机构内部的应用程序实现这种认证的中央点；一些组织机构实现了包含用户名和密码信息的 LDAP 服务器，并且应用程序使用 LDAP 服务器来对用户进行认证。

除了认证用户之外，中央认证服务还可以提供其他的服务，例如，给应用程序提供关于用户的信息，比如姓名、电子邮件以及地址信息。这样就不需要在每个应用中分别输入这些信息。正如 17.5.2 节中所述，LDAP 可以被用于这项任务。诸如 Microsoft 的 Active

Directories 那样的其他目录系统也提供了用于认证用户以及用于提供用户信息的机制。

单点登录（single sign-on）系统允许用户只认证一次，并且多个应用可以通过一个认证服务来对用户的身份进行验证，而不需要再次认证。换句话说，一旦用户登录到一个站点，他就不需要在使用相同的单点登录服务的其他站点处输入他的用户名和密码。这种单点登录机制已被长期用于诸如 Kerberos 那样的网络认证协议中，并且目前已经有对于 Web 应用程序的实现可用。

安全断言标记语言（Security Assertion Markup Language，SAML）是一种在不同的安全域之间用于交换认证和授权信息的协议，以便提供跨组织机构的单点登录。例如，假设一个应用程序需要给来自一所特定大学（比如说耶鲁）的所有学生提供访问。该大学可以建立一个基于 Web 的服务来执行认证。假设一位连接到该应用程序的用户具有诸如 joe@yale.edu 这样的用户名。该应用程序就将该用户转向耶鲁大学的认证服务而不直接对该用户进行认证，耶鲁大学的认证服务对该用户进行认证并随后告诉该应用程序该用户是谁，并且可能提供一些额外的信息，比如该用户的类别（学生或教师）或者其他相关的信息。该用户的密码以及其他认证因素不会被透露给该应用程序，并且该用户也不需要对该应用程序显式地注册。不过，当认证用户时，该应用程序必须信任大学的认证服务。

OpenID 协议是用于跨组织机构的单点登录的一种可替代方案，其工作方式类似于 SAML。**OAuth** 协议是另一种协议，它允许用户通过共享授权令牌来对特定资源的访问进行授权。

9.8.5　应用级授权

虽然 SQL 标准支持一种相当灵活的基于角色的授权系统（如 4.7 节中所述），但 SQL 授权模型在典型应用中在用户授权管理方面的作用还是非常受限的。例如，假设你希望所有学生都可以看到他们自己的成绩，但是看不到其他任何人的成绩。这样的授权就无法在 SQL 中表示，其原因至少包括两方面。

1. **缺乏终端用户信息**。随着 Web 规模的增长，数据库访问主要来自 Web 应用服务器。终端用户在数据库中通常并没有个人用户标识，并且实际上在数据库中可能只存在单个用户标识来对应于一个应用服务器的所有用户。因此，SQL 中的授权规范在上述场景中就无法使用。

   应用服务器能够认证终端用户，并继而将认证信息传递给数据库。在本小节中我们将假设 syscontext.user_id() 函数返回一个正在执行查询的应用程序用户的标识⊖。
2. **缺乏细粒度授权**。如果我们要授权学生只查看他们自己的成绩，授权必须是在单个元组的级别上的。在目前的 SQL 标准中这种授权是不可能的，SQL 标准只允许在整个关系或视图上，或者在关系或视图的指定属性上进行授权。

   我们可以通过为每名学生在 *takes* 关系上创建一个只显示该学生成绩的视图来绕过这种限制。虽然这样在理论上是可行的，但是这将会非常烦琐，因为我们需要为在大学中注册的每一名学生创建一个这样的视图，这是完全不切实际的⊖。

⊖ 在 Oracle 中，一个使用 Oracle 的 JDBC 驱动程序的 JDBC 连接可以使用 OracleConnection.setClient Identifier(userId) 方法来设置终端用户的标识，并且一个 SQL 查询可以使用 sys_context('USERENV', 'CLIENT_IDENTIFIER') 函数来检索用户的标识。

⊖ 数据库系统被设计用于管理大型关系，但是在对诸如视图这样的模式信息的管理方式中会假定数据量较小，以便增强整体性能。

一种可替代方式是创建一个形如

create view *studentTakes* **as**
select *
from *takes*
where *takes.ID*= *syscontext.user_id*()

的视图。随后用户被赋予对这个视图的权限，而不是对底层的 *takes* 关系的权限。然而，学生所执行的查询现在就必须在 *studentTakes* 视图上编写，而不是在原始的 *takes* 关系上编写，而且教师所执行的查询可能需要使用不同的视图。其结果是开发应用程序的任务变得更为复杂。

通常情况下，授权任务一般是完全在应用程序中执行的，会绕过 SQL 的授权机制。在应用程序级别，用户被授权访问特定的接口，并可能进一步被限制为只能查看或更新特定的数据项。

虽然在应用程序中执行授权给应用程序开发人员带来了很大的灵活性，但也存在一些问题：

- 检查授权的代码和应用程序的其他代码混合在一起。
- 通过应用程序代码实现授权，而不是在 SQL 中声明式地指定授权，这使得难以确保没有漏洞。由于一个疏忽，一个应用程序可能没有检查权限，从而导致未经授权的用户能够访问机密数据。

验证所有的应用程序都进行了所有必需的授权检查涉及通读所有应用服务器的代码，这在一个大型系统中是一项艰巨的任务。换句话说，应用程序有一个非常大的"表面积"，这使得保护应用程序的任务异常艰难。并且事实上，在各种实际生活应用中都发现了安全漏洞。

相反，如果一个数据库直接支持细粒度授权，则可以在 SQL 级别指定并强制实施授权策略，这样表面积就会小很多。即使一些应用接口无意中省略了所需的授权检查，SQL 级的授权也能够防止未经授权的操作的执行。

一些数据库系统提供了行级的授权机制，正如我们在 4.7.7 节中所看到过的。例如，Oracle 的**虚拟私有数据库**（Virtual Private Database，VPD）允许系统管理员将一个函数与一个关系相关联；该函数返回一个谓词，该谓词必须被加入任何一个使用该关系的查询中（对于被更新的关系可以定义不同的函数）。例如，通过使用我们用来获取应用程序用户标识的语法，对于 *takes* 关系的函数可以返回一个谓词，比如：

$$ID = sys\_context.user\_id()$$

这个谓词被加入使用 *takes* 关系的每个查询的 **where** 子句中。其结果是（假定应用程序将 *user_id* 的值设置为学生的 *ID*），每名学生只能看见他选修的课程所对应的元组。

正如我们在 4.7.7 节中所讨论的，像上面那样添加谓词的一个潜在的问题是，它可能会改变一个查询的含义。例如，如果一个用户编写了一条查询来查找所有课程的平均成绩，他最后将只能得到他的平均成绩，而非所有人的平均成绩。虽然系统对于重写的查询会给出"正确的"答案，但是用户可能认为这个答案与他所提交的查询并不对应。

PostgreSQL 和 Microsoft SQL Server 提供了与 Oracle VPD 类似的行级授权支持。有关 Oracle VPD、PostgreSQL 和 SQL Server 的行级授权的更多信息可以在它们各自的在线系统手册中找到。

9.8.6 审计追踪

审计追踪（audit trail）是对于应用程序数据的所有更改（插入、删除和更新）以及某些信息（诸如哪个用户执行了更改和什么时候执行的更改）的日志。如果应用程序的安全性被破坏了，或者即使安全性没有被破坏但是一些更新被错误地执行了，那么审计追踪能够帮助找出发生了什么，以及可能是由谁执行的操作，并且帮助修复由安全漏洞或错误更新所造成的损害。

例如，如果发现一名学生的成绩不正确，则可以检查审计日志，以找出该成绩是什么时候以及如何被更新的，并找出执行这个更新的是哪个用户。然后，大学还可以利用审计追踪来跟踪这个用户所执行的所有更新，从而找出其他的错误或欺骗性的更新并随后将它们更正。

审计追踪还可以用于探查安全漏洞，在安全漏洞中用户的账户易受到攻击并被入侵者访问。例如，在用户每次登录时，他可能被告知在审计追踪中从最近一次登录开始所做过的所有更新，如果用户发现一个更新并不是他所执行的，则有可能该账户已被攻击了。

可以通过在关系的更新操作上定义适当的触发器来创建一个数据库级的审计追踪（利用标识用户名和时间的系统定义变量）。然而，很多数据库系统提供了内置的机制来创建审计追踪，这样使用起来就更加方便了。创建审计追踪的具体细节随数据库系统的不同而不同，详细内容可参考数据库系统的用户手册。

数据库级的审计追踪对于应用来说通常是不够的，因为它们常常无法追踪到应用程序的终端用户是谁。另外，它是在一个较低级别以关系中元组更新的方式来记录更新的，而不是在较高级别以业务逻辑的方式来记录更新的。因此，应用程序通常创建一个更高级别的审计追踪，例如，记录由谁在何时执行了什么操作，以及请求是从哪个 IP 地址发起的。

一个相关的问题是如何保护审计追踪本身，防止它被破坏应用程序安全性的用户所修改或删除。一种可能的解决方案是将审计追踪拷贝到另一台入侵者无法访问的机器中，审计追踪中的每条记录一旦生成就被立即复制。更健壮的解决方案是使用如第 16 章中所述的区块链技术；区块链技术将日志存储在多台机器中，并使用散列机制，使得入侵者很难在未被检测到的情况下修改或删除数据。

9.8.7 隐私

在这个可以在线获取越来越多的个人数据的世界里，人们也越来越担心他们的数据隐私。例如，大多数人都希望他们的个人医疗数据保持私密而不会被公开暴露。然而，这些医疗数据又必须开放给治疗病人的医生和急救医疗技术人员。许多国家都具有针对这种数据隐私的法律，定义了数据在什么时候以及对谁可以公开。违反隐私法在某些国家可以导致刑事处罚。必须谨慎创建访问这种隐私数据的应用程序，谨记隐私法。

另一方面，聚集的隐私数据在许多任务中都可以扮演重要的角色，比如检测药物的副作用，或者发现流行病的蔓延。如何使这些数据可以为执行这种任务的研究人员所用，而又不侵犯个人的隐私，这是一个重要的现实问题。作为一个示例，假定一家医院隐藏了患者的姓名，但是给研究人员提供了患者的出生日期和邮政编码（这二者可能对研究人员都有用）。在很多情况下，仅使用这两条信息就可以唯一标识出患者（使用来自外部数据库的信息），从而侵犯了他的隐私。在这种特定情况下，一种解决方案是只提供地址和出生年份而不提供出生日期，这对于研究人员可能就足够了。但这提供不了足够的信息来唯一标识出大部分的人[◯]。

作为另一个示例，网站通常会收集个人数据，比如地址、电话、电子邮件以及信用卡信息。这种信息在执行交易时可能会需要，比如从商店购买商品。但是，顾客可能不希望这些信息被提供给其他组织机构，或者可能希望其中的部分信息（比如信用卡号）能够在一段时间之后被清除，以避免它们在出现安全漏洞时落入未经授权的人手中。许多网站允许客户指定他们的隐私偏好，并且这些网站随后必须确保遵守这些偏好设置。

9.9 加密及其应用

加密是指将数据转换成一种除非使用反向解密过程否则不可读的形式的过程。加密算法使用一个加密密钥来执行加密，并且它们需要一个解密密钥（它可以和加密密钥相同，这是由所使用的加密算法决定的）来执行解密。

加密最早用于传送消息，并使用一个只有发送者和预定接收者才知道的密钥来进行加密。即使消息被敌方截获，不知道密钥的敌方也无法解密和理解该消息。今天，加密被广泛用于在多种应用中保护传输中的数据，比如在网络上传输的数据，以及在移动电话网络上传输的数据。正如我们将在 9.9.3 节中所看到的，加密还被用于执行一些其他的任务，比如认证。

在数据库环境中，加密被用来以一种安全的方式存储数据，即使数据被一个未授权的用户所获取（例如，一个包含数据的笔记本电脑被盗），如果没有解密密钥，数据也无法被访问。

目前的许多数据库都存储了敏感的客户信息，比如信用卡号、姓名、指纹、签名以及身份标识号码（在美国就是社会保险号）。一个能对这种数据进行访问的罪犯可以将其用于各种非法活动，比如使用信用卡号购买商品，甚至以他人的名义申请信用卡。诸如信用卡公司这样的组织机构利用个人信息来识别谁在请求服务或商品。这种个人信息的泄露使得罪犯可以假冒其他人并获得服务和商品；这种假冒被称作**身份盗窃**（identity theft）。因此，存储这种敏感数据的应用程序必须非常仔细地保护它们不被盗用。

为了减少敏感信息被罪犯获取的机会，目前许多国家和州通过法律要求任何存储了这种敏感信息的数据库必须以加密的形式来存储信息。因此，一家不保护其数据的企业一旦发生数据盗用，就可能被追究刑事责任。因而，加密是任何存储这种敏感信息的应用程序的关键部分。

9.9.1 加密技术

用于数据加密的技术数不胜数。简单的加密技术可能无法提供足够的安全性，因为未经授权的用户可以轻易地将编码破译。作为弱加密技术的一个示例，请考虑用字母表中的下一个字母来替换每个字母的情况。这样，

Perryridge

就变成了

Qfsszsjehf

如果未授权用户仅仅看到 "Qfsszsjehf"，他可能还不具有充足的信息来破译该编码。然而，如果入侵者看到了大量加密后的分支名称，他就能够使用关于字母相对频率的统计数据来猜

[◯] 对于年纪特别大的人，由于比较稀少，即使只是出生年份加上邮政编码可能都足以唯一标识出一个人，所以对于 90 岁以上的人，可以提供一个取值范围，比如 90 岁及以上，而不是人的实际年龄。

测所做的是何种替换（例如，E 是在英语文本中最常用的字母，接下来是 T、A、O、N、I 等）。

一种好的加密技术具有如下性质：

- 对于授权用户而言加密数据和解密数据是相对简单的。
- 加密技术不应该依赖于算法的保密，而应该依赖于被称作加密密钥（encryption key）的算法参数，该密钥用于加密数据。在**对称密钥**（symmetric-key）加密技术中，加密密钥也用于解密数据。相反，在**公钥**（public-key，也称作**非对称密钥**（asymmetric-key））加密技术中，存在公钥和私钥两种不同的密钥，分别用于加密和解密数据。
- 即使入侵者已经访问到加密的数据，但确定其解密密钥仍然是极其困难的。在非对称密钥加密的情况下，即使已有公钥，但推断出私钥也是极其困难的。

高级加密标准（Advanced Encryption Standard，AES）是一种对称密钥加密算法，它作为一种加密标准于 2000 年被美国政府所采用，并且目前被广泛使用。该标准基于 **Rijndael 算法**（是根据发明人 V. Rijmen 和 J. Daemen 来命名的）。该算法每次在一个 128 位的数据块上操作，而密钥的长度可以是 128、192 或 256 位。该算法运行一系列步骤，以一种在解码时可逆的方式将数据块中的位打乱，并将其与一个从加密密钥中导出的 128 位的"轮密钥"执行异或操作。对于每一个待加密的数据块都从加密密钥生成一个新的轮密钥。在解密过程中，再次根据加密密钥来生成轮密钥，并且逆转加密过程以便恢复出原始数据。一种称作**数据加密标准**（Data Encryption Standard，DES）的早期标准于 1977 年被采用，并在早期被广泛使用。

对于任意对称密钥加密模式的使用，授权用户必须通过一种安全机制来得到加密密钥。这种要求是一大弱点，因为该模式的安全性并不比加密密钥传送机制的安全性高。

公钥加密（public-key encryption）是另一种可替代模式，它避免了对称密钥加密技术所面临的一些问题。它基于两种密钥：一种是公钥（public key），另一种是私钥（private key）。每个用户 U_i 有一个公钥 E_i 和一个私钥 D_i。所有公钥都是公开的：任何人都可以看到它们。每个私钥都只被拥有它的那一个用户所知。如果用户 U_1 想要存储加密的数据，U_1 就使用公钥 E_1 加密该数据。解密需要使用私钥 D_1。

因为加密密钥对于每个用户是公开的，所以有可能通过这种模式来安全地交换信息。如果用户 U_1 希望与 U_2 共享数据，那么 U_1 就使用 U_2 的公钥 E_2 来加密数据。由于只有用户 U_2 知道如何对该数据解密，所以信息可以被安全地传送。

在给定公钥的情况下，要使公钥加密发挥作用，必须有一种加密模式使得推断出私钥是不可行（也就是说，极其困难）的。这样的模式确实存在，并且建立在如下条件的基础之上：

- 存在一种高效算法用于测试一个数是否为素数。
- 对于求解一个数的素数因子没有高效的算法。

为了这一模式，数据被看作一组整数。我们通过计算两个大型素数 P_1 和 P_2 的积来创建公钥。私钥由 (P_1, P_2) 对构成。如果只知道乘积 P_1P_2，则解密算法无法成功使用；它需要 P_1 和 P_2 单独的值。由于公开的只是乘积 P_1P_2，未授权用户为了窃取数据就需要对 P_1P_2 做因数分解。通过将 P_1 和 P_2 选得足够大（超过 100 位），我们可以使对 P_1P_2 进行因数分解的代价高得令人望而却步（即使在最快的计算机上，计算时间也需要以年来计算）。

关于公钥加密的细节以及这项技术性质的数学证明请参见参考文献。

尽管通过这种模式的公钥加密是安全的，但是它的计算代价非常昂贵。一种广泛用于安全通信的混合模式如下：随机产生一个对称加密密钥（例如基于 AES），使用公钥加密模式以一种安全的方式进行交换，并使用该密钥对其后传输的数据进行对称密钥加密。

字典攻击（dictionary attack）的可能性使得对于诸如标识或名称那样的小值的加密变得复杂，特别是在加密密钥公开可用的情况下。例如，如果出生日期域被加密了，那么当一个攻击者试图对一个特定的加密值 e 进行解密时，他可以试着对每个可能的出生日期进行加密，直到找到一个出生日期，其加密后的值与 e 匹配。即使加密密钥不是公开可用的，也可以利用数据分布的统计信息来确定一个加密的值在某些情况下代表什么，比如年龄或地址。例如，如果在数据库中 18 岁是最普遍的年龄，则加密后的年龄值中出现最多的通常可被推断出代表 18。

可以通过在加密之前往值的末尾添加额外随机位（并在解密后将其移除）来防止字典攻击。这种额外的位在 AES 中被称为**初始化向量**（initialization vector），或在其他情况下被称为 salt 位，它能针对词典攻击提供良好的保护。

9.9.2 数据库中的加密支持

如今，许多文件系统和数据库系统都支持数据加密。这种加密保护数据免受那些能够访问数据却无法访问解密密钥的人的攻击。在文件系统加密的情况下，待加密的数据通常是大型文件以及包含关于文件信息的目录。

而在数据库的情况下，加密可以在多个不同的级别上进行。在最低的级别上，使用对于数据库系统软件可用的密钥，可以加密包含数据库数据的磁盘块。当从磁盘上获取一个块时，先将其解密然后再以平常的方式使用。这种磁盘块级别的加密抵御了那些能访问磁盘内容但不能访问加密密钥的攻击者。

在下一个更高的级别上，可以用加密的形式来存储关系中指定的（或所有的）属性。在这种情况下，关系的每个属性可以具有不同的加密密钥。目前，许多数据库支持特定属性级别上的加密以及整个关系或者数据库中所有关系的级别上的加密。对指定属性的加密通过允许应用程序只对包含诸如信用卡号那样的敏感值的属性进行加密来最小化解密的开销。正如前面所述，加密还需要使用额外的随机位来防止词典攻击。然而，数据库通常并不允许主码和外码属性被加密，并且它们并不支持在加密属性上的索引。

为了访问加密的数据，显然需要一个解密密钥。单个主加密密钥可以用于所有的加密数据；在属性级别的加密中，可以对不同的属性使用不同的加密密钥。在这种情况下，可以将对于不同属性的解密密钥保存在一个文件或关系中（通常被称为"钱夹"），它本身也用主密钥来加密。

因而一个需要访问加密属性的数据库连接必须提供主密钥；除非提供主密钥，否则该连接将无法访问加密的数据。主密钥应该保存在应用程序中（通常在另一台不同的计算机上），或者由数据库用户记住，并在用户连接到数据库时提供。

数据库级别的加密具有需要相对小的时间和空间开销，并且不需要对应用进行修改的优点。例如，如果笔记本电脑数据库中的数据需要防范偷取电脑的窃贼，就可以使用这种加密。类似地，访问数据库备份磁带的人，如果不知道解密密钥则不能访问备份中所包含的数据。

在数据库中执行加密的另一种可替代方案是在数据被发送到数据库之前对其加密。于是，应用必须在将数据发送给数据库之前对其加密，并且当获取到数据时对其解密。与在数据库系统中执行加密不同，这种数据加密方法需要对应用程序进行大量的修改。

9.9.3   加密和认证

基于密码的认证被广泛应用于操作系统以及数据库系统。然而，使用密码具有一些缺陷，特别是在网络上的时候。如果一个窃听者能够"嗅探"网络上传送的数据，那么当密码在跨网络传送时他就可能发现密码。一旦窃听者具有一个用户名和密码，他就可以假装成合法用户连接到数据库。

一种更为安全的机制涉及**问答**（challenge-response）系统。数据库系统发送一个询问字符串给用户，用户用一个密码作为加密密钥对该询问字符串进行加密，然后返回结果。数据库系统可以通过用同样的密码将字符串解密并检查结果是不是和原始的询问字符串相同来验证用户的身份。这种方案确保没有密码会跨网络传输。

公钥系统可以在问答系统中被用作加密。数据库系统使用用户的公钥来加密询问字符串，并把它发送给用户。用户使用他的私钥对该字符串进行解密，并把结果返回给数据库系统。数据库系统随后检查该应答。这种方案所具有的额外优势是，它不在数据库中存储可能被系统管理员所看到的密码。

将用户的私钥存储在计算机（即使是个人计算机）上是有风险的：如果该计算机受到攻击，该密钥可能会暴露给攻击者，该攻击者随后就可以假冒该用户。**智能卡**（smart card）对于这个问题提供了一种解决方案。在一个智能卡中，密码可以存储在一个嵌入的芯片上；智能卡的操作系统保证该密码绝对不会被读取，但是它允许数据被发送至卡上，以便使用私钥⊖来进行加密或解密。

9.9.3.1   数字签名

公钥加密的另一个有趣的应用是用来验证数据真实性的**数字签名**（digital signature）；数字签名扮演了文档上物理签名的电子角色。私钥被用来对数据"签名"，即对数据加密，并且签名后的数据可以被公开。任何人都可以通过使用公钥解密数据来验证该签名，但没有私钥的人无法生成签名的数据。（请注意在这种模式中公钥和私钥角色的互换。）这样，我们就可以对该数据进行**认证**（authenticate）；也就是说，我们可以验证该数据确实是由应该创建这些数据的人所创建的。

另外，数字签名也可以用来确保**不可否认性**（nonrepudiation）。也就是说，在一个人创建了数据之后声称他并没有创建它们（声称没有签署支票的电子等价物）的情况下，我们可以证明那个人肯定创建了该数据（除非他的私钥被泄露给了其他人）。

9.9.3.2   数字证书

通常认证是一个双向的过程，其中一对交互实体的双方都要向对方认证自己的身份。为了防止一个恶意的站点冒充一个合法的网站，即使当客户端联系网站时，这种成对的认证也是必要的。例如，如果网络路由器被攻击了，并且数据被重新路由到恶意站点的时候，这种冒充就可能发生。

对于用户来说，为了确保与真实的 Web 站点交互，他必须拥有该站点的公钥。这带来了一个问题：用户如何获得公钥——如果公钥存储在该网站上，恶意站点也可以提供一个不同的密钥，并且用户将无法验证所提供的公钥本身是否真实。认证可以通过**数字证书**（digital certificate）系统来处理，其中公钥由一个其公钥公开的认证机构来签名。例如，根认证机构的公钥被保存在标准的 Web 浏览器中。由它们颁发的证书可以通过使用保存的公钥来验证。

⊖ 智能卡也提供其他功能，比如数字化现金存储和支付功能，不过这与我们的内容无关。

两级系统会将证书创建这一巨大负担压到根认证机构上，因此采用多级系统来取而代之，多级系统有一个或多个根认证机构，并在每个根认证机构下有一棵认证机构树。每个机构（除了根机构之外）都有一个其父机构所颁发的数字证书。

由认证机构 A 颁发的一个数字证书由一个公钥 K_A 和一个加密文本 E 构成，通过使用公钥 K_A 可以对 E 进行解密。该加密文本包括被颁发证书的团体的名称以及它的公钥 K_C。在认证机构 A 不是根认证机构的情况下，该加密文本还包含由其父认证机构颁发给 A 的数字证书；这个证书认证了密钥 K_A 本身。（该证书可能依次包含来自更上一级父机构的证书，如此等等。）

为了验证一个证书，通过使用公钥 K_A 解密加密文本 E 从而获得团体的名称（即拥有该网站的组织机构的名称）；另外，如果 A 不是一个根机构，其公钥对于验证者是已知的，那么公钥 K_A 会通过使用 E 中所包含的数字证书进行递归验证；在到达由根机构颁发的证书时递归终止。对证书的验证建立起了一条链，通过该链来认证特定的站点，并且提供该站点的名称以及认证的公钥。

数字证书被广泛用于为用户认证网站，以防止恶意站点冒充其他网站。在 HTTPS 协议（HTTP 协议的安全版本）中，站点向浏览器提供它的数字证书，然后浏览器将证书显示给用户。如果用户接受了该证书，浏览器就使用所提供的公钥来加密数据。一个恶意的站点能够访问该证书，但是却不能访问私钥，因此无法解密由浏览器所发送的数据。只有拥有相应私钥的真实站点才能够解密由浏览器发送的数据。我们注意到加密和解密公钥 / 私钥的代价要远远高于使用对称私钥进行加密 / 解密的代价。为了减少加密代价，HTTPS 实际上在认证之后创建了一个一次性的对称密钥，并在剩余的会话中采用该对称密钥来加密数据。

数字证书也可以被用于认证用户。用户必须向站点提交一个包含其公钥的数字证书，站点验证该证书是由一个可信的机构签发的。然后该用户的公钥则可以被用在问答系统中，以确保该用户拥有相应的私钥，并以此认证该用户。

9.10 总结

- 自 20 世纪 60 年代以来使用数据库作为后端并与用户交互的应用程序一直在使用。应用程序体系结构在此期间不断发展。目前，大多数应用程序都使用 Web 浏览器作为它们的前端，并使用数据库作为它们的后端，中间还有一个应用服务器。
- HTML 提供了定义将超链接与表单功能相结合的界面的能力。Web 浏览器通过HTTP 协议与 Web 服务器进行通信。Web 服务器可以将请求传递给应用程序，并将结果返回给浏览器。
- Web 服务器执行应用程序来实现所需的功能。servlet 是一种广泛使用的机制，为了减少开销，它被用于编写能够作为 Web 服务器进程的一部分来运行的应用程序。还存在很多由 Web 服务器解释并作为 Web 服务器的一部分来提供应用程序功能的服务器端脚本语言。
- 存在几种客户端脚本语言——Javascript 的使用最为广泛——它们在浏览器端提供更丰富的用户交互。
- 复杂的应用程序通常具有多层的体系结构，包括一个实现业务逻辑的模型、一个控制器以及一个用于显示结果的视图机制，可能还包括一个实现了对象－关系映射的数据访问层。许多应用程序实现并使用 Web 服务，允许在 HTTP 上调用函数。
- 使用诸如高速缓存各种表单那样的技术（包括查询结果的高速缓存和连接池）以及并

行处理技术来提高应用程序的性能。

- 应用程序开发人员必须密切注意安全问题以防止受到攻击,比如 SQL 注入攻击和跨站点脚本攻击。
- SQL 授权机制是粗粒度的,并且对于处理大量用户的应用程序只具有有限的价值。目前,应用程序完全在数据库系统之外实现了细粒度的、元组级别的授权,以处理大量的应用程序的用户。提供元组级访问控制和处理大量应用程序用户的数据库扩展已经被开发出来,但还没有成为标准。
- 保护数据的隐私是数据库应用的一项重要任务。许多国家都有法律规定来保护特定类型的数据,比如信用卡信息或医疗数据。
- 加密在保护信息以及在认证用户和网站中扮演了关键的角色。对称密钥加密和公钥加密是两种相对的但却被广泛应用的加密方法。在许多国家和州,对存储在数据库中的特定敏感数据的加密是法律要求的。
- 加密还在为应用程序认证用户、为用户认证网站以及认证数字签名方面扮演了关键的角色。

术语回顾

- 应用程序
- 数据库的 Web 界面
- 超文本标记语言(HTML)
- 超链接
- 统一资源定位符(URL)
- 表单
- 超文本传输协议(HTTP)
- 无连接协议
- cookie
- 会话
- servlet 及 servlet 会话
- 服务器端脚本
- Java 服务器页面(JSP)
- PHP
- 客户端脚本
- JavaScript
- 文档对象模型(DOM)
- Ajax
- 渐进式 Web 应用
- 应用程序体系结构
- 表示层
- 模型-视图-控制器(MVC)体系结构
- 业务逻辑层
- 数据访问层
- 对象-关系映射
- Hibernate
- Django
- Web 服务
- RESTful Web 服务
- Web 应用程序框架
- 连接池
- 查询结果高速缓存
- 应用程序安全性
- SQL 注入
- 跨站点脚本(XSS)
- 跨站点请求伪造(XSRF)
- 认证
- 双因素认证
- 中间人攻击
- 中央认证
- 单点登录
- OpenID
- 授权
- 虚拟私有数据库(VPD)
- 审计追踪
- 加密
- 对称密钥加密
- 公钥加密
- 字典攻击
- 问答
- 数字签名
- 数字证书

实践习题

9.1 虽然 Java 程序通常要比 C 或 C++ 程序运行得慢，但 servlet 却比使用公共网关接口（Common Gateway Interface，CGI）的程序性能要好的主要原因是什么？

9.2 请列出无连接协议相于保持连接的协议的优点与缺点。

9.3 请考虑一个未经仔细编写的、用于在线购物站点的 Web 应用程序，它将每种商品的价格以隐藏的表单变量的形式保存在发送给客户的网页中；当客户提交表单时，来自隐藏表单变量的信息被用于计算该客户的账单。这种方案中的漏洞在哪里？（存在一个真实的例子，在问题被检测出来并解决之前，在线购物站点的一些客户利用了其中的漏洞。）

9.4 请考虑未经仔细编写的另一个 Web 应用程序，它使用一个 servlet 来检查是否存在活跃的会话，但并不检查用户是否被授权访问该页面，而只依靠指向页面的链接只显示给已授权用户这样的事实。这种方案的风险是什么？（存在一个真实的例子，一所大学的招生站点的申请者在登录该网站后，利用这个漏洞查看了他们并没有被授权查看的信息；然而，该未授权的访问被检测出来了，并且访问该信息的人被取消了录取资格。）

9.5 为什么使用 try-with-resources (try (…){ … }) 语法打开 JDBC 连接很重要？

9.6 请列出使用高速缓存来提高 Web 服务器性能的三种方式。

9.7 netstat 命令（在 Linux 和 Windows 上可用）可以显示一台计算机上活跃的网络连接。请解释如何使用这条命令来确定一个特定的网页是否没有关闭它所打开的连接，或者是否使用了连接池但没有将连接返回给连接池。应该考虑到使用连接池的时候连接可以不立即关闭的事实。

9.8 对于 SQL 注入漏洞的检测：
a. 请提议一种用于检测应用程序的方法，以确定它在文本输入上是否容易受到 SQL 注入攻击。
b. SQL 注入可否与除文本框之外的 HTML 输入形式一起发生？如果可以，你将如何检测出漏洞呢？

9.9 为了安全性，一个数据库关系可能对某些属性的值加密。数据库系统为什么不支持加密属性上的索引呢？用你对这个问题的答案来解释为什么数据库系统不允许对主码属性进行加密。

9.10 实践习题 9.9 解决了对特定属性进行加密的问题。然而，一些数据库系统支持对整个数据库的加密。请解释实践习题 9.9 中出现的问题在整个数据库被加密的情况下该如何避免。

9.11 假设某人假冒一家公司并得到了证书授予机构所颁发的证书。这对于被假冒公司所认证的事物（例如购买订单或者程序）以及对于其他公司所认证的事物各有什么影响？

9.12 任何数据库系统中最重要的数据项或许就是用来控制对数据库进行访问的密码。请为密码的安全存储设计一种方案，确保你的方案允许系统检测由试图登录到系统中的用户提供的密码。

习题

9.13 请为下面这个非常简单的应用编写一个 servlet 以及关联的 HTML 代码：允许用户提交一个表单，该表单中包含一个值，比如 n，并且应该得到包含 n 个 "*" 符号的响应。

9.14 请为下面这个简单的应用编写一个 servlet 以及关联的 HTML 代码：允许用户提交一个表单，该表单包含一个数字，比如 n，并且应该得到一个响应来说明 n 值在此前已经被提交的次数。每个值此前已经被提交的次数应当存储在数据库中。

9.15 请编写一个对用户进行认证的 servlet（基于存储在数据库关系中的用户名和密码），并在认证通过之后设置一个名为 *userid* 的会话变量。

9.16 什么是 SQL 注入攻击？请解释它的工作原理，以及必须采取什么预防措施来防止 SQL 注入攻击。

9.17 请编写管理连接池的伪码。你的伪码中必须包括一个创建连接池的函数（提供数据库连接字符串、数据库用户名和密码作为参数），一个从连接池请求连接的函数，一个将连接释放给连接池的函数以及一个关闭连接池的函数。

9.18 请解释术语 CRUD 和 REST。

9.19 目前许多网站都使用 Ajax 来提供丰富的用户界面。请列出两种特征，其中的每一种都不需要查看源码即可表明一个站点是否使用了 Ajax。请利用上述特征来找到三个使用 Ajax 的站点；你可以查看页面的 HTML 源码来检验该网站是否真的使用了 Ajax。

9.20 XSS 攻击：

a. XSS 攻击是什么？

b. 如何使用引用页域来检测 XSS 攻击？

9.21 什么是多因素认证？它是如何有助于防止密码被盗的？

9.22 请考虑 9.8.5 节中所讲述的 Oracle 虚拟私有数据库（Virtual Private Database，VPD）功能，以及一个基于我们的大学模式的应用程序。

a. 应该生成什么谓词（使用子查询）来允许每位教师只看见和他们所讲授的课程段相对应的 *takes* 元组？

b. 请给出一个 SQL 查询，使得添加了谓词的查询的结果是未添加谓词的原始查询结果的一个子集。

c. 请给出 一个 SQL 查询，使得添加了谓词的查询的结果中包含这样一个元组——它不在未添加谓词的原始查询的结果中。

9.23 对存储在数据库中的数据进行加密有哪两种好处？

9.24 假定你希望对 *takes* 关系的变化创建一个审计追踪：

a. 定义触发器来建立审计追踪，把日志信息记入一个关系，比如叫作 *takes_trail*。日志信息应该包括用户标识（假设 user_id() 函数提供此信息）和一个时间戳，此外还包括旧值与新值。你还必须提供 *takes_trail* 关系的模式。

b. 上述实现是否能保证由恶意数据库管理员（或者那些设法得到管理员密码的人）所做的更新也会在审计追踪里。请解释你的答案。

9.25 黑客能够欺骗你相信他们的网站实际上是你所信任的一个网站（比如一家银行或者信用卡网站）。这可以通过误导性的电子邮件，甚至通过入侵到网络基础设施并将目的地为（比如说）mybank.com 的网络流量重新路由到黑客的站点来实现。如果你在黑客的站点上输入你的用户名和密码，该站点就会把它记录下来，以后就能用它来侵入你在真实站点处的账户。当你使用一个诸如 https://mybank.com 那样的 URL 时，HTTPS 协议可以用来防止这样的攻击。请解释该协议如何使用数字证书来验证站点的真实性。

9.26 请解释什么是用于认证的问答系统。为什么它比传统的基于密码的系统更安全？

项目建议

下面每个都是大型的项目，可以由一组学生在一个学期内完成。项目的难度可以通过增加或者减少功能来容易地调整。

你可以为你的项目选择要么使用 HTML5 的 Web 前端，要么使用 Android 或 iOS 上的移动前端。

项目 9.1 请挑选一个你最喜爱的交互式网站，比如 Bebo、Blogger、Facebook、Flickr、Last. FM、Twitter、WikiPedia；这些只是示例，还有更多其他的交互式网站。这些网站中的大部分管理着大量的数据，并使用数据库来存储和处理这些数据。请实现一个你挑选的网站的功能的子集。即使实现这种网站的功能的一个有意义的子集也远远超过了一个课程项目的范畴，不过可以找出一组有趣的功能来实现，小到适合一个课程项目即可。

目前流行的大部分网站都大量使用 JavaScript 来创建丰富的界面。由于搭建这种界面非常耗时，因此至少在最初阶段你可能会希望在你的项目中有节制地使用它，然后在时间允许的情况下再给你的界面添加更多的功能。

请利用 Web 应用程序开发框架或者网上可用的 JavaScript 库，比如 jQuery 库，来加快你的前端开发。另一种可替代方案是，在 Android 或 iOS 上作为移动应用来实现该应用程序。

项目 9.2 请创建一个"混搭网站"，它使用诸如 Google 或 Yahoo 地图 API 那样的 Web 服务来创建一个交互式网站。例如，这些地图 API 提供了一种在网页上展示地图，并在地图上重叠其他信息的方式。你可以实现一个餐馆推荐系统，使用用户贡献的有关餐馆的信息，比如位置、风味、价格范围以及评级。用户搜索的结果可以在地图上显示。你可以允许类似 Wikipedia 的功能，比如允许用户添加信息并编辑由其他用户添加的信息，以及可以剔除恶意更新的评级监督。你还可以实现社区功能，比如给由你的朋友提供的评级更高的权重。

项目 9.3 你的大学可能使用了一个课程管理系统，比如 Moodle、Blackboard 或 WebCT。请实现这种课程管理系统的一个功能子集。例如，你可以提供作业提交和评分的功能，包括用于学生和教师 / 助教讨论一份特定作业的评分的机制。你还可以提供问卷调查或其他机制来获得反馈。

项目 9.4 请考虑实践习题 7.3（见第 7 章）中的 E-R 模式，它代表某个联赛中关于各队的信息。请设计并实现一个基于 Web 的系统来输入、更新和查看这些数据。

项目 9.5 请设计并实现一个购物车系统，该系统可以让买者将商品收集到购物车中（你可以决定为每种商品提供什么样的信息），最后一起购买。你可以扩展并使用第 7 章的习题 7.21 的 E-R 模式。你应该检查商品是否有货，并用你觉得适合的方式来处理商品缺货的情况。

项目 9.6 请设计并实现一个基于 Web 的系统来记录某所大学中学生的课程注册信息和课程成绩信息。

项目 9.7 请设计并实现一个系统，它允许记录课程表现信息——具体来说，即每名学生在一门课程的每次作业或考试中所得到的分数，以及对各项成绩进行（加权）求和而得到的课程总成绩。作业 / 考试的数量不预先定义；也就是说，任何时候都可以增加更多的作业或考试。该系统还应该支持等级评定，允许对于不同的等级指定切分点。

你可能希望将它与项目 9.6 中的学生注册系统（可能是由另一个项目组实现的）集成在一起。

项目 9.8 请设计并实现一个基于 Web 的系统，用来在你的大学中预订教室。它必须支持周期性的预订（整个学期中每周固定的天 / 时间），还应该支持在周期性预订中取消指定的讲课。

你可能希望将它与项目 9.6 中的学生注册系统（可能是由另一个项目组实现的）集成在一起，这样可以为课程预订教室，并且取消的讲课或额外增加的讲课可以在单个界面上看到，还会反映到教室的预订中，然后系统通过电子邮件联系学生。

项目 9.9 请设计并实现一个系统来管理在线的多项选择题考试。它应该支持考题的分布式提供（比如由助教提供），负责该课程的教师可以编辑考题，并且可以从可用的考题集合中创建试卷。它还应该能够在线管理考试，要么让所有学生都在一个固定的时间参加考试，要么让学生在任何时间都可以考试，但是从开始到结束有一个时间限制（可以支持一种或者两种都支持），并且在规定时间结束时系统可以向学生反馈他们的成绩。

项目 9.10 请设计并实现一个系统来管理电子邮件客户服务。到达的电子邮件进入一个公共的缓冲池中。有一组客户服务代理来答复电子邮件。如果某封电子邮件是正在答复的序列的一部分（用电子邮件的 in-reply-to 域来跟踪），那么这封邮件最好由早先答复过它的那个相同的代理来答复。系统应该跟踪所有到达的邮件和答复，这样代理可以在答复一封电子邮件之前看到客户的提问历史。

项目 9.11 请设计并实现一个简单的电子商场，该电子商场可以在各种类别下（应该形成一种层次结构）列出用于销售或用于购买的商品。你可能还希望支持提醒服务：用户可以在一个特定类别中注册感兴趣的商品，也许还带有一些其他限制，但不用公开展示他的兴趣，并且当这样的商品被列出销售时用户就会接到通知。

项目 9.12 请设计并实现一个基于 Web 的系统来管理一个比赛。许多人会来注册并可能被给予一个初始排名（可能基于以前的表现）。任何人都可以通过比赛挑战其他人，系统会按照比赛结果来调整排名。一种用于调整排名的简单系统仅仅是当胜者原先排在败者后面时，在排名次序中将胜者移到败者的前面。你也可以尝试构建更加复杂的排名调整系统。

项目9.13　请设计并实现一个出版物列表服务。该服务应该允许输入有关出版物的信息，例如标题、作者、年份、出版物出现的地方以及页数。作者应该是具有诸如姓名、机构、部门、电子邮件、地址和主页那样的属性的单独实体。

你的应用程序应该支持相同数据上的多种视图。例如，你应该提供一位给定作者的所有出版物（比如按年份排序），或者提供来自一家给定机构或部门的作者的所有出版物。你还应该支持在整个数据库上以及在每个视图内通过关键字进行搜索。

项目9.14　任何组织机构中的一项常见任务是从一组人那里收集结构化的信息。例如：一位经理可能需要让职员输入他们的休假计划；一位教授可能希望从学生中收集关于一个特定主题的反馈；一名组织活动的学生可能希望允许其他学生来注册活动；或者某人可能希望针对某个主题进行在线投票。Google Forms 可以用于此类活动；你的任务是创建与 Google Forms 类似的内容，但需要对谁可以填写表单进行授权。

具体地说，请建立一个允许用户轻松创建信息收集活动的系统。当创建一个活动时，该活动的创建者必须定义谁有资格参与；为了达到这个目的，你的系统必须维护用户信息，并且允许定义用户子集的谓词。活动的创建者应当能够指定用户需要提供的一组输入（具有类型、默认值和有效性检查）。活动应当有一个关联的截止时间，并且系统应该能够向尚未提交其信息的用户发送提醒。活动创建者可以选择基于指定的日期 / 时间来自动强制实施截止时间，或者选择登录系统然后宣布截止时间结束。应该生成对于提交的信息的统计信息——为了做到这一点，应当允许活动创建者在输入的信息上创建简单的汇总信息。活动创建者可以选择将某些汇总信息公开以让所有用户都能查看，要么是持续地公开（比如有多少人已经响应），要么是在截止期之后公开（比如平均回馈分值是多少）。

项目9.15　请使用 jQuery 建立一个函数库来简化 Web 界面的创建。你必须至少实现下面的函数：显示 JDBC 结果集（具有表格形式）的函数，创建不同类型的文本和数值输入（带有验证规则，比如对输入类型和可选范围的验证，通过适当的 JavaScript 代码在客户端强制实施）的函数，基于结果集创建菜单项的函数。还需要实现函数来获得对于指定关系的指定字段的输入，并确保在客户端能够强制实施诸如类型和外码约束那样的数据库约束。外码约束还可以用于提供自动补全或者下拉菜单，以简化对于字段的数据输入任务。

要得到加分，请支持 CSS 样式，允许用户更改诸如颜色和字体那样的样式参数。请建立一个数据库应用样例来说明这些函数的使用。

项目9.16　请设计并实现一个基于 Web 的多用户日历系统。该系统需要追踪每个人的约会，包括诸如周会那样的多发事件，以及共享事件（事件创建者所做的更新将反映至所有分享该事件的那些人）。请给多用户事件的调度提供界面，事件的创建者可以添加受邀参与该事件的许多用户。请为事件提供电子邮件通知。要得到加分，可以实现一个 Web 服务，该服务可以被用在客户机上运行的提醒程序中。

工具

有几种集成开发环境（Integrated Development Environment，IDE）为 Web 应用程序开发提供支持。Eclipse（www.eclipse.org）和 Netbeans（netbeans.org）是流行的开源 IDE。IntelliJ IDEA（www.jetbrains.com/idea/）是一个流行的商用 IDE，它为学生、教师和非商用的开源项目提供免费许可。Microsoft 的 Visual Studio（visualstudio.microsoft.com）还支持 Web 应用程序开发。所有这些 IDE 都支持与应用服务器的集成，以允许直接从 IDE 执行 Web 应用程序。

Apache Tomcat（jakarta.apache.org）、Glassfish（javaee.github.io/glassfish/）、JBoss 企业应用平台（developers.redhat.com/products/eap/overview/）、WildFly（wildfly.org，它是 JBoss 的社区版）和 Caucho's Resin（www.caucho.com）是支持 servlet 与 JSP 的应用服务器。Apache 的 Web 服务器（apache.org）是当今使用最广泛的 Web 服务器。Microsoft 的 IIS（Internet 信息服务）是一种广泛用于 Microsoft Windows 平台的 Web 兼应用服务器，它支持 Microsoft 的 ASP.NET（msdn.microsoft.com/asp.net/）。

jQuery JavaScript 库（jquery.com）是用于创建交互式 Web 界面的最广泛使用的 JavaScript 库之一。

安卓 Studio（developer.android.com/studio/）是一个广泛用于开发安卓应用的 IDE。来自 Apple 公司的 XCode（developer.apple.com/xcode/）和 AppCode（www.jetbrains.com/objc/）是用于 iOS 应用程序开发的流行的 IDE。基于 Dart 语言的 Google 的 Flutter 框架（flutter.io）和基于 JavaScript 的 Facebook 的 React Native（facebook.github.io/react-native/）是支持跨安卓和 iOS 的跨平台应用程序开发的框架。

开放的 Web 应用程序安全项目（Open Web Application Security Project，OWASP，www.owasp.org）提供了与应用程序安全性相关的各种资源，包括技术文章、指南和工具。

延伸阅读

www.w3schools.com/html 上的 HTML 教程和 www.w3schools.com/css 上的 CSS 教程是用于学习 HTML 和 CSS 的好资源。关于 Java Servlet 的教程可以在 docs.oracle.com/javaee/7/tutorial/servlets.htm 上找到。www.w3schools.com/js 上的 JavaScript 教程是有关 JavaScript 的学习材料的优秀资源。作为 JavaScript 教程的一部分，你还可以进一步了解有关 JSON 和 Ajax 的更多知识。jQuery 教程位于 www.w3schools.com/Jquery，它是学习如何使用 jQuery 的非常好的资源。这些教程允许你修改示例代码并在浏览器中对其进行测试，而无须下载软件。有关 .NET 框架和有关使用 ASP.NET 来开发 Web 应用程序的信息可以在 msdn.microsoft.com 上找到。

你可以分别从 hibernate.org/orm 和 docs.djangoproject.com 上的教程与文档中了解有关 Hibernate ORM 和 Django（包括 Django ORM）的更多信息。

开放的 Web 应用程序安全项目（Open Web Application Security Project，OWSAP，www.owasp.org）提供了各种技术资料，比如 OWSAP 测试指南、描述关键安全风险的 OWSAP 十大文档以及用于应用程序安全验证的标准。

加密散列函数和公钥加密背后的概念在 [Diffie and Hellman (1976)] 和 [Rivest et al. (1978)] 中介绍。对于密码学的一份很好的参考文献是 [Katz and Lindell (2014)]，而 [Stallings (2017)] 是关于密码学和网络安全的教材。

参考文献

[Diffie and Hellman (1976)] W. Diffie and M. E. Hellman, "New Directions in Cryptography", *IEEE Transactions on Information Theory*, Volume 22, Number 6 (1976), pages 644–654.

[Katz and Lindell (2014)] J. Katz and Y. Lindell, *Introduction to Modern Cryptography*, 3rd edition, Chapman and Hall/CRC (2014).

[Rivest et al. (1978)] R. L. Rivest, A. Shamir, and L. Adleman, "A Method for Obtaining Digital Signatures and Public-Key Cryptosystems", *Communications of the ACM*, Volume 21, Number 2 (1978), pages 120–126.

[Stallings (2017)] W. Stallings, *Cryptography and Network Security - Principles and Practice*, 7th edition, Pearson (2017).

数据管理实现技术

　　尽管数据库系统提供了数据的高级视图，但最终必须将数据以位的形式存储在一个或多个存储设备上。如今，绝大多数数据库系统都将数据存储在磁盘上，而将对性能有更高要求的数据存储在基于闪存的固态硬盘上。数据库系统将数据提取到主存中进行处理，并将数据写回存储器以保持持久性。数据也被复制到磁带和其他备份设备以进行归档存储。第 10 章简单介绍了物理存储介质，描述了记录是如何映射到文件，然后又如何映射到磁盘上的位的。

　　许多查询只涉及文件中的小部分记录。索引是一种结构，它有助于快速定位所需的记录，而无须检查所有记录。第 11 章将介绍数据库系统中使用的几种类型的索引。

　　用户查询必须在驻留于存储设备中的数据库内容上执行。通常可以方便地将查询分解为较小的运算，大致对应于关系代数运算。有许多处理查询的可替代方式，并且这些方式的代价可能会有很大的变化。查询优化是指找到执行给定查询的最低代价的方法的过程。第 12 章描述如何处理查询，给出用于实现单个运算的算法，并描述查询优化的过程。

　　事务是数据库系统中的另一个重要概念，是构成单一的逻辑工作单元的操作的集合。第 13 章详细阐述事务的概念，包括原子性、持久性、隔离性和由事务抽象提供的其他特性。第 14 章阐述几种有助于实现隔离性的并发控制技术，并描述数据库的恢复管理部件，它实现了原子性与持久性。

存 储 管 理

在前面各章中，我们强调了数据库较高层的模型。例如，在概念层或逻辑层上，我们认为关系模型中的数据库是表的集合。实际上，数据库的逻辑模型正是数据库用户所关注的恰当层次。这是因为数据库系统的目标是简化和协助对数据的访问；数据库系统的用户不应当被系统实现的物理细节所困扰。

然而，在本章以及在第 11～12 章中，当描述实现前面章节中所介绍的数据模型和语言的各种方法时，我们将在更高的层次之下进行探讨。我们从底层存储介质的特性开始，特别关注于磁盘和基于闪存的固态硬盘，然后讨论如何通过使用多个存储设备创建高可靠性的存储结构。

10.1 物理存储介质概述

在大多数计算机系统中存在多种数据存储类型。根据访问数据的速度、购买介质时每单位数据的成本，以及介质的可靠性可以对这些存储介质进行分类。有代表性的可用介质包括以下这几种。

- **高速缓存**（cache）。高速缓存是最快且最昂贵的存储形式。高速缓存相对较小，由计算机系统硬件来管理它的使用。在数据库系统中我们不会考虑对高速缓存的管理。然而值得注意的是，在设计查询处理的数据结构和算法时，数据库实现者们确实注意到了高速缓存的影响，我们将在本章的后面再来回顾这个问题。

- **主存**（main memory）。主存是用于存放可被操作的数据的存储介质。通用机器指令在主存上执行。个人计算机中的主存可以包含数十个 GB 的数据，大型服务器系统中的主存甚至可以包含成百上千 GB 的数据，一般情况下对于很大的数据库而言，主存对于整个数据库的存储来说还是太小（或者太昂贵），但是许多企业数据库是可以放入主存的。然而，在发生电源故障或者系统崩溃的情况下，主存中的内容会丢失，因此主存被认为是**易失**（volatile）的。

- **闪存**（flash memory）。闪存不同于主存的地方是即使在电源关闭（或故障）时数据也可被保存下来。也就是说，它是**非易失**（non-volatile）的。闪存的每字节代价比主存要低，但是比磁盘的每字节代价要高。

  闪存广泛应用于诸如照相机和手机之类设备中的数据存储。闪存也被用来在 "USB 闪存驱动器"（也称为 "闪盘"）中存储数据，它可以插入计算机设备的通用串行总线（Universal Serial Bus，USB）插槽中。

  闪存也越来越多地被用作个人计算机以及服务器中磁盘的替代品。**固态硬盘**（Solid-State Drive，SSD）在内部使用闪存来存储数据，但提供与磁盘类似的接口，允许以块为单位来存储或检索数据；这种接口称为面向块的接口（block-oriented interface）。块规模通常从 512 字节到 8 KB 不等。截至 2018 年，1 TB 的 SSD 大约花费 250 美元。我们将在 10.4 节提供关于闪存的详细信息。

- **磁盘存储器**（magnetic-disk storage）。用于长期在线数据存储的主要介质是磁盘驱动器，它也被称为**硬盘驱动器**（Hard Disk Drive，HDD）。磁盘和闪存类似，都是非易失的：也就是说，磁盘存储器不会因为电源故障和系统崩溃而丢失数据。磁盘有时可能会发生故障而导致数据被破坏，但这种故障与系统崩溃和电源故障相比非常罕见。

   为了访问存储在磁盘上的数据，系统必须先将数据从磁盘移到主存，在主存中数据才能够被访问到。在系统执行完指定的操作后，必须将被修改过的数据写回磁盘。

   多年来，磁盘容量一直在稳步增长。截至 2018 年，磁盘规模从 500 GB 到 14 TB 不等，且 1 TB 磁盘的价格约为 50 美元，而 8 TB 磁盘的价格约为 150 美元。尽管磁盘比 SSD 便宜得多，但在每秒可支持的数据访问操作数量方面，它的性能却较低。我们将在 10.3 节中提供有关磁盘的详细信息。

- **光学存储器**（optical storage）。数字视频磁盘（Digital Video Disk，DVD）是一种光存储介质，它通过使用激光光源进行数据的写入和读回。蓝光 DVD（Blu-ray DVD）格式的容量是 27 GB 到 128 GB，这取决于所支持的层的数量。尽管 DVD 最初的（并且仍然是主要的）用途是存储视频数据，但它们能够存储任何类型的数字式数据，包括数据库内容的备份。DVD 不适合存储活跃的数据库数据，因为访问一段给定数据所需的时间与访问磁盘上数据所花费的时间相比可能相当长。

   一些 DVD 版本是只读的，数据在生产 DVD 的工厂中被写入，另一些版本支持写一次（write-once），允许 DVD 被写入一次，但不能重写，还有一些版本可以多次重写。只能写入一次的盘片称为**写一次读多次**（Write-Once, Read-Many, WORM）盘。

   自动光盘机（jukebox）系统包含少量驱动器和大量可按要求（通过机械手）自动装入某一驱动器的盘片。

- **磁带存储器**（tape storage）。磁带存储器主要用于备份数据和归档数据。归档（archival）数据指的是必须长期安全保存的数据，通常是出于法律原因。磁带比磁盘便宜，并可以安全地存储数据很多年。但是，对数据的访问要慢得多，因为磁带必须从磁带的开头按顺序访问；磁带可以很长，访问数据需要数十至数百秒。因为这个原因，磁带存储器被称为**顺序访问**（sequential-access）的存储器。相对而言，磁盘和 SSD 存储器被称为**直接访问**（direct-access）的存储器，因为可以从磁盘上的任何位置读取数据。

   磁带具有很大的容量（目前可用的有 1 TB 到 12 TB 的容量），并且可以从磁带驱动器卸下。磁带驱动器往往很昂贵，但是单个磁带通常比具有相同容量的磁盘便宜得多。其结果是，磁带非常适合进行便宜的归档存储以及在不同地点之间转移大量的数据。磁带的两个常见用例是大型视频文件的归档存储以及大容量科学数据的存储，这些数据可以多达许多 PB（1 PB = 10^{15} 字节）。

   磁带库（自动光盘机）用于保存大量的磁带，无须人工干预即可自动存储和检索磁带。

根据不同存储介质的速度和成本，可以把它们按层次结构组织起来（见图 10-1）。层次越高的存储介质的成本越贵，但是速度越快。当我们沿着层次结构向下，存储介质每比特的成本下降，但是访问时间会增加。这种权衡是合理的：如果在其他性质相同的情况下，一个给定的存储系统比另外的存储系统快且便宜，那么就没有理由使用那种又慢又昂贵的存储器了。

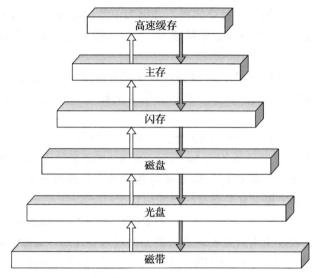

图 10-1 存储设备的层次结构

最快的存储介质（例如高速缓存和主存）称为**主存储器**（primary storage）。层次结构中主存储介质的下一层介质（例如闪存和磁盘）称为**辅助存储器**（secondary storage），或**在线存储器**（online storage）。层次结构中最底层的介质（如磁带和光盘）称为**三级存储器**（tertiary storage），或**离线存储器**（offline storage）。

不同存储系统除了速度和成本不同之外，还存在存储易失性的问题。在图 10-1 所示的层次结构中，从主存向上的存储系统都是易失的，而从闪存向下的存储系统都是非易失的。为了安全保存，必须将数据写到非易失的存储器中。

10.2 存储器接口

磁盘以及基于闪存的固态硬盘通过高速互连连接到计算机系统。磁盘通常支持**串行 ATA**（Serial ATA，SATA）接口或**串行连接的 SCSI**（Serial Attached SCSI，SAS）接口。SAS 接口通常仅在服务器中使用。SATA 的 SATA-3 版本名义上支持每秒传输 6 GB 的数据，实际允许每秒最多传输 600 MB 的数据，而 SAS 的版本 3 所支持的数据传输速率为每秒 12 GB。**非易失性存储器标准**（Non-Volatile Memory Express，NVMe）接口是为了更好地支持 SSD 而开发的逻辑接口标准，并且通常与 PCIe 接口一起使用（PCIe 接口提供计算机系统内部的高速数据传输）。

而磁盘通常可以通过电缆直接连接到计算机系统的磁盘接口，它们也可以被远程放置并通过高速网络连接到计算机。在**存储区域网**（Storage Area Network，SAN）体系结构中，大量的磁盘通过高速网络与许多服务器机相连。通常采用一种称作独立磁盘冗余阵列（Redundant Arrays of Independent Disks，RAID）的存储组织技术来对磁盘进行本地组织，以便为服务器提供一个非常大的并且非常可靠的磁盘的逻辑视图。在存储区域网中使用的互连技术包括：iSCSI，它允许在 IP 网络上发送 SCSI 命令；光纤通道（Fiber Channel，FC），它支持每秒 1.6 GB 至 12 GB 的传输速率，具体取决于其版本；以及 InfiniBand，它提供了非常低延迟的高带宽网络通信。

　　附网存储（Network Attached Storage，NAS）是 SAN 的一种替代方案。NAS 很像 SAN，但是它通过使用诸如 NFS 或 CIFS 那样的网络文件系统协议来提供文件系统接口，而不是看似一张大磁盘的网络存储。近年来，**云存储**（cloud storage）的使用也在增长，数据被存储在云端并通过 API 访问。如果数据与数据库不在同一位置，云存储的延迟会非常高，达到数十到数百毫秒，因此作为数据库的底层存储它并不理想。但是，应用程序通常使用云存储来存储对象。

10.3　磁盘

　　磁盘为现代计算机系统提供了大部分的辅助存储。尽管磁盘容量每年都在稳定增长，但是大型应用对存储的需求也在非常快速地增长，在有些情况下甚至比磁盘容量的增长速度还要快。"网络规模"的超大型数据库需要数千到数万张磁盘来存储它们的数据。

　　近年来，SSD 存储容量迅速增长，并且 SSD 的成本显著下降；SSD 的可承受性越来越强，加之它们的性能更好，这使得 SSD 在一些应用中越来越成为磁盘存储的竞争对手。然而，在 SSD 上存储每字节的成本大约是在磁盘上存储每字节的成本的六到八倍，这样的事实意味着磁盘在许多应用中仍然是存储非常大量数据的首选。此类数据的示例包括视频和图像数据，以及访问频率较低的数据，比如许多 Web 级应用中的用户生成数据。然而，SSD 已经越来越成为企业数据的首选。

10.3.1　磁盘的物理特性

　　图 10-2 显示了磁盘的示意图，而图 10-3 显示了实际磁盘的内部结构。每张磁盘的**盘片**（platter）具有扁平的圆形形状。它的两个表面被磁性材料覆盖，并且信息被记录在其表面上。盘片是由硬质金属或玻璃制成的。

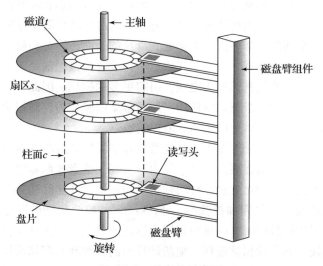

图 10-2　磁盘的示意图

　　在使用磁盘时，驱动电机以恒定的高速旋转磁盘，通常是每分钟 5400 到 10 000 转，具体取决于型号。有一个读写头正好位于盘片表面的上方。盘片的表面被逻辑地划分为**磁道**（track），磁道又被划分为**扇区**（sector）。**扇区**（sector）是从磁盘读出和写入信息的最小单位。

扇区的大小通常为 512 字节，并且当今的磁盘具有 20 亿到 240 亿个扇区。内侧磁道（离转轴更近的地方）比外侧磁道的长度更短，且外侧磁道比内侧磁道拥有更多的扇区。

图 10-3 实际磁盘的内部结构

通过反转磁性材料磁化的方向，**读写头**（read-write head）将信息磁化存储到扇区上。

磁盘盘片的每一面都有一个读写头，读写头通过在盘片上移动来访问不同的磁道。一张磁盘通常包括很多个盘片，所有磁道的读写头被安装在一个被称为**磁盘臂**（disk arm）的单独装置上，并且一起移动。安装在转轴上的磁盘盘片和安装在磁盘臂上的读写头合在一起被称为**磁头 – 磁盘装置**（head-disk assembly）。因为所有盘片上的读写头是一起移动的，所以当一个盘片上的读写头位于第 i 条磁道上时，所有其他盘片的读写头也都在它们相应盘片的第 i 条磁道上。由此，所有盘片的第 i 条磁道合在一起被称为第 i 个**柱面**（cylinder）。

为了增大记录密度，读写头尽可能地靠近磁盘盘片的表面。读写头一般悬浮于离盘片表面仅数微米的位置上；磁盘的旋转会产生微风，而磁头装置的形状使其在微风作用下恰好浮于盘片表面之上。因为读写头离盘片表面非常近，所以盘片必须制作得非常平。

读写头损坏是一个问题。如果读写头接触到盘片的表面，读写头就会刮掉磁盘上的记录介质，并破坏存放在那里的数据。在老一代磁盘中，读写头接触盘片表面所刮掉的介质在空气中飘浮并散落到其他盘片及其读写头之间，引起更多的损坏，因此一个读写头的损坏可能导致整张磁盘失效。当今的磁盘驱动器使用一层磁金属薄膜作为存储记录的介质。它们对整张磁盘的故障不太敏感，但对单个扇区的故障比较敏感。

磁盘控制器（disk controller）作为计算机系统和实际的磁盘驱动器硬件之间的接口。在现代磁盘系统中，磁盘控制器在磁盘驱动单元内部实现。磁盘控制器接受高层次的读或写扇区的命令，然后开始操作，如将磁盘臂移动到正确的磁道，并实际地对数据进行读或写。磁盘控制器为它所写的每个扇区附加**校验和**（checksum），校验和是根据写到扇区中的数据计算得出的。当从扇区读回数据时，磁盘控制器用读到的数据再一次计算校验和，并将其与存储的校验和进行比较。如果数据被破坏，则新计算出的校验和与存储的校验和不匹配的可能性就很高。如果发生了这样的错误，磁盘控制器就会重读几次；如果错误继续发生，磁盘控制器就会发出一个读取失败的信号。

磁盘控制器执行的另一个有趣的任务是**坏扇区的重映射**（remapping of bad sector）。如果磁盘控制器在磁盘初始格式化或尝试写入一个扇区时检测到该扇区已损坏，它会把这个扇区在逻辑上映射到一个不同的物理位置（从为此目的而留出的额外扇区池中分配）。重映射被记录在磁盘上或非易失性存储器中，并且写操作在新的位置上执行。

10.3.2 磁盘的性能度量

磁盘质量的主要度量指标是容量、访问时间、数据传输率和可靠性。

访问时间（access time）是从发出读或写请求到数据开始传输之间的时间。为了访问（即读或写）磁盘上指定扇区的数据，磁盘臂必须先移动到正确磁道的上方，然后等待磁盘旋转，直到指定的扇区出现在它下方。磁盘臂重定位的时间称为**寻道时间**（seek time），并且它随磁盘臂必须移动距离的增大而增大。典型的寻道时间在 2～20 毫秒之间，依赖于目标磁道距离磁盘臂初始位置有多远。较小的磁盘因为读写头需要移动的距离较短而通常有较短的寻道时间。

平均寻道时间（average seek time）是寻道时间的平均值，是在一个（均匀分布的）随机请求的序列上测量得出的。如果所有的磁道包含相同数量的扇区，同时我们忽略读写头开始移动和结束移动所花费的时间，那么我们可以得到平均寻道时间是最坏情况下寻道时间的三分之一。考虑到前面忽略的那些因素，平均寻道时间大约是最大寻道时间的一半。当前的平均寻道时间在 4～10 毫秒之间，取决于磁盘的型号[⊖]。

一旦读写头到达所需的磁道，等待被访问的扇区出现在读写头下所花费的时间称为**旋转延迟时间**（rotational latency time）。当今磁盘的转速在每分钟 5400 转（每秒 90 转）到每分钟 15 000 转（每秒 250 转）之间，或者等价地说，在每转 4 毫秒到每转 11.1 毫秒之间。在平均情况下，磁盘需要旋转半周才能使所要访问的扇区的开始处出现在读写头的下方。因此磁盘的**平均延迟时间**（average latency time）是磁盘旋转一整周时间的一半。具有更高旋转速度的磁盘被用于需要最小化延迟时间的应用中。

这样，访问时间就是寻道时间和延迟时间的总和，平均访问时间在 5～20 毫秒之间，这取决于磁盘的型号。一旦被访问数据的第一个扇区来到读写头的下方，数据传输就开始了。**数据传输率**（data-transfer rate）是从磁盘获取数据或者向磁盘存储数据的速率。目前的磁盘系统支持每秒 50 MB 至 200 MB 的最大传输率。对于磁盘的内侧磁道，传输率明显低于最大传输率，因为它们具有较少的扇区。例如，一张具有最大传输率为每秒 100 MB 的磁盘，其内侧磁道的持续传输率约为每秒 30 MB。

磁盘 I/O 请求通常由文件系统产生，但可以由数据库系统直接产生。每个请求都指定要引用的磁盘上的地址；该地址采用块号（block number）的形式。**磁盘块**（disk block）是存储分配和检索的逻辑单元，而当今的块规模通常在 4 KB 到 16 KB 之间。数据以块为单位在磁盘和主存之间传输。术语**页面**（page）通常用来指块，尽管在一些上下文（如闪存）中，它们指的是不同的东西。

从磁盘请求块的序列可以分为顺序访问模式或随机访问模式。在**顺序访问**（sequential access）模式中，连续的请求是针对连续编号的块，这些块位于相同的磁道上或相邻的磁道上。为了在顺序访问中读取块，对于第一个块可能需要磁盘寻道，但后续的请求要么不需要寻道，要么需要向相邻的磁道寻道，这比向更远的磁道寻道要快。在顺序访问模式下，数据

⊖ 较小的 2.5 英寸直径的磁盘比较大的 3.5 英寸磁盘具有更短的磁盘臂运动距离，因此其具有较低的寻道时间。其结果是，对于需要最小化延迟时间的应用来说，2.5 英寸的磁盘已经成为首选，尽管 SSD 越来越适合这种应用。较大的 3.5 英寸直径的磁盘具有每字节更低的价格，并在价格是重要因素的数据存储应用中使用。

传输速率是最高的，因为寻道时间最短。

相反，在**随机访问**（random access）模式中，连续的请求是针对随机分布在磁盘上的块的。每一个这样的请求都需要一次寻道。**每秒 I/O 操作**（I/O Operations per Second，IOPS）数，即在一秒钟内可以由磁盘满足的随机块访问数量，取决于磁盘的访问时间、块的规模和数据传输速率。使用 4 KB 的块规模，当今的磁盘支持 50 到 200 IOPS，具体取决于型号。由于每次寻道只读取少量（一个块）的数据，随机访问模式下的数据传输速率明显低于顺序访问模式下的数据传输速率。

最后一个经常使用的磁盘度量指标是**平均故障时间**（Mean Time To Failure，MTTF）[⊖]，这是磁盘可靠性的度量指标。磁盘（或其他任何系统）的平均故障时间是：平均说来我们可以期望系统无任何故障连续运行的时间量。据生产商声称，当今磁盘的平均故障时间在 500 000 到 1 200 000 小时之间，大约 57 到 136 年。事实上，这里声称的平均故障时间是基于新磁盘发生故障的概率计算出的。这里给出的数字的意思是说，对于给定的 1000 张相对新的磁盘，如果 MTTF 是 1 200 000 小时，则平均说来，在 1200 小时内这些磁盘中将会有一张发生故障。平均故障时间为 1 200 000 小时并不意味着该磁盘预期可以工作 136 年！大多数磁盘预期的使用期限在 5 年左右，并且一旦使用了几年之后，其故障发生率会显著提高。

10.4   闪存

有两种类型的闪存，即 NOR 闪存和 NAND 闪存。NAND 闪存是主要用于数据存储的变体。从 NAND 闪存读取数据需要从 NAND 闪存获取一整页（page）数据（在非常普遍的情况下是 4096 字节）到主存中。因此，NAND 闪存中的页类似于磁盘中的扇区。

使用 NAND 闪存构建的固态磁盘（Solid-State Disk，SSD）提供与磁盘存储相同的面向块的接口。与磁盘相比，SSD 可以提供快得多的随机访问：对于 SSD，检索一页数据的延迟时间从 20 到 100 微秒不等，而磁盘上的随机访问则需要花费 5 到 10 毫秒。SSD 的数据传输速率比磁盘要高，并且通常受到互连技术的限制；根据 SSD 的具体型号，带 SATA 接口的传输速率约为每秒 500 MB，使用 NVMe-PCIe 接口的数据传输速率可达到每秒 3 GB，相比之下，磁盘传输速率的每秒最大值约为 200 MB。固态硬盘的功耗也明显低于磁盘。

闪存的写入稍有些复杂。写一个闪存页面通常需要花费大约 100 微秒。但是，一旦写入，就不能直接重写闪存页。相反，必须先将其擦除然后再重写。擦除操作必须在一组页（称为**擦除块**（erase block），即擦除块中的所有页）上执行，并花费 2 到 5 毫秒。一个擦除块（在闪存文献中通常就只称为"块"）通常为 256 KB 到 1 MB，并包含 128 到 256 个页。另外，一个闪存页可以被擦除的次数是有限的，通常约为 100 000 到 1 000 000 次。一旦达到这个限制，在存储位中就可能发生错误。

闪存系统通过将逻辑页号映射到物理页号来限制慢的擦除速度和更新限制的影响。当一个逻辑页被更新时，它可以被重新映射到已被擦除的任何物理页，并且它原来的位置可以随后被擦除。每个物理页都有一个小的存储区域来保存它的逻辑地址；如果逻辑地址被重新映射到一个不同的物理页，则原来的物理页被标记为已删除。因此，通过扫描物理页，我们可以发现每个逻辑页的位置。为了快速访问，逻辑到物理的页面映射被复制到内存中的**转换表**

⊖   术语**平均故障间隔时间**（Mean Time Between Failures，MTBF）通常用于在磁盘驱动器的上下文中指代 MTTF，尽管在技术上讲 MTBF 只应该用于故障后可修复并且可能再次失效的系统的上下文中；因而 MTBF 将是 MTTF 和修复的平均时间的总和。磁盘在故障后几乎永远无法修复。

（translation table）中。

包含多个删除页的块将定期被擦除，要注意先将这些块中未被删除的页复制到一个不同的块（转换表会对这些未删除的页面进行更新）中。由于每个物理页只能更新固定的次数，因此被擦除多次的物理页被指定给"冷数据"，即很少被更新的数据；而尚未被擦除多次的页用于存储"热数据"，即被频繁更新的数据。这种跨物理块均匀分布擦除操作的原则称作**损耗均衡**（wear leveling），而且通常是由闪存控制器透明地执行的。如果一个物理页由于过量更新被损坏，它可以不再被使用，而不影响整个闪存。

所有上述动作通过一个叫作**闪存转换层**（flash translation layer）的软件层执行。在这一层之上，闪存看起来和磁盘存储器一样，都提供同样的面向页/扇区的接口，只不过闪存存储要快得多。因此，文件系统和数据库存储结构可以看到相同的底层存储结构的逻辑视图，无论它是闪存还是磁盘存储器。

注释 10-1　存储类存储器

虽然闪存是使用最广泛的非易失性存储器类型，但多年来已经开发了许多可替代的非易失性存储器技术。这些技术中有几种允许对单个字节或字进行直接的读和写访问，避免了以页为单位的读取或写入（并且也避免了 NAND 闪存的擦除开销）。这种类型的非易失性存储器被称为**存储类存储器**（storage class memory），因为它们可以被视为大型非易失性存储器块。由英特尔和 Micron 开发的 3D-XPoint 存储器技术是近年来发展起来的存储类存储器技术。在每字节成本、访问延迟和容量方面，3D-XPoint 存储器位于主存和闪存之间。基于 3D-XPoint 的英特尔 Optane SSD 于 2017 年开始启动，并且 Optane 持久性存储器模块于 2018 年公布。

SSD 的性能通常被表示为：

1. 每秒读取随机块的数量，标准是对 4 KB 的块而言。虽然一些模型支持更高的速率，但 2018 年的典型值是大约每秒随机读取 10 000 个 4 KB 的块（也称为 10 000 IOPS）。

   与磁盘不同，SSD 可以支持并行的多个随机请求，通常支持 32 个并行请求；一个带有 SATA 接口的闪存磁盘在一秒钟内支持近 100 000 个随机的 4 KB 块的读取，以及 32 个请求的并行发送，而使用 NVMe PCIe 连接的 SSD 可以支持每秒超过 350 000 个随机的 4 KB 块的读取。对于不具有并行性的速率，这些数值被指定 QD-1，并且 QD-n 表示 n 维并行，其中 QD-32 是最常用的数值。

2. 顺序读取和顺序写入的数据传输速率。对于带 SATA 3 接口的 SSD，顺序读取和顺序写入的典型速率均为每秒 400 到 500 MB，对于使用 PCIe 3.0x4 接口之上的 NVMe 的 SSD，则为每秒 2 到 3 GB。

3. 每秒写入随机块的数量，标准是对 4 KB 的块而言。2018 年的典型值是：对于 QD-1（无并行性）每秒写入约 40 000 个随机的 4 KB 块，对于 QD-32 约为 100 000 个 IOPS，尽管有些模型对于 QD-1 和 QD-32 都支持更高的速率。

混合硬盘驱动器（hybrid disk drive）是将磁盘存储器与较少量的闪存结合起来的硬盘系统，它被用作频繁访问数据的缓存。频繁访问但很少更新的数据很适合于缓存在闪存中。

现代 SAN 和 NAS 系统支持磁盘和 SSD 的组合使用，并且可以将它们配置为把 SSD 用作驻留在磁盘上的数据的缓存。

10.5 文件组织

一个数据库被映射为多个不同的文件，这些文件由底层的操作系统来维护。这些文件永久地驻留在磁盘上。一个**文件**（file）在逻辑上被组织为记录的一个序列。这些记录被映射到磁盘块上。在操作系统中文件被作为一种基本结构来提供，所以我们将假定底层的文件系统（file system）是存在的。我们需要考虑用文件来表示逻辑数据模型的不同方式。

每个文件还从逻辑上被分成定长的存储单元，称为**块**（block）。块是存储分配和数据传输的单位。大多数数据库在缺省情况下使用 4 KB 至 8 KB 的块规模，但是当创建数据库实例时，许多数据库允许指定块的规模。更大的块规模在某些数据库应用中是有用的。

一个块可能包括几条记录；一个块所包含的确切的记录集合是由所使用的物理数据组织形式来决定的。我们假定没有比块更大的记录。这个假定对多数数据处理应用都是现实的，例如我们的大学示例。当然，还有几种大数据项的类型，例如图像，它可能比一个块要大很多。在 10.5.2 节我们会简要地讨论如何通过单独存储大数据项并在记录中存储指向该数据项的指针来处理这种大的数据项。

此外，我们还要求每条记录被完全包含在单个块中；换句话说，没有记录是一部分包含在一个块中，另一部分包含在另一个块中的。这个限制简化并加快了对数据项的访问。

在关系数据库中，不同关系的元组通常具有不同的规模。把数据库映射到文件的一种方法是使用多个文件，在任意给定的文件中只存储一种固定长度的记录。另一种选择是构造自己的文件，使之能够容纳多种长度的记录；然而，定长记录文件比变长记录文件更容易实现。用于定长记录文件的很多技术可以应用到变长的情况。因此，我们首先考虑定长记录文件，随后考虑变长记录的存储。

10.5.1 定长记录

作为一个示例，让我们考虑由我们的大学数据库中的 *instructor* 记录构成的一个文件。此文件中的每条记录（伪码形式）被定义为：

$$
\begin{aligned}
&\textbf{type } \textit{instructor} = \textbf{record} \\
&\qquad\qquad \textit{ID } \textbf{varchar } (5); \\
&\qquad\qquad \textit{name } \textbf{varchar}(20); \\
&\qquad\qquad \textit{dept\_name } \textbf{varchar } (20); \\
&\qquad\qquad \textit{salary } \textbf{numeric } (8,2); \\
&\qquad \textbf{end}
\end{aligned}
$$

假设每个字符占 1 个字节，numeric(8,2) 占 8 个字节。假设我们为属性 *ID*、*name* 和 *dept_name* 分配每个属性可以容纳的最大字节数，而不是分配可变的字节数。那么，*instuctor* 记录占 53 个字节。一种简单的方法是使用头 53 个字节来存储第一条记录，接下来的 53 个字节存储第二条记录，以此类推（见图 10-4）。

然而这种简单的方法存在两个问题：

1. 除非块的大小恰好是 53 的倍数（这是不太可能的），否则一些记录会跨过块的边界，即一条记录的一部分存储在一个块中，另一部分存储在另一个块中。于是，读或写这样一条记录就需要两次块访问。

2. 从这种结构中删除一条记录是困难的。被删除记录所占据的空间必须由文件中的其他记录来填充，或者我们必须用一种方式来标记被删除的记录以使得它们可以被忽略。

为了避免第一个问题，我们在一个块中只分配它能完整容纳的最多记录的数目（这个数目可以容易地通过将块大小除以记录大小计算出来，并抛弃小数部分）。每个块中余下的字节就不被使用了。

记录 0	10101	Srinivasan	Comp. Sci.	65000
记录 1	12121	Wu	Finance	90000
记录 2	15151	Mozart	Music	40000
记录 3	22222	Einstein	Physics	95000
记录 4	32343	El Said	History	60000
记录 5	33456	Gold	Physics	87000
记录 6	45565	Katz	Comp. Sci.	75000
记录 7	58583	Califieri	History	62000
记录 8	76543	Singh	Finance	80000
记录 9	76766	Crick	Biology	72000
记录 10	83821	Brandt	Comp. Sci.	92000
记录 11	98345	Kim	Elec. Eng.	80000

图 10-4　包含 *instructor* 记录的文件

当一条记录被删除时，我们可以把紧跟其后的记录移动到被删记录先前占据的空间中，依此类推，直到被删记录后面的每条记录都向前做了移动（见图 10-5）。这种方式需要移动大量的记录。简单地将文件的最后一条记录移到被删记录所占据的空间中可能更容易一些（见图 10-6）。

记录 0	10101	Srinivasan	Comp. Sci.	65000
记录 1	12121	Wu	Finance	90000
记录 2	15151	Mozart	Music	40000
记录 4	32343	El Said	History	60000
记录 5	33456	Gold	Physics	87000
记录 6	45565	Katz	Comp. Sci.	75000
记录 7	58583	Califieri	History	62000
记录 8	76543	Singh	Finance	80000
记录 9	76766	Crick	Biology	72000
记录 10	83821	Brandt	Comp. Sci.	92000
记录 11	98345	Kim	Elec. Eng.	80000

图 10-5　针对图 10-4 中的文件，删除记录 3 并且移动其后所有记录

记录 0	10101	Srinivasan	Comp. Sci.	65000
记录 1	12121	Wu	Finance	90000
记录 2	15151	Mozart	Music	40000
记录 11	98345	Kim	Elec. Eng.	80000
记录 4	32343	El Said	History	60000
记录 5	33456	Gold	Physics	87000
记录 6	45565	Katz	Comp. Sci.	75000
记录 7	58583	Califieri	History	62000
记录 8	76543	Singh	Finance	80000
记录 9	76766	Crick	Biology	72000
记录 10	83821	Brandt	Comp. Sci.	92000

图 10-6　针对图 10-4 中的文件，删除记录 3 并且移动最后一条记录

移动记录以占据被删记录所释放的空间的做法并不理想，因为这样做需要额外的块访问。由于插入通常比删除更频繁，因此让被删记录所占据的空间空着，一直等到后面的插入操作重新使用这个空间，这样做是可以接受的。仅在被删记录上做一个简单的标记是不够的，因为当执行插入时，很难找到这个可用的空间。因此我们需要引入额外的结构。

在文件的开头，我们分配特定数量的字节作为**文件头**（file header）。文件头将包含有关文件的各种信息。到目前为止，我们需要在文件头中存储的只有内容被删除的第一条记录的地址。我们用这第一条记录来存储第二条可用记录的地址，依次类推。我们可以直观地把这些存储的地址看作指针（pointer），因为它们指向一条记录的位置。于是，被删除的记录形成了一条链表，通常称为**自由链表**（free list）。图 10-7 给出的是图 10-4 中的文件在删除第 1、4 和 6 条记录后的自由链表。

文件头				
记录 0	10101	Srinivasan	Comp. Sci.	65000
记录 1				
记录 2	15151	Mozart	Music	40000
记录 3	22222	Einstein	Physics	95000
记录 4				
记录 5	33456	Gold	Physics	87000
记录 6				
记录 7	58583	Califieri	History	62000
记录 8	76543	Singh	Finance	80000
记录 9	76766	Crick	Biology	72000
记录 10	83821	Brandt	Comp. Sci.	92000
记录 11	98345	Kim	Elec. Eng.	80000

图 10-7　针对图 10-4 中的文件，删除第 1、4 和 6 条记录后的自由链表

在插入一条新记录时，我们使用文件头所指向的记录，并改变文件头的指针以指向下一条可用记录。如果没有可用的空间，我们就把新记录加到文件末尾。

对定长记录文件的插入和删除很容易实现，因为被删除记录留出的空间恰好是插入记录所需要的空间。如果我们允许文件中的记录是变长的，这样的匹配将不再成立。被插入的记录可能无法放入一条被删除记录所释放的空间中，或者它只能占用这个空间的一部分。

10.5.2　变长记录

变长记录（variable-length record）在数据库系统中的出现有几个原因。最常见的原因是变长域的出现，比如字符串。其他的原因包括包含重复域的记录类型（比如数组或者多重集合），以及文件中多种记录类型的出现。

实现变长记录存在不同的技术，任何这样的技术都必须解决两个不同的问题：

1. 如何表示单条记录，使得此记录的单个属性能够被轻松地提取，即使这些属性是变长的；
2. 如何在一个块中存储变长的记录，使得一个块中的记录能够被轻松地提取。

具有变长属性的记录的表示通常包含两个部分：首先是带有定长信息的初始部分，其结构对于相同关系的所有记录都是一样的，紧接着是变长属性的内容。诸如数字值、日期或定长字符串那样的固定长度的属性，被分配存储它们的值所需的字节数。诸如可变长字符串类型那样的变长属性，在记录的初始部分中被表示为一个（偏移量，长度）对，其中偏移量表

示在记录中该属性的数据开始的位置，而长度表示变长属性的字节长度。在记录的初始定长部分之后，变长属性的值是连续存储的。因此，无论是固定长度还是可变长度，记录的初始部分都存储着有关每个属性的固定长度的信息。

图 10-8 显示了这样一个记录表示的示例。该图显示了一条 *instructor* 记录，其前三个属性 *ID*，*name* 和 *dept_name* 是变长字符串，其第四个属性 *salary* 是一个大小固定的数值。我们假设偏移量和长度的值分别存储在 2 个字节中，即每个属性共占 4 个字节。*salary* 属性假设用 8 个字节存储，并且每个字符串占用与其拥有的字符数同样多的字节数。

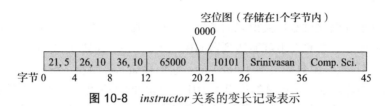

图 10-8 *instructor* 关系的变长记录表示

这个图也说明了**空位图**（null bitmap）的使用，它表示记录的哪个属性是空值。在这个特定的记录中，如果 *salary* 是空值，位图的第四位将被设置为 1，存储在第 12 至 19 字节之间的 *salary* 值将被忽略。由于记录有四个属性，尽管更多属性可能需要更多字节，但该记录的空位图只占用 1 个字节。在某些表示中，空位图存储在记录的开头，并且对于取空值的属性，根本不存储数据（值或偏移量 / 长度）。这种表示以提取记录属性的额外工作为代价来节省一些存储空间。对于记录拥有大量字段并且大多数字段都是空的某些应用来说，这样的表示特别有用。

我们接下来处理在块中存储变长记录的问题，**分槽的页结构**（slotted-page structure）一般用于在块中组织记录，如图 10-9[⊖]所示。每个块的开始处有一个块头，其中包含以下信息：

- 块头中记录项的数量；
- 块中自由空间的末尾处；
- 一个由包含每条记录的位置和大小的项组成的数组。

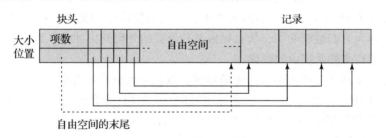

图 10-9 分槽的页结构

实际上记录从块的末尾处开始在块中连续分配空间。块中的自由空间是连续的，位于块头数组的最后一项和第一条记录之间。如果插入一条记录，在自由空间的尾部给这条记录分配空间，并且将包含这条记录的大小和位置的项加到块头中。

如果一条记录被删除，它所占用的空间被释放，并且它的项被置为 *deleted*（比如这条记录的大小被置为 –1）。此外，块中位于被删除记录之前的记录将被移动，使得由删除而产生的自由空间能被重新使用，并且所有自由空间仍然存在于块头数组的最后一项和第一条记录

⊖ 在这里，"页"和"块"同义。

之间。块头中的自由空间末尾指针也要做适当修改。只要块中还有空间，使用类似的技术可以使记录增长或缩短。移动记录的代价并不太高，因为块的大小是有限的：典型的值为 4 KB 到 8 KB。

分槽的页结构要求没有指针直接指向记录。取而代之，指针必须指向块头中记有记录实际位置的项。在支持指向记录的间接指针的同时，这种间接层次允许移动记录以防止在块的内部出现碎片空间。

10.5.3 大对象存储

数据库常常要存储比磁盘块大得多的数据。例如一张图片或一段音频记录的大小可能是数 MB，而一个视频对象的大小可能达到数 GB。回忆一下，SQL 是支持二进制大对象数据类型（blob）和字符大对象数据类型（clob）的，它们存储二进制和字符型的大对象。

许多数据库内部限制一条记录的规模不能比一个块[⊖]的规模更大。这些数据库允许记录在逻辑上包含大对象，但是它们将大对象与记录的其他（短）属性分开存储，尽管大对象与这些属性一起出现在记录中。一个指向人对象的（逻辑）指针被存储到包含该大对象的记录中。

大对象（large object）可以以文件形式存储在被数据库管理的一个文件系统区域中，或者作为文件结构存储在数据库中并被数据库管理。在后一种情况下，这种数据库中的大对象可以选用 B⁺ 树文件组织来表示，以便允许对此对象内任何位置的高效访问。B⁺ 树文件组织允许我们读取一个完整的对象，或对象中指定的字节范围，以及插入和删除对象的一部分。

可是，在数据库中存储特别大的对象导致了一些性能问题。通过数据库接口访问大对象的效率就是一个需要关注的问题。第二个问题是关于数据库备份的大小。许多企业周期性地创建"数据库转储"，换句话说，就是其数据库的备份拷贝；在数据库中存储大对象会导致数据库转储规模的大量增长。

许多应用因此选择在数据库之外的文件系统中来存储特别大的对象，比如视频数据。在这种情况下，应用程序可以将文件名（通常是文件系统中的路径）存储为数据库中记录的一个属性。将数据存储在数据库外部的文件中会导致数据库中的文件名所指向的文件并不存在，这可能是因为它们被删除了，从而导致某种形式的外码约束冲突。此外，数据库授权控制不适用于存储在文件系统中的数据。

一些数据库支持文件系统和数据库的集成，以此来保证满足约束（比如，如果数据库有指针指向某个文件，那么对此文件的删除将被阻止），并且确保访问授权被执行。文件能通过文件系统接口和数据库 SQL 接口进行访问。例如，Oracle 通过其 SecureFiles 和数据库文件系统特性来支持这种集成。

10.6 文件中记录的组织

迄今为止，我们学习了如何在一个文件结构中表示记录。关系是记录的集合。给定一个记录的集合，下一个问题就是如何在文件中组织它们。在文件中组织记录的几种可能的方式包括：

- **堆文件组织**（heap file organization）。任意记录可以放在文件中的任何地方，只要那

⊖ 这种限制有助于简化缓冲区管理；正如我们将在 10.8 节看到的，磁盘块在被访问之前会被放到一个叫作缓冲区的内存区域内。大于一个块的记录会在块之间被切分，这些块可能位于缓冲区中的不同区域，因此不能保证在内存的一段相邻区域中。

个地方有空间存放这条记录。记录是没有顺序的。通常每个关系使用一个单独的文件或者一个文件的集合。我们将在 10.6.1 节讨论堆文件组织。

- **顺序文件组织**（sequential file organization）。根据每条记录中"搜索码"的值顺序存储记录。10.6.2 节描述了这种组织方式。
- **多表聚簇文件组织**（multitable clustering file organization）。通常，一个单独的文件或者文件集合被用来存储一个关系的记录。然而，在多表聚簇文件组织中，多个不同关系的记录被存储在相同的文件中，事实上是一个文件中的相同块上，以便减少特定连接操作的代价。10.6.3 节描述了多表聚簇文件组织。
- **B$^+$ 树文件组织**（B$^+$-tree file organization）。10.6.2 节中描述的传统顺序文件组织的确支持顺序访问，即使存在插入、删除和更新操作，且这些操作可能改变记录的顺序。然而，在面对大量这种操作的时候，顺序访问的效率将大打折扣。另外一种组织记录的方式是 B$^+$ 树文件组织。B$^+$ 树文件组织和 B$^+$ 树索引结构有关，它可以提供对记录的高效顺序访问，即使存在大量插入、删除或更新操作。此外，它支持基于搜索码的、针对特定记录的、非常高效的访问。
- **散列文件组织**（hashing file organization）。在每条记录的某些属性上计算一个散列函数。散列函数的结果确定了记录应放到文件的哪个块中。11.5 节描述了这种组织方式；它与第 11 章所描述的索引结构密切相关。

10.6.1 堆文件组织

在堆文件组织中，记录可以存储在对应于一个关系的文件中的任何位置。记录一旦被放在特定位置，通常不会被移动⊖。

当一条记录被插入一个文件中时，一种选择位置的方式是总把它加到文件的末尾。可是，如果记录被删除，使用这种释放的空间来存储新记录是有意义的。对于数据库系统来说，不用顺序搜索文件的所有块，就能高效地找到具有自由空间的块是很重要的。

大多数数据库使用一种叫作**自由空间图**（free-space map）的节省空间的数据结构，以便跟踪具有自由空间来存储记录的块。自由空间图通常被表示成一个数组，对关系中的每个块，该数组都包含一个项。每个项表示一个比例 f，即在块中至少有比例为 f 的空间是自由的。例如在 PostgreSQL 中，一个项占 1 个字节，并且存储在项中的值必须除以 256 以得到自由空间的比例。数组被存储在文件中，在需要时数组所在的块被读进内存⊖。只要记录被插入、删除或者改变大小，如果占用比例的变化足以影响项的值，那么项必须在自由空间图中被更新。一个针对具有 16 个块的文件的自由空间图的示例如下所示。我们假设用 3 位来存储占有比例；在第 i 个位置的值应该除以 8 以得到块 i 的自由空间比例。

4	2	1	4	7	3	6	5	1	2	0	1	1	0	5	6

例如，值 7 表示此块中至少有 7/8 的空间是自由的。

为了找到一个可以存储给定大小的新记录的块，数据库可以扫描自由空间图以找到一个具有足够自由空间的块来存储那条记录。如果不存在那样的块，将给关系分配一个新块。

⊖ 记录可能偶尔被移动，例如，如果数据库对关系的记录进行排序；但是注意，即使此关系因排序而被重新排列，随后的插入和更新也可能导致记录不再有序。

⊖ 通过数据库缓冲区，我们将在 10.8 节讨论它。

尽管这种扫描比实际获取块来找到自由空间要快得多，但对于大型文件它仍然非常慢。为了进一步加速定位具有足够自由空间的块的任务，我们可以创建二级自由空间图，比如它的每个项表示主自由空间图的 100 个项。每个项存储了其对应的主自由空间图中 100 个项之内的最大值。下面的自由空间图是我们之前示例的二级自由空间图，它的每个项对应于主自由空间图的 4 个项。

4	7	2	6

利用 1 个项来代表主自由空间图中的 100 项，扫描二级自由空间图只需花费扫描主自由空间图的 1/100 的时间；一旦找到表示足够自由空间的合适的项，就可以检查它所对应的、在主自由空间图中的 100 个项，以找到具有足够自由空间的块。那样的块必然存在，因为二级自由空间图中的项存储了主自由空间图中相应项的最大值。为了处理非常大的关系，我们可以利用相同的思路来创建二级之上的更多级自由空间图。

每当图中一个项被更新就将自由空间图写入磁盘，这将是非常昂贵的。取而代之，自由空间图被周期性地写入磁盘；因此，磁盘上的自由空间图可能是过时的，当数据库启动时，它可能会得到关于自由空间的过时数据。其结果是，自由空间图可能声明一个块具有自由空间，但其实该块并没有；当此块被获取时，这种错误将会被检测出来，然后可以通过进一步搜索自由空间图来处理此错误，以找到另外一个块。另一方面，自由空间图可能声明一个块没有自由空间，但其实该块有；通常这不会导致除了存在未使用的自由空间之外的任何问题。为了修正这些错误，关系被定期扫描，错误空间图被重新计算并写到磁盘。

10.6.2 顺序文件组织

顺序文件（sequential file）是为了高效处理按某个搜索码的顺序排序的记录而设计的。**搜索码**（search key）是任意的属性或者属性的集合。它无须是主码，甚至也无须是超码。为了能够按搜索码的顺序快速检索记录，我们通过指针把记录链接起来。每条记录的指针指向按搜索码顺序排列的下一条记录。此外，为了最大限度地减少顺序文件处理中的块访问数量，我们按搜索码的顺序，或者尽可能地接近搜索码的顺序物理地存储记录。

图 10-10 展示了来自我们大学示例的由 *instructor* 记录组成的顺序文件。在该例中，记录按搜索码顺序存储，这里使用 *ID* 作为搜索码。

图 10-10 *instructor* 记录组成的顺序文件

顺序文件组织形式允许记录按排列的顺序读取；这对于显示目的以及特定的查询处理算法都非常有用。

然而，在插入和删除时维护记录的物理顺序是困难的，因为由单个的插入或删除而导致很多记录的移动是代价很高的。我们可以按照前面看到的那样，使用指针链表来管理删除。对于插入操作，我们应用如下两条规则：

1. 在文件中定位按搜索码顺序位于待插入记录之前的那条记录。
2. 如果在这条记录所在块中有一条自由的记录（即删除后留下来的空间），就在这里插入新的记录。否则，将新记录插入一个溢出块（overflow block）中。无论哪种情况都要调整指针，使其能按搜索码顺序把记录链接在一起。

图 10-11 展示了图 10-10 所示文件在插入记录（32222, Verdi, Music, 48000）之后的情况。图 10-11 中的结构允许快速插入新的记录，但是迫使顺序处理文件的应用程序不得不按与记录的物理顺序不一样的顺序来处理记录。

10101	Srinivasan	Comp. Sci.	65000	
12121	Wu	Finance	90000	
15151	Mozart	Music	40000	
22222	Einstein	Physics	95000	
32343	El Said	History	60000	
33456	Gold	Physics	87000	
45565	Katz	Comp. Sci.	75000	
58583	Califieri	History	62000	
76543	Singh	Finance	80000	
76766	Crick	Biology	72000	
83821	Brandt	Comp. Sci.	92000	
98345	Kim	Elec. Eng.	80000	
32222	Verdi	Music	48000	

图 10-11　执行插入后的顺序文件

如果需要存储在溢出块中的记录相对较少，这种方式会工作得很好。然而一段时间之后，搜索码顺序和物理顺序之间的相似性最终可能会完全丧失，在这种情况下，顺序处理将变得十分低效。此时，文件应该被**重组**（reorganized），使得它再次在物理上按顺序存放。这种重组的代价是很高的，并且必须在系统负载低的时候执行。需要重组的频率依赖于新记录插入的频率。在插入很少发生的极端情况下，使文件在物理上总保持有序是可能的。在这种情况下，不需要图 10-10 中的指针域。

10.6.3 多表聚簇文件组织

大多数关系数据库系统将每个关系存储在一个单独的文件中，或者一组单独的文件中。因此，在这样的设计中，每个文件以及每个块只存储一个关系的记录。

但是在某些情况下，在单个块中存储不止一个关系的记录会很有用。为了理解在一个块中存储多个关系的记录的好处，考虑针对大学数据库的如下 SQL 查询：

```
select dept_name, building, budget, ID, name, salary
from department natural join instructor;
```

这个查询计算 *department* 和 *instructor* 关系的连接。因此，对于 *department* 的每个元组，系统必须找到具有相同 *dept_name* 值的 *instructor* 元组。理想情况下，这些记录通过索引（index）的帮助来定位，我们将在第 11 章中讨论索引。然而，不管这些记录如何定位，它们都需要从磁盘传输到主存中。在最坏的情况下，每条记录驻留在不同的块上，迫使我们为查询所需的每条记录执行一次读块操作。

作为一个具体的示例，分别考虑图 10-12 和图 10-13 中的 *department* 与 *instructor* 关系（为了简单起见，我们只包括了前面所用到的关系中的元组的一个子集）。在图 10-14 中，我们展示了一个为高效执行涉及 *department* 和 *instructor* 的自然连接的查询而设计的文件结构。针对特定 *dept_name* 的所有 *instructor* 元组被存储在该 *dept_name* 所对应的 *department* 元组的附近。我们说这两个关系在 *dept_name* 码上是聚簇的。我们假设每条记录包含它所属的关系的标识，尽管这没有在图 10-14 中显示出来。

dept_name	building	budget
Comp.Sci.	Taylor	100000
Physics	Watson	70000

图 10-12 *department* 关系

ID	name	dept_name	salary
10101	Srinivasan	Comp.Sci.	65000
33456	Gold	Physics	87000
45565	Katz	Comp.Sci.	75000
83821	Brandt	Comp.Sci.	92000

图 10-13 *instructor* 关系

Comp.Sci.	Taylor	100000	
10101	Srinivasan	Comp.Sci.	65000
45565	Katz	Comp.Sci.	75000
83821	Brandt	Comp.Sci.	92000
Physics	Watson	70000	
33456	Gold	Physics	87000

图 10-14 多表聚簇文件结构

尽管没有在图中描述，为了减少存储开销，也有可能针对一组元组（来自两个关系）只存储一次 *dept_name* 属性的值，该属性定义了聚簇。

这种结构允许对连接进行高效处理。当读取 *department* 关系的一个元组时，将包含这个元组的整个块从磁盘拷贝到主存中。因为相应的 *instructor* 元组存储在靠近 *department* 元组的磁盘上，所以包含 *department* 元组的块也包含了处理查询所需的 *instructor* 关系的元组。如果一个系有太多教师，以至于 *instructor* 记录不能存储在一个块中，则其余的记录出现在临近的块中。

如图 10-14 所示，**多表聚簇文件组织**（multitable clustering file organization）是一种在每个块中存储两个或更多关系的相关记录的文件组织形式。**聚簇码**（cluster key）是一种属性，它定义了哪些记录被存储在一起；在我们之前的示例中，聚簇码是 *dept_name*。

尽管多表聚簇文件组织可以加快特定的连接查询，但它也会导致对其他类型的查询的处理变慢。例如，在我们前面的示例中，

select *
from *department*;

⊖ 注意，cluster 这个词经常被用来指代共同构成一个并行数据库的一组机器；cluster 这个词的这种用法和多表聚簇的概念是没有关系的。

与将每个关系存储在单独文件中的方案相比，这个查询需要访问更多的块，因为每个块现在包含明显少得多的 *department* 记录。为了在特定块中高效定位 *department* 关系的所有元组，我们可以用指针把这个关系的所有记录链接起来；可是读取块的数量并不受使用这种链接的影响。

何时使用多表聚簇依赖于数据库设计者所认为的最频繁的查询类型，多表聚簇的谨慎使用可以在查询处理中产生显著的性能提升。

多表聚簇被 Oracle 数据库系统所支持。聚簇可以通过使用带有特定聚簇码的**创建聚簇**（create cluster）命令来创建。对**创建表**（create table）命令的扩展可以用来指定将一个关系存储在特定聚簇中，此命令将特定属性用作聚簇码。这样可以将多种关系分配到一个聚簇上。

10.6.4 划分

许多数据库允许将一个关系中的记录划分为更小的关系，这些关系分别进行存储。这种**表划分**（table partitioning）通常基于一个属性值来完成；例如在一个会计数据库中，*transaction* 关系中的记录可以根据年份划分成对应于每个年份的更小关系，比如 *transaction_2018*、*transaction_2019* 等。查询可以基于 *transaction* 关系来编写，但是被翻译成面向年份的关系的查询。大多数访问都针对当前年份的记录，并且包含一个基于年份的选择。查询优化器能够重写这种查询，使其仅仅访问对应于所需年份的更小关系，并且查询优化器能够避免读取对应于其他年份的记录。例如，查询

select *
from *transaction*
where *year*=2019

将只访问 *transaction_2019* 关系，而忽略其他关系。而一个没有选择条件的查询将读取所有关系。

某些操作的代价随关系的规模一同增长，比如找到一条记录的自由空间；通过缩小每个关系的规模，划分有助于减少这种开销。划分也可以用来将一个关系的不同部分存储到不同的存储设备上；比如，在 2019 年，*transaction_2018* 和早些年的交易不会被频繁访问，可以存储到磁盘上，而 *transaction_2019* 可以存储在 SSD 上，以便更快速地访问。

10.7 数据字典存储

到目前为止，我们只考虑了关系本身的表示。一个关系数据库系统需要维护关于关系的数据，比如关系的模式。一般来说，这种"关于数据的数据"被称为**元数据**（metadata）。

关系模式和关于关系的其他元数据存储在一种称作**数据字典**（data dictionary）或**系统目录**（system catalog）的结构中。系统必须存储的信息类型有：

- 关系的名称；
- 每个关系中属性的名称；
- 属性的域和长度；
- 在数据库上定义的视图的名称，以及这些视图的定义；
- 完整性约束（例如码约束）。

此外，很多系统为系统的用户保存了下列数据：

- 用户的名称、用户的缺省模式、用于认证用户的密码或其他信息；

- 关于每个用户的授权信息。

进一步地，数据库可能还会存储关于关系和属性的统计数据和描述数据。例如，每个关系中元组的数量，或者每个属性上不同值的数量。

数据字典也可能记录关系的存储组织（堆、顺序、散列等），以及每个关系的存储位置：

- 如果关系被存储在操作系统文件中，数据字典将会记录包含每个关系的单个文件（或多个文件）的名称。
- 如果数据库把所有关系存储在单个文件中，数据字典可能将包含每个关系的记录的块记在诸如链表那样的数据结构中。

我们将在第 11 章中学习索引，我们将看到有必要存储关于每个关系的每个索引的信息：

- 索引的名称；
- 被索引的关系的名称；
- 在其上定义索引的属性；
- 构造的索引的类型。

实际上，所有这些元数据信息组成了一个微型数据库。一些数据库系统使用专用的数据结构和代码来存储这些元数据。通常人们更倾向于将关于数据库的数据存储为数据库本身中的关系。通过使用数据库关系来存储系统元数据，我们简化了系统的总体结构，并且利用数据库的全部能力来对系统数据进行快速访问。

关于如何通过关系来表示系统元数据的准确选择必须由系统设计者来决定。我们在图 10-15 中展示了一个小型数据字典的模式图，它存储了上面提到的部分信息。这个模式仅仅是示例性的；真正的实现存储了比此图所展示的多得多的信息。读者可以参阅所使用的数据库的指南，看看系统元数据维护了什么信息。

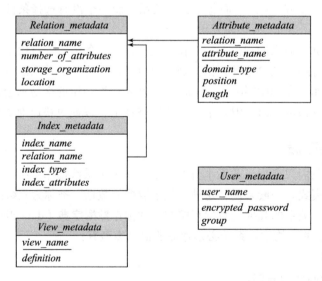

图 10-15   描述部分系统元数据的关系模式

在所展示的元数据表示中，假定 *Index_metadata* 关系的 *index_attributes* 属性包含由一个或多个属性组成的列表，它可以表示成诸如 "*dept_name, building*" 那样的字符串。因此，*Index_metadata* 关系不符合第一范式；尽管它可以被规范化，但是上面的表示可能对于存取数据而言更加有效。数据字典通常存储为非规范化的形式，以便实现快速存取。

只要数据库系统需要从关系中检索记录,它就必须首先通过 *Relation_metadata* 关系来查找关系的位置和存储组织,然后使用该信息去获取记录。

但是,*Relation_metadata* 关系本身的存储组织和位置必须被记录在其他地方(例如,在数据库自身的代码中,或者在数据库中的一个固定位置),因为我们需要这些信息来找到 *Relation_metadata* 的内容。

因为系统元数据被频繁访问,所以大多数数据库将其从数据库读入内存数据结构中,这种数据结构可被很高效地访问。这是在数据库开始处理任何查询之前作为数据库启动的一部分来完成的。

10.8 数据库缓冲区

服务器上的主存规模这些年来增长得很快,很多中等规模的数据库可以被放入内存中。可是,一个服务器有很多对其内存的需求,它能分配给数据库的内存量可能比数据库的规模要小很多,即使是对于中等规模的数据库。很多大型数据库比服务器的可用内存要大得多。

因此,即使在今天,在大多数数据库中,数据库数据仍主要存放在磁盘上,并且这些数据必须被放入内存以进行读取或者更新;更新过的数据块必须随后写回磁盘。

因为从磁盘访问数据远比从内存访问数据要慢,所以数据库系统的一个主要目标就是尽量减少在磁盘和内存之间传输的块数量。减少磁盘访问次数的一种方式是在主存中保留尽可能多的块。这样做的目标是最大化要访问的块已经在主存中的概率,这样就不需要访问磁盘。

因为在主存中保留所有块是不可能的,我们需要管理主存中用于存储块的可用空间的分配。**缓冲区**(buffer)是主存中用于存储磁盘块的拷贝的那部分。每个块总有一份拷贝存放在磁盘上,但是磁盘上的拷贝可能比缓冲区中的版本旧。负责缓冲区空间分配的子系统称为**缓冲区管理器**(buffer manager)。

10.8.1 缓冲区管理器

当数据库系统中的程序需要磁盘上的块时,它向缓冲区管理器发出请求(即调用)。如果这个块已经在缓冲区中,则缓冲区管理器将这个块在主存中的地址传给请求者。如果这个块不在缓冲区中,则缓冲区管理器首先在缓冲区中为这个块分配空间,如果需要,可能会把一些其他块移出主存,为这个新块腾出空间。被移出的块仅当它在最近一次写回磁盘后被修改过才被写回磁盘。然后,缓冲区管理器把被请求的块从磁盘读入缓冲区,并将这个块在主存中的地址传给请求者。缓冲区管理器的内部动作对发出磁盘块请求的程序是透明的。

如果熟悉操作系统的概念,你会发现缓冲区管理器看起来和大多数操作系统中的虚拟存储管理器没有什么不同。它们的一点区别是数据库的规模会比机器的硬件地址空间要大,因此存储器地址不足以对所有磁盘块进行寻址。此外,为了更好地为数据库系统服务,缓冲区管理器必须使用比典型的虚拟存储管理方案更加复杂的技术。

10.8.1.1 缓冲区替换策略

当缓冲区中没有剩余空间时,一个块必须被**移出**(evicted),即在新块读入缓冲区之前,必须把一个块从缓冲区中去除。多数操作系统使用**最近最少使用**(Least Recently Used,LRU)方案,即最近最少访问的块被写回磁盘,并从缓冲区中移走。这种简单的方式在改进后可用于数据库应用（参见 10.8.2 节）。

10.8.1.2 被钉住的块

一旦一个块被读入缓冲区，数据库进程就可以从缓冲存储器中读取该块的内容。然而，当块正在被读取时，如果一个并发进程移出了这个块，并把它替换成另一个不同的块，那么读原来块的内容的读取操作将读到不正确的数据；如果一个块被移出时它正在被写入，那么写入操作将最终损坏被替换的块的内容。

因此，在一个进程从缓冲块中读取数据之前，确保此块不会被移出是很重要的。为此，进程在该块上执行**钉住**（pin）操作；缓冲区管理器绝不会移出一个被钉住的块。当进程完成数据读取后，它将执行**解除钉住**（unpin）操作，允许该块在必要时被移出。应该仔细编写数据库代码从而避免钉住太多的块：如果在缓冲区中所有块都被钉住了，那么没有块能被移出，也就没有其他块能被读入缓冲区。如果发生这种情况，那么数据库将不能执行任何进一步的处理！

多个进程能从缓冲区的一个块中读取数据。要求每个进程在访问数据前执行钉住操作，并在完成访问后执行解除钉住操作。直到所有对块执行了钉住操作的进程都解除钉住之后，该块才能被移出。一种简单的方式可以确保这个性质，那就是为每个缓冲块维护**钉住计数**（pin count）。对每个钉住操作增加该计数，且对每个解除钉住操作减少该计数。仅当一个页面的钉住计数等于 0 时，它才能被移出。

10.8.1.3 缓冲区上的共享排他锁

从页面增加或删除元组的进程可能需要移动此页面的内容；在此期间，任何其他进程都不应读取该页的内容，因为这些内容可能是不一致的。数据库缓冲区管理器允许进程获取缓冲区上的共享排他锁。

我们将在第 14 章学习锁的更多细节，但是这里我们讨论缓冲区管理器的内容中的一种受限形式的封锁。由缓冲区管理器提供的封锁系统允许数据库进程在访问一个块之前，以共享模式或者排他模式封锁该缓冲块，并且在访问完成之后释放封锁。下面是用于封锁的一些规则：

- 任意数量的进程可以在一个块上同时拥有共享锁。
- 每次只允许一个进程获得排他锁，并且当一个进程执有排他锁时，其他进程不能执有此块上的共享锁。因此，只有当没有其他进程在缓冲块上执有封锁的时候排他锁才能被授予。
- 如果一个进程请求块上的排他锁，但此块已经以共享或者排他模式被封锁，那么在早期封锁被释放之前，该请求一直处于等待状态。
- 如果一个进程请求块上的共享锁，而且此块没有被封锁或者已经被共享锁封锁，则此锁可以被授予；但是，如果另一个进程持有该块的排他锁，则共享锁只有在排他锁被释放后才能被授予。

按如下方式获得并释放封锁：

- 在一个块上执行任何操作之前，进程必须钉住这个块，就像我们之前看到的那样。随后获得封锁，且必须在对块解除钉住之前释放封锁。
- 在从缓冲块读数据之前，进程必须获取此块上的共享锁。当完成数据读取时，进程必须释放此锁。

- 在更新缓存块内容之前，进程必须获取此块上的排他锁；该锁必须在更新完成后释放。

这些规则确保当另外的进程在读块时该块不能被更新。反过来说，当另外的进程正在更新块的时候，此块不能被读取。这些规则保证了缓冲区访问的安全。可是，为了保护数据库系统，以及防止并发访问引发的问题，这些措施是不够的，还需要采取进一步的措施。我们将在第 13～14 章进一步讨论这些问题。

10.8.1.4 块写出

仅当另一个块需要缓冲空间时才写出一个块是可能的。但是，不用等到需要缓冲空间时，而是在产生这种需求之前写出更新过的块，这么做是有意义的。然后，当需要缓冲区中的空间时，一个已经被写出过的块可以被移出，只要它当前没有被钉住。

可是，为了数据库系统能够从崩溃中恢复（见第 14 章），有必要限制一个块能被写回磁盘的时间。例如，大多数恢复系统要求，当块上正在进行更新时，该块不能被写回磁盘。为了满足这个要求，希望将块写回磁盘的进程必须获取块上的共享锁。

大多数数据库有一个进程，可以连续监测更新过的块并将块写回磁盘。

10.8.1.5 块的强制写出

某些情况下，需要把块写回磁盘，以确保磁盘上的数据处于一致性状态。这样的写操作称为块的**强制写出**（forced output）。我们将在第 14 章看到强制写出的原因。

主存的内容乃至缓冲区的内容会在崩溃时丢失，然而磁盘上的数据（通常）在崩溃时得以幸免。将强制写出与日志机制一起使用，以确保当执行更新的事务被提交时，有足够的数据写回磁盘，从而保证事务的更新不会丢失。具体是如何完成的，我们将在第 14 章细致地介绍。

10.8.2 缓冲区替换策略

对缓冲区中的块的替换策略而言，其目标是减少对磁盘的访问。对通用程序来说，精确预言哪些块将被访问是不可能的。因此，操作系统使用过去的块访问模式来预测未来的访问。通常假设最近被访问过的块很可能被再次访问。因此，如果必须替换一个块，则替换最近最少访问的块。这种策略称为**最近最少使用**（Least Recently Used，LRU）的块替换策略。

在操作系统中，LRU 是一个可以接受的替换策略。然而，数据库系统能够比操作系统更准确地预测未来的访问模式。用户对数据库系统的请求包括若干步。通过查看执行用户请求的操作所需的每一步，数据库系统通常可以预先确定哪些块将是需要的。因此，与依赖过去来预测将来的操作系统不同，数据库系统至少可以得到关于不远的将来的信息。

为了说明未来块访问的相关信息是如何使我们改进 LRU 策略的，考虑如下 SQL 查询的处理：

> **select** *
> **from** *instructor* **natural join** *department*;

假设我们所选择的处理这个请求的策略由图 10-16 所示的伪码程序给出。（我们将在第 12 章学习其他更高效的策略。）

```
for each instructor 中的元组 i do
    for each department 中的元组 d do
        if i[dept_name] = d[dept_name]
        then begin
                令 x 为下列式子定义的元组：
                x[ID] := i[ID]
                x[dept_name] := i[dept_name]
                x[name] := i[name]
                x[salary] := i[salary]
                x[building] := d[building]
                x[budget] := d[budget]
                将元组 x 包含进 instructor ⋈ department 的结果中
            end
    end
end
```

图 10-16 计算连接的过程

假设此例中的两个关系存储在不同的文件中。在这个示例中，我们可以看到，一旦 *instructor* 中的一个元组被处理过，就不再需要这个元组了。因此，一旦处理完 *instructor* 元组构成的一个完整块，这个块就不再需要存储在主存中了，尽管它刚刚被使用过。一旦 *instructor* 块中最后一个元组被处理完毕，就应该命令缓冲区管理器释放这个块所占用的空间。这种缓冲区管理策略称为**立即丢弃**（toss-immediate）策略。

现在考虑包含 *department* 元组的块。对 *instructor* 关系的每个元组，我们需要检查 *department* 元组的每个块。当一个 *department* 块处理完毕后，我们知道在所有其他 *department* 块被处理完之前，这个块是不会被访问的。因此，最近最常使用的 *department* 块将是最后一个要被再次访问的块，而最近最少使用的 *department* 块会是接着要访问的块。这个假设正好与构成 LRU 策略基础的假设相反。实际上，在上述过程中块替换的最优策略是**最近最常使用**（Most Recently Used，MRU）策略。如果必须从缓冲区中移出一个 *department* 块，MRU 策略将选择最近最常使用的块（当块正在被使用时不能被替换）。

在我们的示例中，要使 MRU 策略正确工作，系统必须把当前正在处理的 *department* 块钉住。在块中最后一个 *department* 元组处理完毕后，这个块就被解除钉住，并成为最近最常使用的块。

除了使用系统所拥有的关于被处理的请求的知识，缓冲区管理器还可以使用有关一个请求将访问特定关系的概率的统计信息。例如，我们在 10.7 节见过的数据字典是数据库中最常被访问的部分之一，因为每个查询的处理都需要访问数据字典。因此，缓冲区管理器应尽量不把数据字典从主存中移出，除非有其他因素决定了它非这样做不可。在第 11 章中，我们将讨论文件的索引。因为对文件索引的访问可能比文件本身更频繁，所以除非迫不得已，缓冲区管理器一般不会把索引块从主存中移出。

理想的数据库块替换策略需要关于数据库操作的知识，包括正在执行的操作和将来会执行的操作。没有哪个策略能够很好地处理所有可能的情况。实际上，绝大多数数据库系统都使用 LRU 策略，尽管这种策略有其缺点。在实践问题和习题中我们将探究其他可选择的策略。

除了块被再次访问的时间以外，缓冲区管理器所使用的块替换策略还受其他因素的影响。如果系统并发地处理来自多个用户的请求，并发控制子系统（见第 14 章）可能需要延迟某些请求，以保证数据库的一致性。如果缓冲区管理器从并发控制子系统获得了关于哪些请求被延迟的信息，它就可以使用这些信息来改变它的块替换策略。具体地说，活跃的（非延迟的）请求所需要的块可以保留在缓冲区中，以牺牲被延迟的请求所需的块为代价。

崩溃 – 恢复子系统（见第 14 章）对块替换施加了严格的约束。如果一个块被修改过，则不允许缓冲区管理器将这个块在缓冲区中的新版本写回磁盘，因为这将破坏旧的版本。取而代之的做法是，块管理器在写出块之前，必须向崩溃 – 恢复子系统寻求许可。崩溃 – 恢复子系统在允许缓冲区管理器写出所需的块之前，可能要求将另一些特定的块强制写出。在第 14 章中，我们将精确定义缓冲区管理器与崩溃 – 恢复子系统之间的交互。

10.8.3　写操作的重排序与恢复

数据库缓冲区允许在内存中执行写操作，并在以后将其输出到磁盘，输出的顺序可能与执行写出的顺序不同。文件系统也经常对写操作重新排序。但是，这种重新排序可能会导致在发生系统崩溃时磁盘上的数据不一致。

为了理解文件系统背景下的问题，假设文件系统使用链表跟踪哪些块是文件的一部分。另外假设它在链表末尾插入一个新节点的方式是：首先为新节点写入数据，然后更新前一个节点的指针。进一步假设写操作被重新排序，因此指针先被更新，并且在写入新节点之前系统崩溃。那么节点的内容将和之前磁盘上曾写入的内容一样，这就导致了数据结构的损坏。

为了应对这种数据结构损坏的可能性，早期的文件系统必须在系统重新启动时执行文件系统一致性检查，以确保数据结构是一致的。如果不一致，就必须采取额外的措施把它们恢复到一致状态。这些检查会导致崩溃后系统重启的长时间延迟，随着磁盘系统容量的增加，这种延迟会变得更长。

如果文件系统按精心选择的顺序更新元数据，那么在许多情况下，它可以避免不一致的问题。但是这样做意味着诸如磁盘臂调度之类的优化无法完成，从而影响更新的效率。如果有可用的非易失性写缓冲区，可以用它来对非易失性 RAM 执行顺序的写操作，然后在写入磁盘时再重新排序。

然而，大多数磁盘没有非易失性写缓冲区；相反，现代文件系统分配一个磁盘，用于按执行顺序存储写操作的日志。这样的磁盘称为日志磁盘（log disk）。对于每次写操作，日志都包含待写入的块的编号和要写入的数据，日志的顺序与执行写操作的顺序一致。对日志磁盘的所有访问都是顺序的，基本上消除了寻道时间，并且多个连续的块可以一次性写入，使得写入日志磁盘的速度比随机写入快好几倍。和以前一样，数据还必须写到它们在磁盘上的实际位置，但是对实际位置的写操作可以之后完成；可以对写操作进行重新排序，以最小化磁盘臂的移动。

如果在对实际磁盘位置的某些写操作完成之前系统崩溃，当系统恢复时，它会读取日志磁盘，以找到尚未完成的那些写操作，然后执行这些操作。在执行写操作后，记录将从日志磁盘中删除。

支持上述日志磁盘的文件系统称为日志文件系统（journaling file system）。即使没有单独的日志磁盘，也可以通过将数据和日志保存在同一个磁盘上来实现日志文件系统。这样做会以更低性能为代价来降低资金成本。

大多数现代文件系统在写入诸如文件分配信息那样的文件系统元数据时实现日志并使用日志磁盘。日志文件系统允许快速重启，无须进行此类文件系统的一致性检查。

但是，应用程序执行的写操作通常不会被写入日志磁盘。相反，数据库系统实现了自己的日志形式，以确保在发生故障时，即使对写操作进行了重新排序，也可以安全地恢复出数据库的内容，我们将在第 14 章中学习数据库日志。

10.9 总结

- 大多数计算机系统中都存在几种类型的数据存储形式。根据访问数据的速度、每单位数据购买存储器的成本以及可靠性来对它们进行分类。可用的介质包括高速缓存、主存、闪存、磁盘、光盘和磁带。
- 磁盘是机械设备，并且数据访问需要读写头移动到所需的柱面，然后盘片的旋转必须将所需的扇区带到读写头下方。因此，磁盘具有很高的数据访问延迟。
- 与磁盘相比，SSD 具有更低的数据访问延迟和更高的数据传输带宽。但是，它们每字节的成本也比磁盘更高。
- 我们可以把一个文件逻辑地组织成映射到磁盘块上的记录序列。把数据库映射到文件的一种方式是使用多个文件，在任意给定文件中只存储一种固定长度的记录。另一种方式是构造文件，使之能适应多种长度的记录。分槽页的方法被广泛应用于在磁盘块中处理变长记录。
- 因为数据以块为单位在磁盘存储器和主存之间传输，所以让一个单独的块包含相关联的记录并将文件记录分配到不同的块中是可取的。如果仅通过一次块访问就可以存取所需的几条记录，我们就节省了磁盘访问次数。因为磁盘访问通常是数据库系统性能的瓶颈，将记录仔细分配到块中可以获得显著的性能提升。
- 数据字典也称为系统目录，用于记录元数据，元数据是关于数据的数据，例如关系名、属性名和类型、存储信息、完整性约束以及用户信息。
- 减少磁盘访问数量的一种方式是在主存中保留尽可能多的块。因为在主存中保留所有的块是不可能的，我们需要为块的存储而管理主存中可用空间的分配。缓冲区（buffer）是主存的一部分，可用于存储磁盘块的拷贝。负责分配缓冲区空间的子系统称为缓冲区管理器（buffer manager）。

术语回顾

- 物理存储介质
  - 高速缓存
  - 主存
  - 闪存
  - 磁盘
  - 光学存储器
  - 磁带存储器
- 易失性存储器
- 非易失性存储器
- 顺序访问
- 直接访问
- 存储接口
  - 串行 ATA（SATA）
  - 串行连接的 SCSI（SAS）
  - 非易失性存储器标准（NVMe）
- 存储区域网（SAN）
- 附网存储（NAS）
- 磁盘
  - 盘片
  - 硬盘
  - 磁道
  - 扇区
  - 读写头
  - 磁盘臂
  - 柱面
  - 磁盘控制器
  - 校验和
  - 坏扇区的重映射
- 磁盘块
- 磁盘性能度量

- ○ 访问时间
- ○ 寻道时间
- ○ 延迟时间
- ○ 每秒 I/O 操作数（IOPS）
- ○ 旋转延迟
- ○ 数据传输率
- ○ 平均故障时间（MTTF）
- 闪存
  - ○ 擦除块
  - ○ 损耗均衡
  - ○ 闪存转换表
  - ○ 闪存转换层
- 存储类存储器
  - ○ 3D-XPoint
- 文件组织
  - ○ 文件
  - ○ 块
- 定长记录
- 文件头
- 自由链表
- 变长记录
- 空位图
- 分槽的页结构
- 大对象
- 记录的组织
  - ○ 堆文件组织
  - ○ 顺序文件组织

- ○ 多表聚簇文件组织
- ○ B⁺ 树文件组织
- ○ 散列文件组织
- 自由空间图
- 顺序文件
- 搜索码
- 聚簇码
- 表划分
- 数据字典存储
  - ○ 元数据
  - ○ 数据字典
  - ○ 系统目录
- 数据库缓冲区
  - ○ 缓冲区管理
  - ○ 被钉住的块
  - ○ 移出块
  - ○ 块的强制写出
  - ○ 共享排他锁
- 缓冲区替换策略
  - ○ 最近最少使用（LRU）
  - ○ 立即丢弃
  - ○ 最近最常使用（MRU）
- 块的写出
- 块的强制写出
- 日志磁盘
- 日志文件系统

实践习题

10.1 SSD 可用作存储器和磁盘之间的存储层，数据库的某些部分（例如某些关系）可以存储在 SSD 上，而其余部分可以存储在磁盘上。另一种可选方案是，SSD 可用作磁盘的缓冲区或缓存；经常使用的块将驻留在 SSD 层上，而不经常使用的块将驻留在磁盘上。

    a. 如果你需要支持实时查询，这些查询必须在有保证的短时间内得到答案，你会选择两种备选方案中的哪一种？请解释为什么。

    b. 如果你有一个非常大型的客户（customer）关系，该关系中仅有一些磁盘块被经常访问，而其他块很少被访问，你将选择这两种备选方案中的哪一种？

10.2 一些数据库以这样的方式使用磁盘：仅使用外侧磁道中的扇区，而不使用内侧磁道中的扇区。这样做可能有什么优势？

10.3 闪存：

    a. 如何在内存中创建闪存转换表？它用于将逻辑页号映射到物理页号。

    b. 假设你有一个 64 GB 的闪存系统，页面规模为 4096 字节。假设每一页有 32 位的地址，并且转换表用数组形式存储，则该闪存转换表将有多大？

    c. 如果经常有大范围的连续逻辑页号被映射到连续物理页号，请建议如何缩减转换表的规模。

10.4   考虑从图 10-6 的文件中删除记录 5。比较下列实现删除的技术的相对优点：

   a. 将记录 6 移到记录 5 所占用的空间，并将记录 7 移到记录 6 所占用的空间。

   b. 将记录 7 移到记录 5 所占用的空间。

   c. 标记记录 5 被删除，不移动任何记录。

10.5   给出经过下面每一步后图 10-7 中文件的结构：

   a. 插入 (24556, Turnamian, Finance, 9800)。

   b. 删除记录 2。

   c. 插入 (34556, Thompson, Music, 67000)。

10.6   考虑 *section* 和 *takes* 关系。给出这两个关系的一个实例，包括 3 个课程段，每个课程段有 5 名学生选课。给出对这些关系使用多表聚簇的一种文件结构。

10.7   考虑自由空间图的位图表示，其中对文件中的每个块，在位图中维护两个比特位。如果块的 0%～30% 是满的，则这两位用 00 表示；如果块的 30%～60% 是满的，则这两位用 01 表示；如果块的 60%～90% 是满的，则这两位用 10 表示；如果块内 90% 以上是满的，则这两位用 11 表示。即使对于很大的文件这样的位图也可以保存在内存中。

   a. 概括对一个块使用两位而不是本章前面描述的一位的两个优点和一个缺点。

   b. 描述在插入和删除记录时如何保持位图的更新。

   c. 概括位图技术与自由链表相比在搜索自由空间和更新自由空间信息方面的优势。

10.8   能够快速发现一个块是否存在于缓冲区中，假如存在则找到它驻留在缓冲区中的具体位置，这样做是很重要的。假设数据库缓冲区的规模非常庞大，针对这个任务，你该使用什么样的（内存）数据结构？

10.9   假设你们的大学有非常大量的 *takes* 记录，这些记录是多年来积累的。解释该如何对 *takes* 关系进行表分区，以及它可以提供哪些好处。并解释该技术的一个潜在缺陷。

10.10   对于下面的每种情况，给出一个关系代数表达式和一个查询处理策略的示例：

   a. MRU 优于 LRU。

   b. LRU 优于 MRU。

习题

10.11   请列出你日常使用的计算机上用到的物理存储介质，并给出每种介质上数据存取的速度。

10.12   磁盘控制器对坏扇区的重映射是如何影响数据检索速度的？

10.13   操作系统尝试确保文件的连续块被存储在连续的磁盘块上。为什么这么做对磁盘非常重要？如果改用 SSD，这样做是否仍然重要，还是无关紧要？请解释为什么。

10.14   在变长记录表示中，用空位图来表示属性是否为空值。

   a. 对于变长字段，如果值为空，那么偏移量字段和长度字段中应该存储什么？

   b. 在一些应用中，元组拥有非常大量的属性，其中大多数属性为空。你能否更改记录表示，使得一个空值属性的开销仅为空位图中的一个位？

10.15   请解释为什么在磁盘块上分配记录会显著影响数据库系统的性能。

10.16   列出下列存储关系数据库的每种策略的两个优点和两个缺点：

   a. 在一个文件中存储一个关系。

   b. 在一个文件中存储多个关系（甚至可能是整个数据库）。

10.17   在顺序文件组织中，为什么即使当前只有一条溢出记录，也要使用一个溢出块？

10.18   给出 *Index_metadata* 关系的规范化形式，并解释为什么使用规范化的形式会导致更差的性能。

10.19   标准的缓冲区管理器假定每个块的大小和读取代价都是相同的。设想一个缓冲区管理器使用对象引用率而不是 LRU，对象引用率是指一个对象在此前的 *n* 秒内被访问的频率。假设我们要在缓冲区中存储变长和读取代价可变（例如网页，它的读取代价取决于它从哪个站点被获取）

的对象。试建议缓冲区管理器可以如何选择要从缓冲区中移出哪个块。

延伸阅读

[Hennessy et al. (2017)] 是一本流行的计算机体系结构方面的教科书,其内容涵盖了对高速缓存以及存储器组织的介绍。

可以从磁盘驱动器制造商(例如 Hitachi、Seagate、Maxtor 和 Western Digital)的网站获得当今的磁盘驱动器的说明书。可以从 SSD 制造商(例如 Crucial、Intel、Micron、Samsung、SanDisk、Toshiba 和 Western Digital)的网站获得当今的 SSD 的说明书。

特定数据库系统的存储结构都记录在它们各自的系统使用手册中,例如 IBM DB2、Oracle、Microsoft SQL Server 以及 PostgreSQL。这些手册可以在线访问。

[Chou and Dewitt (1985)] 给出了数据库系统中缓冲区管理的算法,以及一种性能评估算法。大部分操作系统教材(包括 [Silberschatz et al. (2018)])都讨论了操作系统中的缓冲区管理。

参考文献

[Chou and Dewitt (1985)]　H. T. Chou and D. J. Dewitt, "An Evaluation of Buffer Management Strategies for Relational Database Systems", In *Proc. of the International Conf. on Very Large Databases* (1985), pages 127–141.

[Hennessy et al. (2017)]　J. L. Hennessy, D. A. Patterson, and D. Goldberg, *Computer Architecture: A Quantitative Approach*, 6th edition, Morgan Kaufmann (2017).

[Silberschatz et al. (2018)]　A. Silberschatz, P. B. Galvin, and G. Gagne, *Operating System Concepts*, 10th edition, John Wiley and Sons (2018).

索　引

许多查询只涉及文件中的一小部分记录。例如，类似"找出物理系中的所有教师"或者"找出 *ID* 是 22201 的学生的总学分"这样的查询，就只涉及 *instructor* 或 *student* 记录的一小部分。如果系统读取 *instructor* 关系中的每一个元组去检查 *dept_name* 值是否为"物理"，那么这样的操作方式是低效的。类似地，只是为了查找对应于 *ID* 是"22201"的一个元组而读取整个 *student* 关系也是低效的。在理想情况下，系统应该能够直接定位这些记录。为了允许这种访问方式，我们设计了与文件相关联的附加结构。

11.1　基本概念

数据库系统中文件索引的工作方式非常类似于本书中的索引。如果我们希望了解本书中某个特定主题（用一个词或者短语指定）的内容，可以在书后的索引中查找该主题，找到它所出现的页，然后阅读这些页，寻找我们需要的信息。索引中的词是按顺序排列的，因此，要找到我们所需要的词就容易了。而且，索引比书小得多，这进一步减少了所需的精力。

数据库系统中的索引与图书馆中书的索引所起的作用一样。例如，为了检索一条具有给定 *ID* 的 *student* 记录，数据库系统会查找索引，找到相应记录所在的磁盘块[⊖]，然后取出该磁盘块以得到所需的 *student* 记录。

索引对于数据库中查询的高效处理至关重要。如果没有索引，每个查询最终都将读取它所使用的每个关系的全部内容；对于仅获取几条记录的查询（例如，单条 *student* 记录，或者 *takes* 关系中对应于单个学生的记录）来说，这样做的代价将是高得离谱的。

通过维护学生 *ID* 的有序列表来实现 *student* 关系上的索引在非常大的数据库上不会非常管用，因为：(i) 索引本身会非常庞大；(ii) 即使保持有序索引减少了搜索时间，但查找一名学生仍然会相当耗时；(iii) 在学生从数据库中添加或删除时更新有序列表可能代价非常昂贵。在数据库系统中使用了更复杂的索引技术。我们将在本章中讨论其中几种技术。

有两种基本的索引类型。

- **顺序索引**（ordered index）：基于值的顺序排序。
- **散列索引**（hash index）：基于将值平均分布到若干桶中。一个值所属的桶是由一个函数决定的，该函数称为散列函数（hash function）。

我们将考虑用于顺序索引的几种技术。没有哪一种技术是最好的，只能说某种技术对特定的数据库应用是最适合的。对每种技术的评价必须基于下面这些因素。

- **访问类型**（access type）：能有效支持的访问类型。访问类型可以包括找到具有特定属性值的记录，以及找到属性值落在某个特定范围内的记录。
- **访问时间**（access time）：在查询中使用该技术找到一个特定数据项或数据项集所花费的时间。

⊖　正如在前面的章节中我们使用磁盘（disk）一词来指代持久性存储设备，比如磁盘和固态驱动器。

- **插入时间**（insertion time）：插入一个新数据项所花费的时间。该值包括找到插入这个新数据项的正确位置所花费的时间，以及更新索引结构所花费的时间。
- **删除时间**（deletion time）：删除一个数据项所花费的时间。该值包括找到待删除项所花费的时间，以及更新索引结构所花费的时间。
- **空间开销**（space overhead）：索引结构所占用的额外空间。倘若这种额外空间的规模适度，通常值得牺牲一定的空间来换取性能的提升。

我们通常希望在一个文件上建立多个索引。例如，我们可能按作者、主题或者书名来查找一本书。

用于在文件中查找记录的属性或属性集被称为**搜索码**（search key）。请注意这种码（key）的定义与主码（primary key）、候选码（candidate key）以及超码（superkey）中使用的定义不同。（遗憾的是）码在实践中具有广为接受的重复含义。使用搜索码的概念，我们认为，如果一个文件上有多个索引，那么它就有多个搜索码。

11.2　顺序索引

为了能够快速、随机地访问文件中的记录，我们可以使用索引结构。每个索引结构与一个特定的搜索码相关联。正如书的索引或者图书馆目录一样，**顺序索引**（ordered index）按照排好的顺序存储搜索码的值，并将每个搜索码与包含该搜索码的记录关联起来。

被索引的文件中的记录本身也可以按照某种排序顺序存储，正如图书馆中的书按某些属性（如杜威十进制数）存放一样。一个文件可以有多个索引，分别基于不同的搜索码。如果包含记录的文件按顺序排列，则**聚集索引**（clustering index）是这样一种索引：其搜索码还定义了文件的次序。聚集索引也称为**主索引**（primary index）；主索引这个术语可能看起来表示建立在主码上的索引，但实际上这种索引可以建立在任何搜索码上。聚集索引的搜索码常常是主码，但也并非必须如此。搜索码指定的次序与文件的排列次序不同的索引被称为**非聚集索引**（nonclustering index）或**辅助索引**（secondary index）。经常使用术语"聚集的"（clustered）和"非聚集的"（nonclustered）来代替"聚集"（clustering）和"非聚集"（nonclustering）。

在 11.2.1 至 11.2.3 节中，我们假定所有文件都按照某种搜索码顺序存储。这种在搜索码上有聚集索引的文件称作**索引顺序文件**（index-sequential file）。它们代表了在数据库系统中最早采用的索引模式之一。它们是针对既需要顺序处理整个文件又需要随机访问单条记录的应用而设计的。在 11.2.4 节中我们将介绍辅助索引。

图 11-1 显示了取自我们大学示例中 *instructor* 记录的一个顺序文件。在图 11-1 所示的示例中，记录按照教师 *ID* 的次序顺序存储，教师 *ID* 被用作搜索码。

11.2.1　稠密索引和稀疏索引

索引项（index entry）或**索引记录**（index record）由一个搜索码值和指针构成。这些指针指向具有该搜索码值的一条或多条记录。指向一条记录的指针由磁盘块的标识和标识出块内记录的磁盘块内偏移量所组成。

我们可以使用的顺序索引有两类。

- **稠密索引**（dense index）：在稠密索引中，对于文件中的每个搜索码值都有一个索引项。在稠密聚集索引中，索引记录包括搜索码值以及指向具有该搜索码值的第一条数据记录的指针。具有相同搜索码值的其余记录会顺序地存储在第一条记录之后，由于该索引是聚集索引，因此记录是根据相同的搜索码值排序的。

在稠密非聚集索引中，索引必须存储指向具有相同搜索码值的所有记录的指针列表。

10101	Srinivasan	Comp. Sci.	65000	
12121	Wu	Finance	90000	
15151	Mozart	Music	40000	
22222	Einstein	Physics	95000	
32343	El Said	History	60000	
33456	Gold	Physics	87000	
45565	Katz	Comp. Sci.	75000	
58583	Califieri	History	62000	
76543	Singh	Finance	80000	
76766	Crick	Biology	72000	
83821	Brandt	Comp. Sci.	92000	
98345	Kim	Elec. Eng.	80000	

图 11-1   *instructor* 记录的顺序文件

- **稀疏索引**（sparse index）：在稀疏索引中，只为某些搜索码值建立索引项。只有当关系按搜索码排列次序存储时才能使用稀疏索引。换句话说，只有索引是聚集索引时才使用稀疏索引。和稠密索引中的情况一样，每个索引项也包括一个搜索码值和指向具有该搜索码值的第一条数据记录的指针。为了定位一条记录，我们找到所具有的最大搜索码值小于或等于我们所找记录的搜索码值的索引项。我们从该索引项指向的记录开始，然后沿着文件中的指针查找，直到找到所需记录为止。

图 11-2 和图 11-3 分别显示了为 *instructor* 文件建立的稠密索引和稀疏索引。假如我们现在要查找 *ID* 是"22222"的教师记录。利用图 11-2 的稠密索引，我们可以顺着指针直接找到所需记录。因为 *ID* 是主码，所以只存在一条这样的记录，于是搜索完成。如果我们使用稀疏索引（见图 11-3），就找不到对于"22222"的索引项。因为"22222"之前的最后一项是"10101"（按数字排序），于是我们循着该指针查找。然后我们按顺序读取 *instructor* 文件，直到找到所需记录。

10101		10101	Srinivasan	Comp. Sci.	65000
12121		12121	Wu	Finance	90000
15151		15151	Mozart	Music	40000
22222		22222	Einstein	Physics	95000
32343		32343	El Said	History	60000
33456		33456	Gold	Physics	87000
45565		45565	Katz	Comp. Sci.	75000
58583		58583	Califieri	History	62000
76543		76543	Singh	Finance	80000
76766		76766	Crick	Biology	72000
83821		83821	Brandt	Comp. Sci.	92000
98345		98345	Kim	Elec. Eng.	80000

图 11-2   稠密索引

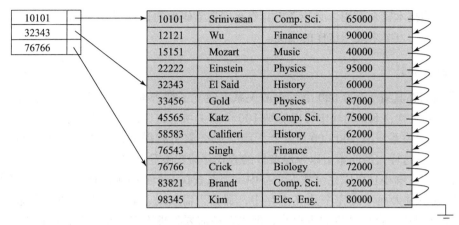

图 11-3 稀疏索引

考虑一本（印刷好的）字典。每页页眉都列出了该页中按字母序出现的第一个单词。字典的每页顶部的单词共同构成了字典页面内容的一个稀疏索引。

作为另一个示例，假设搜索码值并不是主码。图 11-4 展示了对于以 *dept_name* 为搜索码的 *instructor* 文件的稠密聚集索引。请注意在这种情况下，*instructor* 文件按照搜索码 *dept_name* 排序，而不是 *ID*，否则在 *dept_name* 上的索引将成为非聚集索引。假设我们正在查找历史系的记录。利用图 11-4 的稠密索引，我们沿着指针直接找到第一条历史系记录。我们处理此记录，并沿着该记录中的指针定位到按搜索码 *dept_name* 排序的下一条记录。我们继续处理记录，直到遇到一条不是历史系的记录。

Biology		76766	Crick	Biology	72000
Comp. Sci.		10101	Srinivasan	Comp. Sci.	65000
Elec. Eng.		45565	Katz	Comp. Sci.	75000
Finance		83821	Brandt	Comp. Sci.	92000
History		98345	Kim	Elec. Eng.	80000
Music		12121	Wu	Finance	90000
Physics		76543	Singh	Finance	80000
		32343	El Said	History	60000
		58583	Califieri	History	62000
		15151	Mozart	Music	40000
		22222	Einstein	Physics	95000
		33465	Gold	Physics	87000

图 11-4 搜索码为 *dept_name* 的稠密索引

正如我们已经看到的那样，利用稠密索引通常可以比稀疏索引更快地定位一条记录。但是，稀疏索引也有比稠密索引优越的地方：它们占用的空间较小，并且它们所需的插入和删除时的维护开销也较小。

系统设计者必须在存取时间和空间开销之间进行权衡。尽管有关这一权衡的决策依赖于具体的应用，但是为每个块建一个索引项的稀疏索引不失为一种较好的折中方案。原因在于，处理一个数据库查询的开销主要由把块从磁盘读到主存中所花费的时间来决定。一旦我们将块放入主存，扫描整个块的时间就是可以忽略的。使用这样的稀疏索引，可以定位包含所要查找的记录的块。这样，只要记录不在一个溢出块（参见 10.6.2 节）中，就能使块访问次数最小，同时能保持索引的规模（以及空间开销）尽可能小。

要使上述技术完全通用，必须考虑具有相同搜索码值的记录跨多个块的情况。可以很容易地修改我们的方案来处理这样的情况。

11.2.2 多级索引

假设我们在具有 1 000 000 个元组的关系上建立了稠密索引。索引项比数据记录要小，因此我们假设一个 4 KB 的块中可以容纳 100 个索引项。这样，我们的索引需要占用 10 000 个块。假如该关系具有 100 000 000 个元组，那么索引就需要占用 1 000 000 个块，或者 4 GB 的空间。这样大型的索引以顺序文件的方式存储在磁盘上。

如果索引足够小且可以完全放在主存中，那么查找一个索引项的搜索时间就会很短。但是，如果索引过大而不能完全放在主存中，那么当需要时，就必须从磁盘中获取索引块。（即便一个索引比一台计算机的主存小，但主存还需要处理许多其他任务，因此有可能不能将整个索引放在主存中。）于是搜索索引中的一个项就需要多次读取磁盘块。

可以在索引文件上使用二分法搜索来定位一个索引项，但是搜索的开销依然很大。如果索引会占据 b 个块，二分法搜索需要读取 $\lceil \log_2(b) \rceil$ 个块。（$\lceil x \rceil$ 表示大于或等于 x 的最小整数，即向上取整。）请注意被读取的块彼此不相邻，所以每次读取需要一次随机（即非顺序）的 I/O 操作。对于有 10 000 个块的索引，二分法搜索需要 14 次随机读块操作。在读一个随机块平均花费 10 毫秒的磁盘系统上，索引搜索将耗时 140 毫秒。这也许看上去不是很长，但是一秒钟内我们在单张磁盘上只能进行 7 次索引搜索，而一会儿我们将会看到，一种更高效的搜索机制可以让我们一秒钟内执行更多次搜索。请注意，如果使用了溢出块，那么二分法搜索就只能在非溢出块上使用，并且实际成本甚至可能高于上面的对数界限。一次顺序搜索需要读取 b 个顺序块，这将耗费更长的时间（尽管在某些情况下，顺序块读取的较低成本可能导致顺序搜索比二分法搜索要快）。因此，搜索一个大型索引可能是一个相当耗时的过程。

为了处理这个问题，我们像对待其他任何顺序文件那样对待索引，并且在原始的索引上构造一个稀疏的外层索引，现在我们把原始索引称为内层索引，如图 11-5 所示。请注意索引项总是有序排列的，这使得外层索引可以是稀疏的。为了定位一条记录，我们首先在外层索引上使用二分法搜索来找到其最大搜索码值小于或等于我们所需搜索码值的记录。指针指向一个内层索引块。我们扫描这个块，直到找到其最大搜索码值小于或等于所需搜索码值的记录。这条记录里的指针指向包含我们所查找记录的文件的块。

在我们的示例中，具有 10 000 个块的内层索引需要外层索引中有 10 000 个索引项，这些索引项仅占用 100 个块。如果我们假设外层索引已经在主存中，那么当使用多级索引时，一次搜索只需要读取一个索引块，而不像使用二分法搜索时读取 14 个块。其结果是，我们每秒可以执行 14 倍那么多的索引查找。

如果我们的文件极其庞大，甚至外层索引也可能大到不能放进主存。对于一个具有 100 000 000

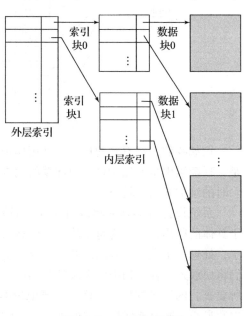

图 11-5 二级稀疏索引

个元组的关系，内层索引将占用 1 000 000 个块，且外层索引将占用 10 000 个块，或者 40 MB。因为在主存中有很多需求，所以有可能不能为这个特定的外层索引预留出那么多的主存。在这种情况下，可以再创建另一级索引。事实上，可以根据需要多次重复此过程。具有两级或两级以上的索引称为**多级索引**（multilevel indices）。利用多级索引搜索记录与用二分法搜索记录相比所需要的 I/O 操作要少得多[⊖]。

多级索引和树型结构紧密相关，比如用于内存索引的二叉树。稍后我们将在 11.3 节中讨论这种关系。

11.2.3　索引更新

无论采用何种形式的索引，每当文件中有记录插入或删除时，每个索引都必须更新。进而，在文件中的记录被更新的情况下，其搜索码属性受更新影响的任何索引也必须更新。例如，如果一位教师所在的系发生了变化，那么在 *instructor* 的 *dept_name* 属性上的索引也必须相应地更新。这种记录更新可以被设计为删除一条旧记录，然后插入一条具有新值的记录，这会导致对索引的一次删除后接对索引的一次插入。其结果是，我们只需要考虑在索引上的插入和删除，不需要显式地考虑更新。

我们首先介绍单级索引的更新算法。

11.2.3.1　插入

系统首先用出现在待插入记录中的搜索码值执行查找。系统根据索引是稠密的还是稀疏的来进行下一步操作。

- 稠密索引：
  1. 如果该搜索码值并未出现在索引中，系统就在索引中适当的位置插入带有该搜索码值的索引项。
  2. 否则执行如下操作。
     a. 如果索引项存储的是指向具有相同搜索码值的所有记录的指针，那么系统就在索引项中增加一个指向新记录的指针。
     b. 否则，索引项存储一个仅指向具有相同搜索码值的第一条记录的指针，系统把待插入的记录放到具有相同搜索码值的其他记录之后。
- 稀疏索引：我们假设索引为每个块保存一个索引项。如果系统创建了一个新的块，它会将出现在新块中的第一个搜索码值（按照搜索码的次序）插入索引中。另一方面，如果这条新插入的记录具有它所在块中的最小搜索码值，那么系统就更新指向该块的索引项；否则，系统对索引不做任何改动。

11.2.3.2　删除

为了删除一条记录，系统首先要找到待删除的记录。系统下一步要执行的操作取决于索引是稠密的还是稀疏的。

- 稠密索引：
  1. 如果待删除的记录是具有这个特定搜索码值的唯一的一条记录，则系统就从索引中删除相应的索引项。

⊖ 在早期的基于磁盘的索引中，每级索引都对应于一个物理存储单元。因此，我们可以在磁道、柱面和磁盘级别上创建索引。今天看来，这样的层次结构是不合理的，因为磁盘子系统隐藏了磁盘存储的物理细节，并且磁盘数和每张磁盘的盘片数与柱面数或每条磁道的字节数相比是非常小的。

2. 否则执行如下操作。

    a. 如果索引项存储的是指向具有相同搜索码值的所有记录的指针，那么系统就从索引项中删除指向待删除记录的指针。

    b. 否则，索引项存储一个仅指向具有该搜索码值的第一条记录的指针。在这种情况下，如果待删除的记录是具有该搜索码值的第一条记录，系统就更新索引项，使其指向下一条记录。

- 稀疏索引：

    1. 如果索引中并不包含具有待删除记录搜索码值的索引项，则索引不必做任何改动。

    2. 否则系统执行如下操作。

        a. 如果待删除记录是具有该搜索码值的唯一记录，则系统用下一个搜索码值（按搜索码次序）的索引记录来替换相应的索引记录。如果下一个搜索码值已经有了一个索引项，则删除而不是替换该索引项。

        b. 否则，如果该搜索码值的索引项指向待删除的记录，系统就更新索引项，使其指向具有相同搜索码值的下一条记录。

多级索引的插入和删除算法是对上述算法的一个简单扩展。在插入或删除时，系统对最底层索引进行如上所述的更新。而对于第二层而言，最底层索引不过是一个包含记录的文件。因此，如果在最底层索引中发生了任何改变，系统就对第二层索引进行如上所述的更新。如果还有更高层的索引，可以采用同样的技术来对其进行更新。

11.2.4 辅助索引

辅助索引必须是稠密的，对每个搜索码值都有一个索引项，并且对文件中的每条记录都有一个指针。而聚集索引可以是稀疏的，只存储部分搜索码值，因为正如前面所描述的那样，通过顺序访问文件的一部分，总可以找到带有中间搜索码值的记录。如果辅助索引只存储部分搜索码值，则具有中间搜索码值的记录可能存在于文件中的任何位置，我们通常只能通过扫描整个文件才能找到它们。

候选码上的辅助索引看起来就像是稠密聚集索引，只不过索引中由连续值所指向的记录并不是顺序存放的。然而，一般来说，辅助索引的结构可能和聚集索引不同。如果聚集索引的搜索码不是候选码，则索引只要指向具有该搜索码的特定值的第一条记录就足够了，因为其他的记录可以通过对文件进行顺序扫描而获得。

反之，如果辅助索引的搜索码不是候选码，则仅仅指向具有每个搜索码值的第一条记录是不够的。具有相同搜索码值的其余记录可能分布在文件的任何位置，因为记录是按聚集索引的搜索码而不是按辅助索引的搜索码次序存放的。因此，辅助索引必须包含指向所有记录的指针。

如果一种关系可以有不止一条包含相同搜索码值的记录（即两条或多条记录对于索引属性可以具有相同的值），则搜索码被称为**非唯一性搜索码**（nonunique search key）。

在非唯一性搜索码上实现辅助索引的一种方式如下：与主索引的情况不同，这种辅助索引中的指针并不直接指向记录。相反，索引中的每个指针都指向一个桶，该桶继而又包含指向文件的指针。图 11-6 显示了一个辅助索引的结构，该索引在 *instructor* 文件的 *dept_name* 搜索码上使用了一个附加的间接指针层。

然而，这种方式有几个缺点。首先，由于附加的间接指针层可能需要随机 I/O 操作，因此索引访问需要花费更长的时间；其次，如果一个码很少或没有重复，那么将整个块分配给其关联的桶会浪费大量的空间。在本章的后面，我们将学习更有效的实现辅助索引的可替代方案，它们避免了这些缺点。

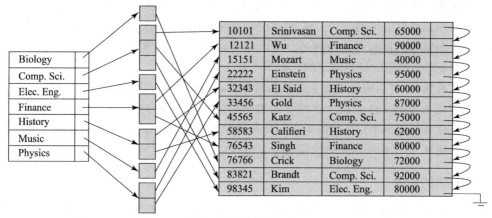

图 11-6 *instructor* 文件上的辅助索引，基于 *dept_name* 非候选码

按照聚集索引的顺序进行顺序扫描是高效的，因为文件中记录的物理存储顺序和索引的顺序是一致的。但是，我们不能（除了极少数特殊情况外）使存储文件的物理顺序既和聚集索引的搜索码顺序一致，又和辅助索引的搜索码顺序一致。由于辅助码的顺序和物理码的顺序不同，如果我们想要按辅助码的顺序对文件进行顺序扫描，那么每读一条记录都可能需要从磁盘读入一个新的块，这是非常慢的。

前面介绍的删除和插入过程也适用于辅助索引；所采取的操作是所介绍的那些针对稠密索引的操作，稠密索引对于文件中的每条记录都存储一个指针。如果一个文件有多个索引，则无论何时修改该文件，都必须更新每个索引。

辅助索引提高了使用除了聚集索引的搜索码之外的码的查询性能。但是，它们会给修改数据库带来很大的开销。数据库的设计者可根据对查询与修改的相对频率的估计来决定哪些辅助索引是可取的。

11.2.5 多码索引

虽然我们迄今所看到的示例在搜索码中只有单个属性，但一般来说，一个搜索码可以有多个属性。包含多个属性的搜索码被称为**复合搜索码**（composite search key）。这种索引的结构和任何其他索引都相同，唯一的区别在于搜索码不是单个属性，而是一个属性列表。这种搜索码可以表示为形如 $(a_1, \cdots, a_n)$ 的值的元组，其中索引属性是 $A_1, \cdots, A_n$。搜索码值按字典序（lexicographic ordering）排列。例如，对于具有两个属性的搜索码的情况，如果 $a_1 < b_1$，或 $a_1 = b_1$ 且 $a_2 < b_2$，则 $(a_1, a_2) < (b_1, b_2)$。字典序和单词的字母次序基本一致。

作为一个示例，考虑 *takes* 关系上的一个索引，并且其复合搜索码为（*course_id*, *semester*, *year*）。这样一个索引对于查找在特定学期/学年注册了特定课程的所有学生是有用的。复合码上的有序索引还可以用来高效地回答几种其他类型的查询，就如我们将在 11.5.2 节中见到的那样。

11.3 B⁺ 树索引文件

索引顺序文件组织主要的缺点在于，随着文件的增大，索引查找的性能和数据顺序扫描的性能都会下降。虽然这种性能下降可以通过对文件的重新组织来弥补，但是我们不希望频繁地进行重组。

B⁺树索引（B⁺-tree index）结构是使用最广泛的、在数据插入和删除的情况下仍能保持其执行效率的几种索引结构之一。B⁺树索引采用**平衡树**（balanced tree）结构，其中从树根到树叶的每条路径的长度都是相同的。树中每个非叶节点（除根节点之外）有$\lceil n/2 \rceil$到n个孩子，其中n对于特定的树是固定的；根节点有2到n个孩子。

我们将看到B⁺树结构会增加文件插入和删除的性能开销，同时会增加空间开销。但是即使对于频繁更新的文件来说，这种开销也是可接受的，因为避免了文件重组的代价。此外，由于节点有可能是半空的（如果它们具有最少孩子节点数），这将造成一些空间的浪费。但是，考虑到B⁺树结构所带来的性能优势，这种空间开销也是可以接受的。

11.3.1　B⁺树的结构

B⁺树索引是一种多级索引，但是其结构不同于多级索引顺序文件。我们目前假设没有重复的搜索码值，也就是说，每个搜索码都是唯一的，并且最多出现在一条记录中；我们稍后将考虑非唯一性搜索码的问题。

典型的B⁺树节点如图11-7所示。它最多包含$n-1$个搜索码值K_1，K_2，$\cdots$，K_{n-1}，以及n个指针$P_1, P_2, \cdots, P_n$。一个节点内的搜索码值是有序存放的，因此，如果$i < j$，那么$K_i < K_j$。

图 11-7　典型的 B⁺ 树节点

我们首先考察**叶节点**（leaf node）的结构。对$i = 1, 2, \cdots, n-1$，指针P_i指向具有搜索码值K_i的一条文件记录。指针P_n有特殊的作用，我们将稍后讨论。

图11-8是 *instructor* 文件的B⁺树的一个叶节点，其中我们设n等于4，且搜索码是 *name*。

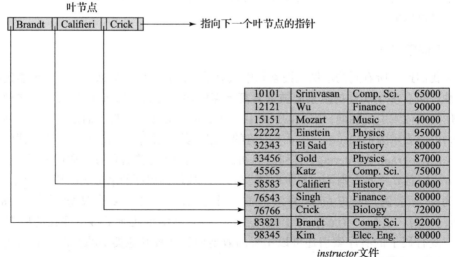

图 11-8　*instructor* 的 B⁺ 树索引（$n = 4$）的一个叶节点

现在我们已经知道了叶节点的结构，下面来看一看搜索码值是如何赋给特定节点的。每个叶节点最多可有$n-1$个值。我们允许叶节点包含最少$\lceil (n-1)/2 \rceil$个值。在我们的B⁺树示例

中 $n = 4$，每个叶节点必须包含最少 2 个并且最多 3 个值。

如果 L_i 和 L_j 是叶节点且 $i < j$（即在树中 L_i 位于 L_j 的左边），则 L_i 中的每个搜索码值 v_i 均小于 L_j 中的每个搜索码值 v_j。

如果 B+ 树索引被用作稠密索引（这是通常情况），每个搜索码值都必须出现在某个叶节点中。

现在我们可以来解释指针 P_n 的作用了。因为按照叶节点所包含的搜索码值，在叶节点上有一个线性的次序，我们用 P_n 将叶节点按搜索码次序链接在一起。这种次序有利于对文件进行高效的顺序处理。

B+ 树的**非叶节点**（nonleaf node）形成叶节点之上的一个多级（稀疏）索引。非叶节点的结构和叶节点的结构相同，只不过非叶节点中所有指针都是指向树节点的。一个非叶节点可以最多容纳 n 个指针，同时必须至少容纳 $\lceil n/2 \rceil$ 个指针。一个节点中的指针数称为该节点的扇出（fanout）。非叶节点也被称为**内部节点**（internal node）。

让我们考虑一个包含 m 个指针的节点（$m \leq n$）。对于 $i = 2, 3, \cdots, m-1$，指针 P_i 指向的子树所包含的搜索码值均小于 K_i 且大于或等于 $K_i{-}1$。指针 P_m 指向子树中所包含搜索码值大于或等于 $K_m{-}1$ 的那部分，而指针 P_1 指向子树中所包含搜索码值小于 K_1 的那部分。

根节点与其他非叶节点不同，它包含的指针数可以少于 $\lceil n/2 \rceil$；但是，除非整棵树只由一个节点组成，否则根节点必须至少包含两个指针。对任意的 n，总可以构造出满足上述要求的 B+ 树。

图 11-9 展示了对于 *instructor* 文件（$n = 4$）的一棵完整的 B+ 树。为了简化起见，我们省略了空指针。图中不包含箭头的任何指针区域都可理解为具有空值。

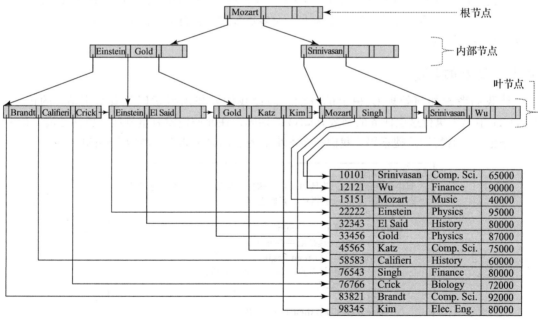

图 11-9 *instructor* 文件的 B+ 树（$n = 4$）

图 11-10 展示了 *instructor* 文件的另一棵 B+ 树，这次 $n = 6$。可以观察到这棵树的高度小于前面 $n = 4$ 的树。

这些示例的 B+ 树都是平衡的。也就是说，从根到叶节点的每条路径的长度都相同。对于 B+ 树来说这是一个必需的性质。实际上，B+ 树中的 "B" 就表示 "平衡"（balanced）的意思。正是 B$^+$ 树的这一平衡性质保证了对于查找、插入和修改的良好性能。

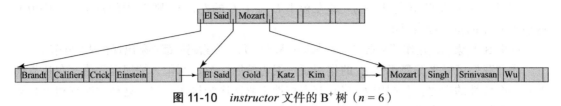

图 11-10   *instructor* 文件的 B$^+$ 树（$n = 6$）

一般来说，搜索码可能有重复项。处理非唯一性搜索码情况的一种方式是修改树结构，使得每个搜索码在叶节点处存储的次数与它在记录中出现的次数相同，并且每个副本指向一条记录。如果 $i < j$ 则 $K_i < K_j$ 的条件需要修改为 $K_i \leqslant K_j$。但是，这种方式会导致内部节点处的搜索码值重复，使得插入和删除过程更加复杂且代价昂贵。另一种可选方案是存储一个带每个搜索码值的记录指针的集合（或桶），正如我们在前面所看到的。这种方式更为复杂，并可能导致访问效率低下，特别是在对于特定码的记录指针数量非常多的情况下。

大多数数据库实现按照如下方式使得搜索码是唯一的：假设 r 关系所需的搜索码属性 a_i 是非唯一的。令 A_p 为 r 的主码。那么在建立索引时使用唯一性复合搜索码（a_i, A_p）来代替 a_i。（能与 a_i 一起保证唯一性的任何一组属性都可以用来代替 A_p。）例如，如果我们希望在 *instructor* 关系的 *name* 属性上创建一个索引，那么我们实际将在复合搜索码（*name, ID*）上创建一个索引，因为 ID 是 *instructor* 的主码。使用此索引可以高效地处理仅在 *name* 上进行的索引查找，正如我们很快将看到的那样。11.3.5 节将更详细地介绍处理非唯一性搜索码的问题。

在我们的示例中，我们展示了在一些非唯一性搜索码上的索引，例如 *instructor.name*。为简单起见，假定不存在重复项；实际上，大多数数据库会自动在内部添加额外的属性，以确保不存在重复项。

11.3.2   B$^+$ 树的查询

让我们考虑如何处理 B$^+$ 树上的查询。假设我们要找出搜索码具有给定值 v 的记录。图 11-11 给出了执行这项任务的函数 *find*(v) 的伪码，在此假设没有重复项，也就是说，最多有一条记录具有特定的搜索码。我们将在本小节的后面讨论非唯一性搜索码的问题。

```
function find(v)
/* 假设没有重复码，并且如果存在这样一条搜索值为 v 的记录，
 * 则返回指向该记录的指针，否则返回空 */
    置 C = 根节点
    while (C 不是叶节点) begin
        令 i = 满足 v≤C.Ki 的最小值
        if 没有这样的 i then begin
            令 Pm = 该节点中最后一个非空指针
            置 C=C.Pm
        end
        else if (v=C.Ki) then 置 C=C.Pi+1
        else 置 C = C.Pi /* v < C.Ki */
    end
    /* C 是叶节点 */
    if 有某个 i，满足 Ki = v
        then 返回 Pi
        else 返回空；/* 不存在码值等于 v 的记录 */
```

图 11-11   B$^+$ 树的查询

直观地看，如果树中存在指定的值，那么该函数就从树的根节点开始，并向下遍历树直到到达包含指定值的叶节点为止。具体地说，开始时以根节点作为当前节点，该函数重复如下步骤直到到达一个叶节点。首先，检查当前节点，查找最小的 i 使得搜索码值 K_i 大于或等于 v。假设找到了这样的值，那么，如果 $K_i = v$，则将当前节点置为由 P_{i+1} 指向的节点，否则如果 $K_i > v$，则将当前节点置为由 P_i 指向的节点；如果没有找到这样的 K_i 值，那么 $v > K_{m-1}$，其中 P_m 是节点中的最后一个非空指针。在这种情况下，将当前节点置为由 P_m 指向的节点。重复上述过程，向下遍历树直至到达叶节点为止。

在叶节点处，如果存在 $K_i = v$ 的搜索码值，则我们沿着指针 P_i 找到具有搜索码值 K_i 的记录。然后此函数返回指向该记录的指针 P_i。如果在叶节点中没有找到等于 v 值的搜索码，即在该关系中不存在具有码值为 v 的记录，则函数 *find* 返回空值以表明查找失败。

B^+ 树也可以用于查找搜索码值在特定区间 [*lb*, *ub*] 内的所有记录。例如，利用在 *instructor* 的 *salary* 属性上的 B^+ 树，我们可以查找工资在特定范围（比如 [50 000, 100 000]，换句话说，即介于 50 000 和 100 000 之间的所有工资）内的所有 *instructor* 记录。这样的查询称作**范围查询**（range query）。

我们可以创建一个 *findRange(lb, ub)* 过程来执行这样的查询，如图 11-12 所示。该过程执行以下操作。它首先以类似于 *find(lb)* 的方式遍历至一个叶节点；该叶节点可能包含值 *lb*，也可能不包含值 *lb*。然后该过程遍历该叶节点以及随后的叶节点中的记录，以收集指向具有码值 *C.K_i* 且满足 $lb \leq C.K_i \leq ub$ 的所有记录的指针，并将这些指针放入一个 resultSet 结果集。当 *C.K_i > ub* 或树中没有更多码时，此过程停止。

```
function findRange(lb, ub)
/* 返回具有搜索码值 V 且满足 lb≤V≤ub 的所有记录 */
    置 resultSet = {};
    置 C = 根节点
    while (C 不是叶节点) begin
            令 i = 满足 lb≤C.Ki 的最小值
            if 没有这样的 i then begin
                    令 Pm = 节点中最后一个非空指针
                    置 C=C.Pm
            end
            else if (lb = C.Ki) then 置 C = C.Pi+1
            else 置 C = C.Pi /* lb < C.Ki */
    end
    /*C 是叶节点 */
    令 i 是满足 Ki≥lb 的最小值
    if 不存在这样的 i
        then 置 i = 1 + C 中码的数量 /* 强制移动至下一个叶节点 */
    置 done= false;
    while (not done) begin
            令 n = C 中码的数量
            if (i≤n 且 C.Ki≤ub) then begin
                    把 C.Pi 加入 resultSet
                    置 i = i +1
            end
            else if (i≤n 且 C.Ki > ub)
                    then 置 done = true;
            else if (i > n 且 C.Pn+1 不为空)
                    then 置 C = C.Pn+1 并且 i = 1 /* 移至下一个叶节点 */
            else 置 done = true; /* 右侧没有更多的叶节点 */
    end
    return resultSet;
```

图 11-12 B^+ 树上的范围查询

一种实际的实现可能提供 findRange 的一个版本以支持迭代接口，迭代接口类似于我们在 5.1.1 节中看到的由 JDBC ResultSet 所提供的那种。这种迭代接口会提供一个 next() 方法，该方法可以被反复调用以获取连续记录。next() 方法可以通过与 findRange 相似的方式在叶节点级别进行遍历，但是每次调用只执行一步，并记录它停止的位置，这样连续的 next() 调用将遍历相继的项。为了简单起见，我们省略了细节，并将迭代接口的伪码作为练习留给感兴趣的读者。

现在我们考虑在 B^+ 树索引上查询的代价。在处理一个查询的过程中，我们需要遍历树中从根到某个叶节点的一条路径。如果文件中有 N 个搜索码值，那么这条路径的长度不超过 $\lceil \log_{\lceil n/2 \rceil}(N) \rceil$。

典型的节点规模被选为和磁盘块的规模一样大，磁盘块的规模通常为 4 KB。如果搜索码的规模为 12 字节，并且磁盘指针的规模为 8 字节，那么 n 大约为 200。即使采用更保守的估计——搜索码规模为 32 字节，n 也大约为 100。在 $n = 100$ 的情况下，如果在文件中我们有 100 万个搜索码值，那么一次查找也只需要访问 $\lceil \log_{50}(1\ 000\ 000) \rceil = 4$ 个节点。因此，为遍历从根到叶的路径最多只需要从磁盘读 4 个块。树中的根节点通常被频繁访问，很可能就在缓冲区中，因此通常只要从磁盘读取 3 个或更少的块。

B^+ 树结构与内存中树结构（如二叉树）之间的一个重要区别在于节点的规模及其所导致的树的高度的不同。在二叉树中，每个节点都很小且最多有两个指针。在 B^+ 树中，每个节点都很大，通常是一个磁盘块的规模，并且一个节点可以有大量的指针。因此，B^+ 树一般胖而矮，不像二叉树那样瘦而高。在平衡二叉树中，用于查找的路径长度可达 $\lceil \log_2(N) \rceil$，其中 N 是待索引文件中的记录数。当 $N = 1\ 000\ 000$ 时，这与上例中的情况一样，平衡二叉树大约需要访问 20 个节点。如果每个节点在不同的磁盘块上，那么处理一次查找就需要读 20 个块，相比之下 B^+ 树只需读 4 个块。这样的差别对于磁盘来说是显著的，因为一次块读取可能要求一次磁盘臂寻道，一张磁盘上的一次磁盘臂寻道再加上块读取需要花费大约 10 毫秒。对于闪存来说，这一差异并没有那么明显，在闪存中 4 KB 页面的一次读取需要花费 10 到 100 微秒，但仍然存在差异。

在向下遍历到叶子层之后，在唯一搜索码的单个值上的查询需要再执行一次随机 I/O 操作来获取任何匹配的记录。

在向下遍历到叶子层之后，范围查询还有额外的代价：必须检索给定范围内的所有指针。这些指针位于连续的叶节点中，因此，如果要检索 M 个这样的指针，则最多需要访问 $\lceil M/(n/2) \rceil + 1$ 个叶节点来检索指针（因为每个叶节点至少有 $n / 2$ 个指针，即使是两个指针也可能被拆分到两个页面上）。除此代价之外，我们还需要增加访问实际记录的成本。对于辅助索引，每条这样的记录可能位于不同的块上，这可能在最坏的情况下导致 M 次随机 I/O 操作。对于聚集索引，这些记录将在连续的块中，且每个块包含多条记录，从而会显著降低成本。

现在，让我们考虑非唯一码的情况。如前所述，如果我们希望在不是候选码的属性 a_i 上创建索引，并因此可能具有重复项，那么我们实际上将在无重复项的一个复合码上创建索引。复合码是通过向 a_i 添加额外的属性（如主码）来创建的，以确保唯一性。假设我们在复合码 (a_i, A_p) 上创建一个索引，而不是在 a_i 上创建索引。

那么，一个重要的问题是：我们如何使用上述索引来检索出对于 a_i 具有给定值 v 的所有元组？通过使用函数 $findRange(lb, ub)$ 可以容易地回答这个问题，其中 $lb = (v, -\infty)$ 且 $ub =$

(v, ∞)，这里 $-\infty$ 和 ∞ 表示 A_p 可能的最小值和最大值。通过上面的函数调用将返回具有 $a_i{=}v$ 的所有记录。a_i 上的范围查询也可以类似地处理。这些范围查询能非常高效地检索指向记录的指针，尽管检索记录可能代价很昂贵，正如前面所述。

11.3.3 B⁺ 树的更新

当从一个关系中插入或者删除一条记录时，该关系上的索引必须相应地更新。请回想一下，对记录的更新可以被建模为对旧记录的删除，后接对新记录的插入。因此我们仅考虑插入和删除的情况即可。

插入和删除要比查找更加复杂，因为一个节点可能由于插入而变得过大导致需要**拆分**（split），或变得过小（少于 $[n/2]$ 个指针）而需要**合并**（coalesce）（即组合节点）。此外，当一个节点被拆分或一对节点被合并时，我们必须保持树的平衡性。为了揭示 B⁺ 树的插入和删除背后的思想，我们暂时假设节点从来不会变得过大或过小。在这种假设下，插入和删除将按如下定义的方式执行。

- **插入**：使用与 find() 函数查找（见图 11-11）相同的技术，我们首先找到搜索码值将出现的叶节点。然后在叶节点中插入一项（即一个搜索码值和记录指针对），使得插入后搜索码仍然有序。
- **删除**：使用和查找相同的技术，我们通过在待删除记录的搜索码值上执行查找，找到包含待删除项的叶节点；如果存在具有相同搜索码值的多个项，就遍历所有这些具有相同搜索码值的项，直到找到指向待删除记录的项。然后我们从叶节点中移除该项。该叶节点中位于待删除项右边的所有项都左移一个位置，以便在删除该项后不会留下空隙。

现在我们通过处理节点拆分和节点合并来考虑插入和删除的一般情况。

11.3.3.1 插入

现在我们考虑在插入时一个节点必须被拆分的一个示例。假设要往 *instructor* 关系中插入一条 *name* 值为 "Adams" 的记录。然后我们需要往图 11-9 的 B⁺ 树中插入一个对应于 "Adams" 的项。按照查找算法，我们发现 "Adams" 应出现在包含 "Brandt" "Califieri" "Crick" 的叶节点中。该叶节点中已没有插入搜索码值 "Adams" 所需的空间。因此，该节点被拆分（split）为两个节点。图 11-13 表示在插入 "Adams" 时由于叶节点拆分而形成的两个叶节点。其中一个叶节点中的搜索码值为 "Adams" 和 "Brandt"，而另一个为 "Califieri" 和 "Crick"。一般说来，我们将这 n 个搜索码值（叶节点中原有的 $n{-}1$ 个值再加上待插入的值）分为两组，将前 $[n/2]$ 个值放在原来的节点中，并将剩下的值放在一个新创建的节点中。

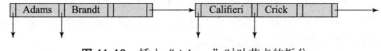

图 11-13 插入 "Adams" 时叶节点的拆分

在拆分一个叶节点后，我们必须将新的叶节点插入 B⁺ 树结构中。在我们的示例中，新节点以 "Califieri" 作为其最小搜索码值。我们需要将具有此搜索码值以及指向新节点的指针的项插入被拆分的叶节点的父节点中。图 11-14 中的 B⁺ 树展示了插入后的结果。因为在父节点中有空间来容纳新项，所以可以执行此插入而无须进一步拆分节点。若没有空间，则父节点必须被拆分，并需要在父节点的父节点中再插入一项。在最坏情况下，到根节点的路径上的所有节点都必须被拆分。如果根节点本身也被拆分，那么整棵树就变得更深了。

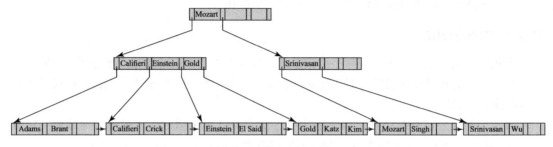

图 11-14   在图 11-9 的 B⁺ 树中插入"Adams"

非叶节点的拆分与叶节点的拆分略有不同。图 11-15 展示了在图 11-14 所示的树中插入具有搜索码"Lamport"的记录的结果。将要插入"Lamport"的叶节点已经含有"Gold""Katz""Kim"项，因此叶节点需要被拆分。从拆分中产生的新的右侧节点含有搜索码值"Kim"和"Lamport"。必须把一个（Kim, $n1$）项添加到父节点中，其中 $n1$ 是指向新节点的指针。然而，父节点中没有空间来增加新的项，因此父节点必须被拆分。为此，父节点在概念上被临时扩张，新的项被添加，然后过满节点被立刻拆分。

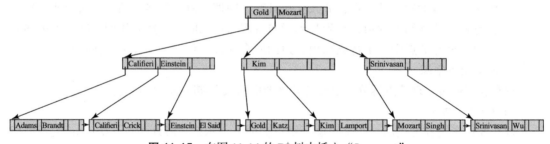

图 11-15   在图 11-14 的 B⁺ 树中插入"Lamport"

当拆分一个过满的非叶节点时，孩子指针将在原始节点和新创建的节点之间进行划分。在我们的示例中，原始节点保留了前三个指针，且右边新创建的节点得到了剩下的两个指针。但是，对搜索码值的处理略有不同。位于移动到右边节点的指针之间的搜索码值（在我们的示例中，该值为"Kim"）和指针一起移动，而位于留在左边的指针之间的搜索码值（在我们的示例中是"Califieri"和"Einstein"）保持不变。

但是，对位于留在左边的指针和移动到右边节点的指针之间的搜索码值要区别对待。在我们的示例中，搜索码值"Gold"位于三个移动到左边节点的指针以及两个移动到右边节点的指针之间。因此"Gold"值不会被添加到任意一个拆分节点中。相反，（Gold, $n2$）项被添加到父节点中，其中 $n2$ 是指向拆分所产生的新创建的节点的指针。在本例中，父节点就是根节点，并且它有足够的空间来插入新项。

往 B⁺ 树中进行插入的通用技术是确定必须发生插入的叶节点 l。如果产生拆分，则将新节点插入节点 l 的父节点中。如果这一插入导致拆分，就沿着树向上递归处理，直到一个插入不再产生拆分或创建了一个新的根节点为止。

图 11-16 以伪码形式概述了插入算法。*insert* 过程用两个辅助过程 *insert_in_leaf* 和 *insert_in_parent* 将一个码值 - 指针对插入索引中，这两个辅助过程如图 11-17 所示。在伪码

中，L、N、P 和 T 表示指向节点的指针，而 L 被用于代表叶节点。$L.K_i$ 和 $L.P_i$ 分别表示节点 L 中的第 i 个值和第 i 个指针；$T.K_i$ 和 $T.P_i$ 也是类似含义。该伪码还利用 $parent(N)$ 函数来找出节点 N 的父节点。在最初寻找叶节点时，我们可以计算从根到叶的路径中的节点列表，并且以后可以利用它来高效地寻找这条路径中任何节点的父节点。

```
procedure insert(value K, pointer P)
    if (树为空) 创建一个空的叶节点 L，同时它也是根节点
    else 找到应该包含码值 K 的叶节点 L
    if (L 具有不到 n−1 个码值)
        then insert_in_leaf (L, K, P)
        else begin  /*L 已经具有 n−1 个码值了，拆分 L*/
            创建节点 L′
            把 L.P₁, …, L.K_{n−1} 复制到可以容纳 n 个（指针，码值）
                对的内存块 T 中
            insert_in_leaf (T, K, P)
            令 L′.Pₙ = L.Pₙ；令 L.Pₙ = L′
            从 L 中删除 L.P₁ 到 L.K_{n−1}
            把 T.P₁ 到 T.K_{⌈n/2⌉} 从 T 复制到 L 中，L 以 L.P₁ 作为开始
            把 T.P_{⌈n/2⌉+1} 到 T.Kₙ 从 T 复制到 L′ 中，L′ 以 L′.P₁ 作为开始
            令 K′ 为 L′ 中的最小码值
            insert_in_parent(L, K′, L′)
        end
```

图 11-16 在 B⁺ 树中插入项

```
procedure insert_in_leaf (node L, value K, pointer P)
    if (K 比 L.K₁ 小)
        then 把 P、K 插入 L 中，紧接在 L.P₁ 前面
        else begin
            令 Kᵢ 表示 L 中小于或等于 K 的最大值
            把 P、K 插入 L 中，紧跟在 L.Kᵢ 后面
        end
procedure insert_in_parent(node N, value K′, node N′)
    if (N 是树的根节点)
        then begin
            创建一个新的，包含 N、K′、N′ 的节点 R /*N 和 N′ 都是指针 */
            令 R 为树的根节点
            return
        end
    令 P = parent(N)
    if (P 有不到 n 个指针)
        then 将 (K′, N′) 插入 P 中，紧跟在 N 后面
        else begin /* 拆分 P*/
            将 P 复制到可以容纳 P 和 (K′, N′) 的内存块 T 中
            将 (K′, N′) 插入 T 中，紧跟在 N 后面
            删除 P 中所有项；创建节点 P′
            把 T.P₁, …, T.P_{⌈(n+1)/2⌉} 复制到 P
            令 K″ = T.K_{⌈(n+1)/2⌉}
            把 T.P_{⌈(n+1)/2⌉+1}, …, T.P_{n+1} 复制到 P′
            insert_in_parent(P, K″, P′)
        end
```

图 11-17 用于往 B⁺ 树中插入项的辅助过程

insert_in_parent 过程的接收参数为 N、$K′$、$N′$，其中节点 N 已被拆分为 N 和 $N′$，而 $K′$ 是 $N′$ 中最小的值。该过程修改 N 的父节点以记录此拆分。*insert_into_index* 和 *insert_in_* *parent* 过程都使用一块临时内存区 T 来存储即将被拆分的节点的内容。这些过程可以修改为把被拆分节点的数据直接复制到新创建的节点，以减少数据复制的时间。然而，临时内存区 T 的使用简化了这些过程。

11.3.3.2   删除

现在我们来考虑导致树节点包含过少指针的删除操作。首先，让我们从图 11-14 的 B^+ 树中删除"Srinivasan"。得到的 B^+ 树如图 11-18 所示。现在我们来考虑删除是怎样执行的。首先通过使用我们的查找算法来定位"Srinivasan"的项。当我们从叶节点中把"Srinivasan"的项删除时，叶节点就只剩下一个"Wu"项了。因此，在我们的示例中，由于 $n = 4$ 且 $1 < \lceil (n-1)/2 \rceil$，要么必须将该节点同一个兄弟节点合并，要么必须在节点之间重新分配项，以保证每个节点至少是半满的。在我们的示例中，具有"Wu"项的太空的节点可以同它的左兄弟节点进行合并。我们通过把两个节点中的项移动到左兄弟节点并且删除现在为空的右兄弟节点来合并节点。节点一旦被删除，我们也必须删除父节点中指向刚刚删除的节点的项。

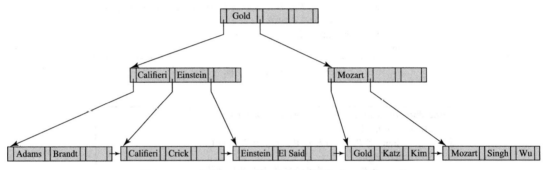

图 11-18   从图 11-14 的 B^+ 树中删除"Srinivasan"

在我们的示例中，（Srinivasan, $n3$）是要被删除的项，其中 $n3$ 是指向包含"Srinivasan"的叶节点的指针。（在这种情况下，在非叶节点中将要删除的项和已经从叶节点中删除的项正好具有相同的值；对于大多数删除情况并不是这样。）在删除上述项以后，具有搜索码值"Srinivasan"和两个指针的父节点现在只有一个指针（节点中最左边的指针）并且没有搜索码值。因为对于 $n=4$ 来说，$1 < \lceil n/2 \rceil$，父节点就太空了。（对于较大的 n，一个变得太空的节点将仍然具有一些值以及指针。）

在这种情况下，我们考虑一个兄弟节点，在我们的示例中，唯一的兄弟节点就是包含搜索码"Califieri""Einstein""Gold"的非叶节点。如果可能，我们会尝试将该节点与其兄弟节点合并。但是在这种情况下，合并是不可能的，因为该节点和它的兄弟节点一共拥有 5 个指针，超过了最大数量 4。这种情况下的解决方案是在该节点和它的兄弟节点之间**重新分配**（redistribute）指针，使得每个节点至少含有 $\lceil n/2 \rceil = 2$ 个孩子指针。为此，我们将最右边的指针从左兄弟节点（指向包含"Gold"的叶节点的节点）移动到太空的右兄弟节点。但是，太空的右兄弟节点现在拥有两个指针，即其最左边的指针和新移进来的指针，而没有值将它们分开。事实上，将它们分开的值不会出现在这两个节点的任意一个中，而是出现在父节点中，位于从父节点指向该节点的指针从父节点指向其兄弟节点的指针之间。在我们的示例中，"Mozart"值分开了这两个指针，并且在重新分配后出现在右兄弟节点中。指针的重新分配也意味着父节点中的"Mozart"值将不再正确地分开两个兄弟节点中的搜索码值。事实上，现在正确分开两个兄弟节点中搜索码值的值是"Gold"，它在重新分配之前在左兄弟节点中。

其结果是，正如图 11-18 中的 B⁺ 树所示，在兄弟节点之间重新分配指针之后，"Gold"值被移动到父节点，而原先父节点中的"Mozart"值下移到右兄弟节点。

接下来我们从图 11-18 的 B⁺ 树中删除搜索码值"Singh"和"Wu"。其结果在图 11-19中展示。删除这些值中的第一个值不会使叶节点太空，但是删除第二个值会使叶节点太空。将此太空的节点同它的兄弟节点进行合并是不可能的，因此执行值的重新分配：将搜索码值"Kim"移动到包含"Mozart"的节点中，其结果如图 11-19 中的树所示。分开两个兄弟节点的值在父节点中被更新了，从"Mozart"变成了"Kim"。

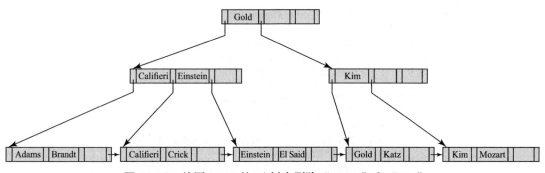

图 11-19　从图 11-18 的 B⁺ 树中删除"Singh"和"Wu"

现在我们从上述树中删除"Gold"，其结果如图 11-20 所示。此结果导致了一个太空的叶节点，它现在可以同它的兄弟节点合并。从父节点（包含"Kim"的非叶节点）中删除一个项致使父节点太空（该节点仅剩下一个指针）。这一次父节点可以同它的兄弟节点合并。这次合并使得搜索码值"Gold"从父节点下移到合并的节点中。作为此次合并的结果，从其父节点中删除了一项，而该父节点正好是树的根节点。这次删除导致根节点仅剩下一个孩子指针，且没有搜索码值，违反了根节点必须至少有两个孩子的要求。其结果是，根节点被删除，其唯一的孩子节点成为根节点，并且 B⁺ 树的深度减 1。

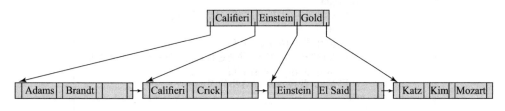

图 11-20　从图 11-19 的 B⁺ 树中删除"Gold"

值得注意的是，在进行删除操作后，在 B⁺ 树的非叶节点中出现的码值可能在树的任何叶节点中都不存在。例如，在图 11-20 中，"Gold"值已经从叶子层被删除，但是它仍存在于非叶节点中。

一般地，为了在 B⁺ 树中删除一个值，我们在该值上执行查找并进行删除。如果节点太小，我们把它从它的父节点中删除。这种删除会导致删除算法的递归应用，直至到达树的根节点。在删除后父节点要保持足够满，否则要进行重新分配。

图 11-21 给出了从 B⁺ 树进行删除的伪码。过程 *swap_variables*(N, N′) 仅仅交换两个（指

针）变量 N 和 N' 的值，这种交换对树本身毫无影响。伪码使用条件"指针/值太少"。对于非叶节点，这个条件意味着少于 $\lceil n/2 \rceil$ 个指针；对于叶节点，这个条件意味着少于 $\lceil (n-1)/2 \rceil$ 个值。伪码通过从相邻节点借一个项来实现项的重新分布。我们也可以通过在两个节点间平均划分项来实现项的重新分布。伪码涉及从一个节点中删除一个项 (K, P)。对于叶节点，指向一个项的指针实际上在码值前面，因此指针 P 在码值 K 的前面。而对于内部节点，P 则跟在码值 K 的后面。

```
procedure delete(value K, pointer P)
    找到包含 (K, P) 的叶节点 L
    delete_entry(L, K, P)

procedure delete_entry(node N, value K, pointer P)
    从 N 中删除 (K, P)
    if ( N 是根节点 and N 只剩下一个子节点 )
    then 使 N 的子节点成为该树的新的根节点并删除 N
    else if ( N 有太少的值/指针 ) then begin
            令 N' 为 parent(N) 的前一个或后一个孩子节点
            令 K' 为 parent(N) 中指针 N 和 N' 之间的值
            if ( N 和 N' 中的项能放入单个节点中 )
                then begin   /* 合并节点 */
                    if ( N 是 N' 的前一个节点 ) then swap_variables(N, N')
                    if ( N 不是叶节点 )
                        then 将 K' 以及 N 中所有的指针和值附加到 N' 中
                        else 将 N 中所有 (Kᵢ, Pᵢ) 对附加到 N' 中；令 N'.Pₙ=N.Pₙ
                    delete_entry (parent(N), K', N)；删除节点 N
                end
            else begin /* 重新分配：从 N' 借来一个项 */
                if ( N' 是 N 的前一个节点 ) then begin
                    if ( N 是非叶节点 ) then begin
                        令 m 满足：N'.Pₘ 是 N' 中的最后一个指针
                        从 N' 中去除 (N'.Kₘ₋₁, N'.Pₘ)
                        插入 (N'.Pₘ, K')，并通过将其他指针和值右移使之成为
                            N 中的第一个指针和值
                        用 N'.Kₘ-1 替换 parent(N) 中的 K'
                    end
                    else begin
                        令 m 满足：(N'.Pₘ, N'.Kₘ) 是 N' 中的最后一个
                            指针/值对
                        从 N' 中去除 (N'.Pₘ, N'.Kₘ)
                        插入 (N'.Pₘ, N'.Kₘ)，并通过将其他指针和值右移使之成为
                            N 中的第一个指针和值
                        用 N'.Kₘ 替换 parent(N) 中的 K'
                    end
                end
                else …与 then 的情况对称…
            end
    end
```

图 11-21   从 B⁺ 树中删除项

11.3.4   B⁺ 树更新的复杂度

虽然 B⁺ 树上的插入和删除操作比较复杂，但它们需要的 I/O 操作相对较少，这是一个重要的优点，因为 I/O 操作很昂贵。可以看出，在最坏情况下一次插入所需的 I/O 操作数与

$\log_{\lceil n/2 \rceil}(N)$ 成正比，其中 n 是节点中指针的最大数量，而 N 是被索引文件中的记录数量。

只要搜索码没有重复值，在最坏情况下删除过程的复杂度也与 $\log_{\lceil n/2 \rceil}(N)$ 成正比；我们将在本章的后面讨论非唯一性搜索码的情况。

换言之，从 I/O 操作这方面来说，插入和删除操作的代价与 B$^+$ 树的高度呈正比，因此代价较低。正是 B$^+$ 树上的操作速度使它成为数据库实现中常用的索引结构。

实际上，对 B$^+$ 树的操作所导致的 I/O 操作比最坏边界情况下要少。如果扇出为 100，并且假设对叶节点的访问是均匀分布的，那么叶节点的父节点被访问的可能性是叶节点的 100 倍。相反，在相同扇出的情况下，B$^+$ 树中的非叶节点总数比叶节点数的 1/100 略多。其结果是，对于经常使用的 B$^+$ 树来说，如今内存规模为几个 GB 是很常见的，即使关系非常大，在访问非叶节点时，大多数非叶节点很可能已经在数据库缓冲区中了。因此，执行一次查找通常只需要一次或两次 I/O 操作。对于更新来说，发生节点拆分的概率相应地也非常小。根据插入的顺序，扇出为 100 时，只有 1/100 到 1/50 的插入会导致节点拆分，并需要写不止一个块。因此，平均来说，一次插入操作只需要略多于一次的 I/O 操作就可以写出更新后的块。

尽管 B$^+$ 树只保证节点至少是半满的，但如果按随机顺序插入项，则平均来说节点可能超过三分之二是满的。另一方面，如果有序地插入项，则节点将仅为半满的。（我们把它作为一个练习留给读者，弄清楚在后一种情况下，为什么节点应该只是半满的。）

11.3.5 非唯一性搜索码

到目前为止，我们假设搜索码是唯一的。还记得我们之前在 11.3.1 节中描述过如何通过创建包含原始搜索码和额外属性的复合搜索码来使搜索码唯一，原始搜索码和额外属性一起可以在所有记录中是唯一的。

额外的属性可以是记录 ID，它是指向该记录的指针，也可以是主码，或者是在具有相同搜索码值的所有记录中其值具备唯一性的任何其他属性。这种额外的属性称为**唯一化**（uniquifier）属性。

可以使用我们在 11.3.2 节中看到的范围搜索来执行具有原始搜索码属性的搜索；另一种可替代方案是，我们可以创建 *findRange* 函数的变体，该变体仅以原始搜索码值作为参数，并且在比较搜索码值时忽略唯一化属性的值。

还可以修改 B$^+$ 树结构以支持重复的搜索码。插入、删除和查询方法都必须进行相应的修改。

- 一种可替代方法是每个码值只在树中存储一次，并且维护一个带有搜索码值的记录指针的桶（或列表），以处理非唯一性搜索码。这种方法节省空间，因为它只存储一次码值；但是，当实现 B$^+$ 树时，它会产生一些复杂的问题。如果桶保存在叶节点中，那么需要额外的代码来处理可变规模的桶，以及处理增长得比叶节点规模还大的桶。如果桶存储在单独的块中，则可能需要一次额外的 I/O 操作来获取记录。

- 另一种选项是每条记录存储一次搜索码值；如果在插入过程中发现叶节点已满，则此方法允许以通常的方式拆分叶节点。然而，这种方法使得在内部节点上处理拆分和搜索要复杂得多，因为两个叶节点可能包含相同的搜索码值。它还有更高的空间开销，因为码值的存储次数与包含该值的记录数量相同。

与唯一性搜索方法相比，这两种方法的主要问题在于记录删除的效率。（这两种方法的查找和插入的复杂度与唯一性搜索码方法是相同的。）假设一个特定的搜索码值出现了很多次，并且要删除其中一条具有该搜索码的记录。该删除可能需要搜索具有相同搜索码值的多个项，还可能需要跨多个叶节点，才能找到与待删除的特定记录相对应的项。因此，删除操作在最坏情况下的复杂度可能与记录的数量呈线性关系。

相比之下，使用唯一性搜索码方法可以高效地删除记录。当要删除一条记录时，根据该记录来计算复合搜索码值，然后用于查找索引。由于该值是唯一的，因此可以利用从根到叶的单趟遍历来找到相应的叶子层项，而无须对叶子层的进一步访问。最差情况下的删除代价是记录数的对数，正如我们在前面所看到的。

由于删除效率低下，以及重复的搜索码所导致的其他复杂问题，大多数数据库系统中的 B+ 树实现都只处理唯一性搜索码，并且它们会自动添加记录 ID 或其他属性，以使非唯一性搜索码变得唯一。

11.4 散列索引

散列是在主存中构建索引的一种广泛使用的技术；可以临时创建这种索引以处理连接运算，它也可以是主存数据库中的永久性结构。尽管散列文件组织形式并没有被广泛使用，但散列已经被用作文件中记录的一种组织方式。我们最初只考虑内存中的散列索引，在本节的后面我们将考虑基于磁盘的散列。

在对散列的描述中，我们将使用术语**桶**（bucket）来表示可以存储一条或多条记录的存储单元。对于内存中的散列索引，桶可以是索引项或记录的链表。对于基于磁盘的索引，桶可以是磁盘块的链表。在**散列文件组织**（hash file organization）中，桶存储实际的记录，而不是记录的指针；这种结构只对驻留在磁盘上的数据才有意义。我们下面的描述并不依赖于桶存储的是记录指针还是实际记录。

形式化地，令 K 表示所有搜索码值的集合，并令 B 表示所有桶地址的集合。**散列函数**（hash function）h 是从 K 到 B 的函数。令 h 表示一个散列函数。对于内存中的散列索引，桶的集合只是一个指针数组，其中第 i 个桶位于偏移量为 i 的位置。每个指针存储包含该桶中的项的链表的头。

为了插入一条带有搜索码 K_i 的记录，我们计算 $h(K_i)$，它给出了该记录的桶的地址。我们将该记录的索引项添加到偏移量为 i 处的列表中。请注意散列索引的其他变种以不同的方式来处理一个桶中有多条记录的情况；这里描述的是使用最广泛的变种，称为**溢出链**（overflow chaining）。

使用溢出链的散列索引也称为**闭寻址**（closed addressing）（或者，不太常见的说法是，**闭散列**（closed hashing））。在某些应用程序中使用了另一种称为开寻址的可替代散列方案，但由于开寻址并不支持高效的删除，因此不适用于大多数数据库索引应用。我们不再进一步考虑它。

散列索引能高效地支持搜索码上的相等查询。要对搜索码值 K_i 执行查找，我们只需计算 $h(K_i)$，然后搜索具有该地址的桶。假设两个搜索码 K_5 和 K_7 具有相同的散列值，即 $h(K_5) = h(K_7)$。如果我们对 K_5 执行查找，那么桶 $h(K_5)$ 包含了具有搜索码值 K_5 的记录以及具有搜索码值 K_7 的记录。因此，我们必须检查桶中每条记录的搜索码值，以验证该记录是不是我们想要的记录。

与 B+ 树索引不同，散列索引并不支持范围查询；例如，对于一条希望检索出满足 $l \le v \le u$ 的所有搜索码值 v 的查询，就无法使用散列索引来高效地回答。

删除也同样简单。如果待删除的记录的搜索码值是 K_i，则我们计算 $h(K_i)$，然后搜索对应的桶以找到该记录并从桶中删除该记录。如果使用链表表示法，从链表中进行删除是很简单的。

在基于磁盘的散列索引中，当我们插入一条记录时，如前所述，我们通过在搜索码上使用散列来定位桶。现在假设桶中有存储记录的空间，那么，记录可以被存储在那个桶中。如果该桶没有足够的空间，就说发生了**桶溢出**（bucket overflow），我们通过使用**溢出桶**（overflow bucket）来处理桶的溢出。如果一条记录必须被插入桶 b 中，并且 b 已经满了，则系统会给 b 提供一个溢出桶，并将该记录插入溢出桶中。如果溢出桶也满了，则系统将提供另一个溢出桶，依此类推。一个给定桶的所有溢出桶都链接在一起并存放在链表中，如图 11-22 所示。对于溢出链，给定搜索码 k，那么查找算法不仅必须搜索桶 $h(k)$，还要搜索链接到桶 $h(k)$ 的溢出桶。

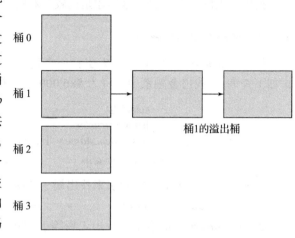

图 11-22　基于磁盘的散列结构中的溢出链

如果对于给定数量的记录没有足够的桶，则可能发生桶溢出。如果事先知道被索引记录的数量，则可以分配所需数量的桶；我们将很快看到如何处理记录数量变得明显超过最初预期的情况。如果给某些桶分配的记录比其他桶要多，那么也可能发生桶溢出，从而导致即使在其他桶仍有大量自由空间的时候仍有一个桶溢出。

如果多条记录可能具有相同搜索码，则可能会在记录的分布中发生这种**偏斜**（skew）。但是，即使每个搜索码只有一条记录，如果所选择的散列函数导致搜索码的分布不均匀，则偏斜也可能发生。通过仔细选择散列函数，可以将此问题的可能性降到最低，以确保码在桶之间的分布是均匀和随机的。然而，某些偏斜仍可能出现。

为了降低桶溢出的概率，桶的数量被选择为 $(n_r / f_r)*(1 + d)$，其中 n_r 表示记录的数量，f_r 表示每个桶容纳的记录的数量，d 是一个避让因子，通常约为 0.2。当避让因子为 0.2 时，桶中大约 20% 的空间将是空的。但好处是减少了溢出的概率。

尽管分配的桶比所需的多一些，但是桶溢出仍然可能发生，特别是在记录的数量因增加而超过了最初的预期的情况下。

如上所述的散列索引称为**静态散列**（static hashing），在创建这种索引时，桶的数量是固定的。静态散列的一个问题是：我们需要知道有多少条记录将存储在索引中。如果随着时间的推移添加了大量的记录，导致记录远远多于桶，则查找将不得不搜索存储在单个桶中或者在一个或多个溢出桶中的大量记录，并因而变得低效。

为了处理这个问题，可以使用可增长数量的桶来重建散列索引。例如，如果记录数变为桶数的两倍，则可以使用比以前多一倍的桶来重建索引。但是，重建索引的缺点是：如果关系很大，则可能需要花费很长时间来重建，从而导致正常处理的中断。一些已经被提出的方案允许以更增量的方式来增加桶的数量。此类方案称为**动态散列**（dynamic hashing）技术，线性散列（linear hashing）技术和可扩展散列（extendable hashing）技术就是两种这样的方案。

11.5 多码访问

到现在为止，我们都隐式地假设只使用建立在一个属性上的一个索引来处理关系上的查询。但是对于特定类型的查询来说，如果存在多个索引则使用多个索引，或者使用建立在多属性搜索码上的一个索引，这样才是比较有利的。

11.5.1 使用多个单码索引

假设 *instructor* 文件有两个索引：一个建立在 *dept_name* 上，一个建立在 *salary* 上。考虑如下查询："找出金融系中工资为 $80 000 的所有教师。"我们写作：

> **select** *ID*
> **from** *instructor*
> **where** *dept_name* = 'Finance' **and** *salary* = 80000;

有三种策略可用于处理这个查询：

1. 利用 *dept_name* 上的索引来找出属于金融系的所有记录。再检查每条这样的记录看是否满足 *salary* = 80000。
2. 利用 *salary* 上的索引来找出工资等于 $80 000 的教师的所有记录。再检查每条这样的记录看是否满足 *dept_name* 是 "Finance"。
3. 利用 *dept_name* 上的索引来找出指向属于金融系的所有记录的指针。类似地，利用 *salary* 上的索引来找出指向工资为 $80 000 的教师的所有记录的指针。计算这两个指针集合的交集。交集中的那些指针指向金融系中工资等于 $80 000 的教师的记录。

上面三种策略中只有第三种利用了多个索引的优势。然而，如果下面所有条件都成立，则即使这种策略也可能是一种糟糕的选择：

- 金融系的记录有很多。
- 工资为 $80 000 的教师的记录有很多。
- 金融系中工资为 $80 000 的教师的记录只有几条。

如果这些条件都成立，为了得到一个很小的结果集，我们必须扫描大量的指针。一种被称为"位图索引"的索引结构在某些情况下可以极大地加速在第三种策略中使用的交运算。我们将在 11.7 节中概述位图索引。

11.5.2 多码索引

在这种情况下另一种可选的策略是在复合搜索码（*dept_name*，*salary*）上建立和使用索引，也就是说，该搜索码由系名和教师工资的串接组成。

我们可以使用前述复合搜索码上的有序（B$^+$ 树）索引来高效地回答具有如下形式的查询：

> **select** *ID*
> **from** *instructor*
> **where** *dept_name* = 'Finance' **and** *salary* = 80000;

如下查询也能被高效地处理，因为它们对应于搜索属性上的一个范围查询。这样的查询在搜索码的第一个属性（*dept_name*）上指定一个相等条件并在搜索码的第二个属性（*salary*）上指定一个范围。

> **select** *ID*
> **from** *instructor*
> **where** *dept_name* = 'Finance' **and** *salary* < 80000;

我们甚至可以使用搜索码（*dept_name*，*salary*）上的顺序索引来高效地回答下面这种单个属性上的查询：

select *ID*
from *instructor*
where *dept_name* = 'Finance';

相等条件 *dept_name* = "Finance" 等价于一个范围查询，该范围查询的下界是（Finance，−∞），上界是（Finance，+∞）。仅在 *dept_name* 属性上进行的范围查询也能以类似的方式来处理。

然而，使用单个复合搜索码上的顺序索引结构是有一定缺点的。作为示例，考虑下面的查询：

select *ID*
from *instructor*
where *dept_name* < 'Finance' **and** *salary* < 80000;

通过使用搜索码（*dept_name*，*salary*）上的顺序索引，我们可以回答这个查询：对于按字母次序小于 "Finance" 的每个 *dept_name* 值，系统定位出 *salary* 值为 80 000 的那些记录。然而，由于文件中记录的次序，每条记录可能位于不同的磁盘块中，从而导致大量 I/O 操作。

这个查询和前面两个查询的区别在于：在第一个属性（*dept_name*）上的条件是比较条件而不是相等条件。这个条件不能对应于该搜索码上的一个范围查询。

为了加快一般的复合搜索码查询处理（它可以有一个或多个比较运算），我们可以使用若干特殊结构。我们将在 11.7 节中考虑位图索引（bitmap index）。另外一种称为 R 树（R-tree）的结构也可用于这一目的。R 树是 B⁺ 树的一种扩展，用于处理多个维度上的索引。

11.5.3 覆盖索引

覆盖索引（covering index）存储了一些属性（但不是搜索码属性）的值，以及指向记录的指针的索引。存储额外的属性值对于辅助索引是有用的，因为它们使我们仅仅使用索引就能够回答一些查询，甚至不需要查找实际的记录。

例如，假设我们有一个在 *instructor* 关系的 *ID* 属性上的非聚集索引。如果把 *salary* 属性的值与记录指针一起存储，我们就可以回答那些对 *salary* 值（但不是对另一个属性 *dept_name*）的查询，而不需要访问 *instructor* 记录。

通过在搜索码（*ID, salary*）上创建索引能够达到同样的效果，但是一个覆盖索引能够减小搜索码的规模，它允许非叶节点中有更大的扇出，从而可能降低索引的高度。

11.6　索引的创建

尽管 SQL 标准并没有指定用于创建索引的任何特定语法，但大多数数据库都支持创建和删除索引的 SQL 命令。正如我们在 4.6 节中所看到的，可以使用以下语法来创建索引，大多数数据库都支持这种语法。

create index <index-name> **on** <relation-name> (<attribute-list>);

属性列表（attribute-list）是构成索引搜索码的关系的属性列表。可以使用如下形式的命令来删除索引：

drop index <index-name>;

例如，要在 *instructor* 关系上定义一个名为 *dept_index* 的索引，并将 *dept_name* 作为搜索码，我们写作：

create index *dept_index* **on** *instructor* (*dept_name*);

要声明一个属性或属性列表是候选码，我们可以使用语法 **create unique index** 代替上面的 **create index**。支持多种索引类型的数据库还允许将索引类型指定为索引创建命令的一部分。请参阅你的数据库系统手册，以了解可用的索引类型以及指定索引类型的语法。

当用户提交可以从使用一个索引中获益的一条 SQL 查询时，SQL 查询处理器会自动使用该索引。

索引对于参与到查询的选择条件或连接条件中的属性非常有用，因为它们可以显著降低查询的代价。请考虑一个查询：检索 ID 为 12345 的特定学生的 *takes* 记录（用关系代数表示为 $\sigma_{\text{ID}=12345}(takes)$）。如果在 *takes* 的 ID 属性上存在索引，那么只需几次 I/O 操作就可以获得指向所需记录的指针。由于学生通常只选修几十门课程，因此即使获取实际的记录也只需要几十次 I/O 操作。相反，如果没有这个索引，数据库系统将被迫读取所有 *takes* 记录并选择那些具有匹配的 ID 值的记录。如果有大量学生，读取一个完整的关系的代价可能会非常昂贵。

但是，索引确实是有代价的，因为每当更新底层关系时，都必须更新索引。创建太多索引会减慢更新处理的速度，因为每次更新还必须更新所有受影响的索引。

有时性能问题在测试过程中很明显，例如，如果一个查询需要花费数十秒，那么很明显它是相当慢的。但是，假设每个查询需要花费 1 秒来扫描一个没有索引的大型关系，而使用索引来检索相同记录只需要 10 毫秒。如果测试人员一次运行一个查询，即使没有索引，查询响应也很快。但是，假设这些查询是一个注册系统的一部分，有 1000 名学生在 1 小时内使用该系统，并且每名学生的操作需要执行 10 个这样的查询。对于在 1 小时（即 3600 秒）内提交的查询，总执行时间将为 10 000 秒。这样学生可能会发现注册系统非常慢，甚至完全没有响应。相比之下，如果存在所需的索引，那么 1 小时内提交的查询所需的执行时间将是 100 秒，并且注册系统的性能将会非常好。

因此，在构建应用程序时，重要的是找出哪些索引对于性能是重要的，并在应用程序启动之前创建它们。

如果一个关系被声明为具有主码，大多数数据库系统会自动在主码上创建索引。每当向关系中插入一个元组时，可以使用该索引来检查是否违反主码约束（即在主码值上有没有重复项）。如果在主码上没有索引，则每当插入一个元组时，就必须扫描整个关系以确保满足主码约束。

尽管大多数数据库系统不会自动创建索引，但通常在外码属性上创建索引也是一个好主意。大多数连接运算都在外码和主码属性之间进行，并且包含此类连接的查询（在被引用表上还有选择条件）并不少见。请考虑一个查询：*takes* $\bowtie \sigma_{name=\text{Shankar}}(student)$，其中 *takes* 的外码属性 ID 引用 *student* 的主码属性 ID。由于可能很少有学生名叫 Shankar，因此可以使用外码属性 *takes.ID* 上的索引来高效地检索与这些学生相对应的 *takes* 元组。

许多数据库系统提供了工具来帮助数据库管理员跟踪在系统上执行的是什么样的查询和更新，并根据查询和更新的频率来推荐要创建的索引。这些工具被称为索引优化向导或顾问。

最近，一些基于云的数据库系统还支持完全自动地创建索引而无须数据库管理员干预，只要系统发现这样做可以避免重复的关系扫描。

11.7 位图索引

位图索引是为多码上的简单查询而设计的一种特殊类型的索引，尽管每个位图索引都是建立在单个码之上的。我们在本节中描述位图索引的关键特性。

为了使用位图索引，关系中的记录必须被顺序编号，比如从 0 开始顺序编号。对于给定的一个 n 值，必须能容易地检索到编号为 n 的记录。如果记录是规模固定的并且位于文件的连续块上，则实现这一点特别容易。这样的话，记录号就可以容易地转化为一个块编号和一个用于识别块内记录的编号。

请考虑具有这样一个属性的关系，该属性只能从少量值（例如从 2 到 20）中取一个值。例如，请考虑 *instructor_info* 关系，它（除了 *ID* 属性外）有一个 *gender* 属性，它只能取 m（男）或 f（女）值。假设这个关系还有一个 *income_level* 属性，它存储收入级别，这里的收入被分成 5 级：*L1* 为 0～9999，*L2* 为 10 000～19 999，*L3* 为 20 000～39 999，*L4* 为 40 000～74 999，*L5* 为 75 000～∞。在这里，原始数据可以取很多值，但是数据分析者将这些值划分成少数几个区间以简化数据分析。图 11-23 的左侧展示了此关系的一个实例。

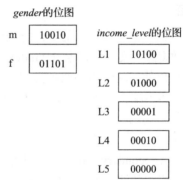

图 11-23 *instructor_info* 关系上的位图索引

位图（bitmap）就是位的一个简单数组。在其最简单的形式中，r 关系在 A 属性上的**位图索引**（bitmap index）是由 A 能取的每个值所对应的位图构成的。每个位图都有和关系中的记录数相等数量的位。如果编号为 i 的记录在 A 属性上的值为 v_j，则值为 v_j 的位图中的第 i 个位被置为 1，而该位图上的其他所有位被置为 0。

在我们的示例中，对于值 m 和 f 分别有一个位图。如果编号为 i 的记录的 *gender* 值为 m，则 m 的位图中的第 i 位被置为 1，而 m 的位图中的其他所有位被置为 0。类似地，f 的位图中取值为 1 的位对应于在 *gender* 属性上取值为 f 的记录，而其他所有位都取值为 0。图 11-23 展示了在 *instructor_info* 关系的 *gender* 与 *income_level* 属性上的位图索引，以及对应的关系实例。

我们现在考虑什么时候位图索引是有用的。检索具有值 m（或者值 f）的所有记录的最简单方式是：简单地读取该关系中的所有记录，并选出那些值为 m（或者 f）的记录。位图索引实际上并不能有助于加快这种选择的速度。尽管它可以让我们只读取具有一种特定性别的那些记录，但是有可能文件的每个磁盘块最终都需要被读取。

事实上，位图索引主要在对多个码进行选择操作时才有用。假设我们除了 *gender* 上的位图索引之外，还创建了 *income_level* 属性上的位图索引，正如我们在前面描述的那样。

现在请考虑选择收入在 10 000～19 999 区间的女性的一个查询。这个查询可以表示为：

> **select** *
> **from** *instructor_info*
> **where** *gender* = 'f' **and** *income_level* = 'L2';

为了计算这个选择，我们取 *gender* 值为 f 的位图和 *income_level* 值为 L2 的位图，并执行这两个位图的**交**（intersection）（逻辑与）运算。换句话说，我们计算出了一个新的位图，如果前面两个位图的第 *i* 位都取值为 1，则新位图的第 *i* 位也取值为 1；否则取值为 0。在图 11-23 的示例中，*gender*=f 的位图（01101）和 *income_level*=L2 的位图（01000）的交得到位图 01000。

因为第一个属性可以取 2 个值，并且第二个属性可以取 5 个值，我们可以认为平均 10 条记录中只有 1 条记录能满足这两个属性上的组合条件。如果有更多的条件，则满足所有条件的记录在所有记录中所占的比例可能就相当小了。这样，系统可通过如下方式来计算出查询结果：在交操作得到的位图中找出取值为 1 的所有位，然后检索出相应的记录。如果满足条件的记录所占比例很大，则扫描整个关系仍然是代价更低的一种可选方案。

11.8 总结

- 许多查询只涉及文件中的少部分记录。为了减少搜索这些记录的开销，我们可以为存储数据库的文件创建索引（index）。
- 我们可以使用的索引有两种类型：稠密索引和稀疏索引。稠密索引对每个搜索码值都包含索引项，而稀疏索引只对某些搜索码值包含索引项。
- 如果搜索码的排列次序和关系的排列次序相匹配，则该搜索码上的索引被称为聚集索引（clustering index）。其他的索引被称为非聚集索引（nonclustering index）或辅助索引（secondary index）。辅助索引提高了这种查询的性能：查询使用的搜索码不是聚集索引的搜索码。但是，辅助索引增加了修改数据库的开销。
- 索引顺序文件是数据库系统中使用的最古老的索引模式之一。为了允许按照搜索码次序快速检索记录，记录被顺序存储，并且无序记录被链接在一起。为了允许快速的随机访问，我们使用一种索引结构。
- 索引顺序文件组织的主要缺陷是：随着文件的增大，性能会下降。为了克服这个缺陷，我们可以使用 B^+ 树索引（B^+-tree index）。
- B^+ 树索引采用平衡（balanced）树的形式，在平衡树中从树根到树叶的每条路径的长度都相等。B^+ 树的高度与以 N 为底取关系中记录数的对数成正比，其中每个非叶节点存储 N 个指针，N 的值通常约为 50 或 100。B^+ 树比诸如 AVL 树那样的其他平衡二叉树结构要矮得多，因此定位记录所需的磁盘访问也较少。
- B^+ 树上的查找是直接而且高效的。然而，插入和删除要更复杂一些，但仍然是高效的。在 B^+ 树上进行查找、插入和删除所需的操作数与以 N 为底取关系中记录数的对数成正比，其中每个非叶节点存储 N 个指针。
- 散列是在主存中和基于磁盘的系统中构建索引的一种广泛使用的技术。
- 诸如 B^+ 树那样的顺序索引可用于基于相等条件的选择，并且该条件只涉及单个属性。当一个选择条件涉及多个属性时，我们可以对根据多个索引检索到的记录标识进行交运算。
- 对于索引属性只有非常少量的几个可区分值的情况，位图索引提供了一种非常紧凑的表达形式。位图上的交运算相当快,这使得它成为支持多属性上的查询的一种理想方式。

术语回顾

- 索引类型
  - 顺序索引
  - 散列索引
- 评估因子
  - 访问类型
  - 访问时间
  - 插入时间
  - 删除时间
  - 空间开销
- 搜索码
- 顺序索引
  - 顺序索引
  - 聚集索引
  - 主索引
  - 非聚集索引
  - 辅助索引
  - 索引顺序文件
- 索引项
- 索引记录
- 稠密索引
- 稀疏索引
- 多级索引
- 非唯一性搜索码
- 复合搜索码

- B$^+$ 树索引文件
  - 平衡树
  - 叶节点
  - 非叶节点
  - 内部节点
  - 范围查询
  - 节点拆分
  - 节点合并
  - 指针重分布
  - 唯一化
- 散列文件组织
  - 散列函数
  - 桶
  - 溢出链
  - 闭寻址
  - 闭散列
  - 桶溢出
  - 偏斜
  - 静态散列
  - 动态散列
- 多码访问
- 覆盖索引
- 位图索引
- 位图交

实践习题

11.1 索引加快了查询处理,但是在作为潜在搜索码的每个属性上或者每个属性组合上创建索引,通常是个坏主意,请解释为什么。

11.2 在同一个关系的不同搜索码上建立两个聚集索引一般来说是否可行?请解释你的答案。

11.3 用下面的码值集合建立一棵 B$^+$ 树:

$$(2, 3, 5, 7, 11, 17, 19, 23, 29, 31)$$

假设树初始为空,按升序添加这些值。当一个节点所能容纳的指针数是下列情况时,请分别构造 B$^+$ 树:

a. 4　　　　　　　　　　b. 6　　　　　　　　　　c. 8

11.4 对于实践习题 11.3 中的每一棵 B$^+$ 树,请给出下列各操作后树的形状:

a. 插入 9。　　　　　　　b. 插入 10。　　　　　　c. 插入 8。

d. 删除 23。　　　　　　e. 删除 19。

11.5 请给出 B$^+$ 树函数 findRangeIterator() 的伪码,该伪码类似于函数 findRange(),只不过它返回的是如 11.3.2 节所述的一个迭代对象。另外,请给出迭代类的伪码,包括迭代对象中的变量和

next() 方法。

11.6 如果按照已排好的次序插入索引项，那么 B⁺ 树的每个叶节点的占用率如何？请解释为什么。

11.7 假设你有一个具有 n_r 个元组的关系 r，需要在 r 上建立一个辅助的 B⁺ 树索引。

 a. 请给出通过一次插入一条记录的方式来建立 B⁺ 树索引的代价公式。假设每个块平均可容纳 f 个索引项，并且树的叶子层之上的所有层都在内存中。

 b. 假设一次随机磁盘访问要花费 10 毫秒，在一个具有 1000 万条记录的关系上建立索引的代价是多大？

11.8 为什么在一系列插入之后，B⁺ 树文件组织的叶节点可能会丧失顺序性？

 a. 请解释为什么会丧失顺序性。

 b. 为了最大限度地减少顺序扫描中的寻道次数，对于一个相当大的 n，很多数据库在 n 个块的范围内分配叶子页面。当分配 B⁺ 树的第一个叶子时，n 块单元中只有一块被使用，并且剩下的页都是空闲的。如果有一个页面被拆分，并且它的 n 块单元中有空闲页面，则新的页可以使用该空间。如果 n 块单元满了，则分配另一个 n 块单元，并且前 $n/2$ 个叶子页面被放入一个 n 块单元中，剩余的放入第二个 n 块单元中。为了简单起见，假设没有删除操作。

  i. 假设没有删除操作，在第一个 n 块单元存满之后，已分配空间的占用率在最坏情况下是多少？

  ii. 有没有可能出现这样的情况：分配给一个 n 节点块单元的叶节点是不连续的，也就是说，有可能有两个叶节点被分配到一个 n 节点块中，但是二者之间的另一个叶节点被分配给了另一个不同的 n 节点块？

  iii. 在缓冲空间对于存储一个 n 页的块来说是足够的这一合理假设下，B⁺ 树的叶子层扫描在最坏情况下需要多少次寻道？请把该数字和每次只为叶子页面分配一个块的最坏情况进行比较。

  iv. 为了提高空间利用率而将值重新分配给兄弟节点的技术如果与前述用于叶子块的分配方案一起使用可能会更有效。请解释为什么。

11.9 假设给你一个数据库模式和一些经常执行的查询。你将如何利用这些信息来决定要创建什么样的索引？

11.10 请考虑如图 11-1 所示的 *instructor* 关系。

 a. 在 *salary* 属性上构建一个位图索引，把 *salary* 的值分成 4 个区间：小于 50 000 的，50 000 到 60 000 以下的，60 000 到 70 000 以下的，70 000 及以上的。

 b. 请考虑一个查询：查找在金融系中工资为 80 000 或更高的所有教师。概述回答该查询的步骤，并给出为回答这个查询而构建的最终位图和中间位图。

习题

11.11 什么时候使用稠密索引比使用稀疏索引更可取？请解释你的答案。

11.12 聚集索引和辅助索引之间有何区别？

11.13 对于实践习题 11.3 中的每棵 B⁺ 树，请给出下列查询中涉及的步骤：

 a. 找出搜索码值为 11 的记录。

 b. 找出搜索码值在 7 和 17 之间（包括 7 和 17）的记录。

11.14 11.3.5 节中提出的处理非唯一性搜索码的解决方案是给搜索码增加一个额外的属性。这种变化会给 B⁺ 树的高度带来什么样的影响？

11.15 假设有一个关系 $r(A, B, C)$，带有一个搜索码 (A, B) 上的 B⁺ 树索引。

 a. 用这个索引来查找满足 $10 < A < 50$ 的记录，最坏情况下的代价是多少？请用获取的记录数目 n_1 和树的高度 h 来度量。

 b. 用这个索引来查找满足 $10 < A < 50 \wedge 5 < B < 10$ 的记录，最坏情况下的代价是多少？请用满足此选择的记录数目 n_2 以及上面定义的 n_1 和 h 来度量。

 c. 当 n_1 和 n_2 满足什么条件的时候，此索引是查找满足 $10 < A < 50 \wedge 5 < B < 10$ 的记录的一种高效方式。

11.16 一个*存在位图*（existence bitmap）对于每个记录位置都有一个位，如果记录存在，则该位被置为 1；如果该位置没有记录（例如，如果记录被删除了），则该位被置为 0。请说明如何根据其他位图来计算出存在位图。通过对空（null）值使用位图，确保你的技术即使在存在空值的情况下也能工作。

11.17 关系的某些属性可能包含敏感数据，并且可能需要以加密的方式存储。数据加密是如何影响索引方案的？特别是，它会如何影响试图按排列次序存储数据的方案？

延伸阅读

B 树索引最早由 [Bayer and McCreight (1972)] 和 [Bayer (1972)] 引入。B$^+$ 树在 [Comer (1979)]、[Bayer and Unterauer (1977)] 和 [Knuth (1973)] 中讨论。[Gray and Reuter (1993)] 对 B$^+$ 树实现中的问题提供了很好的描述。

位图索引在 [O'Neil and Quass (1997)] 中描述。它们最先是在 AS 400 平台上的 IBM Model 204 文件管理器中引入的。它们在特定类型的查询上提供了非常大的加速比，并且现在已在大多数数据库系统上实现了。

参考文献

[Bayer and Unterauer (1977)] R. Bayer and K. Unterauer, "Prefix B-trees", *ACM Transactions on Database Systems*, Volume 2, Number 1 (1977), pages 11–26.

[Comer (1979)] D. Comer, "The Ubiquitous B-tree", *ACM Computing Surveys*, Volume 11, Number 2 (1979), pages 121–137.

[Gray and Reuter (1993)] J. Gray and A. Reuter, *Transaction Processing: Concepts and Techniques*, Morgan Kaufmann (1993).

[Knuth (1973)] D. E. Knuth, *The Art of Computer Programming, Volume 3*, Addison Wesley, Sorting and Searching (1973).

[O'Neil and Quass (1997)] P. O'Neil and D. Quass, "Improved Query Performance with Variant Indexes", In *Proc. of the ACM SIGMOD Conf. on Management of Data* (1997), pages 38–49.

第12章

Database System Concepts, Seventh Edition

查询处理和查询优化

用户查询必须在驻留于存储设备中的数据库内容上执行。通常可以方便地将查询分解为较小的运算，大致对应于关系代数运算。第 12 章描述如何处理查询，并给出用于实现单个运算的算法，然后概述如何同步执行多个运算来处理查询。所介绍的算法包括那些可以在比主存大得多的数据上工作的算法，以及那些针对内存数据进行优化的算法。

有许多处理查询的可替代方式，并且这些方式的代价可能会有很大的变化。查询优化是指找到执行给定查询的最低代价的方法的过程。12.5 节描述查询优化的过程，包括用于估计查询计划代价的技术，以及用于生成备选查询计划并选择最低代价计划的技术。

12.1 概述

查询处理（query processing）是指从数据库中提取数据所涉及的一系列活动。这些活动包括：将用高层数据库语言表示的查询语句翻译为能在文件系统的物理层上使用的表达式、各种查询优化转换，以及查询的实际执行。

查询处理所涉及的步骤如图 12-1 所示。基本步骤包括：

1. 语法分析与翻译。
2. 优化。
3. 执行。

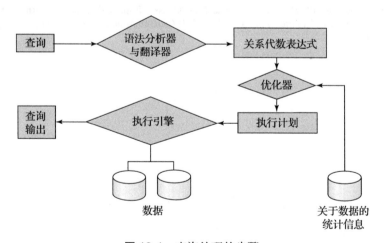

图 12-1 查询处理的步骤

查询处理开始之前，系统必须将查询语句翻译成可使用的形式。诸如 SQL 这样的语言是适合人使用的，但是它并不适合于查询的系统内部表示。一种更有用的内部表示是建立在扩展的关系代数基础上的。

因此，系统在查询处理中必须采取的第一步操作是把查询语句翻译成系统的内部表示形式。该翻译过程类似于编译器的语法分析器所做的工作。在产生查询语句的系统内部表示形式的过程中，语法分析器检查用户查询的语法，验证出现在查询中的关系名就是数据库中的关系名，等等。系统构造该查询的语法分析树表示形式，然后将之翻译成关系代数表达式。如果查询是用视图形式来表示的，在翻译阶段还要用定义该视图的关系代数表达式来替换所有对该视图的引用[⊖]。大多数编译器教科书都详细介绍了语法分析。

给定一个查询，通常会有多种用于计算结果的方法。例如，我们已经看到在 SQL 中，一个查询能够用几种不同的方式来表示。可以用其中的一种方式来将每条 SQL 查询本身翻译成关系代数表达式。此外，一个查询的关系代数表达式仅仅部分指定了如何执行查询；通常有多种方式来执行关系代数表达式。作为一个示例，请考虑查询：

> **select** *salary*
> **from** *instructor*
> **where** *salary* < 75000;

该查询可以翻译成下面两个关系代数表达式中的任意一个：

- $\sigma_{salary<75000}(\Pi_{salary}(instructor))$
- $\Pi_{salary}(\sigma_{salary<75000}(instructor))$

进而，我们可以通过几种不同算法中的一种来执行每种关系代数运算。例如，为了实现前面的选择，我们可以搜索 *instructor* 中的每个元组来找出满足工资小于 75 000 美元的元组。如果在 *salary* 属性上有 B⁺ 树索引可用，那么我们可以改用索引来定位元组。

为了全面说明如何执行一个查询，我们不仅要提供关系代数表达式，还要对表达式加上带指令的注释来说明如何执行每种运算。这些注释可以说明为一种具体运算所采用的算法，或要使用的一个具体索引或多个索引。带有"如何执行"注释的关系代数运算称为**执行原语**（evaluation primitive）。用于执行一个查询的原语操作序列称为**查询执行计划**（query-execution plan 或 query-evaluation plan）。图 12-2 展示了对于我们的示例查询的一个执行计划，图中为选择运算指定了一个具体的索引（图中用"索引1"表示）。**查询执行引擎**（query-execution engine）接受一个查询执行计划，执行该计划并把结果返回给查询。

图 12-2 一个查询执行计划

对于给定查询的不同执行计划会有不同的代价。我们不能寄希望于用户写出具有最高效率执行计划的查询语句。相反，构造具有最小查询执行代价的查询执行计划应当是系统的责任。这项工作叫作查询优化（query optimization）。

一旦选定了查询计划，就用该计划来执行查询并输出查询的结果。

上面为查询的处理而描述的步骤序列是示意性的；并不是所有数据库系统都完全遵从这些步骤。例如，一些数据库系统并不使用关系代数表示形式，而是采用基于给定的 SQL 查询结构的、带注释的语法分析树表示形式。然而，我们此处所讲述的概念构成了数据库中查询处理的基础。

为了优化一个查询，查询优化器必须知晓每种运算的代价。尽管精确计算出代价是困难的，因为这依赖于许多参数（比如运算实际能利用的内存），但对每种运算的执行代价得出

⊖ 对于物化视图，定义视图的表达式已经执行并存储了结果。因此，可以使用存储的关系，而不是使用由定义视图的表达式来替换的视图。递归视图的处理与此不同，它通过不动点过程来处理。

一个粗略的估计是可能的。

在本章中，我们学习如何在一个查询计划中执行单个运算，以及如何估计它们的代价；在 12.5 节中我们将回到查询优化的讨论。12.2 节概述如何度量一个查询的代价。12.3.1 节到12.3.4 节介绍单个关系代数运算的执行。某些运算可以组合成**流水线**（pipeline），其中的每种运算都在其输入元组上开始工作，即使这些元组是由另一种运算所产生的。在 12.4 节中，我们讨论在一个查询执行计划中如何协调多种运算的执行，特别是如何使用流水线化的运算来避免将中间结果写到磁盘。

12.2 查询代价的度量

对于一个查询可能存在多种执行计划，重要的是要能够根据它们的（估计）代价来比较不同的备选方案，并选择最佳的方案。为此，我们必须估计单个运算的代价，并结合它们来得到一个查询执行计划的代价。在本章的后面我们会学习每种运算的执行算法，还会概述如何估计运算的代价。

查询执行的代价可以以不同资源的形式来进行度量，这些资源包括磁盘存取、执行一个查询所用的 CPU 时间，还有并行和分布式数据库系统中的通信代价。

对于驻留在磁盘上的大型数据库，从磁盘访问数据的 I/O 代价通常是最主要的代价；因此，早期的代价模型在估计查询运算的代价时主要关注的是 I/O 代价。然而，随着闪存容量变得越来越大且价格越来越便宜，当今大多数组织机构的数据都能够以合算的方式存储在固态硬盘（SSD）上。此外，主存的规模也有了显著的增长，并且近年来主存的成本已经降低到足以使许多组织机构能够合算地将组织机构的数据存储在主存中以进行查询，尽管这些数据当然必须存储在闪存或磁盘存储中以确保持久性。

当数据驻留在内存或 SSD 上时，I/O 代价并不总是最主要的代价，并且在计算查询执行代价时，必须包括 CPU 代价。为了简化表示，在我们的模型中我们并不包括 CPU 代价，但请注意：CPU 代价可以通过简单的估计来近似得出。例如，PostgreSQL（截至 2018 年）使用的代价模型包括：（i）每个元组的 CPU 代价，（ii）处理每个索引项的 CPU 代价（除 I/O 代价外），以及（iii）每个算子或函数（比如算术算子、比较算子和相关的函数）的 CPU 代价。数据库具有每种这样的代价的缺省值，这些值可以分别乘以被处理元组的数量、被处理索引项的数量以及被执行算子和函数的数量。缺省值可以作为配置参数被更改。

我们使用从存储中传输的块数以及随机 I/O 访问数作为估计查询执行计划的代价的两个重要因素，这二者中的每一个都需要在磁盘存储器上进行磁盘寻道。如果磁盘子系统传输一个数据块平均要花费 t_T 秒，并且平均的块访问时间（磁盘寻道时间加上旋转延迟）为 t_S 秒，那么一个传输 b 块并执行 S 次随机 I/O 访问的运算将要花费 $b * t_T + S * t_S$ 秒。

t_T 和 t_S 的值必须针对所使用的磁盘系统进行标定。我们在此总结了性能数据；有关存储系统的完整细节请参阅第 10 章。假设一个块的规模为 4 KB 且每秒传输率为 40 MB，在2018 年高端磁盘的典型值为 $t_S = 4$ 毫秒且 $t_T = 0.1$ 毫秒[⊖]。

尽管 SSD 并不执行物理寻道操作，但它们在启动 I/O 操作时有一个开销；我们将从发出 I/O 请求到返回第一个字节的数据的延迟作为 t_S。对于在 2018 年使用 SATA 接口的中档

⊖ 存储设备规范经常提到传输率，以及一秒内可以执行的随机 I/O 操作数。t_T 值可以用块规模除以传输率来计算，而 t_S 可以用 $(1/N)$-t_T 来计算，其中 N 是设备所支持的每秒随机 I/O 操作数，因为一次随机 I/O 操作执行一次随机 I/O 访问，后接一个块的数据传输。

SSD，t_S 大约为 90 微秒，而对于一个 4 KB 的块，传输时间 t_T 大约为 10 微秒。因此，SSD 可以支持每秒大约 10 000 次随机的 4 KB 块读取，并且它们在使用标准的 SATA 接口进行顺序读取时支持每秒 400 MB 的吞吐量。使用 PCIe 3.0x4 接口的 SSD 具有更小的 t_S（20 到 60 微秒），以及高得多的传输速率（约为 2 GB/ 秒），对应于 2 微秒的 t_T，并允许每秒 50 000 到 15 000 次随机的 4 KB 块的读取，这取决于具体的型号[⊖]。

对于已经存在于主存中的数据，读操作是以高速缓存行为单元的，而不是磁盘块。但是，假设读取了整块的数据，对于内存中的数据而言，传输 4 KB 的块的时间 t_T 小于 1 微秒。从内存获取数据的延迟 t_S 小于 100 纳秒。

考虑到不同存储设备在速度方面的广泛差异，在理想情况下数据库系统必须执行测试寻道和块传输来估计特定系统 / 存储设备的 t_S 和 t_T，这是软件安装过程的一部分。不能自动推断这些数值的数据库通常允许用户将这些数值指定为配置文件的一部分。

通过区分块读和块写，我们可以进一步改进代价估计。在磁盘上块写的代价通常是块读代价的两倍，因为磁盘系统在写操作之后要读回扇区以验证写操作是否成功。在 PCIe 闪存上，写吞吐量可能比读吞吐量低 50% 左右，但由于 SATA 接口的速度有限，这种差异几乎完全被掩盖了，导致写吞吐量与读吞吐量是匹配的。但是，吞吐量数字并不反映当块被重写时所需的擦除代价。为了简单起见，我们忽略了这个细节。

我们给出的代价估计并不包括将运算的最终结果写回到磁盘的代价。当需要时应单独考虑这些代价。我们考虑的所有算法的代价都取决于主存中的缓冲区规模。在最佳情况下，如果数据能放入缓冲区中，则可以将数据读入缓冲区，而不需要再次访问磁盘。在最坏情况下，我们可以假设缓冲区只能容纳几个数据块——每个关系大约有一个块。然而，由于现今有大型主存可用，这种最坏情况的假设过于悲观。事实上，通常有大量的主存可用于处理查询，而我们的代价估计使用一个运算 M 可用的内存量作为参数。在 PostgreSQL 中，出于代价估计的目的，一个查询可用的总内存被称为有效缓存规模，假设在缺省情况下为 4 GB；如果一个查询有多个并发运行的算子，则必须将可用内存在这些算子之间进行划分。

此外，虽然我们假设数据最初必须从磁盘读取，但也有可能待访问的块已经存在于内存缓冲区中。同样，为了简单起见，我们忽略了这种影响；其结果是，计划执行期间的实际磁盘访问代价可能小于估计代价。为了（至少部分地）计算缓冲区驻留，PostgreSQL 使用以下"技巧"：随机页面读取的代价被假定为实际随机页面读取代价的 1/10，以模拟 90% 的读取块被发现驻留在高速缓存中的情况。此外，为了模拟 B⁺ 树索引的内部节点经常被遍历的情况，大多数数据库系统假设所有内部节点都存在于内存缓冲区中，并且假设索引的遍历只会导致对于叶节点的单次随机 I/O 的开销。

假设计算机中没有其他活动在进行，一个查询执行计划的**响应时间**（response time）（即执行该计划所需的壁钟时间）就是所有这些代价的总和，并可用作计划代价的度量。遗憾的是，如果不实际执行计划，就很难估计计划的响应时间，有如下两个原因：

⊖　这里使用的每秒 I/O 操作数的值是针对串行 I/O 请求的情况的，通常在 SSD 的规范中表示为 QD-1。SSD 可以支持并行的多个随机请求，通常支持 32 到 64 个并行请求；如果并行发送多个请求，带 SATA 接口的 SSD 支持每秒近 100 000 次随机的 4 KB 块的读取，而 PCIe 磁盘可以支持每秒超过 350 000 次随机的 4 KB 块的读取；这些数值被称为 QD-32 或 QD-64 数值，具体取决于并行发送的请求数。在我们的代价模型中我们并没有探讨并行请求，因为在本章中我们只考虑串行查询处理算法。

1. 响应时间依赖于当查询开始执行时缓冲区的内容；在对查询进行优化时，这样的信息是无法获取的，而且即使可以获取也很难用于计算。

2. 在具有多个磁盘的系统中，响应时间依赖于访问在磁盘之间是如何分布的，如果没有对分布在磁盘上的数据的详细了解这是很难估计的。

有趣的是，以额外的资源消耗为代价，一项计划可能获得更好的响应时间。例如，如果一个系统有多张磁盘，一项计划 *A* 需要额外的磁盘读取，但它跨多张磁盘并行地执行读操作，它可能比另一项计划 *B* 完成得更快，*B* 有较少的磁盘读取但它一次只从一张磁盘读取。然而，如果一个查询的许多实例同时使用计划 *A* 来运行，那么整体响应时间可能实际上比同样的实例使用计划 *B* 来执行要长，因为计划 *A* 带来更多的磁盘负载。

其结果是，优化器通常努力去将查询计划的总的**资源消耗**（resource consumption）降到最低，而不是努力将响应时间降到最低。我们用于估计总的磁盘访问时间（包括寻道和数据传输）的模型就是一个这样的基于资源消耗的查询代价模型的示例。

12.3　关系代数运算的执行

12.3.1　选择运算

在查询处理中，**文件扫描**（file scan）是数据访问的最低级别的运算。文件扫描是用于定位和检索满足选择条件的记录的搜索算法。在关系系统中，若关系保存在一个单独的专用文件中，则采用文件扫描就可以读取整个关系。

12.3.1.1　文件扫描的使用和索引的选择

请考虑一个关系上的选择运算，该关系的所有元组都共同存储在一个文件中。执行选择最直接的方式如下：

- **A1（线性搜索）**。在线性搜索中，系统扫描每一个文件块，并对所有记录都进行测试，看它们是否满足选择条件。需做一次初始搜索来访问文件的第一个块。如果文件的块不是连续存储的，则可能需要额外的搜索，不过为了简化起见我们忽略这种情况。

  虽然线性搜索算法比用于实现选择运算的其他算法速度要慢，但它可用于任何文件，而不用管文件的顺序、索引的可用性，以及选择运算的性质。我们将要学习的其他算法并不能应用于所有情况，但在可用的情况下它们一般都比线性搜索要快。

线性扫描以及其他选择算法的代价估计如图 12-3 所示。在该图中，我们使用 h_i 表示 B^+ 树的高度，并假设从根到叶的路径中的每个节点都需要一次随机的 I/O 操作。大多数现实生活中的优化器均假设树的内部节点在内存缓冲区中，因为它们是被频繁访问的，并且 B^+ 树中通常只有不到百分之一的节点是非叶节点。通过设置 $h_i = 1$，可以对代价公式进行相应的简化，从根到叶的一次遍历仅仅需要一次随机 I/O。

索引结构称为**存取路径**（access path），因为它们提供了定位和存取数据的一条路径。在第 11 章中，我们曾指出按照与物理顺序近似对应的次序去读取文件的记录是高效的。请回想一下，聚集索引（clustering index，也称为主索引（primary index））是这样一种索引：它允许按照与一个文件中的物理顺序相对应的次序去读取该文件的记录。不是聚集索引的索引称为辅助索引（secondary index）或非聚集索引（nonclustering index）。

使用索引的搜索算法称为**索引扫描**（index scan）。我们用选择谓词来指导我们在查询处理中选择要使用的索引。使用索引的搜索算法如图 12-3 所示。

	算法	代价	原因
A1	线性搜索	$t_S + b_r * t_T$	一次初始搜索加上 b_r 次块传输，其中 b_r 表示文件中的块数量
A1	线性搜索，码上的等值比较	平均情形 $t_S + (b_r/2) * t_T$	因为最多有一条记录满足条件，所以一旦找到所需的记录，扫描就可以终止。但在最坏的情形下，仍需要 b_r 次块传输
A2	B$^+$ 树聚集索引，码上的等值比较	$(h_i+1) * (t_T+t_S)$	（其中 h_i 表示索引的高度。）索引搜索遍历树的高度，再加上一次 I/O 来获取记录；每个这样的 I/O 操作需要一次寻道和一次块传输
A3	B$^+$ 树聚集索引，非码上的等值比较	$h_i * (t_T+t_S) + t_S + b * t_T$	树的每一层有一次寻道，第一个块有一次寻道。这里 b 是包含具有指定搜索码记录的块数，所有这些记录都是要读取的。假定这些块顺序存储（因为是聚集索引）的叶子块并且不需要额外的寻道
A4	B$^+$ 树辅助索引，码上的等值比较	$(h_i+1) * (t_T+t_S)$	这种情形和聚集索引类似
A4	B$^+$ 树辅助索引，非码上的等值比较	$(h_i+n) * (t_T+t_S)$	（其中 n 是所获取记录的数量。）在这里，索引遍历的代价和 A3 一样，但是每条记录可能存储在不同的块上，需要对每条记录进行一次寻道。如果 n 值比较大，代价可能会非常昂贵
A5	B$^+$ 树聚集索引，比较	$h_i * (t_T+t_S) + t_S + b * t_T$	和 A3、非码上的等值比较的情形一样
A6	B$^+$ 树辅助索引，比较	$(h_i+n) * (t_T+t_S)$	和 A4、非码上的等值比较的情形一样

图 12-3 选择算法的代价估计

- **A2（聚集索引，码上的等值比较）**。对于具有聚集索引的码属性上的等值比较，我们可以使用该索引来检索出满足相应等值条件的单条记录。代价估计如图 12-3 所示。为了模拟索引的内部节点位于内存缓冲区中的常见情况，可以将 h_i 设置为 1。

- **A3（聚集索引，非码上的等值比较）**。当选择条件指定的是基于一个非码属性 A 的等值比较时，我们可以通过使用聚集索引来检索到多条记录。与前一种情况唯一不同的是，在这种情况下可能需要获取多条记录。然而，因为文件是依据搜索码进行排序的，所以这些记录在文件中必然是连续存储的。代价估计如图 12-3 所示。

- **A4（辅助索引，等值比较）**。指定等值条件的选择可以使用一个辅助索引。若等值条件是在一个码上的，则该策略可检索到单条记录；若索引字段不是码，则可能检索到多条记录。

  在第一种情况下，只有一条记录被检索到。这种情况下的代价与聚集索引（情形 A2）是一样的。

  在第二种情况下，每条记录可能驻留在不同的块上，这可能导致每检索到一条记录就需要一次 I/O 操作，且每次 I/O 操作都需要一次寻道和一个块的传输。如果每条记录位于不同的磁盘块中并且块的获取是随机排序的，那么在这种情况下最坏情形的代价是 $(h_i+n) * (t_S+t_T)$，其中 n 是所获取的记录数量。如果要检索大量记录，最坏情形的代价甚至可能会变得比线性搜索还要差。

  如果内存缓冲区较大，那么包含记录的块可能已经在缓冲区中了。通过考虑包含记录的块已经位于缓冲区中的概率，可以构建对选择运算的平均或期望代价的估计。对于大型缓冲区，该估计值会远低于最坏情形下的估计值。

在包括 A2 在内的某些算法中，因为记录存储在树的叶子层，所以使用 B^+ 树文件组织可以节省一次存取。

当记录以 B^+ 树文件组织或可能需要重新配置记录的其他文件组织的方式存储时，辅助索引通常不存储指向记录的指针[⊖]。相反，辅助索引存储的是 B^+ 树文件组织中用作搜索码值的属性值。通过这种辅助索引存取一条记录的代价会更昂贵：首先搜索辅助索引以找到 B^+ 树文件组织的搜索码值，然后查找 B^+ 树文件组织来找到这些记录。如果使用这种索引，为辅助索引描述的代价公式必须进行适当的修改。

12.3.1.2　涉及比较的选择

请考虑形如 $\sigma_{A \leqslant v}(r)$ 的选择。我们可以使用线性搜索，或按以下方法之一使用索引来实现该选择运算：

- **A5（聚集索引，比较）**。当选择条件是比较表达式时，可以使用有序的聚集索引（如 B^+ 树聚集索引）。对于形如 $A>v$ 或 $A \geqslant v$ 的比较条件，可按以下方式使用 A 上的聚集索引来引导对元组的检索：对于 $A \geqslant v$，我们在索引中寻找值 v，以检索出文件中满足值 $A \geqslant v$ 的首个元组。从该元组开始直到文件末尾进行一次文件扫描就可返回满足该条件的所有元组。对于 $A>v$，文件扫描从第一个满足 $A>v$ 的元组开始。这种情况下的代价估计跟情形 A3 是一样的。

  对于形如 $A<v$ 或 $A \leqslant v$ 的比较，一次索引查找都不需要。对于 $A<v$，我们只是从文件头开始使用简单的文件扫描，并且一直到遇上（但不包含）首个满足 $A=v$ 的元组为止。$A \leqslant v$ 的情形是类似的，只是继续扫描到遇上（但不包含）首个满足 $A>v$ 的元组为止。在这两种情况下，索引都没有什么用处。

- **A6（辅助索引，比较）**。我们可以使用有序的辅助索引来指导涉及 $<$、$\leqslant$、$\geqslant$、$>$ 的比较条件的检索。扫描最底层的索引块要么从最小值开始直到 v 为止（对于 $<$ 及 $\leqslant$ 的情形），要么从 v 开始直到最大值为止（对于 $>$ 及 $\geqslant$ 的情形）。

  辅助索引提供了指向记录的指针，但为了得到实际的记录，我们需要通过使用指针来获取记录。由于连续的记录可能位于不同的磁盘块上，因此在这一步每获取一条记录都可能需要一次 I/O 操作。和前面一样，每次 I/O 操作都需要一次磁盘寻道和一次块传输。如果检索到的记录的数量很多，使用辅助索引的代价甚至可能比使用线性搜索还要大。因此，辅助索引应该仅在选择得到的记录非常少时使用。

只要提前知道匹配元组的数量，查询优化器就可以根据代价估计在使用辅助索引和使用线性搜索之间进行选择。但是，如果在编译时无法准确知道匹配元组的数量，则这两种选择都可能导致糟糕的性能，具体取决于匹配元组的实际数量。

为了处理上述情况，当辅助索引可用但匹配记录的数量无法精确知晓时，PostgreSQL 使用了一种称为位图索引扫描（bitmap index scan）[⊖]的混合算法。位图索引扫描算法首先创建一个位图，其位数与关系中的块数相同，所有位都初始化为 0。然后，该算法使用辅助索

⊖　请回想一下：如果用 B^+ 树文件组织来存储关系，则当叶节点被分裂或合并时，或者当记录被重新分配时，记录可能会在块之间进行移动。

⊖　此算法不应与使用位图索引的扫描相混淆。

引来查找匹配元组的索引项，但它不会立即获取这些元组，而是执行以下操作：当找到每个索引项时，该算法从索引项中获得块号，并将位图中的相应位设置为1。

一旦处理完所有的索引项之后，将扫描位图以找出位被设置为1的所有块。它们正是那些包含匹配记录的块。接着对关系进行线性扫描，但跳过位未被设置为1的那些块，只获取位被设置为1的那些块，然后在每个块内部使用扫描来检索出块中的所有匹配记录。

在最坏的情况下，这种算法只比线性扫描的代价稍高，但是在最好的情况下，它比线性扫描的代价要低得多。类似地，在最坏的情况下，它只比使用辅助索引扫描来直接获取元组的代价稍高，但在最好的情况下，它比辅助索引扫描的代价要低得多。因此，这种混合算法保证其性能绝不会比数据库实例的最佳计划差得太多。

这种算法的一种变体会收集所有的索引项，并对它们进行排序（使用我们将在本章后面学习的排序算法），然后执行关系扫描，跳过没有任何匹配项的块。使用上述位图可能比对索引项进行排序的代价要低。

12.3.1.3 复杂选择的实现

到此为止，我们只考虑了形如 *A op B* 的简单选择条件，其中 *op* 是相等或比较运算。现在我们来考虑更复杂的选择谓词。

- **合取**（conjunction）。**合取选择**是如下形式的选择：

$$\sigma_{\theta_1 \wedge \theta_2 \wedge \cdots \wedge \theta_n}(r)$$

- **析取**（disjunction）：**析取选择**是如下形式的选择：

$$\sigma_{\theta_1 \vee \theta_2 \vee \cdots \vee \theta_n}(r)$$

  满足单个简单条件 θ_i 的所有记录的并集满足析取条件。

- **否定**（negation）：选择操作 $\sigma_{\neg\theta}(r)$ 的结果就是对条件 θ 取值为假的 r 的元组的集合。如果没有空值，该集合就只是 r 中不在 $\sigma_\theta(r)$ 内的那些元组的集合。

  我们可以通过使用下列算法之一来实现涉及多个简单条件的合取或析取的选择运算。

- **A7（使用一个索引的合取选择）**。首先判断对于其中一个简单条件中的一个属性是否存在一条存取路径可用。若存在，则可以用从 A2 到 A6 的一种选择算法来检索满足该条件的记录。然后在内存缓冲区中，通过测试每条检索到的记录是否满足其余的简单条件来最终完成这个运算。

  为减少代价，我们选择一个 θ_i 以及从 A1 到 A6 的一种算法，它们的组合可使 $\sigma_{\theta_i}(r)$ 的代价最小。算法 A7 的代价由所选算法的代价决定。

- **A8（使用组合索引的合取选择）**。对于某些合取选择可能可以使用合适的**组合索引**（composite index，即多个属性上的一个索引）。如果选择指定的是两个或多个属性上的等值条件，并且在这些属性字段的组合上又存在组合索引，则可以直接搜索该索引。索引的类型将决定使用 A2、A3 或 A4 算法中的哪一个。

- **A9（使用标识交集的合取选择）**。另一种可选的用于实现合取选择运算的方法涉及利用记录指针或记录标识。这种算法要求在各个条件所涉及的字段上都有带记录指针的索引。该算法对每个索引进行扫描，以获取那些指向满足单个条件的元组的指针。所有检索到的指针的交集就是那些满足合取条件的元组的指针集合。然后该算法利用这些指针来获取实际的记录。如果并非所有单个条件上均有索引可用，则该算法要用剩余条件对检索到的记录进行测试。

  算法 A9 的代价是扫描各个索引的代价的总和，再加上对检索到的指针列表的交集中的记录进行获取的代价。通过对指针列表进行排序并按序检索记录能够减少此代价。因此,(1)把指向一个块中记录的所有指针归并到一起,这样只需通过单次 I/O 操作就可以获取该块中被选出的所有记录,并且(2)按序读取块,使磁盘臂的移动最少。12.3.2 节将描述排序算法。

- A10(使用标识并集的析取选择)。如果析取选择的所有条件上均有可用的存取路径,则扫描每个索引以获取满足单个条件的元组的指针。检索到的所有指针的并集就产生出指向满足析取条件的所有元组的指针的集合。然后我们利用这些指针去检索实际的记录。

  然而,即使只有其中一个条件不存在存取路径,我们也不得不对关系进行线性扫描来找出满足条件的元组。因此,如果在析取式中存在一个这样的条件,那么最有效的存取方法就是线性扫描,在扫描的过程中对每个元组进行析取条件的测试。

具有否定条件的选择的实现留给读者作为练习(见实践习题 12.6)。

12.3.2 排序

数据排序在数据库系统中发挥着重要的作用,其原因有两个:首先,SQL 查询会指明对输出进行排序;其次,对于查询处理而言同等重要的是,有几种关系运算,比如连接运算,如果对输入关系先进行排序,能够得到高效的实现。因此,我们在这里先讨论排序,然后在 12.3.3 节中再讨论连接运算。

通过在排序码上建立索引然后使用该索引按序读取关系,我们可以完成对关系的排序。然而,这一过程仅仅在逻辑上通过索引对关系进行排序,而没有在物理上进行排序。因此,按序读取元组可能导致每读一条记录就要访问一次磁盘(磁盘寻道加上块传输)。由于记录数量可能比磁盘块的数量多得多,因此这样做的代价会非常昂贵。出于这样的原因,有时需要在物理上对记录进行排序。

人们已经对排序问题进行过广泛的研究,既有针对主存中能够完全容纳的关系的研究,又有针对比内存更大的关系的研究。在第一种情况下,诸如快速排序那样的标准排序技术是可用的。在这里,我们讨论如何处理第二种情况。

12.3.2.1 外排序 – 归并算法

对不能全部放入内存中的关系进行的排序称为**外排序**(external sorting)。对于外排序最常用的技术是**外排序 – 归并**(external sort-merge)算法。接下来我们讲述外排序 – 归并算法。令 M 表示主存的缓冲区中可用于排序的块数,即在可用的主存中能缓冲多少个磁盘块的内容。

1. 在第一阶段,创建多个排好序的**归并段**(run);每个归并段都是排过序的,但仅包含关系的部分记录。

$$i = 0;$$
repeat
  读入关系的 M 个块或者关系的剩余部分,
    以较小者为准;
  对关系在内存中的部分进行排序;
  将排好序的数据写到归并段文件 R_i 中;
  $i = i + 1;$
until 到达关系末尾

2. 在第二阶段,对归并段进行归并。暂且假定归并段的总数 N 小于 M,因此我们可以为每个归并段分配一个块，并且还有剩下的空间能为输出保留一个块。归并阶段的操作如下：

> 为 N 个归并段文件 R_i 各读入一个块到内存缓冲块中；
> **repeat**
>   从所有缓冲块中（按序）挑选第一个元组；
>   把该元组写到输出中，并将其从缓冲块中删除；
>   **if** 任何一个归并段 R_i 的缓冲块为空 **and not** 到达 R_i 的末尾
>   **then** 将 R_i 的下一块读入缓冲块；
> **until** 所有的输入缓冲块均为空

归并阶段的输出是已排好序的关系。输出文件也被缓冲以减少磁盘写操作的次数。上面的归并操作是对标准内存排序 – 归并算法所使用的两路归并的推广；由于该算法对 N 个归并段进行归并，故称它为 **N 路归并**（N-way merge）。

一般而言，若关系比内存大得多，则在第一阶段可能产生 M 个甚至更多的归并段，并且在归并阶段为每个归并段分配一个块是不可能的。在这种情况下，归并操作需要分多趟进行。由于内存足以容纳 $M-1$ 个输入缓冲块，因此每趟归并可以用 $M-1$ 个归并段作为输入。

初始趟（pass）以如下方式工作：它对前 $M-1$ 个归并段进行归并（如前面第 2 项所述）以得到单个归并段作为下一趟的输入。然后，它对接下来的 $M-1$ 个归并段进行类似的归并，如此下去，直到它处理完所有的初始归并段为止。此时，归并段的数量减少为原来的 $1/(M-1)$。如果归并后的归并段数量仍大于或等于 M，则以第一趟创建的归并段作为输入进行下一趟归并。每一趟归并后归并段的数量均减少为原来的 $1/(M-1)$。如有需要，归并趟将不断重复，直到归并段数量小于 M 为止；然后最后一趟排序输出。

图 12-4 显示了对一个示例关系进行外排序 – 归并的步骤。为了方便说明，我们假定一个块中只能容纳一个元组（$f_r = 1$），并且假定内存最多容纳三个块。在归并阶段，两个块用于输入，另一个块用于输出。

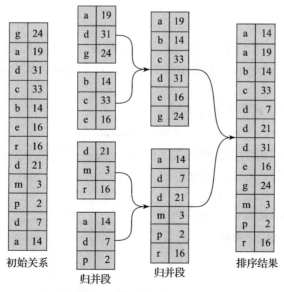

初始关系   归并段   归并段   排序结果

创建归并段   第一趟归并   第二趟归并

图 12-4 使用排序 – 归并的外排序

12.3.2.2 外排序 – 归并的代价分析

我们以这样的方式来计算外排序 – 归并的磁盘存取代价：令 b_r 代表包含关系 r 的记录的块数。在第一阶段读入关系的每个块并将它们重新写出，共需 $2b_r$ 次块传输。初始归并段的数量为 $\lceil b_r/M \rceil$。在归并过程中，每次在一个归并段中读入一个块会导致大量的寻道；为了减少寻道次数，一次读取或写出更多数量的块，表示为 b_b，这就要求将 b_b 个缓冲块分配给每个输入的归并段和输出的归并段。然后，在每趟归并中可以归并 $\lfloor M/b_b \rfloor -1$ 个归并段，将归并段数量减少到原来的 $1/(\lfloor M/b_b \rfloor -1)$。总共所需的归并趟数为 $\lceil \log_{\lfloor M/b_b \rfloor -1}(b_r/M) \rceil$。每趟这样的归并读入关系的每个块一次且写出关系的每个块一次，其中有两种例外情况。首先，最后一趟可以只产生排序输出而不用将其结果写到磁盘。其次，可能存在在某一趟中既没有读入又没有写出的归并段——例如，某一趟有 $\lfloor M/b_b \rfloor$ 个归并段需要归并，其中 $\lfloor M/b_b \rfloor -1$ 个被读入并归并，而有一个归并段在该趟中却未被访问。忽略因后一种情况而节省的（相对少的）磁盘存取，关系外排序的块传输的总数为：

$$b_r(2\lceil \log_{\lfloor M/b_b \rfloor -1}(b_r/M) \rceil + 1)$$

把该公式应用到图 12-4 中的示例上，将 b_b 设置为 1，我们算出共需 $12*(4+1)=60$ 次块传输，可以从图中验证这一结果。值得注意的是，上面的这些值并不包括将最后结果写出的代价。

我们还需要加上磁盘寻道的代价。在产生归并段阶段需要为读取每个归并段的数据而寻道，也要为写出归并段而寻道。每一趟归并需要为读取数据而进行大约 $\lceil b_r/b_b \rceil$ 次寻道[⊖]。尽管输出是顺序写出的，如果它和输入归并段在相同的磁盘上，磁头在连续块的写操作之间可能已经移开了。因此我们需要为每趟归并加上总共 $2\lceil b_r/b_b \rceil$ 次寻道，除了最后一趟以外（因为我们假定最终结果并不写回磁盘）。

$$2\lceil b_r/M \rceil + \lceil b_r/b_b \rceil(2\lceil \log_{\lfloor M/b_b \rfloor -1}(b_r/M) \rceil - 1)$$

如果我们把分配给每个归并段的缓冲块数 b_b 设置为 1，把此公式应用到图 12-4 中的示例上，我们算出共需 $8 + 12*(2*2-1) = 44$ 次磁盘寻道。

12.3.3 连接运算

在本节中，我们学习用于计算关系连接的几种算法，并且分析这些算法的相应代价。

我们用**等值连接**（equi-join）来表示形如 $r \bowtie_{r.A=s.B} s$ 的连接，其中 A 和 B 分别为关系 r 与 s 的属性或属性集。

我们使用下面的表达式作为运行示例：

$$student \bowtie takes$$

并且使用我们在第 2 章中用过的同样的关系模式。假定关于这两个关系有如下信息：

- $student$ 的记录数：$n_{student} = 5000$。
- $student$ 的块数：$b_{student} = 100$。
- $takes$ 的记录数：$n_{takes} = 10\,000$。
- $takes$ 的块数：$b_{takes} = 400$。

⊖ 更准确地说，由于我们是单独读取每个归并段的，并且在读到一个归并段末尾的时候可能读到少于 b_b 个块，因此我们可能对于每个归并段都需要一次额外的寻道。为了简单起见我们省略了这个细节。

12.3.3.1 嵌套 – 循环连接

图 12-5 展示了一个计算两个关系 r 和 s 的 θ 连接 $r \bowtie_\theta s$ 的简单算法。由于该算法主要由一对嵌套的 **for** 循环构成，因此它被称为**嵌套 – 循环连接**（nested-loop join）算法。由于关于 r 的循环包含了关于 s 的循环，因而关系 r 称为连接的**外层关系**（outer relation），而关系 s 称为连接的**内层关系**（inner relation）。算法使用了 $t_r \cdot t_s$ 这个记号，其中 t_r 和 t_s 表示元组；$t_r \cdot t_s$ 表示将元组 t_r 和 t_s 的属性值拼接而成的一个元组。

```
for each 元组 t_r in r do begin
    for each 元组 t_s in s do begin
        测试元组对 (t_r, t_s) 是否满足连接条件 θ
        如果满足，把 t_r · t_s 加到结果中
    end
end
```

图 12-5 嵌套 – 循环连接

与用于选择的线性文件扫描算法类似，嵌套 – 循环连接算法不需要索引，并且不管连接条件是什么，该算法均可使用。对此算法进行扩展来计算自然连接是简单明了的，因为自然连接可以表示为一个 θ 连接后接去掉重复属性的投影运算。唯一需要修改的是一个额外的步骤：在将元组 $t_r \cdot t_s$ 加入结果之前先删除其中重复的属性。

嵌套 – 循环连接算法的代价昂贵，因为该算法要检查两个关系中的每一对元组。请考虑嵌套 – 循环连接算法的代价。需要考虑的元组对的数量是 $n_r * n_s$，其中 n_r 表示 r 中的元组数，n_s 表示 s 中的元组数。对于 r 中的每一条记录，我们必须对 s 执行一次完整的扫描。在最坏的情况下，缓冲区只能容纳每个关系的一个块，这时共需 $n_r * b_s + b_r$ 次块传输，其中 b_r 和 b_s 分别代表包含 r 和 s 的元组的块数。对内层关系 s 上的每次扫描我们只需一次寻道，因为它是顺序读取的，读取 r 一共需要 b_r 次寻道，这样得到总的寻道次数为 $n_r + b_r$。在最好的情况下，内存有足够空间同时容纳两个关系，此时每个块只需要读一次；因此，只需 $b_r + b_s$ 次块传输，再加上两次寻道。

如果其中一个关系能完全放入主存中，那么把这个关系作为内层关系是有好处的，因为这样内层关系就只需要读一次。所以，如果 s 小到可以装入主存，那么我们的策略只需 $b_r + b_s$ 次传输和两次寻道——其代价与两个关系都能装入内存的情形相同。

现在请考虑 student 与 takes 的自然连接。暂时假设在这两个关系上没有任何索引，并且我们也不想创建任何索引。我们可以用嵌套循环来计算连接；假定在连接中 student 是外层关系，takes 是内层关系。那么我们需要检查 $5000 * 10\ 000 = 50 * 10^6$ 对元组。在最坏的情况下，块传输的次数是 $5000 * 400 + 100 = 2\ 000\ 100$，加上 $5000 + 100 = 5100$ 次寻道。然而在最好的情况下，两个关系我们都可以只读取一次并执行计算。这样的计算最多需要 $100 + 400 = 500$ 次块传输，再加上两次寻道——大大优于最坏的情况。如果我们把 takes 用作外层循环的关系，并把 student 用作内层循环，那么我们最后这种策略在最坏情况下需要 $10\ 000 * 100 + 400 = 1\ 000\ 400$ 次块传输，再加上 10 400 次磁盘寻道。块传输的次数明显减少了，尽管寻道的次数增加了，不过假定 $t_S = 4$ 毫秒，且 $t_T = 0.1$ 毫秒，总的代价还是减少了。

12.3.3.2 块嵌套 – 循环连接

因缓冲区太小而内存中不能完全容纳任何一个关系时，如果我们以基于每个块的方式而不是以基于每个元组的方式来处理关系，那么仍然可以省却不少块的访问。图 12-6 展示了**块嵌套 – 循环连接**（block nested-loop join），它是嵌套 – 循环连接的一个变种，其中内层关系的每个块与外层关系的每个块形成一对。在每个块对的内部，一个块中的每个元组与另一块中的每个元组形成一对，以生成全体元组对。和前面一样，满足连接条件的所有元组对被添加到结果中。

块嵌套-循环连接与基本的嵌套-循环连接的代价的主要差别在于：在最坏的情况下，对于外层关系中的每个块，内层关系 s 的每个块只需要读一次，而不是对于外层关系中的每个元组读一次。因此，在最坏情况下总共需要 $b_r * b_s + b_r$ 次块传输，其中 b_r 和 b_s 分别代表包含 r 和 s 的记录的块数。对内层关系的每次扫描都需要一次寻道，对外层关系的扫描需要每个块寻道一次，这样总共是 $2 * b_r$ 次寻道。如果内存不能容纳任何一个关系，使用较小的关系作为外层关系会更有效。在最好的情况下，内存能够容纳内层关系，则需要

```
for each 块 B_r of r do begin
  for each 块 B_s of s do begin
    for each 元组 t_r in B_r do begin
      for each 元组 t_s in B_s do begin
        测试元组对 (t_r, t_s) 是否满足连接条件
        如果满足，把 t_r · t_s 加到结果中
      end
    end
  end
end
```

图 12-6   块嵌套-循环连接

$b_r + b_s$ 次块传输以及仅有的两次寻道（在这种情况下我们选择把较小的关系作为内层关系）。

现在请回到我们使用块嵌套-循环连接算法来计算 $student \bowtie takes$ 的示例。在最坏的情况下，我们必须为 $student$ 的每一个块读取 $takes$ 的所有块。因此，在最坏情况下共需 $100 * 400 + 100 = 40\ 100$ 次块传输，再加上 $2 * 100 = 200$ 次寻道。这个代价与基本的嵌套-循环连接在最坏情况下所需的 $5000 * 400 + 100 = 2\ 000\ 100$ 次块传输外加 5100 次寻道相比，是一个显著的改进。而最好情况下的代价保持不变——$100 + 400 = 500$ 次块传输和两次寻道。

嵌套-循环与块嵌套-循环过程的性能可以进一步地改进：

- 如果自然连接或等值连接中的连接属性构成内层关系的码，则对于每个外层关系元组，内层循环一旦找到了首个匹配元组就可以终止。
- 在块嵌套-循环算法中，我们可以不使用磁盘块作为外层关系分块的单位，而是以内存中最多能容纳的规模作为单位，当然同时要留出足够的空间用于内层关系及输出的缓冲区。换言之，如果内存有 M 个块，我们一次读取外层关系的 $M-2$ 个块，并且当读取到内层关系的每一个块时，我们把它与外层关系的所有 $M-2$ 个块进行连接。这种改进使内层关系的扫描次数从 b_r 次减少到 $b_r / (M-2)$ 次，这里的 b_r 是外层关系所占的块数。这样，全部代价为 $\lceil b_r / (M-2) \rceil * b_s + b_r$ 次块传输和 $2 \lceil b_r / (M-2) \rceil$ 次寻道。
- 我们可以对内层循环轮流做向前和向后的扫描。这种扫描方法对磁盘块的请求进行排序，使得从上一次扫描以来留在缓冲区中的数据可以被重用，从而减少所需的磁盘存取次数。
- 若在内层循环的连接属性上有索引可用，我们可以用更高效的索引查找来替代文件扫描。这种优化将在 12.3.3.3 节中介绍。

12.3.3.3 索引嵌套-循环连接

在嵌套-循环连接（见图 12-5）中，若在内层循环的连接属性上有索引可用，则可以用索引查找来替代文件扫描。对于外层关系 r 中的每一个元组 t_r，可以利用索引来查找 s 中将与元组 t_r 满足连接条件的元组。

这种连接方法称为**索引嵌套-循环连接**（indexed nested-loop join），它可以在已有索引或者为了执行该连接而专门建立临时索引的情况下使用。

在 s 中查找与给定元组 t_r 满足连接条件的元组本质上是在 s 上进行选择。例如，考虑 $student \bowtie takes$。假设我们有一个 ID 为 "00128" 的 $student$ 元组，那么 $takes$ 中相关的元组就是满足选择条件 "$ID = 00128$" 的那些元组。

索引嵌套－循环连接的代价可以如下计算：对于外层关系 r 中的每一个元组，需要在 s 的索引上执行一次查找，并检索相关的元组。在最坏的情况下，缓冲区中的空间只能容纳 r 的一个块和索引的一个块。那么，读取关系 r 需要 b_r 次 I/O 操作，这里的 b_r 代表包含 r 的记录的块数；每次 I/O 需要一次寻道和一次块传输，因为磁头可能在每次 I/O 之间被移动过。对于 r 中的每个元组，我们都在 s 上执行一次索引查找。那么，连接的时间代价可用 $b_r\,(t_T+t_S)+n_r*c$ 来计算，其中 n_r 是关系 r 中的记录数，c 是使用连接条件在 s 上进行单个选择的代价。在 12.3.1 节中我们已经知道对单个选择算法（可能使用索引）如何估计代价；这种估计可以使我们得到 c 的值。

代价公式表明：如果两个关系 r 和 s 上均有索引可用，通常使用元组较少的关系作为外层关系最为高效。

例如，请考虑 $student \bowtie takes$ 的索引嵌套－循环连接，其中 $student$ 作为外层关系。还假设 $takes$ 在连接属性 ID 上有聚集的 B^+ 树索引，其中每个索引节点平均包含 20 个索引项。由于 $takes$ 有 10 000 个元组，树的高度为 4，并且还需要一次访问来找到实际数据。由于 $n_{student}$ 是 5000，总代价为 $100+5000*5=$ 25 100 次磁盘访问，其中每次访问都需要一次寻道和一次磁盘块传输。相反，正如我们此前看到过的，对于块嵌套－循环连接需要 40 100 次块传输加上 200 次寻道。尽管块传输的次数减少了，寻道的代价实际上却增加了。因为一次寻道的代价比一次块传输要高，所以总的代价还是增加了。然而，如果我们在 $student$ 关系上具有一个选择能使得行数显著减少，那么索引嵌套－循环连接可以比块嵌套－循环连接快得多。

12.3.3.4　归并－连接

归并－连接（merge-join）算法（又称**排序－归并－连接**（sort-merge-join）算法）可用于计算自然连接和等值连接。令 $r(R)$ 和 $s(S)$ 为要计算自然连接的关系，并令 $R\cap S$ 表示两个关系的公共属性。假定两个关系均按属性 $R\cap S$ 排序，那么它们的连接可以通过与排序－归并算法中的归并阶段非常类似的处理过程来计算。

12.3.3.4.1　归并－连接算法

归并－连接算法如图 12-7 所示。在该算法中，$JoinAttrs$ 表示 $R\cap S$ 中的属性；并且 $t_r\bowtie t_s$ 表示元组属性的拼接，后接去除重复属性的投影，其中 t_r 和 t_s 是对于 $JoinAttrs$

```
pr := r 的第一个元组的地址;
ps := s 的第一个元组的地址;
while (ps ≠ null and pr ≠ null) do
  begin
    t_s := ps 所指向的元组;
    S_s := {t_s};
    让 ps 指向 s 的下一个元组;
    done := false;
    while (not done and ps ≠ null) do
      begin
        t_s' := ps 所指向的元组;
        if (t_s'[JoinAttrs] = t_s[JoinAttrs])
          then begin
            S_s := S_s ∪ {t_s'};
            让 ps 指向 s 的下一个元组;
          end
          else done := true;
      end
    t_r := pr 所指向的元组;
    while (pr ≠ null and t_r[JoinAttrs] < t_s[JoinAttrs]) do
      begin
        令 pr 指向 r 的下一个元组;
        t_r := pr 所指向的元组;
      end
    while (pr ≠ null and t_r[JoinAttrs] = t_s[JoinAttrs]) do
      begin
        for each t_s in S_s do
          begin
            将 t_s ⋈ t_r 加入结果中;
          end
        令 pr 指向 r 的下一个元组;
        t_r := pr 所指向的元组;
      end
  end
end.
```

图 12-7　归并－连接

取值相同的元组。归并－连接算法为每个关系分配一个指针。这些指针一开始指向相应关系的第一个元组。随着算法的进行，这些指针遍历整个关系。一个关系中在连接属性上具有相同值的一组元组被读入 S_s 中。图 12-7 中的算法要求每个 S_s 元组集合都能装入主存；我们稍后将讨论如何扩展该算法以避免这一要求。接下来，读入另一关系中相应的元组（如果有），并在读入的同时加以处理。

图 12-8 给出了两个在它们的连接属性 $a1$ 上排好序的关系。在图 12-8 所示的关系上具体地执行一遍归并 - 连接算法的步骤是有启发意义的。

图 12-7 的归并 - 连接算法要求内存能容纳在连接属性上具有相同值的所有元组构成的每个集合 S_s。即使关系 s 很大，这个要求通常也可以满足。如果对于某些连接属性值来说，S_s 大于可用内存，则对于这种集合 S_s 可以执行块嵌套 - 循环连接，以将它们与 r 中对于连接属性取值相同的元组所对应的块进行匹配。

pr	a1	a2
	a	3
	b	1
	d	8
	d	13
	f	7
	m	5
	q	6

r

ps	a1	a3
	a	A
	b	G
	c	L
	d	N
	m	B

s

图 12-8 用于归并 - 连接的已排序关系

如果任意一个输入关系 r 或 s 未按连接属性排序，那么可以先对它们进行排序，然后再使用归并 - 连接算法。归并 - 连接算法也可以容易地从自然连接扩展到更一般的等值连接的情况。

12.3.3.4.2 代价分析

一旦关系已排序，在连接属性上具有相同值的元组就是连续存放的。所以已排序的每个元组只需要读一次，并且每个块也只需要读一次。由于两个文件都只需遍历一遍（假设所有的 S_s 集合均可装入内存），那么归并 - 连接方法是高效的。所需的块传输次数等于两个文件的块数之和：b_r+b_s。

假设为每个关系分配 b_b 个缓冲块，则所需的磁盘寻道次数为 $\lceil b_r/b_b \rceil + \lceil b_s/b_b \rceil$。由于寻道代价远比数据传输高，只要还有额外的内存可用，那么为每个关系分配多个缓冲块是有意义的。例如，对于每个 4 KB 的块，$t_T = 0.1$ 毫秒，$t_S = 4$ 毫秒，缓冲区规模为 400 个块（或者 1.6 MB），那么对于每 40 毫秒的传输时间将有 4 毫秒的寻道时间；换句话说，寻道时间将只占传输时间的 10%。

如果 r 和 s 中的任意一个输入关系未在连接属性上排序，那么必须先对它们进行排序；进而必须把排序代价加到上述代价上。假如一些集合 S_s 并不能装入内存，则代价将有轻微的增加。

假设将归并 - 连接方案应用到我们的 *student* ⋈ *takes* 示例上。这里的连接属性是 *ID*。假定这两个关系已在连接属性 *ID* 上排序过。在这种情况下，归并 - 连接需要总共 400+100=500 次块传输。如果我们假设在最坏情况下，每个输入关系仅分配到一个缓冲块（即 $b_b = 1$），则总共还需要 $400 + 100 = 500$ 次寻道；实际上 b_b 可以设置得远比这个值大，因为我们仅需要对两个关系分配缓冲块，并且寻道的代价会显著减小。

假设这两个关系没有排序，并且内存规模也属于最差情形：只有 3 个块。则代价计算如下所示：

1. 使用在 12.3.2 节中得到的公式，我们可以看到对 *takes* 关系进行排序需要 $\lceil \log_{3-1}(400/3) \rceil = 8$ 趟归并。那么对 *takes* 关系进行排序需要 $400 * (2 \lceil \log_{3-1}(400/3) \rceil +1) = 6800$ 次块传输，再加上将结果写出的另外 400 次块传输。排序所需的寻道次数是 $\lceil 400/3 \rceil + 400 * (2 * 8 - 1) = 6268$ 次，加上写出结果所需的 400 次寻道，总共是 6668 次寻道，因为对

于每个归并段只有一个缓冲块可用。

2. 类似地，对 *student* 关系进行排序需要 $\lceil \log_{3-1}(100/3) \rceil = 6$ 趟归并，以及 $100*(2\lceil \log_{3-1}(100/3)\rceil+1)=1300$ 次块传输，还有将结果写出的另外 100 次块传输。对 *student* 进行排序所需的寻道次数为 $2*\lceil 100/3 \rceil + 100*(2*6-1)=1168$，加上写出结果所需的 100 次寻道，总共是 1268 次寻道。

3. 最后，归并这两个关系需要 400+100=500 次块传输和 500 次寻道。

因此，在关系未排序并且内存规模仅为 3 个块的情况下，总的代价是 9100 次块传输外加 8932 次寻道。

在内存规模为 25 个块并且关系未排序的情况下，先排序然后进行归并 - 连接的代价如下所示：

1. 对 *takes* 关系的排序可以只用一个归并步骤完成，总共只需要 $400*(2\lceil \log_{24}(400/25)\rceil+1)=1200$ 次块传输。类似地，对 *student* 的排序需要 300 次块传输。把排序结果写到磁盘需要 $400+100=500$ 次块传输，并且归并步骤还需要 500 次块传输来读回数据。把这些代价加起来一共是 2500 次块传输。

2. 如果我们假设为每个归并段仅分配一个缓冲块，在这种情况下对 *takes* 进行排序并把排序结果写到磁盘所需的寻道次数是 $2*\lceil 400/25 \rceil+400+400=832$ 次。并且类似地，对于 *student* 来说需要 $2*\lceil 100/25 \rceil+100+100=208$ 次寻道，再加上在归并 - 连接阶段读取已排序数据的 $400+100$ 次寻道。把这些代价加起来得到总代价为 1640 次寻道。

   通过为每个归并段分配更多的缓冲块，寻道次数能够显著地减少。例如，如果为每个归并段和归并 *student* 的 4 个归并段的输出都分配 5 个缓冲块，则代价从 208 次寻道降到 $2*\lceil 100/25 \rceil+\lceil 100/5 \rceil+\lceil 100/5 \rceil=48$ 次寻道。如果归并 - 连接阶段为缓冲 *take* 和 *student* 分配 12 个块，则归并 - 连接阶段的寻道次数将从 500 次降到 $\lceil 400/12 \rceil+\lceil 100/12 \rceil=43$ 次。这样，寻道的总数就是 251 次。

因此，如果关系未被排序且内存规模是 25 个块，那么总代价是 2500 次块传输再加上 251 次寻道。

12.3.3.4.3 混合归并 - 连接

当两个关系在连接属性上都存在辅助索引时，可以对未排序的元组执行归并 - 连接运算的一个变种。该算法通过索引来扫描记录，从而按顺序检索记录。但这种变种有一个很大的缺陷，因为记录可能分散在文件的多个块中，所以每个元组的存取都可能导致一个磁盘块的访问，这样的代价是很大的。

为避免这种代价，我们可以使用一种混合的归并 - 连接技术，该技术把索引与归并 - 连接结合在一起。假设有一个关系已排序，另一个未排序，但在连接属性上有 B$^+$ 树辅助索引。**混合归并 - 连接算法**（hybrid merge-join algorithm）把已排序关系与 B$^+$ 树辅助索引的叶子项进行归并。所得到的结果文件包含已排序关系的元组和未排序关系的元组地址。然后，将该结果文件按未排序关系的元组地址进行排序，从而能够对相关元组按照物理存储顺序进行高效的检索，以最终完成连接。对此技术进行扩展以处理两个未排序关系的工作留给读者作为练习。

12.3.3.5 散列 - 连接

类似于归并 - 连接算法，散列 - 连接算法可用于实现自然连接和等值连接。在散列 - 连接算法中，用散列函数 *h* 来划分两个关系的元组。其基本思想是把每个关系的元组划分成在连接属性值上具有相同散列值的集合。

我们假设：

- h 是将 *JoinAttrs* 的值映射到 $\{0, 1, \cdots, n_h\}$ 的散列函数，其中 *JoinAttrs* 表示用于自然连接的 r 与 s 的公共属性。
- $r_0, r_1, \cdots, r_{n_h}$ 表示 r 元组的分区，最开始每个分区都是空集。每个元组 $t_r \in r$ 被放入分区 r_i 中，其中 $i = h(t_r[\mathit{JoinAttrs}])$。
- $s_0, s_1, \cdots, s_{n_h}$ 表示 s 元组的分区，最开始每个分区都是空集。每个元组 $t_s \in s$ 被放入划分 s_i 中，其中 $i = h(t_s[\mathit{JoinAttrs}])$。

散列函数 h 应当具有我们在第 11 章中讨论过的"良好"特性——随机性和均匀性。关系的分区如图 12-9 所示。

12.3.3.5.1　基本思想

散列 – 连接算法背后的思想是这样的：假设一个 r 元组与一个 s 元组满足连接条件，那么它们对于连接属性就会取相同的值。若该值被散列成某个值 i，则 r 元组必在 r_i 中且 s 元组必在 s_i 中。因此，r_i 中的 r 元组只需与 s_i 中的 s 元组相比较，r_i 中的 r 元组没有必要与其他任何分区里的 s 元组相比较。

例如，如果 d 是 *student* 中的一个元组，c 是 *takes* 中的一个元组，h 是元组属性 *ID* 上的散列函数，那么只有在 $h(c) = h(d)$ 时才必须比较 d 与 c。若 $h(c) \neq h(d)$，则 c 与 d 对于 *ID* 的取值必不相等。然而，如果 $h(c) = h(d)$，我们必须检查 c 与 d 在它们的连接属性上的值是否相同，因为有可能 c 与 d 有不同的 *ID* 值却有相同的散列值。

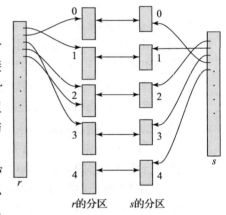

图 12-9　关系的散列分区

图 12-10 显示了**散列 – 连接**（hash-join）算法计算关系 r 与 s 的自然连接的详细过程。与归并 – 连接算法类似，$t_r \bowtie t_s$ 表示元组 t_r 和 t_s 的属性的拼接，后接去除重复属性的投影。在对关系进行分区后，散列 – 连接代码的其余部分在各个分区上对 i（$i = 0, 1, \cdots, n_h$）执行单独的索引嵌套 – 循环连接。为此，算法先在每个 s_i 上构造（build）散列索引，然后用 r_i 的元组进行**探查**（probe）（即在 s_i 中查找）。关系 s 就是**构造用输入**（build input），而 r 是**探查用输入**（probe input）。

s_i 上的散列索引是在内存中构造的，因此并不需要访问磁盘以检索元组。用于构造此散列索引的散列函数与前面使用的散列函数 h 必须是不同的，但仍然只应用于连接属性上。在索引嵌套 – 循环连接的过程中，系统使用此索引来检索与探查用输入中的记录相匹配的那些记录。

构造阶段与探查阶段只需对构造用输入与探查用输入都进行单次遍历。很容易将此散列 – 连接算法推广到计算更普遍的等值连接。

必须选择足够大的 n_h 值，使得对于每个 i，在内存中可以容纳构造关系的 s_i 分区中的元组以及分区上的散列索引。内存中可以不必容纳探查用关系的分区。最好用较小的输入关系作为构造关系。如果构造关系的规模是 b_s 个块，那么要使每个 n_h 分区的规模都小于或等于 M，n_h 必须至少是 b_s/M。更准确地说，我们还必须考虑该分区上散列索引占用的额外空间，因此 n_h 应当相应地取得更大一点。为了简单起见，在分析中我们有时忽略了散列索引所需的空间。

```
/* 对 s 进行分区 */
for each 元组 t_s in s do begin
  i := h(t_s[JoinAttrs]);
  H_{s_i} := H_{s_i} ∪ {t_s};
end
/* 对 r 进行分区 */
for each 元组 t_r in r do begin
  i := h(t_r[JoinAttrs]);
  H_{r_i} := H_{r_i} ∪ {t_r};
end
/* 对每个分区执行连接 */
for i := 0 to n_h do begin
  读 H_{s_i}，并在其上构造内存散列索引；
  for each 元组 t_r in H_{r_i} do begin
    探查 H_{s_i} 上的散列索引，并定位出满足 t_s[JoinAttrs]=t_r[JoinAttrs] 的
      所有元组 t_s；
    for each 匹配的元组 t_s in H_{s_i} do begin
      将 t_r ⋈ t_s 加入结果中；
    end
  end
end
```

图 12-10 散列 – 连接

12.3.3.5.2 递归分区

如果 n_h 的值大于或等于内存块数，因为没有足够的缓冲块，关系的分区就不可能一趟完成。这时，完成关系的分区需要重复多趟。在每一趟中，输入能够被划分的最多分区数与可用于输出的缓冲块数同样多。一趟产生的每个桶在下一趟中被单独读入并再次分区以产生更小的分区。一趟中使用的散列函数与上一趟中使用的散列函数不同。系统不断重复对输入的这种分区过程直到构造用输入的每个分区都能被内存容纳为止。这种分区被称为**递归分区**（recursive partitioning）。

在 $M>n_h+1$（或等价地，$M>(b_s/M)+1$，这可以（近似）简化为 $M>\sqrt{b_s}$）时，关系不需要进行递归分区。例如，请考虑如下情形：内存规模是 12 MB，分成 4 KB 大小的块，则内存可以容纳总共 3 K（3072）个块。我们可以使用这种规模的内存对规模高达 3 K*3 K 个块（即 36 GB）的关系进行分区。类似地，为了避免递归分区，1 GB 规模的关系仅需要多于 $\sqrt{256\,\text{K}}$ 个内存块，或 2 MB。

12.3.3.5.3 溢出处理

当 s_i 上的散列索引大于主存时，构造关系 s 的分区 i 中会发生**散列表溢出**（hash-table overflow）。如果构造关系中存在很多元组对于连接属性取值都相同，或者如果散列函数并不符合随机性与均匀性，则会发生散列表溢出。在这两种情况下，某些分区会具有多于平均数的元组，而另一些分区的元组数则较少，因而这种分区被称为是**偏斜的**（skewed）。

我们可以通过增加分区的数量使得每个分区的期望规模（包括该分区上的散列索引在内）比内存规模略小的方式，来处理少量的偏斜。分区数会因此有少量增加，增加的数量称为**避让因子**（fudge factor），这个因子通常是用 12.3.3.5 节中描述的方法计算出的散列分区数量的 20% 左右。

即使我们采用避让因子，在分区的规模上采取了保守的态度，溢出仍然在所难免。散列表溢出可以通过溢出分解或溢出避免来进行处理。在构造阶段如果检测出散列索引溢出，则

执行**溢出分解**（overflow resolution）。溢出分解的过程是这样的：对于任意的 i，若发现 s_i 太大，就使用一个不同的散列函数将其进一步划分成更小的分区。类似地，r_i 也使用该新的散列函数进行分区，并且只有匹配的分区中的元组才需要连接。

与溢出分解相反，**溢出避免**（overflow avoidance）执行谨慎的分区，使得在构造阶段绝不会有溢出发生。在溢出避免的方式中，首先将构造关系 s 划分成许多小的分区，然后把某些分区按照这样的方式合并在一起：每个合并后的分区都能被放入内存中。探查用关系 r 必须按照与 s 上的合并分区相同的方式来进行划分，但 r_i 的规模无关紧要。

如果在 s 中有大量元组对于连接属性取值相同，那么溢出分解与溢出避免技术在某些分区上可能会失效。在那种情况下，我们并不采用创建内存散列索引然后用嵌套 – 循环连接对分区进行连接的方式，而是在那些分区上使用其他的连接技术，比如块嵌套 – 循环连接。

12.3.3.5.4　散列 – 连接的代价

现在我们来考虑散列 – 连接的代价。我们的分析假定不存在散列表的溢出。首先，请考虑不需要递归分区的情况。

- 对两个关系 r 和 s 的分区需要对这两个关系进行一次完整的读入并随后将它们写回。该操作需要 $2(b_r + b_s)$ 次块传输，这里的 b_r 和 b_s 分别代表包含关系 r 和 s 的记录的块数。在构造与探查阶段每个分区要读入一次，这又需要 $b_r + b_s$ 次块传输。分区所占用的块数可能比 $b_r + b_s$ 略多，因为有的块是部分满的。由于每个 n_h 分区都可能有一个部分满的块，而这个块需写回和读入各一次，因此对于每个关系而言，存取这种部分满的块至多增加 $2n_h$ 次的开销。从而，散列 – 连接估计需要

$$3(b_r + b_s) + 4n_h$$

  次块传输。其中 $4n_h$ 的开销与 $b_r + b_s$ 相比通常相当小，从而可以被忽略。

- 假设为输入缓冲和每个输出缓冲分配了 b_b 个块，分区总共需要 $2(\lceil b_r/b_b \rceil + \lceil b_s/b_b \rceil)$ 次寻道。在构造和探查阶段，对于每个关系的每个 n_h 分区仅需要一次寻道，因为每个分区都可以被顺序地读取。这样，散列 – 连接需要 $2(\lceil b_r/b_b \rceil + \lceil b_s/b_b \rceil) + 2n_h$ 次寻道。

现在来考虑需要递归分区的情况。我们再次假设为缓冲每个分区分配了 b_b 个块。每一趟预计可将每个分区的规模减小为原来的 $1/(\lfloor M/b_b \rfloor - 1)$；各趟不断重复直到每个分区的规模最多占 M 个块为止。则对 s 进行分区所需的趟数预计为 $\lceil \log_{\lfloor M/b_b \rfloor - 1}(b_s/M) \rceil$。

- 由于在每一趟中，需对 s 的每一个块进行读入和写出，为了对 s 进行分区总共需要 $2b_s \lceil \log_{\lfloor M/b_b \rfloor - 1}(b_s/M) \rceil$ 次块传输。对 r 进行分区的趟数与对 s 进行分区的趟数是一样的，由此，连接估计需要

$$2(b_r + b_s) \lceil \log_{\lfloor M/b_b \rfloor - 1}(b_s/M) \rceil + b_r + b_s$$

  次块传输。

- 忽略构造和探查过程中相对较少的寻道次数，使用递归划分的散列 – 连接需要

$$2(\lceil b_r/b_b \rceil + \lceil b_s/b_b \rceil) \lceil \log_{\lfloor M/b_b \rfloor - 1}(b_s/M) \rceil$$

  次磁盘寻道。

例如，请考虑自然连接 *takes* ⋈ *student*。内存规模是 20 个块，*student* 关系被划分成 5 个分区，每个分区的规模是 20 个块，这种规模正好能装入内存。分区只需要一趟。*takes* 关系被类似地划分成 5 个分区，每个分区的规模是 80 个块。忽略写出部分满的块的代价，则代价是 3（100 + 400）= 1500 次块传输。在分区过程中有足够的内存给输入和 5 个输出中的每一个分配缓冲区（即 $b_b = 3$），导致 2（$\lceil 100/3 \rceil + \lceil 400/3 \rceil$）= 336 次寻道。

若内存规模较大，则散列 - 连接的性能可以得到提高。当内存中可以容纳整个构造用输入时，n_h 可设置为 0；不管探查用输入的规模如何，不必将关系划分成临时文件，散列 - 连接算法就可以快速执行。其估计代价下降为 $b_r + b_s$ 次块传输和两次寻道。

如果外层关系很小，并且索引查找仅从内层（被索引的）关系中获取几个元组，则索引嵌套 - 循环连接的代价可能比散列 - 连接要低得多。但是，在使用辅助索引并且外层关系中的元组数量很多的情况下，索引嵌套 - 循环连接与散列 - 连接相比，代价可能非常昂贵。如果在查询优化时知道外层关系中的元组数量，则可以在那时选择最佳的连接算法。然而在某些情况下，例如当外层输入上存在选择条件时，优化器基于可能不精确的估计做出决策。外层关系中的元组数只能在运行时知道，例如在执行选择之后。有些系统允许在运行时，在发现外层输入中的元组数之后，再在两个算法之间进行动态选择。

12.3.3.5.5 混合散列 - 连接

混合散列 - 连接（hybrid hash-join）算法执行另一种优化；当内存规模相对较大但还不足以容纳整个构造关系时，该算法是有用的。散列 - 连接算法的分区阶段需要为所创建的每个分区提供最少一个内存块作为缓冲区，另外还有一个内存块作为输入缓冲区。为了减少寻道的影响，将使用更多数量的块作为缓冲区；令 b_b 表示用作输入和每个分区的缓冲区的块数。因此，总共需要 $(n_h + 1) * b_b$ 个内存块来对两个关系进行分区。如果内存大于 $(n_h + 1) * b_b$ 个块，我们可以用剩余的内存（$M - (n_h + 1) * b_b$ 个块）来缓冲构造用输入的第一个分区（即 s_0），从而不需要将其写出后再读回来。更进一步，可以用这样的方式来设计散列函数：使得 s_0 上的散列索引能装入 $M - (n_h + 1) * b_b$ 个块中，以便在对 s 的分区结束时，s_0 完全在内存中且可以在 s_0 上建立散列索引。

当系统对 r 进行分区时，r_0 中的元组也不必写到磁盘；而是在系统产生这些元组时，就利用它们去探查驻留在内存中的 s_0 上的散列索引，并产生连接的输出元组。r_0 中的元组在用于探查后就可以丢弃了，因此 r_0 分区并不占用任何内存空间。这样，对于 r_0 与 s_0 的每一块就节省了一次写访问和一次读访问。系统将其他分区中的元组按通常方式写出，以后再连接它们。如果构造用输入只是略大于内存，混合散列 - 连接可以极大地降低代价。

若构造关系的规模为 b_s，则 n_h 近似等于 b_s / M。因此，混合散列 - 连接在 $M \gg (b_s / M) * b_b$ 或 $M \gg \sqrt{b_s * b_b}$ 时最有用，其中的记号 $\gg$ 表示远大于。例如，设块的规模为 4 KB，构造关系的规模为 5 GB，且 b_b 为 20。那么，混合散列 - 连接算法在内存规模远大于 20 MB 时是有用的；现今计算机通常拥有数个 GB 或更大的内存规模。假如我们用 1 GB 来执行连接算法，那么 s_0 将接近 1 GB，从而混合散列 - 连接将比散列 - 连接节省将近 20% 的代价。

12.3.3.6 复杂连接

嵌套 - 循环连接与块嵌套 - 循环连接可在任何连接条件下使用。其他的连接技术比嵌套 - 循环连接及其变种的效率更高，但它们只能处理简单的连接条件，比如自然连接或等值连接。如果采用 12.3.1.3 节中用于处理复杂选择的技术，我们可以用高效的连接技术来实现具有复杂连接条件的连接，比如合取式和析取式。

请考虑下面带有合取条件的连接：

$$r \bowtie_{\theta_1 \wedge \theta_2 \wedge \cdots \wedge \theta_n} s$$

前述的一种或多种连接技术可用于单个条件上的连接：$r \bowtie_{\theta_1} s$、$r \bowtie_{\theta_2} s$、$r \bowtie_{\theta_3} s$，等等。我们可以先计算这些较简单的连接中的一个（$r \bowtie_{\theta_i} s$），再来计算整个连接；中间结果中的每对元组由 r 的一个元组与 s 的一个元组组成。完整的连接结果由中间结果中满足剩余条件的那些元组组成：

$$\theta_1 \wedge \cdots \wedge \theta_{i-1} \wedge \theta_{i+1} \wedge \cdots \wedge \theta_n$$

这些条件可在 $r \bowtie_{\theta_i} s$ 中的元组产生时进行测试。

具有析取条件的连接可按如下方式来计算。请考虑：

$$r \bowtie_{\theta_1 \vee \theta_2 \vee \cdots \vee \theta_n} s$$

该连接可以通过对单个连接 $r \bowtie_{\theta_i} s$ 中的记录取并集来计算：

$$(r \bowtie_{\theta_1} s) \cup (r \bowtie_{\theta_2} s) \cup \cdots \cup (r \bowtie_{\theta_n} s)$$

12.3.4 节将讲述用于计算关系的并集的算法。

12.3.3.7　空间数据上的连接

我们提出的连接算法没有对要连接的数据的类型进行特定的假设，但它们确实假设使用的是标准的比较运算，例如相等、小于或大于，其中的值是线性有序的。

空间数据上的选择和连接条件涉及比较算子，该算子检查一个区域是否包含或重叠另一个区域，或检查一个区域是否包含一个特定点；并且这些区域可以是多维的。比较也可能涉及点之间的距离，例如，在二维空间中找到一个最接近给定点的点集。

归并－连接并不能用于此类比较运算，因为在二维或多维的空间数据上没有简单的排序次序。基于散列的数据分区也不适用，因为无法确保满足重叠或包含谓词的元组能被散列成相同的值。无论条件多么复杂，总是可以使用嵌套－循环连接，但是它在大型数据集上的效率可能很低。

但是，如果有适当的空间索引可用，则可以使用索引嵌套－循环连接。

当今大多数主流的数据库系统都包含对空间数据索引的支持，并且在利用空间比较条件来处理查询时使用这些索引。

12.3.4　其他运算

其他关系运算以及扩展关系运算（比如去重、投影、集合运算、外连接以及聚集）可以按 12.3.4.1 节到 12.3.4.5 节所概述的方式来实现。

12.3.4.1　去重

我们可以通过排序的方法来容易地实现去重。作为排序的结果，相同的元组会彼此邻近地出现，那就删除所有相同元组只保留一个副本即可。对于外排序－归并而言，在创建归并段时就可以发现重复元组，并在将归并段写到磁盘之前去除重复元组，从而减少块传输的次数。剩余的重复元组可在归并过程中去除，并且最后的有序归并段是没有重复元组的。在最坏情形下，去重的估计代价与对该关系进行排序的最坏情形下的估计代价是一样的。

我们也可通过散列来实现去重，就像在散列－连接算法里一样。首先，基于整个元组上的一个散列函数对关系进行分区。接下来读入每个分区，并创建一个内存散列索引。在创建散列索引时，只有不在索引中的元组才被插入；否则，该元组就被丢弃。在分区中的所有元组都被处理完后，将散列索引中的元组写到结果中。其估计代价与在散列－连接中处理构造关系（分区并读入每个分区）的代价是一样的。

由于去重的代价相对较高，SQL 要求由用户显式请求去除重复，否则会保留重复。

12.3.4.2　投影

我们可以通过如下方式来容易地实现投影：首先对每个元组执行投影，所得到的关系中可能有重复记录，然后去除重复记录。去重可按 12.3.4.1 节中描述的方法来进行。若投影列表中的属性包含关系的一个码，则不会存在重复，因此就不必去重。广义投影可以用与投影一样的方式来实现。

12.3.4.3 集合运算

要实现并、交与集差运算，我们首先对两个关系进行排序，然后对每个已排序的关系扫描一次以产生结果。在 $r \cup s$ 中，当对两个关系进行的并发扫描发现在两个文件中存在相同元组时，只保留其中一个元组。$r \cap s$ 的结果将只包含在两个关系中都出现的那些元组。类似地，通过只保留 r 中那些不出现在 s 中的元组，我们可以实现集差 $r-s$。

对于所有这些运算，两个排好序的输入关系仅需扫描一次，因此如果两个关系按相同的次序排好序，其代价为 $b_r + b_s$ 次块传输。假设最坏情况下每个关系只有一个缓冲块，则总共需要 $b_r + b_s$ 次磁盘寻道再加上 $b_r + b_s$ 次块传输。通过分配额外的缓冲块可以减少寻道的次数。

若关系一开始并未排序，则还要包含排序的代价。在执行集合运算时，任何排序次序均可使用，只要两个输入具有相同的排序次序即可。

散列提供了实现这些集合运算的另一种方式。对于每种运算的第一步使用相同的散列函数对两个关系进行分区，并由此创建出分区 $r_0, r_1, \cdots, r_{n_h}$ 以及 $s_0, s_1, \cdots, s_{n_h}$。然后根据运算的不同，系统对 $i = 0, 1, \cdots, n_h$ 的每个分区执行这些步骤：

- $r \cup s$

1. 在 r_i 上构建一个内存散列索引。
2. 把 s_i 中的元组加入该散列索引中，条件是这些元组尚未出现在该散列索引中。
3. 把散列索引中的元组加入结果中。

- $r \cap s$

1. 在 r_i 上构建一个内存散列索引。
2. 对于 s_i 中的每个元组，探查该散列索引，仅当它已经出现在散列索引中才将该元组输出到结果中。

- $r-s$

1. 在 r_i 上构建一个内存散列索引。
2. 对于 s_i 中的每个元组，探查该散列索引，如果该元组出现在散列索引中则将其从散列索引中删除。
3. 把散列索引中剩余的元组加入结果中。

注释 12-1 响应关键字查询

文档上的关键字搜索在网络搜索场景中得到了广泛的应用。在其最简单的形式中，关键字查询提供一组关键字 $K_1, K_2, \cdots, K_n$，并且其目标是从文档集合 D 中查找文档 d_i，使得 d_i 包含查询中的所有关键字。现实生活中的关键字搜索更为复杂，因为它需要根据各种指标对文档进行排名，比如 TF-IDF 和 PageRank。

通过使用索引（通常称为**倒排索引**（inverted index））可以高效地定位包含特定关键字的文档，该索引将每个关键字 K_i 映射到包含 K_i 的文档的标识列表 S_i 上。该列表是保持有序的。例如，如果文档 d_1、d_9 和 d_{21} 包含术语"Silberschatz"，则关键字 Silberschatz 的倒排列表为" $d_1; d_9; d_{21}$"。可以使用压缩技术来减少倒排列表的规模。一个 B^+ 树索引可用于将每个关键字 K_i 映射到其关联的倒排列表 S_i。

为了响应一个具有关键字 $K_1, K_2, \cdots, K_n$ 的查询，我们为每个关键字 K_i 检索倒排列表 S_i，然后计算它们的交 $S_1 \cap S_2 \cap \cdots \cap S_n$ 以找到出现在所有列表中的文档。由于列表是有序的，因此可以使用所有列表的并发扫描来归并列表，从而高效地实现交运算。许多信息检索系统返回包含几个（即使不是全部）关键字的文档；可以容易地修改归并步骤以便输出包含 n 个关键字中至少 k 个的文档。

为了支持关键字查询结果的排名，可以在每个倒排列表中存储额外的信息，包括术语的逆文档频率，以及每份文档的 PageRank、术语的词频以及术语在文档中出现的位置。这些信息可用于计算出分数，接着用分数来对文档进行排名。例如，关键字出现得彼此靠近的文档在关键字接近度方面的得分可能高于关键字出现得彼此距离较远的文档。关键字邻近度得分可以与 TF-IDF 得分和 PageRank 相结合来计算一个总分数。然后文件就按这个分数进行排名。由于大多数网络搜索只检索前几个答案，因此搜索引擎结合了许多优化，这些优化有助于高效地找到前几个答案，而无须计算出完整的列表，然后再查找排名。提供更多细节的参考文献可在本章末尾的延伸阅读部分找到。

12.3.4.4 外连接

请回想一下 4.1.3 节中描述的外连接运算。例如，自然左外连接 *takes* ⋈ *student* 包含了 *takes* 与 *student* 的连接，此外，对于在 *student* 中没有匹配元组的每个 *takes* 元组 t（即 t 中的 ID 不在 *student* 中），把如下的元组 t_1 加入结果中：对于 *takes* 模式中的全部属性，元组 t_1 与元组 t 具有相同的值；元组 t_1 的其余属性（来自 *student* 模式）取空值。

我们可以通过使用以下两种策略之一来实现外连接运算：

1. 计算相应的连接，然后将适当的元组加入连接结果中以得到外连接结果。请考虑左外连接运算与两个关系：r(R) 和 s(S)。为了执行 $r \bowtie_\theta s$，我们首先计算 $r \bowtie_\theta s$，并将结果存为临时关系 q_1。接着，我们计算 $r - \prod_R(q_1)$ 以得到 r 中未参与到 θ 连接中的那些元组。我们可以采用前面介绍过的用于计算连接、投影以及集差的任何算法来计算外连接。对于 s 的属性，我们用空值来填充所有这些元组，然后将其加到 q_1 中以得到外连接的结果。

   右外连接运算 $r \bowtie_\theta s$ 等价于 $s \bowtie_\theta r$，因此可以用与左外连接对称的方式来实现。要实现全外连接运算 $r \bowtie s$，我们可以先计算连接 $r \bowtie s$，然后和前面一样，将左和右外连接运算的额外元组全都加入。

2. 对连接算法加以修改。可以容易地将嵌套 - 循环连接算法扩展为计算左外连接：只要把与内层关系中任何元组都不匹配的外层关系中的元组在填充空值后写到输出中即可。然而，要将嵌套 - 循环连接扩展为计算全外连接是困难的。

   自然外连接与具有等值连接条件的外连接可以通过扩展归并 - 连接与散列 - 连接算法来计算。可以对归并 - 连接进行如下扩展来计算完全外连接：当两个关系的归并完成后，将任一关系中与另一个关系中任何元组都不匹配的元组填充空值后写到输出中。类似地，通过只将来自一个关系的不匹配的元组（填充空值后）写出，我们可以扩展归并 - 连接以计算左、右外连接。由于关系是排好序的，能够容易地检测出一个元组是否与另一个关系的任意元组相匹配。例如，当 *takes* 与 *student* 的归并 - 连接完成后，元组将按 ID 的排序次序读入，并且对于每个元组能容易地判断在另一个关系中是否存在与之匹配的元组。

   使用归并 - 连接算法实现外连接的估计代价同相应连接的估计代价是一样的。唯一的差异在于结果的规模，以及为了写出结果而由此产生的块传输，而这一点我们在之前的代价估计中并没有考虑。

对散列 – 连接算法进行扩展来计算外连接的方法留给读者作为练习（见习题 12.33）。

12.3.4.5 聚集

请回忆 3.7 节中讲述的聚集函数（算子）。例如，函数

select *dept_name*, **avg** (*salary*)
from *instructor*
group by *dept_name*;

计算大学中每个系的平均工资。

聚集运算可以用与去重相同的方式来实现。我们或者使用排序或者使用散列，就像我们在去重中所做的那样，只不过基于分组属性（在前面的示例中是 *dept_name*）。但是，我们不是去除对于分组属性取值相同的元组，而是将它们聚集成组，并对每一组应用聚集运算以得到结果。

对于诸如 **min**、**max**、**sum**、**count** 和 **avg** 那样的聚集函数而言，实现聚集运算的估计代价和去重的代价是一样的。

我们可以在组的构造过程中就实现 **sum**、**min**、**max**、**count** 和 **avg** 的聚集运算，而不是收集到一个组中的所有元组后再进行聚集运算。对于 **sum**、**min** 与 **max** 的情况，当在同一组中发现了两个元组时，系统用包含被聚集列的相应的 **sum**、**min** 或 **max** 值的单个元组去替换它们。对于 **count** 运算，系统为每个组维护一个已发现元组的运行计数器。最后，通过下述方式实现 **avg** 运算：在组构造的过程中计算每一组的总和与总数，最后用总和除以总数就得到平均值。

如果结果集的所有元组可以装入内存，则基于排序和基于散列的实现都不必将任何元组写到磁盘上。随着元组的读入，就可以将它们插入一个有序的树结构中或插入一个散列索引中。当我们使用动态聚集技术时，对于每个组只需保存一个元组。因此，内存中将容纳有序树结构或散列索引，并且可仅用 b_r 次块传输（和 1 次寻道）来处理聚集，而用其他方法则需要 $3b_r$ 次块传输（和最坏情况下多达 $2b_r$ 次寻道）。

12.4 表达式执行

目前为止，我们只学习了如何执行单个关系运算。现在我们考虑如何执行包含多种运算的表达式。一种显而易见的表达式执行方式是以一种恰当的次序每次只执行一个运算；每次执行的结果被**物化**（materialized）到一个临时关系中以备后用。这种方式的缺点是需要构造临时关系，这些临时关系（除非它们非常小）必须写到磁盘上。另一种可替代方式是在**流水线**（pipeline）中同时执行多个运算，将一个运算的结果传递给下一个，而不必保存临时关系。

在 12.4.1 节与 12.4.2 节中，我们分别介绍物化方法与流水线方法。我们将会看到这两种方法的代价相差很大，但是在有的情况下只有物化方法可行。

12.4.1 物化

为了直观地理解如何执行一个表达式，最容易的方式是看一看以**算子树**（operator tree）对表达式所做的图形化表示。请考虑如下表达式（其图形化表示见图 12-11）：

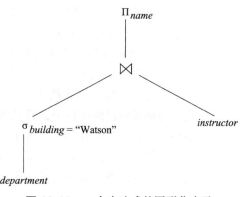

图 12-11 一个表达式的图形化表示

$$\Pi_{name}(\sigma_{building\ =\ \text{"Watson"}}(department) \bowtie instructor)$$

如果应用物化方法，我们从表达式中的最底层运算（在树的底部）开始。在我们的示例中，只有一个这样的运算：department 上的选择运算。最底层运算的输入是数据库中的关系。我们使用前面学习过的算法来执行这些运算，并且将结果存储在临时关系中。我们可以使用这些临时关系来执行树中更高一层的运算；这时的输入要么是临时关系，要么是存储在数据库中的关系。在我们的示例中，连接的输入是 instructor 关系以及在 department 上通过选择建立的临时关系。现在可以执行连接，并创建另一个临时关系。

通过重复该过程，我们最终可以执行位于树的根节点处的运算，从而得到表达式的最终结果。在我们的示例中，通过使用由连接创建的临时关系作为输入来执行根节点处的投影运算投影，就得到了最终的结果。

刚才描述的执行方式被称为**物化执行**（materialized evaluation），因为每个中间运算的结果都被创建（物化），然后用于下一层运算的执行。

物化执行的代价不单单是所涉及的运算代价的总和。当计算算法的估计代价时，我们忽略了将运算结果写到磁盘的代价。为了计算按这种方式执行一个表达式的代价，必须把所有运算的代价相加，还要加上把中间结果写到磁盘的代价。假设结果记录在缓冲区中积累，并且当缓冲区已满时，再把它们写到磁盘上。写出的块数 b_r 可按 n_r/f_r 来估计，其中 n_r 是结果关系 r 中元组的估计数，f_r 是结果关系的块因子（blocking factor），也就是每个块中可容纳的 r 的记录数。除了传输时间之外，还可能需要一些磁盘寻道，因为磁头在连续的写操作之间可能会进行移动。寻道的次数可以估计为 b_r/b_b，其中 b_b 是输出缓冲块的规模（以块数计算）。

双缓冲（double buffering）（使用两块缓冲区，其中一块用于连续执行算法，而另一块用于写出结果）通过并行执行 CPU 活动与 I/O 活动，允许算法执行得更快。通过为输出缓冲区分配额外的块以及一次写出多个块，可以减少寻道的次数。

12.4.2　流水线

通过减少产生的临时文件数，我们可以提高查询执行的效率。减少临时文件数是通过将多个关系运算组合成一个运算的流水线来实现的，其中一个运算的结果将传送到流水线中的下一个运算。刚刚描述的这种执行方式叫作**流水线执行**（pipelined evaluation）。

例如，请考虑表达式 $(\prod_{a1,a2}(r \bowtie s))$。如果采用物化方式，执行中将涉及创建存放连接结果的临时关系，然后为了执行投影又将此连接结果读回。这些运算可按如下方式组合：当连接运算产生一个它的结果元组时，马上将该元组传送给投影运算去处理。通过将连接与投影组合起来，我们避免了中间结果的创建，从而直接产生最终结果。

创建运算的流水线可以带来两种好处：

1. 它消除了读和写临时关系的代价，从而减少了查询执行代价。请注意，我们前面看到过的用于每个运算的代价公式都包括从磁盘读取结果的代价。如果运算 o_i 的输入是从前面的运算 o_j 流水线化而来的，则 o_i 的代价就不应包括从磁盘读取输入的代价；我们前面看到过的代价公式可以做相应的修改。

2. 如果一个查询执行计划的根算子及其输入被合并在流水线中，那么就可以迅速开始产生查询结果。如果在结果生成时就把它们显示给用户，这可能相当有用，因为否则在用户看到任何查询结果之前可能会存在一个长时间的延迟。

流水线的实现

通过将构成流水线的多种运算组合起来构造成一个单独的复合运算，我们可以实现一条流水线。尽管对于一些频繁发生的情况，这种方法可能行得通，但一般而言，需要在一条流水线的构建中能够重用单个运算的代码。

在图 12-11 的示例中，三个运算全都可放入一条流水线中；该流水线在产生选择的结果时就把它们传送给连接。继而，它又在产生连接的结果时把它们传送给投影。由于一个运算的结果不必长时间保存，因此对内存的要求不高。然而，由于采用流水线，各个运算并非总是能立即获得所有输入来进行处理。

流水线可按以下两种方式之一来执行：

1. 在一条**需求驱动流水线**（demand-driven pipeline）中，系统不停地向位于流水线顶端的运算发出需要元组的请求。每当一个运算收到需要元组的请求时，它就计算待返回的下一个（若干个）元组并返回这些元组。若该运算的输入不是流水线化的，则待返回的下一个（若干个）元组可以从输入关系计算出来，同时系统跟踪到目前为止已经返回了哪些元组。若该运算具有一些流水线化的输入，那么它也发出请求以获得来自其流水线输入的元组。该运算使用它从其流水线输入接收到的元组，并为其输出计算这些元组，然后把它们上传到它的父节点。

2. 在一条**生产者驱动流水线**（producer-driven pipeline）中，各运算并不等待产生元组的请求，而是**积极地**（eagerly）生产元组。生产者驱动流水线中的每一个运算都被建模成系统中一个单独的进程或线程，它从其流水线化的输入中取出元组流，并产生一个元组流作为其输出。

我们接下来描述需求驱动流水线和生产者驱动流水线是如何实现的。

需求驱动流水线中的每个运算都可以作为**迭代算子**（iterator）来实现，该迭代算子提供以下函数：open()、next() 及 close()。在调用 open() 之后，对 next() 的每次调用都返回该运算的下一个输出元组。该运算的实现为了在需要的时候得到它的输入元组，就在其输入上依次调用 open() 和 next()。函数 close() 告知迭代算子不再需要元组了。迭代算子维护在两次调用之间它的执行**状态**（state），使得相继的 next() 请求可以接收到相继的结果元组。

例如，对于一个采用线性搜索来实现选择运算的迭代算子，open() 操作开始一个文件的扫描，并且该迭代算子的状态记录了文件中已经扫描到的位置。当调用 next() 函数时，文件扫描从前次记录的位置继续执行；如果通过扫描文件找到了满足选择条件的下一个元组，则在将找到该元组的位置存储到迭代状态中之后再将该元组返回。一个归并–连接迭代算子的 open() 操作将打开其输入，并且若输入尚未排序则还将对输入进行排序。当调用 next() 时，迭代算子将返回下一个匹配的元组对。迭代算子的状态信息将包含每次输入已经被扫描到的位置。迭代算子的实现细节留给读者在实践习题 12.7 中去完成。

另一方面，生产者驱动流水线以不同的方式实现。对于生产者驱动流水线中的每一对相邻的运算，系统会创建一个缓冲区来保存从一个运算传递给下一个运算的元组。对应于不同运算的进程或线程会并发执行。流水线底部的每个运算不断产生输出元组，并将它们放入其输出缓冲区中，直到该缓冲区已满。当得到流水线中更低层的输入元组时，流水线任何其他层的运算会产生输出元组，直到它的输出缓冲区已满。一旦运算使用了来自流水线输入的元组，它便会将该元组从其输入缓冲区中移除。不管在哪种情况下，一旦输出缓冲区已满，运算便会等待，直到它的父运算将元组从该缓冲区中移除，以便该缓冲区中有空间容纳更多的元组。此时，运算会产生更多的元组，直到该缓冲区再次变满为止。运算重复这样的过程，直到已经生成所有的输出元组为止。

只有当一个输出缓冲区已满，或者当一个输入缓冲区已空，并且需要更多的输入元组来产生更多的输出元组时，系统才有必要在各运算之间进行切换。在并行处理系统中，一个流水线中的各运算可能在不同的处理器上并发运行。

使用生产者驱动流水线方式可以被看作将数据从一棵运算树的底层**推**（push）上去的过程；而使用需求驱动流水线方式可被看成从运算树的顶层将数据拉（pull）上来的过程。在生产者驱动流水线中，元组的产生是积极的，而在需求驱动流水线中，元组是按需**消极地**（lazily）产生的。需求驱动流水线比生产者驱动流水线使用得更为普遍，因为它更容易实现。但是，生产者驱动流水线在并行处理系统中非常有用。生产者驱动流水线也已被发现比需求驱动流水线在现代 CPU 上的效率更高，因为它比需求驱动流水线减少了函数调用的次数。生产者驱动流水线越来越多地应用在为高性能查询执行而产生机器代码的系统中。

12.5 查询优化

为了处理一个给定的查询，尤其是复杂查询，通常会有许多种可能的策略，**查询优化**（query optimization）就是从这许多策略中选出最高效的查询执行计划的处理过程。我们并不期望用户编写出能够被高效处理的查询。相反，我们期望系统构造一个能够让查询执行代价最小化的查询执行计划。这正是查询优化起作用的地方。

优化一方面发生在关系代数级别，在关系代数中系统尝试找到一个与给出的表达式等价但执行起来更为高效的表达式；另一方面是为查询处理选择一种详细的策略，比如对一种运算的执行选择所用的算法，选择所使用的特定索引，等等。

一种好的查询策略和一种差的查询策略在代价（从执行时间的角度看）方面通常会有相当大的区别，并且可能会相差好几个数量级。因此，即使查询只执行一次，系统为查询处理选择一种好的策略而花费一定量的时间是值得的。

12.5.1 概述

请考虑下面对于查询"找出音乐系中所有教师的姓名以及每位教师所教授的课程的名称"的关系表达式[○]：

$$\Pi_{name,title} (\sigma_{dept\_name = \text{"Music"}} (instructor \bowtie (teaches \bowtie \Pi_{course\_id,title}(course))))$$

上述表达式中的子表达式 $instructor \bowtie teaches \bowtie \Pi_{course\_id,title}(course)$ 能产生一个非常庞大的中间结果。然而，我们只对这个中间结果的少数元组感兴趣，也就是那些与音乐系的教师有关的元组，并且只对这个关系的九个属性中的两个感兴趣。由于我们只关心在 *instructor* 关系中与音乐系有关的那些元组，因此没有必要考虑不满足 *dept_name*="Music"条件的那些元组。通过减少需要访问的 *instructor* 关系的元组数量，我们也就减小了中间结果的规模。现在我们将查询表示为如下的关系代数表达式：

$$\Pi_{name,title} ((\sigma_{dept\_name = \text{"Music"}} (instructor)) \bowtie (teaches \bowtie \Pi_{course\_id,title}(course)))$$

○ 请注意：*course* 在 (*course_id*, *title*) 上的投影是必需的，因为 *course* 和 *instructor* 都有一个公共属性 *dept_name*；如果我们不使用投影来去掉这个属性，则上述使用自然连接的表达式会仅返回音乐系的课程，尽管某些音乐系的教师可能讲授其他系的课程。

它与我们原先的代数表达式等价，但它产生的中间关系更小。初始表达式以及转换后的表达式如图 12-12 所示。

一个执行计划确切地定义了每种运算应使用的算法，以及运算之间的执行应该如何协调。图 12-13 说明了图 12-12b 的表达式的一个可能的执行计划。正如我们已看到的，对于每种关系运算可以使用几种不同的算法，从而产生可替代的执行计划。在图 12-13 中，对于其中一个连接运算选择了散列－连接，而对于另一个则在连接属性 *ID* 上将关系排序后，选用归并－连接。假定所有边都是流水线化的，除了被标记为物化的边之外。对于流水线化的边，生产者的输出直接送给消费者，而不会被写出到磁盘；另一方面，对于物化的边，输出将被写到磁盘，然后再由消费者从磁盘读取。在图 12-13 的执行计划中不存在物化的边，尽管一些运算符（如排序和散列－连接）可以使用其间有物化的边的子运算符来表示。

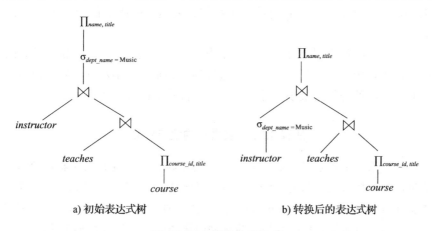

a) 初始表达式树　　　　　　　b) 转换后的表达式树

图 12-12　等价的表达式

给定一个关系代数表达式，查询优化器的任务是产生一个查询执行计划，该计划能计算出与给定表达式相同的结果，并且以代价最小的方式（或至少是不比最小执行代价大多少的方式）来产生结果。

我们在图 12-12 中看到的表达式未必会产生对于计算结果具有最低代价的执行计划，因为它仍然计算整个 *teaches* 关系与 *course* 关系的连接。下面的表达式给出了相同的最终结果，但是产生了更小的中间结果，因为它只将 *teaches* 与对应于音乐系的 *instructor* 元组进行连接，然后将此结果再与 *course* 进行连接。

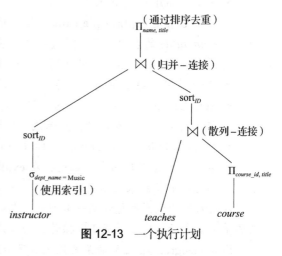

图 12-13　一个执行计划

$$\Pi_{name, title} ((\sigma_{dept\_name = \text{“Music”}} (instructor) \bowtie teaches) \bowtie \Pi_{course\_id, title}(course))$$

不管查询是如何编写的，优化器的工作就是为查询找到代价最小的计划。

为了找到代价最小的查询执行计划，查询优化器需要产生一些能与给定表达式得到相同结果的备选计划，并选出代价最小的一个。查询执行计划的产生涉及三个步骤：（1）产生逻辑上与给定表达式等价的表达式；（2）以可替代的方式对所产生的表达式做注释，以产生备选的查询计划；（3）估计每个执行计划的代价，并选择估计代价最小的那一个。

在查询优化器中步骤（1）~（3）是交叉的：先产生一些表达式并加以注释从而产生执行计划，然后进一步产生一些表达式并加以注释，依此类推。随着执行计划的产生，通过使用关于关系的统计信息（比如关系的规模和索引的深度）来估计它们的代价。

为了实现第一步，查询优化器必须产生与给定表达式等价的表达式。这是通过等价规则的形式来实现的，等价规则说明了如何将一个表达式转换成逻辑上等价的另一个表达式。我们将在12.5.2节中描述这些规则。

在12.5.3节中，我们将描述如何估计一个查询计划中每种运算的结果的统计规模。将这些统计结果应用到12.2~12.3节中的代价公式就可以估计出单个运算的代价。把这些单个运算的代价合并起来就能够确定出执行给定关系代数表达式的代价估计，就如在12.4节中概述的那样。

在12.5.4节中，我们将讲述如何选择一个查询执行计划。可以基于执行计划的代价估计来进行选择。由于代价是一种估计值，故所选计划未必是代价最小的计划；但是，只要估计得好，该计划很可能就是代价最小的计划，或其代价并不比最小代价大多少。

注释 12-2   查看查询执行计划

许多数据库系统都提供了一种方式来查看为了执行给定查询而选择的执行计划。通常最好使用由数据库系统提供的 GUI 来查看执行计划。但是，如果你使用的是命令行界面，有许多数据库都支持" explain <query>"命令的变体，该命令的变体可以显示为指定的查询 <query> 而选择的执行计划。其确切的语法随不同的数据库而异：

- PostgreSQL 使用如上所示的语法。
- Oracle 采用 **explain plan for** 语法。但是，该命令将生成的计划存储在一个称为 *plan_table* 的表中，而不是直接显示它。查询" **select * from table** (*dbms_xplan. display*);"将显示存储的计划。
- DB2 使用与 Oracle 类似的方法，但需要执行程序 db2exfmt 来显示存储的计划。
- SQL Server 需要在提交查询之前执行命令 **set showplan_text on**；然后，当提交查询而不是执行查询时，显示执行计划。
- MySQL 使用与 PostgreSQL 相同的 **explain** <query> 语法，但输出的是一个其内容并不容易理解的表。但是，在 **explain** 命令之后执行 **show warnings** 会以更具可读性的格式来显示执行计划。

计划的估计代价也与计划一起显示。值得注意的是：代价通常并不以有任何外部意义的单位来表示，比如秒或 I/O 操作，而是以优化器所采用的任何代价模型的单位来表示。诸如 PostgreSQL 之类的某些优化器显示两个代价估计数字：第一个表示输出第一个结果的估计代价，第二个表示输出所有结果的估计代价。

12.5.2 关系表达式的转换

一个查询可以被表示成几种不同的形式，每种形式具有不同的执行代价。在这一节里，我们不仅考虑给定的关系表达式，而且考虑可选的等价表达式。

如果两个关系代数表达式在每个合法的数据库实例上都会产生相同的元组集，则称这两个表达式是**等价的**（equivalent）。（请回忆一下，一个合法的数据库实例是指满足数据库模式中指定的所有完整性约束的数据库实例。）请注意：元组的顺序是无关紧要的；两个表达式可能以不同的顺序产生元组，但只要元组集是一样的，就认为它们是等价的。

在 SQL 中，输入和输出都是元组的多重集合，并且关系代数的多重集版本（已在注释 3-1、注释 3-2 以及注释 3-3 中描述）被用于执行 SQL 查询。如果在每个合法的数据库上，关系代数多重集（multiset）版本中的两个表达式产生相同的元组多重集合，则称这两个表达式是等价的。本章中的讨论是基于关系代数的。我们将对关系代数的多重集版本的扩充留给读者作为练习。

12.5.2.1 等价规则

等价规则（equivalence rule）说明两种不同形式的表达式是等价的。既然这两种表达式在任何有效的数据库上都产生相同的结果，那么我们可以用第二种形式的表达式代替第一种形式的表达式，或者反之，用第一种形式的表达式代替第二种形式的表达式。优化器利用等价规则来将表达式转换成逻辑上等价的其他表达式。

下面描述关系代数表达式上的一些等价规则。图 12-14 展示了某些等价式。我们用 θ、θ_1、θ_2 等来表示谓词，用 L_1、L_2、L_3 等来表示属性列表，并且用 E、E_1、E_2 等来表示关系代数表达式。关系名 r 是关系代数表达式的一个特例，并且可以用在 E 出现的任何地方。

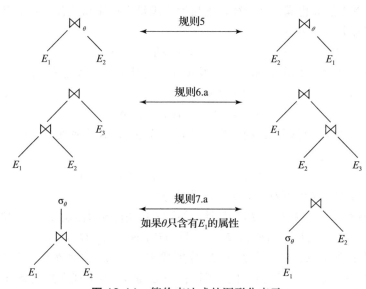

图 12-14 等价表达式的图形化表示

1. 合取选择运算可分解为单个选择运算的序列。该变换称为 σ 的级联：
$$\sigma_{\theta_1 \wedge \theta_2}(E) \equiv \sigma_{\theta_1}(\sigma_{\theta_2}(E))$$

2. 选择运算满足**交换律**（commutative）：
$$\sigma_{\theta_1}(\sigma_{\theta_2}(E)) \equiv \sigma_{\theta_2}(\sigma_{\theta_1}(E))$$

3. 在一系列投影运算中只有最后一个运算是必需的，其余的可以省略。该转换也可称为 ∏ 的级联：
$$\prod_{L_1}(\prod_{L_2}(\cdots(\prod_{L_n}(E))\cdots)) \equiv \prod_{L_1}(E)$$
其中 $L_1 \subseteq L_2 \subseteq \cdots \subseteq L_n$。

4. 选择运算可与笛卡儿积以及 θ 连接相结合：

    a. $\sigma_\theta(E_1 \times E_2) \equiv E_1 \bowtie_\theta E_2$。

    该表达式就是 θ 连接的定义。

    b. $\sigma_{\theta_1}(E_1 \bowtie_{\theta_2} E_2) \equiv E_1 \bowtie_{\theta_1 \wedge \theta_2} E_2$

5. θ 连接运算满足交换律：

$$E_1 \bowtie_\theta E_2 \equiv E_2 \bowtie_\theta E_1$$

请回忆一下：自然连接算子就是 θ 连接算子的一个特例；因此自然连接也满足交换律。

    交换律规则的左右两端的属性顺序是不同的，因此如果考虑属性顺序，该等式是不成立的。由于我们使用的关系代数版本中每个属性都必须有一个名称以便被引用，因此属性的顺序实际上并不重要，除非在最终显示结果的时候。当顺序确实重要时，可以对等价规则的其中一端增加一个投影运算以对属性进行适当的重排。但是为了简化起见，我们省略了该投影并且在我们所有的等价规则中都忽略属性的顺序。

6. a. 自然连接运算满足**结合律**（associative）：

$$(E_1 \bowtie E_2) \bowtie E_3 \equiv E_1 \bowtie (E_2 \bowtie E_3)$$

    b. θ 连接满足以下方式的结合律：

$$(E_1 \bowtie_{\theta_1} E_2) \bowtie_{\theta_2 \wedge \theta_3} E_3 \equiv E_1 \bowtie_{\theta_1 \wedge \theta_3} (E_2 \bowtie_{\theta_2} E_3)$$

其中 θ_2 只涉及 E_2 与 E_3 的属性。由于其中的任意一个条件都可为空，因此这说明笛卡儿积（×）运算也满足结合律。连接运算满足交换律和结合律对于查询优化中连接的重新排序是很重要的。

7. 选择运算在如下两个条件下对 θ 连接运算满足分配律：

    a. 当选择条件 θ_1 中的所有属性只涉及被连接的其中一个表达式（比如 E_1）的属性时，选择运算对 θ 连接运算满足分配律：

$$\sigma_{\theta_1}(E_1 \bowtie_\theta E_2) \equiv (\sigma_{\theta_1}(E_1)) \bowtie_\theta E_2$$

    b. 当选择条件 θ_1 只涉及 E_1 的属性，并且 θ_2 只涉及 E_2 的属性时，选择运算对 θ 连接运算满足分配律：

$$\sigma_{\theta_1 \wedge \theta_2}(E_1 \bowtie_\theta E_2) \equiv (\sigma_{\theta_1}(E_1)) \bowtie_\theta (\sigma_{\theta_2}(E_2))$$

8. 投影运算在如下条件下对 θ 连接运算满足分配律：

    a. 令 L_1 与 L_2 分别代表 E_1 与 E_2 的属性。假设连接条件 θ 只涉及 $L_1 \cup L_2$ 中的属性，那么：

$$\prod_{L_1 \cup L_2} (E_1 \bowtie_\theta E_2) \equiv (\prod_{L_1}(E_1)) \bowtie_\theta (\prod_{L_2}(E_2))$$

    b. 请考虑连接 $E_1 \bowtie_\theta E_2$。令 L_1 与 L_2 分别代表 E_1 与 E_2 的属性集；令 L_3 是 E_1 中出现在连接条件 θ 中但不在 L_1 中的属性；令 L_4 是 E_2 中出现在连接条件 θ 中但不在 L_2 中的属性。那么：

$$\prod_{L_1 \cup L_2} (E_1 \bowtie_\theta E_2) \equiv \prod_{L_1 \cup L_2} ((\prod_{L_1 \cup L_3}(E_1)) \bowtie_\theta (\prod_{L_2 \cup L_4}(E_2)))$$

对于外连接运算 $⟖$、$⟗$ 与 $⟕$，类似的等价规则也成立。

9. 集合的并与交运算满足交换律：

    a. $E_1 \cup E_2 \equiv E_2 \cup E_1$

    b. $E_1 \cap E_2 \equiv E_2 \cap E_1$

    集合的差运算不满足交换律。

10. 集合的并与交运算满足结合律：

    a. $(E_1 \cup E_2) \cup E_3 \equiv E_1 \cup (E_2 \cup E_3)$

b. $(E_1 \cap E_2) \cap E_3 \equiv E_1 \cap (E_2 \cap E_3)$

11. 选择运算对并、交和集差运算满足分配律：

a. $\sigma_\theta(E_1 \cup E_2) \equiv \sigma_\theta(E_1) \cup \sigma_\theta(E_2)$

b. $\sigma_\theta(E_1 \cap E_2) \equiv \sigma_\theta(E_1) \cap \sigma_\theta(E_2)$

c. $\sigma_\theta(E_1 - E_2) \equiv \sigma_\theta(E_1) - \sigma_\theta(E_2)$

d. $\sigma_\theta(E_1 \cap E_2) \equiv \sigma_\theta(E_1) \cap E_2$

e. $\sigma_\theta(E_1 - E_2) \equiv \sigma_\theta(E_1) - E_2$

如果将"-"替换成"∪"，则上述等价规则不成立。

12. 投影运算对并运算满足分配律：

$$\prod_L(E_1 \cup E_2) \equiv (\prod_L(E_1)) \cup (\prod_L(E_2))$$

前提是 E_1 与 E_2 具有相同的模式。

13. 在如下条件下，选择运算对聚集运算满足分配律。令 G 是一组属性的集合，并且 A 是一组聚集表达式的集合。当 θ 仅涉及 G 中的属性时，下面的等价规则成立：

$$\sigma_\theta(_G\gamma_A(E)) \equiv {}_G\gamma_A(\sigma_\theta(E))$$

14. a. 全外连接满足交换律：

$$E_1 \bowtie E_2 \equiv E_2 \bowtie E_1$$

b. 左外连接与右外连接不满足交换律。但是，左外连接和右外连接可以按如下方式交换：

$$E_1 \bowtie E_2 \equiv E_2 \bowtie E_1$$

15. 在某些情况下，选择运算对左外连接和右外连接满足交换律。具体而言，当选择条件 θ_1 只涉及被连接的其中一个表达式（比如 E_1）中的属性时，下面的等价规则成立：

a. $\sigma_{\theta_1}(E_1 \bowtie_\theta E_2) \equiv (\sigma_{\theta_1}(E_1)) \bowtie_\theta E_2$

b. $\sigma_{\theta_1}(E_2 \bowtie_\theta E_1) \equiv (E_2 \bowtie_\theta (\sigma_{\theta_1}(E_1)))$

16. 在某些情况下，外连接可以被替换为内连接。具体而言，如果每当 E_2 的属性为空时，θ_1 都有能够计算出假值或未知值这样的性质，那么以下等价规则成立：

a. $\sigma_{\theta_1}(E_1 \bowtie_\theta E_2) \equiv \sigma_{\theta_1}(E_1 \bowtie_\theta E_2)$

b. $\sigma_{\theta_1}(E_2 \bowtie_\theta E_1) \equiv \sigma_{\theta_1}(E_2 \bowtie_\theta E_2)$

　　满足上述性质的谓词 θ_1 被称为在 E_2 上是**空拒绝**（null rejecting）的。例如，如果 θ_1 具有 $A<4$ 这样的形式，其中 A 是 E_2 的一个属性，那么每当 A 为空时，θ_1 将被计算出未知值，并且其结果是：在 $E_1 \bowtie_\theta E_2$ 中但不在 $E_1 \bowtie_\theta E_2$ 中的任何元组都将被 σ_{θ_1} 拒绝。因此，我们可以将外连接替换为内连接（反之亦然）。

　　更一般地，如果 θ_1 形如 $\theta_1^1 \wedge \theta_1^2 \wedge \cdots \wedge \theta_1^k$，则条件成立，并且至少有一个项 θ_1^i 是形如 e_1 $relop$ e_2 的，其中 e_1 和 e_2 是涉及 E_2 至少一个属性的算术或字符串表达式，且 $relop$ 是 $<$、$\leqslant$、$=$、$\geqslant$、$>$ 中的一个。

这只列出了等价规则的一部分。更多的等价规则将在习题中讨论。

一些对于连接成立的等价规则对于外连接并不成立。例如，当规则 15.a 或规则 15.b 中指定的条件成立时，选择运算对外连接不满足分配律。为了了解这一点，我们看如下表达式：

$$\sigma_{year=2017}(instructor \bowtie teaches)$$

并考虑一位无论在哪一年都根本不授课的教师的情况。在上面的表达式中，左外连接为每位这样的教师保留一个元组，它对于 $year$ 取空值。然后选择运算移除这些元组，因为谓词 $null=2017$ 的执行结果为 $unknown$，并且这样的教师不会出现在结果中。但是，如果我们将

选择运算下推至 *teaches*，则产生的表达式为：

$$instructor \bowtie \sigma_{year=2017}(teaches)$$

此表达式在语法上是正确的，因为选择谓词只包含 *teaches* 的属性，但结果是不同的。对于一位根本不授课的教师，*instructor* 元组出现在 $instructor \bowtie \sigma_{year=2017}(teaches)$ 的结果中，但不出现在 $\sigma_{year=2017}(instructor \bowtie teaches)$ 的结果中。然而，下面的等价规则确实成立：

$$\sigma_{year=2017}(instructor \bowtie teaches) \equiv \sigma_{year=2017}(instructor \bowtie teaches)$$

作为另一个示例，与内连接不同，外连接不满足结合律。我们使用一个自然左外连接的示例来展示这一点。对于自然右外连接和自然全外连接，以及对于外连接运算的相应 θ 连接版本，也可以构造出类似的示例。

设关系 $r(A, B)$ 是由单个元组 $(1, 1)$ 构成的关系，$s(B, C)$ 是由单个元组 $(1, 1)$ 构成的关系，并且 $t(A, C)$ 是没有元组的空关系。对于这个示例，

$$(r \bowtie s) \bowtie t \neq r \bowtie (s \bowtie t)$$

要明白这一点，首先请注意 $(r \bowtie s)$ 生成了一个模式为 (A, B, C) 的结果，其中具有一个元组 $(1, 1, 1)$。计算该结果与关系 t 的左外连接将生成一个模式为 (A, B, C) 且具有一个元组 $(1, 1, 1)$ 的结果。接下来，我们看表达式 $r \bowtie (s \bowtie t)$，并注意到 $s \bowtie t$ 产生一个模式为 (A, B, C) 且具有一个元组 $(null, 1, 1)$ 的结果。计算这个结果与 r 的左外连接会产生一个模式为 (A, B, C) 且具有一个元组 $(1, 1, null)$ 的结果。

12.5.2.2　转换示例

下面来说明等价规则的用法。使用我们的人学示例，其关系模式为：

$$instructor(ID, name, dept\_name, salary)$$
$$teaches(ID, course\_id, sec\_id, semester, year)$$
$$course(course\_id, title, dept\_name, credits)$$

在 12.5.1 节的示例中，表达式：

$$\Pi_{name,title}(\sigma_{dept\_name = \text{“Music”}}(instructor \bowtie (teaches \bowtie \Pi_{course\_id,title}(course))))$$

被转换成以下表达式：

$$\Pi_{name,title}((\sigma_{dept\_name = \text{“Music”}}(instructor)) \bowtie (teaches \bowtie \Pi_{course\_id,title}(course)))$$

转换后的表达式等价于原始代数表达式，但产生较小规模的中间关系。我们可以使用规则 7.a 来实现这一转换。请记住，规则只说明两个表达式是等价的，并未说明孰优孰劣。

针对一个查询或查询的一部分，可以一条接一条地连续使用多条等价规则。作为一个示例，假设对我们原先的查询加以修改，将注意力限制在 2017 年讲授一门课程的那些教师上。新的关系代数查询为：

$$\Pi_{name,title}(\sigma_{dept\_name = \text{“Music”} \land year = 2017}$$
$$(instructor \bowtie (teaches \bowtie \Pi_{course\_id,title}(course))))$$

我们不能把选择谓词直接应用到 *instructor* 关系上，因为该谓词同时牵涉 *instructor* 和 *teaches* 两个关系的属性。然而，我们可以先应用规则 6.a（自然连接的结合律）把连接 $instructor \bowtie (teaches \bowtie \Pi_{course\_id,title}(course))$ 转换成 $(instructor \bowtie teaches) \bowtie \Pi_{course\_id,title}(course)$：

$$\Pi_{name,title}(\sigma_{dept\_name = \text{“Music”} \land year = 2017}$$
$$((instructor \bowtie teaches) \bowtie \Pi_{course\_id,title}(course)))$$

然后使用规则 7.a，可将我们的查询改写为：

$$\Pi_{name,title} ((\sigma_{dept.name = \text{“Music”} \wedge year = 2017} \\ (instructor \bowtie teaches)) \bowtie \Pi_{course\_id,title}(course))$$

让我们检查这个表达式内的选择子表达式。利用规则 1, 我们可以把选择条件分解为两个选择条件, 以得到以下子表达式:

$$\sigma_{dept.name = \text{“Music”}} (\sigma_{year = 2017} (instructor \bowtie teaches))$$

上述两个表达式均选出满足 *dept_name*= "Music" 及 *course_id*=2017 的元组。但是, 后一种表达式形式提供了进一步应用规则 7.a ("尽早执行选择")的机会, 并得到如下子表达式:

$$\sigma_{dept.name = \text{“Music”}} (instructor) \bowtie \sigma_{year = 2017} (teaches)$$

初始表达式以及经过上述所有转换后的最终表达式的图形化表示如图 12-15 所示。我们也可以应用规则 7.b 来直接得到等价的最终表达式, 而不必用规则 1 将选择条件分解为两个选择条件。事实上, 规则 7.b 本身可由规则 1 及规则 7.a 推导出来。

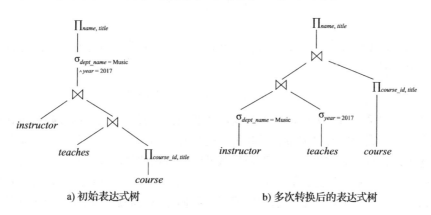

a) 初始表达式树　　　　　　b) 多次转换后的表达式树

图 12-15　多次转换

若一组等价规则中的任意一条规则都不能由其他规则的组合推导出来, 则称这组等价规则为**最小的** (minimal) 等价规则集。上例表明 12.5.2.1 节中的等价规则集不是最小的。与原始表达式等价的表达式可以用不同的方式来产生。当我们使用非最小化等价规则集时, 产生表达式的不同方式的数量也会增加。因此, 查询优化器使用最小的等价规则集。

现在请考虑我们的示例查询的如下形式:

$$\Pi_{name,title} ((\sigma_{dept.name = \text{“Music”}} (instructor) \bowtie teaches) \bowtie \Pi_{course\_id,title}(course))$$

当计算如下子表达式时:

$$(\sigma_{dept.name = \text{“Music”}} (instructor) \bowtie teaches)$$

我们得到具有如下模式的一个关系:

(*ID, name, dept_name, salary, course_id, sec_id, semester, year*)

通过基于等价规则 8.a 及 8.b 的投影下推, 我们可以从该模式中去除几个属性。必须保留的属性只是那些要么出现在查询结果中要么需要在后续运算中处理的属性。通过去除不必要的属性, 减少了中间结果的列数, 从而减小了中间结果的规模。在我们的示例中, 我们所需要的 *instructor* 与 *teaches* 的连接的属性只有 *name* 和 *course_id*, 因此可将表达式修改为:

$$\Pi_{name,title} ((\Pi_{name,course\_id} ((\sigma_{dept.name = \text{“Music”}} (instructor)) \bowtie teaches)) \\ \bowtie \Pi_{course\_id,title}(course))$$

投影 $\Pi_{name,course\_id}$ 减小了中间连接结果的规模。

12.5.2.3 连接次序

一种好的连接运算次序对于减小临时结果的规模很重要。因此，大多数查询优化器在连接次序上花费了很多工夫。正如等价规则 6.a 中提到的，自然连接运算满足结合律。所以，对于任意关系 r_1、r_2 和 r_3：

$$(r_1 \bowtie r_2) \bowtie r_3 \equiv r_1 \bowtie (r_2 \bowtie r_3)$$

虽然这两个表达式是等价的，但计算它们的代价可能不同。请再次考虑表达式：

$$\Pi_{name,title} ((\sigma_{dept\_name = \text{"Music"}} (instructor)) \bowtie teaches \bowtie \Pi_{course\_id,title}(course))$$

我们可以选择先计算 $teaches \bowtie \Pi_{course\_id,title}(course)$，然后再将结果与

$$\sigma_{dept\_name = \text{"Music"}} (instructor)$$

进行连接。

但是，$teaches \bowtie \Pi_{course\_id,title}(course)$ 可能是一个大型关系，因为对于每门课程该关系都包含一个元组。相反，

$$\sigma_{dept\_name = \text{"Music"}} (instructor) \bowtie teaches$$

可能是一个小型关系。为了说明这一点，我们注意到：一所大学拥有的教师数量比课程数量少，并且由于一所大学拥有很多系，因此很可能只有一小部分大学教师和音乐系相关联。这样，在前述表达式得到的结果中，对于音乐系教师所讲授的每门课程有一个元组。因此，我们需要保存的临时关系将比先计算 $teaches \bowtie \Pi_{course\_id,title}(course)$ 而要保存的临时关系要小。

为了执行我们的查询还需要考虑其他因素。我们并不关心属性在连接中出现的次序，因为在显示结果之前改变这种次序很容易。因此，对于任何关系 r_1、r_2：

$$r_1 \bowtie r_2 \equiv r_2 \bowtie r_1$$

也就是说，自然连接满足交换律（等价规则 5）。

利用自然连接的交换律与结合律（等价规则 5 与等价规则 6），请考虑如下关系代数表达式：

$$(instructor \bowtie \Pi_{course\_id,title}(course)) \bowtie teaches$$

请注意，在 $\Pi_{course\_id,title}(course)$ 与 instructor 之间没有公共属性，所以此连接就是笛卡儿积。若在 instructor 中有 a 个元组，并且在 $\Pi_{course\_id,title}(course)$ 中有 b 个元组，这个笛卡儿积将产生 $a*b$ 个元组，对于每个可能的教师元组和课程元组对都有一个元组（无须考虑该教师是否讲授该课程）。这个笛卡儿积会产生一个非常庞大的临时关系。然而，如果用户输入的是上述表达式，我们可以用自然连接的结合律与交换律把这个表达式转换成更高效的表达式：

$$(instructor \bowtie teaches) \bowtie \Pi_{course\_id,title}(course)$$

12.5.2.4 等价表达式的枚举

查询优化器可以使用等价规则来系统地产生与给定的查询表达式等价的表达式。表达式的代价是根据 12.5.3 节中讨论的统计信息来计算的。12.5.4 节中描述的基于代价的查询优化器可以计算每种备选方案的代价，并挑选出代价最低的备选方案。

从概念上讲，对等价表达式的枚举可以通过图 12-16 中概述的方式来实现。其处理过程如下：给定一个查询表达式 E，其等价表达式集合 EQ 最初只包含 E。现在，将 EQ 中的每

个表达式与每条等价规则匹配。如果任何表达式 $E_i \in EQ$ 的一个子表达式 e_j（作为一种特例，e_j 可以是 E_i 本身）与一条等价规则的一边相匹配，那么优化器就产生 E_i 的一个拷贝 E_k，其中 e_j 被替换成与该规则的另一边相匹配，并将 E_k 加入 EQ 中。该过程不断进行，直到不再有新表达式产生为止。通过适当选择一组等价规则，等价表达式的集合是有限的，并且可以保证该过程能够终止。

```
procedure genAllEquivalent (E)
EQ = {E}
repeat
      将 EQ 中的每个表达式 Ei 与每条等价规则 Rj 进行匹配
      if Ei 的任何子表达式 ei 与 Rj 的一边相匹配
          创建一个与 Ei 等价的新表达式 E′，其中 ei 被替换成与 Rj 的另一边相匹配
          如果 E′ 尚未在 EQ 中，则将其添加到 EQ 中
until 不再有新的表达式可以被添加到 EQ 中
```

图 12-16 产生所有等价表达式的过程

例如，给定一个表达式 $r \bowtie (s \bowtie t)$，交换律可以与子表达式 $(s \bowtie t)$ 相匹配，并将创建一个新的表达式 $r \bowtie (t \bowtie s)$。交换律也与 $r \bowtie (s \bowtie t)$ 的根处的连接相匹配，并创建一个新的表达式 $(s \bowtie t) \bowtie r$。结合律和交换律可以继续应用于所生成的新的表达式。但是应用任何等价规则最终都只会生成先前已经生成的表达式，因此该过程将终止。

上述过程无论在空间上还是在时间上代价都极其昂贵。但是采用如下两种关键思想，优化器可以很大程度地减少空间和时间上的开销。

1. 如果在子表达式 e_i 上使用等价规则把表达式 E_1 转换成表达式 E'，那么除了 e_i 及其转换之外，E' 与 E_1 有相同的子表达式。即使是 e_i 及其转换形式通常也共享许多相同的子表达式。表达式表示技术允许两个表达式指向共享的子表达式，这样可以显著减少对空间的需求。

2. 不必总是用等价规则产生所有可以产生的表达式。正如我们将在 12.5.4 节中看到的那样，如果优化器考虑执行的代价估计，那么它可以避免检查某些表达式。通过使用诸如此类的技术，可以减少优化所需的时间。

通过利用这些技术和其他技术来减少优化时间，等价规则可以用来枚举可替代计划，这些计划的代价可以计算出来；然后从这些备选计划中选出代价最低的计划。在 12.5.4.2 节中，我们将讨论基于等价规则和代价的查询优化的高效实现。

一些查询优化器以启发式的方式来使用等价规则。通过这种方法，如果一条等价规则的左侧与查询计划中的一棵子树相匹配，则该子树被重写为与该规则的右侧相匹配。重复这个过程直到查询计划不能再被进一步重写为止。必须谨慎挑选规则，使得在应用一条规则时代价能降低，并且重写必须是最终能终止的。虽然这种方法可以用执行得相当快的方式来实现，但不能保证它会找到最优的计划。

还有一种查询优化器侧重于连接次序的选择，它通常是查询代价的一个关键因素。我们将在 12.5.4.1 节中讨论连接次序的优化算法。

12.5.3 表达式结果的统计信息估计

一种运算的代价依赖于它的输入的规模和其他统计信息。给定一个表达式，比如 $r \bowtie (s \bowtie t)$，为了估计 r 与 $(s \bowtie t)$ 连接的代价，我们需要有一些统计信息的估计值，比如 $s \bowtie t$ 的规模。

在这一节中，我们首先列出存储在数据库系统目录中的关于数据库关系的一些统计信息，然后展示如何使用这些存储的统计信息去估计各种关系运算结果的统计信息。

给定一个查询表达式，我们把它看作一棵树；可以从底层运算开始估计它们的统计信息，并继续对高层运算进行处理，直到到达树的根为止。计算出的规模估计被作为这些统计数据的一部分，并可以用来计算树中单个运算的算法的代价，可以将这些代价加到一起来找到整个查询计划的代价。

在这一节的后面有件事情将会变得清晰：这样的估计并不十分精确，因为估计基于一种可能并不严谨的假设。因此，一个具有最小执行代价估计的查询执行计划可能事实上并不具有最小的实际执行代价。然而，实践经验告诉我们：即使估计并不精确，具有最小代价估计的计划通常具有与实际最小执行代价相等或接近的代价。

12.5.3.1　目录信息

数据库系统目录存储了有关数据库关系的下列统计信息：

- n_r，关系 r 中的元组数。
- b_r，包含关系 r 中元组的块数。
- l_r，关系 r 中一个元组的字节数。
- f_r，关系 r 的块因子——一个块中能容纳的关系 r 的元组数。
- $V(A, r)$，关系 r 中出现的对于属性 A 的非重复值的数量。该值与 $\Pi_A(r)$ 的规模相同。如果 A 是关系 r 的码，则 $V(A, r)$ 等于 n_r。

如果需要，最后一个统计值 $V(A, r)$ 也可以针对属性集合进行维护，而不仅仅针对单个属性。因此，对于一个给定的属性集 A，$V(A, r)$ 就是 $\Pi_A(r)$ 的规模。

如果我们假设关系 r 的元组在物理上被共同存储在一个文件中，则下面的等式成立：

$$b_r = \left\lceil \frac{n_r}{f_r} \right\rceil$$

关于索引的统计信息（比如 B+ 树索引的高度和索引中叶节点的页数）也在目录中维护。

如果我们希望维护准确的统计信息，那么在每次修改关系时，都必须同时更新这些统计信息。这种更新导致了大量的开销。因此，许多系统并不在每次修改时都更新统计信息，而是当系统处于轻负载时才进行更新。其结果是，用于选择一种查询处理策略的统计信息可能并不完全精确。然而，如果在统计信息更新的间隔内并没有发生太多的更新，那么统计信息将足够精确，以对不同计划的相对代价进行良好评估。

这里提到的统计信息是简化过的。现实的优化器经常维护更深入的统计信息，以提高执行计划的代价评估的精确度。例如，大多数数据库将每个属性的取值分布存储成一张**直方图**（histogram）：在直方图中，属性的取值被拆分成若干个区间，并且对于每个区间，直方图将属性值落在每个区间中的元组个数与该区间相关联。图 12-17 展示了一个对于整数型属性取值在 1 到 25 之间的直方图示例。

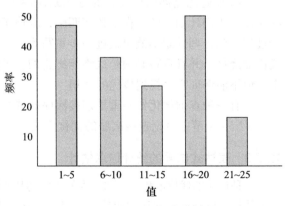

图 12-17　直方图示例

作为直方图的一个示例，*person* 关系的 *age* 属性的取值范围可分成 0～9，10～19，…，90～99（假设最大年龄是 99 岁）。对于每个区间，我们存储一个计数，用于统计那些 *age* 值落在该区间的 *person* 元组的个数。

图 12-17 所示的直方图是**等宽直方图**（equi-width histogram），因为它将值的范围划分为规模相等的区间。相反，**等深直方图**（equi-depth histogram）调整了区间的边界，使得每个区间具有相同数量的值。因此，等深直方图仅存储区间划分的边界，而不需要存储值的数量。例如，以下是对于图 12-17 中的等宽直方图的数据的等深直方图：

$$(4, 8, 14, 19)$$

该直方图显示有 1/5 的元组年龄 <4 岁，另外 1/5 的元组年龄 ≥4 岁但 <8 岁，依此类推，最后 1/5 的元组年龄 ≥19 岁。有关元组总数的信息也存储在等宽直方图中。等深直方图要优于等宽直方图，因为它们提供更好的估计信息，并占用更少的空间。

数据库系统中使用的直方图还可以记录每个区间中不同值的数量，以及该区间中具有某些属性值的元组数量。在我们的示例中，直方图可以存储位于每个区间中的不同年龄值的数量。如果没有这样的直方图信息，优化器就必须假定值的分布是均匀的；也就是说，每个区间具有相同数量的不同值。

在许多数据库应用中，与其他值相比，某些值出现得非常频繁。为了更好地评估指定了这些值的查询，许多数据库对于某个 *n* 值（比如 5 或 10）存储了 *n* 个最频繁值的列表，以及每个值出现的次数。在我们的示例中，如果 4、7、18、19 和 23 是五个最常出现的值，那么数据库就可以存储每个这样的年龄的人数。然后直方图只存储这五个年龄值以外的相关统计数据，因为我们已经对这些值有了确切的计数。

直方图只占用很少的空间，因此几个不同属性上的直方图可以存储在系统目录中。

12.5.3.2　选择规模估计

对一个选择运算的结果规模的估计依赖于选择谓词。我们首先考虑单个的相等谓词，然后考虑单个的比较谓词，最后考虑谓词的组合。

- $\sigma_{A=a}(r)$：如果 *a* 是一个出现次数有可用统计值的频繁出现的值，则可以直接使用该值作为选择的规模估计。

  否则，如果没有可用的直方图，我们假设取值是均匀分布的（即每个值以同样的概率出现），并假设 *r* 的一些记录在属性 *A* 上的取值为 *a*，则选择结果估计有 $n_r/V(A, r)$ 个元组。关于选择中的值 *a* 出现在一些记录中的假设通常是成立的，而且代价估计总是默认这一假设。然而，假设每个值以同样的概率出现通常是不现实的，*takes* 关系中的 *course_id* 属性就是此假设不成立的一个示例。我们有理由预期一门受欢迎的本科生课程比小专业的研究生课程有更多的学生。因此，某些 *course_id* 值出现的可能性要比其他值大。尽管事实上均匀分布假设通常不成立，但在许多情况下它是对现实的一种合理的近似，并且它能使我们的阐述相对简单。

  如果在属性 *A* 上有一个直方图可用，则可以定位出包含值 *a* 的区间，然后用该区间的频率计数代替 n_r，并用该区间中出现的不同值的数量代替 $V(A, r)$ 来修改上面提到的估算公式 $n_r/V(A, r)$。

- $\sigma_{A \leq v}(r)$：请考虑形如 $\sigma_{A \leq v}(r)$ 的选择。假设属性的最小值和最大值（$\min(A, r)$ 和 $\max(A, r)$）都存储在目录中。假设值是均匀分布的，我们可以对满足条件 $A \leq v$ 的记录数进行如下估计：

- 若 $v < \min(A, r)$，则为 0；
- 若 $v \geqslant \max(A, r)$，则为 n_r；
- 否则，为 $n_r \cdot \dfrac{v - \min(A, r)}{\max(A, r) - \min(A, r)}$。

如果在属性 A 上有一个直方图可用，就可以得到更精确的估计，我们将细节留给读者作为练习。

在某些情况下，比如查询是存储过程的一部分，在对查询进行优化时无法得到 v 的值。在这种情况下，我们假设大约有一半的记录将满足比较条件。也就是说，我们假设结果具有 $n_r/2$ 个元组；这个估计可能非常不精确，但这是在没有任何进一步信息的情况下所能采取的最好办法了。

注释 12-3　计算与维护统计信息

从概念上讲，关系上的统计信息可以被理解为物化视图，当关系被修改时统计信息应该被自动维护。遗憾的是，如果对于数据库的每一次插入、删除和更新都保持最新的统计信息，开销是非常昂贵的。另一方面，优化器一般并不需要准确的统计信息：百分之几的误差可能导致选出一个不是完全最优的计划，但是这个被选出的备选计划的代价可能比最优计划的代价仅高出不到百分之几。因此，近似的统计信息是可以接受的。

利用统计信息可以近似这一事实，数据库系统减少了生成和维护统计信息的代价，如下所示：

- 统计信息通常是从基础数据的样本计算出的，而不用检查整个数据集合。例如，一个相当准确的直方图可以通过数千个元组的样本计算出来，尽管一个关系包含百万或亿万条记录。然而，所使用的样本必须是**随机样本**（random sample）。不是随机抽样的样本可能过度表现关系的一部分，并给出误导的结果。例如，如果我们采用教师的样本来计算工资的直方图，如果样本过于表现低工资的教师，则直方图就会导致错误的估计。目前的数据库系统经常使用随机抽样来生成统计信息。关于抽样的文献请参见在线的参考文献。

- 不是对于每次数据库更新都维护统计信息。事实上，一些数据库系统从不自动更新统计信息。它们依靠数据库管理员定期运行一条命令来更新统计信息。Oracle 和 PostgreSQL 提供了一条称作 **analyze** 的 SQL 命令来产生指定关系或所有关系上的统计信息。IBM DB2 提供了一条称作 **runstats** 的等价命令。相关细节请查阅系统手册。你应该意识到：由于不正确的统计信息，优化器有时会选出非常糟糕的计划。许多数据库系统（比如 IBM DB2、Oracle 和 SQL Server）会在特定的时间点自动更新统计信息。例如，系统可以近似跟踪一个关系中有多少个元组，并且当元组数量显著变化时重新计算统计信息。另一种方法是将关系扫描所估计的基数和执行查询时的实际基数进行比较，并且如果它们差异显著，则对该关系启动统计信息的更新。

- 复杂选择：
  - **合取**（conjunction）：合取选择是形如

  $$\sigma_{\theta_1 \wedge \theta_2 \wedge \cdots \wedge \theta_n}(r)$$

  的选择运算。我们可以这样来估计这种选择的结果规模：对于每个 θ_i，我们按照之前描述的那样估计选择运算 $\sigma_{\theta_i}(r)$ 的规模，记为 s_i。这样，关系中一个元组满足选择条件 θ_i 的概率就是 s_i / n_r。

  上述概率称为选择运算 $\sigma_{\theta_i}(r)$ 的**中选率**（selectivity）。假设各条件是相互独立的，则一个元组满足全部条件的概率就是所有这些概率的简单乘积。因此，我们可以将满足全部选择条件的元组数量估计为：

  $$n_r * \frac{s_1 * s_2 * \cdots * s_n}{n_r^n}$$

  - **析取**（disjunction）：析取选择是形如

  $$\sigma_{\theta_1 \vee \theta_2 \vee \cdots \vee \theta_n}(r)$$

  的选择运算。满足单个简单条件 θ_i 的所有记录的并集满足析取条件。

  如前所述，令 s_i / n_r 代表一个元组满足条件 θ_i 的概率。那么该元组满足整个析取式的概率为 1 减去该元组不满足任何一个条件的概率：

  $$1 - \left(1 - \frac{s_1}{n_r}\right) * \left(1 - \frac{s_2}{n_r}\right) * \cdots * \left(1 - \frac{s_n}{n_r}\right)$$

  我们将该值乘以 n_r 就得到满足该选择条件的元组数的估计。

  - **否定**（negation）：在没有空值的情况下，选择运算 $\sigma_{\neg\theta}(r)$ 的结果就简单地由不在 $\sigma_\theta(r)$ 中的 r 的元组组成。我们已知如何估计 $\sigma_\theta(r)$ 中的元组数，因此 $\sigma_{\neg\theta}(r)$ 中的元组数被估计为 n_r 减去 $\sigma_\theta(r)$ 中的估计元组数。

  我们可以通过估计对条件 θ 的求值结果为未知的元组数量然后从上面忽略空值的估算中减去该数量的方式来考虑空值。对该数量的估计需要在目录中维护额外的统计信息。

12.5.3.3　连接规模估计

在本小节中，我们考虑如何估计连接结果的规模。

笛卡儿积 $r \times s$ 包含 $n_r * n_s$ 个元组。$r \times s$ 中的每个元组占用 $l_r + l_s$ 个字节，据此我们可以计算出笛卡儿积的规模。

估计自然连接的规模在某种程度上要比估计选择或笛卡儿积的规模更复杂一些。令 $r(R)$ 和 $s(S)$ 为两个关系。

- 若 $R \cap S = \varnothing$ ——两个关系没有共同的属性——则 $r \bowtie s$ 与 $r \times s$ 的结果是一样的，并且我们可以使用估算笛卡儿积的技术。
- 若 $R \cap S$ 是 R 的码，则我们可知 s 的一个元组至多与 r 的一个元组相连接。因此，$r \bowtie s$ 中的元组数不会超过 s 中的元组数。$R \cap S$ 是 S 的码的情况同刚刚描述的情况相对称。若 $R \cap S$ 构成了 S 中引用 R 的外码，则 $r \bowtie s$ 中的元组数正好与 s 中的元组数相等。
- 最困难的情况是当 $R \cap S$ 既不是 R 的码也不是 S 的码的时候。在这种情况下，与进行选择运算的情况一样，我们假定每个值是等概率出现的。考虑 r 的元组 t，并假定 $R \cap S = \{A\}$。我们估计元组 t 在 $r \bowtie s$ 中产生

$$\frac{n_s}{V(A, s)}$$

个元组，因为该值就是 s 中对于属性 A 取给定值的平均元组数。请考虑 r 中的所有元组，我们估计在 $r \bowtie s$ 中有

$$\frac{n_r * n_s}{V(A, s)}$$

个元组。请注意，如果在前述估算中将 r 与 s 的角色颠倒，那么我们估计在 $r \bowtie s$ 中有

$$\frac{n_r * n_s}{V(A, r)}$$

个元组。在 $V(A,s) \neq V(A,r)$ 时，这两种估计是不同的。若发生这种情况，就可能有未参与到连接中的悬摆元组存在。因此这两个估计值中的较小者可能更加准确。

如果对于 r 中属性 A 的 $V(A,r)$ 值与对于 s 中属性 A 的 $V(A,s)$ 值相等的情况较少，则前述连接规模的估计可能太高。然而，在真实世界中这种情形很少发生，因为在大部分现实关系中，悬摆元组要么并不存在，要么只占元组总数的一小部分。

更重要的是，前面的估计取决于这样的假设：每个值是等概率出现的。若这个假设不成立，则必须采用更复杂的技术来估算结果的规模。例如，如果我们在两个关系的连接属性上都有直方图，并且两个直方图都有相同的区间，那么我们就可以在每个区间内使用上述估计技术，用值落入该区间的行数来代替 n_r 或 n_s，并用该区间中不同取值的个数来代替 $V(A, r)$ 或 $V(A, s)$。然后我们把得到的每个区间的规模估计值加到一起就得到总的规模估计值。我们把两个关系在连接属性上都有直方图但直方图的区间不一样的情况留给读者作为练习。

对于 θ 连接 $r \bowtie_\theta s$，我们可以通过把它重写成 $\sigma_\theta(r \times s)$ 的形式，并利用笛卡儿积的规模估计和 12.5.3.2 节中的选择规模估计，来估计它的规模。

为了说明对连接规模的所有这些估计方式，请考虑表达式：

$$student \bowtie takes$$

假设有关这两个关系的目录信息如下：

- $n_{student} = 5000$；
- $n_{takes} = 10\,000$；
- $V(ID, takes) = 2500$，这意味着只有一半的学生选过课（这是不现实的，但是我们用它来表明即使在这种情况下我们的规模估计也是正确的），并且在平均情况下，选课的学生每人选了四门课。

请注意，因为 ID 是 $student$ 的主码，所以 $V(ID, student) = n_{student} = 5000$。

$takes$ 中的 ID 属性是 $student$ 上的外码，并且 $takes.ID$ 上没有空值，因为 ID 是 $takes$ 主码的一部分。因此，$student \bowtie takes$ 的规模恰好是 n_{takes}，这个值就是 $10\,000$。

现在，我们在不使用外码信息的情况下计算 $student \bowtie takes$ 的规模估计值。由于 $V(ID, takes) = 2500$ 并且 $V(ID, student) = 5000$，我们得到的两个估计值是 $5000 * 10\,000/2500 = 20\,000$ 以及 $5000 * 10\,000/5000 = 10\,000$，并且我们取较小的值。在这种情况下，这些估计值的较小者与我们早先用外码信息计算出的结果是相同的。

12.5.3.4　其他运算的规模估计

接下来我们概述如何估计其他关系代数运算的结果规模。

- **投影**（projection）：形如 $\Pi_A(r)$ 的投影的估计规模（记录数或元组数）为 $V(A, r)$，因为投影去除了重复元组。

- **聚集**（aggregation）：$_G\gamma_A(r)$ 的规模就是 $V(G, r)$，因为对于 G 的每一个不同取值，在 $_G\gamma_A(r)$ 中都有一个元组与之对应。

- **集合运算**（set operation）：如果一个集合运算的两个输入是对同一个关系的选择，我们可以将该集合运算重写成析取、合取或否定。例如，$\sigma_{\theta_1}(r) \cup \sigma_{\theta_2}(r)$ 可以重写成 $\sigma_{\theta_1 \vee \theta_2}(r)$。类似地，只要参与集合运算的两个关系是对同一个关系的选择，我们就可以把交集重写成合取，并且可以使用否定来重写集差。这样我们就可以使用 12.5.3.2 节中对涉及合取、析取和否定的选择的估计方法。

  如果输入并不是对相同关系的选择，我们可以按这样的方式进行规模的估计：将 $r \cup s$ 的规模估计为 r 与 s 的规模之和；将 $r \cap s$ 的规模估计为 r 与 s 的规模的最小值；将 $r-s$ 的规模估计为与 r 的规模相同。所有这三种估计可能都不精确，但提供了规模的上界。

- **外连接**（outer join）：将 $r \sq006 s$ 的规模估计为 $r \bowtie s$ 的规模加上 r 的规模；对 $r \sq008 s$ 的估计与对 $r \sq006 s$ 的估计是对称的；将 $r \sq006\!\sq008 s$ 的规模估计为 $r \bowtie s$ 的规模加上 r 和 s 的规模。所有这三种估计可能都不精确，但提供了规模的上界。

12.5.3.5　不同取值个数的估计

前面讨论的规模估计取决于诸如直方图之类的统计信息，或者至少依赖于一个属性不同取值的数量。虽然这些统计信息可以预先计算并存储在数据库中的关系中，但是我们需要为中间结果而计算它们。请注意，在中间结果 E_i 中对不同属性值的数量的估计和对结果规模数量的估计有助于我们在使用 E_i 的下一级中间结果中估计规模和不同属性值的数量。

对于选择来说，选择结果中的一个属性（或属性集）A 的不同取值数量 $V(A, \sigma_\theta(r))$ 可以按如下方式进行估计。

- 若选择条件 θ 强制 A 取一个特定值（例如 $A=3$），则 $V(A, \sigma_\theta(r)) = 1$。

- 若 θ 强制 A 取一个指定值的集合中的一个值（例如 $A = 1 \vee A = 3 \vee A = 4$），则 $V(A, \sigma_\theta(r))$ 为这些指定值的个数。

- 若选择条件 θ 形如 A op v，其中 op 为一个比较运算符，则 $V(A, \sigma_\theta(r))$ 可估计为 $V(A, r) * s$，这里 s 是该选择运算的中选率。

- 对于选择的所有其他情况，我们假设 A 值的分布独立于选择条件所指定的值的分布，那么可以得到 $\min(V(A, r), n_{\sigma_\theta(r)})$ 这样的近似估计值。对于这种情况，可以使用概率理论推导出更精确的估计，但上述近似估计已经相当好了。

对于连接来说，连接结果中的一个属性（或属性集）A 的不同取值个数 $V(A, r \bowtie s)$ 可以按如下方式进行估计。

- 若 A 中的所有属性全来自 r，则 $V(A, r \bowtie s)$ 可估计为 $\min(V(A, r), n_{r \bowtie s})$。并且类似地，若 A 中的所有属性全来自 s，则 $V(A, r \bowtie s)$ 可估计为 $\min(V(A, s), n_{r \bowtie s})$。

- 若 A 包含 r 的属性 $A1$ 和 s 的属性 $A2$，则 $V(A, r \bowtie s)$ 可估计为：
$$\min(V(A1, r) * V(A2 - A1, s), V(A1 - A2, r) * V(A2, s), n_{r \bowtie s})$$

请注意有些属性可能既在 $A1$ 中又在 $A2$ 中，并且令 $A1-A2$ 和 $A2-A1$ 分别代表只来

自 r 的 A 中的属性和只来自 s 的 A 中的属性。同上，通过使用概率理论可以推导出更精确的估计，但上述近似估计已经相当好了。

对于投影来说不同取值的估计是直截了当的：它们在 $\Pi_A(r)$ 中是和在 r 中一样的。这一点对于聚集的分组属性也同样成立。为了简便起见，对于 **sum**、**count** 和 **average** 的结果，我们可以假设所有的聚集值各不相同。对于 **min**(A) 和 **max**(A)，不同取值的个数可估计为 $\min(V(A, r), V(G, r))$，这里的 G 代表分组属性。我们略去对其他运算的不同取值估计的详细介绍。

12.5.4 执行计划的选择

由于表达式中的每种运算都可用不同的算法来实现，所以产生表达式仅仅是查询优化过程的一部分。一个执行计划准确定义了对于每种运算应该使用什么算法以及应该如何协调各运算的执行。

利用通过 12.5.3 节中的技术估计的统计信息以及对于 12.3 节中描述的各种算法和执行方法的代价估计，我们可以对一个给定的执行计划进行代价评估。

基于代价的优化器（cost-based optimizer）搜索与给定查询等价的所有查询执行计划的空间，并选择估计代价最小的那一个。我们已经看到如何使用等价规则来产生等价计划。然而，采用任意等价规则的基于代价的优化是相当复杂的。我们首先在 12.5.4.1 节中介绍基于代价的优化的一个较简单的版本，其中仅涉及连接次序和连接算法的选择。然后，在 12.5.4.2 节中我们将简要描述如何创建一个基于等价规则的通用的优化器，而不过多深入细节。

对于复杂查询来说，搜索所有可能计划的空间的代价过于昂贵。大多数优化器采用启发式方法来降低查询优化的代价，同时承担找不到最优计划的潜在风险。我们将在 12.5.4.3 节中学习一些这样的启发式方法。

12.5.4.1 基于代价的连接次序选择

SQL 中最常见的查询类型是由数个关系的连接构成的，并带有连接谓词以及在 **where** 子语中指定的选择。在本小节中，我们考虑如何为这类查询选择最优的连接次序的问题。

对于一个复杂的连接查询，等价于该查询的不同查询计划的数量可能很多。作为一个示例，请考虑表达式：

$$r_1 \bowtie r_2 \bowtie \cdots \bowtie r_n$$

其中的连接是以没有指定任何次序的方式来表示的。当 $n = 3$ 时，存在 12 种不同的连接次序：

$$
\begin{array}{llll}
r_1 \bowtie (r_2 \bowtie r_3) & r_1 \bowtie (r_3 \bowtie r_2) & (r_2 \bowtie r_3) \bowtie r_1 & (r_3 \bowtie r_2) \bowtie r_1 \\
r_2 \bowtie (r_1 \bowtie r_3) & r_2 \bowtie (r_3 \bowtie r_1) & (r_1 \bowtie r_3) \bowtie r_2 & (r_3 \bowtie r_1) \bowtie r_2 \\
r_3 \bowtie (r_1 \bowtie r_2) & r_3 \bowtie (r_2 \bowtie r_1) & (r_1 \bowtie r_2) \bowtie r_3 & (r_2 \bowtie r_1) \bowtie r_3
\end{array}
$$

一般而言，对于 n 个关系来说，存在 $(2(n-1))!/(n-1)!$ 种不同的连接次序。（我们将此表达式的计算留到实践习题 12.15 中完成。）对于涉及少量关系的连接而言，此数量还是可以接受的。例如对于 $n = 5$，此数量是 1680。然而，随着 n 的增加，这个数量迅速增长。对于 $n = 7$，此数量是 665 280；对于 $n = 10$，此数量大于 176 亿！

幸运的是，不必产生与给定表达式等价的所有表达式。例如，假设我们希望找到以下表达式的最佳连接次序：

$$(r_1 \bowtie r_2 \bowtie r_3) \bowtie r_4 \bowtie r_5$$

该表达式表示：r_1、r_2 和 r_3 首先进行连接（以某种次序），其结果再与 r_4 和 r_5 进行连接（以某种次序）。计算 $r_1 \bowtie r_2 \bowtie r_3$ 有 12 种不同的连接次序，而计算其结果再与 r_4 和 r_5 的连接又有 12 种次序。因此，看起来需要检查 144 种连接次序。然而，一旦我们为关系子集 $\{r_1, r_2, r_3\}$ 找到了最佳的连接次序，就可以用这种次序来进一步与 r_4 和 r_5 进行连接，并且可以忽略 $r_1 \bowtie r_2 \bowtie r_3$ 的代价更大的所有连接次序。这样，我们就不必检查 144 种连接次序，而只需检查 12+12 种次序。

利用这种思想，我们可以开发一个动态规划（dynamic-programming）算法来寻找最佳连接次序。动态规划算法存储计算结果并将其重用，这个过程能大大减少执行时间。

我们现在考虑如何找到对于 n 个关系的集合 $S=\{r_1, r_2, \cdots, r_n\}$ 的最佳连接次序，其中每个关系都可能有选择条件，并且提供了关系 r_i 之间的一组连接条件。我们假设关系都有唯一的名称。

图 12-18 给出了实现动态规划算法的一个递归过程，并且作为 FindBestPlan(S) 来调用，其中 S 是上面的关系集合。该过程在可能的最早时刻就在单个关系上使用选择，也就是当关系被访问时。理解该过程最容易的方式是假设所有连接都是自然连接，尽管对于任何连接条件该过程无须改变就能工作。对于任意的连接条件，两个子表达式的连接可以被理解为包含与两个子表达式的属性相关的所有连接条件。

```
procedure FindBestPlan(S)
        if (bestplan[S].cost ≠ ∞) /* bestplan[S] 已经计算好了 */
            return bestplan[S]
        if(S 只包含一个关系)
            使用 S 上的选择条件（如果有），根据访问 S 的最佳方式设置 bestplan[S].plan 和 bestplan[S].cost
        else for each S 的非空子集 S1，且 S1 ≠ S
          P1 = FindBestPlan(S1)
          P2 = FindBestPlan(S−S1)
          for each 连接 P1 和 P2 的结果的算法 A
              // 对于索引嵌套－循环连接，外层关系可以是 P1 或 P2
              // 类似地，对于散列－连接，构造关系可以是 P1 或 P2
              // 假设备选方案被视为单独的算法
              // 假设 A 的成本并不包括读取输入的成本
              if 算法 A 是索引嵌套－循环
                  令 Po 和 Pi 表示 A 的外层和内层输入
                  if Pi 有单个关系 ri，并且 ri 在连接属性上有一个索引
                      plan= "执行 Po.plan；使用 A 对 Po 和 ri 进行连接的结果"，将 Pi 上的任何选择条件作为连接
                          条件的一部分执行
                      cost = Po.cost + A 的代价
                  else/* 不能使用索引嵌套－循环连接 */
                      cost = ∞
              else
                  plan= "执行 P1.plan, P2.plan；使用 A 对 P1 和 P2 进行连接的结果"
                  cost = P1.cost + P2.cost + A 的代价
              if cost < bestplan[S].cost
                  bestplan[S].cost = cost
                  bestplan[S].plan = plan
    return bestplan[S]
```

图 12-18　用于连接次序优化的动态规划算法

此过程将它计算出的执行计划存储在一个以关系集为索引的关联数组 bestplan 中。该关联数组的每个元素包含两部分：S 的最佳计划的代价和该计划本身。如果尚未计算过 bestplan[S]，则假设 bestplan[S].cost 的值被初始化为 ∞。

该过程首先检查是否已经算出对于给定关系集 S 计算连接的最佳执行计划（并将其存储在关联数组 *bestplan* 中）；若是，则它返回已经计算出的计划。

如果 S 只包括一个关系，则访问 S（将 S 上的选择也考虑在内，如果有的话）的最佳方式被记录在 *bestplan* 中。这个过程可能涉及用一个索引来标识元组，然后取出元组（通常称为索引扫描（index scan）），或者扫描整个关系表（通常称为关系扫描（relation scan））⊖。如果除了通过索引扫描保证的那些选择条件之外，S 上还存在其他选择条件，则往计划中添加一个选择运算以确保 S 上的所有选择都被满足。

否则，如果 S 包括不止一个关系，该过程会尝试将 S 划分成两个不相交子集的每一种方式。对于每一种划分，该过程对每个子集递归地找出最佳计划，然后考虑所有可能的算法来连接这两个子集的结果。请注意，由于索引嵌套-循环连接可能要么使用输入 $P1$ 要么使用 $P2$ 来作为内层输入，因此我们将这两种备选方案视为两种不同的算法。构建与探查输入的选择也使我们将散列-连接的两种选择视作两种不同的算法。

考虑每种备选方案的代价，并选择代价最低的方案。所考虑的连接代价不应包括读取输入的代价，因为我们假设输入是从前面的算子流水线过来的，该算子可以是关系/索引扫描，或者是前面的连接。请回想诸如散列-连接那样的一些算子，它们可以看作具有子算子，这些子算子之间具有阻塞（物化）的边，但是连接的输入和输出边是流水线化的。我们在 12.3 节中看到的连接代价公式可以先进行适当的修改以忽略读取输入关系的代价，然后再来使用。请注意，索引嵌套-循环连接的处理方式与其他连接技术不同：在这种情况下，计划和代价都是不同的，因为我们并不对内层输入执行关系/索引扫描，并且索引查找代价已包含在索引嵌套-循环连接的代价中。

该过程从将 S 划分成两个集合的所有可选方案中选出代价最低的计划以及用于连接这两个集合的结果的算法，代价最低的计划及其代价被存放在数组 *bestplan* 中并由该过程返回。该过程的时间复杂度可被证明为 $O(3^n)$（请参见实践习题 12.26）。

由关系集的连接而生成的元组的次序对于找到总体上最佳的连接次序也很重要，因为它可以影响进一步连接的代价。例如，如果使用归并-连接，则需要对输入执行潜在的代价高昂的排序运算，除非该输入已在连接属性上排过序。

若一种特定的元组排序次序对于后面的运算可能有用，我们称其为**有趣的排序次序**（interesting sort order）。例如，$r_1 \bowtie r_2 \bowtie r_3$ 所产生的结果在 r_4 或 r_5 的公共属性上进行排序可能有用，但若产生的结果仅仅在 r_1 与 r_2 的公共属性上进行排序就没有什么用处。在计算 $r_1 \bowtie r_2 \bowtie r_3$ 时，使用归并-连接可能比使用其他一些连接技术的代价要高，但它可以提供以有趣的排序次序排好序的输出。

因此，仅为有 n 个给定关系的集合的每个子集找出最佳连接次序是不够的。相反，我们必须为每个子集、为该子集连接结果的每种有趣的排序次序找出最佳连接次序。*bestplan* 数组现在可以由 $[S, o]$ 来索引，其中 S 是一组关系，o 是一种有趣的排序次序。然后可以修改 FindBestPlan 函数以考虑有趣的排序次序；我们将细节留给读者作为练习（参见实践习题 12.24）。

n 个关系的子集总数是 2^n，但有趣的排序次序的数量一般不多。因此，约有 2^n 个连接表达式需要存储。用于寻找最佳连接次序的动态规划算法可以加以扩展来处理排序次序。具体

⊖ 如果一个索引包括用于查询的一个关系的所有属性，则可以执行仅限索引的扫描（index-only scan），它从索引中检索所需的属性值，而不用取出实际的元组。

来说，在考虑排序－归并连接时，如果一个输入（可能是一个关系，或者是一个连接运算的结果）未在连接属性上排序，则必须添加排序代价，但如果已排过序则不必添加排序代价。

扩展算法的代价取决于关系的每个子集的有趣排序次序的数量；由于在实践中已发现这个数量很少，因此代价仍保持在 $O(3^n)$。当 $n=10$ 时，该数量约为 59 000，相比于 176 亿种不同的连接次序来说好多了。更重要的是，所需的存储比原先少得多，因为对于 $r_1, \cdots, r_{10}$ 的 1024 个子集的每种有趣排序次序，我们只需保存一种连接次序。虽然这两个数据仍随 n 迅速增长，但是通常发生的连接一般不到 10 个关系参与，因而可以很容易地处理。

图 12-18 所示的代码实际上对将 S 划分为两个不相交子集的每种可能的方式考虑了两次，因为这两个子集中的每一个都可以扮演 S1 的角色。两次考虑划分并不影响正确性，但浪费时间。这部分代码可以按如下方式进行优化：找到 S1 中按字母次序最小的关系 r_i，以及 $S-S1$ 中按字母次序最小的关系 r_j，并且仅当 $r_i<r_j$ 时执行循环。这样做可以确保每个划分只考虑一次。

此外，该代码还考虑了所有可能的连接次序，包括包含笛卡儿积的那些；例如，如果两个关系 r_1 和 r_3 并不具有连接这两个关系的任何连接条件，该代码仍会考虑 $S=\{r_1, r_3\}$ 的情况，这会产生笛卡儿积。考虑到连接条件是有可能的，并且可以修改代码只生成不会导致笛卡儿积的划分。这种优化可以为许多查询节省大量的时间。更多关于非笛卡儿积连接次序枚举的详细信息，请参阅本章末尾的延伸阅读部分。

12.5.4.2 采用等价规则的基于代价的优化

我们刚才看到的连接次序优化技术可以处理最常见的查询类型，这些查询执行一组关系的内连接。然而，许多查询使用其他的功能，例如聚集、外连接以及嵌套查询，这些是无法通过连接次序的选择来解决的，但可以通过使用等价规则来处理。

在本小节中，我们概述如何创建一个通用的、采用等价规则的、基于代价的优化器。正如我们之前所见，等价规则有助于探索具有多种多样运算的可替代方案，比如外连接、聚合和集合运算。如果需要进一步的运算，则可以添加等价规则，例如按序返回 top-K 结果的算子。

在 12.5.2.4 节中，我们看到了一个优化器如何系统地产生与给定查询等价的所有表达式。产生等价表达式的过程可以按如下方式修改为产生所有可能的执行计划：添加一类新的被称为**物理等价规则**（physical equivalence rule）的等价规则，它允许将诸如连接那样的逻辑运算转换成诸如散列－连接或嵌套－循环连接这样的物理运算。通过将这类规则添加到原来的等价规则中，该过程可以产生所有可能的执行计划。然后可以使用前述的代价估计技术来选出最优的（即代价最低的）计划。

然而，即使我们并不考虑执行计划的产生，12.5.2.4 节中介绍的过程的代价也非常昂贵。为了使该方法高效地工作，需要以下技术：

1. 一种节省空间的表达式表示形式，以避免在应用等价规则时产生相同子表达式的多个副本。
2. 用于检测相同表达式重复推导的有效技术。
3. 一种基于**识记**（memorization）的动态规划形式。当一个子表达式第一次被优化时，识记存储其最优的查询执行计划；通过返回已经被识记的计划来处理优化相同子表达式的后续请求。
4. 通过维护到任何时刻为止对任意子表达式产生的代价最低的计划，并且对比到目前为止为该子表达式已找到的代价最低计划的代价更高的任何计划进行剪枝，以避免产生所有可能的执行计划，这样的一种技术。

具体细节要更为复杂。此方法由 Volcano 研究项目率先提出，并且 SQL Server 的查询优化器也是基于此技术的。包含更多信息的资料请参见参考文献。

12.5.4.3 优化中的启发式方法

基于代价优化的一个缺点是优化本身的代价。虽然查询优化的代价可以通过巧妙的算法来降低，但一个查询的不同执行计划的数量可能非常大，并且从这个集合里找到最优计划仍需要很多计算代价。因此，查询优化器使用**启发式方法**（heuristic）来减少优化的代价。

下述规则是启发式规则的一个示例，此规则用于对关系代数查询进行转换：

- 尽早执行选择。

一个启发式优化器会直接使用这条规则，而不验证通过这种转换代价是否降低。在 12.5.2 节的第一个转换示例中，选择运算被下推到连接中。

我们说前述规则是启发式的，因为这条规则通常会但并非总是有助于降低代价。使用该规则会导致代价增加的一个示例是：考虑一个表达式 $\sigma_\theta(r \bowtie s)$，其中条件 θ 只涉及 s 中的属性。选择当然可以先于连接执行。然而，若 r 相比于 s 来说相当小，并且如果在 s 的连接属性上存在索引，但在 θ 所引用的属性上没有索引，那么先执行选择很可能不是个好主意。先执行选择意味着直接对 s 进行选择，这需要对 s 中的所有元组进行一次扫描。就本示例而言，通过使用索引计算连接，然后去除不满足选择条件的元组，代价可能会更小。（用于连接次序优化的动态规划算法特别处理了这种情况。）

投影运算像选择运算一样可以减少关系的规模。因此，每当我们需要产生一个临时关系时，只要有可能就立即应用任何投影是有好处的。这种好处带来了伴随"尽早执行选择"而来的另一条启发式规则：

- 尽早执行投影。

通常选择先于投影执行比较好，因为选择具有大大减小关系规模的潜力，并且选择能够利用索引来存取元组。一个类似于用于启发式选择规则的示例可以向你证明该启发式规则并非总能降低代价。

基于连接次序枚举的优化器通常使用启发式转换来处理连接以外的结构，并将基于代价的连接次序选择算法应用于仅涉及连接和选择的子表达式。这种启发式方法的细节大部分是面向单个优化器的，因而我们不做介绍。

大多数现实的查询优化器有更多的启发式方法来降低优化的代价。例如，许多查询优化器（比如 System R 优化器[⊖]）并不考虑所有的连接次序，而只对特定类型的连接次序进行搜索。System R 优化器仅考虑每个连接的右运算对象是原始关系 r_1, r_2, $\cdots$, r_n 之一的那些连接次序。这种连接次序称为**左深连接次序**（left-deep join order）。左深连接次序用于流水线执行特别方便，因为右运算对象是一个已存储的关系，从而只有一个输入的每个连接是流水线化的。

图 12-19 说明了左深连接树与非左深连接树之间的区别。考虑所有左深连接次序所花费的时间代价是 $O(n!)$，这比考虑所有连接次序的时间要少得多。使用动态规划的优化方法，System R 优化器可以在 $O(n2^n)$ 的时间内找到最佳连接次序。请把这一代价同找出总体上最佳的连接次序所需的时间 $O(3^n)$ 进行比较。System R 优化器使用启发式方法来将选择与投影

⊖ System R 是 SQL 最初的实现之一，而且它的优化器开创了基于代价的连接次序优化的思想。

沿着查询树往下推。

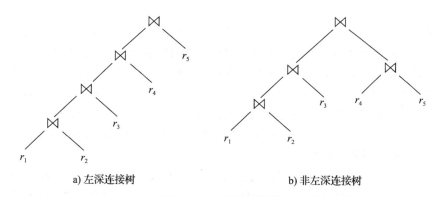

a) 左深连接树　　　　　　　　　b) 非左深连接树

图 12-19 左深连接树

　　一种减少连接次序选择代价的启发式优化方法最初被 Oracle 的某些版本采用，该方法大体上是这样工作的：对于一个 n 路连接，它考虑 n 个执行计划。每个计划使用一种左深连接次序，并从 n 个关系中的一个不同的关系开始进行。通过基于对可用存取路径的排名反复选择参与下一个连接的"最佳"关系，该启发式方法为 n 个执行计划中的每一个都构造出连接次序。并基于可用的存取路径，为每个连接要么选择嵌套－循环连接，要么选择排序－归并连接。最后，该启发式方法基于使在内层关系上没有索引可用的嵌套－循环连接的次数最少或使排序－归并连接的次数最少的原则，以启发式方式从 n 个执行计划中选出一个。

　　一些系统已经采用了这样的查询优化方法：对于查询的某些部分采用启发式计划选择，而对于查询的另一些部分采用基于生成备选存取计划的基于代价的选择方式。在 System R 及其后续的 Starburst 项目中采用的方法是一个基于 SQL 嵌套块概念的层次化过程。这里描述的基于代价的优化技术被独立地应用到查询的每个块上。诸如 IBM DB2 和 Oracle 那样的一些数据库产品中的优化器就基于上述方法，并进行了扩展来处理诸如聚集那样的其他运算。对于复合 SQL 查询（使用了∩、∪或－运算），优化器单独处理每个组成部分，然后将它们的执行计划组合起来形成总体执行计划。

　　许多优化器允许为查询优化指定一个成本预算。当超过**优化成本预算**（optimization cost budget）时会终止对最优计划的搜索，并返回到那时为止所找到的最优计划。预算本身可以被动态设置，例如，如果为一个查询找到一个低开销的计划，则该预算会降低，其前提是：如果到目前为止所找到的最优计划的代价已经很低，那就没有理由再花费很多时间去优化查询。另一方面，如果到目前为止所找到的最优计划代价昂贵，那么投入更多的时间到优化中就是有意义的，这会带来执行时间的明显减少。为了更好地利用这一思想，优化器通常先采用代价低的启发式方法来找到一个计划，然后在基于启发式选择计划的预算下，开始基于代价的完全优化。

　　许多应用会反复执行同样的查询，不过查询中的常数值不一样。例如，一个大学的应用程序可能反复执行一个查询来查找一名学生所注册的课程，不过每次针对不同的学生使用学生 ID 的不同值。作为一种启发式方法，许多优化器只对查询进行一次优化并将该查询执行计划进行高速缓存，无论该查询最初提交的时候使用了什么样的常数值。每当该查询再次执行时，尽管可能对于常数使用的是新值，但被缓存的查询计划还是会被重用（对于常数使用新值）。虽然针对新的常数的最优计划可能不同于针对初始值的最优计划，但是作为启发式方法，被高速缓存的计划是可重用的⊖。查询计划的高速缓存和重用被称为**计划高速缓存**（plan caching）。

即使采用启发式方法，基于代价的查询优化仍会给查询处理带来相当的开销。然而，基于代价的查询优化所增加的开销通常被查询执行时间的节省所抵消，查询执行时间主要花费在慢速的磁盘存取上。好的计划与差的计划在执行时间方面的区别可能很大，这使得查询优化非常重要。在那些定期运行的应用程序中实现的节省更为显著，因为其中的查询可以只优化一次，而选中的查询计划可以在每次执行查询时使用。因此，大部分商用系统都包含了相对复杂的优化器。参考文献给出了对实际数据库系统的查询优化器进行描述的参考资料。

12.5.4.4 嵌套子查询的优化

SQL 在概念上将 **where** 子句中的嵌套子查询当成接受参数并且要么返回一个单独值要么返回一个值的集合（可能为空集）的函数。这些参数是在嵌套子查询中用到的来自外层查询的变量（这些变量称作**相关变量**（correlation variable））。例如，假设我们有下面的查询，来查找在 2019 年讲授一门课程的所有教师的姓名：

> **select** *name*
> **from** *instructor*
> **where exists** (**select** *
>   **from** *teaches*
>   **where** *instructor.ID = teaches.ID*
>   **and** *teaches.year* = 2019);

从概念上讲，该子查询可视为一个函数，它接受一个参数（这里是 *instructor.ID*），并返回（具有同一 *ID* 的）教师在 2019 年讲授的所有课程的集合。

SQL（在概念上）通过以下方式来执行整个查询：计算外层查询的 **from** 子句中的关系的笛卡儿积，然后对结果中的每个元组用 **where** 子句中的谓词进行测试。在上述示例中，该谓词测试子查询运算结果是否为空。在实践中，**where** 子句中的谓词可以用作连接谓词，或者用作作为关系上选择的一部分来执行的选择谓词，或者用作为了避免笛卡儿积而执行的连接的选择谓词。随后，通过调用作为函数的子查询，执行 **where** 子句中涉及嵌套子查询的谓词，因为它们通常代价昂贵。

通过将嵌套子查询作为函数来调用的方式执行嵌套子查询的技术称为**相关执行**（correlated evaluation）。相关执行的效率不是很高，因为子查询对于外层查询中的每一个元组都进行单独的运算。这可能导致大量的随机磁盘 I/O 操作。

因此，SQL 优化器尽可能地试图将嵌套子查询转换成连接的形式。高效的连接算法有助于避免昂贵的随机 I/O。在不能进行转换的情况下，优化器将子查询当作一个单独的表达式，单独优化它们，然后再通过相关执行来执行它们。

作为将嵌套子查询转换为连接的一次尝试，前述示例中的查询可以在关系代数中重写为如下连接：

$$\Pi_{name}(instructor \bowtie_{instructor.ID=teaches.ID \ \wedge teaches.year=2019} teaches)$$

遗憾的是，上述查询不太正确，因为在 SQL 实现中使用的是关系代数算子的多重集版本，

⊖ 对于学生注册的查询，计划对于任何学生 ID 几乎肯定是相同的。但是如果一个查询涉及一个范围内的学生 ID，并且返回这个范围内所有学生 ID 的注册信息，则与范围很大的情况相比，范围很小的情况可能会有不同的最优计划。

其结果是在关系代数查询的结果中，在 2019 年讲授多节课的一位教师会出现多次。尽管该教师在 SQL 查询结果中只会出现一次。使用关系代数算子的集合版本也无济于事，因为如果存在两位具有相同姓名的教师在 2019 年授过课，如果使用关系代数的集合版本，该姓名将只出现一次，但在 SQL 查询结果中会出现两次。（我们注意到：如果查询输出包含 *instructor* 的主码，即 *ID*，则关系代数的集合版本将给出正确的结果。）

为了正确地反映 SQL 的语义，结果中元组的重复次数不应该因为重写而改变。关系代数的半连接运算为这个问题提供了一种解决方案。**半连接**（semijoin）算子 $r \ltimes_\theta s$ 的多重集版本定义如下：如果一个元组 r_i 在 r 中出现 n 次，且至少有一个元组 s_j 使得 r_i 和 s_j 一起满足谓词 θ，则 r_i 在 $r \ltimes_\theta$ 的结果中出现 n 次，否则 r_i 不会出现在结果中。半连接算子 $r \ltimes s$ 的集合版本可以定义为 $\Pi_R(r \ltimes s)$，其中 R 是 r 的模式中的属性集。半连接算子的多重集版本输出相同的元组，但在半连接结果中每个元组 r_i 的重复次数与在 r 中 r_i 的重复次数相同。

使用多重集半连接算子可将前面的 SQL 查询转换为以下等价的关系代数形式：

$$\Pi_{name}(instructor \ltimes_{instructor.ID=teaches.ID \,\wedge\, teaches.year=2019} teaches)$$

多重集关系代数中的上述查询给出了与 SQL 查询相同的结果，包括重复的计数。该查询可以等价地写成：

$$\Pi_{name}(instructor \ltimes_{instructor.ID=teaches.ID} (\sigma_{teaches.year=2019}(teaches)))$$

下面使用 **in** 子句的 SQL 查询等价于使用 **exists** 子句的前述 SQL 查询，并且可以使用半连接将其转换为相同的关系代数表达式。

```
select name
from instructor
where instructor.ID in (select teaches.ID
                        from teaches
                        where teaches.year = 2019);
```

反半连接对于 **not exists** 查询是有用的。多重集**反半连接**（anti-semijoin）算子 $r \overline{\ltimes}_\theta s$ 的定义如下：如果一个元组 r_i 在 r 中出现 n 次，且 s 中不存在任何元组 s_j 使得 r_i 和 s_j 满足谓词 θ，则 r_i 在 $r \overline{\ltimes}_\theta s$ 的结果中出现 n 次，否则 r_i 不出现在结果中。反半连接算子也被认为是**反连接**（anti-join）算子。

请考虑如下 SQL 查询：

```
select name
from instructor
where not exists (select *
                  from teaches
                  where instructor.ID = teaches.ID
                  and teaches.year = 2019);
```

使用反半连接算子，可以将前面的查询转换为以下关系代数形式：

$$\Pi_{name}(instructor \overline{\ltimes}_{instructor.ID=teaches.ID}(\sigma_{teaches.year=2019}(teaches)))$$

一般来说，具有如下形式的查询：

```
select A
from r₁, r₂, ⋯, rₙ
where P₁ and exists (select *
                     from s₁, s₂, ⋯, sₘ
                     where P₂¹ and P₂²);
```

其中 P_2^1 是仅引用子查询中的 s_i 关系的谓词，且 P_2^2 是引用来自外层查询的关系 r_i 的谓词。

上述查询可以转换为：

$$\Pi_A((\sigma_{P_1}(r_1 \times r_2 \times \ldots \times r_n)) \ltimes_{P_2} \sigma_{P_2^1}(s_1 \times s_2 \times \ldots \times s_m))$$

如果使用 **not exists** 而不是 **exists**，则应该在关系代数查询中用反半连接去替换半连接。如果使用 **in** 子句来代替 **exists**，则可以通过在半连接谓词中添加一个相应的谓词来适当地修改该关系代数查询，正如我们前面的示例所示。

用带有连接、半连接或反半连接的查询去替换嵌套查询的过程称为**去除相关**（decorrelation）。正如在实践习题 12.10 中探究的，通过修改连接算法，可以高效地实现半连接和反半连接算子。

请考虑在标量子查询中使用聚集的下述查询，它找出在 2019 年讲授过一个以上课程段的教师。

> **select** *name*
> **from** *instructor*
> **where** 1 < (**select count**(*)
> 　　　　　　　 **from** *teaches*
> 　　　　　　　 **where** *instructor.ID* = *teaches.ID*
> 　　　　　　　　 **and** *teaches.year* = 2019);

上面的查询可以使用半连接来重写，如下所示：

$$\Pi_{name}(instructor \ltimes_{(instructor.ID=TID) \wedge (1<cnt)} (_{ID \text{ as } TID} \gamma_{\text{count}(*) \text{ as } cnt} (\sigma_{year=2019}(teaches))))$$

请注意：子查询有一个谓词 *instructor.ID=teaches.ID*，并且聚集是没有分组子句的。去除相关查询将该谓词移到半连接条件中，并且聚集现在依照 *ID* 进行分组。谓词 1<(子查询) 已变成半连接谓词。直观地说，该子查询为每个 *instructor.ID* 执行单独的计数；按 *ID* 分组可以确保对每个 *ID* 分别计算计数。

当嵌套子查询使用聚集时，或者当嵌套子查询被用作标量子查询时，去除相关显然更加复杂。事实上，对于子查询的特定情况是不可能去除相关的。例如，作为标量子查询使用的子查询只期望返回一个结果；如果它返回不止一个结果，则会出现运行时异常，这是去除相关查询不可能做到的。此外，在理想情况下是否去除相关应该以基于代价的方式来进行，这取决于去除相关是否降低了代价。一些查询优化器使用扩展的关系代数结构来表示嵌套子查询，并将从嵌套子查询到半连接、反半连接等的转换表示为等价规则。我们并不试图给出用于通用情况的算法，你可以在在线的参考文献里查看相关的项目。

可以从上述讨论中推断出，复杂的嵌套子查询的优化是一项困难的任务，并且许多优化器仅做了少量的去除相关工作。只要有可能，最好避免使用复杂的嵌套子查询，因为我们不能确信查询优化器会成功地将它们转换成一种可以高效执行的形式。

12.6　总结

- 对于一个查询，系统必须执行的第一种操作就是将该查询翻译成系统的内部表示形式。（对于关系数据库系统而言）这种内部形式通常是基于关系代数的。在产生查询的内部形式的处理过程中，语法分析器检查用户查询的语法，验证出现在查询中的关系名就是数据库中的关系名，等等。如果查询是用视图来表达的，语法分析器就把所有对视图名的引用替换成计算该视图的关系代数表达式。

- 给定一个查询，通常存在多种用于计算结果的方法。查询优化器的责任是将用户输入的查询转换成等价的、执行效率更高的查询形式。

- 可以通过执行线性扫描或者利用索引来处理简单的选择运算。可以通过计算简单选择结果的并和交来处理复杂选择。
- 可以通过外排序 - 归并算法来对大于内存的关系进行排序。
- 涉及自然连接的查询可以用多种方式来处理，具体取决于索引的可用性以及关系的物理存储形式。
  - 若连接的结果规模几乎与两个关系的笛卡儿积相当，则采用块嵌套 - 循环（block nested-loop）连接策略是有益的。
  - 若存在可用索引，则可以使用索引嵌套 - 循环（indexed nested-loop）连接。
  - 若关系是排好序的，则归并 - 连接（merge join）可能是可取的。在连接计算之前对关系排序可能是有益的（为了能使用归并 - 连接策略）。
  - 散列 - 连接（hash-join）算法把关系划分成多个部分，使得一个关系的每个部分都能被内存容纳。划分过程是利用连接属性上的散列函数来进行的，使得相应的分区对可以独立地进行连接。
- 去重、投影、集合运算（并、交、差）和聚集都可以通过排序或者散列来实现。
- 外连接运算可以通过对连接算法的简单扩展来实现。
- 散列与排序在这种意义下是对偶的：诸如去重、投影、聚集、连接和外连接之类的任何能用散列来实现的运算也可用排序来实现，反之亦然，也就是说，任何能用排序来实现的运算也能用散列来实现。
- 一个表达式可以通过物化的方式来执行，在物化执行中系统计算每个子表达式的结果并将其存到磁盘上，然后用它来计算父表达式的结果。
- 流水线在父表达式中的结果被产生时就使用这些结果，这样有助于避免将许多子表达式的结果写到磁盘。
- 给定一个查询，一般存在多种方法来计算结果。系统负责将用户输入的查询转换成能够更高效执行的等价查询。为处理查询找出一种好的策略的过程称为查询优化。
- 复杂查询的执行涉及多次的磁盘存取。由于从磁盘传输数据的速度相对于主存速度和计算机系统的 CPU 速度来说要慢，因此进行一定程度的处理来选择一种能够最小化磁盘存取次数的方法是值得的。
- 有很多等价规则可用于将一个表达式转化成等价的表达式。我们使用这些规则来系统地产生与给定查询等价的所有表达式。
- 每个关系代数表达式都代表一个特定的运算序列。选择查询处理策略的第一步就是找到一个关系代数表达式，使得它与给定的表达式等价并且据估计有更小的执行代价。
- 数据库系统为执行一种运算所选择的策略取决于每个关系的规模和列中取值的分布情况。数据库系统可以为每个关系 r 存储统计信息，从而能够基于这些可靠的信息来进行策略选择。这些统计信息包括：
  - 关系 r 中的元组数；
  - 关系 r 中一条记录（元组）的字节数；
  - 关系 r 中出现的一个特定属性的不同取值的数量。
- 许多数据库系统使用直方图来存储一个属性在每一个取值区间内的取值个数。直方图通常使用采样来进行计算。
- 关于关系的统计信息使得我们可以估计各种运算的结果规模以及执行运算的代价。

当有多个索引可用来辅助一个查询的处理过程时，这些统计信息特别有用。这些结构的存在在查询处理策略的选择上有很大影响。

- 对于每个表达式可以通过等价规则来产生可选的执行计划，然后跨所有表达式来选出代价最小的计划。有几种优化技术可用来减少需要产生的可选表达式和计划的数量。
- 我们使用启发式方法来减少要考虑的计划的数量，从而减少优化的代价。用于关系代数查询转换的启发式规则包括"尽早执行选择""尽早执行投影""避免笛卡儿积"。

术语回顾

- 查询处理
- 执行原语
- 查询执行计划
- 查询执行引擎
- 查询代价度量
- 顺序 I/O
- 随机 I/O
- 文件扫描
- 线性搜索
- 使用索引的选择
- 存取路径
- 索引扫描
- 合取选择
- 析取选择
- 复合索引
- 标识的交
- 外排序
- 外排序 – 归并
- 归并段
- N 路归并
- 等值连接
- 嵌套 – 循环连接
- 块嵌套 – 循环连接
- 索引嵌套 – 循环连接
- 归并 – 连接
- 排序 – 归并连接
- 混合归并 – 连接
- 散列 – 连接
  - 构造
  - 探查
  - 构造用输入
  - 探查用输入
  - 递归分区
  - 散列表溢出
  - 偏斜

- 避让因子
- 溢出分解
- 溢出避免
- 混合散列 – 连接
- 空间连接
- 算子树
- 物化执行
- 双缓冲
- 流水线执行
  - 需求驱动流水线（消极，拉式）
  - 生产者驱动流水线（积极，推式）
  - 迭代算子
- 查询优化
- 表达式转换
- 表达式的等价
- 等价规则
  - 连接的交换律
  - 连接的结合律
- 等价规则的最小集
- 等价表达式的枚举
- 统计信息的估计
- 目录信息
- 规模估计
  - 选择
  - 中选率
  - 连接
- 直方图
- 不同取值数的估计
- 随机样本
- 执行计划的选择
- 执行技术的相互作用
- 基于代价的优化
- 连接次序的优化
  - 动态规划算法
  - 左深连接次序

- ○ 有趣的排序次序
- 启发式优化
- 计划高速缓存
- 存取计划选择
- 相关执行
- 去除相关
- 半连接
- 反半连接

实践习题

12.1 （在本题中为了简单起见）假设一个块中只能放入一个元组，并且内存最多容纳 3 个块。当应用排序 – 归并算法对下述元组按第一个属性进行排序时，请给出各趟所产生的归并段：(kangaroo, 17)、(wallaby, 21)、(emu, 1)、(wombat, 13)、(platypus, 3)、(lion, 8)、(warthog, 4)、(zebra, 11)、(meerkat, 6)、(hyena, 9)、(hornbill, 2)、(baboon, 12)。

```
branch(branch_name, branch_city, assets)
customer (customer_name, customer_street, customer_city)
loan (loan_number, branch_name, amount)
borrower (customer_name, loan_number)
account (account_number, branch_name, balance)
depositor (customer_name, account_number)
```

图 12-20　银行数据库

12.2 请考虑图 12-20 中的银行数据库，其中主码以下划线标出，还有下面的 SQL 语句：

$$\text{select } T.branch\_name$$
$$\text{from } branch\ T,\ branch\ S$$
$$\text{where } T.assets > S.assets \text{ and } S.branch\_city = \text{“Brooklyn”}$$

请写出一个与此查询等价的、高效的关系代数表达式，并论证你的选择。

12.3 设关系 $r_1(A, B, C)$ 和 $r_2(C, D, E)$ 具有如下性质：r_1 有 20 000 个元组，r_2 有 45 000 个元组，一个块中可容纳 25 个 r_1 元组或 30 个 r_2 元组。使用以下每种连接策略来执行 $r_1 \bowtie r_2$，请估计各需要多少次块传输和寻道：

a. 嵌套 – 循环连接　　　b. 块嵌套 – 循环连接　　　c. 归并 – 连接　　　d. 散列 – 连接

12.4 如果索引是辅助索引并且存在多个元组在连接属性上有相同的值，则 12.3.3.3 节中讲述的索引嵌套 – 循环连接算法的效率不高。这种算法为什么效率不高？请描述一种利用排序来减少内层关系元组的检索代价的方式。在什么条件下这种算法比混合归并 – 连接算法更有效？

12.5 令 r 和 s 是没有索引的关系，并且假设这两个关系也没有排序。假设内存无限大，那么计算 $r \bowtie s$ 的代价最小（就 I/O 操作而言）的方式是什么？该算法需要多大内存？

12.6 请考虑图 12-20 的银行数据库，其中主码用下划线标出。假设在 branch 关系的 branch_city 上有 B^+ 树索引可用，此外别无其他索引可用。请列出处理下述包含否定的选择的不同方式：

a. $\sigma_{\neg (branch\_city < \text{“Brooklyn”})}(branch)$

b. $\sigma_{\neg (branch\_city = \text{“Brooklyn”})}(branch)$

c. $\sigma_{\neg (branch\_city < \text{“Brooklyn”} \vee assets < 5000)}(branch)$

12.7 请写出实现索引嵌套 – 循环连接的迭代算子的伪码，其中外层关系是流水线化的。要求伪码必须定义标准的迭代算子函数 open()、next() 和 close()。请给出在不同调用之间迭代算子必须维护的状态信息是什么。

12.8 请设计基于排序的算法和基于散列的算法，用于计算关系的除法运算（关于除法运算的定义请参见实践习题 6.5）。

12.9 如果为每个归并段增加缓冲块数量，而用于缓冲归并段的可用内存总量保持不变，请问这对于归并这些归并段的代价有什么影响？

12.10 请考虑下述扩展的关系代数运算。请描述如何使用排序和散列来实现每种运算。

　　a. **半连接**（semijoin）（$\ltimes_\theta$）。多重集的半连接算子 $r \ltimes_\theta s$ 的定义如下：如果一个元组 r_i 在 r 中出现 n 次，则如果至少有一个元组 s_j 使得 r_i 和 s_j 满足谓词 θ，那么 r_i 在 $r \ltimes_\theta$ 的结果中出现 n 次；否则 r_i 不会出现在结果中。

  b. **反半连接**（anti-semijoin）（$\overline{\ltimes}_\theta$）。多重集的反半连接算子 $r\,\overline{\ltimes}_\theta\,s$ 的定义如下：如果一个元组 r_i 在 r 中出现 n 次，则如果在 s 中不存在任何元组 s_j，使得 r_i 和 s_j 满足谓词 θ，那么 r_i 在 $r\,\overline{\ltimes}_\theta$ 的结果中出现 n 次；否则 r_i 不出现在结果中。

12.11 假设一个查询只检索一个运算的前 K 条结果，并在这样的检索之后就终止。对于这样的查询，需求驱动流水线和生产者驱动流水线（带缓冲）哪一种方式更好？请解释你的答案。

12.12 假设给定一个有 n 个关键字的集合，你希望找到包含至少其中 k 个关键字的文档。假设你还有一个关键字索引，它为你提供包含指定关键字的文档标识的（已排序的）列表。请给出一种高效的算法来找到所需的文档集。

12.13 请建议如何对一份包含单词（比如"leopard"）的文档进行索引，以便通过使用更泛化的概念（比如"carnivore"或"mammal"）的查询能够高效地检索该文档。你可以假设概念层次不是很深，因此每个概念只有几个泛化（但是，一个概念可以有大量的特化）。你还可以假设具有一个函数，该函数返回文档中每个单词的概念。请建议一个使用特化概念的查询并说明它如何使用更泛化的概念来检索文档。

12.14 请从 dbbook.com 下载大学数据库模式和大型的大学数据集。在你喜欢的数据库上创建大学模式，并加载大型的大学数据集。请使用注释 12-2 中描述的 **explain** 功能来查看数据库在如下所述的不同情况下选择的计划。

  a. 编写在 *student.name*（不带索引）上带相等条件的查询，并查看所选择的计划。

  b. 在 *student.name* 属性上创建一个索引，并查看为上述查询所选择的计划。

  c. 创建连接两个关系或三个关系的简单查询，并查看所选择的计划。

  d. 创建一个计算带分组的聚集的查询，并查看所选择的计划。

  e. 创建一个 SQL 查询，其所选计划使用了半连接运算。

  f. 创建一个使用 **not in** 子句的 SQL 查询，带有一个使用聚集的子查询。请观察选择的是什么计划。

  g. 创建一个查询，对其所选择的计划使用相关执行（相关执行的表达方式随不同数据库而异，但大多数数据库将显示一个带有子计划或子查询的过滤算子或投影算子）。

  h. 创建一个 SQL 更新查询，它更新一个关系中的单个行。查看为该更新查询所选择的计划。

  i. 创建一个 SQL 更新查询，它更新一个关系中大量的行，并使用子查询来计算新值。查看为该更新查询所选择的计划。

12.15 试证明以下等价式成立。请解释如何应用它们来提高特定查询的效率：

  a. $E_1 \bowtie_\theta (E_2 - E_3) \equiv (E_1 \bowtie_\theta E_2 - E_1 \bowtie_\theta E_3)$。

  b. $\sigma_\theta(\,_A\gamma_F(E)) \equiv \,_A\gamma_F(\sigma_\theta(E))$，其中 θ 仅使用 A 的属性。

  c. $\sigma_\theta(E_1 \bowtie E_2) \equiv \sigma_\theta(E_1) \bowtie E_2$，其中 θ 仅使用 E_1 的属性。

12.16 对于下面的每对表达式，请给出关系实例说明每对表达式是不等价的：

  a. $\Pi_A(r-s)$ 与 $\Pi_A(r) - \Pi_A(s)$。

  b. $\sigma_{B<4}(\,_A\gamma_{\max(B)\ as\ B}(r))$ 与 $\,_A\gamma_{\max(B)\ as\ B}(\sigma_{B<4}(r))$。

  c. 在上述表达式中，若出现 max 的两个地方都用 min 去替换，表达式等价吗？

  d. $(r \bowtie s) \bowtie t$ 与 $r \bowtie (s \bowtie t)$。换言之，自然右外连接不满足结合律。

  e. $\sigma_\theta(E_1 \bowtie E_2)$ 与 $E_1 \bowtie \sigma_\theta(E_2)$，其中 θ 仅使用 E_2 的属性。

12.17 SQL 允许关系有重复元组（见第 3 章）。并且关系代数的多重集版本在注释 3-1、注释 3-2 以及注释 3-3 中有定义。请检查等价规则 1～7.b 中哪些对于关系代数运算的多重集版本是满足的。

12.18 请考虑关系 $r_1(A, B, C)$、$r_2(C, D, E)$ 和 $r_3(E, F)$，它们的主码分别为 A、C 和 E。假设 r_1 有 1000 个元组，r_2 有 1500 个元组，r_3 有 750 个元组。请估计 $r_1 \bowtie r_2 \bowtie r_3$ 的规模，并给出一种高效的策略来计算该连接。

12.19 请考虑实践习题 12.18 中的关系 $r_1(A, B, C)$、$r_2(C, D, E)$ 及 $r_3(E, F)$。假设除了整个模式外不存在主码。令 $V(C, r_1)$ 为 900，$V(C, r_2)$ 为 1100，$V(E, r_2)$ 为 50，$V(E, r_3)$ 为 100。假设 r_1 有

1000 个元组，r_2 有 1500 个元组，r_3 有 750 个元组。请估计 $r_1 \bowtie r_2 \bowtie r_3$ 的规模，并给出一种高效的策略来计算该连接。

12.20 假设 *department* 关系在 *building* 上有 B⁺ 树索引可用，此外别无其他索引可用。那么处理下列涉及否定的选择的最佳方式是什么？

a. $\sigma_{\neg(building < \text{"Watson"})}(department)$

b. $\sigma_{\neg(building = \text{"Watson"})}(department)$

c. $\sigma_{\neg(building < \text{"Watson"} \lor budget < 50000)}(department)$

12.21 请考虑如下查询：

$$\textbf{select } *$$
$$\textbf{from } r, s$$
$$\textbf{where } upper(r.A) = upper(s.A);$$

其中"upper"是一个函数，它将其输入参数中所有小写字母替换成相应的大写字母后返回。

a. 请找出你所使用的数据库系统为这个查询产生的计划。

b. 有些数据库系统对这个查询会采用可能非常低效的（块）嵌套 – 循环连接。请简要解释对于这个查询如何使用散列 – 连接或者归并 – 连接。

12.22 请给出使下列表达式等价的条件：

$$_{A,B}\gamma_{agg(C)}(E_1 \bowtie E_2) \quad \text{与} \quad (_A\gamma_{agg(C)}(E_1)) \bowtie E_2$$

其中 *agg* 表示任何聚合运算。如果 *agg* 是 **min** 或 **max** 中的一个，那么上述条件可以如何放宽？

12.23 请考虑优化中的有趣次序问题。假设有一个查询，它计算一个关系集合 S 的自然连接。给定 S 的一个子集 $S1$，则 $S1$ 的有趣次序是什么？

12.24 请修改 FindBestPlan(S) 函数以创建 FindBestPlan(S, O) 函数，其中 O 是 S 所需的排序次序，并考虑有趣的排序次序。空（*null*）次序表示次序是不相关的。提示：一个算法 A 可以给出期望的次序 O；否则可能需要添加排序运算以获得期望的次序。如果 A 是归并 – 连接，则必须在两个输入上调用 FindBestPlan，并为输入指定所需的次序。

12.25 请说明对于 n 个关系存在 $(2(n-1))!/(n-1)!$ 种不同的连接次序。

提示：一棵**完全二叉树**（complete binary tree）中每个内部节点都正好有两个孩子节点。利用以下事实：拥有 n 个叶节点的不同的完全二叉树的数量为：

$$\frac{1}{n}\binom{2(n-1)}{(n-1)}$$

如果你愿意，你也可以从具有 n 个节点的二叉树的数量公式推导出具有 n 个节点的完全二叉树的数量公式。具有 n 个节点的二叉树的数量为：

$$\frac{1}{n+1}\binom{2n}{n}$$

这个数字就是**卡特兰数**（Catalan number），并且它的衍生式可以在任何一本有关数据结构或算法的标准教材中找到。

12.26 请证明计算连接次序的最小时间代价是 $O(3^n)$。假设你可以在常量时间内存储和查找一个关系集合的有关信息（比如该集合的最佳连接次序以及该连接次序的代价）。（如果你感觉做本题有困难，至少证明更宽松的时间界限 $O(2^{2n})$。）

12.27 如果像在 System R 优化器中那样只考虑左深连接树，请证明找到最高效的连接次序所花费的时间大约为 $n2^n$。假定只存在一个有趣的排序次序。

12.28 请考虑图 12-21 的银行数据库，其中主码用下划线标识。请为这个关系数据库构建以下 SQL 查询。

a. 在 *account* 关系上写一个嵌套查询，对于每家名称以 B 打头的分行，找出该分行具有最大余额的所有账户。

b. 不使用嵌套子查询重写前面的查询；换言之，去除查询的相关性，但是使用 SQL。

c. 使用半连接给出等价于该查询的关系代数表达式。

d. 给出一个过程（类似于 12.5.4 节中描述的那样）用于去除此类查询的相关性。

$$
\begin{aligned}
&branch(\underline{branch\_name}, branch\_city, assets)\\
&customer\,(\underline{customer\_name}, customer\_street, customer\_city)\\
&loan\,(\underline{loan\_number}, branch\_name, amount)\\
&borrower\,(\underline{customer\_name}, \underline{loan\_number})\\
&account\,(\underline{account\_number}, branch\_name, balance\,)\\
&depositor\,(\underline{customer\_name}, \underline{account\_number})
\end{aligned}
$$

图 12-21　银行数据库

习题

12.29　假设你需要对一个 40 GB 的关系进行排序，使用 4 KB 规模的块以及 40 GB 规模的内存。假设一次寻道的代价是 5 毫秒，而磁盘传输速率是每秒 40 MB。

a. 对于 $b_b=1$ 和 $b_b=100$ 的情况，以秒为单位分别计算对该关系进行排序的代价。

b. 在上述每种情况下，各需要多少遍归并？

c. 假设使用一个闪存设备来替代磁盘，并且它的延迟为 20 微秒，而传输速率是每秒 400 MB。在这样的设置下，对于 $b_b=1$ 和 $b_b=100$ 的情况，以秒为单位分别重新计算对关系排序的代价。

12.30　为什么不应当要求用户显式地选择查询处理策略？是否存在希望用户清楚竞争的查询处理策略的代价的情形？请解释你的答案。

12.31　请设计一种混合归并 - 连接算法的变体来用于这种情况：两个关系都在物理上没有排序，但各自都有连接属性上的有序的辅助索引。

12.32　请估计通过你在习题 12.31 中给出的解决方案执行 $r_1 \Join r_2$ 所需的磁盘块传输以及寻道次数，其中 r_1 和 r_2 在实践习题 12.3 中定义。

12.33　12.3.3.5 节中讲述的散列 - 连接算法计算两个关系的自然连接。请描述如何扩展散列 - 连接算法以计算自然左外连接、自然右外连接和自然全外连接。（提示：在散列索引中保存每个元组的额外信息，以检测在探查关系中是否有任何元组与散列索引中的元组相匹配。）请试着将你的算法用到 *takes* 与 *student* 关系上。

12.34　假设你要计算 $_A\gamma_{sum(C)}(r)$ 和 $_{A,B}\gamma_{sum(C)}(r)$。请描述如何利用对 r 的一次排序来一起计算这两个表达式。

12.35　请用伪码编写实现排序 - 归并算法的一个版本的迭代算子，其中最后一次归并的结果使用流水线传给其消费者。要求伪码必须定义标准的迭代算子函数 open()、next() 和 close()。请说明在不同调用之间迭代算子必须维护的状态信息是什么。

12.36　假设 *department* 关系在 (*dept_name*, *building*) 上有 B$^+$ 树索引可用。则处理下列选择的最佳方式是什么？

$$
\sigma_{(building < \text{“Watson”}) \wedge (budget < 55000) \wedge (dept\_name\,=\,\text{“Music”})}(department)
$$

12.37　请使用 12.5.2.1 节中的等价规则，说明如何通过一系列转换来推导出下列等价式：

a. $\sigma_{\theta_1 \wedge \theta_2 \wedge \theta_3}(E) \equiv \sigma_{\theta_1}(\sigma_{\theta_2}(\sigma_{\theta_3}(E)))$。

b. $\sigma_{\theta_1 \wedge \theta_2}(E_1 \Join_{\theta_3} E_2) \equiv \sigma_{\theta_1}(E_1 \Join_{\theta_3}(\sigma_{\theta_2}(E_2)))$，其中 θ_2 仅使用 E_2 的属性。

12.38　请考虑两个表达式 $\sigma_\theta(E_1 \Join E_2)$ 和 $\sigma_\theta(E_1 \Join E_2)$。

a. 请用一个示例来说明这两个表达式一般不等价。

b. 请给出谓词 θ 上的一个简单条件，如果满足该条件就确保这两个表达式是等价的。

12.39　如果只要两个表达式等价，都可以通过使用一系列等价规则从一个表达式推导出另一个，那么就称一个等价规则集是完备的。我们在 12.5.2.1 节中考虑的等价规则集是完备的吗？提示：请考虑等价式 $\sigma_{3=5}(r) \equiv \{\ \}$。

12.40　请解释如何使用直方图来估算形如 $\sigma_{A \leq v}(r)$ 的选择的规模。

12.41　假设两个关系 r 和 s 在属性 $r.A$ 和 $s.A$ 上分别有直方图，但是所取区间不同。请给出如何使用直方图来估计 $r \bowtie s$ 的规模的建议。提示：进一步细分每个直方图的区间。

12.42　请考虑如下查询：

> select A, B
> from 　r
> where $r.B$ < some (select B
> 　　　　　　　　from 　s
> 　　　　　　　　where $s.A = r.A$)

请说明如何使用多重集版本的半连接运算来去除这个查询的相关性。

12.43　请从插入和删除两个方面描述如何增量维护下面运算的结果：
　　　　a. 并和集差。　　　　　　　　　b. 左外连接。

延伸阅读

[Graefe (1993)] 给出了关于查询执行技术的优秀综述。关于文档索引以及高效计算关键字查询答案的排名的技术的教科书描述，请参见 [Manning et al. (2008)]。

[Selinger et al. (1979)] 的创造性工作描述了 System R 优化器中的存取路径选择，System R 优化器是最早的关系查询优化器之一。Starburst 中的查询处理在 [Haas et al. (1989)] 中描述，这构成了 IBM DB2 中查询优化的基础。

[Graefe and McKenna (1993)] 描述了 Volcano，它是一个基于等价规则的查询优化器。Volcano 与它的后继 Cascades ([Graefe (1995)]) 一起构成了 Microsoft SQL Server 中的查询优化的基础。[Moerkotte (2014)] 为查询优化提供了广泛的教科书式的介绍，包括用于连接次序优化以避免考虑笛卡儿积的动态规划算法的优化。避免生成具有笛卡儿积的计划可以大幅降低通用查询的优化代价。

本章的参考文献可在线获取，它为研究各种优化技术提供参考，包括带有聚集的查询优化、带有外连接的查询优化、嵌套子查询的优化、top-K 查询的优化、连接最小化的优化、更新查询的优化、物化视图维护和视图匹配、索引和物化视图选择、参数化查询优化以及多查询优化。

参考文献

[Graefe (1995)]　G. Graefe, "The Cascades Framework for Query Optimization", *Data Engineering Bulletin*, Volume 18, Number 3 (1995), pages 19-29.

[Graefe and McKenna (1993)]　G. Graefe and W. McKenna, "The Volcano Optimizer Generator", In *Proc. of the International Conf. on Data Engineering* (1993), pages 209-218.

[Graefe (1993)]　G. Graefe, "Query Evaluation Techniques for Large Databases", *ACM Computing Surveys*, Volume 25, Number 2 (1993).

[Haas et al. (1989)]　L. M. Haas, J. C. Freytag, G. M. Lohman, and H. Pirahesh, "Extensible Query Processing in Starburst", In *Proc. of the ACM SIGMOD Conf. on Management of Data* (1989), pages 377-388.

[Manning et al. (2008)]　C. D. Manning, P. Raghavan, and H. Schütze, *Introduction to Information Retrieval*, Cambridge University Press (2008).

[Moerkotte (2014)]　G. Moerkotte, *Building Query Compilers*, available online at http://pi3. informatik.uni-mannheim.de/~moer/querycompiler.pdf, retrieved 13 Dec 2018 (2014).

[Selinger et al. (1979)]　P. G. Selinger, M. M. Astrahan, D. D. Chamberlin, R. A. Lorie, and T. G. Price, "Access Path Selection in a Relational Database System", In *Proc. of the ACM SIGMOD Conf. on Management of Data* (1979), pages 23-34.

事务管理

通常,从数据库用户的角度来看,数据库中多个操作的集合被认为是一个独立的单元。例如,从顾客的角度来看,将资金从支票账户转移到储蓄账户是一次单一的操作;而在数据库系统中,这是由几个操作组成的。有一点是最基本的:这些操作要么全都发生,要么由于发生故障而全都不发生。资金从支票账户支出而未转入储蓄账户的情况是不可接受的。

构成单一逻辑工作单元的操作集合称作事务。即使有故障,数据库系统也必须保证事务的正确执行——要么执行整个事务,要么属于该事务的操作一个也不执行。此外,数据库系统必须以 一种能避免引入不一致性的方式来管理事务的并发执行。在资金转账的示例中,一个计算顾客总金额的事务可能在资金转账事务从支票账户支出金额之前查看支票账户余额,而在资金存入储蓄账户之后查看储蓄账户余额。其结果是,它会得到不正确的结果。

本章介绍事务处理的基本概念。有关并发事务处理和故障恢复的详细情况在第 14 章中介绍。

13.1 事务的概念

事务(transaction)是访问并可能更新各种数据项的一个程序执行**单元**(unit)。事务通常由高级数据操纵语言(代表性的是 SQL)或编程语言(例如,C++ 或 Java)编写的用户程序发起,这种编程语言带有用 JDBC 或 ODBC 表示的嵌入式数据库访问。事务用形如 **begin transaction** 和 **end transaction** 的语句(或函数调用)来界定。事务由 **begin transaction** 与 **end transaction** 之间所执行的全部操作组成。

这些步骤的集合必须作为一个单一的、不可分割的单元出现。因为事务是不可分割的,要么执行其全部操作,要么就根本不执行。因此,如果一个事务开始执行,但是无论任何原因故障了,事务对数据库所做的任何可能的修改都必须被撤销。无论事务本身是否故障(例如,如果它除以零),或者操作系统崩溃,或者计算机本身停止运行,这项要求都要满足。正如我们将看到的,确保满足这一要求是困难的,因为对数据库的一些修改可能仅仅存放在事务的主存变量中,而另一些可能已经被写入数据库并存储在磁盘上。这种"全或无"的特性被称为**原子性**(atomicity)。

此外,由于事务是一个单一的单元,它的操作不能看起来是被不属于事务的其他数据库操作分隔开的。尽管希望表现这种用户级别的事务印象,但我们知道现实情况是完全不同的。即使单条 SQL 语句也会涉及对数据库的多次单独访问,而一个事务可能会由多条 SQL 语句构成。因此,数据库系统必须采取特殊操作来确保事务正常执行而不被来自并发执行的数据库语句所干扰。这种特性被称为**隔离性**(isolation)。

即使系统能保证一个事务的正确执行,如果此后系统崩溃,并导致系统"忘记"了该事务,那么这项工作的意义也不大。因此,即使发生系统崩溃,事务的操作也必须是持久的。这种特性被称为**持久性**(durability)。

因为上述三种特性，事务就成了构造与数据库交互的一种理想方式。这使我们必须加强对事务本身的一项要求。事务必须保持数据库的一致性——如果事务从一个一致的数据库开始以原子方式隔离地运行，那么该数据库在事务结束时必须重新保持一致。这种一致性要求超越了我们此前已看到的数据完整性约束（比如主键约束、引用完整性、**check** 约束以及诸如此类的约束）。相反，我们期望事务能超越完整性约束，以确保保留那些依赖于应用程序的一致性约束，这些约束太过复杂以至于无法使用 SQL 的数据完整性结构来声明。如何做到这一点则是编写事务代码的程序员的职责。这种特性被称为**一致性**（consistency）。

更简明地重申上述内容，即我们要求数据库系统维护事务的以下特性：

- **原子性**。事务的所有操作在数据库中要么全部正确反映出来，要么完全不反映。
- **一致性**。以隔离方式执行事务（即，没有其他事务的并发执行）以保持数据库的一致性。
- **隔离性**。尽管多个事务可能并发执行，但系统保证：对于任何一对事务 T_i 和 T_j，在 T_i 看来，T_j 要么在 T_i 开始之前已经完成执行，要么在 T_i 完成之后 T_j 才开始执行。因此，每个事务都感觉不到系统中有其他事务在并发地执行。
- **持久性**。在一个事务成功完成之后，它对数据库的改变必须是永久的，即使出现系统故障也是如此。

这些特性通常被称为 **ACID 特性**，ACID 这一缩写来源于四种特性的英文首字母。

正如我们此后将看到的，确保隔离性有可能对系统性能造成很大的不利影响。出于这种原因，一些应用在隔离性上妥协了。我们首先学习严格执行 ACID 特性，然后学习这些折中方案。

13.2 一个简单的事务模型

因为 SQL 是一种强大而复杂的语言，所以我们采用一种简单的数据库语言来开始学习事务，该语言关注数据何时从磁盘移动到主存以及何时从主存移动到磁盘。我们忽略 SQL 的插入（insert）和删除（delete）操作，并推迟到 14.4 节再去考虑它们。在简单语言中，对数据的实际操作仅限于算术运算。之后我们会在一个真实的、基于 SQL 的、具备更丰富运算集合的环境中讨论事务。在简单模型中的数据项只包含单个数据值（在示例中是一个数字）。每个数据项通过名称来标识（在示例中通常是一个字母，即 A、B、C 等）。

我们将采用由几个账户以及一个访问和更新这些账户的事务集合所构成的一个简单的银行应用来阐明事务的概念。事务采用以下两种操作来访问数据：

- read(X)，从数据库把数据项 X 传送给一个也称为 X 的变量，X 位于属于执行 read 操作的事务的主存缓冲区中。
- write(X)，从执行 write 的事务的主存缓冲区中把变量 X 的值传送给数据库中的数据项 X。

知道一个数据项的变化是否只出现在主存中或者是否已经被写入磁盘上的数据库中是很重要的。在实际的数据库系统中，write 操作不一定导致立即更新磁盘上的数据。write 操作的结果可以临时存储在其他地方，以后再写到磁盘上。但是对于目前来说，我们假设 write 操作是立即更新数据库的。我们将在 13.3 节中进一步讨论存储问题。

令 T_i 是从账户 A 转账 \$50 到账户 B 的事务。这个事务可以被定义为：

$$T_i: \text{read}(A);$$
$$A := A - 50;$$
$$\text{write}(A);$$
$$\text{read}(B);$$
$$B := B + 50;$$
$$\text{write}(B).$$

现在让我们逐个考虑 ACID 特性（为了便于讲解，我们不按 A-C-I-D 的次序来讲述它们）。

- **一致性**：这里的一致性要求是事务的执行不改变 A 和 B 的总和。如果没有一致性要求，金额可能会被事务凭空创造或销毁！容易验证，如果数据库在一个事务执行之前是一致的，那么在该事务执行之后数据库仍将保持一致性。

  确保单个事务的一致性是编写该事务的应用编程人员的责任。完整性约束的自动测试给这项任务带来了便利，正如我们已经在 4.4 节中讨论过的那样。

- **原子性**：假设就在事务 T_i 执行之前，账户 A 和 B 分别有 \$1000 和 \$2000。现在假设在事务 T_i 执行的过程中发生了故障，导致 T_i 的执行没有成功完成。进一步假设故障发生在 write(A) 操作执行之后 write(B) 操作执行之前。在这种情况下，数据库中反映出来账户 A 和 B 分别有 \$950 和 \$2000。这次故障导致系统丢失了 \$50。特别地，我们注意到 $A+B$ 的和不再维持原状。

  这样，由于该故障，系统的状态不再反映数据库本应描述的现实世界的真实状态。我们把这种状态称为**不一致状态**（inconsistent state）。必须保证这种不一致性在数据库系统中是不可见的。但是请注意，系统必然会在某些时刻处于不一致状态。即使事务 T_i 能成功执行，仍然存在一个时刻使得账户 A 的金额是 \$950 且账户 B 的金额 \$2000，这显然是一个不一致的状态。然而这一状态最终会被账户 A 的金额是 \$950 且账户 B 的金额是 \$2050 这个一致性状态所取代。这样，如果一个事务从未开始或者保证完成，那么除了在该事务的执行期间，这样的不一致状态应该是不可见的。这就是需要原子性的原因：如果具有原子性，那么事务的所有操作要么在数据库中全部反映出来，要么根本不反映。

  保证原子性背后的基本思想如下：数据库系统（在磁盘上）记录事务要执行写操作的任何数据项的旧值。这种信息记录在一个称为日志（log）的文件中。如果该事务没能完成它的执行，数据库系统从日志中恢复出旧值，使得看上去好像该事务从未执行过一样。我们将在 13.4 节中进一步讨论这些想法。保证原子性是数据库系统的责任，具体来说，这项工作由称作**恢复系统**（recovery system）的数据库组件处理，这将在第 14 章中详细讲述。

- **持久性**：一旦事务成功执行，并且发起事务的用户被告知资金转账已经发生，系统就必须保证任何系统故障都不会导致与这次资金转账相关的数据丢失。持久性保证一旦事务成功完成，该事务对数据库所做的所有更新就都是持久的，即使在事务执行完成后出现了系统故障也是如此。

  现在我们假设计算机系统的故障可能导致主存中数据的丢失，但已写入磁盘的数据决不会丢失。第 14 章将讨论如何防止磁盘上的数据丢失。我们可以通过确保以下两条中的任何一条来保证持久性：

  1. 由事务所执行的更新在事务结束前已经写入磁盘。

  2. 有关事务已执行的更新的信息被写入磁盘，并且这些信息足以使数据库在故障后重新启动数据库系统时重建这些更新。

第 14 章将介绍的数据库恢复系统负责除了保证原子性之外还保证持久性。

- **隔离性**：如果几个事务并发地执行，那么即使每个事务都能确保一致性和原子性，它们的操作也会以某种不希望的方式交叉执行，导致不一致的状态。

    正如我们先前看到的，例如，在事务将资金从 A 转账到 B 的执行过程中，当扣款总额已经写入 A 且加款总额尚未写入 B 时，数据库暂时是不一致的。如果第二个并发运行的事务在这个中间时刻读取 A 和 B 并计算 A+B，那么它将看到不一致的值。进一步来说，如果第二个事务随后基于它读取的不一致的值对 A 和 B 执行更新，那么即使两个事务都完成了，数据库仍可能处于不一致的状态。

    一种避免事务并发执行而产生问题的途径是串行地执行事务，即一个接一个地执行事务。然而，正如我们将在 13.5 节中所看到的那样，事务的并发执行能显著地改善性能。因此，人们提出了另一些解决方案，它们允许多个事务并发地执行。

    我们将在 13.5 节中讨论由事务的并发执行所引起的问题。事务的隔离性确保事务并发执行所得到的系统状态与这些事务以某种次序一次执行一个后所得到的状态是等价的。我们将在 13.6 节中进一步讨论隔离性的原则。确保隔离性是数据库系统中称作**并发控制系统**（concurrency-control system）的部件的责任，对此我们将在第 14 章中讨论。

13.3 存储器结构

为了理解如何确保事务的原子性和持久性，我们必须更好地理解数据库中的各种数据项是如何存储和访问的。

在第 10 章中，我们看到存储介质可以通过它们的相对速度、容量以及从故障中快速恢复的能力来区分，可分为易失性存储器或非易失性存储器。这里回顾这些术语，并介绍另一类被称作稳定存储器的存储器。

- **易失性存储器**（volatile storage）。驻留在易失性存储器中的信息通常在系统崩溃后不会幸存。这种存储器的示例包括主存储器和高速缓冲存储器。对易失性存储器的访问是相当快的，一方面是因为存储器本身的访问速度快，另一方面是因为可以直接访问易失性存储器中的任何数据项。

- **非易失性存储器**（non-volatile storage）。驻留在非易失性存储器中的信息会在系统崩溃后幸免于难。非易失性存储器的示例包括用于在线存储的、诸如磁盘和闪存那样的二级存储设备，以及用于存档存储的、诸如光介质和磁带那样的三级存储设备。根据目前的技术水平，非易失性存储器比易失性存储器慢，特别是对于随机访问。然而，二级存储设备和三级存储设备都容易受到故障的影响，可能导致信息丢失。

- **稳定存储器**（stable storage）。驻留在稳定存储器中的信息永远不会丢失（应该对永远不会持有保留态度，因为理论上的永远不会是不能保证的。例如，尽管可能性非常小，也有可能出现黑洞吞噬地球从而永久地销毁所有数据！）。尽管稳定存储器在理论上是不可能得到的，但是可以通过技术的高精度近似使得数据丢失的可能性微乎其微。为了实现稳定存储器，我们可以将信息复制到几个非易失性存储器介质（通常是磁盘）中，这些介质采用独立的故障模式。更新必须小心以保证在对稳定存储器更新的过程中所发生的故障不会导致信息丢失。14.9.1 节将讨论稳定性存储器的实现。

　　各种存储类型之间的区别在实际中没有我们介绍的这么明显。例如，某些系统（如RAID控制器）提供备用电池，使得一些主存可以在系统崩溃和电源故障中幸免于难。

　　为了保持事务的持久性，需要将它的修改写入稳定存储器。类似地，为了保持事务的原子性，在对磁盘上的数据库进行任何更改之前需要先将日志记录写入稳定存储器。一个系统所能保证的持久性和原子性的程度取决于它的稳定存储器的实现到底有多么稳定。在某些情况下，磁盘上的单个备份就足够了，但是对于其数据非常有价值和事务非常重要的应用程序来说需要多个备份，或者换句话说，需要更接近于理想化的稳定存储器概念。

13.4　事务的原子性和持久性

　　正如我们先前所注意到的，事务并非总能成功地执行。这种事务被称为**中止**（aborted）了。如果要确保原子性，中止的事务必须对数据库的状态不造成影响。因此，中止的事务对数据库所做过的任何改变必须撤销。一旦中止的事务造成的变更已被撤销，我们就说该事务**已回滚**（rolled back）。管理事务中止是恢复机制职责的一部分。这么做的典型方式是维护一个**日志**（log）。事务对数据库所做的每个修改都会首先被记录到日志中。我们记录执行修改的事务标识、被修改的数据项标识以及数据项的旧值（修改前的）和新值（修改后的）。然后数据库本身才会被修改。对日志的维护提供了通过重做修改来保证原子性和持久性的可能，以及在事务执行期间发生故障的情况下通过撤销修改来保证原子性的可能。第14章将会讨论关于基于日志的恢复的详细信息。

　　成功完成其执行的事务被称为**已提交**（committed）了。一个执行过更新的已提交事务使数据库进入一种新的一致性状态，即使出现系统故障，这个状态也必须保持。

　　一旦事务已经提交，我们不能通过中止它来撤销其造成的影响。撤销已提交事务所造成的影响的唯一方式是执行一个**补偿事务**（compensating translation）。例如，如果一个事务给一个账户增加了$20，其补偿事务应当从该账户减去$20。然而，并非总是能够创建这样的补偿事务。因此，编写和执行补偿事务的责任就留给了用户，而不是通过数据库系统来处理。

　　我们需要更准确地定义一个事务的成功完成意味着什么。为此我们建立了一个简单的抽象事务模型。事务必须处于以下状态之一：

- **活跃**（active）状态，为初始状态，当事务执行时就处于这种状态。
- **部分提交**（partially committed）状态，在最后一条语句被执行之后。
- **失效**（failed）状态，在发现正常执行不能再继续之后。
- **中止**（aborted）状态，在事务已回滚并且数据库已被恢复到它在事务开始前的状态之后。
- **提交**（committed）状态，在成功完成之后。

　　事务相应的状态图如图13-1所示。只有在一个事务已进入提交状态后，我们才说该事务已提交。类似地，仅当一个事务已进入中止状态，我们才说该事务已中止。如果一个事务要么是提交的要么是中止的，它就被称为是已经**终止**（terminated）的。

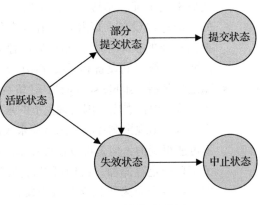

图 13-1　事务状态图

事务一开始就进入活跃状态。当事务完成它的最后一条语句后就进入了部分提交状态。此刻，事务已经完成了其执行，但事务仍有可能不得不中止，由于实际输出可能仍然临时驻留在主存中，因此一个硬件故障可能阻止其成功完成。

数据库系统接着往磁盘上写入足够的信息，确保即使在出现故障的情况下，事务所执行的更新也能在系统重启后重新创建。当最后一条这样的信息写完后，事务就进入提交状态。

正如先前所提到的，我们现在假设故障并不会引起磁盘上的数据丢失。第 19 章将讨论处理磁盘上数据丢失的技术。

在系统判定一个事务不能继续进行其正常执行后（例如，由于硬件或逻辑错误），该事务就进入失效状态。这种事务必须回滚。这样，该事务就进入中止状态。此刻，系统有两种选择：

- 它可以**重启**（restart）事务，但仅当引起事务中止的原因是某些硬件错误或不是由于事务的内部逻辑而产生的软件错误。重启的事务被看成一个新事务。
- 它可以**杀死**（kill）事务，这样做通常是由于某些内部的逻辑错误，只有通过重写应用程序才能改正这种错误，或者是由于输入错误，或者是由于所需数据在数据库中没有找到。

在处理**可见的外部写**（observable external write），比如写到用户的屏幕或者发送电子邮件时，我们必须要小心。由于写的结果可能已经在数据库系统的外部看到过，所以一旦发生这种写操作，就不能再被抹去。大多数系统只允许这种写操作在事务进入提交状态后发生。实现这种模式的一种方式是为数据库系统将与这种外部写相关的任何值都临时存储在数据库中的一个特殊关系里，并且仅当事务进入提交状态后才执行真正的写操作。如果在事务已进入提交状态而外部写操作尚未完成之前，系统出现了故障，那么数据库系统将在系统重启时（使用非易失性存储器中的数据）执行外部写操作。

在某些情况下处理外部写操作会更加复杂，例如，假设外部动作是在自动取款机上提取现金，并且系统恰好在现金被实际提取之前发生故障（我们假定现金能够自动提取）。当系统重新启动时再提取出现金是没有意义的，因为用户可能已经离开了取款机。在这种情况下，需要在系统重新启动时执行一个补偿事务，比如将现金存回到用户的账户中。

作为另一个示例，考虑一个用户在 Web 上进行预订。有可能在预订事务刚刚提交后数据库系统或应用服务器就发生崩溃。也有可能在预订事务刚刚提交后跟用户的网络连接就发生丢失。在任何一种情况下，即使事务已经提交，但外部写并没有发生。为了处理这种情况，应用程序必须被设计成这样的：当用户重新连接到网络应用程序时，他可以看到他的事务是否成功执行。

对于特定应用来说，允许活跃事务向用户显示数据也可能是所期望的，特别是运行数分钟或数小时的长周期事务。遗憾的是，除非愿意牺牲事务的原子性，否则我们不能允许这种可见的数据输出。

13.5 事务的隔离性

事务处理系统通常允许多个事务并发地执行。正如我们先前所看到的，允许多个事务并发更新数据会引起许多数据一致性的复杂问题。在存在事务并发执行的情况下保证一致性需要额外的工作。如果坚持事务是**串行地**（serially）执行的话将简单得多——即一次执行一个事务，每个事务仅当前一个事务执行完后才开始。然而，对于允许并发来说有两条很好的理由：

- **提高吞吐量和资源利用率**。一个事务由多个步骤组成。一些步骤涉及 I/O 活动，而另一些步骤涉及 CPU 活动。计算机系统中的 CPU 与磁盘可以并行运作。因此，I/O 活动可以与 CPU 的处理并行进行，从而可以利用系统的 CPU 与 I/O 并行性来并行运行多个事务。当一个事务在一张磁盘上进行读或写时，另一个事务可以在 CPU 中运行，而第三个事务又可以在另一张磁盘上执行读或写。所有这些情况都增加了系统的**吞吐量**——即在一段给定时间内所执行的事务的数量。相应地，处理器与磁盘的**利用率**也提高了，换句话说，处理器与磁盘花在空闲上或者没有执行任何有用的工作上的时间减少了。
- **减少等待时间**。一个系统上可能混杂运行着各种事务，一些是短事务，一些是长事务。如果这些事务串行地运行，那么短事务可能得等待前面的长事务完成，这可能导致在事务运行中难以预测的延迟。如果各事务是运行在数据库的不同部分上，那么计它们并发运行会更好，这样就可以在它们之间共享 CPU 周期和磁盘存取。并发执行减少了在事务运行中难以预测的延迟。此外，它还减少了**平均响应时间**（average response time）：一个事务从它提交到完成所需的平均时间。

在数据库中使用并发执行的动机本质上与操作系统中使用**多道程序**（multiprogramming）的动机是一样的。

当多个事务并发运行时，隔离性可能被违背，这导致即使每个单独的事务都是正确的，但数据库的一致性也可能被破坏。在这一节中，我们提出调度的概念以帮助识别哪些执行是可以保证隔离性并进而保证数据库一致性的。

数据库系统必须控制并发事务之间的交互，以防止它们破坏数据库的一致性。系统通过称为**并发控制机制**（concurrency-control scheme）的一系列机制来做到这一点。我们将在第 14 章中学习并发控制机制，目前我们主要关注正确的并发执行的概念。

请再次考虑 13.1 节中的简化银行系统，其中有多个账户以及一组存取和更新这些账户的事务。令 T_1 和 T_2 是将资金从一个账户转移到另一个账户的两个事务。事务 T_1 从账户 A 转 \$50 到账户 B，它被定义为：

$$T_1: \text{read}(A);$$
$$A := A - 50;$$
$$\text{write}(A);$$
$$\text{read}(B);$$
$$B := B + 50;$$
$$\text{write}(B).$$

事务 T_2 从账户 A 将存款余额的 10% 转到账户 B。它被定义为：

$$T_2: \text{read}(A);$$
$$temp := A * 0.1;$$
$$A := A - temp;$$
$$\text{write}(A);$$
$$\text{read}(B);$$
$$B := B + temp;$$
$$\text{write}(B).$$

注释 13-1　并发性趋势

计算领域的一些当前趋势带来了大量可能的并发性的增长。随着数据库系统利用这种并发性来提高系统的整体性能，并发运行事务的数量可能越来越多。

早期的计算机只有一个处理器。因此，在那样的计算机中没有任何真正意义上的并发性。唯一的并发性是操作系统创建的表面并发性，它在几个不同的任务或进程之间共享处理器。现代计算机可能有很多个处理器。每个处理器称为一个**核**，单个处理器芯片可能包含多个核，并且几个这样的芯片可能在单个系统中连接在一起，使得所有芯片共享一个公共的系统内存。此外，并行数据库系统可能包含多个这样的系统。

由多个处理器和多核提供的并行性有两种用途。一种是并行执行单个长时间运行的查询的不同部分，以加快查询执行的速度。另一种是允许大量查询（通常是较小的查询）并发地执行，例如支持大量的并发用户。

假设账户 A 和 B 的当前值分别是 \$1000 和 \$2000。还假设这两个事务以 T_1 后接 T_2 的次序一次一个地执行。该执行顺序如图 13-2 所示。在图中，指令步骤的次序自顶向下按时间顺序排列，T_1 的指令出现在左栏中，而 T_2 的指令出现在右栏中。在图 13-2 中的执行发生之后，账户 A 与 B 的最终值分别为 \$855 与 \$2145。因此，在账户 A 与 B 中的资金总数（即 $A+B$ 的总和）在两个事务执行之后保持不变。

类似地，如果这些事务按照 T_2 后接 T_1 的次序一次一个地执行，那么相应的执行顺序如图 13-3 所示。同样，正如所预期的，$A+B$ 之和保持不变，并且账户 A 与 B 的最终值分别为 \$850 与 \$2150。

T_1	T_2
read(A)	
$A := A - 50$	
write(A)	
read(B)	
$B := B + 50$	
write(B)	
commit	
	read(A)
	$temp := A * 0.1$
	$A := A - temp$
	write(A)
	read(B)
	$B := B + temp$
	write(B)
	commit

图 13-2　调度 1：一个串行调度，其中 T_2 跟在 T_1 之后

T_1	T_2
	read(A)
	$temp := A * 0.1$
	$A := A - temp$
	write(A)
	read(B)
	$B := B + temp$
	write(B)
	commit
read(A)	
$A := A - 50$	
write(A)	
read(B)	
$B := B + 50$	
write(B)	
commit	

图 13-3　调度 2：一个串行调度，其中 T_1 跟在 T_2 之后

刚才描述的执行顺序称为**调度**（schedule）。它们表示指令在系统中执行的时间顺序。显然，一组事务的一个调度必须包含这些事务的全部指令，并且这些指令必须保持它们在每个单独事务中出现的顺序。例如，在任何一个有效调度中，事务 T_1 中的 write(A) 指令必须出现在 read(B) 指令之前。请注意，我们在调度中包括了 commit 操作以表示事务已经进入提

交状态。在下面的讨论中，我们将称第一种执行顺序（T_2 跟在 T_1 之后）为调度 1，而称第二种执行顺序（T_1 跟在 T_2 之后）为调度 2。

这些调度是**串行的**：每个串行调度由来自各个事务的指令序列组成，其中属于一个单独事务的指令在该调度中是一起出现的。请回顾来自组合数学的一个众所周知的公式，我们知道，对于有 n 个事务的一个集合，存在 n 的阶乘（$n!$）种不同的有效串行调度。

当数据库系统并发执行多个事务时，相应的调度就不再是串行的。若有两个并发执行的事务，操作系统可能先对一个事务执行一小段时间，然后切换上下文环境，对第二个事务执行一段时间，接着又切换回第一个事务执行一段时间，等等。在多个事务的情形下，所有事务之间是共享 CPU 时间的。

因为来自两个事务的各种指令现在可能是交叉的，所以多种执行顺序是有可能的。一般而言，在 CPU 切换到另一个事务之前准确预测将要执行一个事务的多少条指令是不可能的[⊖]。

回到前面的示例，假设两个事务是并发执行的。一种可能的调度如图 13-4 所示。当它执行完成后，我们到达的状态与事务按照 T_1 后接 T_2 的次序串行执行的状态一样。$A+B$ 之和的确是保持不变的。

并非所有的并发执行都能得到正确的状态。举例说来，请考虑如图 13-5 所示的调度，在该调度执行之后，我们到达的状态是账户 A 与 B 的最终值分别为 \$950 与 \$2100。这个最终状态是一个不一致状态，因为我们在并发执行的过程中多出了 \$50。实际上，通过两个事务的执行 $A+B$ 之和未能保持不变。

T_1	T_2
read(A)	
$A := A - 50$	
write(A)	
	read(A)
	$temp := A * 0.1$
	$A := A - temp$
	write(A)
read(B)	
$B := B + 50$	
write(B)	
commit	
	read(B)
	$B := B + temp$
	write(B)
	commit

图 13-4 调度 3：等价于调度 1 的一个并发调度

T_1	T_2
read(A)	
$A := A - 50$	
	read(A)
	$temp := A * 0.1$
	$A := A - temp$
	write(A)
	read(B)
write(A)	
read(B)	
$B := B + 50$	
write(B)	
commit	
	$B := B + temp$
	write(B)
	commit

图 13-5 调度 4：一个导致不一致状态的并发调度

如果并发执行的控制完全由操作系统负责，那么许多调度都是可能的，包括像刚才描述的那种使数据库处于不一致状态的调度也是可能的。保证所执行的任何调度都能使数据库处于一致性状态是数据库系统的任务。数据库系统中负责完成此项任务的是**并发控制**（concurrency-control）部件。

⊖ 对于具有 n 个事务的一个集合来说，可能的调度数量是非常大的。有 $n!$ 个不同的串行调度。考虑事务的步骤可以交错的所有可能方式，可能调度的总数要比 $n!$ 大得多。

在并发执行的情况下，我们通过保证所执行的任何调度的效果都与没有任何并发执行的调度效果一样来确保数据库的一致性。也就是说，调度应该在某种意义上等价于一个串行调度。这种调度被称为**可串行化的**（serializable）调度。

13.6　可串行化

在考虑数据库系统的并发控制部件如何保证串行化之前，我们先考虑如何确定一个调度是可串行化的。显然，串行调度是可串行化的，但是如果多个事务的步骤交错执行，则很难确定一个调度是否是可串行化的。由于事务就是程序，要准确地确定一个事务执行哪些操作以及不同事务的操作如何交互是有困难的。出于这种原因，我们将不会考虑一个事务在一个数据项上能够执行的不同类型的操作，而只考虑两种操作 read 和 write。我们假设：在一个数据项 Q 上的 read(Q) 指令和 write(Q) 指令之间，一个事务可以对驻留在该事务本地缓冲区中的 Q 的拷贝上执行任意的操作序列。按这种模式，从调度的角度来看，一个事务的重要操作就仅仅在于它的 read 与 write 指令。commit 操作尽管也是相关的，但是我们将在 13.7 节才考虑它。因此，我们在调度中可能只展示 read 与 write 指令，如图 13-6 所示。

在本节中，我们讨论不同形式的等价调度，但是重点关注一种称为**冲突可串行化**（conflict serializability）的特殊形式。

让我们考虑一个调度 S，S 中含有分别属于事务 T_i 与 T_j（$i \neq j$）的两条连续指令 I 与 J。如果 I 与 J 引用不同的数据项，则交换 I 与 J 不会影响调度中任何指令的结果。然而，若 I 与 J 引用相同的数据项 Q，则这两条指令步骤的次序可能是重要的。由于只处理 read 与 write 指令，我们需要考虑的情况有四种：

T_1	T_2
read(A)	
write(A)	
	read(A)
	write(A)
read(B)	
write(B)	
	read(B)
	write(B)

图 13-6　调度 3：只展示 read 与 write 指令

1. I = read(Q)，J = read(Q)。I 与 J 的次序无关紧要，因为不论该次序如何，T_i 与 T_j 读取的 Q 值总是相同的。
2. I = read(Q)，J = write(Q)。若 I 先于 J，则 T_i 不会读取到由 T_j 在指令 J 中所写入的 Q 值。若 J 先于 I，则 T_i 读取到由 T_j 所写入的 Q 值。因此，I 与 J 的次序是重要的。
3. I = write(Q)，J = read(Q)。I 与 J 的次序是重要的，其原因与前一种情况类似。
4. I = write(Q)，J = write(Q)。由于两条指令均为 write 操作，这些指令的次序对 T_i 与 T_j 并没有什么影响。然而，S 的下一条 read(Q) 指令所读取的值将受到影响，因为数据库里只保留两条 write 指令中后一条的结果。如果在 S 的指令 I 与 J 之后再没有其他的 write(Q) 指令，则 I 与 J 的次序直接影响由调度 S 所产生的数据库状态中 Q 的最终值。

因此，只有在 I 与 J 全为 read 指令的情况下，两条指令执行的相对顺序才是无关紧要的。

如果 I 与 J 是由不同事务在相同数据项上执行的操作，并且其中至少有一条指令是 write 操作，那么我们说 I 与 J 是**冲突**的。

为了说明冲突指令的概念，我们考虑图 13-6 中的调度 3。T_1 的 write(A) 指令与 T_2 的 read(A) 指令相冲突。然而，T_2 的 write(A) 指令与 T_1 的 read(B) 指令不冲突，因为这两条指令访问的是不同的数据项。

令 I 与 J 是调度 S 的连续指令。若 I 与 J 是属于不同事务的指令且 I 与 J 并不冲突，则可以交换 I 与 J 的次序来产生一个新的调度 S'。S 与 S' 是等价的，因为除了 I 与 J 外，在两个调度中所有其他指令出现的次序都是相同的，而 I 与 J 的顺序则无关紧要。

在图 13-6 的调度 3 中，由于 T_2 的 write(A) 指令与 T_1 的 read(B) 指令并不冲突，我们可以交换这些指令来产生一个等价的调度，即图 13-7 中所示的调度 5。不管系统初始状态如何，调度 3 与调度 5 都产生出相同的最终系统状态。

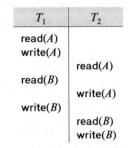

T_1	T_2
read(A)	
write(A)	
	read(A)
read(B)	
	write(A)
write(B)	
	read(B)
	write(B)

图 13-7　调度 5：交换调度 3 的一对指令后的调度

我们继续交换非冲突的指令：
- 将 T_1 的 read(B) 指令与 T_2 的 read(A) 指令进行交换。
- 将 T_1 的 write(B) 指令与 T_2 的 write(A) 指令进行交换。
- 将 T_1 的 write(B) 指令与 T_2 的 read(A) 指令进行交换。

经过这些交换的最终结果是一个串行调度，即图 13-8 所示的调度 6。请注意调度 6 和调度 1 完全一样，但它只显示了 read 和 write 指令。因此，我们已经说明了调度 3 等价于一个串行调度。这种等价性意味着：不管初始系统的状态如何，调度 3 将与某个串行调度产生相同的最终状态。

如果调度 S 可以经过一系列非冲突指令的交换而转换成调度 S'，则称 S 与 S' 是**冲突等价**的⊖。

并非所有的串行调度相互之间都是冲突等价的。例如，调度 1 和调度 2 就不是冲突等价的。

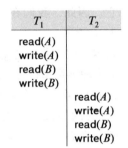

T_1	T_2
read(A)	
write(A)	
read(B)	
write(B)	
	read(A)
	write(A)
	read(B)
	write(B)

图 13-8　调度 6：与调度 3 等价的一个串行调度

冲突等价的概念引出了冲突可串行化的概念：若一个调度 S 与一个串行调度是冲突等价的，则称调度 S 是**冲突可串行化**的。因此，因为调度 3 冲突等价于串行调度 1，所以调度 3 是冲突可串行化的。

最后，请考虑图 13-9 所示的调度 7，该调度仅包含事务 T_3 与 T_4 中的重要操作（即 read 与 write 操作）。这个调度不是冲突可串行化的，因为它既不等价于串行调度 $<T_3, T_4>$，也不等价于串行调度 $<T_4, T_3>$。

T_3	T_4
read(Q)	
	write(Q)
write(Q)	

图 13-9　调度 7

为了确定一个调度是否是冲突可串行化的，我们现在给出一种简单而有效的方法。请考虑一个调度 S。我们由 S 构造出一个有向图，称为**优先图**（precedence graph）。该图由两部分组成 $G=(V, E)$，其中 V 是顶点集，而 E 是边集。顶点集由参与到调度中的所有事务组成，边集由满足下列三个条件之一的所有 $T_i \rightarrow T_j$ 的边组成：

1. 在 T_j 执行 read(Q) 之前，T_i 执行 write(Q)；
2. 在 T_j 执行 write(Q) 之前，T_i 执行 read(Q)；
3. 在 T_j 执行 write(Q) 之前，T_i 执行 write(Q)。

如果在优先图中存在一条 $T_i \rightarrow T_j$ 的边，则在等价于 S 的任何串行调度 S' 中，T_i 必须出现在 T_j 之前。

例如，调度 1 的优先图如图 13-10a 所示，图中只有单条 $T_1 \rightarrow T_2$ 的边，因为 T_1 的所有指令均在执行 T_2 的首

图 13-10　a）调度 1 的优先图；
b）调度 2 的优先图

⊖　我们使用冲突等价这个术语来区分我们刚刚定义等价的方式和我们在本节后面将讨论的其他定义方式。

条指令之前执行。类似地，图 13-10b 表示的是调度 2 的优先图，该图仅有单条 $T_2 \rightarrow T_1$ 的边，因为 T_2 的所有指令均在执行 T_1 的首条指令之前执行。

调度 4 的优先图如图 13-11 所示。因为 T_1 执行 read(A) 先于 T_2 执行 write(A)，所以图中含有一条 $T_1 \rightarrow T_2$ 的边。又因为 T_2 执行 read(B) 先于 T_1 执行 write(B)，所以图中还含有一条 $T_2 \rightarrow T_1$ 的边。

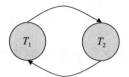

图 13-11　调度 4 的优先图

如果关于 S 的优先图中有环，则调度 S 是非冲突可串行化的；如果优先图中无环，则调度 S 是冲突可串行化的。

通过寻找与优先图的偏序相一致的线性次序可以得到事务的**可串行化次序**（serializability order）。该过程称为**拓扑排序**（topological sorting）。一般而言，通过拓扑排序可以得到几种可能的线性次序。例如，图 13-12a 中的优先图就有两种可接受的线性次序展示在图 13-12b 与图 13-12c 中。

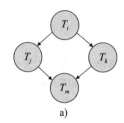

a)

因此，为了测试冲突可串行化性，我们需要构造优先图并调用一个环路检测算法。环路检测算法可在关于算法的标准教材中找到。诸如基于深度优先搜索的环路检测算法需要 n^2 数量级的运算，其中 n 是图中的顶点数（即事务数）[⊖]。

回顾之前的示例，请注意调度 1 与调度 2 的优先图（图 13-10）的确不包含环路。而调度 4 的优先图（图 13-11）却包含一个环路，这说明该调度不是冲突可串行化的。

有可能存在两个调度，它们产生相同的结果，但它们不是冲突等价的。例如，考虑事务 T_5，它从账户 B 转账 \$10 到账户 A。将调度 8 定义为图 13-13 中所示的那样。我们说调度 8 不与串行调度 $\langle T_1, T_5 \rangle$ 冲突等价，因为在调度 8 中，T_5 的 write(B) 指令与 T_1 的 read(B) 指令是冲突的。这在优先图中产生了一条 $T_5 \rightarrow T_1$ 的边。类似地，我们看到 T_1 的 write(A) 指令与 T_5 的 read 指令是冲突的，从而产生了一条 $T_1 \rightarrow T_5$ 的边。这表示优先图中有环路，并且调度 8 不是可串行化的。然而，执行调度 8 或者执行串行调度 $\langle T_1, T_5 \rangle$ 之后，账户 A 与 B 的最终值是相同的，即分别为 \$960 与 \$2040。

从这个示例可以看出，存在比冲突等价不那么严格的调度等价性定义。对于系统来说，为了确定调度 8 与串行调度 $\langle T_1, T_5 \rangle$ 产生的结果相同，系统必须分析 T_1 与 T_5 所执行的计算，而不只是分析 read 和 write 操作。通常说来，这种分析难以实现并且计算代

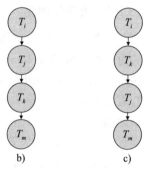

b)　　　　　c)

图 13-12　拓扑排序示例

T_1	T_5
read(A)	
$A := A - 50$	
write(A)	
	read(B)
	$B := B - 10$
	write(B)
read(B)	
$B := B + 50$	
write(B)	
	read(A)
	$A := A + 10$
	write(A)

图 13-13　调度 8

价是昂贵的。在我们的示例中，最后的结果和串行调度是一样的，是因为这样的数学事实：加法和减法运算是可交换的。虽然这在我们的简单示例中可能很容易看出来，但是一般情况下并非如此容易，因为一个事务可能会被表示为一条复杂的 SQL 语句，一段具有 JDBC 调用的 Java 程序，等等。

⊖　相反，如果我们用边的数量来衡量复杂度，这就与活跃事务之间的实际冲突数相对应，那么基于深度优先的环路检测是线性的。

不过，存在一些纯粹基于 read 与 write 操作的调度等价性的其他定义。其中一种这样的定义是视图等价（view equivalence），该定义引出了视图可串行化（view serializability）的概念。由于视图可串行化的计算复杂度很高，故在实践中并未使用[⊖]。

13.7　事务的隔离性和原子性

至此，我们隐含地假定在没有事务失效的前提下学习调度。现在我们讨论在并发执行过程中事务失效所产生的影响。

不论什么原因，如果一个事务 T_i 失效了，我们需要撤销该事务的影响以确保该事务的原子性。在允许并发执行的系统中，原子性要求依赖于 T_i 的任何事务 T_j（即 T_j 读取了 T_i 写的数据）也要中止。为确保这一点，我们需要对系统中所允许的调度类型设置一些限制。

在下面的两小节中，我们从事务失效恢复角度讲述什么样的调度是可接受的。我们将在第 14 章中讲述如何保证只产生这种可接受的调度。

13.7.1　可恢复调度

请考虑图 13-14 中调度 9 的一部分，其中事务 T_7 只执行一条指令，即 read(A)。我们称其为一次部分调度（partial schedule），因为我们没有包括对 T_6 的 commit 或 abort 操作。请注意 T_7 在执行 read(A) 指令后立即提交了。因此，T_7 提交时 T_6 仍处于活跃状态。现在假定 T_6 在它提交前失效。T_7 已读取了由 T_6 写过的数据项 A。因此，我们说 T_7 依赖于 T_6。由于这个原因，我们必须中止 T_7 以保证原子性。但是 T_7 已经提交，不能再中止了。这样，我们就遇到了不能从 T_6 的失效正确恢复的情形。

调度 9 是不可恢复（nonreconverable）调度的一个示例。一个可恢复调度是这样的调度：对于每对事务 T_i 和 T_j，如果 T_j 读取了由 T_i 之前所写的数据项，则 T_i 的提交操作出现在 T_j 的提交操作之前。为了使调度 9 的示例是可恢复的，T_7 应该推迟到 T_6 提交之后再提交。

T_6	T_7
read(A)	
write(A)	
	read(A)
	commit
read(B)	

图 13-14　调度 9 是一个不可恢复的调度

13.7.2　无级联调度

即使一个调度是可恢复的，要从事务 T_i 的失效中正确恢复，我们可能需要回滚若干事务。如果有事务读取了由事务 T_i 所写的数据项就会发生这种情况。作为一个示例，请考虑图 13-15 所示的部分调度。事务 T_8 写了 A 的值，随后事务 T_9 读取了 A。事务 T_9 写的 A 值又被事务 T_{10} 读取。假定此时 T_8 失效，T_8 必须回滚。由于 T_9 依赖于 T_8，则事务 T_9 必须回滚。由于 T_{10} 依赖于 T_9，则 T_{10} 必须回滚。这种因单个事务失效而导致一系列事务回滚的现象称为级联回滚（cascading rollback）。

级联回滚导致要撤销大量的工作，因而是不希望发生的。

T_8	T_9	T_{10}
read(A)		
read(B)		
write(A)		
	read(A)	
	write(A)	
		read(A)
abort		

图 13-15　调度 10

对调度施加限制以避免发生级联回滚的情况是必要的。这样的调度称为无级联（cascadeless）调度。规范地说，无级联调度是这样的一种调度：对于每对事务 T_i 和 T_j 都满足如果 T_j 读取

⊖　测试视图可串行化已被证明是 NP- 完全问题，这意味着几乎肯定不存在高效的视图可串行化测试算法。

了先前由 T_i 所写的一个数据项，则 T_i 的提交操作必须出现在 T_j 的这一读操作之前。容易验证每一个无级联调度都是可恢复的。

13.8 事务的隔离性级别

可串行性是一个有用的概念，因为当程序员编写事务代码时，它允许程序员忽略与并发性相关的问题。只要每个事务具有在单独执行时保持数据库一致性的性质，那么可串行性就能确保事务的并发执行是保持一致性的。然而，对于某些应用来说，需要保证可串行性的协议可能只允许极小的并发度。在这种情况下，可以采用较弱级别的一致性。为了保证数据库的正确性，使用较弱级别的一致性给程序员增加了额外的负担。

SQL 标准也允许一个事务被指定为：它可以以一种对其他事务来说是不可串行化的方式执行。例如，一个事务可能在**未提交读**（read uncommitted）的隔离性级别上执行，它甚至允许该事务读取被一个尚未提交的事务所写入的一个数据项。SQL 为那些并不要求精确结果的长事务提供这种特征。如果这些事务以可串行化的方式执行，它们就会干扰其他事务，造成其他事务的执行被延迟。

由 SQL 标准规定的**隔离性级别**（isolation level）如下所示：

- **可串行化**（serializable）通常保证可串行化的执行。然而，正如我们将要简要解释的，一些数据库系统以在某些情况下可能允许非可串行化执行的方式来实现这种隔离性级别。
- **可重复读**（repeatable read）只允许读取已提交的数据，并进一步要求在一个事务两次读取一个数据项期间，其他事务不得更新该数据项。但是，该事务对于其他事务来说可能不是可串行化的。例如，当一个事务在查找满足某些条件的数据时，它可能找到一些由一个已提交事务所插入的数据，但可能找不到由同一个事务所插入的其他数据。
- **已提交读**（read committed）只允许读取已提交数据，但并不要求可重复读。例如，在事务两次读取一个数据项期间，另外的事务可以更新该数据项并提交。
- **未提交读**（read uncommitted）允许读取未提交数据。这是 SQL 允许的最低隔离性级别。

以上所有的隔离性级别附带都不允许**脏写**（dirty write），即如果一个数据项已经被另外一个尚未提交或中止的事务写过，则不允许对该数据项再执行写操作。

许多数据库系统缺省情况下在已提交读的隔离性级别上运行。在 SQL 中，除了接受系统的缺省设置之外，还可以显式地设置隔离性级别。例如，语句

set transaction isolation level serializable

将隔离性级别设置为可串行化，其他任何隔离性级别也都是可以设定的。Oracle、PostgreSQL 和 SQL Server 均支持上述语法。Oracle 使用如下语法：

alter session set isolation_level = serializable

而 DB2 使用语法"change isolation level"以及它自己提供的隔离性级别的缩写。修改隔离性级别必须作为事务的第一条语句来执行。

缺省情况下，大多数数据库在执行完单条语句后立即提交它们。必须关闭对单条语句的这

种**自动提交**（automatic commit）以允许多条语句作为单个事务来运行。start transaction 命令确保在后面的 commit 或 rollback 之前，后续的 SQL 语句都作为单个事务来执行。如所预想的那样，commit 操作提交在其之前的 SQL 语句，而 rollback 回滚在其之前的 SQL 语句。（SQL Server 使用 begin transaction 来代替 start transaction，而 Oracle 和 PostgreSQL 将 begin 视为与 start transaction 相同。）

诸如 JDBC 和 ODBC 之类的 API 提供了关闭自动提交的功能。在 JDBC 中，Connection 接口的 setAutoCommit 方法（我们在 5.1.1.8 节中看到过）可以通过调用 setAutoCommit(false) 来关闭自动提交，或者通过调用 setAutoCommit(true) 来打开自动提交。此外，在 JDBC 中，Connection 接口的 setTransactionIsolation(int level) 方法可以使用以下任何一个参数来调用：

- Connection.TRANSACTION_SERIALIZABLE
- Connection.TRANSACTION_REPEATABLE_READ
- Connection.TRANSACTION_READ_COMMITTED
- Connection.TRANSACTION_READ_UNCOMMITTED

以便设置事务相应的隔离性级别。

应用程序设计者可能会为了提高系统性能而决定接受较弱的隔离性级别。正如我们将在 13.9 节和第 14 章中所看到的，确保可串行化可能会迫使一个事务等待另一个事务，或者在某些情况下，由于该事务无法再作为可串行化执行的一部分来运行而中止。虽然为了性能而承担数据库一致性的风险可能看起来是短视的，但是如果我们可以确保可能出现的不一致性是和应用程序无关的，则这种权衡就是合理的。

有很多方法可以实现隔离性级别。只要这种实现能够确保可串行化，则数据库应用程序的设计者或者应用程序的用户就不需要知道这些实现的细节，除非需要处理性能问题。遗憾的是，尽管隔离性级别被设置为**可串行化**，一些数据库系统实际上实现的是较弱的隔离性级别，它并不排除所有非可串行化执行的可能性，我们将在 17.9 节中再次讨论这个问题。如果采用较弱的隔离性级别，无论是显式还是隐式，应用程序设计者都必须知晓一些实现细节，以避免或者最小化由缺乏可串行化而带来的不一致的可能性。

注释 13-2　现实世界中的可串行化

可串行化调度是保证一致性的理想方式，但是在日常生活中，我们不会强制实施如此严格的要求。一个提供商品销售的网站可能会列出一种有现货的商品，但是在用户选择该商品并结账的过程中，该商品可能不再可售。从数据库的角度来看，这应该就是一种不可重复读。

作为另一个示例，请考虑针对航空旅行的座位选择。假设一名旅客已经预订好行程，并且现在正在为每次航班选择座位。许多航空公司的网站允许用户浏览各次航班并选择座位，然后要求用户确认其选择。而与此同时，其他旅客也可能正在选择同一架航班的座位或者更改他们所选择的座位。因此，该旅客所看到的空余座位实际上是变化的，但是该旅客所看到的只是截止到当他开始座位选择流程时的空余座位的一个快照。

即使两名旅客同时选择座位，他们很可能选择不同的座位，如果是这样就不会发生真正的冲突。然而，事务是非可串行化的，因为每名旅客所读取的数据是其他旅客更新后的结果，这导致优先图中存在环路。如果两名旅客同时执行的座位选择事实上选择的是相同的座位，则其中一位将不会获得他所选择的座位。不过，这种情况很容易解决，只要在更新的空余座位信息上，要求这名旅客重新执行选择即可。

通过一个时刻只允许一名旅客选择一次特定航班的座位可以保证可串行化。然而，这样做可能会带来严重的延迟，因为旅客需要等待他们的航班变得可供选择座位，特别是一名旅客花费很长时间来做出选择的话，可能会给其他旅客带来严重的问题。取而代之的做法是，任何这类的事务通常可以拆分成一个需要用户交互的部分以及一个专门在数据库上运行的部分。在上述示例中，数据库事务将检查旅客选中的座位是否仍然可用，并且如果可用才更新数据库中的座位选择信息。可串行化是只针对在数据库上运行的事务而保证的，并不考虑用户交互的情况。

13.9　隔离性级别的实现

至此，我们已经知道调度必须具有什么样的性质才能保证数据库处于一致性状态，并允许以安全的方式来处理事务的失效。

我们可以使用多种**并发控制**策略来保证：即使在有多个事务并发执行时，不管操作系统在这些事务之间如何分配分时资源（例如 CPU 时间），都只产生可接受的调度。

作为并发控制策略的一个简单示例，请考虑如下情况：一个事务在它开始前获得整个数据库上的**锁**（lock），并在它提交之后释放这个锁。在一个事务持有锁的期间，其他任何事务都不允许获得这个锁，因此必须等待该锁被释放。由于采用了封锁策略，一次只能执行一个事务。所以只会产生串行调度。这样的调度很明显是可串行化的，并且容易验证它们也是可恢复的和无级联的。

像这样的并发控制策略会导致性能低下，因为它迫使事务等到前面的事务结束后才能开始。换句话说，它提供的并发程度很低（实际上，根本没有并发度）。正如我们在 17.5 节中看到过的那样，并发执行具有显著的性能优势。

并发控制策略的目标是提供高度的并发性，同时保证所产生的所有调度都是冲突或视图可串行化、可恢复并且无级联的。

在这里，我们概述一些最重要的并发控制机制是如何工作的，然后到第 18 章再介绍相关细节。

13.9.1　锁

事务可以只封锁它访问的那些数据项，而不用封锁整个数据库。在这种策略下，事务必须在足够长的时间内持有锁以保证可串行化，但是这一时期又要足够短以不会过度影响性能。麻烦的情况是数据项的访问取决于 where 子句的 SQL 语句，对此我们将在 13.10 节中讨论。在第 14 章中，我们将介绍两阶段封锁协议，这是一种简单但被广泛用来确保可串行化的技术。简单地说，两阶段封锁要求一个事务有两个阶段，在第一个阶段它获得锁但并不释放任何锁，在第二个阶段事务释放锁但并不获得锁。（实际上，通常只有当事务完成它的操作并且被提交或者被中止时才释放锁。）

如果我们有共享的和排他的两种类型的锁，则封锁的结果将进一步得到改进。共享锁用于事务读取的数据，而排他锁用于事务写的数据。许多事务可以同时持有相同数据项上的共享锁，但是只有当其他任何事务在一个数据项上不持有任何锁（无论是共享锁或是排他锁）的前提下，一个事务才允许持有该数据项上的排他锁。使用这两种锁模式以及两阶段封锁可以在仍然保证可串行化的同时允许数据的并发读取。

13.9.2 时间戳

另一类用来实现隔离性的技术是为每个事务分配一个**时间戳**（timestamp），通常是当事务开始的时候。对于每个数据项，系统维护着两个时间戳。数据项的读时间戳保留读取该数据的那些事务的最大（也就是最近的）时间戳。数据项的写时间戳保留写过该数据项当前值的事务的时间戳。时间戳用来确保在事务访问冲突的情况下，事务按照事务时间戳的次序来访问每个数据项。当不能访问时，违例事务将会被中止，并且分配一个新的时间戳重新开始。

13.9.3 多版本和快照隔离

通过维护数据项的多个版本，可以允许一个事务读取一个数据项的旧版本，而不是被另一个未提交事务或者在串行化次序中应该排在后面的事务所写的新版本。有很多的多版本并发控制技术，其中一个在实践中被广泛应用，是称为**快照隔离**（snapshot isolation）的技术。

在快照隔离中，我们可以想象每个事务在它开始时有其自己的数据库版本或者快照[⊖]。它从这个私有版本中读取数据，因此和其他事务所做的更新隔离开来。如果事务更新数据库的话，该更新只出现在其私有版本中，而不是在实际的数据库本身中。如果事务提交，则和这些更新有关的信息被保存，使得这些更新被应用到"真正的"数据库。

当一个事务 T 进入部分提交状态时，只有在没有其他并发事务修改了 T 想要更新的数据项的情况下，T 才能进入提交状态。其结果是，不能被提交的事务被中止。

快照隔离确保读数据的尝试永远无须等待（不像封锁的情况）。只读事务不会被中止，只有修改数据的那些事务有微小的被中止的风险。由于每个事务读取它自己的数据库版本或快照，读数据并不会导致此后其他事务的更新尝试需要等待（不像封锁的情况）。因为大部分事务是只读的（并且大多数其他事务读数据的情况多于它们的更新），这通常是与锁相比带来性能改善的一个主要原因。

可事与愿违的是，快照隔离的问题是它提供了太多的隔离。考虑两个事务 T 和 T'。在一个可串行化执行中，要么 T 看到 T' 所做的所有更新，要么 T' 看到 T 所做的所有更新，因为在可串行化次序中一个事务必须跟在另一个事务之后。在快照隔离的情况下，存在任何事务都不能看到对方更新的情况。这种情况在可串行化执行中是不会出现的。在许多（事实上是大多数）情况下，两个事务的数据访问并不会冲突，因此没有什么问题。然而，如果 T 读取 T' 更新的某些数据项并且 T' 读取 T 更新的某些数据项，则可能两个事务都无法读取对方所做的更新。正如我们将在第 14 章中所看到的那样，其结果可能会导致数据库的不一致状态，而这在任何可串行化执行中当然是不会出现的。

Oracle、PostgreSQL 和 SQL Server 提供快照隔离的选项。Oracle 和 PostgreSQL 9.1 之前的 PostgreSQL 版本使用快照隔离实现了**可串行化**隔离性级别。其结果是，它们的可串行化实现在特殊情况下会导致允许非可串行化的执行。而 SQL Server 在标准级别以外增加了一个称为**快照**的附加的隔离性级别，以提供快照隔离的选项。PostgreSQL 9.1 之后的版本实现了一种称为可串行化快照隔离的并发控制形式，它在确保可串行化的同时提供了快照隔离的优势。

⊖ 在现实中，不会拷贝整个数据库。只有被改变的那些数据项才会被保留多个版本。

13.10 事务的 SQL 语句表示

在 4.3 节中,我们介绍了指定事务开始和结束的 SQL 语法。现在我们已经看到了一些在保证事务的 ACID 特性时的问题,我们准备好来考虑在用一系列 SQL 语句表示事务时如何保证这些特性,而不是像到目前为止我们所考虑的简单读和写的受限模型。

在简单模型中,我们假设存在一个数据项的集合。虽然简单模型允许改变数据项的值,但是并不允许创建或删除数据项。然而在 SQL 中,insert 语句创建新的数据且 delete 语句删除数据。事实上,这两条语句都是 write 操作,因为它们改变了数据库,但是它们与其他事务操作的交互与我们在简单模型中看到的是不同的。作为一个示例,请考虑插入或删除会如何与下述 SQL 查询相冲突,该查询查找工资超过 90 000 美元的所有教师:

> **select** *ID*, *name*
> **from** *instructor*
> **where** *salary* > 90000;

采用 *instructor* 示例关系,我们发现只有 Einstein 和 Brandt 满足条件。现在假设在我们运行该查询的差不多同一时间,另外一个用户插入一条新的名为 " James " 的工资为 100 000 美元的教师数据。

> **insert into** *instructor* **values** ('11111', 'James', 'Marketing', 100000);

我们的查询结果取决于该插入是先于还是后于查询而运行的。在这两个事务的并发执行中,在直觉上很显然它们是冲突的,然而这种冲突通过简单模型无法捕捉。这种情况被称为**幻象现象**(phantom phenomenon),因为冲突可能存在于"幻象"数据上。

我们的简单事务模型要求提供一个具体的数据项作为操作的参数来执行在该数据项上的操作。在我们的简单模型中,只要查看 read 和 write 步骤就可以发现哪些数据项被引用。但是在 SQL 语句中,被引用的特定数据项(元组)可能是由 where 语句谓词来决定的。因此,如果在事务多次运行之间数据库中的值发生改变,那么即使是同一个事务,如果不止一次运行的话,也可能在它每次运行时引用不同的数据项。在我们的示例中,只有当查询在插入之后发生时,'James' 元组才会被引用。令 T 表示查询,并令 T' 表示插入。如果 T' 先发生,则在优先图中有一条 $T' \rightarrow T$ 的边。然而,在查询 T 先发生的情况下,尽管在幻象数据上的实际冲突强制 T 的串行化次序在 T' 之前,但在优先图中的 T 和 T' 之间是没有边的。

上面谈到的问题表明:并发控制仅考虑事务要访问的元组是不够的,出于并发控制的目的,还需要考虑事务用于找到待访问元组的信息。用于寻找元组的信息可能会被插入或删除所更新,或者在有索引的情况下,该信息甚至还可能由于搜索码属性的更新而更新。例如,如果采用封锁来进行并发控制,则用于追踪关系中元组的数据结构以及索引结构都必须被恰当地封锁。然而,这种封锁可能会在某些情况下导致较低的并发度。在插入、删除以及带有谓词的查询中都保证可串行化的同时,还能够最大化并发度的索引封锁协议将在 14.4.3 节中讨论。

让我们再次考虑查询:

> **select** *ID*, *name*
> **from** *instructor*
> **where** *salary*> 90000;

以及以下 SQL 更新:

> update *instructor*
> set *salary* = *salary* * 0.9
> where *name* = 'Wu';

我们在判断查询到底是否和该更新语句相冲突时面临一种有趣的现象。如果查询读取整个 *instructor* 关系，则它读取与'Wu'的数据相关的元组并与更新冲突。然而，如果存在可用的索引，使得查询可以直接访问"*salary* > 90000"的那些元组，则查询根本就不会访问'Wu'的数据，因为在示例关系中'Wu'的原始工资为 90 000 美元，且在更新后减少到 81 000 美元。

但是，使用上述方法，看起来好像一个冲突的存在依赖于系统的底层查询处理决策，而与两条 SQL 语句含义的用户层观点无关！并发控制的一种可替代方法是如果一次插入、删除或更新会影响一个谓词所选择的元组集，则将其视为与关系上的谓词相冲突。在上述查询示例中，谓词是"*salary* > 90000"，并且一个将'Wu'的工资从 90 000 美元更新为一个比 90 000 美元更高的值的更新，或者一个将'Einstein'的工资从高于 90 000 美元的值更新到低于或等于 90 000 美元的值的更新都会和该谓词相冲突。基于这种思想的封锁称为**谓词锁** (predicate locking)，谓词锁经常使用索引节点上的锁来实现，我们将在 14.4.3 节中看到。

13.11 总结

- 事务是访问并可能更新各种数据项的程序执行单元。理解事务这个概念对于理解与实现数据库中的数据更新是很关键的，只有这样并发执行与各种形式的故障才不会导致数据库处于不一致状态。

- 事务需要具备 ACID 特性：原子性、一致性、隔离性和持久性。
  - 原子性保证一个事务的所有效果在数据库中要么全部反映出来，要么根本不反映；故障不能让数据库处于某个事务部分执行过的状态。
  - 一致性保证若数据库一开始是一致的，则事务（单独）执行后数据库仍处于一致性状态。
  - 隔离性保证并发执行的事务是相互隔离的，每个事务都感觉不到有其他事务在跟它一起并发执行。
  - 持久性保证一旦事务提交，该事务的修改就不会丢失，即使出现了系统故障。

- 事务的并发执行可提高事务的吞吐量和系统的利用率，还减少事务的等待时间。

- 计算机中各种类型的存储介质包括易失性存储器、非易失性存储器和稳定存储器。诸如 RAM 之类的易失性存储器中的数据在计算机崩溃时会丢失。诸如磁盘之类的非易失性存储器中的数据在计算机崩溃时不会丢失，但是偶尔会由于诸如磁盘崩溃之类的故障而丢失。稳定存储器中的数据永远不会丢失。

- 必须支持在线访问的稳定存储器是用磁盘镜像或者其他形式的、提供冗余数据存储的 RAID 来近似模拟的。对于离线或归档的情况，稳定存储器可以由存储在物理上安全的位置中的数据的多个磁带备份所构成。

- 当多个事务在数据库上并发执行时，数据的一致性可能不再保持。因此，系统必须控制并发事务之间的交互。
  - 由于事务是保持一致性的单元，所以事务的串行执行能保证一致性。
  - 调度捕获影响事务并发执行的关键操作，如 read 和 write 操作，而忽略事务执行的内部细节。

- 我们要求通过一组事务的并发处理所产生的任何调度的执行效果等价于当这些事务按某种次序串行执行时的调度所产生的效果。
  - 保证这个特性的系统被称为保证了可串行化。
  - 存在几种不同的等价概念，从而引出了冲突可串行化与视图可串行化的概念。
- 由事务并发执行所产生的调度的可串行化可以通过多种称作并发控制机制中的一种来保证。
- 我们可以通过为一个给定调度构造优先图并搜索图中是否存在环路来测试该调度是否是冲突可串行化的。然而，存在更高效的并发控制策略可用来保证可串行化。
- 调度必须是可恢复的，以确保：若事务 a 看到事务 b 的影响，则当 b 随后中止时，那么 a 也要中止。
- 调度最好是无级联的，这样不会由于一个事务的中止而引发其他事务的级联中止。无级联性是通过只允许事务读取已经提交过的数据来保证的。
- 数据库的并发控制管理部件负责处理并发控制策略。相关技术包括封锁、时间戳排序和快照隔离。第 14 章阐述并发控制策略。
- 数据库系统提供的隔离性级别比可串行化要弱，以允许对并发性的限制更少，并因而提升性能。这会引入一些应用程序认为可以接受的不一致性风险。
- 由于存在幻象现象，要确保在出现 SQL 的 update、insert 和 delete 操作的情况下的正确并发执行就需要格外仔细。

术语回顾

- 事务
- ACID 特性
  - 原子性
  - 一致性
  - 隔离性
  - 持久性
- 不一致状态
- 存储器类型
  - 易失性存储器
  - 非易失性存储器
  - 稳定存储器
- 并发控制系统
- 恢复系统
- 事务状态
  - 活跃的
  - 部分提交的
  - 失效的
  - 中止的
  - 提交的
  - 终止的
- 补偿事务

- 事务
  - 重启
  - 杀死
- 可见的外部写
- 并发执行
- 串行执行
- 调度
- 操作冲突
- 冲突等价
- 冲突可串行化
- 可串行化测试
- 优先图
- 可串行化次序
- 可恢复调度
- 级联回滚
- 无级联调度
- 隔离性级别
  - 可串行化
  - 可重复读
  - 已提交读
  - 未提交读

- 脏写
- 自动提交
- 并发控制
- 封锁

- 时间戳次序
- 快照隔离
- 幻象现象
- 谓词锁

实践习题

13.1   假设存在一个永远不出现故障的数据库系统。这样的系统还需要恢复管理器吗？

13.2   请考虑一个文件系统，比如你最喜欢的操作系统上的文件系统。

    a. 创建和删除文件分别包括哪些步骤，向文件中写数据呢？

    b. 试说明原子性和持久性问题与创建和删除文件以及向文件中写数据有什么关系。

13.3   数据库系统实现者比文件系统实现者更注重 ACID 特性，为什么会这样？

13.4   可以使用哪种或哪些类型的存储器来确保持久性？为什么？

13.5   既然每一个冲突可串行化调度都是视图可串行化的，为什么还强调冲突可串行化而不是视图可串行化呢？

13.6   请考虑图 13-16 所示的优先图，相应的调度是冲突可串行化的吗？请解释你的答案。

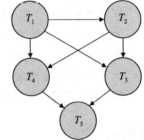

13.7   什么是无级联调度？为什么要求无级联调度？是否存在要求允许级联调度的情况？请解释你的回答。

13.8   发生**丢失更新**异常是指如果事务 T_j 读取了一个数据项，然后另一个事务 T_k 写该数据项（可能基于先前的读取），这之后 T_j 再写该数据项。于是 T_k 所做的更新就丢失了，因为 T_j 所做的更新忽视了 T_k 所写的值。

图 13-16   实践习题 13.6 的优先图

    a. 请给出一个表明丢失更新异常的调度示例。

    b. 请给出一个表明在**已提交读**隔离性级别下可能发生丢失更新异常的调度示例。

    c. 请解释为什么在**可重复读**隔离性级别下丢失更新异常不可能发生。

13.9   请考虑一个银行数据库，其数据库系统采用快照隔离。请描述一种特定场景，其中出现的非可串行化执行会给银行带来问题。

13.10   请考虑一个航空公司数据库，其数据库系统采用快照隔离。请描述一种特定场景，其中出现了非可串行化执行，但是航空公司可能为了获得更好的整体性能而愿意接受这种场景。

13.11   一个调度的定义假设操作是可以完全按时间排列的。请考虑一个在具有多个处理器的系统上运行的数据库系统，它并不总是能对于运行在不同处理器上的操作确定一种准确的次序。但是，一个数据项上的操作是完全可以排序的。

    以上情况是否给冲突可串行化的定义带来问题？请解释你的答案。

习题

13.12   请列出 ACID 特性，并解释每种特性的用途。

13.13   在一个事务的执行期间会经过几种状态，直到它最后提交或终止。请列出一个事务可能经过的、所有可能的状态序列。请解释每种状态转换可能出现的原因。

13.14   请解释术语串行调度和可串行化调度之间的区别。

13.15   请考虑以下两个事务：

$$T_{13}: \text{read}(A);$$
$$\text{read}(B);$$
$$\textbf{if } A = 0 \textbf{ then } B := B + 1;$$
$$\text{write}(B).$$

$$T_{14}: \text{read}(B);$$
$$\text{read}(A);$$
$$\textbf{if } B = 0 \textbf{ then } A := A + 1;$$
$$\text{write}(A).$$

令一致性需求为 $A=0 \lor B=0$，初值是 $A=B=0$。

　　a. 请说明包括这两个事务的每一个串行执行都保持了数据库的一致性。

　　b. 请给出 T_{13} 和 T_{14} 的一次并发执行，它产生了不可串行化的调度。

　　c. 存在产生可串行化调度的 T_{13} 和 T_{14} 的并发执行吗？

13.16　请给出具有两个事务的一个可串行化调度的示例，其中事务的提交次序与串行化的次序是不同的。

13.17　什么是可恢复的调度？为什么要求调度的可恢复性？存在需要允许出现不可恢复调度的情况吗？请解释你的回答。

13.18　为什么数据库系统的确支持事务的并发执行，尽管需要额外的开销来确保并发执行并不会引发任何问题？

13.19　请解释为何已提交读隔离性级别保证调度是无级联的。

13.20　对于以下每种隔离性级别，请给出一个满足指定的隔离性级别但并不是可串行化调度的示例：

　　a. 未提交读。

　　b. 已提交读。

　　c. 可重复读。

13.21　假设除了 read 和 write 操作之外，我们还允许一个操作 pred_read(r, P)，它读取关系 r 中满足谓词 P 的所有元组。

　　a. 请给出一个使用 pred_read 操作的调度示例，它展示了幻象现象并且其结果是非可串行化的。

　　b. 请给出一个调度的示例，其中一个事务在关系 r 上使用 pred_read 操作，另一个并发事务从 r 中删除一个元组，但是该调度中没有出现幻象冲突。（为此，你需要给出关系 r 的模式，并且显示待删除元组的属性值。）

延伸阅读

　　[Gray and Reuter (1993)] 提供了涵盖事务处理的概念、技术和实现细节，包括并发控制和恢复问题的详尽教科书。[Bernstein and Newcomer (1997)] 提供了涵盖事务处理多个方面的教科书。

　　[Eswaran et al. (1976)] 对可串行化的概念进行了形式化描述，这同 System R 的并发控制方面的工作相关联。

　　涵盖事务处理具体方面（如并发控制和恢复）的参考文献在第 14 章中有引用。

参考文献

[Bernstein and Newcomer (2009)] P. A. Bernstein and E. Newcomer, *Principles of Transaction Processing*, 2nd edition, Morgan Kaufmann (2009).

[Eswaran et al. (1976)] K. P. Eswaran, J. N. Gray, R. A. Lorie, and I. L. Traiger, "The Notions of Consistency and Predicate Locks in a Database System", *Communications of the ACM*, Volume 19, Number 11 (1976), pages 624-633.

[Gray and Reuter (1993)] J. Gray and A. Reuter, *Transaction Processing: Concepts and Techniques*, Morgan Kaufmann (1993).

第 14 章

Database System Concepts, Seventh Edition

并发控制与恢复

在第 13 章中，我们了解了事务的一个基本特性是隔离性。然而，当数据库中有几个事务并发执行时，隔离性可能不一定能够保持。为了确保事务的隔离性，系统必须对并发事务之间的交互加以控制；这种控制是通过各种称为*并发控制*（concurrency-control）机制中的一种来实现的。在本章前半部分，我们考虑对并发执行事务的管理，并且我们忽略故障；在本章后半部分，我们将看到系统如何从故障中进行恢复。

正如我们将会看到的，存在多种并发控制的机制。没有哪种机制明显是最好的；每种机制都有优势。在实践中，最常用的机制有*两阶段封锁*（two-phase locking）和*快照隔离*（snapshot isolation）。

14.1 基于锁的协议

确保隔离性的方式之一是要求对数据项以互斥的方式进行访问；也就是说，当一个事务访问某个数据项时，其他任何事务都不能修改该数据项。实现这个需求最常用的方法是：仅当一个事务当前持有一个数据项上的**锁**（lock）的情况下，该事务才能够访问这个数据项。我们曾在 13.9 节中介绍过封锁的概念。

14.1.1 锁

给一个数据项加锁可能存在多种模式。在本节中，我们只考虑两种模式：

1. **共享的**。如果一个事务 T_i 获得了数据项 Q 上的**共享模式锁**（shared-mode lock）（记为 S），则 T_i 可以读 Q，但不能写 Q。
2. **排他的**。如果一个事务 T_i 获得了数据项 Q 上的**排他模式锁**（exclusive-mode lock）（记为 X），则 T_i 既可以读又可以写 Q。

我们要求每个事务都要根据自己将对数据项 Q 执行的操作类型**申请**（request）Q 上适当的锁。事务将请求发送给并发控制管理器。事务只有在并发控制管理器**授予**（grant）它所需的锁后才能继续其操作。这两种锁模式的使用允许多个事务读取一个数据项但是限制一次只能有一个事务进行写访问。

为了更普遍地说明这个问题，给定一组锁模式，我们可以在它们上面按如下方式定义一个**相容函数**（compatibility function）：令 A 与 B 代表任意的锁模式，假设一个事务 T_i 请求数据项 Q 上的 A 模式锁，而事务 T_j（$T_i \neq T_j$）当前在数据项 Q 上持有 B 模式锁。尽管存在 B 模式锁，如果事务 T_i 可以立即获得 Q 上的锁，那么我们就说 A 模式锁与 B 模式锁是**相容的**（compatible）。这样的一个函数可以通过矩阵方便地表示出来。在本节中所讨论的两种锁模式之间的相容关系由图 14-1 所示的 comp 矩阵给出。当且仅当 A 模式与 B 模式相容时，该矩阵的一个元素 comp(A, B) 具有 true 值。

	S	X
S	true	false
X	false	false

图 14-1 锁相容性矩阵 comp

请注意，共享模式与共享模式是相容的，而与排他模式不相容。在任何时候，一个特定数据项上可同时（被不同事务）持有多个共享模式的锁。此后的排他模式锁请求必须一直等待直到当前持有的这些共享模式锁被释放为止。

事务通过执行 lock-S(Q) 指令来申请数据项 Q 上的共享锁。类似地，事务通过 lock-X(Q) 指令来申请排他锁。事务通过 unlock(Q) 指令来对数据项 Q 解锁。

要访问一个数据项，事务 T_i 必须首先给该数据项加锁。如果该数据项已经被另外的事务以一种不相容的模式封锁了，则在被其他事务所持有的所有不相容模式的锁被释放之前，并发控制管理器不会授予该锁。因此，T_i 只好**等待**，直到被其他事务所持有的所有不相容的锁被释放为止。

事务 T_i 可以释放它在先前的某个时刻加在一个数据项上的锁。请注意，一个事务只要还在访问一个数据项，它就必须持有该数据项上的锁。此外，要求事务在它对一个数据项进行最后一次访问之后立即释放该数据项上的锁也未必是可取的，因为有可能不能保证可串行化。

作为一个示例，请再次考虑我们在第 13 章中介绍的银行示例。令 A 与 B 是被事务 T_1 与 T_2 访问的两个账户。事务 T_1 从账户 B 转 \$50 到账户 A（见图 14-2）。事务 T_2 显示账户 A 与 B 上的总金额，即 $A+B$ 的总和（见图 14-3）。

```
T₁: lock-X(B);
    read(B);
    B := B - 50;
    write(B);
    unlock(B);
    lock-X(A);
    read(A);
    A := A + 50;
    write(A);
    unlock(A).
```

图 14-2 事务 T_1

```
T₂: lock-S(A);
    read(A);
    unlock(A);
    lock-S(B);
    read(B);
    unlock(B);
    display(A + B).
```

图 14-3 事务 T_2

假设账户 A 与 B 的金额分别为 \$100 与 \$200。如果这两个事务串行执行，无论是以 T_1、T_2 还是 T_2、T_1 的顺序执行，那么事务 T_2 将显示的值为 \$300。然而，如果这两个事务是并发执行的，则有可能出现如图 14-4 中所示的调度 1。在那种情况下，事务 T_2 显示 \$250，这是不对的。出现这种错误的原因是事务 T_1 过早释放了数据项 B 上的锁，从而导致事务 T_2 看到了一种不一致的状态。

T_1	T_2	并发控制管理器
lock-X(B)		
		grant-X(B, T_1)
read(B)		
$B := B - 50$		
write(B)		
unlock(B)		
	lock-S(A)	
		grant-S(A, T_2)
	read(A)	
	unlock(A)	
	lock-S(B)	
		grant-S(B, T_2)
	read(B)	
	unlock(B)	
	display($A + B$)	
lock-X(A)		
		grant-X(A, T_1)
read(A)		
$A := A + 50$		
write(A)		
unlock(A)		

图 14-4 调度 1

该调度显示了由事务执行的操作以及并发控制管理器授权锁的时刻。申请锁的事务在并发控制管理器授权锁之前不能执行它的下一个操作。因此，锁的授予必然是在事务的锁申请操作与下一个操作的时间间隔之内。至于在此期间内授权锁的准确时间并不重要；我们不妨假设锁正好在事务的下一个操作之前授予。因此，在本章余下部分所描述的所有调度中，我们将去掉描述并发控制管理器操作的那一栏。我们让你去推断锁是何时授予的。

现在假定延迟到事务结束时才释放锁。事务 T_3 对应于 T_1，它延迟了锁的释放（见图 14-5）；事务 T_4 对应于 T_2，它也延迟了锁的释放（见图 14-6）。

```
T_3: lock-X(B);
     read(B);
     B := B − 50;
     write(B);
     lock-X(A);
     read(A);
     A := A + 50;
     write(A);
     unlock(B);
     unlock(A).
```

图 14-5 事务 T_3（具有延迟解锁的事务 T_1）

```
T_4: lock-S(A);
     read(A);
     lock-S(B);
     read(B);
     display(A + B);
     unlock(A);
     unlock(B).
```

图 14-6 事务 T_4（具有延迟解锁的事务 T_2）

你可以验证，在调度 1 中导致显示不正确总额 \$250 的读写序列，对于 T_3 和 T_4 来说没有再出现的可能了。也可以用其他的调度，但在任何调度当中，T_4 将不会显示出不一致的结果；稍后我们将明白其中的缘由。

遗憾的是，封锁可能导致一种不受欢迎的情形。请考察如图 14-7 所示的关于 T_3 与 T_4 的部分调度。由于 T_3 持有在 B 上的排他模式锁，而 T_4 正在申请 B 上的共享模式锁，所以 T_4 等待 T_3 释放 B 上的锁；类似地，由于 T_4 持有在 A 上的共享模式锁，而 T_3 正在申请 A 上的排他模式锁，所以 T_3 等待 T_4 释放 A 上的锁。于是，我们进入了这样一种哪个事务都不能继续其正常执行的状态。这种情形称为**死锁**（deadlock）。当死锁发生时，系统必须回滚这两个事务中的一个。一旦一个事务被回滚，被该事务锁住的数据项就被解锁。另一个事务就可以访问这些数据项，从而继续它的执行。我们将在 14.2 节中再回来讨论死锁处理的问题。

T_3	T_4
lock-X(B)	
read(B)	
B := B − 50	
write(B)	
	lock-S(A)
	read(A)
	lock-S(B)
lock-X(A)	

图 14-7 调度 2

我们如果不使用封锁，或者如果我们对数据项进行读或写之后太早解锁，就可能会得到不一致的状态。另一方面，在申请对另一个数据项加锁之前，如果我们并不对当前数据项解锁，则可能会发生死锁。在某些情形下有办法避免死锁，正如我们将在 14.1.5 节中所看到的。然而，一般而言，如果我们希望避免不一致状态而采取封锁，则死锁是随之而来的必然产物。死锁显然比不一致性状态更可取，因为它们可以通过回滚事务来解决，而不一致状态可能引发数据库系统所不能处理的实际问题。

我们将要求在系统中的每一个事务都遵从称为**封锁协议**（locking protocol）的一组规则，这些规则规定事务何时可以对每个数据项进行加锁和解锁。封锁协议限制了可能的调度数量。所有这些调度组成的集合是所有可能的可串行化调度的一个真子集。我们将讲述几种封锁协议，它们只允许冲突可串行化的调度，进而保证隔离性。在此之前，我们需要介绍一些术语。

令 $\{T_0, T_1, \cdots, T_n\}$ 是参与到调度 S 中的一组事务。如果存在一个数据项 Q，使得 T_i 在 Q 上持有 A 模式锁，并且后来 T_j 在 Q 上持有 B 模式锁，且 comp(A, B)=false，则我们称在 S 中 T_i **先于**（precede）T_j，记为 $T_i \rightarrow T_j$。如果 $T_i \rightarrow T_j$，那么这种先序意味着在任何等价的串行调度中，T_i 必须出现在 T_j 之前。请注意，这张图与我们在 17.6 节中用于检测冲突可串行性的优先图是类似的。指令之间的冲突对应于锁模式之间的不相容性。

如果调度 S 是对于一组遵从封锁协议规则的事务的一种可能的调度，我们称 S 在给定的封锁协议下是**合法的**（legal）。当且仅当一种封锁协议的所有合法调度都是冲突可串行化的，我们称它**保证**（ensure）了冲突可串行化；换句话说，对于所有合法的调度，其关联的→关系是无环的。

14.1.2 锁的授予

当一个事务申请对一个数据项加一种特定模式的锁并且没有其他事务在相同数据项上持有一种冲突模式的锁时，则该锁可以被授予。然而，必须小心防止出现下面的情形：假设事务 T_2 在一个数据项上持有共享模式锁，并且另一个事务 T_1 申请在该数据项上的排他模式锁。那么 T_1 必须等待 T_2 释放共享模式锁。同时，事务 T_3 可能申请相同数据项上的共享模式锁，这个锁请求与已授予 T_2 的锁是相容的，因此 T_3 可以被授权共享模式锁。此时 T_2 可能释放锁，但 T_1 还必须等待 T_3 完成。可是，可能又有一个新的事务 T_4 申请在相同数据项上的共享模式锁，并在 T_3 释放锁之前先被授予了锁。事实上，有可能存在一个事务的序列，其中每个事务都申请对该数据项加共享模式锁，并且每个事务都在它被授予锁后的一小段时间内释放锁，但是 T_1 总是不能得到该数据项上的排他模式锁。事务 T_1 可能永远不能继续执行，这被称为**饿死**（starved）。

我们可以通过按如下方式授权锁来避免事务的饿死：当一个事务 T_i 申请对一个数据项 Q 加特定模式 M 的锁时，并发控制管理器授权该锁的条件是：

- 在 Q 上持有与 M 冲突模式的锁的其他事务是不存在的。
- 正在等待对 Q 加锁且先于 T_i 提出其锁申请的事务是不存在的。

这样的话，一个锁请求就绝不会被其后面提出的锁申请所阻塞。

14.1.3 两阶段封锁协议

保证可串行化的一种协议是**两阶段封锁协议**（two-phase locking protocol）。该协议要求每个事务分两个阶段提出加锁和解锁申请。

1. **增长阶段**（growing phase）：一个事务可以获得锁，但不能释放任何锁。

2. **缩减阶段**（shrinking phase）：一个事务可以释放锁，但不能获得任何新锁。

起初，一个事务处于增长阶段。事务根据需要获得锁。一旦该事务释放了一个锁，它就进入了缩减阶段，并且它不能再发出加锁请求。

例如，事务 T_3 与 T_4 是两阶段的。与此相反，事务 T_1 与 T_2 不是两阶段的。请注意，解锁指令不必非得出现在事务的末尾。例如，就事务 T_3 的情况而言，我们可以把 unlock(B) 指令移到紧接 lock-X(A) 指令的后面，并且仍然保持两阶段封锁的特性。

我们可以证明两阶段封锁协议确保了冲突可串行化。请考虑任意事务，在调度中该事务获得其最后锁的位置（事务增长阶段的结束点）称为该事务的**封锁点**（lock point）。这样，多个事务可以根据它们的封锁点进行排序，实际上，这种次序就是对于这些事务的一种可串行化次序。我们将此证明留作练习（参见实践习题 14.1）。

两阶段封锁并不保证不会发生死锁。不难发现事务 T_3 与 T_4 是两阶段的,但是在调度 2 中(见图 14-7),它们却发生了死锁。

请回想一下,在 13.7.2 节中,除了希望调度可串行化之外,调度还应该是无级联的。在两阶段封锁协议下,级联回滚是可能发生的。作为一个示例,请考虑如图 14-8 所示的部分调度。每个事务都遵循两阶段封锁协议,但在 T_7 的 read(A) 步骤之后 T_5 发生故障会导致 T_6 与 T_7 的级联回滚。

级联回滚可以通过将两阶段封锁修改为称作**严格两阶段封锁协议**(strict two-phase locking protocol)来避免。这种协议不但要求封锁是两阶段的,而且还要求事务所持有的所有排他模式锁必须在事务提交后方可释放。

T_5	T_6	T_7
lock-X(A)		
read(A)		
lock-S(B)		
read(B)		
write(A)		
unlock(A)		
	lock-X(A)	
	read(A)	
	write(A)	
	unlock(A)	
		lock-S(A)
		read(A)

图 14-8 在两阶段封锁下的部分调度

这个要求保证未提交事务所写的任何数据在该事务提交之前均以排他模式封锁,从而防止其他任何事务读取这些数据。

两阶段封锁的另一种变体是**强两阶段封锁协议**(rigorous two-phase locking protocol),它要求在事务提交之前保留所有的锁。我们可以容易地验证在强两阶段封锁的条件下,事务可以按其提交的次序串行化。

请考察下面两个事务,对于它们我们只给出了一些较为重要的 read 与 write 操作:

$$T_8: \text{read}(a_1);$$
$$\text{read}(a_2);$$
$$\ldots$$
$$\text{read}(a_n);$$
$$\text{write}(a_1).$$

$$T_9: \text{read}(a_1);$$
$$\text{read}(a_2);$$
$$\text{display}(a_1 + a_2).$$

如果我们采用两阶段封锁协议,则 T_8 必须以排他模式封锁 a_1。因此,两个事务的任何并发执行都相当于一种串行执行。然而请注意,T_8 仅在其执行的末尾(当它写 a_1 时)才需要 a_1 上的排他锁。因此,如果 T_8 开始时以共享模式封锁 a_1,随后将该锁变更为排他锁的话,那么我们可以获得更高的并发度,因为 T_8 与 T_9 可以同时访问 a_1 与 a_2。

这样的观察引导我们对基本的两阶段封锁协议加以改进,使之允许**锁转换**(lock conversion)。我们将提供一种用于将共享锁升级为排他锁并将排他锁降级为共享锁的机制。我们通过**升级**(upgrade)来表示从共享到排他模式的转换,并通过**降级**(downgrade)来表示从排他到共享的转换。锁转换并不允许随意进行。在某种程度上,升级只能发生在增长阶段,而降级只能发生在缩减阶段。

T_8	T_9
lock-S(a_1)	
	lock-S(a_1)
lock-S(a_2)	
	lock-S(a_2)
lock-S(a_3)	
lock-S(a_4)	
	unlock(a_1)
	unlock(a_2)
lock-S(a_n)	
upgrade(a_1)	

图 14-9 带有锁转换的不完全调度

回到我们的示例,事务 T_8 与 T_9 可在改进后的两阶段封锁协议下并发执行,如图 14-9 中的不完全调度所示,在此只给出了一些封锁指令。

请注意，事务试图升级数据项 Q 上的锁时可能必须等待。这种强制性等待会发生在另一个事务当前以共享模式封锁 Q 的情况下。

与基本的两阶段封锁协议类似，具有锁转换的两阶段封锁只产生冲突可串行化的调度，并且事务可以根据它们的封锁点进行串行化。此外，如果排他锁直到事务结束才释放的话，那么调度是无级联的。

对于一组事务，可能存在不能通过两阶段封锁协议得到的冲突可串行化的调度。然而，为了通过非两阶段封锁协议来得到冲突可串行化调度，我们或者需要关于事务的额外信息，或者要求数据库中的数据项集合有一定的结构或次序。在本章后面当我们考虑其他封锁协议时，我们将看到一些示例。

严格两阶段封锁与强两阶段封锁（含锁转换）在商用数据库系统中被广泛使用。

有一种简单却广泛使用的机制，它基于来自一个事务的读、写请求，自动地为该事务产生恰当的封锁和解锁指令：

- 当事务 T_i 发出 read(Q) 操作时，系统就产生一条 lock-S(Q) 指令，让该 read(Q) 指令紧随其后。
- 当事务 T_i 发出 write(Q) 操作时，系统检查 T_i 是否已在 Q 上持有共享锁。若有，则系统发出 upgrade(Q) 指令，后接该 write(Q) 指令。否则，系统发出 lock-X(Q) 指令，后接该 write(Q) 指令。
- 当一个事务提交或回滚后，该事务持有的所有锁都被释放。

14.1.4 封锁的实现

锁管理器（lock manager）可以实现为一个进程，它从事务处接受消息并以应答的形式发送消息。锁管理器进程针对封锁请求消息采用锁授予的消息来进行应答，或者采用要求事务回滚的消息（在发生死锁的情况下）来进行应答。对于解锁消息只需要用一个确认来回答，但可能引发对其他等待事务的授予消息。

锁管理器使用这样的数据结构：它为目前已加锁的每个数据项维护一个记录的链表，每一个请求对应于链表中的一条记录，并按请求到达的顺序排序。它使用一个以数据项名称为索引的散列表来查找一个数据项的链表（如果有的话）；这个表叫作**锁表**（lock table）。对于一个数据项，链表中的每条记录记载了是由哪个事务提出的请求，以及它请求什么模式的锁。该记录还记载该请求在当前是否已被授予。

图 14-10 展示了一个锁表的示例。该表包含对于五个不同数据项 I4、I7、I23、I44 和 I912 的封锁。锁表采用溢出链，因此对于在锁表中的每一个表项都有一个数据项的链表。对于每一个数据项都有一个已经授予锁或者正在等待锁的

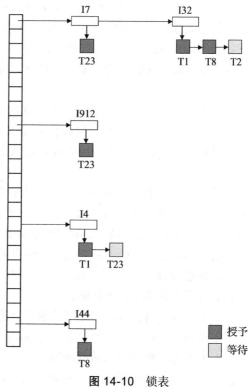

图 14-10 锁表

事务的列表。已经授予锁的用深色阴影填充的方块表示，而等待请求则用浅色阴影填充的方块表示。为了保持图形简洁我们省略了锁的模式。例如，从图中可以看出，T23 已经在 I912 和 I7 上被授予锁，并且正在等待 I4 上的锁。

虽然图上并没有显示出来，但锁表还应当维护一个基于事务标识的索引，这样它可以高效地确定一个给定事务所持有的锁集合。

锁管理器以这种方式来处理请求：

- 当一条锁请求消息到达时，如果相应数据项的链表存在，则它在该链表的末尾增加一条记录。否则，它创建一个仅包含对于该请求的记录的新链表。

  在当前没有被封锁的数据项上的锁请求总是被授予的。但是，如果事务请求当前已被封锁的一个数据项上的锁，只有当该请求与当前持有的锁相容并且所有先前的请求都已被授予锁的条件下，锁管理器才为该请求授予锁。否则，该请求只好等待。

- 当锁管理器收到来自一个事务的解锁消息时，它将对应于该事务的数据项链表中的记录删除。然后它检查随后的记录，如果有，则如前段所述，就看该请求现在能否被授权。如果能，锁管理器授权该请求并处理其后的记录，如果还有，则类似地一个接一个地处理。

- 如果一个事务中止，则锁管理器删除该事务产生的任何等待请求。一旦数据库系统采取适当动作撤销了该事务（见 14.10 节），该中止事务持有的所有锁将被它释放。

这个算法保证了对于锁请求没有饿死现象，因为在一个先前接收到的请求正在等待授予锁时，后来的请求不可能被授予。我们稍后将在 14.2.2 节中学习如何检测和处理死锁。

14.1.5　基于图的协议

正如 14.1.3 节中所提到的，如果我们希望开发非两阶段的协议，我们需要有关每个事务将如何存取数据库的附加信息。存在多种不同的模型可以为我们提供这些附加信息，每一种所提供的信息量的多少是不同的。最简单的模型要求我们事先知道有关数据库的项被访问的次序。在已知这些信息的情况下，有可能构造出非两阶段的封锁协议，并且仍然保证冲突可串行化。

为了获得这样的先验知识，我们在所有数据项的集合 $D=\{d_1,d_2,\cdots, d_h\}$ 上强制实施一种偏序→：如果 $d_i \rightarrow d_j$，则任何既访问 d_i 又访问 d_j 的事务必须首先访问 d_i 再访问 d_j。这种偏序可以是数据的逻辑组织的结果或者是数据的物理组织的结果，或者也可以只是为了并发控制而施加的。

偏序意味着集合 D 现在可以被视为有向无环图，称为**数据库图**（database graph）。在本节中，为了简单起见，我们只关注那些带根的树构成的图。我们将给出一种称为树型协议（tree protocol）的简单协议，该协议被限制为只使用排他锁。对于其他更为复杂的基于图的封锁协议可以参阅在线的参考文献中给出的引用。

在**树型协议**中，可用的封锁指令只有 lock-X。每个事务 T_i 对一个数据项最多只能封锁一次，并且必须遵从以下规则：

1. T_i 的首次封锁可以在任何数据项上进行。
2. 此后，T_i 可以对一个数据项 Q 加锁的前提是 T_i 当前持有 Q 的父项上的锁。
3. 对数据项解锁可以随时进行。
4. 一个数据项被 T_i 加锁并解锁之后，T_i 不能随后再对该数据项加锁。

在树型协议下的所有合法调度是冲突可串行化的。

为了说明这种协议，请考察图 14-11 的数据库图。下面四个事务是在该图上遵守树型协议的。我们只展示了加锁和解锁指令：

T_{10}: lock-X(B); lock-X(E); lock-X(D); unlock(B); unlock(E); lock-X(G);
　　　unlock(D); unlock(G).
T_{11}: lock-X(D); lock-X(H); unlock(D); unlock(H).
T_{12}: lock-X(B); lock-X(E); unlock(E); unlock(B).
T_{13}: lock-X(D); lock-X(H); unlock(D); unlock(H).

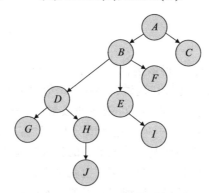

图 14-11 树型结构的数据库图

这四个事务所参与的一个可能的调度如图 14-12 所示。请注意，在事务 T_{10} 的执行过程中，T_{10} 持有两棵不相交（disjoint）子树上的锁。

请注意，图 14-12 所示的调度是冲突可串行化的。可以证明树型协议不仅保证了冲突可串行化，而且这种协议还保证了不会产生死锁。

图 14-12 中的树型协议并不保证可恢复性和无级联性。为了保证可恢复性和无级联性，可以将协议修改为在事务结束前不允许释放排他锁。在事务结束之前一直持有排他锁降低了并发度。这里有一种提高并发度的可替代方案，但它只保证可恢复性：对于每一个带有未提交写的数据项，我们记录是哪个事务最后对该数据项执行过写操作的。每当一个事务 T_i 执行对未提交数据项的读操作时，我们就在最后对该数据项执行写操作的事务上记录一个 T_i 的**提交依赖**（commit dependency）。然后，在有事务 T_i 的提交依赖的所有事务提交完成之前，T_i 不允许提交。如果这些事务中有任何一个中止，那么 T_i 也必须被中止。

T_{10}	T_{11}	T_{12}	T_{13}
lock-X(B)			
	lock-X(D)		
	lock-X(H)		
	unlock(D)		
lock-X(E)			
lock-X(D)			
unlock(B)			
unlock(E)			
		lock-X(B)	
		lock-X(E)	
	unlock(H)		
lock-X(G)			
unlock(D)			
			lock-X(D)
			lock-X(H)
			unlock(D)
			unlock(H)
		unlock(E)	
		unlock(B)	
unlock(G)			

图 14-12 在树型协议下的可串行化调度

与两阶段封锁不同，树型协议不会产生死锁，因此无须回滚，在这一点上树型封锁协议要优于两阶段封锁协议。树型封锁协议胜过两阶段封锁协议的另一个优点是可以在较早的时候释放锁。较早解锁可以缩短等待时间，并增加并发度。

　　然而，该协议也有缺点：在某些情况下，一个事务可能必须给它根本不访问的数据项加锁。例如，一个事务需要访问图 14-11 所示数据库图中的数据项 A 与 J，则该事务不仅要给 A 与 J 加锁，而且还要给数据项 B、D 与 H 加锁。这种额外的封锁导致封锁开销的增加，可能造成额外的等待时间，并且可能引起并发度的降低。此外，如果事先没有得到哪些数据项需要加锁的知识，事务就必须给树的根加锁，这样会大大降低并发度。

　　对于一组事务来说，可能存在不能通过树型协议来得到的冲突可串行化调度。事实上，一些在两阶段封锁协议下可行的调度在树型协议下是不可行的，反之亦然。我们在习题中对这种调度的示例进行了探讨。

14.2 死锁处理

　　如果存在一个事务的集合，使得该集合中的每个事务都在等待该集合中的另一个事务，那么我们说系统处于死锁状态。更确切地说，存在一组等待事务 $\{T_0, T_1, \cdots, T_n\}$，其中 T_0 正等待被 T_1 锁住的数据项，而 T_1 正等待被 T_2 锁住的数据项，…，而 T_{n-1} 正等待被 T_n 锁住的数据项，而 T_n 正等待被 T_0 锁住的数据项。这种情况下，没有一个事务能继续执行。

　　此时，对于这种不希望出现的情况，系统唯一的补救措施是采取激进的操作，如回滚陷入死锁的某些事务。事务有可能只是部分回滚：也就是说，一个事务可以回滚到这样的一个点，它在该点处获得了一个锁，而释放该锁就可以解除死锁。

　　有两种主要的方法用于处理死锁的问题。我们可以使用**死锁预防**（deadlock prevention）协议来保证系统永不进入死锁状态。另一种可选的方法是，我们可以允许系统进入死锁状态，然后试着用**死锁检测**（deadlock detection）与**死锁恢复**（deadlock recovery）机制进行恢复。正如我们将要看到的那样，这两种方法均有可能引起事务回滚。如果系统进入死锁状态的概率相对较高，则通常使用的是预防机制；否则，使用检测与恢复机制会更有效。

　　请注意，检测与恢复机制是需要开销的，这不仅包括在运行时维护必要的信息以及执行检测算法的代价，还要包括从死锁中恢复所固有的潜在损失。

14.2.1 死锁预防

　　预防死锁有两种方法。一种方法是通过对封锁请求进行排序，或要求同时获得所有的锁来保证不会发生循环等待。另一种方法更接近于死锁恢复，每当等待有可能导致死锁时，它就执行事务回滚而不是等待锁。

　　在第一种方法下，最简单的机制要求每个事务在它开始执行之前封锁它的所有数据项。此外，要么在一个步骤中全部封锁这些数据项，要么全不封锁。这种协议有两个主要的缺点：在事务开始之前，通常很难预知哪些数据项需要封锁；数据项使用率可能很低，因为许多数据项可能被封锁但却长时间不被使用。

　　防止死锁的另一种方法是对所有的数据项施加一种次序，同时要求事务只能按次序规定的顺序来封锁数据项。我们曾经在树型协议中看到过这样的一种机制，其中采用了数据项的一种偏序。

　　这种方法的一个变种是使用数据项的整体次序，并与两阶段封锁配合使用。一旦一个事务封锁了一个特定的数据项，它就不能申请在次序中位于该数据项前面的那些数据项上的锁。只要在事务开始执行的时候，它要访问的数据项集合是已知的，该机制就很容易实现。如果使用了两阶段封锁，那么底层的并发控制系统就不需要更改：所有需要保证的就是按照正确的次序来请求锁。

防止死锁的第二种方法是使用抢占与事务回滚。在抢占机制中，若一个事务 T_j 所申请的锁被事务 T_i 持有，则授予 T_i 的锁可能通过回滚 T_i 而被**抢占**（preempted），并将该锁授予 T_j。为了控制抢占，我们基于一个计数器或者基于系统时钟来给每个事务在它开始时赋予一个唯一的时间戳。系统仅使用这些时间戳就可以决定一个事务是应当等待还是回滚。并发控制仍使用封锁。若一个事务被回滚，则该事务重启时仍保持其原有的时间戳。已经提出过两种不同的利用时间戳的死锁预防机制：

1. **等待 – 死亡**（wait-die）机制是一种非抢占技术。当事务 T_i 申请的数据项当前被 T_j 持有时，仅当 T_i 的时间戳小于 T_j 的时间戳（即，T_i 比 T_j 老）的情况下，才允许 T_i 等待。否则，T_i 回滚（死亡）。

   例如，假设事务 T_{14}、T_{15} 及 T_{16} 的时间戳分别为 5、10 与 15。如果 T_{14} 申请的数据项被 T_{15} 持有，则 T_{14} 将等待。如果 T_{16} 申请的数据项被 T_{15} 持有，则 T_{16} 将回滚。

2. **伤害 – 等待**（wound-wait）机制是一种抢占技术。它与等待 – 死亡机制相对应。当事务 T_i 申请的数据项当前被 T_j 持有时，仅当 T_i 的时间戳大于 T_j 的时间戳（即，T_i 比 T_j 年轻）的情况下，才允许 T_i 等待。否则，T_j 回滚（T_j 被 T_i 伤害）。

   回到我们前面的示例，对于事务 T_{14}、T_{15} 及 T_{16}，如果 T_{14} 申请的数据项被 T_{15} 持有，则 T_{14} 将从 T_{15} 抢占该数据项，并且 T_{15} 将回滚。如果 T_{16} 申请的数据项被 T_{15} 持有，则 T_{16} 将等待。

这两种机制都面临的主要问题是可能发生不必要的回滚。

另一种预防死锁的简单方法是基于**锁超时**（lock timeout）的。在这种方法中，申请锁的事务至多等待一段指定的时间。若在那段时间内锁尚未授予给该事务，则称该事务超时，并且该事务自己回滚并重启。如果确实存在死锁，陷入死锁的一个或多个事务将超时并回滚，使得其他事务得以继续执行。这种机制介于死锁预防与死锁检测及恢复之间，在死锁预防中绝不会发生死锁，而死锁检测与恢复将在 14.2.2 节讨论。

超时机制的实现极其容易，并且如果事务是短事务且长时间等待很可能是由死锁引发时，该机制运作良好。然而，一般而言很难确定一个事务在超时之前应该等待多长时间。一旦发生死锁，等待时间太长会导致不必要的延迟。如果等待时间太短，即便没有死锁也可能引起事务的回滚，造成资源的浪费。这种机制还可能产生饿死。因此，基于超时机制的适用性是有限的。

14.2.2 死锁检测与恢复

如果系统没有采用能保证不产生死锁的一些协议，那么就必须采用检测与恢复机制。需要定期调用检查系统状态的算法以确定是否发生了死锁。如果发生死锁，则系统必须试着从死锁中恢复。为了做到这一点，系统必须：

- 维护当前将数据项分配给事务的有关信息，以及任何悬而未决的数据项请求信息。
- 提供一个使用这些信息来判断系统是否进入了死锁状态的算法。
- 当检测算法判定存在死锁时，则从死锁中恢复。

在本节中，我们详细讲述这些问题。

14.2.2.1 死锁检测

死锁可以用一种称为**等待图**（wait-for graph）的有向图来精确描述。等待图由 $G = (V,E)$ 的对组成，其中 V 是顶点集，E 是边集。顶点集由系统中的所有事务组成，边集 E 中的每个

元素是一个有序对 $T_i \to T_j$。如果 $T_i \to T_j$ 属于 E，则存在从事务 T_i 到 T_j 的一条有向边，表示事务 T_i 正在等待事务 T_j 释放一个 T_i 所需的数据项。

当事务 T_i 申请的数据项当前被事务 T_j 持有时，那么 $T_i \to T_j$ 的边被插入等待图中。只有当事务 T_j 不再持有事务 T_i 所需的数据项时，这条边才被删除。

当且仅当等待图中包含环路时，系统中存在死锁。陷入该环路中的每个事务被称为处于死锁状态。为了检测死锁，系统需要维护等待图，并周期性地激活一个在等待图中搜索环路的算法。

为说明这些概念，请考虑图 14-13 中的等待图，它描述了下面的情形：

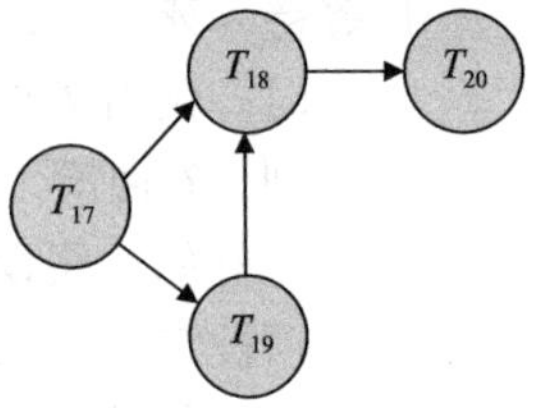

图 14-13　无环等待图

- 事务 T_{17} 正在等待事务 T_{18} 与 T_{19}。
- 事务 T_{19} 正在等待事务 T_{18}。
- 事务 T_{18} 正在等待事务 T_{20}。

由于该等待图没有环路，因此系统没有处于死锁状态。

现在假设事务 T_{20} 申请被 T_{19} 持有的一个数据项。边 $T_{20} \to T_{19}$ 被加入等待图中，得到图 14-14 中所示的系统新的状态。此时，该等待图中包含了环路：

$$T_{18} \to T_{20} \to T_{19} \to T_{18}$$

这意味着事务 T_{18}、T_{19} 与 T_{20} 都陷入死锁。

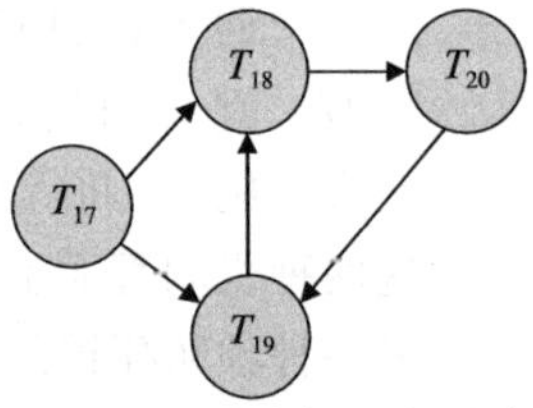

由此引出了这样的问题：我们应该何时调用检测算法？答案取决于两个因素：

图 14-14　具有一个环路的等待图

1. 死锁发生的频率如何？
2. 有多少事务将受到死锁的影响？

如果死锁频繁发生，则检测算法应该更频繁地调用。已分配给处于死锁状态的事务的数据项在死锁解除之前不能被其他事务获取。此外，等待图中环路的数量也可能增长。在最坏的情况下，我们要在每个分配请求不能立即满足时就调用检测算法。

14.2.2.2　从死锁中恢复

当检测算法判定存在死锁时，系统必须从死锁中**恢复**（recover）。解除死锁最常用的解决方案是回滚一个或多个事务。需要采取的动作有三个。

1. **选择牺牲者**。给定一组死锁的事务，我们必须决定回滚哪一个（或哪一些）事务以打破死锁。我们应该回滚那些将产生最低代价的事务。遗憾的是，最低代价这个术语并不准确。有很多因素会影响回滚的代价，其中包括：

   a. 事务已经计算了多久，以及在完成其指定任务之前该事务还将计算多长时间。

   b. 该事务已使用了多少数据项。

   c. 为了完成事务还需要使用多少数据项。

   d. 回滚时将牵涉多少事务。

2. **回滚**。一旦我们决定了必须回滚一个特定的事务，我们还必须决定这个事务应该回滚多远。

   最简单的解决方案是**完全回滚**：中止该事务，而后重新启动它。然而，将事务只回滚到可以解除死锁的地方会更有效。这种**部分回滚**要求系统维护关于所有正在运行的事务的额外的状态信息。确切地说，需要记录事务执行的封锁申请/授予以及更新的序列。死锁检测机制应当确定：为了打破死锁，选定的事务需要释放哪些锁。选定的事务必须回滚到这样一个点：它在此获得了这些锁中的第一个，并撤销它在此之后的所有动作。恢复机制必须能够执行这种部分回滚。而且，事务必须能够在部分回滚之后恢复执行。有关内容请参见在线的参考文献。

3. **饿死**。在一个系统中，如果选择牺牲者主要是基于代价因素，那么有可能发生同一个事务总是被选为牺牲者的情况。这样一来，这个事务就总是不能完成其指定的任务，这样就发生了**饿死**。我们必须保证一个事务被选为牺牲者的次数是有限（较少）的。最常用的解决方案是在代价因素中包含回滚的次数。

14.3 多粒度

在到目前为止所讲述的并发控制机制中，我们将每个单独的数据项用作进行同步执行的单元。

然而，在某些情况下把几个数据项聚为一组，并将它们作为一个单独的同步单元会是有益的。例如，如果一个事务 T_i 需要访问一整个关系，并使用一种对元组进行封锁的封锁协议，则事务 T_i 必须给关系中的每个元组加锁。显然，获得许多这样的封锁是费时的；更糟的是，锁表可能变得非常大，以致内存无法容纳它。如果 T_i 能够发出封锁整个关系的单个锁请求则会更好。另一方面，如果事务 T_j 只需存取几个元组，那么它就不应要求给整个关系加锁，否则并发性就丧失了。

我们需要的是一种允许系统来定义多级**粒度**（granularity）的机制。这通过允许各种规模的数据项并定义一种数据粒度的层次结构（其中小粒度数据项嵌套在大粒度数据项中）来实现。这种层次结构可以图形化地表示为树。请注意，我们在这里所描述的树与树型协议（见 14.1.5 节）所使用的树是有显著差异的。多粒度树中的非叶节点表示了与其后裔节点相联系的数据。在树型协议中，每个节点都是一个独立的数据项。

作为一个示例，请考虑图 14-15 所示的树。它由四层节点组成，最高层表示整个数据库，其下是 *area* 类型的节点，该数据库恰好由这些域组成。每个域随之又以 *file* 类型的节点作为它的子节点，每个域恰好由作为其子节点的那些文件组成。任何文件不能同时属于多个域。最后，每个文件由 *record* 类型的节点组成。和前面一样，文件恰好由作为其子节点的那些记录组成，并且任何记录不能同时属于多个文件。

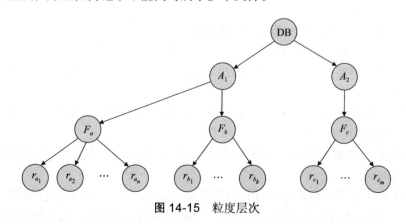

图 14-15 粒度层次

树中的每个节点都可以单独加锁。正如我们在两阶段封锁协议中所做的那样，我们将使用**共享锁**与**排他锁**模式。当事务对一个节点以共享模式或者以排他模式加锁时，该事务也以同样的锁模式隐含地封锁这个节点的全部后裔节点。例如，若事务 T_i 得到了图 14-15 中文件 F_c 上的以排他模式的**显式锁**（explicit lock），则 T_i 也具有属于该文件的所有记录上的以排他模式的**隐式锁**（implicit lock）。它就没有必要显式地给 F_c 中的单条记录逐个加锁。

假设事务 T_j 希望封锁文件 F_b 的记录 r_{b_6}。由于 T_i 显式地封锁了 F_b，这意味着 r_{b_6} 也被（隐式地）封锁。但是，当 T_j 发出对 r_{b_6} 加锁的请求时，r_{b_6} 并没有被显式地加锁！系统如何判定 T_j 是否可以封锁 r_{b_6} 呢？T_j 必须从树根到记录 r_{b_6} 进行遍历。只要此路径上有任意节点以不相容的模式封锁，则 T_j 就必须延迟。

现在假设事务 T_k 希望封锁整个数据库。为此，它只需给层次结构的根节点加锁。不过，请注意 T_k 给根节点加锁不会成功，因为目前 T_i 在树的一部分（具体地说，在文件 F_b）上持有锁。但是，系统怎样来判定根节点是否可以加锁呢？一种可能的方式是搜索整棵树。然而，这种解决方案破坏了多粒度封锁机制的初衷。获取这种知识的一种更高效的方式是引入一类称为**意向锁模式**（intention lock mode）的新的锁模式。如果一个节点加上了意向模式的锁，则意味着要在树的较低层（也就是说，在更细的粒度上）进行显式加锁。在一个节点被显式加锁之前，该节点的全部祖先节点均要加上意向锁。因此，一个事务不必搜索整棵树就能判定它能否成功地给一个节点加锁。希望给一个节点（比如说 Q）加锁的事务必须遍历树中从根到 Q 的一条路径。在遍历树的过程中，该事务以意向模式对各节点加锁。

存在一种与共享模式相关联的意向模式，并且存在一种与排他模式相关联的意向模式。如果一个节点被加上了**意向共享（IS）模式**锁，那么将在树的较低层进行显式封锁，但只能加共享模式锁。类似地，如果一个节点被加上了**意向排他（IX）模式**锁，那么将在树的较低层进行显式封锁，可以加排他模式或共享模式的锁。最后，若一个节点被加上了**共享意向排他（SIX）模式**锁，则以该节点为根的子树以共享模式被显式封锁，并且将在树的更低层显式地加排他模式的锁。这些锁模式的相容函数如图 14-16 所示。

	IS	IX	S	SIX	X
IS	true	true	true	true	false
IX	true	true	false	false	false
S	true	false	true	false	false
SIX	true	false	false	false	false
X	false	false	false	false	false

图 14-16　相容性矩阵

多粒度封锁协议采用这些锁模式来保证可串行化。它要求一个试图封锁节点 Q 的事务 T_i 必须遵守这些规则：

- 事务 T_i 必须遵从图 14-16 所示的锁相容性函数。
- 事务 T_i 必须首先封锁树的根节点，并且可以任意的模式来封锁它。
- 仅当事务 T_i 当前对 Q 的父节点具有 IX 模式或者 IS 模式的锁时，T_i 才能以 S 或 IS 模式对节点 Q 加锁。
- 仅当事务 T_i 当前对 Q 的父节点具有 IX 模式或者 SIX 模式的锁时，T_i 才能以 X、SIX 或 IX 模式对节点 Q 加锁。
- 仅当事务 T_i 之前未曾对任何节点解锁时，T_i 才可对一个节点加锁（也就是说，T_i 是两阶段的）。
- 仅当事务 T_i 当前不持有 Q 的任何孩子节点的锁时，T_i 才可对节点 Q 解锁。

请注意，多粒度协议要求封锁按自顶向下（根到叶）的次序获得，而锁的释放则按自底向上（叶到根）的次序。正如在两阶段锁协议中的情况一样，在多粒度协议中死锁是可能发生的。

作为该协议的一个示例，请考虑图 14-15 所示的树以及这些事务：

- 假设事务 T_{21} 读取 F_a 文件中的 r_{a_2} 记录。那么，T_{21} 需要给数据库、域 A_1 以及 F_a（并按此顺序）加 IS 模式的锁，最后以 S 模式封锁 r_{a_2}。
- 假设事务 T_{22} 要修改 F_a 文件中的 r_{a_9} 记录。那么，T_{22} 需要给数据库、域 A_1 以及 F_a 文件（并按此顺序）加 IX 模式的锁，最后以 X 模式封锁 r_{a_9}。
- 假设事务 T_{23} 要读取 F_a 文件中的所有记录。那么，T_{23} 需给数据库和域 A_1（并按此顺序）加 IS 模式的锁，最后以 S 模式封锁 F_a。
- 假设事务 T_{24} 要读取整个数据库。它在以 S 模式封锁数据库之后就可以读取。

我们注意到事务 T_{21}、T_{23} 与 T_{24} 可以并发地访问数据库。事务 T_{22} 可以与 T_{21} 并发执行，但不能与 T_{23} 或 T_{24} 并发执行。

这种协议增强了并发性并减少了封锁开销。它在由如下事务类型混合而成的应用中尤其有用：

- 只访问几个数据项的短事务。
- 根据整个文件或一组文件来生成报表的长事务。

一条 SQL 查询可能需要获得的锁数量通常可以根据查询执行的关系扫描操作来进行估计。例如，关系扫描将在关系级别上获取锁，而预期只获取少数记录的索引扫描可能在关系级别上获取意向锁，并在元组级别上获取常规锁。在一个事务获取非常大量的元组锁的情况下，锁表可能会变得过满。为了处理这种情况，锁管理器可以执行**锁升级**（lock escalation），将许多较低级别的锁替换为单个较高级别的锁；在我们的示例中，单个关系锁可以替换大量的元组锁。

14.4 插入操作、删除操作与谓词读

到目前为止，我们一直把注意力集中在 read 与 write 操作上。这就限制了事务只能处理已存在于数据库中的数据。一些事务不仅需要访问已经存在的数据项，而且要能够创建新的数据项；还有一些事务需要具备删除数据项的能力。为了考察这样的事务如何影响并发控制，我们引入这些额外的操作。

- delete(Q)：从数据库中删除数据项 Q。
- insert(Q)：插入一个新的数据项 Q 到数据库中并赋予 Q 一个初值。

在 Q 已被删除之后，事务 T_i 试图执行 read(Q) 操作将导致 T_i 中的逻辑错误。类似地，在 Q 被插入之前，事务 T_i 试图执行 read(Q) 操作也会导致 T_i 中的逻辑错误。试图删除一个并不存在的数据项也是一种逻辑错误。

14.4.1 删除

要理解**删除**（delete）指令的存在是怎样影响并发控制的，我们必须弄清**删除**指令何时与另一个指令发生冲突。令 I_i 与 I_j 分别是 T_i 与 T_j 的指令，它们按连贯的顺序出现于调度 S 中。令 I_i = delete(Q)。我们考虑以下几种 I_j 指令。

- I_j = read(Q)。I_i 与 I_j 冲突。如果 I_i 出现在 I_j 之前，则 T_j 将出现逻辑错误。如果 I_j 出现在 I_i 之前，则 T_j 可以成功执行 read 操作。
- I_j = write(Q)。I_i 与 I_j 冲突。如果 I_i 出现在 I_j 之前，则 T_j 将出现逻辑错误。如果 I_j 出现在 I_i 之前，则 T_j 可以成功执行 write 操作。
- I_j = delete(Q)。I_i 与 I_j 冲突。如果 I_i 出现在 I_j 之前，则 T_j 将出现逻辑错误。如果 I_j 出

现在 I_i 之前，则 T_i 将出现逻辑错误。

- I_j = insert(Q)。I_i 与 I_j 冲突。假设数据项 Q 在执行 I_i 与 I_j 之前并不存在。那么，若 I_i 出现在 I_j 之前，则 T_i 将出现逻辑错误。如果 I_j 出现在 I_i 之前，则没有逻辑错误。类似地，假设 Q 在执行 I_i 与 I_j 之前已经存在，那么，如果 I_j 出现在 I_i 之前则会出现逻辑错误，反之则不会。

我们可以总结如下：

- 在两阶段封锁协议下，在一个数据项可以被删除之前，需要获得该数据项上的排他锁。
- 在时间戳排序协议下，必须执行类似于为 write 操作所进行的测试。假设事务 T_i 发出 delete(Q)：
  - 如果 TS(T_i)<R-timestamp(Q)，则 T_i 将要删除的 Q 值已被满足 TS(T_j)>TS(T_i) 的事务 T_j 读取。因此，delete 操作被拒绝，并且 T_i 回滚。
  - 如果 TS(T_i)<W-timestamp(Q)，则满足 TS(T_j)>TS(T_i) 的事务 T_j 已经写过 Q。因此，这个 delete 操作被拒绝，并且 T_i 回滚。
  - 否则，执行 delete 操作。

14.4.2 插入

我们已经看到 insert(Q) 操作与 delete(Q) 操作是冲突的。类似地，insert(Q) 操作与 read(Q) 操作或 write(Q) 操作是冲突的。在一个数据项存在之前不能对它执行 read 或 write 操作。

由于一次 insert(Q) 给数据项 Q 赋予一个值，因此出于并发控制的目的处理 insert 操作类似于处理 write 操作：

- 在两阶段封锁协议下，如果 T_i 执行 insert(Q) 操作，那么 T_i 在新创建的数据项 Q 上被赋予排他锁。
- 在时间戳排序协议下，如果 T_i 执行 insert(Q) 操作，那么 R-timestamp(Q) 与 W-timestamp(Q) 的值被设成 TS(T_i)。

14.4.3 谓词读和幻象现象

考虑事务 T_{30}，它在大学数据库上执行以下 SQL 查询：

```
select count(*)
from instructor
where dept_name = 'Physics' ;
```

事务 T_{30} 需要访问 instructor 关系中属于物理系的所有元组。

令 T_{31} 为一个执行以下 SQL 插入的事务：

```
insert into instructor
values (11111, 'Feynman', 'Physics', 94000);
```

令 S 是包含事务 T_{30} 与 T_{31} 的一个调度。由于下面的原因，我们预计冲突是可能存在的：

- 如果 T_{30} 在计算 count(*) 时使用了 T_{31} 新插入的元组，则 T_{30} 就读取了被 T_{31} 写入的一个值。因此，在等价于 S 的串行调度中，T_{31} 必须先于 T_{30}。

- 如果 T_{30} 在计算 count(*) 时并未使用 T_{31} 新插入的元组，则在等价于 S 的串行调度中，T_{30} 必须先于 T_{31}。

这两种情况中的第二种让人感到奇怪。T_{30} 与 T_{31} 并没有访问共同的元组，但它们却相互冲突了！事实上，T_{30} 与 T_{31} 是在一个幻象元组上发生了冲突。如果并发控制是在元组粒度上进行的，则这样的冲突将难以发现。其结果是，系统也许不能防止出现非可串行化的调度。这个问题是**幻象现象**（phantom phenomenon）的一个实例。

幻象现象不仅可能伴随插入操作而发生，也会伴随更新操作发生。请考虑我们在 13.10 节中看到过的情景：事务 T_i 利用索引去找到仅满足 $dept_name = $ "Physics" 的元组，因此它并不读取具有其他系名的任何元组。如果另一个事务 T_j 更新这些元组中的一个，并把它的系名改为物理系，那么一个类似于上述幻象现象的问题就会出现：T_i 和 T_j 会彼此冲突，尽管它们并没有访问任何共同的元组。这个问题也是幻象现象的一个示例。一般来说，幻象现象的根源在于谓词读取与插入或更新相冲突，从而导致新／更新的元组满足谓词。

为了防止这些问题，我们允许 T_{30} 阻止其他事务在关系 *instructor* 上创建 $dept_name = $ "Physics" 的新元组，并且阻止将一个现有的 *instructor* 元组的系名更新为物理系。

为了找到满足 $dept_name = $ "Physics" 的所有 *instructor* 元组，T_{30} 必须要么搜索整个 *instructor* 关系，要么至少搜索该关系上的一个索引。到现在为止，我们隐含地假设一个事务所访问的数据项仅仅只是元组。然而，T_{30} 是读取关系中有哪些元组这类信息的事务的一个示例，而 T_{31} 则是更新这种信息的事务的一个示例。

显然，仅仅封锁要访问的元组是不够的，还必须封锁用来找到被事务所访问的元组的信息。

对用于找出元组的信息的封锁可以通过将一个数据项与关系关联在一起来实现，该数据项代表了一种用于查找关系中元组的信息。读取关系中有哪些元组这样的信息的事务（比如事务 T_{30}）必须以共享模式封锁对应于该关系的数据项。对于关系中有哪些元组这样的信息进行更新的事务（比如事务 T_{31}）必须以排他模式封锁该数据项。这样，T_{30} 与 T_{31} 将在一个真实的数据项上发生冲突，而不是在幻象上发生冲突。类似地，使用索引来检索元组的事务必须封锁索引本身。

请不要将在多粒度封锁中对整个关系的封锁与对对应于关系的数据项的封锁相混淆。通过封锁该数据项，事务只是阻止了其他事务对关系中有哪些元组这样的信息进行修改。对元组的封锁仍然是需要的。直接访问一个元组的事务可以被授予该元组上的锁，即使有另一个事务在对应于该关系本身的数据项上持有排他锁。

封锁对应于关系的一个数据项或者封锁整个索引的主要缺点是并发程度低——往一个关系中插入不同元组的两个事务也不能并发执行。

更好的解决方法是使用**索引封锁**（index-locking）技术，它避免了封锁整个索引。往关系中插入元组的任何事务必须在该关系上所维护的每一个索引中插入有关信息。通过使用索引封锁协议，我们可以消除幻象现象。为了简单起见，我们将只考虑 B$^+$ 树索引。

正如我们在第 11 章中看到的那样，每一个搜索码值与索引中的一个叶节点相关联。查询通常使用一个或多个索引来访问关系。插入操作必须在关系上的所有索引中插入新的元组。在我们的示例中，我们假定在 *instructor* 的 $dept\_name$ 属性上存在一个索引。那么，事务 T_{31} 必须修改包含键值 "Physics" 的叶节点。如果 T_{30} 读取同一个叶节点来定位属于物理系的所有元组，则 T_{30} 与 T_{31} 在该叶节点上就发生了冲突。

通过将幻象现象实例转换为对索引叶节点上封锁的冲突，**索引封锁协议**利用了关系上索引的可用性。该协议运作如下：

- 每个关系必须至少有一个索引。
- 只有首先通过一个关系上的一个或多个索引找到元组后，事务 T_i 才可以访问该关系的元组。为了达到索引封锁协议的目的，一个关系的扫描被视为对其中一个索引上所有叶节点的扫描。
- 执行查找（不管是范围查找还是点查找）的事务 T_i 必须在它要访问的所有索引叶节点上获得共享锁。
- 在没有更新关系 r 上的所有索引之前，事务 T_i 不能插入、删除或更新关系 r 中的元组 t_i。事务必须获得插入、删除或更新所影响的所有索引叶节点上的排他锁。对于插入与删除，受影响的叶节点是那些（在插入后）包含或（在删除前）曾包含元组搜索码值的叶节点。对于更新，受影响的叶节点是那些（在修改前）曾包含搜索码旧值的叶节点，以及（在修改后）包含搜索码新值的叶节点。
- 元组上照常获得锁。
- 必须遵循两阶段封锁协议的规则。

请注意，索引封锁协议并不关注索引内部节点的并发控制问题。

对一个索引叶节点的封锁阻止了对该节点的任何更新，即使这个更新实际上并没有与谓词发生冲突。一种称为键值封锁的变体可以使这样的假的锁冲突最小化。

正如 13.10 节中所指出的，事务之间所存在的冲突看起来取决于低级别的系统查询处理的决策，而与在用户级别看待两个事务的含义无关。并发控制的一种可替代方法需要给查询中的谓词加共享锁，比如在 *instructor* 关系上的谓词"*salary* > 90000"。然后，该关系的插入和删除都必须检查看它们是否满足谓词。若满足，则存在锁冲突，并强制插入和删除等待直到谓词锁被释放为止。对于更新，元组的初始值和最终值都要检查是否满足谓词。这些冲突的插入、删除和更新影响被谓词选中的元组集合，因此不能允许它们与已获得（共享的）谓词锁的查询一起并发执行。我们称这种协议为**谓词封锁**（predicate locking）$^{\ominus}$。谓词封锁在实践中并未采用，因为相比于索引封锁协议，它的实现代价很昂贵，但又并不能带来显著的额外优势。

14.5 基于时间戳的协议

到目前为止我们所讲述的封锁协议中，每一对冲突事务之间在执行时的次序是由这个事务对中的每个成员都申请但涉及不相容模式的第一个锁来决定的。另一种决定可串行化次序的方法是事先选定事务之间的一种次序，其中最常用的方法是采用时间戳排序（timestamp-ordering）机制。

14.5.1 时间戳

对于系统中的每个事务 T_i，我们把一个唯一的、固定的时间戳和它关联起来，此时间戳记为 TS(T_i)。该时间戳是在事务 T_i 开始执行之前由数据库系统所赋予的。若一个事务 T_i 已

$\ominus$ 术语谓词封锁用于在谓词上使用共享锁和排他锁的协议的一个版本，因此更加复杂。我们在此给出的版本仅具有在谓词上的共享锁，也被称作**精确封锁**（precision locking）。

被赋予时间戳 $TS(T_i)$，此时有一个新的事务 T_j 进入系统，那么 $TS(T_i) < TS(T_j)$。可以采用两种简单的方法实现这种机制。

1. 使用**系统时钟**（system clock）的值作为时间戳；也就是说，事务的时间戳等于该事务进入系统时时钟的值。
2. 使用**逻辑计数器**（logical counter），每赋予一个新的时间戳，该计数器就递增计数；也就是说，事务的时间戳等于该事务进入系统时计数器的值。

事务的时间戳决定了可串行化的次序。因此，若 $TS(T_i) < TS(T_j)$，则系统必须保证所产生的调度等价于事务 T_i 出现在事务 T_j 之前的这样一个串行调度。

要实现这种机制，我们将每个数据项 Q 与两个时间戳值相关联：

1. **W-timestamp**(Q) 表示成功执行 write(Q) 的任意事务的最大时间戳。
2. **R-timestamp**(Q) 表示成功执行 read(Q) 的任意事务的最大时间戳。

每当有新的 read(Q) 或 write(Q) 指令执行时，这些时间戳就被更新。

14.5.2 时间戳排序协议

时间戳排序协议（timestamp-ordering protocol）保证任何有冲突的 read 和 write 操作按时间戳的次序执行。该协议运作方式如下：

- 假设事务 T_i 发出 read(Q)。
  - 若 $TS(T_i) < $ W-timestamp(Q)，则 T_i 需要读取的 Q 值已被覆盖。因此，read 操作被拒绝，并且 T_i 回滚。
  - 若 $TS(T_i) \geqslant $ W-timestamp(Q)，则执行 read 操作，并且 R-timestamp(Q) 被设为 R-timestamp(Q) 与 $TS(T_i)$ 两者中的最大值。
- 假设事务 T_i 发出 write(Q)。
  - 若 $TS(T_i) < $ R-timestamp(Q)，则 T_i 产生的 Q 值是先前所需要，并且系统已假定该值决不会再被产生。因此，系统拒绝该 write 操作并回滚 T_i。
  - 若 $TS(T_i) < $ W-timestamp(Q)，则 T_i 试图写入的 Q 值是过时的。因此，系统拒绝这个 write 操作并回滚 T_i。
  - 其他情况，执行 write 操作，并将 W-timestamp(Q) 设置为 $TS(T_i)$。

事务 T_i 如果由于发出 read 或是 write 操作而被并发控制机制回滚，那么系统会赋予它一个新的时间戳并重新启动它。

为了说明这种协议，我们考虑事务 T_{25} 与 T_{26}。事务 T_{25} 显示了账户 A 与 B 的内容：

T_{25}: read(B);
　　　 read(A);
　　　 display$(A + B)$.

事务 T_{26} 从账户 B 转 \$50 到账户 A，然后显示两个账户的内容：

T_{26}: read(B);
　　　 $B := B - 50$;
　　　 write(B);
　　　 read(A);
　　　 $A := A + 50$;
　　　 write(A);
　　　 display$(A + B)$.

在介绍时间戳协议下的调度中，我们将假设事务就在它的第一条指令之前被赋予一个时间戳。因此，在如图 14-17 所示的调度 3 中，TS(T_{25}) < TS(T_{26})，从而这是满足时间戳协议的一种可能的调度。

T_{25}	T_{26}
read(B)	
	read(B)
	$B := B - 50$
	write(B)
read(A)	
	read(A)
display($A + B$)	
	$A := A + 50$
	write(A)
	display($A + B$)

图 14-17 调度 3

我们注意到前面的执行过程也可以由两阶段封锁协议来产生。不过，存在可能满足两阶段封锁协议却可能不满足时间戳协议的调度，反之亦然（参见习题 14.30）。

时间戳排序协议保证了冲突可串行化，这因为冲突的操作是按时间戳顺序进行处理的。

该协议保证没有死锁，因为没有事务会发生等待。但是，如果有一系列冲突的短事务引起长事务的反复重启，则可能存在长事务饿死的现象。如果一个事务遭受反复重启，那么与之冲突的事务应当暂时阻塞，以使该事务能够完成。

该协议可能产生不可恢复的调度。然而，协议可以进行扩展，用以下几种方式之一来保证调度是可恢复的：

- 通过在事务末尾一起执行所有的写操作能保证可恢复性和无级联性。这些写操作必须具有下述意义的原子性：在写操作正在执行的过程中，任何事务都不允许访问已写过的任何数据项。
- 可恢复性和无级联性也可以通过使用一种受限的封锁形式来保证，由此，对未提交数据项的读操作就被推迟到更新该数据项的事务提交之后（参见习题 14.31）。
- 可恢复性可以通过跟踪未提交写操作来单独保证，如果事务 T_i 读取了其他事务所写的值，那么只有在任何写事务都提交之后，T_i 才允许提交。在 14.1.5 节中概述过的提交依赖可以用作这个目的。

如果时间戳排序协议只应用于元组，那么该协议将容易受到我们在 13.10 节和 14.4.3 节中看到过的幻象问题的影响。

为了避免这个问题，时间戳排序协议可以应用于事务所读取的所有数据，包括关系元数据和索引数据。在基于锁的并发控制的上下文中，14.4.3 节中描述的索引封锁协议是避免幻象问题的更有效的可替代方案；请回想一下，索引封锁协议除了获得元组上的锁之外，还获得索引节点上的锁。时间戳排序协议也可以进行类似的修改，将每个索引节点视为具有关联的读写时间戳的数据项，并对这些数据项也应用时间戳排序测试。时间戳排序协议的这种扩展版本避免了幻象问题，并确保甚至具有谓词读情况的可串行化。

14.5.3 Thomas 写规则

我们现在给出对时间戳排序协议的一种修改，它允许的潜在并发程度比 14.5.2 节的协议高。让我们考虑图 14-18 所示的调度 4 并应用时间戳排序协议。由于 T_{27} 先于 T_{28} 开始，我们假定 TS(T_{27}) < TS(T_{28})。T_{27} 的 read(Q) 操作成功执行，T_{28} 的 write(Q) 操作也成功执行。当 T_{27} 试图执行它的 write(Q) 操作时，我们发现 TS(T_{27}) < W-timestamp(Q)，因

T_{27}	T_{28}
read(Q)	
	write(Q)
write(Q)	

图 14-18 调度 4

为 W-timestamp(Q) = TS(T_{28})。所以，T_{27} 的 write(Q) 操作被拒绝并且事务 T_{27} 必须回滚。

虽然时间戳排序协议要求事务 T_{27} 回滚，但这是不必要的。由于 T_{28} 已经写过了 Q，那么 T_{27} 想要写的值将永远不会被读到。满足 TS(T_i) < TS(T_{28}) 的任何事务 T_i 试图进行 read(Q)

操作时均被回滚，因为 $TS(T_i) <$ W-timestamp(Q)。满足 $TS(T_j) > TS(T_{28})$ 的任何事务 T_j 必须读由 T_{28} 所写的 Q 值，而不是 T_{27} 想要写的值。

这些观察产生了时间戳排序协议的一种修改版本，它在特定的情况下可以忽略过时的 write 操作。协议中有关 read 操作的规则保持不变，但用于 write 操作的协议规则与 14.5.2 节的时间戳排序协议略有不同。

对时间戳排序协议所做的这种修改称为 Thomas 写规则：假设事务 T_i 发出 write(Q)，

1. 若 $TS(T_i) <$ R-timestamp(Q)，则 T_i 产生的 Q 值是先前所需要的，并且已经假定该值永远也不会被产生了。因此，系统拒绝该 write 操作并回滚 T_i。

2. 若 $TS(T_i) <$ W-timestamp(Q)，则 T_i 试图写入的 Q 值已过时。因此，这个 write 操作可被忽略。

3. 其他情况，系统执行 write 操作，并将 W-timestamp(Q) 设置为 $TS(T_i)$。

这些规则与 14.5.2 节的那些规则之间的区别在于第二条规则，如果 T_i 发出 write(Q) 且 $TS(T_i) <$ W-timestamp(Q)，那么时间戳排序协议要求 T_i 回滚。然而修改后的协议对这种情况的处理是，在 $TS(T_i) \geqslant$ R-timestamp(Q) 时，我们忽略过时的 write 操作。

通过忽略写，Thomas 写规则允许非冲突可串行化但是也正确的调度。这些所允许的非冲突可串行化调度满足视图可串行化（view serializable）调度的概念（参见注释 14-1）。Thomas 写规则实际上是通过删除事务发出的过时的 write 操作来利用视图可串行化的。对事务的这种修改使得可以产生在本章中介绍的其他协议所不能产生的可串行化调度。例如，图 14-18 所示的调度 4 是非冲突可串行化的，因此在两阶段封锁协议、树型协议或时间戳排序协议中都是不可能的。在 Thomas 写规则下，T_{27} 的 write(Q) 操作将被忽略，所产生的是视图等价于串行调度 $<T_{27}, T_{28}>$ 的一个调度。

注释 14-1　视图可串行化

存在另一种比冲突等价的限制更宽松的等价形式，但这种等价形式与冲突等价一样，是只基于事务的 read 与 write 操作的。

请考虑两个调度 S 与 S'，其中参与到两个调度中的事务集是相同的。若满足下面三个条件，那么调度 S 与 S' 就称为是**视图等价**的：

1. 对于每个数据项 Q，若事务 T_i 在调度 S 中读取了 Q 的初始值，那么在调度 S' 中 T_i 也必须读取 Q 的初始值。

2. 对于每个数据项 Q，若在调度 S 中，事务 T_i 执行了 read(Q) 并且所读取的那个值是由事务 T_j 执行 write(Q) 操作而产生的，则在调度 S' 中，T_i 的 read(Q) 操作所读取的 Q 值也必须是由 T_j 的同一个 write(Q) 操作而产生的。

3. 对于每个数据项 Q，若在调度 S 中（如果有任何）事务执行了最后的 write(Q) 操作，则在调度 S' 中该事务也必须执行最后的 write(Q) 操作。

条件 1 与条件 2 保证了在两个调度中的每个事务都读取相同的值，从而执行相同的计算。条件 3 以及条件 1 和条件 2 一起保证了两个调度产生出相同的最终系统状态。

视图等价的概念引出了视图可串行化的概念。如果一个调度视图等价于一个串行调度，则我们说这个调度是**视图可串行化**的。

作为一个示例，假设我们在调度 4 中增加事务 T_{29}，并由此得到以下视图可串行化的调度（调度 5）：

T_{27}	T_{28}	T_{29}
read (Q)		
	write(Q)	
write (Q)		
		write(Q)

实际上，调度 5 视图等价于串行调度 $<T_{27}, T_{28}, T_{29}>$，因为在两个调度中 read(Q) 指令均是读取 Q 的初始值，并且两个调度中 T_{29} 均执行最后的写 Q。

每个冲突可串行化的调度也是视图可串行化的，但存在非冲突可串行化的视图可串行化调度。事实上，调度 5 就不是冲突可串行化的，因为每对连续指令均冲突，从而交换指令是不可能的。

请注意，在调度 5 中事务 T_{28} 与 T_{29} 执行 write(Q) 操作前都没有执行 read(Q) 操作。这样的写操作称作**盲写**（blind write）。盲写存在于任何非冲突可串行化的视图可串行化调度中。

14.6 基于有效性检查的协议

在大部分事务是只读事务的情况下，事务之间发生冲突的概率较低。因此，即使在没有并发控制机制监控的情况下，许多这样的事务的执行也不会破坏系统的一致性状态。并发控制机制带来了代码执行的开销和可能的事务延迟，采用减小开销的可替代方案可能是更好的。减小开销所面临的困难是我们事先并不知道哪些事务将陷入冲突中。为获得这种知识，我们需要一种监控（monitoring）系统的机制。

有效性检查协议（validation protocol）要求每个事务 T_i 在其生命周期中按两个或三个不同的阶段执行，这取决于该事务是一个只读事务还是一个更新事务。这些阶段顺序地罗列如下：

1. **读阶段**。在这一阶段中，系统执行事务 T_i。它读取各数据项的值并将它们保存在 T_i 的局部变量中。T_i 的所有 write 操作都是对局部的临时变量进行的，并不对数据库进行真正的更新。

2. **有效性检查阶段**。对事务 T_i 进行有效性检查的测试（下面将会介绍）。这将决定是否允许 T_i 继续执行到写阶段而不违反可串行性。如果事务的有效性检查的测试失败，则系统终止这个事务。

3. **写阶段**。若事务 T_i 通过了有效性检查的测试，则保存 T_i 所执行的任何 write 操作结果的临时局部变量被拷入数据库。对于只读事务忽略这个阶段。

每个事务必须按以上所示的次序经历这些阶段。然而，并发执行事务的三个阶段是可以交叉执行的。

为了执行有效性检查的测试，我们需要知道事务的各个阶段是何时进行的。为此，我们将三个不同的时间戳与每个事务 T_i 相关联。

1. *StartTS*(T_i)：事务 T_i 开始其执行的时间。

2. *ValidationTS*(T_i)：事务 T_i 完成其读阶段并开始其有效性检查阶段的时间。

3. *FinishTS*(T_i)：事务 T_i 完成其写阶段的时间。

我们利用 *ValidationTS*(T_i) 时间戳的值，通过时间戳排序技术来决定可串行化的次序。

因此，值 TS(T_i)=$ValidationTS(T_i)$，并且若 TS(T_j)<TS(T_k)，则产生的任何调度必须等价于其中事务 T_j 出现在事务 T_k 之前的一个串行调度。

事务 T_i 的**有效性检查测试**要求满足 TS(T_k) < TS(T_i) 的所有事务 T_k 必须满足下面两个条件之一：

1. $FinishTS(T_k) < StartTS(T_i)$。因为 T_k 在 T_i 开始之前就已完成其执行，故可串行化次序实际上是保证的。

2. T_k 所写的数据项集合与 T_i 所读的数据项集合并不相交，并且在 T_i 开始其有效性检查阶段之前，T_k 就完成了其写阶段 ($StartTS(T_i) < FinishTS(T_k) < ValidationTS(T_i)$)。这个条件保证 T_k 与 T_i 的写并不重叠。因为 T_k 的写并不影响 T_i 的读，又因为 T_i 不可能影响 T_k 的读，从而可串行化次序实际上是保证的。

作为一个示例，请再次考虑事务 T_{25} 与 T_{26}。假设 TS(T_{25}) < TS(T_{26})。那么，在图 14-19 的调度 6 中的有效性检查阶段是成功的。请注意，只有在 T_{26} 的有效性检查阶段之后才执行写实际的变量。因此，T_{25} 读取 B 与 A 的旧值，并且这个调度是可串行化的。

有效性检查机制自动预防了级联回滚，因为只有发出写操作的事务提交之后实际的写才发生。然而，存在长事务被饿死的可能性，原因是一系列冲突的短事务引起长事务的反复重启。为了避免饿死，与之冲突的事务应当暂时阻塞，以使该长事务能够完成。

还要注意的是，有效性检查的条件只会导致一个事务 T 在 T 启动之后才完成的一组事务 T_i 上被验证，因而这组事务的串行次序排在 T 之前。在有效性检查的测试中，

T_{25}	T_{26}
read(B)	
	read(B)
	B := B − 50
	read(A)
	A := A + 50
read(A)	
<validate>	
display(A + B)	
	<validate>
	write(B)
	write(A)

图 14-19 调度 6，通过采用有效性检查产生的一个调度

可以忽略在 T 启动前就完成了的事务。串行次序在 T 之后的事务 T_i（也就是说，它们满足 $validationTS(T_i) > validationTS(T)$）也是可以忽略的；当验证此类事务 T_i 时，如果在 T_i 启动后 T 完成，则将针对 T 进行有效性检查。

有效性检查机制中，由于事务是乐观地执行的，并假定它们能够完成执行并且最终是有效的，因此也称为**乐观的并发控制**（optimistic concurrency-control）机制。与之相反，封锁和时间戳排序是悲观的，因为每当检测到一个冲突时，它们就强迫事务等待或回滚，即使该调度有可能是冲突可串行化的。

可以使用 $TS(T_i) = StartTS(T_i)$ 而不是 $ValidationTS(T_i)$，这不会影响可串行化。但是，这样做可能会导致事务 T_i 在满足 TS(T_j) < TS(T_i) 的事务 T_j 之前进入有效性检查阶段。从而对 T_i 的有效性检查就需要等待 T_j 完成，这样它的读写集合才是完全已知的。使用 $ValidationTS$ 可以避免这个问题。

14.7 多版本机制

到目前为止讨论的并发控制机制要么通过延迟一项操作，要么通过中止发出操作的事务来保证可串行化。例如，read 操作可能由于恰当的值还未写出而延迟；或者因为它要读取的值已被覆盖而被拒绝执行（也就是说，发出 read 操作的事务必须被中止）。如果每个数据项的旧拷贝被保存在系统中，那么这些困难就可以避免。

在**多版本并发控制**（multiversion concurrency control）机制中，每个 write(Q) 操作创建 Q 的一个新版本。当事务发出一个 read(Q) 操作时，并发控制管理器选择 Q 的一个版本进行读取。并发控制机制必须保证对于读取版本的选择能以保证可串行化的方式进行。出于性能方面的考虑，一个事务能够容易且快速地判定应该读取数据项的哪个版本也是很关键的。

14.7.1 多版本时间戳排序

时间戳排序协议可以被扩展为多版本协议。对于系统中的每个事务 T_i，我们将一个静态的唯一性时间戳与之关联，记为 TS(T_i)。正如 14.5 节中所述，数据库系统在事务开始执行之前赋予这个时间戳。

对于每个数据项 Q，有一个版本序列 <Q_1, Q_2, …, Q_m> 与之关联，每个版本 Q_k 包含三个数据字段：

1. **Content** 是 Q_k 版本的值。
2. **W-timestamp**(Q) 是创建 Q_k 版本的事务的时间戳。
3. **R-timestamp**(Q) 是所有成功地读取过 Q_k 版本的任意事务的最大时间戳。

事务（比如 T_i）通过发出 write(Q) 操作来创建数据项 Q 的一个新版本 Q_k。该版本的内容字段保存 T_i 所写的值。系统将 W-timestamp 与 R-timestamp 初始化为 TS(T_i)。每当一个事务 T_j 读取 Q_k 的内容且 R-timestamp(Q_k) < TS(T_j) 时，系统就更新 Q_k 的 R-timestamp 的值。

下面介绍的**多版本时间戳排序机制**（multiversion timestamp-ordering scheme）保证了可串行化。该机制运作如下：假设事务 T_i 发出一个 read(Q) 或 write(Q) 操作。令 Q_k 表示 Q 的如下版本：其写时间戳是小于或等于 TS(T_i) 的最大写时间戳。

1. 如果事务 T_i 发出 read(Q)，则返回的值是 Q_k 版本的内容。
2. 如果事务 T_i 发出 write(Q)，且若 TS(T_i) < R-timestamp(Q_k)，则系统回滚事务 T_i。另一方面，若 TS(T_i) = W-timestamp(Q_k)，则系统覆盖 Q_k 的内容；否则（若 TS(T_i) > R-timestamp(Q_k)），则创建 Q 的一个新版本。

第一条规则的合理性是显然的。事务会读取时间上在它之前的最新版本。第二条规则在一个事务执行写操作进行得"太迟"时强制它中止。更确切地说，如果 T_i 试图写入其他事务可能已经读取了的版本，那么我们不能允许该写操作成功。

对于数据项 Q，其 W-timestamp 为 t 的 Q_i 版本的**有效区间**（valid interval）定义如下：如果 Q_i 是 Q 的最新版本，则其区间为 $[t, \infty]$；否则，令 Q 的下一个版本的时间戳为 s，则其有效区间为 $[t, s)$。你可以容易地验证时间戳为 t_i 的事务的读取是否返回其有效区间包含 t_i 的版本的内容。

不再需要的版本根据以下规则来删除：假设有一个数据项的两个版本 Q_k 与 Q_j，并且这两个版本的 W-timestamp 都小于系统中最老事务的时间戳，那么 Q_k 和 Q_j 这两个版本中较旧的版本将不再会被用到，并且可以删除。

多版本时间戳排序机制具有读取请求永不失败并且永不等待的理想性质。在典型的数据库系统中，读操作比写操作更为频繁，因而这个优点对于实践来说可能是至关重要的。

然而，这种机制也存在两种不理想的性质。首先，读取一个数据项要求更新 R-timestamp 字段，于是产生两次潜在的磁盘访问而不是一次。其次，事务之间的冲突是通过回滚而不是通过等待来解决的。这种备选方案的开销可能很大。14.7.2 节描述了降低这种开销的一种算法。

这种多版本时间戳排序机制并不保证可恢复性和无级联性。按照与基本的时间戳排序机制一样的方式对它进行扩展，可以使之成为可恢复的和无级联的。

14.7.2 多版本两阶段封锁

多版本两阶段封锁协议尝试将多版本并发控制的优点与两阶段封锁的优点结合起来。这种协议在**只读事务**与**更新事务**之间进行区分。

更新事务执行强两阶段封锁；也就是说，它们持有全部锁直至事务结束。因此，可以按照它们提交的次序来进行串行化。一个数据项的每个版本都有单独的时间戳，在这种情况下的时间戳并不是真正基于时钟的时间戳，而只是一个计数器，我们称之为 ts-counter，它在提交处理期间递增。

在只读事务开始执行之前，数据库系统通过读取 ts-counter 的当前值来赋予该事务的时间戳。只读事务在执行读操作时遵从多版本时间戳排序协议。因此，当一个只读事务 T_i 发出 read(Q) 时，返回的值是具有小于或等于 TS(T_i) 的最大时间戳的版本的内容。

当更新事务读取一个数据项时，它获得该数据项上的共享锁并读取该数据项的最新版本。当更新事务想写一个数据项时，它首先要获得该数据项上的排他锁，然后创建一个该数据项的新版本。写操作在新版本上进行，并且新版本的时间戳最初置为 ∞，它大于任何可能的时间戳。

当更新事务 T_i 完成其操作后，它会进入提交过程；在同一时间只允许有一个更新事务执行提交。首先，T_i 将它所创建的每个版本的时间戳设置为 ts-counter 的值加 1；然后，T_i 将 ts-counter 增加 1，并且提交。

只读事务将看到 ts-counter 的旧值直到 T_i 成功提交。其结果是，在 T_i 提交之后启动的只读事务将看到由 T_i 更新的值，而那些在 T_i 提交之前启动的事务将看到 T_i 更新之前的值。无论是哪种情况，只读事务均不必等待加锁。多版本两阶段封锁也保证调度是可恢复的和无级联的。

版本删除类似于多版本时间戳排序所采用的方式。假设有一个数据项的两个版本 Q_k 与 Q_j，并且两个版本的时间戳都小于或等于系统中最老的只读事务的时间戳。则 Q_k 与 Q_j 这两个版本中较旧的将不再会被使用，并可以把它删除。

注释 14-2 多版本与数据库实现

请考虑一个数据库系统，它通过保证对于主码属性的任何值仅存在一个元组来实现主码约束。创建具有相同主码的记录的第二个版本看起来会违反主码约束。然而，由于这两个版本在任何时候都没有同时存在于数据库中，因此从逻辑上讲并没有违反主码约束。所以，必须对基本的主码约束实施进行修改，以允许多条记录具有相同的主码，只要它们是同一条记录的不同版本就行。

接下来，请考虑元组的删除问题。元组的删除可以通过创建该元组的一个新版本来实现，该新版本的时间戳照常创建，但需要加入一个特殊的标记来表示该元组已被删除。读取这样一个元组的事务会直接跳过该元组，因为它已被删除。

进一步地，请考虑外码依赖的实施问题。请考虑这样的情况：关系 r 中的属性 r.B 是引用关系 s 中属性 s.B 的外码。一般来讲，如果在关系 r 中存在元组 t_r 使得 $t_r.B = t_s.B$，则删除 s 中的元组 t_s 或更新 s 中元组 t_s 的主码属性将会违反外码约束。对于多版本协议，如果执行删除/更新操作的事务的时间戳为 ts_i，则对应的违反约束条件就是存在这样的

元组版本 t_r，具有的附加条件是 t_r 的有效区间包含 ts_i。

最后，请考虑关系 r 的属性 $r.B$ 上的索引的情况。如果一条记录 t_i 的多个版本具有相同的 B 值，则索引应指向该记录的最新版本，且最新版本应该有指针指向早先的版本。然而，如果对属性 $t_i.B$ 进行更新的话，那么索引就需要为记录 t_i 的不同版本分别维护：一个索引项对应 $t_i.B$ 的旧值，并且另一个索引项对应 $t_i.B$ 的新值。当记录的旧版本被删除时，在索引中任何与旧版本相对应的索引项也必须被删除。

14.8 故障分类

计算机系统像其他任何设备一样会发生故障。故障的原因多种多样，包括磁盘故障、电源故障、软件错误、机房失火，甚至人为破坏。一旦有任何故障发生，就可能丢失信息。因此，数据库系统必须预先采取措施，以确保第 13 章中介绍的事务的原子性和持久性能够保持。**恢复机制**（recovery scheme）是数据库系统必不可少的组成部分，它可以将数据库恢复到故障发生前的一致性状态。

恢复机制还必须提供**高可用性**（high availability），即数据库应该在很高的百分比时间内可用。为了在机器出现故障时（以及为硬件/软件升级和维护而计划的机器停机时）支持高可用性，恢复机制必须支持使数据库的备份拷贝与数据库主拷贝的当前内容保持同步的能力。如果具有主拷贝的计算机出现故障，则可以在备份拷贝上继续进行事务处理。

系统可能发生的故障有很多种，每种故障需要不同的方式来处理。本章中，我们将只考虑如下类型的故障：

- **事务故障**（transaction failure）。有两种错误可能造成事务执行失败：
  - **逻辑错误**（logical error）。事务由于某些内部情况而无法继续其正常执行，这样的内部情况诸如非法输入、找不到数据、溢出或超出资源限制。
  - **系统错误**（system error）。系统进入一种不良状态（如死锁），其结果是事务无法继续其正常执行。但该事务可以在之后的某个时间重新执行。
- **系统崩溃**（system crash）。硬件故障，或者是数据库软件或操作系统的漏洞，导致易失性存储器内容的丢失，并使得事务处理停止。但非易失性存储器内容完好无损且没被破坏。

  硬件错误和软件漏洞致使系统终止，但不破坏非易失性存储器内容的假设被称为**故障-停止假设**（fail-stop assumption）。设计良好的系统在硬件和软件层有大量的内部检查，一旦有错误发生就会将系统停止。因此，故障-停止假设是合理的。
- **磁盘故障**（disk failure）。在数据传输操作中由于磁头损坏或故障造成磁盘块上的内容丢失。其他磁盘上的数据拷贝，或三级介质（如 DVD 或磁带）上的归档备份可用于从这种故障中恢复。

要确定系统该如何从故障中恢复，我们需要识别用于存储数据的那些设备的故障方式。其次，我们必须考虑这些故障方式是如何影响数据库内容的。然后，我们可以提出在故障发生后仍保证数据库一致性以及事务原子性的算法。这些算法称为恢复算法，由两部分组成：

1. 在正常事务处理中采取措施，保证存在足够的信息可用于故障恢复。
2. 故障发生后采取措施，将数据库内容恢复到某个保证数据库一致性、事务原子性及持久性的状态。

14.9　存储器

正如我们在第 10 章中所看到的，数据库中的各种数据项可在多种不同存储介质上存储并访问。在 13.3 节中。我们看到存储介质可以按照它们的相对速度、容量和对故障的恢复性来划分。我们把存储器分为三类：

1. 易失性存储器（volatile storage）。

2. 非易失性存储器（non-volatile storage）。

3. 稳定存储器（stable storage）。

稳定存储器，或更准确地说是接近稳定的存储器，在恢复算法中起到至关重要的作用。

14.9.1　稳定存储器的实现

要实现稳定存储器，我们需要在多个非易失性存储介质（通常是磁盘）中以独立的故障模式复制所需信息，并且以可控的方式更新信息，以保证在数据传输中发生的故障不会破坏所需信息。

回顾前面（从第 10 章开始）讲过 RAID 系统保证单个磁盘的故障（即使发生在数据传输中）不会导致数据丢失。最简单并且最快的 RAID 形式是镜像磁盘，即在不同的磁盘上为每个磁盘块保存两份拷贝。RAID 的其他形式代价低一些，但性能也差一些。

但是，RAID 系统不能防止由于诸如火灾或洪水之类的灾难而导致的数据丢失。许多系统通过将归档备份存储在磁带上并转移到其他地方来防止这种灾难。但是，由于磁带不能被连续不断地移至其他地方，最后一次磁带被移至其他地方以后所做的更新可能会在这样的灾难中丢失。更安全的系统在远程站点为稳定存储器的每个块保存一份拷贝，除在本地磁盘系统进行块存储外，还通过计算机网络写到远程去。由于在往本地存储器输出块的同时也要输出到远程系统，一旦输出操作完成，即使发生火灾或洪水那样的灾难，输出结果也不会丢失。

在本节剩余的部分中，我们将讨论如何在数据传输中保护存储介质不受故障影响。在内存和磁盘存储器之间进行块传送有以下几种可能结果：

- **成功完成**（successful completion）。被传输的信息安全到达其目的地。
- **部分失败**（partial failure）。传输过程中发生故障，目的地块中有不正确信息。
- **完全失败**（total failure）。传输过程中故障发生得足够早，目的地块未被写入任何信息。

我们要求，如果发生**数据传输故障**（data-transfer failure），系统能检测到并且调用恢复过程将块恢复到一致性状态。为满足这个要求，系统必须为每个逻辑数据库块维护两个物理块；在镜像磁盘的情况下，两个块在同一地点；在远程备份的情况下，一个块在本地，而另一个在远程站点。输出操作的执行如下：

1. 将信息写入第一个物理块。

2. 当第一次写成功完成时，将相同信息写入第二个物理块。

3. 只有第二次写成功完成后，输出才算完成。

如果在对块进行写的过程中系统发生故障，有可能一个块的两份拷贝互相之间不一致。在恢复过程中，对于每一个块，系统需要检查它的两份拷贝。如果它们相同并且没有检测到错误存在，则不需要采取进一步动作。（回顾前面，磁盘块中的某些错误（如部分写块）可由存储在每个块中的校验和检测到。）如果系统检测到一个块中有错误，则可以用另一个块的内容来替换这一块的内容。如果两个块都没有检测出错误，但它们的内容不一致，那么系统可以用第二块的值替换第一块的内容，或者用第一块的值替换第二块的内容。不管用哪种方法，恢复过程都保证，对稳定存储器的写要么完全成功（即更新所有拷贝），要么不产生任何变化。

在恢复过程中要求比较每一对相应块的开销太大。通过使用少量非易失性 RAM，跟踪正在进行的对块的写操作，我们可以大大降低开销。在恢复时，只需比较正在写的块。

将块写到远程站点的协议类似于将块写到镜像磁盘系统的协议。

我们可以将这个过程很容易地扩展为允许为稳定存储器的每一个块使用任意多数量的拷贝。尽管使用大量拷贝比使用两份拷贝发生故障的可能性要低，但通常只用两份拷贝来模拟稳定存储器是合理的。

14.9.2 数据访问

正如我们在第 10 章中所看到的，数据库系统常驻留于非易失性存储器（通常是磁盘），在任何时候都只有数据库的部分内容在内存中。（在主存数据库中，整个数据库都驻留于内存，但拷贝仍驻留于非易失性存储器，以便当主存内容丢失时数据能够保存。）数据库被分成称为**块**（block）的定长存储单位。块是数据传输到磁盘或从磁盘输出的单位，可能包含多个数据项。我们假设没有数据项跨两个或多个块。这种假设对于大多数数据处理应用（例如银行或大学应用）来说都是现实的。

事务从磁盘向主存输入信息，然后将信息输出回磁盘。输入和输出操作以块为单位完成。驻留在磁盘上的块称为**物理块**（physical block），临时驻留在主存中的块称为**缓冲块**（buffer block）。内存中用于临时驻留块的区域称为**磁盘缓冲区**（disk buffer）。

磁盘和主存之间的块移动是由下面两种操作引发的：

1. input(A) 传送物理块 A 至主存。
2. output(B) 传送缓冲块 B 至磁盘，并替换磁盘上相应的物理块。

这一机制如图 14-20 所示。

概念上，每个事务 T_i 有一个私有工作区，用于保存所访问及更新的数据项的拷贝。系统在事务初始化时创建该工作区；系统在事务提交或中止时删除它。事务的工作区中保存的每个数据项 X 记为 x_i。事务 T_i 通过将数据从系统缓冲区移入其工作区或从其工作区移出数据到

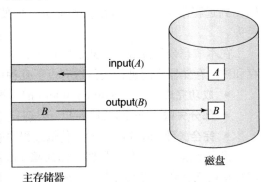

图 14-20 块存储操作

系统缓冲区来与数据库系统进行交互。我们使用以下两个操作来传送数据。

1. read(X) 将数据项 X 的值赋予局部变量 x_i。该操作执行如下：
   a. 若 X 所在块 B_X 不在主存，则发指令执行 input(B_X)。
   b. 将缓冲块中 X 的值赋予 x_i。
2. write(X) 将局部变量 x_i 的值赋予缓冲块中的数据项 X。该操作执行如下：
   a. 若 X 所在块 B_X 不在主存，则发指令执行 input(B_X)。
   b. 将 x_i 的值赋予缓冲块 B_X 中的 X。

注意，这两个操作都可能需要将块从磁盘传送到主存。但是，它们都没有特别指明需要将块从主存传送到磁盘。

缓冲块被最终写到磁盘，要么是因为缓冲区管理器因其他用途需要内存空间，要么是因为数据库系统希望将 B 的变化反映到磁盘上。如果数据库系统发指令执行 output(B)，我们就称数据库系统对缓冲块 B 执行**强制输出**（force-output）。

当事务首次需要访问数据项 X 时，它必须执行 read(X)。然后，事务对 X 的所有更新都作用于 x_i。在事务执行中的任何时间点，事务都可以执行 write(X)，以在数据库中反映 X 的变化；在对 x_i 进行最后的写之后，当然必须做 write(X)。

对 X 所在的缓冲块 B_X 的 output(B_X) 操作不需要在 write(X) 执行后立即执行，因为块 B_X 可能包含其他仍在被访问的数据项。因此，可能过一段时间后才真正执行输出。注意，如果在 write(X) 操作执行后但在 output(B_X) 操作执行前系统崩溃，X 的新值并未写入磁盘，于是就丢失了 X 的新值。正如我们很快会看到的，数据库系统执行额外的动作来保证，即使发生了系统崩溃，由已提交事务所做的更新也不会丢失。

14.10 恢复与原子性

再来考虑我们简化的银行系统和事务 T_i，它将 50 美元从账户 A 转到账户 B，A 和 B 的初始值分别为 1000 美元和 2000 美元。假设在 T_i 执行过程中，在 output(B_A) 之后，但在 output(B_B) 执行之前，发生了系统崩溃，其中 B_A 和 B_B 表示 A 和 B 所在的缓冲块。由于内存的内容丢失，我们无法知道事务的结局。

当系统重新启动时，A 的值会是 950 美元，而 B 的值会是 2000 美元，这显然和事务 T_i 的原子性需求不一致。遗憾的是，通过检查数据库状态没有办法来发现在系统崩溃发生前哪些块已经被输出，哪些块还没有。有可能事务已经完成了，对稳定存储器上的数据库初始状态 A 和 B 的值进行了更新，分别为 1000 美元和 1950 美元；也可能事务根本没有对稳定存储器产生任何影响，A 和 B 的值就是初始的 950 美元和 2000 美元；或者更新后的 B 已经输出了，而更新后的 A 还没有输出；或更新后的 A 已经输出了，而更新后的 B 还没有输出。

我们的目标是要么执行 T_i 对数据库的所有修改，要么不执行其任何修改。但是，若执行多处数据库修改，就可能需要多个输出操作，并且故障可能发生于某些修改完成后而全部修改完成前。

为达到保持原子性的目标，我们必须在修改数据库本身之前，首先向稳定存储器输出信息，描述要做的修改。我们将看到，这种信息能帮助我们确保已提交事务所做的所有修改都反映到数据库中（或者在故障后的恢复过程中反映到数据库中）。如果执行修改的事务失败（中止），我们还需要存储有关被修改的任意项的旧值的信息。此信息可以帮助我们撤销失效事务所做的修改。

最常用的恢复技术是基于日志记录的，本章我们将详细描述**基于日志的恢复**（log-based recovery）。还有另一种被称为影子拷贝的方法，被用于文本编辑器但不用于数据库系统中；这种方法在注释 14-3 中进行了概述。

注释 14-3 影子拷贝和影子分页

在**影子拷贝**（shadow-copy）模式下，想要更新数据库的事务首先创建数据库的一个完整拷贝。所有更新在数据库的这个新拷贝上进行，而不去动那个原来的拷贝（影子拷贝）。如果在任何时间点上事务需要被中止，系统仅仅删除这个新拷贝。数据库的旧拷贝没有受到影响。数据库的当前拷贝由一个指针来标识，称作数据库指针，它存放在磁盘上。

如果事务部分提交（即，执行了它的最后一条语句），那么它按如下方式提交。首先，要求操作系统确保数据库新拷贝的所有页面都已写出到磁盘上。（UNIX 系统使用 fsync 命令来达到此目的。）在操作系统将所有页面都写到磁盘上之后，数据库系统更新数据库指针，让它指向数据库的新拷贝；然后新拷贝变成数据库的当前拷贝。之后删掉数据库的旧拷贝。从更新后的数据库指针写到磁盘上这一时间点开始，事务才能说是已经**提交**了。

影子拷贝的实现实际上依赖于对数据库指针的写是原子的；也就是说，或者它的所有字节全部写出，或者没有任何字节写出。磁盘系统提供对整个块或至少是对一个磁盘扇区的原子更新。换句话说，只要我们确保数据库指针完全处于单个扇区中，磁盘系统就能保证原子地更新数据库指针。而我们通过将数据库指针存放在块的开头来保证数据库指针完全处于单个扇区中。

影子拷贝模式普遍用于文本编辑器（保存文件等价于事务提交，不保存文件就退出等价于事务中止）。影子拷贝可用于小的数据库，但拷贝一个大型数据库代价极其昂贵。影子拷贝的一个变种称作**影子分页**（shadow-paging），它采用如下方式来减少拷贝的代价：此种模式使用一个页表来保存指向所有页面的指针；页表自身和所有更新了的页面被拷贝到一个新的位置。事务没有更新的任何页面都不拷贝，而新的页表只存储一个指向原来页面的指针。当事务提交时，它原子地更新指向页表的指针去指向新的拷贝，这里页表的作用和数据库指针相同。

遗憾的是，影子分页对于并发事务效果不是很好，在数据库中没有被广泛使用。

14.10.1 日志记录

使用最为广泛的记录数据库修改的结构就是**日志**（log）。日志是**日志记录**（log record）的序列，它记录了数据库中的所有更新活动。

日志记录有几种。**更新日志记录**（update log record）描述一次数据库写操作，它具有以下字段：

- **事务标识**（transaction identifier），是执行 **write** 操作的事务的唯一标识。
- **数据项标识**（data-item identifier），是所写数据项的唯一标识。通常是数据项在磁盘上的位置，包括该数据项所驻留的块的块标识以及块内偏移量。
- **旧值**（old value），是数据项的写前值。
- **新值**（new value），是数据项写后应取的值。

我们将一条更新日志记录表示为 $<T_i, X_j, V_1, V_2>$，表明事务 T_i 对数据项 X_j 执行写操作。写之前 X_j 的值是 V_1，写之后 X_j 的值是 V_2。还有其他专门的日志记录用于记录事务处理过程中的重要事件，如事务的开始以及事务的提交或中止。如下是一些日志记录类型：

- $<T_i$ **start**$>$。事务 T_i 开始。
- $<T_i$ **commit**$>$。事务 T_i 提交。
- $<T_i$ **abort**$>$。事务 T_i 中止。

后面我们将介绍几种其他类型的日志记录。

每次事务执行写操作时，在数据库被修改前创建该写操作的日志记录并把它加到日志中是非常关键的。一旦日志记录已存在，我们就可以根据需要将修改输出到数据库中。并且，我们有能力对已经输出到数据库的修改进行撤销，我们是利用日志记录中的旧值字段来进行撤销的。

为了从系统故障和磁盘故障中恢复时能使用日志记录，日志必须存放在稳定存储器中。现在我们假设每条日志记录创建后立即写入稳定存储器上日志的尾部。在 14.12 节中，我们将看到什么时候放宽这个要求是安全的，以便减少写日志带来的开销。注意，日志包含了所有数据库活动的完整记录，所以日志中存储的数据量会变得大得离谱，在 14.10.6 节中，我们将展示什么时候可以安全地清除日志信息。

14.10.2 数据库修改

正如我们前面已经注意到的，事务在对数据库进行修改前创建了一条日志记录。日志记录使得系统在事务必须被中止的情况下能够对事务所做的修改进行撤销；并且在事务已经提交但在修改被存放到磁盘上的数据库之前系统崩溃的情况下，还能够对事务所做的修改进行重做。为了使我们能够理解在恢复中这些日志记录所起的作用，我们需要考虑事务在进行数据项修改中所采取的步骤：

1. 事务在主存中自己私有的那部分空间执行某些计算。
2. 事务修改主存的磁盘缓冲区中包含该数据项的数据块。
3. 数据库系统执行 output 操作，将数据块写到磁盘中。

如果一个事务执行了对磁盘缓冲块或磁盘本身的更新，我们说这个事务修改了数据库；而事务在主存中私有部分所进行的更新不算数据库修改。如果一个事务直至提交时都没有修改数据库，就说它采用了**延迟修改**（deferred-modification）技术。如果在事务仍然活跃时就发生数据库修改，就说它采用了**立即修改**（immediate-modification）技术。延迟修改的开销是，事务需要做更新过的所有数据项的本地拷贝；并且，如果一个事务读它更新过的数据项，它必须从自己的本地拷贝中读。

我们在本章中描述的恢复算法支持立即修改。正如所描述的那样，即使对于延迟修改它们也能正确工作，但是当与延迟修改一起使用时可以进行优化来减少开销；我们将细节留作练习。

恢复算法必须考虑多种因素，包括：

- 有可能一个事务已经提交了，虽然它所做的某些数据库修改还仅仅存在于主存的磁盘缓冲区中，而不在磁盘上的数据库中。
- 有可能处于活跃状态的事务已经修改了数据库，而后来发生的故障导致这个事务需要中止。

由于执行所有的数据库修改之前必须先创建日志记录，所以系统可以使用数据项修改前的旧值和要写给数据项的新值。这就要求系统能够执行适当的撤销和重做操作。

- **撤销操作**使用一条日志记录，将该日志记录中指定数据项置为日志记录中包含的旧值。
- **重做操作**使用一条日志记录，将该日志记录中指定数据项置为日志记录中包含的新值。

14.10.3 并发控制与恢复

如果并发控制机制允许被一个事务 T_1 修改过的数据项 X 在 T_1 提交前进而被另一个事

务 T_2 修改，那么通过将 X 重置为它的旧值（T_1 更新之前 X 的值）来撤销 T_1 的影响的同时也会撤销 T_2 的影响。为避免这种情况，恢复算法通常要求如果一个数据项被一个事务修改了，那么在该事务提交或中止前不允许其他事务修改该数据项。

这一要求可以通过对被更新的任意数据项获取排他锁并且持有该锁直至事务提交来保证；换句话说，通过使用严格的两阶段封锁来保证。快照隔离性和基于有效性检查的并发控制技术在有效性检查时、在修改数据项之前，也要获取数据项上的排他锁，并持有该锁直至事务提交；其结果是，即使使用这些并发控制协议，上述要求也能得到满足。

在采用快照隔离或有效性检测进行并发控制时，事务所做的数据库更新（概念上地）被延迟到事务部分提交时；延迟修改技术与这些并发控制机制自然吻合。然而，值得注意的是，快照隔离的某些实现采用了立即修改技术，但根据需要提供了一个逻辑快照：当事务需要读被并发的事务所更新的一个数据项时，就生成（已经更新了的）该数据项的一份拷贝，在数据项的这份拷贝上，并发事务所做的更新被回滚。类似地，数据库立即修改技术与两阶段封锁自然吻合，但延迟修改也可以和两阶段封锁一起使用。

14.10.4 事务提交

当一个事务的 commit 日志记录（这是事务的最后一条日志记录）被输出到稳定存储器后，我们就说这个事务**提交**了；此时所有更早的日志记录都已经被输出到稳定存储器。于是，在日志中就有足够的信息来保证：即使发生系统崩溃，事务所做的更新也可以被重做。如果系统崩溃发生在 <T_i commit> 日志记录被输出到稳定存储器之前，事务 T_i 将被回滚。这样，包含 commit 日志记录的块的输出是单个的原子动作，它导致一个事务的提交[⊖]。

对于大多数基于日志的恢复技术，包括我们在本章中描述的技术，在一个事务提交时不是必须立即将包含被该事务修改了的数据项的块输出到稳定存储器，而是可以在以后的某个时候再输出。我们将在 14.12.2 节进一步讨论这个问题。

14.10.5 使用日志来重做和撤销事务

现在，我们概述如何使用日志来从系统崩溃中进行恢复以及在正常操作中对事务进行回滚。但是，我们将故障恢复和回滚过程的细节介绍推迟到 14.11 节。

考虑简化了的银行系统。令 T_0 是一个事务，它从账户 A 转 50 美元到账户 B：

$$T_0: \text{read}(A);$$
$$A := A - 50;$$
$$\text{write}(A);$$
$$\text{read}(B);$$
$$B := B + 50;$$
$$\text{write}(B).$$

令 T_1 是一个事务，它从账户 C 中取出 100 美元：

$$T_1: \text{read}(C);$$
$$C := C - 100;$$
$$\text{write}(C).$$

日志中包含的与这两个事务相关的信息部分如图 14-21 所示。

⊖ 一个块的输出可以通过一些技术而成为原子的，比如在 14.9.1 节中描述的处理数据传输故障的技术。

图 14-22 显示了一种可能的顺序，在这种顺序中，作为 T_0 和 T_1 的执行结果，对于数据库系统和日志都发生了实际输出[⊖]。

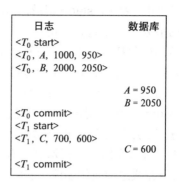

日志	数据库
<T_0 start>	
<T_0, A, 1000, 950>	
<T_0, B, 2000, 2050>	
	A = 950
	B = 2050
<T_0 commit>	
<T_1 start>	
<T_1, C, 700, 600>	
	C = 600
<T_1 commit>	

<T_0 start>
<T_0, A, 1000, 950>
<T_0, B, 2000, 2050>
<T_0 commit>
<T_1 start>
<T_1, C, 700, 600>
<T_1 commit>

图 14-21 系统日志中相应
于 T_0 和 T_1 的部分

图 14-22 相应于 T_0 和 T_1 的系统
日志与数据库状态

使用日志，系统可以应对任何故障，只要它不导致非易失性存储器中信息的丢失。恢复机制使用两个恢复过程，这两个过程都利用日志来找到被每个事务 T_i 更新过的数据项的集合，以及它们相应的旧值和新值。

- redo(T_i)。该过程将事务 T_i 更新过的所有数据项的值都置成新值。通过重做来执行更新的顺序是非常重要的；当从系统崩溃中恢复时，如果对特定数据项的多次更新的执行顺序不同于它们原来的执行顺序，那么该数据项的最终状态将是一个错误的值。大多数的恢复算法，包括我们在 14.11 节中描述的算法，都没有把每个事务的重做单独地执行，而是对日志进行一次扫描，在扫描过程中每遇到一条日志记录就执行重做动作。这种方式能确保更新顺序被保持，并且效率更高，因为仅需要整体读一遍日志，而不是为每个事务读一遍日志。

- undo(T_i)。该过程将事务 T_i 更新过的所有数据项的值都恢复成旧值。我们在 14.11 节所描述的恢复机制中：

  ○ 撤销操作不仅将数据项恢复成它们的旧值，而且作为撤销过程的一个部分，还写日志记录来记下所执行的更新。这些日志记录是特殊的 redo-only 日志记录，因为它们不需要包含所更新数据项的旧值。请注意，当在撤销过程中使用此类日志记录时，"旧值"实际上是正在回滚的事务写入的值，"新值"是正在通过撤销操作恢复的原始值。

    与重做过程一样，执行撤销操作的顺序是非常重要的；我们还是将细节推迟到 14.11 节介绍。

  ○ 当对于事务 T_i 的撤销操作完成后，写一条 <T_i abort> 日志记录，表明 undo 完成了。

    正如我们将在 14.11 节中看到的那样，如果事务在正常的处理中被回滚，或者在系统崩溃后的恢复中既没有发现事务 T_i 的 commit 记录，也没有发现它的 abort 记录，那么 undo(T_i) 过程对于每个事务只执行一次。其结果是，每个事务在日志中最终都有一条 commit 记录，或者有一条 abort 记录。

⊖ 请注意，如果使用延迟修改技术，就不能得到这种顺序，因为在 T_0 提交之前数据库不会被修改，对于 T_1 也类似。

发生系统崩溃之后，系统为保证原子性而查阅日志以确定哪些事务需要进行重做，哪些事务需要进行撤销。

- 如果日志中包括 <T_i start> 记录，但既不包括 <T_i commit>，也不包括 <T_i abort> 记录，这样的事务 T_i 需要进行撤销。
- 如果日志中包括 <T_i start> 记录，以及 <T_i commit> 或 <T_i abort> 记录，这样的事务 T_i 需要进行重做。如果日志中包括 <T_i abort> 记录还要重做 T_i，看来比较奇怪。要明白这是为什么，请注意如果在日志中有 <T_i abort> 记录，日志中也会有撤销操作所写的那些 redo-only 日志记录。于是，这种情况下最终结果将是对 T_i 所做的修改进行撤销。这一丁点儿冗余简化了恢复算法，并使得整个恢复时间变得更短。

作为例证，回到我们的银行示例，有事务 T_0 和 T_1，按照 T_1 跟在 T_0 后面的顺序依次执行。假定在事务完成之前系统崩溃。我们将考虑三种情况。在图 14-23 中显示了各种情况下的日志状态。

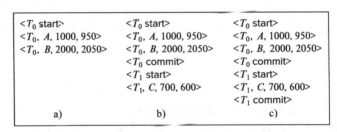

图 14-23   在三种不同时间显示的同一份日志

首先，我们假定崩溃恰好发生在事务 T_0 的

$$write(B)$$

步骤的日志记录已经被写到稳定存储器之后（见图 14-23a）。当系统重新启动时，它在日志中找到记录 <T_0 start>，但是没有相应的 <T_0 commit> 或 <T_0 abort> 记录。这样，事务 T_0 必须被撤销，于是执行 undo(T_0)。其结果是，（磁盘上）账户 A 和 B 的值被分别恢复成 1000 美元和 2000 美元。

其次，我们假定崩溃恰好发生在事务 T_1 的

$$write(C)$$

步骤的日志记录已经被写到稳定存储器之后（见图 14-23b）。当系统重新启动时，需要采取两种恢复动作。因为 <T_1 start> 记录出现在日志中，但是没有 <T_1 commit> 或 <T_1 abort> 记录，所以必须执行 undo(T_1)。因为日志中既包括 <T_0 start> 记录，又包括 <T_0 commit> 记录，所以必须执行 redo(T_0)。在整个恢复过程结束时，账户 A、B 和 C 的值分别为 950 美元、2050 美元和 700 美元。

最后，我们假定崩溃恰好发生在日志记录

$$<T_1 \text{ commit}>$$

已经被写到稳定存储器之后（见图 14-23c）。当系统重新启动时，因为 <T_0 start> 记录和 <T_0 commit> 记录都在日志中，并且 <T_1 start> 记录和 <T_1 commit> 记录也都在日志中，所以 T_0 和 T_1 都必须重做。在系统执行 redo(T_0) 和 redo(T_1) 恢复过程后，账户 A、B 和 C 的值分别为 950 美元、2050 美元和 600 美元。

14.10.6　检查点

当发生系统故障时，我们必须查阅日志，决定哪些事务需要重做，哪些事务需要撤销。原则上，我们需要搜索整个日志来确定上述信息。这种方式有两个主要的困难：

1. 搜索过程太耗时。
2. 根据我们的算法，大多数需要重做的事务已经将其更新写入数据库中。尽管重做它们不会造成不良后果，但会使恢复过程变得更长。

为降低这种开销，我们引入**检查点**。

下面我们描述一种简单的检查点机制，它在检查点操作过程中不允许执行任何更新，在执行检查点的过程中将所有修改过的缓冲块都输出到磁盘。我们后面会讨论如何通过放松这两条要求来修改检查点和恢复过程，以提供更高的灵活性。

检查点的执行过程如下：

1. 将当前位于主存的所有日志记录输出到稳定存储器。
2. 将所有修改过的缓冲块输出到磁盘。
3. 将一条形如 <checkpoint L> 的日志记录输出到稳定存储器，其中 L 是执行检查点时正活跃的事务的列表。

检查点执行过程中，不允许事务执行任何更新动作，如往缓冲块中写入或写日志记录。我们将在 14.12.2 节中会讨论如何强制满足这个要求。

日志中加入 <checkpoint L> 记录使得系统提高了其恢复过程的效率。考虑在检查点前已完成的事务 T_i。对于这样的事务，在日志中 <T_i commit> 记录（或 T_i < abort> 记录）出现在 <checkpoint> 记录之前。T_i 所做的任何数据库修改都必然已在检查点前或作为检查点本身的一部分写入数据库。因此，在恢复时就不必再对 T_i 执行 redo 操作了。

在系统崩溃发生之后，系统检查日志以找到最后一条 <checkpoint L> 记录（这可以通过从日志尾端开始反向搜索日志，直至找到第一条 <checkpoint L> 记录来实现）。

只需要对 L 中的事务，以及 <checkpoint L> 记录写到日志中之后才开始执行的所有事务进行 redo 或 undo 操作。让我们把这个事务集合记为 T。

- 对 T 中所有事务 T_k，若日志中既没有 <T_k commit> 记录，也没有 <T_k abort> 记录，则执行 undo(T_k)。
- 对 T 中所有事务 T_k，若日志中有 <T_k commit> 记录或 <T_k abort> 记录，则执行 redo(T_k)。

请注意，要找出事务集合 T，并确定 T 中的每个事务是否有 commit 或 abort 记录出现在日志中，我们只需要检查从最后一条 checkpoint 日志记录开始的日志部分。

作为一个示例，考虑事务集合 $\{T_0, T_1, \cdots, T_{100}\}$。假设最近的检查点发生在事务 T_{67} 和 T_{69} 执行的过程中，而 T_{68} 和下标小于 67 的所有事务在检查点之前都已完成。于是，在恢复机制中只需要考虑事务 $T_{67}, T_{69}, \cdots, T_{100}$。其中已完成（即已提交或已终止）的需要重做；否则就是未完成的，需要撤销。

考虑检查点日志记录中的事务集合 L。对于 L 中的每一个事务 T_i，如果它没有提交，那么为了撤销该事务，可能需要出现在检查点日志记录之前的该事务的所有日志记录。然而，一旦检查点完成，位于最早出现的 <T_i start> 日志记录之前的所有日志记录就不再需要了，这里的 T_i 是 L 中的事务。只要数据库系统需要回收被这些记录占用的空间，就可以清掉这些日志记录。

在检查点过程中不允许事务对缓冲块或日志执行任何更新，这一要求可能会引起麻烦，因为在检查点进行的过程中事务处理就必须停下来。**模糊检查点**（fuzzy checkpoint）是一种即使在缓冲块正在被写出时也允许事务执行更新的检查点。14.12.4 节将对模糊检查点机制进行描述。

14.11 恢复算法

到目前为止，在对故障恢复的讨论中，我们确定了需要对哪些事务进行重做，对哪些事务进行撤销，但是我们没有给出执行这些动作的详细算法。现在我们来给出使用日志记录从事务故障中恢复的完整的**恢复算法**（recovery algorithm），以及将最近的检查点与日志记录结合起来以从系统崩溃中进行恢复的算法。

本节描述的恢复算法要求被未提交事务更新过的数据项不能被任何其他事务修改，直至更新它的事务要么提交要么中止。这一限制我们在 14.10.3 节中曾经讨论过。

14.11.1 事务回滚

首先考虑正常操作时（即，不是从系统崩溃中恢复时）的事务回滚。事务 T_i 的回滚执行如下：

1. 从后往前扫描日志，对于所发现的 T_i 的每条形如 $<T_i, X_j, V_1, V_2>$ 的日志记录：

a. 将值 V_1 写到数据项 X_j。

b. 往日志中写一条特殊的 **redo-only** 日志记录 $<T_i, X_j, V_1>$，其中 V_1 是在本次回滚中数据项 X_j 被恢复成的值。有时这种日志记录被称作**补偿日志记录**（compensation log record）。这种日志记录中不需要 undo 信息，因为我们根本不需要去撤销这样的 undo 操作。后面我们会解释如何使用这些日志记录。

2. 一旦发现了 $<T_i$ start$>$ 日志记录，就停止反向扫描，并往日志中写一条 $<T_i$ abort$>$ 日志记录。

请注意，事务所做的或者我们为事务做的每个更新动作，包括将数据项恢复成其旧值的动作，现在都记录到日志中了。在 14.11.2 节中，我们将看到为什么这是个好办法。

14.11.2 系统崩溃后的恢复

当崩溃发生后数据库系统重启时，恢复动作分两阶段进行：

1. 在**重做阶段**，系统通过从最后一个检查点开始正向扫描日志来重演所有事务的更新。被重演的日志记录包括在系统崩溃之前已被回滚的事务的日志记录，以及在系统崩溃发生时还没有提交的事务的日志记录。

这个阶段还确定在崩溃发生时未完成从而必须被回滚的所有事务。这种未完成事务要么在检查点时是活跃的，因而会出现在检查点记录的事务列表中，要么是在检查点之后开始的；而且，这种未完成事务在日志中既没有 $<T_i$ abort$>$ 记录，也没有 $<T_i$ commit$>$ 记录。

扫描日志的过程中所采取的具体步骤如下：

a. 将待回滚事务的列表 undo-list 初始化设定为 $<$checkpoint $L>$ 日志记录中的列表 L。

b. 一旦遇到形为 $<T_i, X_j, V_1, V_2>$ 的正常日志记录，或形为 $<T_i, X_j, V_2>$ 的 redo-only 日志记录，就执行重做操作；也就是说，将值 V_2 写给数据项 X_j。

　　c. 一旦发现形为 <T_i start> 的日志记录，就把 T_i 加到 undo-list 中。

　　d. 一旦发现形为 <T_i abort> 或 <T_i commit> 的日志记录，就把 T_i 从 undo-list 中去掉。

在重做阶段的末尾，undo-list 中包括在系统崩溃之前尚未完成的所有事务，即既没有提交也没有完成回滚的那些事务。

2. 在**撤销阶段**，系统回滚 undo-list 中的所有事务。它通过从尾端开始反向地扫描日志来执行回滚。

　　a. 一旦发现属于 undo-list 中的事务的日志记录，就执行撤销动作，就像在一个失败事务的回滚过程中发现了该日志记录一样。

　　b. 当系统发现 undo-list 中的事务 T_i 的 <T_i start> 日志记录，它就往日志中写一条 <T_i abort> 日志记录，并把 T_i 从 undo-list 中去掉。

　　c. 一旦 undo-list 变为空，即系统已经找到了初始位于 undo-list 中的所有事务的 <T_i start> 日志记录，则撤销阶段结束。

当恢复过程的撤销阶段结束之后，就可以重新开始正常的事务处理了。

请注意，在重做阶段从最近的检查点记录开始重演每一条日志记录。换句话说，重启恢复的这个阶段重复检查点之后执行并且其日志记录已经存到稳定存储器中的日志的所有更新动作。这些动作包括未完成事务的动作和为回滚失败事务而执行的动作。这些动作按照它们原先执行的次序被重复执行；因此，这一过程称作**重复历史**（repeating history）。虽然这看起来很浪费，但即使对失败事务也重复历史，这种做法简化了恢复机制。

图 14-24 展示了在正常操作中由日志所记录的动作，以及在故障恢复中执行的动作的一个示例。在图中展示的日志中，在系统崩溃之前，事务 T_1 已提交，事务 T_0 已被完全回滚。请注意，在 T_0 的回滚中如何恢复数据项 B 的值。还请注意检查点记录，它的活跃事务列表中包含 T_0 和 T_1。

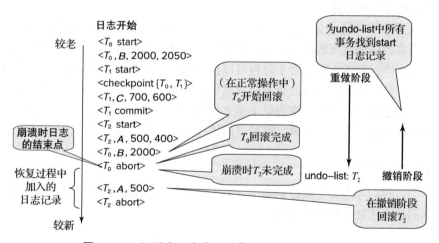

图 14-24　记录在日志中的动作和恢复中的动作示例

当从崩溃中恢复时，在重做阶段，系统对最后一个检查点记录之后的所有操作执行重做。在这个阶段中，undo-list 列表中初始时包含 T_0 和 T_1；当 T_1 的 commit 日志记录被发现时，先从列表中去掉 T_1，而当 T_2 的 start 日志记录被发现时，T_2 被加到列表中。当事务 T_0 的 abort 日志记录被发现时，T_0 从 undo-list 中去掉，只剩 T_2 在 undo-list 中。撤销阶段从尾端开始反向扫描日志，当发现 T_2 更新 A 的日志记录时，就将 A 恢复成旧值，并往日志中写一条 redo-only 日志记录。当发现 T_2 的 start 记录时，就为 T_2 添加一条 abort 记录。由于 undo-list 中不再包含任何事务了，撤销阶段终止，恢复完成。

14.11.3   提交处理的优化

提交事务需要将其日志记录强制写到磁盘。如果对每个事务分别进行日志刷新，则每次提交都会产生大量的写日志开销。使用**组提交**（group-commit）技术可以提高事务提交的速率。使用这种技术，系统不会在事务一完成就试图立即强制写日志，而是等待几个事务完成，或者事务完成执行后经过一段时间，然后统一提交正在等待的一组事务。写入稳定存储器上日志的块将包含多个事务的记录。通过谨慎选择组的规模和最长等待时间，系统可以确保在写入稳定存储器时块被写满，且不会使事务过度等待。这种技术使得每个提交事务的平均输出操作更少。

如果将日志记录到硬盘，则写入数据块可能需要 5 到 10 毫秒。因此，如果没有组提交，每秒最多可以提交 100 到 200 个事务。如果 10 个事务的记录占用一个磁盘块，则组提交允许每秒提交 1000 到 2000 个事务。

如果将日志记录到闪存，不使用组提交时，写入一个块可能需要大约 100 微秒，每秒可提交 10 000 个事务。如果 10 个事务的记录占用一个磁盘块，那么组提交允许在闪存上每秒提交 100 000 个事务。使用闪存时组提交的另一个好处是，它可以使同一页面的写入次数最少，从而使擦除操作的次数最少，而擦除操作可能是很昂贵的。（回忆一下，闪存存储系统将逻辑页重新映射到预擦除的物理页，从而避免在写入贝时延迟。但作为旧版本页的垃圾回收的一部分，擦除操作最终必须执行。）

尽管组提交减少了日志带来的开销，但它会导致执行更新的事务的提交稍有延迟。当提交速率较低时，这种延迟与收益相比是不值当的，但是当事务提交速率较高时，实际上使用组提交可以使提交总延迟减少。

除了在数据库中进行优化之外，程序员还可以采取一些措施来提升事务提交性能。例如，考虑一个将数据加载到数据库中的应用程序。如果该程序将每次插入作为单独的事务执行，则每秒可以执行的插入数受限于每秒可以执行的块写入数。如果应用程序在启动下一次插入之前等待当前插入完成，组提交不会提供任何好处，实际上可能会降低系统速度。但是在这种情况下，通过将一批插入作为单个事务执行，则性能会显著提升。对应于多次插入的日志记录就可以一起写入一个页面。每秒可以执行的插入数会相应增加。

14.12   缓冲区管理

在本节中，我们考虑几个微妙的细节，它们对实现确保数据一致性且只增加少量与数据库交互开销的故障恢复机制非常重要。

14.12.1   日志记录缓冲

到目前为止，我们假设每条日志记录在创建时都被输出到了稳定存储器。该假设增加了大量系统执行的开销，其原因有几个。通常，向稳定存储器的输出是以块为单位进行的。在大多数情况下，一条日志记录比一个块要小得多。因此，每条日志记录的输出被转化成为在物理层面大得多的输出。另外，正如我们在 14.9.1 节中所看到的，向稳定存储器输出一个块可能涉及在物理层上的好几个输出操作。

将一个块输出到稳定存储器的代价非常大，因此最好是一次输出多条日志记录。为了达到这个目的，我们将日志记录写到主存的日志缓冲区中，日志记录在输出至稳定存储器以前临时保存在那儿。在日志缓冲区中可以集中多条日志记录，然后再用一次输出操作输出到稳定存储器中。稳定存储器中的日志记录顺序必须与它们被写入日志缓冲区的顺序完全一致。

由于使用了日志缓冲区，日志记录在被输出到稳定存储器之前可能有相当长一段时间只存在于主存（易失性存储器）中。由于系统发生崩溃时这种日志记录会丢失，我们必须对恢复技术增加一些额外要求以保证事务的原子性：

- 在日志记录 $<T_i$ commit$>$ 输出到稳定存储器后，事务 T_i 进入提交状态。
- 在日志记录 $<T_i$ commit$>$ 输出到稳定存储器前，与事务 T_i 有关的所有日志记录必须已经输出到稳定存储器。
- 在主存中的数据块输出到数据库（非易失性存储器）前，与该块中数据有关的所有日志记录必须已经输出到稳定存储器。

这一条规则称为**先写日志**（Write-Ahead Logging，WAL）规则。（严格地说，WAL 规则只要求日志中的 undo 信息已经被输出到了稳定存储器中，而 redo 信息允许以后再写。这一区别与 undo 信息和 redo 信息分别存储在不同的日志记录中的系统是相关的。）

以上三条规则表明，在某些情况下特定的日志记录必须已经输出到了稳定存储器中。提前输出日志记录不会造成任何问题。因此，当系统发现需要将一条日志记录输出到稳定存储器时，如果主存中有足够的日志记录填满整个日志记录块，就将该块整个输出。如果没有足够的日志记录填充该块，那么就将主存中的所有日志记录合并填入一个部分填满的块，并输出到稳定存储器。

将缓冲的日志写到磁盘有时被称为**强制日志**（log force）。

14.12.2 数据库缓冲

在 14.9.2 节中，我们描述了两层存储结构的使用。系统将数据库存储在非易失性存储器（磁盘）中，并且在需要时将数据块调入主存。由于主存通常比整个数据库小得多，所以有可能在需要将块 B_2 调入内存的时候覆盖主存中的块 B_1。如果 B_1 已经被修改过，那么 B_1 必须在输入 B_2 前就先输出。与 10.8.1 节中讨论的一样，这种存储层次类似于操作系统中标准的虚拟内存概念。

人们可能期望事务在提交时会强制将修改过的所有块都输出到磁盘。这样的策略称作**强制策略**。另一种是**非强制策略**，即使一个事务修改过的某些块还没有写回到磁盘，也允许它提交。本章所描述的所有恢复算法即使在非强制策略的情况下也能正确工作。非强制策略使得事务能更快地提交；而且它允许在一个块输出到稳定存储器之前可以将多次更新积聚起来，这可以大大减少频繁更新的块的输出操作数量。因此，大多数系统所采用的标准方式是非强制策略。

类似地，人们可能期望被一个仍然活跃的事务修改过的块都不应该被写出到磁盘。这一策略被称作**非抢占**策略。另一种是**抢占**策略，允许系统将修改过的块写到磁盘，即使做这些修改的事务还没有完全提交。只要遵守先写日志规则，即使采用抢占策略，我们在本章中学习的所有恢复算法也都能正确工作。而且，非抢占策略不适合于执行大量更新的事务，因为缓冲区可能被已更新过但又不能被移出到磁盘的页面所占满，以致事务不能继续进行。因此，大多数系统所采用的标准方式是抢占策略。

为阐明先写日志要求的必要性，我们考虑银行示例中的事务 T_0 和 T_1。假设日志的状态是：

$$<T_0 \text{ start}>$$

$$<T_0, A, 1000, 950>$$

并假设事务 T_0 发指令执行 read(B)。假如 B 所在的块不在主存中，并且主存已满。假设选择将 A 所在的块输出到磁盘上。如果将该块输出到磁盘后发生系统崩溃，数据库中账户 A、B 和 C 的值分别是 950 美元、2000 美元和 700 美元，这是不一致的数据库状态。但是，由于有 WAL 要求，日志记录

$$<T_0, A, 1000, 950>$$

必须在 A 所在块输出之前先输出到稳定存储器中。系统可以在恢复时使用该日志记录将数据库恢复到一致性状态。

当要将块 B_1 输出到磁盘时，与 B_1 中的数据相关的所有日志记录必须在 B_1 输出之前先被输出到稳定存储器中。重要的是，在块 B_1 正在输出时，不能往块 B_1 中执行写，因为这样的写会违反先写日志规则。我们可以通过使用特殊方式的封锁来保证没有正在进行的写：

- 在事务对一个数据项执行写操作之前，它要获得数据项所在块上的排他锁。该锁在更新执行完后被立即释放。
- 当一个块要被输出时，采取以下动作序列：
  ○ 获得该块上的排他锁，以确保没有任何事务正在对该块执行写操作。
  ○ 将日志记录输出到稳定存储器，直至与块 B_1 相关的所有日志记录都输出完成。
  ○ 将块 B_1 输出到磁盘。
  ○ 一旦块输出完成，就释放锁。

缓冲块上的锁与用于事务并发控制的锁无关，按照非两阶段的方式释放这样的锁对于事务可串行性没有任何影响。这种锁（以及其他类似的短期持有的锁）通常称作闩锁。

缓冲块上的锁还可以用来保证在检查点进行的过程中缓冲块不被更新，而且不产生日志记录。可以通过要求在检查点操作开始执行之前必须获得在所有缓冲块上的排他锁以及在日志上的排他锁来实施这一限制。一旦检查点操作完成就可以释放这些锁。

数据库系统通常有一个在缓冲块间不断循环、将修改过的缓冲块输出回磁盘的进程。在输出缓冲块时当然必须遵循上述封锁协议。由于不断输出修改过的缓冲块，缓冲区中**脏块**（dirty block）（即在缓冲区中被修改过，但还没有输出的块）的数目被减到最小。于是，在检查点过程中需要输出的块的数目被减到最小；而且，当需要从缓冲区中移出一个块时，很可能就有不脏的块可以被移出，使得输入马上就可以进行，而不必等待输出的完成。

14.12.3 操作系统在缓冲区管理中的作用

我们可以用下面两种方法之一来管理数据库缓冲区：

1. 数据库系统保留部分主存作为缓冲区，并对它进行管理，而不是让操作系统来管理。数据库系统按照 14.12.2 节中的那些要求来管理数据块的传输。

   这种方法的缺点是限制了主存使用的灵活性。缓冲区必须足够小，使其他应用有足够满足其需要的主存。但是，即使其他应用并未运行，数据库也不能使用所有可用的内存。类似地，非数据库应用也不能使用为数据库缓冲区保留的那部分内存，即使

数据库缓冲区的一些页面并未使用。

2. 数据库系统在操作系统提供的虚拟内存中实现其缓冲区。由于操作系统知道系统中所有进程的内存需求，所以理想情况是由它决定哪些缓冲块在什么时候必须被强制输出到磁盘中。但是，为保证 14.12.1 节中介绍的先写日志要求，不应由操作系统自己来写出数据库缓冲页，而应由数据库系统强制输出缓冲块。数据库系统在将相关日志记录写入稳定存储器后，强制输出缓冲块至数据库中。

遗憾的是，几乎所有当今的操作系统都完全控制虚拟内存。操作系统保留了磁盘空间用来存储当前不在主存的那些虚拟内存页，这些空间称为**交换区**（swap space）。如果操作系统决定输出一个块 B_X，该块就被输出到磁盘上的交换区中，并且没有办法让数据库系统去控制缓冲块的输出。

因此，如果数据库缓冲区在虚拟内存中，在数据库文件和虚拟内存中的缓冲区之间的数据传输必须由数据库系统管理，它可以确保满足我们讨论的先写日志的要求。

这种方法可能导致数据到磁盘的额外输出。如果块 B_X 由操作系统输出，则那个块不是输出到数据库中，而是输出到用于操作系统虚拟内存的交换区中。当数据库系统需要输出 B_X，操作系统可能需要先从它的交换区输入 B_X。因此，可能需要不止一次 B_X 输出，而是两次 B_X 输出（一次是由操作系统进行，另一次是由数据库系统进行）和一次额外的 B_X 输入。

尽管两种方法都有一些缺点，但总要择其一，除非把操作系统设计成满足数据库日志的要求。

14.12.4　模糊检查点

14.10.6 节中所描述的检查点技术要求在检查点执行过程中，对数据库的所有更新暂缓执行。若缓冲区中页面的数量很大，则完成一个检查点的时间会很长，这会导致事务处理中难以接受的中断。

为避免这种中断，可以修改检查点技术，使之允许在 checkpoint 记录写入日志后、但在修改过的缓冲块写到磁盘前就开始做更新。这样产生的检查点称为**模糊检查点**。

由于只有在写入 checkpoint 记录之后才把页面输出到磁盘，系统有可能在所有页面写完之前崩溃。这样，磁盘上的检查点可能是不完全的。一种处理不完全检查点的方法是：将最后一个完全检查点记录在日志中的位置存在磁盘上固定的位置 last_checkpoint 上。系统在写入 checkpoint 记录时不更新该信息。而在写 checkpoint 记录前，创建所有修改过的缓冲块的列表。只有在修改过的缓冲块列表中的所有缓冲块都输出到磁盘上之后，last_checkpoint 信息才会更新。

即使使用模糊检查点，正在输出到磁盘的缓冲块也不能更新，尽管其他缓冲块可以被并发地更新。必须遵守先写日志协议，使得与一个块相关的（undo）日志记录在该块输出前已先写到稳定存储器中。

14.13　总结

- 当多个事务在数据库中并发执行时，数据的一致性可能不再能保持。系统有必要控制并发事务之间的相互影响，并且这种控制通过多种被称为并发控制机制中的一种来实现的。

- 为了保证可串行化，我们可以使用各种并发控制机制。所有这些机制要么延迟一种操作，要么中止发出该操作的事务。最常用的机制是封锁协议、时间戳排序机制、有效性检查技术与多版本机制。

- 封锁协议是一组规则，这些规则阐明了一个事务何时可能对数据库中的每个数据项进行封锁和解锁。

- 两阶段封锁协议仅在一个事务未曾解锁任何数据项的情况下才允许该事务封锁一个新的数据项。该协议保证可串行化，但不能避免死锁。在没有关于数据项以何种方式被访问的信息的情况下，两阶段封锁协议对于保证可串行化既是必要的又是充分的。

- 严格的两阶段封锁协议仅在事务结束时才允许释放排他锁，其目的是保证结果调度的可恢复性和无级联性。强两阶段封锁协议仅在事务结束时才释放所有锁。

- 各种封锁协议并不能防止死锁。预防死锁的一种方式是使用数据项的一种排序，并且按照与该排序一致的次序来申请锁。

- 另一种预防死锁的方式是使用抢占与事务回滚。为了控制抢占，我们给每个事务赋予一个唯一的时间戳。系统使用这些时间戳来决定一个事务是应该等待还是回滚。伤害－等待机制就是一种抢占机制。

- 如果没有预防死锁，系统必须通过使用死锁检测与恢复机制来处理它们。为此，系统构造了一个等待图。当且仅当等待图中包含环路时，系统处于死锁状态。当检测算法判定死锁存在时，系统为了打破死锁要回滚一个或多个事务。

- 在有些情况下把几个数据项聚为一组，并将它们视作一个聚集的数据项来处理，其效果可能更好，这就导致了粒度的多个层次。我们允许各种规模的数据项，并且我们定义了数据项的层次，其中小数据项嵌套在大数据项之中。这种层次结构可以形象地表示为树。在这种多粒度封锁协议中，按从根到叶的次序获得锁；解锁则按从叶到根的次序进行。在高层级上使用意向锁模式来得到更好的并发度而不影响可串行化。

- 时间戳排序机制通过事先在每对事务之间选择一种次序来保证可串行性。在系统中的每个事务都关联一个唯一的、固定的时间戳。事务的时间戳决定了可串行化的次序。因此，如果事务 T_i 的时间戳小于事务 T_j 的时间戳，则该机制保证所产生的调度等价于事务 T_i 出现在事务 T_j 之前的一个串行调度。只要违反了这样的次序，该机制就通过回滚事务来保证这一点。

- 在大部分事务是只读事务的情形下，这些事务之间冲突的概率因而较低，而有效性检查机制就是一种合适的并发控制方法。在系统中的每个事务关联一个唯一的、固定的时间戳。可串行化次序是由事务的时间戳来决定的。在这种机制中的事务绝不会被延迟。不过，事务必须通过有效性检查才能完成。如果事务并未通过有效性检查，则系统将它回滚到其初始状态。

- 多版本并发控制机制基于在每个事务写数据项时为该数据项创建一个新版本。当发出读操作时，系统选择其中的一个版本进行读取。通过利用时间戳，并发控制机制保证按照确保可串行化的方式来选择要读取的版本。读操作总是成功的。
  - 在多版本时间戳排序中，写操作可能导致事务的回滚。
  - 在多版本两阶段封锁中，写操作可能导致锁等待或者死锁。

- 计算机系统与其他机械或电子设备一样容易发生故障。造成故障的原因有很多，包括磁盘故障、电源故障和软件错误。这些情况都造成了数据库系统的信息丢失。

- 除系统故障外，事务也可能因各种原因而失败，例如破坏了完整性约束或发生死锁。

- 数据库系统的一个不可或缺的组成部分就是恢复机制，它负责检测故障并将数据库恢复至故障发生前的某一状态。

- 计算机中的各种存储器类型有易失性存储器、非易失性存储器和稳定存储器。易失性存储器（如 RAM）中的数据在计算机死机时会丢失。非易失性存储器（如磁盘）中的数据在计算机死机时不会丢失，只是偶尔由于诸如磁盘崩溃之类的故障才会丢失。稳定存储器中的数据从不丢失。

- 必须联机访问的稳定存储器用镜像磁盘或 RAID 的其他形式来模拟，它们提供冗余数据存储。脱机或归档的稳定存储器可能由数据的多个磁带备份组成，并存放在物理上安全的地方。

- 一旦发生故障，数据库系统的状态可能不再一致，即它不能反映数据库应该描述的现实世界状态。为保持一致性，我们要求每个事务都必须是原子的。恢复机制的责任就是要确保原子性和持久性。

- 在基于日志的机制中，所有的更新都记入日志，并被存放在稳定存储器中。当事务的最后一条日志记录（即该事务的 commit 日志记录）被输出到稳定存储器时，就认为这个事务已提交。

- 日志记录中包括所有更新过的数据项的旧值和新值。当系统崩溃后需要对更新进行重做时，就使用新值。如果在正常操作中事务中止，回滚事务所做的更新需要用到旧值；在事务提交之前发生系统崩溃的情况下，回滚事务所做的更新也需要用到旧值。

- 在延迟修改机制中，事务执行时所有 write 操作要延迟到事务提交时才执行，那时，系统在执行延迟写的过程中会用到日志中与该事务有关的信息。延迟修改机制的日志记录中不需要包含被更新数据项的旧值。

- 为减少搜索日志和重做事务的开销，我们可以使用检查点技术。

- 现代恢复算法基于重复历史的概念，在恢复的重做阶段重演（自最后一个已完成的检查点以来）正常操作中所执行的所有动作。重复历史的做法将系统状态恢复到系统崩溃之前最后一条日志记录输出到稳定存储器时的状态。然后从这个状态开始通过执行撤销阶段来进行撤销，撤销阶段反向处理未完成事务的日志记录。

- 未完成事务的撤销写出特殊的 redo-only 日志记录和一条 abort 日志记录。然后，就可以认为该事务已完成，不必再次对它进行撤销。

- 在事务处理所基于的存储模型中，主存储器中有一个日志缓冲区、一个数据库缓冲区和一个系统缓冲区。系统缓冲区中有系统对象代码的页面和事务的本地工作区。

- 恢复系统的高效实现需要尽可能减少向数据库和稳定存储器写入的次数。日志记录在开始时可以保存在易失性的日志缓冲区中，但是当下述情况之一发生时必须写到稳定存储器：

  ○ 在 $<T_i, \text{commit}>$ 日志记录可以被输出到稳定存储器之前，与事务 T_i 相关的所有日志记录必须已经被输出到稳定存储器。

  ○ 在主存中的一个数据块输出到（非易失性存储器中的）数据库之前，与该块中的数据相关的所有日志记录必须已经被输出到稳定存储器。

术语回顾

- 并发控制
- 锁类型
  - 共享模式（S）锁
  - 排他模式（X）锁
- 锁
  - 相容性
  - 申请
  - 等待
  - 授予
- 死锁
- 饿死
- 封锁协议
- 合法调度
- 两阶段封锁协议
  - 增长阶段
  - 缩减阶段
  - 封锁点
  - 严格两阶段封锁
  - 强两阶段封锁
- 锁转换
  - 升级
  - 降级
- 基于图的协议
  - 树型协议
  - 提交依赖
- 死锁处理
  - 预防
  - 检测
  - 恢复
- 死锁预防
  - 顺序加锁
  - 抢占锁
  - 等待 – 死亡机制
  - 伤害 – 等待机制
  - 基于超时的机制
- 死锁检测
  - 等待图
- 死锁恢复
  - 全部回滚
  - 部分回滚
- 多粒度
  - 显式锁
  - 隐式锁

- 意向锁
- 意向锁模式
  - 意向共享（IS）
  - 意向排他（IX）
  - 共享意向排他（SIX）
- 多粒度封锁协议
- 时间戳
  - 系统时钟
  - 逻辑计数器
  - W-timestamp(Q)
  - R-timestamp(Q)
- 时间戳排序协议
  - Thomas 写规则
- 基于有效性检查的协议
  - 读阶段
  - 有效性检查阶段
  - 写阶段
  - 有效性测试
- 多版本时间戳排序
- 多版本两阶段封锁
  - 只读事务
  - 更新事务
- 恢复机制
- 故障分类
  - 事务故障
  - 逻辑错误
  - 系统错误
  - 系统崩溃
  - 数据传输失败
- 故障 – 停止假设
- 磁盘故障
- 存储器类型
  - 易失性存储器
  - 非易失性存储器
  - 稳定存储器
- 块
  - 物理块
  - 缓冲块
- 磁盘缓冲区
- 强制输出
- 基于日志的恢复
- 日志
- 日志记录

- 更新日志记录
- 延迟修改
- 立即修改
- 未提交修改
- 检查点
- 恢复算法
- 重启动恢复
- 物理撤销
- 物理日志
- 事务回滚
- 重做阶段

- 撤销阶段
- 重复历史
- 缓冲区管理
- 日志记录缓冲
- 先写日志（WAL）
- 强制日志
- 数据库缓冲
- 闩锁
- 操作系统与缓冲区管理
- 模糊检查点

实践习题

14.1 请证明两阶段封锁协议保证冲突可串行化，并且事务可以根据它们的封锁点来串行化。

14.2 请考虑下面两个事务：

$$T_{34}: \text{read}(A);$$
$$\text{read}(B);$$
$$\textbf{if } A = 0 \textbf{ then } B := B + 1;$$
$$\text{write}(B).$$

$$T_{35}: \text{read}(B);$$
$$\text{read}(A);$$
$$\textbf{if } B = 0 \textbf{ then } A := A + 1;$$
$$\text{write}(A).$$

请给事务 T_{34} 与 T_{35} 增加封锁和解锁指令，使它们遵从两阶段封锁协议。这两个事务的执行会导致死锁吗？

14.3 强两阶段封锁带来了什么好处？它与其他形式的两阶段封锁相比有何异同？

14.4 请考虑一个按有根的树的形式来组织的数据库。假设我们在每对节点之间插入一个虚拟节点。请证明：如果我们在由此构成的新树上遵从树型协议，我们可以得到的并发度比我们在原始树上遵从树型协议要更高。

14.5 请用示例证明：存在在树型封锁协议下可行而在两阶段封锁协议下不可行的调度，反之亦然。

14.6 在持久化程序设计语言中，封锁并不是显式进行的。当然，当被访问时该对象（或相应的页）必须加锁。大部分现代的操作系统允许用户在页面上设置访问保护（不许访问、读、写），并且违反存取保护的内存访问将导致违反保护错误（例如，请参见 UNIX 的 mprotect 命令）。请说明访问保护机制在持久化程序设计语言中如何用于页级封锁。

14.7 在时间戳排序中，**W-timestamp**(Q) 表示成功执行 write(Q) 的任意事务的最大时间戳。现在，假设我们将其定义为成功执行 write(Q) 的最近事务的时间戳。这种措辞上的变化会带来什么不同吗？解释你的答案。

14.8 采用多粒度封锁可能比采用单封锁粒度的等价系统需要更多或更少的锁。请针对每种情况各举一例，并比较所允许的相对并发量。

14.9 对于下面的每种协议，请说明促使你建议使用该协议的实际应用方面的因素以及建议不使用该协议的因素：

- 两阶段封锁
- 具有多粒度封锁的两阶段封锁
- 树型协议

- 时间戳排序
- 有效性检查
- 多版本时间戳排序
- 多版本两阶段封锁

14.10 请解释为什么用于事务执行的下述技术会比仅仅使用严格两阶段封锁能够提供更好的性能:跟基于有效性检查技术中一样,首先执行事务而无须获得任何锁,也不向数据库执行任何写操作。但跟有效性检查技术不一样的是,它既不执行有效性检查也不在数据库上执行写操作,而是采用严格的两阶段封锁重新运行事务。(提示:请考虑等待磁盘 I/O 的情况。)

14.11 请考虑时间戳排序协议以及两个事务,一个事务写两个数据项 p 和 q,另一个事务读这两个相同的数据项。试给出一个调度,使得对于 write 操作的时间戳测试失败,并引起第一个事务的重启,进而引发另一个事务的级联中止。请说明这是怎样导致这两个事务都被饿死的。(当两个或多个进程执行操作,但由于与其他进程的交互作用而无法完成它们的任务时,这种情形称作**活锁**(livelock)。)

14.12 请设计一种基于时间戳的、能避免幻象现象的协议。

14.13 假设我们采用 14.1.5 节的树型协议来管理对 B$^+$ 树的并发访问。由于在影响到根节点的插入中可能发生分裂,所以看来插入操作在它完成整个操作之前都不能释放任何锁。那么在什么情况下它有可能提前释放锁呢?

14.14 请解释为什么 undo-list 中事务的日志记录必须由后往前处理,而执行重做时日志记录则由前往后处理。

14.15 请解释检查点机制的目的。应该间隔多长时间执行一次检查点?执行检查点的频率对以下各项有何影响?
- 无故障发生时的系统性能。
- 从系统崩溃中恢复所需的时间。
- 从介质(磁盘)故障中恢复所需的时间。

14.16 某些数据库系统允许系统管理员在正常日志(用于从系统崩溃中恢复)和归档日志(用于从介质(磁盘)故障中恢复)这两种日志形式之间进行选择。采用 19.4 节中的恢复算法,对于每种情况,一条日志记录在什么时候可以被删除?

14.17 假设在数据库中使用延迟修改技术。
- a. 更新日志记录的旧值部分还需要吗?为什么?
- b. 如果没有将旧值存放在更新日志记录中,则显然无法对事务进行撤销。其结果是需要对恢复的重做阶段做怎样的修改?
- c. 通过将更新过的数据项保存在事务的本地存储中,并且直接从数据库缓冲区中读没有更新过的数据项,可以实行延迟的修改。请给出如何高效地实现对数据项的读,要保证事务看到它自己的更新。
- d. 如果事务执行大量的更新,那么上述技术会带来什么问题?

14.18 影子分页方案需要对页表进行拷贝。假设页表表示成 B$^+$ 树形式。
- a. 假设更新仅对叶节点的项进行,并且没有插入或删除,请说明如何在 B$^+$ 树的新拷贝和影子拷贝之间共享尽可能多的节点。
- b. 即使做了上述优化,对于执行少量更新的事务,日志方案仍然比影子拷贝方案开销小得多。请解释这是为什么。

14.19 假设我们(错误地)修改了 14.11 节的恢复算法,对于事务回滚中执行的动作不记日志。于是当从系统崩溃中恢复时,早先已经回滚了的事务就会被放到 undo-list 中,并且被再次回滚。请给出一个示例,说明在恢复的撤销阶段执行的动作怎么会导致不正确的数据库状态。(提示:考虑一个数据项,它被已中止事务更新过,然后又被一个提交了的事务更新过。)

习题

14.20 严格的两阶段封锁提供了哪些好处？会产生哪些弊端？

14.21 大部分数据库系统实现都采用严格的两阶段封锁。请说明这种协议流行的三点理由。

14.22 请考虑树型协议的一个变种，它称为森林（forest）协议。数据库按有根的树的森林的方式来组织。每个事务 T_i 必须遵守以下规则：
- 在每棵树中的首次封锁可以在任何数据项上进行。
- 树中的第二次以及所有后续的封锁仅当待申请节点的父节点上当前被封锁时才能发出申请。
- 数据项解锁可在任何时候进行。
- 在事务 T_i 对一个数据项解锁之后，T_i 不能再次封锁该数据项。

请证明森林协议并不保证可串行化。

14.23 在什么情况下避免死锁比允许死锁发生再检测死锁的代价更小？

14.24 如果通过死锁避免机制避免了死锁后，那么仍有可能饿死吗？请解释你的答案。

14.25 在多粒度封锁中，在隐式封锁与显式封锁之间有什么不同？

14.26 尽管 SIX 模式在多粒度封锁中是有用的，但排他意向共享（XIS）模式却没有什么用。为什么它是无用的？

14.27 多粒度协议的规则指出，仅当事务 T_i 当前对一个节点 Q 的父节点持有 IX 模式或者 IS 模式的封锁时，T_i 才可以 S 模式或 IS 模式封锁节点 Q。已知 SIX 和 S 锁比 IX 和 IS 锁更强，为什么该协议不允许当父节点以 SIX 模式或 S 模式封锁时，对一个节点以 S 或 IS 模式进行封锁？

14.28 假设一个数据库的锁层次由数据库、关系和元组组成。
   a. 如果事务需要从关系 r 中读取大量元组，那么它应该获得哪些锁？
   b. 现在假设事务希望在读取大量元组之后更新 r 中的少量元组。那么它应该获得哪些锁？
   c. 如果在运行时事务发现它实际上需要更新非常大量的元组（在获得锁之后，假设只能更新少量元组）。这会给锁表带来什么问题，并且数据库可以采取什么措施来避免这个问题？

14.29 当一个事务在时间戳排序下回滚时，它被赋予一个新的时间戳。为什么它不能简单地保持其老的时间戳？

14.30 请证明：存在在两阶段封锁协议下可行但在时间戳协议下不可行的调度，反之亦然。

14.31 在时间戳协议的一种修改版中，我们要求测试一个提交位来判定一个 read 请求是否必须等待。请解释该提交位如何防止级联中止。为什么这种测试对于 write 请求是不必要的？

14.32 从 I/O 开销的角度解释易失性存储器、非易失性存储器和稳定存储器这三种存储器之间的区别。

14.33 稳定存储器是不可能实现的。
   a. 请解释为什么不能。
   b. 请解释数据库系统如何处理这个问题。

14.34 如果与某块有关的某些日志记录没有在该块输出到磁盘之前先被输出到稳定存储器中，请解释数据库可能会变得怎样不一致。

14.35 请概述非窃取的和强制的缓冲区管理策略的缺点。

14.36 假设使用了两阶段封锁，但排他锁是提前释放的，也就是说，封锁不是以严格的两阶段方式实现的。举例说明当使用基于日志的恢复算法时，事务回滚为什么会导致错误的最终状态。

14.37 考虑图 14-5 中的日志。假设恰好在 <T_0 abort> 日志记录被写出之前系统崩溃。请解释在系统恢复时会发生什么。

14.38 假设有一个事务已运行了很长时间，但仅做了很少的更新。
   a. 如果使用 14.11 节的恢复算法，该事务对恢复时间的影响有多大？如果用 ARIES 恢复算法呢？
   b. 该事务对于删除旧的日志记录的影响是什么？

14.39 请对于下述情况，从开销的角度，对基于日志的恢复和影子拷贝机制进行比较：数据要被加入新分配的磁盘页中（换句话说，如果事务中止的话，没有旧值需要被恢复）。

延伸阅读

　　[Gray and Reuter (1993)] 提供了涵盖事务处理的概念、包括并发控制的概念和实现细节的详尽教科书。[Bernstein and Newcomer (2009)] 提供了涵盖事务处理的多个方面、包括并发控制的教科书。

　　两阶段封锁协议由 [Eswaran et al. (1976)] 引入。用于多粒度数据项的封锁协议来自 [Gray et al. (1975)]。基于时间戳的并发控制机制来自 [Reed (1983)]。有效性检查的并发控制机制来自 [Kung and Robinson (1981)]。[Reed (1983)] 引入了多版本时间戳排序。多版本树型封锁算法出现在 [Silberschatz (1982)] 中。

　　[Gray and Reuter (1993)] 是一本提供恢复相关信息的优秀教科书资料来源，书中包括有意思的实现和历史细节。[Bernstein and Goodman (1981)] 是关于并发控制与恢复的一本早期教科书资料来源。[Faerber et al. (2017)] 概述了主存数据库，包括其恢复技术。

　　[Gray (1978)] 和 [Gray et al. (1981)] 概述了 System R 的恢复机制（还包括对 System R 的并发控制和其他方面的全面介绍）。[Haerder and Reuter (1983)] 全面介绍了恢复的原则。

参考文献

[Bernstein and Goodman (1981)]　P. A. Bernstein and N. Goodman, "Concurrency Control in Distributed Database Systems", *ACM Computing Surveys*, Volume 13, Number 2 (1981), pages 185–221.

[Bernstein and Newcomer (2009)]　P. A. Bernstein and E. Newcomer, *Principles of Transaction Processing*, 2nd edition, Morgan Kaufmann (2009).

[Eswaran et al. (1976)]　K. P. Eswaran, J. N. Gray, R. A. Lorie, and I. L. Traiger, "The Notions of Consistency and Predicate Locks in a Database System", *Communications of the ACM*, Volume 19, Number 11 (1976), pages 624–633.

[Faerber et al. (2017)]　F. Faerber, A. Kemper, P.-A. Larson, J. Levandoski, T. Neumann, and A. Pavlo, "Main Memory Database Systems", *Foundations and Trends in Databases*, Volume 8, Number 1-2 (2017), pages 1–130.

[Gray (1978)]　J. Gray. "Notes on Data Base Operating System", In *[Bayer et al. (1978)]*, pages 393–481. Springer Verlag (1978).

[Gray and Reuter (1993)]　J. Gray and A. Reuter, *Transaction Processing: Concepts and Techniques*, Morgan Kaufmann (1993).

[Gray et al. (1975)]　J. Gray, R. A. Lorie, and G. R. Putzolu, "Granularity of Locks and Degrees of Consistency in a Shared Data Base", In *Proc. of the International Conf. on Very Large Databases* (1975), pages 428–451.

[Gray et al. (1981)]　J. Gray, P. R. McJones, and M. Blasgen, "The Recovery Manager of the System R Database Manager", *ACM Computing Surveys*, Volume 13, Number 2 (1981), pages 223–242.

[Haerder and Reuter (1983)]　T. Haerder and A. Reuter, "Principles of Transaction-Oriented Database Recovery", *ACM Computing Surveys*, Volume 15, Number 4 (1983), pages 287–318.

[Kung and Robinson (1981)]　H. T. Kung and J. T. Robinson, "Optimistic Concurrency Control", *ACM Transactions on Database Systems*, Volume 6, Number 2 (1981), pages 312–326.

[Reed (1983)]　D. Reed, "Implementing Atomic Actions on Decentralized Data", *Transactions on Computer Systems*, Volume 1, Number 1 (1983), pages 3–23.

[Silberschatz (1982)]　A. Silberschatz, "A Multi-Version Concurrency Control Scheme With No Rollbacks", In *Proc. of the ACM Symposium on Principles of Distributed Computing* (1982), pages 216–223.

推荐阅读

数据库系统概念（原书第7版）

作者：[美] 亚伯拉罕·西尔伯沙茨 [美] 亨利·F. 科思 [印] S. 苏达尔尚
译者：杨冬青 李红燕 张金波 等 ISBN：978-7-111-68181-6 定价：149.00元

数据库领域的殿堂级作品
夯实数据库理论基础，修炼数据库技术内功的必备之选
对深入理解数据库，深入研究数据库，深入操作数据库都具有极强的指导作用！

本书是数据库系统方面的经典教材之一，其内容由浅入深，既包含了数据库系统基本概念，又反映了数据库技术的新进展。它被国际上许多著名大学所采用，包括斯坦福大学、耶鲁大学、得克萨斯大学、康奈尔大学、伊利诺伊大学等。我国也有多所大学采用本书作为本科生和研究生数据库课程的教材和主要教学参考书，收到了良好的效果。

第7版保持了前6版的总体风格，同时对内容进行了扩充，对结构进行了调整，以更好地符合数据库教学的需求，反映数据库设计、管理与使用方式的发展和变化。具体更新内容如下：

- 广泛涵盖了大数据系统的内容，与第6版相比有大量的内容扩充和改进。
- 增加了区块链数据库的内容，重点介绍了区块链系统与数据库系统之间的交互。
- 对涉及数据库内部的所有各章进行了修改，以融入固态硬盘、主存数据库、多核系统和列存储等当代技术。
- 对于使用JSON、RDF和SPARQL进行半结构化数据管理做了更多描述。
- 更新了对于时态数据、数据分析和诸如写优化的索引等高级索引技术的描述。
- 为了更好地支持动手实践，重新组织和更新了一些章节，包括使用当代的应用开发工具和大数据系统，如Apache Hadoop和Spark。

推荐阅读

数据挖掘：概念与技术（原书第3版）

作者：（美）Jiawei Han 等 ISBN: 978-7-111-39140-1 定价: 79.00元

数据挖掘导论（原书第2版）

作者：（美）陈封能 等 ISBN: 978-7-111-63162-0 定价: 139.00元

数据挖掘：原理与实践（基础篇）

作者：（美）查鲁·C. 阿加沃尔 ISBN: 978-7-111-67029-2 定价: 139.00元

数据挖掘：原理与实践（进阶篇）

作者：（美）查鲁·C. 阿加沃尔 ISBN: 978-7-111-67030-8 定价: 79.00元